高能级强夯技术发展研究与工程应用

（2006~2015）

王铁宏　水伟厚　王亚凌　编著

U0390625

中国建筑工业出版社

图书在版编目（CIP）数据

高能级强夯技术发展研究与工程应用（2006～2015）/王铁宏
等编著．—北京：中国建筑工业出版社，2017.3
ISBN 978-7-112-20403-8

Ⅰ.①高… Ⅱ.①王… Ⅲ.①强夯-研究 Ⅳ.①TU751

中国版本图书馆 CIP 数据核字（2017）第 027470 号

高能级强夯技术具有经济高效、节能环保等优点，在最近十多年里得到了快速发展。本书总结了强夯技术在变形计算、规范编制、试验等方面的研究成果，并配有 36 项工程实践项目介绍，可以全面了解高能级强夯技术的理论和实践经验知识。全书共分为 4 篇，第 1 篇高能级强夯工程实践与研究进展综述，第 2 篇高能级强夯处理沿海非均匀回填地基，第 3 篇山区高填方场地形成与地基处理，第 4 篇组合工艺处理软土地基。

本书可供从事地基处理的岩土工程技术人员和科研人员学习参考，也可供高等院校相关专业师生参考。

责任编辑：王 梅 杨 允
责任设计：李志立
责任校对：李欣慰 李美娜

高能级强夯技术发展研究与工程应用
（2006～2015）

王铁宏 水伟厚 王亚凌 编著

＊

中国建筑工业出版社出版、发行（北京海淀三里河路 9 号）

各地新华书店、建筑书店经销

唐山龙达图文制作有限公司制版

北京君升印刷有限公司印刷

＊

开本：787×1092 毫米 1/16 印张：32¼ 字数：788 千字
2017 年 8 月第一版 2017 年 8 月第一次印刷
定价：88.00 元

ISBN 978-7-112-20403-8
（29950）

主要编著人员

王铁宏　水伟厚　王亚凌　梁永辉　张文龙
何立军　高斌峰　陶文任　柴俊虎　刘　坤
董炳寅　季永兴　徐先坤　牟建业　赵永祥
年廷凯　陈　学　杨金龙　李鸿江　王　宁
孙国杰

参与编著人员

梁富华　何国富　柴世忠　孙会青　戴海峰
张馨怡　刘　波　秦振华　吴春秋　纪　超
顾克聪　陈　薇　高晓鹏　魏　欢　徐　君
宋美娜　张新蕊　杨　洁　李庆天　孟庆立
闫小旗　翟德宝　肖　京　何淑军　梁汉波
李　睿　张　忠　林耀华　尤铁骊　路　遥
张立德　王业虎　卢宏飞　吴其泰　秦振伟
马利柱　康竹良　郝经恩　王彩军　潘　玮
高玉杰　刘立刚　王　鹏　张　勇　惠　文
母晓红　王　智　胡瑞庚

序 一

　　《高能级强夯技术发展研究与工程应用》是《全国重大工程项目地基处理工程实录》的第三部，全面系统深入地总结了全国 2006～2015 年期间重大工程项目有效采用高能级强夯技术处理的理论和实践。本书的主要工作是由水伟厚和王亚凌同志为主负责的，他们花费了很大心血，而我所做的贡献有限，只是在编写大纲和编写重点及部分重点内容上尽了绵薄之力。

　　在《高能级强夯技术发展研究与工程应用》一书即将出版之际，应约为本书写序，我再三思考如何切入来写。恰巧，2017 年 5 月 29 日在敦煌召开"丝绸之路敦煌国际文博会场馆建设总结大会"之际，我与甘肃省委常委、常务副省长黄强同志和省委常委、副省长宋亮同志深入地探讨了西部区域城市平山造地的可能性及对区域经济社会发展的影响。按照二位省领导（当然他们二位也是我在中央党校的同学）要求，我带领行业内有关专家（包括水伟厚同志等）给省领导写了《关于对荒山荒沟低丘缓坡综合治理规划建设兰州创新示范区的建议》。我想就把这个建议引述如下作为本书序言的主要内容。

　　"兰州作为甘肃省省会对全省的经济引领作用十分突出。但与其他省会相比，制约兰州跨越式发展以担当全省经济社会发展更大作为的瓶颈亦十分凸显，那就是土地资源的严重束缚（而兰州的人口资源和水资源的潜力都是十分有利的）。发展空间不足始终是兰州经济社会发展难以逾越的鸿沟。林铎同志要求新一届省委"要坚决打好决战决胜全面小康社会的硬仗，全力担负好建设幸福美好新甘肃的担子，不断开创甘肃事业发展的崭新局面。"我认为，破解以上难题将是这场决战决胜的重要一环。为此，谨提出关于通过对荒山荒沟低丘缓坡区域进行综合治理以规划建设兰州创新示范区的建议，即通过采用国内现已十分成熟且造价低廉效果显著的地基处理施工技术，集中综合治理兰州市周边 200～300km² 荒山荒沟低丘缓坡区域以打造兰州市新的发展空间。国内已有试点示范城市的经验充分表明，这种创新在经济上、技术上、生态上都是可行的，将成为促进全省经济社会实现重大跨越，且无论从出发点还是落脚点上看都堪称是发展工程、民生工程、生态工程的重大实践，将会功在当代、利在千秋。

一、试点示范的经验与教训

1. 延安新区规划建设的成功示范

　　制约延安经济社会发展的突出矛盾与兰州完全相同，无非其经济规模比兰州小一半，土地资源的压力更为严峻，必须实施平山造地以解决发展的空间拓展战略。经陕西省委省政府批准，得到国务院有关规划、国土、水利、科技等部门的支持，延安开始了新区的规划建设，约 70km²，与延安老城区紧密相连。今后老城区只拆不建疏解压力，新的建筑和项目一律放到新区。2011 年我有幸担任了第一次专家论证委员会的主任委员，专家们总体认为该方案在经济上、技术上、生态上都是可行的。这是国内实施超大型平山造地的

4

一次成功示范。2016年国家科技部通过了科技成果验收（我又担任了评审专家组的副组长），成为全国平山造地建设新区的科技典范。目前，延安新区北区24km²的平山造地已经售出三分之一，成交额约50亿。由于需求量大土地价格上涨快，延安市政府已有意放缓了土地挂牌出让。延安新区的房价已从初期约3500元/m²涨到了约8000元/m²。招商引资已超过50个项目，包括华为云计算数据中心等一批高科技企业进驻。

据分析，全国平山造地的平均造价约为35~40万/亩，加上城市基础设施配套成本，总计约为70~90万/亩，而一般二、三线城市老城区的拆迁整治成本可能会高达400~500万/亩，且难度大，社会矛盾突出。延安新区的土地出让费约为200万（填方区）~300万（挖方区）/亩，政府手头充裕，为整个新区规划建设步入良性循环打下了好基础。

2. 兰州新区的实践与教训

兰州新区规划建设的初衷是拓展兰州发展空间，是国内最早最大规模的平山造地项目，是否成功评价不一，有待商榷。其深刻的教训值得反思：其一是合作模式上，早期由于没有PPP模式，没有大型央企、国企和上市公司参与，其能力和资金有限，初期受到很多质疑；其二是选址不尽科学，选址过远，俨然是另造了一个城市，老城区的资源用不上，基础设施要全造新的，资金压力更大，加上交通成本过大，招商引资困难很多，始终没有步入良性循环；其三是距机场过近，房屋限高，土地成本占比过高，加大了招商引资的难度，也难以尽快形成具有国际化大都市风貌的现代化的建筑轮廓线。

3. 兰州碧桂园城关区项目的再实践

该项目占地约20km²，与城关主城区仅一河之隔，属于兰州市低丘缓坡荒山未利用地综合开发示范区范围。该项目一经推出，就在兰州产生了强烈反响，引领了高端品质住宅的方向。但由于面积有限，对全市的疏缓作用不大。当然该项目在技术上也有值得总结提高的地方。如果当初方案中能采用2~3层填土地基的高能级强夯技术，既可以有效提高地基承载力且完全消除黄土湿陷性，一般8~9层建筑可以直接采用天然地基不必打桩，再高建筑即便需要打桩，由于已消除了湿陷性桩长和桩数都可大规模减少，使建安成本大幅度降低。而该项目2~3层建筑都要打大量的70~80m长桩，建安成本陡然提高。

二、试点示范的启示意义

通过对试点示范分析，有三点启示：一是兰州的平山造地项目恰逢其时，可以广泛采用PPP模式，要大手笔，长远考虑。资金不是问题，技术不是问题；二是选址一定要近，且要有国际视野，要打造新的国际化大都市的创新示范区，要让兰州的城市风貌有一次巨大的质的飞跃，它就是甘肃版的浦东新区、郑东新区、合肥滨湖新区；三是技术方案要更加科学，论证要更为缜密，特别是高能级强夯技术一旦失之交臂，在做基础设施和建上部建筑时就无法再用了，将令以后建设成本增加。

三、进一步建议

建议甘肃省委省政府适时研究启动规划建设兰州创新示范区的重大战略决定。以打造有效缓解兰州空间压力的疏解集中承载地，加快补齐区域发展短板，提升全省经济社会发展质量和水平，培育新的经济增长极，探索西部省份人口经济密集地优化开发新模式。指导创新示范区规划建设发展方向的价值观至关重要，既是理论问题又是实践问题。从战略和哲学层面深入认识，增强自觉，是一项重大课题。

一是牢牢抓住低碳经济的实质。低碳经济不仅成为当今世界潮流，已然成为各国政治家的道德制高点，也揭示了城市规划建设的实质。建设创新示范区，要全面实现"绿色建筑"（即"四节一环保"建筑），大力推广超低能耗的被动式建筑，所有建筑工地都要实现绿色施工。规划建设之初就要把握好"大中水回用"的节水战略（即中水厂跟着污水厂建，中水管线跟着市政管线走，中水用于园林、景观、工业及住宅），建设海绵城市。规划建设之初就要把握好城市综合管廊规划建设。规划建设之初就要贯彻中共中央、国务院《关于进一步加强城市规划建设管理工作的若干意见》中有关大力推广装配式建筑的要求，应借鉴上海市的经验和敦煌文博会主场馆的成功示范，规定示范区所有新建建筑都要采用装配式，实现更好、更省、更快建设，一举走在全国前列。这也是兰州创新示范区的应有内涵。

二是正确把握好示范区规划建设发展方向。国际化大都市应把握好的三件重要事宜：城市天际线、建筑轮廓线、科学的交通路网，示范区起码要充分抓住机会把握好建筑轮廓线和科学的交通路网。建筑轮廓线就是要求示范区的地标性建筑保持高度、体量、色彩、风格上的协调，浦东开发就特别注重了这一点，政府始终在担当这一把关责任，取得了举世公认的成就。科学的交通路网就是要有历史发展的眼光，要管长远，路网密度要足够，纽约曼哈顿就尝到了这一甜头，建筑该高时一定要高，反而更加充分地利用了土地空间。

三是要有引领规划建设发展方向的自信。无论历史地看还是现实地看，中国都将引领世界城市规划建设发展方向，这是中华民族伟大复兴的中国梦不可或缺的部分，这就是文化自信。应把握住创新示范区规划建设的契机，充分展示西部省会城市跨越式发展的雄姿，演义中华民族伟大复兴中国梦历史责任的又一经典范例。"

以上就是我写给甘肃省领导的建议，权作为本书的代序，意图让读者对高能级强夯技术在重大经济社会发展项目中的突出作用以有一个全面而辩证的了解。人们常说要顺应大势、把握大局、制定大策，在此就是要研究高能级强夯技术的应用大策。约瑟夫·奈说，当今世界就是看谁会讲故事。其实重大工程项目采用高能级强夯技术就是要讲好只有采用该技术才能更好、更省、更快的故事。给谁讲好故事，越重大的项目往往越是决策者，甚至是省市主要领导同志，那就需要方案研究者给领导同志讲明白，为什么要采用高能级强夯技术（认识论问题，更省、更快）和如何采用高能级强夯技术（方法论问题，更好），那就需要方案研究者要增强战略思维能力、创新思维能力和辩证思维能力，要按照决策者的思维来讲好故事。研究高能级强夯技术既要深入得进去，还要能跳得出来，站得高，看得远，看得深，看得透。高能级强夯技术只是一门应用科学的技术，关键还在于应用，还在于到重大和关键项目上应用。中国是应用技术的大国，凡是应用技术，中国就一定能力拔头筹，领先世界。高能级强夯技术毫无疑问中国是领先世界的，中国的实践经验是无与伦比的，我们值得自豪。本书分析研究的理论和重大工程项目应用实例可供读者借鉴。

附：对延安新城规划建设的工作建议
——给薛海涛副市长并姚引良书记的信

延安新区规划建设是人类历史上一项宏伟工程，不论从出发点还是落脚点上看都堪称是发展工程、民生工程、生态工程的重大实践，将会功在当代、利在千秋。谨向您们表达我由衷的钦佩。并为能够有幸参与其中一些技术工作而倍感荣耀。蒙邀陪同蒋正华副委员长调研再次来到延安，感受到新区建设的勃勃生机，尤其对削峰填谷工程一期的成功实践而欣慰；对科学论证、科学规划的严谨务实作风而称道。

作为住房城乡建设部科技委副主任、原部总工程师，亦想诚恳地留下对规划建设4个方面建议：

一、岩土工程二期中可否部分区域适当采用国际领先的高能级强夯技术。我国的高能级强夯技术居世界领先，在沿海造地、山区造地的工业民用建筑中广泛成功应用（最高能级18000～20000kN·m，处理深度15m以上）。新区属湿陷性黄土高填方工程，如能采用该技术，将会是国际领先的重要工程实践。预计地基处理费用比现有传统分层碾压技术降低1/4～1/3（按市场竞争价同比），工期可缩短约1/4，地基承载力提高约一倍（达到20t/平米，处理后填方区8～10层建筑可不再打桩）。建议选择0.5～1.0km²填方区适当采用。

二、要特别关注CBD建筑轮廓线规划。城市规划和建设最重要的有三要素：（1）城市天际线，新区的天际线与老城相呼应，开阔壮丽；（2）建筑轮廓线，现代化城市人类文明的标志是形成独特的建筑轮廓线，如上海浦东建筑轮廓线，以及香港、纽约建筑轮廓线等。要在CBD规划中一次性规划出20～30个地块，对拟建标志性高层建筑的高度、体量、色彩、风格现在就做出严格规定，而且每届政府都要遵守，精心打造并逐渐形成新区独特的建筑轮廓线。其独特魅力应与巍巍宝塔山相呼应，即延安有两张城市名片，一是宝塔山、二是新区建筑轮廓线；（3）科学的交通路网，作为区域中心城市，建议路网密度应适度超前，人均车均道路面积要论证，起码不低于现行规范200m×300m网格。CBD若有必要可适当超前再密些，这样建筑就可以该高就高该密就密。

三、注重大中水示范。延安同我国绝大多数城市一样属缺水型城市。制约经济发展除了土地资源瓶颈就是水资源瓶颈。天津等已提出了大中水战略，我概括其为"中水厂跟着污水厂建，中水管线跟着市政管线走，中水用于园林景观工业"。北京在南水北调工程后将达到30亿m³供水量，仍提出要生产15亿m³中水（再生水）。建议延安应尽早研究大中水战略。实践表明，大中水比引黄、南水北调等的全成本单方水价大幅度降低，是可持续发展的重要抓手。实践还表明，小中水示范存在风险，主要是企业难免生生息息，最后包袱还是要政府背。

四、新区建设中可否示范1～2个装配式建筑。我国高层建筑建造技术形成于1982年，称为钢筋混凝土现浇体系，它对改革开放后我国城乡建设快速发展贡献很大。但实事求是说，其弊端亦非常突出：（1）钢材水泥浪费严重；（2）用水量过大（平均每平方米建筑用12t水）；（3）工地脏乱差（往往是一些城市可吸入颗粒物的重要污染源）；（4）质量通病严重（开裂渗漏投诉突出）；（5）劳动力成本飙升且招工难管理难质量控制难；（6）建造效率已接近极限（平均7天/层）。表明，建筑业转型发展已经到了非改不可的时候了。我们正在积极推动工厂化装配式建筑发展；20层以下采用钢筋混凝土装配式的住宅部品化率约50%，按竣工合同价同比可以略低于传统技术，建造速度可以3天/层；25层以上采用钢结构装配式建筑部品化率90%，造价比传统技术降低1/4，建造速度可以达到1~2层/天。在绿色建筑"四节一环保"的基础上实现"六节一环保"（节能节地节水节材节省投资节省工期环境保护），建议在新区建设中适当各选1~2个装配式示范。特别是当需要树立形象时，其优势尤为突出，30层写字楼、宾馆等，15天就可以建成入住。

以上建议谨供您们在百忙之中参考。衷心祝愿延安新区发展工程、民生工程、生态工程的伟大实践成功！

（作者：王铁宏，2011年曾受邀作为延安新城规划建设场地地基处理方案论证专家组组长参与了第一次方案评审工作）

2017年6月5日于北京

序　二

　　《高能级强夯技术发展研究与工程应用》是《全国重大工程项目地基处理工程实录》的第三部，我的博导王铁宏教授一直是本丛书的主编。这次王老师要求我和王亚凌同志全面负责并重点阐述高能级强夯技术的加固机理及研究现状，总结2006～2015年期间全国高能级强夯技术的重大工程应用实例。我们诚惶诚恐，经过两年多的努力，终于完成了《高能级强夯技术发展研究与工程应用》编写工作。在编写过程中，华东建筑集团股份有限公司上海申元岩土工程有限公司的梁永辉、张文龙、何立军等同志和中化岩土集团股份有限公司高斌峰、董炳寅、张新蕊、杨洁、李庆天、胡瑞庚等同志协助我们做了大量工作，在此表示特别感谢。

　　《高能级强夯技术发展研究与工程应用》在全面阐述高能级强夯技术研究现状的基础上，重点在高能级强夯加固机理，强夯检测与监测技术，强夯复合型技术，城市场地形成与拓展等方面有所创新和突破。本书共分为两大部分：第一部分为高能级强夯技术发展的7项理论创新成果，第二部分为36项重大工程案例分析，包括了11项实践创新成果。其中第一部分关于7项理论创新包括：

　　（1）首次提出了强夯置换能级与置换墩长的关系（能级达18000kN·m）。突破原规范提出了实用的强夯和强夯置换地基变形计算方法——"墩变形＋应力扩散法"，研究成果已写入《建筑地基处理技术规范》JGJ 79—2012及《复合地基技术规范》GB/T 50783—2012中（详见本书第1篇第2章）；

　　（2）首次探讨了以变形控制进行强夯法地基处理设计思想。提出变形控制是地基处理的主要产品，与能级、工艺关系较为密切，应按变形控制进行强夯法地基处理设计的理念（详见本书第1篇第3章）；

　　（3）结合高能级强夯技术创新性地提出了西部山区城市场地形成与空间拓展的新实践。西部山区城市拓展利用未开发的沟壑、山地，平山造地用于城市建设，缓解用地紧张，解决城市发展空间的瓶颈问题。由于高能级强夯法在处理深厚填土地基中的良好适用性和较高性价比，强夯处理后的场地能尽快作为建设用地，场地形成与高能级强夯技术相结合具有良好的经济、社会效益（详见本书第1篇第6章）；

　　（4）在强夯地基检测方面有所创新和研究。对强夯地基承载力及平板载荷试验（不同测读方法、压板尺寸效应）进行了深入研究，首次对高能级强夯地基的平板载荷试验的预压问题等进行了探讨和总结（详见本书第1篇第4章），该研究成果已写入《建筑地基检测技术规范》JGJ 340—2015；

　　（5）国内首创高能级强夯联合疏桩劲网复合地基技术。对于上松（如松散碎石填土）下软（如淤泥质软土）地基，采用疏桩劲网复合地基方案可充分利用浅层强夯地基和疏桩基础的承载力，协调两者变形，减小地基的不均匀沉降变形。该项技术已获得一项发明专利（专利编号：ZL 2013 1 0223741.1，工程实例详见本书第4篇实录31）；

（6）国内首创预成孔深层水下夯实法技术。该技术适用于地下水位高、回填深度大且承载力要求高的地基处理工程。该项技术已获得了国家级工法（工法编号：GJJGF013—2014，工程实例详见本书第 4 篇实录 36）；

（7）国内首创预成孔填料置换强夯法技术。该技术解决了强夯法与强夯置换法存在的技术问题，实现了置换墩体与下卧硬层的良好接触，有效加固处理饱和黏性土、淤泥、淤泥质土、软弱夹层等类型的地基。该项技术已获得一项发明专利（专利编号：ZL 2015 1 0137008.7，工程实例详见本书第 4 篇实录 35）。

第二部分收录了 36 项重大工程案例。从高能级强夯角度出发，将 36 项工程实例分为"高能级强夯处理沿海非均匀回填地基"、"山区高填方场地形成与地基处理"和"组合工艺处理软土地基"三个篇章，充分阐述了高能级强夯以及强夯组合工艺在各种土质、场地环境的成功应用，同时也验证了强夯理论成果和创新的实用性与适用性。其中包括了 11 项实践创新成果：

（1）国内首次采用面波法检测强夯处理技术（详见实录 1《渤海船舶重工大型船舶建造设施项目深厚碎石回填地基 10000kN·m 强夯处理试验研究》），该成果已纳入《建筑地基检测技术规范》JGJ 340—2015，并被工程界广泛应用；

（2）国内首次采用 15000kN·m 能级强夯处理碎石填土地基（详见实录 2《大连新港南海罐区碎石填海地基 15000kN·m 强夯处理工程》）；

（3）国内首次采用 15000kN·m 能级强夯处理湿陷性黄土地基（详见实录 20《中国石油庆阳石化 300 万吨/年炼油厂改扩建项目高能级强夯处理湿陷性黄土地基工程》）；

（4）国内首次大面积采用高能级强夯置换和强夯复合工艺处理后直接设置浅基础取代桩基的技术方案（详见实录 6《葫芦岛海擎重工机械有限公司煤工设备重型厂房开山填海地基 15000kN·m 强夯置换处理工程》）；

（5）国内首次提出在开山填海场地上的 10 万 m³ 大型浮顶油罐项目中使用高能级强夯置换工艺＋环墙基础设计（详见实录 11《泉州石化 1200 万吨年重油深加工项目青兰山库区 50 万 m² 开山填海地基 15000kN·m 强夯置换工程》）；

（6）国内首次大面积采用 18000kN·m 能级强夯处理抛石填海地基（详见实录 7《中国石油华南（珠海）物流中心工程珠海高栏港岛成品油储备库 38 万 m² 填海地基 18000kN·m 强夯处理工程》），研究成果写入了《钢制储罐地基处理技术规范》GB/T 50756—2012；

（7）国内首次采用 20000kN·m 能级在湿陷性黄土地区高填方场地上进行强夯（详见实录 15《延安新城湿陷性黄土地区高填方场地地基 20000kN·m 超高能级强夯处理试验研究》）；

（8）国内首次采用高能级强夯＋异形锤强夯置换＋堆载预压排水固结组合工艺应用于青岛海西湾造地与地基处理工程，并针对造地和地基处理制定了一整套解决方案，验证了"以变形控制理论进行地基处理设计"的设计思想（详见实录 29《青岛海西湾造地与地基处理工程研究》）；

（9）国内首次采用高能级强夯预处理＋疏桩劲网复合地基技术，并获得一项发明专利（专利编号：ZL 2013 1 0223741.1），该技术充分发挥疏桩基础和强夯地基的承载性能，协调两者变形，达到减小地基不均匀沉降的目的（详见实录 31《高能级强夯预处理疏桩劲网复合地基方案在中化格力二期项目中的应用》）；

（10）国内首次提出并使用预成孔平锤置换强夯法处理软土地基（详见实录 35《青岛海业摩科瑞油品罐区地基处理工程》），该技术已获得一项发明专利（专利编号：ZL 2015 1 0137008.7）；

（11）国内首次提出并使用预成孔深层水下夯实法处理软土地基（详见实录 36《惠州炼油二期 100 万吨年乙烯工程储罐预成孔深层水下夯实法工程应用》），该技术已获得了国家级工法（工法编号：GJJGF013-2014）。

概括地说，以上成果的创新性应用，基本上涵盖了我国重大工程项目采用高能级强夯技术的实际水平，应当毫无疑问地说，这些应用是当之无愧领先世界的。现将以上成果汇集起来供行业内专家和读者借鉴并品评指正。

2017 年 7 月于中化岩土

前　言

随着经济、社会的不断发展，很多城市出现用地紧张的难题，尤其是西部山区城市，城镇空间狭小已成为制约当地经济发展的首要因素，为此提出削峰填谷建新城的发展战略，东部沿海城市也进行了很多抛石填海拓展空间的实践。针对这种深厚回填土地基，强夯法，特别是高能级强夯法，更加凸显了其高效、节能、环保的优点，大幅减小了工后沉降，大大缩短了场地达到稳定的时间。

本书综述部分从高能级强夯工程实践和研究进展的角度，重点阐述了高能级强夯的加固机理、强夯置换变形计算、按变形控制进行强夯法设计、强夯振动对周围环境的影响等内容，并对高能级强夯技术发展进行全面与辩证的思考，对高能级强夯技术的发展进行了展望。

工程实录部分结合强夯法在 36 项国家重大工程各类回填土地基、软基上的工程实践，对强夯法地基处理方案的选用，施工工艺的确定，可行性试验研究，检测结果和经济效益进行了探讨，可以为相似工程提供参考。

目　　录

13

第1篇

高能级强夯工程实践与研究进展综述

第1章 对高能级强夯技术发展的辩证思考及标准规范的编制

我国自 1975 年开始介绍与引进强夯技术，1978 年开始在工程中试用。由于我国地震高烈度区（可液化砂土区）、湿陷性黄土区和软黏土区分布广泛，近年来又广泛开展了围海造地，为强夯技术在我国的发展应用提供了良好的客观条件。在这些区域的建设项目中，由于强夯技术的合理而有效应用，大大缩短了施工工期，节省了工程投资，取得了良好的经济与社会效益。工程实践表明，只要环境和地基条件适宜，强夯法是造价最省、工期最短的地基处理方法。

现行《建筑地基处理技术规范》JGJ 79—2012 中的最高能级为 12000kN·m，《湿陷性黄土地区建筑规范》GB 50025—2004 中为 8500kN·m。而实际工程中，碎石土回填地基上的最高能级已经达到 18000kN·m，目前正在进行 25000kN·m 的试验；湿陷性黄土地基上的最高能级已经达到 20000kN·m，工程实践开展得如火如荼；当然，工程界对强夯技术的发展也是见仁见智。在高填土和深厚湿陷性黄土等工程中是否有必要进行更高能级的强夯试验和研究，其加固效果如何是当前工程界关心和思考的问题，也是世界范围内亟待解决的重要课题。

目前我国是全球最大的建设热土，经济的持续快速健康发展带动了石油、化工、船舶、铁道、电力、交通、物流以及房屋等众多建设领域的蓬勃发展。同时由于我国"地少人多"的矛盾日渐突出，特别是沿海地区，不仅人口稠密，且建设规模的迅速扩大，更凸显了人均耕地面积少与建设用地紧缺的矛盾。与国际上其他国家一样，我国在解决用地矛盾时已采用大规模的"围海造地"、"填谷造地"等方法，这已成为沿海地区、山区解决用地矛盾的有效方法。围海、填谷造地堆积起来的场地不仅非常疏松，而且还常夹杂有淤泥杂质，极不均匀，若不作处理，根本无法作为建设用地。国内大型基础设施建设的发展和沿海城市填海造陆工程以及西部大开发，都给强夯技术的广泛应用和发展提供了条件。据"十五"、"十一五"期间强夯的增长速度预测，"十二五"期间每年需采用强夯法处理的地基有 2000～3200 万 m²。同时，我国近期又有多项大型基础设施开工建设，"西部大开发"、"长三角"、"珠三角"、"环渤海"、"北部湾"等经济区域的快速发展等都将带动大批基础设施建设项目，工程建设中的山区杂填地基、开山块石回填地基、炸山填海、吹砂填海等围海造地工程也越来越多，深厚填土工程也随之越来越多，需要加固处理的填土厚度和深度相应也越来越大。

一是山区高填方工程，如某些开山填谷工程，最大填土厚度超过 35m，辽宁、重庆、山西、河南和湖南等地约 20 余个重大项目的最大填土厚度超过了 40m，近几年一些新区建设中的开山造地、山区城市的机场建设填土厚度已经超过 100m。这些项目一般工期紧、任务重，不容许实现 5～8m 一层的分层强夯，而且很多项目批复下来时场地已经一次性回填完成。为了使其地基强度、变形及均匀性等满足工程建设的要求而最终选用了高能级强夯法进行处理。

二是抛石填海工程，其传统地基加固做法是吹填完成后进行真空预压或 2～3 年的堆载预压。由于工期太长，且承载力提高有限，传统做法无法满足要求。地基基础使用要求多为预处理手段，此类"炸山填海"、"炸岛填海"等工程中回填的抛石、海水对钢材和混凝土的腐蚀性等问题都大幅增加了桩基施工的难度、工期和造价。也促成了高能级强夯的大量应用和快速发展，部分工程抛石和淤泥层的最大厚度达到了 25m，如福建、广东、山东、广西、浙江等近 30 个国家重大工程项目，经方案经济、技术、工期等综合比选后采用了高能级强夯地基。

基于以上分析不难看出，高能级强夯技术的发展是有其客观基础的，是一种必然趋势，在很多情况下是唯一的选择。目前，强夯法的应用在深度和广度上都在进一步迅速发展中，市场前景广阔。

1.1 强夯技术的变革与发展

强夯法基本思想源于古老的夯击方法，用夯击法加固地基土或土工构筑物是我国在公元前 6 世纪就已经采用的施工方法。在西安半坡遗址上，即发现原始公社母系氏族社会时期，建筑的柱基垫土经过夯实。进入文明社会几千年以来，中国就一直用夯实法，如用夯（木夯、抬夯）、碾（石碾、铁碾）加固地基，并用其修建土工构筑物，如堤、坝、台、墙（小至建筑墙壁，大至城墙），秦阿房宫前殿遗址即为东西宽 1300m、南北长 500m、面积 60 万 m^2 的大夯土台基，最初的万里长城及以后的长城芯墙也多用土夯实筑成。

但作为一种在原理、加固效果、适用范围和施工工艺都异于夯击法和重锤夯实法的现代地基处理技术，其形成和应用始于 L. Menard 1969 年对法国南部 Cannes 附近 Napoule 海滨一采石场废土石围海造成的场地上。据不完全统计，到 1995 年止，全世界已有几十个国家的 5500 余项强夯工程付诸实施，处理地基面积达到 1 亿 3 千万 m^2。强夯技术加固地基原理见图 1.1-1。

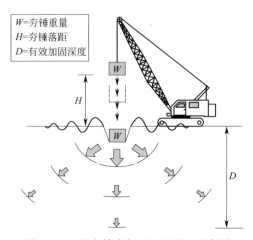

图 1.1-1 强夯技术加固地基原理示意图

在传统强夯工艺的基础上，强夯施工开始走向多元化。所谓多元化即对复杂场地进行地基加固时，单一处理方法很难达到设计要求或由于经济等条件受限，那么针对不同的地基土，综合其他加固机理和强夯机理各自的优势共同加固地基的一种复合处理形式。各种方法均有其适用范围和优缺点，强夯法通过与多种地基处理方法联合进行复杂场地的处理，具有明显的经济效益和可靠的技术质量效果。

1.2　强夯法适用范围及拓展

强夯法处理碎石土、砂类土、非饱和黏性土等粗粒土地基，其承载能力可提高200%～500%，压缩性可降低20%～90%。随着经验的丰富以及施工方法的科学化、现代化，尤其是排水条件的改善，用强夯法所处理的土类不断增加，甚至对海底、水下的软弱土层也尝试通过特殊工艺进行强夯处理。

20世纪80年代中我国采用强夯法处理填海地基获得成功，并在沿海地区推广应用，为我国广大沿海地区进行大规模"填海造地"工程提供了经济有效的地基处理方法和经验，从根本上解决了建设与农业争地问题的矛盾，具有重大的经济和社会效益。

对于工业废渣来说，采用强夯法处理的效果也是理想的。我国冶金、化学和电力等工业部门排放大量废渣，堆积如山，不仅占用大量土地，而且造成环境污染。工程实践证明，将质地坚硬、性能稳定和无侵蚀性的工业废渣作为地基或填料，采用强夯法处理，能取得较好的效果，从而解决了长期存在的废渣占地和环境污染问题，同时还为废渣利用开辟了新的途径。随着社会发展，人口激增，环境问题日益严重，而对每天产生的大量垃圾和固体废弃物的处理更是迫在眉睫，治理城市废物和垃圾已成为世界各大城市的重大环境问题。以我国为例，据不完全统计，我国的城市生活垃圾年产量以9.6%以上的速度递增，从1988年的6亿吨猛增到2000年的10亿吨，如果加上历年的累计存储，总计存量已超过70亿吨。利用强夯法处理工业和生活垃圾，有极大的优越性，国外有很多工程都取得了成功，近几年，英国、法国、美国、西班牙、比利时等国家都在用强夯法处理垃圾填埋场和固体废弃物。美国能源部南卡罗纳州的Savannab River核电站，由于核废料上覆土层的不均匀沉降，造成地面积水，存在污染地下水的危险。考虑了振冲、高压喷射注浆法、堆载预压等方法处理后，美国能源部决定在场地上加铺一层不透水的黏土，选用强夯技术密实核废料，监测与检测结果表明处理效果良好。

强夯法地基处理不使用钢材、水泥等能耗高的工业产品，而且施工时还可以将工业矿渣炉渣、建筑垃圾等废料作为建筑材料用于工程。故当前应用强夯法处理地基的工程范围极广，已付诸实践的有工业与民用建筑、重型构筑物、机场、堤坝、公路和铁路路基、贮仓、飞机场跑道及码头、核电站、油库、油罐、人工岛等。近年来强夯法在工程建设与环境保护协调方面已发展应用于垃圾填埋场、沙漠地基、核废料场等的处理。总之，只要环境允许、土层条件适合，强夯法在某种程度上比其他机械的、化学的或力学的加固方法使用得更为广泛和有效。

1.3　强夯技术与其他地基处理技术的对比

强夯技术不仅是一种节能环保的地基处理技术，而且在很多地基处理项目中具有不可比拟的性价比。如广东省某项国家重点工程（60万m^2砾质黏性土回填地基），在进行地基处理方案的可行性分析时，为确定一种较为经济合理的地基加固方案，根据地质情况在该场地共进行了三种地基加固方案的现场对比试验。

（1）挤密碎石桩复合地基加固方案

回填土地基经挤密碎石桩加固后，复合地基承载力可从100kPa提高到133～167kPa，平均仅提高50%，而费用高达200～300元/m²，平均每提高10kPa需要费用50元。如果该工程60万m²回填土地基全部采用这种方法加固处理，总费用约为一亿元，且工期大大延长，所以该方案不宜作为大面积地基加固方案。

（2）钢筋混凝土桩基础方案

根据该工程的试桩结果，填方区回填土地基的钻孔灌注桩承载力比挖方区同类钻孔灌注桩承载力约低40%，这充分反映了4～8m厚的回填土对桩承载力的影响。再加上回填土湿陷性造成的负摩阻力影响，每根桩约有近一半的桩长不能发挥作用，按全部工程2万根桩计算，将近一万根桩被白白打入地下，浪费十分惊人，而且工期大幅度延长。所以，采用桩基础也不合理。

（3）强夯法加固处理方案

回填土地基经强夯加固后，地基承载力可从100kPa提高到200kPa左右，按50元/m²加固费用计算，平均每提高10kPa仅需费用5元/m²，成本仅是挤密碎石桩复合地基加固方案的10%，该工程60万m²回填土地基如果采用强夯法加固处理，仅此一项就比挤密碎石桩复合地基加固方案节省投资数千万元，与上述两种方案相比，强夯法又可大大缩短工期，因此，强夯法是较为经济合理的地基处理方案。

表1.1-1列出了目前国内外较常用的地基处理方法的单位面积加固费用和工期比。可见，只要地基条件适宜，强夯法是造价最省、工期最短的地基处理方法。

国内外15种主要地基处理方法单位面积造价、工期比   表1.1-1

处理方法	强夯	堆载预压	灌注桩	化学法	CR预制桩	真空预压	强夯置换	搅拌桩	振冲法	灰土桩	砂石桩	注浆	CFG桩	砂井预压	水泥土桩
造价	1	4	12	12	16	2.8	1.2	4	2	2	2.4	6.4	6	4.4	2.4
工期	1	10	5	8	3	4	1.2	2	3	2	2	3	3	8	2

1.4 高能级强夯技术应用和发展的特点

1.4.1 高能级强夯应用和发展的客观性

随着工程建设的发展，高能级强夯越来越显示出其应用和发展的客观性和必然性。

强夯法是随工程需要应运而生的，随国内大型基础设施建设和沿海填海造陆工程扩大而发展的。近年来随着技术的发展，我国自主研发的高能级强夯系列专用机具在很多大型石油、化工、船舶、港口项目中得到应用。

目前国产高能级强夯机施工能级最高可达25000kN·m，一次性最大有效加固深度达到20m以上。在花岗岩残积土地区的填海造地、开山回填碎石土地基处理中，由于碎石土颗粒较大、土质疏松，且厚度大多在10m以上。这种地基的处理以降低地基土的压缩性、达到减少工后沉降为主要目的。采用其他方法或很难处理、效果太差、很难达到目的，或成本太高、工期太长，如堆载预压方法少则半年，多则数年。强夯法可以一次性处理到位，工期可以大大缩短至 3～5 个月，根据目前已经完成的数十项工程来看，地基处理效果显著。

甘肃省某大型石油化工场地，占地面积约 80 万 m^2，湿陷性黄土的湿陷程度由上向下由 Ⅱ 级自重湿陷性黄土一直渐变为非湿陷性黄土，湿陷性黄土的最大底界埋深在 16m 左右。设计要求消除全部湿陷性，根据黄土地区经验，可用于该场地的地基处理方法有垫层法、强夯法、挤密法和预浸水法。垫层法仅适用于浅层处理，预浸水法可消除湿陷性，但其仅为一种初步处理，处理后还需要二次处理以消除过大的工后沉降，需水量较大，质量不宜控制，施工前需要场地大量钻孔以加快浸水，浸水后场地恢复时间长。

以 30000m^3 油罐为例进行经济对比分析，处理要求承载力≥250kPa，消除 16m 范围内黄土的湿陷性。若采用挤密法处理：桩径 400mm，间距 1m，正方形布置，历经钻孔、灰土拌和、挤密三道工序，按桩长 16m 计算，地基处理的费用约为 211 万元，工期约 2 个月。若采用 16000kN·m 高能级强夯法一次处理，处理面积放大至 2642m^2。地基处理总造价约为 53 万元，预计工期约为 30d。若采用分层强夯法，先开挖 6m 深，采用 8000kN·m 强夯后，再回填采用 6000kN·m 强夯，地基处理和土方开挖回填总造价约为 70 万元，预计工期约为 50d。

以 24m×96m 工业厂房为例进行经济对比分析，处理要求承载力≥200kPa，消除 10m 范围内黄土的湿陷性。若采用挤密法处理：桩径 400mm，间距 1m，按桩长 10m 计算，地基处理的费用约为 133 万元，工期约为 2 个月。若采用 8000kN·m 高能级强夯法进行处理，地基处理总造价约为 27 万，预计工期约为 25d。

从以上分析可以看出，对油罐地基，16000kN·m 高能级强夯法一次处理与挤密法相比，费用和工期约为挤密法的 1/4 和 1/2。与分层强夯法比较，费用节省 1/4，工期缩短 40%。对工业厂房地基，8000kN·m 高能级强夯法与挤密法相比，费用节省了约 4/5，工期缩短了 60%。经过黄土地区多位专家的数次技术、经济、工期论证后，最终选用了客观可行的、性价比最优的方法——最高能级达 16000kN·m 的高能级强夯法进行地基处理。

1.4.2　高能级强夯应用和发展的唯一性

高能级强夯的应用和发展在某些大型项目中具有唯一性。在填海造地陆域形成时，如果回填碎石土深度较大，形成的地基比较疏松、空隙较大，而且随造地规模增大，回填土厚度深达 15m 甚至 20m 以上，采用常规地基处理方法难以处理，即使采用桩基，由于块石影响，不仅施工难度较大，而且无法解决深厚填土的自重沉降问题。在这种情况下，高能级强夯法是地基处理唯一可供选择的方法，从这种意义上讲，高能级强夯具有排他性和唯一性。只要环境允许、土层条件适合，强夯法在某种程度上比其他机械的、化工的或力学的加固方法使用更为广泛和有效，是最具节能省地优势的技术措施之一。例如，使用强夯法处理花岗岩残积土、碎石土、砂类土、非饱和黏性土等粗粒土地基，其承载能力可提高 200%～500%，压缩性可降低 20%～90%。

辽宁省某大型船舶建造设施工程船体联合工场地基处理工程，占地面积 25 万 m^2，原陆域形成设计方案为先建坝拦水，抽水清淤，清理已回填区域的大量抛石，再炸山填海，且必须将块石的粒径均粉碎至 5cm 以内，最后对地基进行注浆处理，再做 ϕ800 灌注桩。由于考虑该场区回填层尚未固结，海积相的压缩性比较高，承载力低。若采用桩基，有施工难度大、造价高、工期长等诸多困难，即使增加大量额外费用提高上部结构的刚度，也难以保证差异沉降满足要求和变形协调。

在充分考虑该工程的地质资料、上部结构和荷载特点、变形要求、工期等的基础上提出了目前来讲唯一的、也是最优的高能级强夯法进行处理的方案。在陆域形成过程中就省去了拦坝清淤、清理回填区域大量抛石和破碎块石，而代以直接一次回填整体推进，不仅加快了陆域形成进度，而且大幅节省费用。施工中采用了异形锤联合平锤高能级复合强夯的五遍成夯新工艺，不仅满足了结构承载力要求，而且大幅度减小了回填碎石土的差异沉降。该方案为建设单位节省了近 2500 万元的造价，缩短工期 14 个月。项目已投产三年，柱基和地坪最大沉降量仅 1.5cm，效果良好。

舟山某造船厂综合仓库及管子加工车间，由人工填土塘渣层和海相沉积的淤泥质软土层组成，其中层①$_1$ 塘渣回填土，主要由凝灰岩块石组成，炸山后直接回填，块石径 10～100cm，呈棱角状；层①$_2$ 塘渣回填土，主要由黏土和块石组成，黏土占 60%，块石径 10～150cm；层② 淤泥，流塑，全场地分布；层③ 含砂砾黏性土，松散，砂砾占 10%，局部相变为中粗砂；其下为全风化凝灰岩。该项目采用表层 2000kN·m 低能级强夯后进行预钻孔然后施打 PHC 管桩，钻孔难度很大，桩基施工过程中 30% 桩被打坏，40% 的桩达不到标高要求。厂房建成后 3 个月地坪和部分柱基沉降已经达到 30cm，吊车卡轨，不得不投入大量资金多次进行维修。多个工程实例也证明了对开山石回填厚度较大地基，高能级强夯法的唯一性和有效性。

1.4.3 高能级强夯应用和发展的必然性

高能级强夯法是随工程需要应运而生，随国内大型基础设施建设和沿海城市填海造陆工程扩大而发展的。近年来随着技术的发展，我国自主研发的 CGE 系列高能级强夯专用机具在很多大型石油、化工、船舶项目中得到应用，目前国产高能级强夯机施工能级最高可达 25000kN·m。

在填海造地、开山回填碎石土地基处理中，由于碎石土颗粒较大、土质疏松，且厚度大多在 10m 以上，这种地基的处理以降低地基土的压缩性、达到减少工后沉降为主要目的。采用其他方法或很难处理、效果太差，很难达到目的，或成本太高、工期太长，如堆载预压方法少则半年，多则数年。而采用高能级强夯法可以一次性处理到位，工期可以大大缩短至 3～5 个月，根据目前已经完成的工程看，地基处理效果显著。

目前，广东、福建、广西、浙江、山东、辽宁等沿海地区和西南部山区碎石填土地基大量采用高能级强夯法进行处理。如广西某石化工程，占地面积近 300 万 m^2，海岸丘陵地貌，场区内原有 15 座山包，人工整平后填土最大厚度约 16m，该工程经多种地基处理方案的比选后采用了高能级强夯法，其中采用 10000kN·m 以上能级施工的面积达到了 108 万 m^2。

1.4.4 高能级强夯应用和发展的节能环保性

目前我国的能源形势相当严峻。我国的人均煤炭储量只占世界人均储量的 50%、原油占 12%、天然气仅占 6%、水资源仅占 25%、森林资源仅占 16.7%。我国已成为世界上第三大能源生产国和第二大能源消耗国。二是作为能耗大国，我国建筑总能耗已占社会能耗的近 30%，有些城市高达 70%，建筑节能潜力巨大。

强夯法是一种节能、节地、节水、节材的地基处理方法，符合我国工程建设"资源节约性、节能环保性"发展方向。如在辽宁某船厂项目中，由于高能级强夯法合理而有效应用，直接节省钢材 1200t，节省混凝土超过 6 万 m³。大连某石油仓储项目，因采用了高能级强夯法地基加固＋环墙浅基础的方案，直接节省钢材 2200t，节省约 48000m³ 混凝土。按此比例推而广之，如果全国每年有 500 万 m² 高能级强夯面积，总量可直接节省约 40 万 t 钢材，450 万 m³ 混凝土，180 万 t 水泥。在不考虑运输的情况下，间接可节省 60 万 t 标准煤，480 万 t 水，13860 万 kW·h 电，因煤炭和电力消耗量的减少而减少烟粉尘排放 350t，排放 CO_2 120 万 t，SO_2 排放 9000t，其节能环保的优势和效果是显而易见的。

1.4.5　高能级强夯设计施工的复杂性

强夯法，特别是高能级强夯法地基处理在很多项目中具有显而易见的优势，但必须因地制宜地进行设计和施工才能扬长避短，使其更好地为国民经济建设服务。

人工回填或原始工程地质条件的复杂性、上部结构变形敏感性和承载力的差异性等均导致了强夯法设计的复杂性，而且能级较高时超出规范，对工程经验的依赖性很强。设计和施工单位对高能级强夯施工安全的复杂性都应有清醒的认识。

目前对于强夯法地基处理设计包括强夯法设计和强夯置换法设计，在进行具体方法设计前，应综合考虑场地地层条件和软弱层情况，上部荷载大小，对承载力和变形的要求，是一次处理到位还是预处理后还需做打桩等因素，选择适宜的施工工艺。选定了施工工艺后，依据需加固土层厚度确定强夯能级，根据规范及经验确定强夯主夯点间距，按照规范要求的强夯收锤标准进行试验性设计，通过试夯判断单点夯击能是否合理，确定最佳单点夯击击数、主夯点间距等参数。

强夯法设计是一个系统工程，是一个变形与承载力双控且以变形控制为主的设计方法，对于高能级强夯工程尤其如此。具体来讲，强夯地基处理的设计要结合工程经验和现场情况，主要从夯锤、施工机具选用、主夯能级确定、加固夯能级确定、满夯能级确定、夯点间距及布置、夯击遍数与击数、有效加固深度、收锤标准、间歇时间、处理范围、监测、检测、变形验算、稳定性验算、填料控制、夯坑深度与土方量计算、减振隔振措施、降排水措施、垫层设计、基础方案、结构措施 22 个方面进行优化设计。

强夯的有效加固深度既是反映地基处理效果的重要参数，又是选择地基处理方案的重要依据。根据在辽宁大连、广西钦州、山东青岛、辽宁葫芦岛、甘肃庆阳等地参与 12000kN·m 能级以上的工程经验和洛阳大化纤、铜川新区、山西焦化、万家寨引黄工程等黄土地区工程经验，对于超规范强夯能级处理填土和原状土地基的夯点间距及有效加固深度统计建议见表 1.1-2，对于 8000～16000kN·m 能级强夯的收锤标准宜适当从严，必须确保单点总夯击数才能确保加固效果。20000kN·m 比 10000kN·m 能级增加了 100%，有效加固深度仅增加了 50% 左右，成本却增加了近 100%。虽然能级越高，有效加固深度越大，但仅靠能级增加得到的有效加固深度的增幅衰减明显，故对要求有效加固深度更大的工程，不必一味地增加能级，可考虑分层处理或结合其他方法经技术经济工期综合比较后选择采用。

高能级强夯与有效加固深度关系及建议的夯点间距　　　表 1.1-2

单击夯击能（kN·m）	填土地基(m)		原状土地基(m)		建议主夯点间距(m)
	块石填土	素填土	碎石土、砂土等粗颗粒土	粉土、黏性土等细颗粒土	
10000	12.0～14.0	15.0～17.0	11.0～13.0	9.0～10.0	9.0～11.0
12000	13.0～15.0	16.0～18.0	12.0～14.0	10.0～11.0	9.0～12.0
14000	14.0～16.0	17.0～19.0	13.0～15.0	11.0～12.0	10.0～12.0
15000	15.0～17.0	17.5～19.5	13.5～15.5	12.0～13.0	11.0～13.0
16000	16.0～18.0	18.0～20.0	14.0～16.0	13.0～14.0	12.0～14.0
18000	17.0～19.0	18.5～20.5	15.5～17.0	14.0～15.0	13.0～15.0
20000	18.0～20.0	19.0～21.0	16.0～18.0	15.0～16.0	14.0～16.0

1.5 高能级强夯关键技术及标准规范的编制

1.5.1 针对吹填土的降水联合强夯工法研究和规范编制

（1）吹填土降水联合强夯法

降水强夯法是通过对需处理不适宜强夯法直接压密的软土先进行降水，并施加多遍合适能量（少击多遍，先低后高）的强夯击密，达到降低土体含水量，提高土体密实度和承载力，减少地基的工后沉降与差异沉降量的地基处理方法。该法结合了降水、强夯两种工法的优点，夯前先进行降水，降低吹填土的含水量，提高表层土强度使机械设备能很快地具备进场条件。适用于粉质黏土、砂性土，对于黏性土和淤泥质土工效较低。图 1.1-2 为上海港外高桥港区四期工程降水联合强夯法施工实例。

（a）　　　　　　　　　　（b）　　　　　　　　　　（c）

图 1.1-2　上海港外高桥港区四期工程降水联合强夯法现场施工图片

（2）设计施工工艺

结合吹填土降水联合强夯法的加固机理及土质特点，形成适用于上海及周边软土地区强夯法的设计施工工艺，如图 1.1-3 所示。

1.5.2 针对高填土的分层强夯工法及规范编制

（1）高填土分层强夯法的特点

结合延安市新区"中疏外扩，上山建城"项目、延长石油延安煤油气资源综合利用项目、云南绿春县城绿东新区削峰填谷项目等，认为对于高填土采用分层强夯法施工的场地，往往具有以下四个特点（图1.1-4）：

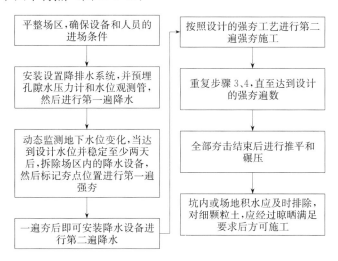

图1.1-3　吹填土降水联合强夯法施工步骤图

1）压实体量大：回填土石方量巨大，碾压工作量巨大，如延安新区北区一期的土方量已达到5.7亿 m³。

2）填挖交错、场地复杂、技术难度高、施工难度大：有大面积平整场地夯实，也有局部靠近边坡处临边场地狭窄处夯实；具有挖填方交界面多、处理难度大、超高填方、大土石方量、顺坡填筑、填筑材料就地取材等特点。

3）夯实工作制约着土方回填进度，进而制约整个工期：要保证整体工期要求，夯实效率必须要高，可通过增加设备数量，采用高效率设备（如不脱钩夯锤、自动监测技术等）来加快施工进度。

4）工作面集中、施工相互干扰大：多个施工标段，多个施工面，施工场地拥挤，工作面集中，施工相互干扰大，环境恶劣，沉降要求严格。

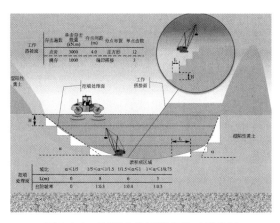

图1.1-4　高填土分层强夯施工示意图

（2）高填土分层强夯法施工参数

巨粒土、粗粒土料及土夹石混合料分层厚度、施工参数及地基夯实指标如表1.1-3所示。

巨粒土、粗粒土料及土夹石混合料分层厚度、施工参数及地基夯实指标　　表 1.1-3

分层厚度（m）	强夯施工参数						地基土夯实指标
	夯击	单击夯击能（kN·m）	夯点间距（m）	夯点布置	单点夯击数	最后两击平均夯沉量（mm）	
4.0	点夯	3000	4.0	正方形	12～14	≤50	$\rho_d \geqslant 2.0 t/m^3$
	满夯	1000	锤印搭接	锤印搭接	3～5		
5.0	点夯	4000	4.5	正方形	10～12	≤100	
	满夯	1500	锤印搭接	锤印搭接	3～5		
6.0	点夯	6000	5.0	正方形	10～12	≤150	
	满夯	2000	锤印搭接	锤印搭接	3～5		

注：1. 分层强夯时，上层点夯位置应布置在下层四个夯点中间位置；
　　2. 一般场地平整区和规划预留发展区分层强夯可取消满夯。

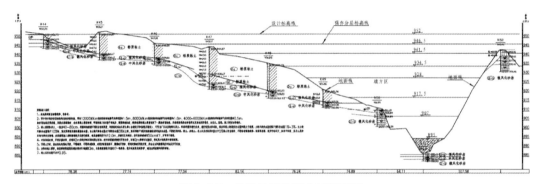

图 1.1-5　典型地基处理分层剖面图

(a)　　　　　　　　　　　　　　(b)

图 1.1-6　延安煤油气资源综合利用项目高填土分层强夯施工照片

（3）工作搭接面的处理

分层强夯法施工过程中，工作搭接面的处理（图 1.1-7）对于施工质量的保证具有重要的作用，对相邻施工工作面搭接部位可采用单击夯击能 3000kN·m 进行强夯处理，处理宽度应为上界面大于一个锤径，下界面按 1:1.5 向上放坡至层顶面保证一个锤径。工作面强夯处理分层厚度不大于 4.0m。

1.5.3　新型强夯地基检测方法的研究和规范编制

（1）强夯地基的质量检测方法

强夯地基的质量检测方法，宜根据土性选用原位试验和室内试验，表 1.1-4 为原位试

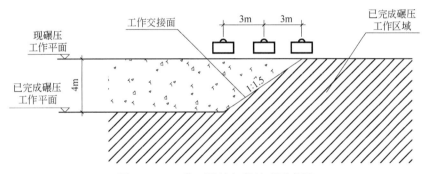

图 1.1-7　工作面搭接加强处理示意图

验适用土体。对于一般工程，应用两种和两种以上方法综合检验；对于重要工程，应增加检验项目并须做现场大型复合地基载荷试验；对液化场地，应做标贯试验，检验深度应超过设计处理深度。对于碎石土下存在软弱夹层地基土，一定要有钻孔试验，建议采用各种方案综合测试。

原位试验适用土体

表 1. 1-4

试验项目	地基土类型
标准贯入 SPT	⊠碎石土 ☑砂土 ☑粉土 □黏性土 □软土 ⊠抛石土
静力触探 CPT	⊠碎石土 ☑砂土 ☑粉土 ☑黏性土 ☑软土 ⊠抛石土
轻型动力触探 LDPT	⊠碎石土 ☑砂土 □粉土 ☑黏性土 ☑软土 ⊠抛石土
重型动力触探 HDPT	☑碎石土 ☑砂土 □粉土 ⊠黏性土 ⊠软土 □抛石土
超重型动力触探 SDPT	☑碎石土 □砂土 ⊠粉土 ⊠黏性土 ⊠软土 ☑抛石土
平板载荷试验 PLT	☑碎石土 ☑砂土 ☑粉土 ☑黏性土 ☑软土 ☑抛石土
旁压实验 PMT	☑碎石土 ☑砂土 ☑粉土 ☑黏性土 ☑软土 ⊠抛石土
十字板剪切试验 VT	⊠碎石土 ⊠砂土 ⊠粉土 □黏性土 ☑软土 ⊠抛石土
面波试验 WVTRei	☑碎石土 ☑砂土 ☑粉土 ☑黏性土 ☑软土 ☑抛石土
地质雷达检测 GRT	☑碎石土 ☑砂土 ☑粉土 ☑黏性土 ☑软土 ☑抛石土
重度 γ_0	☑碎石土 □砂土 ⊠粉土 ☑黏性土 ⊠软土 ☑抛石土

注：☑适用，□部分适用，⊠不适用，特殊性土如黄土、膨胀土、盐渍土等参考执行。

（2）强夯地基处理面波检测应用实例

1）多道瞬态面波检测原理和方法

多道瞬态面波法检测（图 1.1-8）具有效率高、速度快、精度高等优点。资料处理过程一般包括纪录编辑、面波速度求取和地质解释三部分，探测精度主要取决于面波速度的计算。

2）多道瞬态面波对强夯地基的评价

定量评价是利用面波波速计算承载力，采用面波波速与同一点位平板载荷试验所得结果对比，通过回归计算出 f_{ak}-V_R、E-V_R 关系式。然后利用这些关系式，通过实测的面波波速可计算出强夯前后的力学参数（地基承载力特征值、变形模量等）。

目前常用的 f_{ak}-V_R、E-V_R 关系式形式如下：

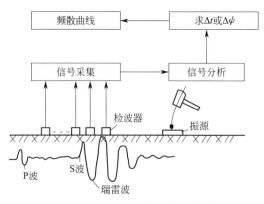

图 1.1-8　面波检测工作示意图

$$f_{ak}=A\times V_R^B,E_0=C\times V_R^D$$

不同地区常参数不同，部分地区经验公式中采用的常参数见表 1.1-5。

我国部分地区 f_{ak}-V_R、E-V_R 关系式参数　　　　　　　　　　表 1.1-5

区域	A	B	C	D
珠三角地区、南昌	2.78	7.96×10^{-1}	9.43×10^{-5}	2.28
山东淄博	2.65×10^{-5}	3.08		
福建漳州	4.46	7.28×10^{-1}	1.06×10^{-11}	5.06
广西钦州	4.06×10^{-1}	1.26		
辽宁葫芦岛	1.98×10^{-2}	1.701	3.10×10^{-3}	1.62

　　在没有经验公式可供参考，也没有可对比静载试验的地区，可通过普测方法，将获得的波速绘制成等值线（图 1.1-9），从波速等值线定性判断强夯地基的加固效果和深度，初步确定整个场地的相对"软"和"硬"区域及程度，从而达到定性地评价加固地基均匀性的目的。

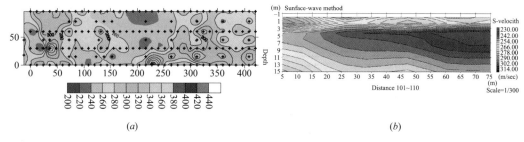

　　　　　　（a）　　　　　　　　　　　　　　　　　　　　（b）

图 1.1-9　承载力等值线图

1.5.4　推广应用效果

　　以上高能级强夯的关键技术已在延安新区一期工程项目、延安煤油气资源综合利用项目场平地基处理设计项目、中国石油云南石化 1000 万吨/年炼油项目地基处理工程、庆阳石化 600 万吨/年炼油升级改造地基强夯检测工程、珠海中化格力南迳湾项目、云南绿春县绿东新区削峰填谷工程等 27 项工程中得到成功应用。这些工程包括了各种复杂的环境条件，以上高能级强夯关键技术的成功应用对项目地基进行了有效的处理，对地基处理检测结果提供了有效的保障，为国家节省投资上亿，对于节能减排也取得了显著的经济和社会效益。

浙江泰顺县茶文化广场工程　　云南绿春县城绿东新区削峰填谷项目　　延安市新城东区一期岩土工程设计　　庆阳石化600万吨/年炼油升级改造地基处理项目

中化格力南迳海化工品仓储地基处理工程　　葫芦岛海擎重工有限公司地基处理工程　　中化泉州石化有限公司地基处理项目　　陕西延长石油延安煤油气资源综合利用项目

图 1.1-10　应用工程示意

部分地基处理工程设计、检测应用表　　　　　　　　表 1.1-6

序号	工程名称	工程地点	工程特点	填土面积
1	延安新区北区一期地基处理工程	陕西省延安市	最大填土厚度 112.0m	约 31km²
2	陕西富县延长石油场地形成地基处理项目	陕西省富县	最大填土厚度 57.0m	—
3	云南绿春"削峰填谷"建新城项目	云南省绿春县	最大填土厚度 110.0m	—
4	葫芦岛海擎重工机械有限公司重型煤化工设备制造厂房地基处理及基础设计项目	辽宁省葫芦岛市	最大填土厚度 14.0m	约 5 万 m²
5	葫芦岛渤海船舶重工有限责任公司总装生产线建设项目地基处理工程	辽宁省葫芦岛市	最大填土厚度达 15.0m	约 49 万 m²
6	泰顺茶文化城地基处理工程	浙江省温州市	最大填土厚度约 60.0m	约 6 万 m²
7	镇江市体育会展中心蛋山强夯工程	江苏省镇江市	最大填土厚度约 30.0m	约 13 万 m²
8	江苏盐城弗吉亚厂房地基处理设计施工项目	江苏省盐城市	填土厚度 6.0m	约 6 万 m²
9	安庆石化 800 万吨年炼化一体化配套成品油管道工程安庆首站地基处理项目	安徽省安庆市	填土总厚度 20.0m	约 15 万 m²
10	东方美地地基处理项目	浙江省台州市	最大填土厚度 17.0m	约 45 万 m²
11	华润电力焦作有限公司 2×660MW 超临界燃煤机组地基处理工程	河南省焦作市	湿陷性黄土厚度最大 16.0m	约 10 万 m²
12	珠海中化格力二期地基处理勘察、设计工程	广东省珠海市	强夯法联合疏桩劲网复合地基处理	—
13	中国石油云南石化 1000 万吨/年炼油项目地基处理工程	云南省安宁市	地基处理最大深度达 20.0m	—
14	珠海深水海洋工程装备制造基地项目浮式产品生产区地基处理工程	广东省珠海市	海域最大回填厚度 16.0m	—
15	日照原油商业储备基地高能级强夯加固机理及储罐基础受力分析项目	山东省日照市	采用尺寸为 7.1m×7.1m 的超大板载荷试验	—

1.6　小结

目前，国内大型基础设施（机场、码头、高等级公路等）建设的发展和沿海城市填海造陆工程以及位于黄土区域内的西部大开发，都给强夯工程的大量实施创造了条件。据"十五"、"十一五"期间强夯的增长速度预测，"十二五"、"十三五"期间每年需采用强夯法处理的地基有 $500\sim600$ 万 m^2，其中约有一半以上需采用高能级强夯处理。同时，我国近期又有多项大型基础设施开工建设，"西部大开发"、"纵横通道"、"长三角"、"珠三角"和"环渤海"等经济区域的快速发展等都将带动大批基础设施建设项目，工程建设中的山区杂填地基、开山块石回填地基、炸山填海、吹砂填海、围海造地等工程也愈来愈多。

强夯技术的应用，对于节约水泥、钢材，降低工程造价，净化人类生存环境等许多方面都有显著优点。多年工程实践表明，强夯技术的广泛应用有利于节约能源和环境保护，是一种绿色地基处理技术，其进一步应用必然使强夯这一经济高效的地基处理技术为我国工程建设事业做出更大的贡献。

高能级强夯关键技术在吹填土、高填方地基的成功应用将为复杂环境条件下的地基处理工程设计、施工和检测提供实质性指导，从而提高工程设计水平，减少工程事故，减少经济损失，提高施工效率，保障工程质量，实现强夯地基处理工程的可持续发展，具有广阔的应用前景。

第2章　对强夯置换概念的澄清与地基变形计算的研究

2.1　概述

强夯置换法是采用在夯坑内回填块石、碎石等粗颗粒材料，用夯锤连续夯击形成强夯置换墩。一般用于淤泥、淤泥质土等软塑、流塑状黏性土层和高饱和度粉土、粉砂地基处理。该处理工艺如果置换墩密实度不够或没有着底，将会增加建筑物的沉降和不均匀沉降。因此特别强调采用强夯置换法前，必须通过现场试验确定其适用性和处理效果。与强夯法相比，强夯置换处理方法用于软土，且能形成较大直径的一定长度的密实度较高的碎石墩，对减小工后变形较为有利，因此目前工程使用越来越广泛，强夯置换的能级也越来越高，国内最高的强夯置换能级已经达到18000kN·m。

2.2　强夯法与强夯置换法的区别与联系

2.2.1　规范术语

对强夯和强夯置换概念理解的不同，经常导致一些工程纠纷。工程界对强夯和强夯置换的区别、强夯置换墩的实际长度有些争议。本节结合工程实例，明确强夯法和强夯置换法的概念。国家行业标准《建筑地基处理技术规范》JGJ 79—2002（以下简称02版规范）的术语：强夯法（dynamic compaction，dynamic consolidation）是反复将夯锤提到高处使其自由落下，给地基以冲击和振动能量，将地基土夯实的地基处理方法；强夯置换法（dynamic replacement）是将重锤提到高处使其自由落下形成夯坑，并不断夯击坑内回填的砂石、钢渣等硬粒料，使其形成密实的墩体的地基处理方法。《建筑地基处理技术规范》JGJ 79—2012（以下简称12版）采用的术语：夯实地基为反复将夯锤提到高处使其自由落下，给地基以冲击和振动能量，将地基土密实处理或置换形成密实墩体的地基。

2.2.2　强夯与强夯置换的区别

强夯和强夯置换的区别主要在于：（1）有无填料；（2）填料与原地基土有无变化；（3）静接地压力大小；（4）是否形成墩体（比夯间土明显密实）。

强夯置换具体要求是：有填料而且填料好，夯锤静接地压力≥80kPa，形成密实的置换墩体，上述四个条件同时满足才能成为强夯置换。

如填土地基，强夯施工过程中因夯坑太深（影响施工效率和加固效果）或提锤困难时（夯坑坍塌或有软土夹层吸锤），可以或应该填料，就是强夯。不止填料一次就是强夯置换，也不是夯一锤填一次，可以是夯几锤填一次。对于采用柱锤强夯来说，满足接地静压力是很容易的，因为柱锤直径大多在 1.1～1.6m，个别柱锤达 1.8m；对于平锤，只有在锤重超过一定重量时可以满足锤底接地静压力要求，且同时满足其他三个条件后的平锤施工才是强夯置换。

需要说明的是强夯和强夯置换之间没有一条不可逾越的鸿沟，而是一个大工艺条件下针对不同地质条件不同设计要求的两个产品，强夯置换更加侧重于形成置换墩的一个工艺。在很多实际工程中我们不能简单地理解为强夯置换就是强夯用于加固饱和软黏土地基的方法。澄清概念的主要目的是为了保证强夯置换的加固效果，避免用一个"大扁锤"（静接地压力很小，小于 80kPa）来施工强夯置换，是很难形成"给力"的强夯置换墩，而是通过缩小锤底面积增加静压力来加强强夯置换的效果。随着目前工程界强夯能级的不断提高，18000kN·m 的强夯和强夯置换已经有多个工程的经验，较大锤底面积的强夯置换工程也越来越多。而且工程实践表明，当能级超过 8000kN·m 后，适当增大锤底面积对增加置换墩长度有利。

2.2.3 工程实例

目前在强夯设计和施工过程中，也经常存在是采用强夯还是强夯置换，是采用平锤强夯置换还是采用异形锤（柱锤）强夯置换的方案选择问题。现就这些问题通过几个工程实例进行探讨。

1. 辽宁葫芦岛某船厂地基处理工程

该工程地基采用开山石回填而成，填土厚度 10m，其下为 3m 海底淤泥。地基处理采用 12000kN·m 平锤施工，夯坑深度平均 5m。为确保有效加固深度，施工过程中夯坑过深、出现提锤困难就回填开山石，否则不允许填料。现场施工见图 1.2-1，施工后效果分析见图 1.2-2。

图 1.2-1　葫芦岛某船厂强夯施工

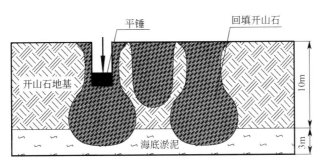

图 1.2-2　葫芦岛某船厂强夯示意图

本项目采用直径 2.5m、重量 60t 的平锤，施工过程中进行了碎石填料，与原地层有差异（填料与原地基填土基本相同，对软弱下卧层有置换作用），形成了比较密实的能有效改良地基变形特性的置换墩。同时满足上面的四个条件，使用柱锤和平锤都可认为是强夯置换。

2. 内蒙古某煤制气地基处理工程

内蒙古某煤制天然气项目，场地主要为沙漠细砂地基，场地分别采用 8000kN·m 和 3000kN·m 能级平锤施工，其中 8000kN·m 能级施工过程中，夯坑回填碎石。两个能级采用的均是直径为 2.5m 的平锤，3000kN·m 能级（夯锤 20t）每遍施工后进行原场地砂土推平再施工，而 8000kN·m（夯锤 40t）能级施工过程中回填了大量碎石料（图 1.2-3）。

本项目 3000kN·m 能级施工虽有填料但不满足其他三个条件，仅仅算是强夯。8000kN·m 能级同时满足了强夯置换的四个条件，应该属于强夯置换。现场检测表明夯点周边砂土地基相对密实度大幅增加，夯点处形成了密实的碎石墩体，荷载作用点、变形敏感点、结构转折部位等应布置在夯点上。

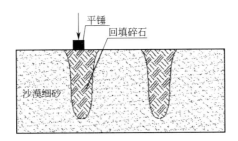

图 1.2-3　内蒙古某项目强夯置换示意图

3. 甘肃庆阳某湿陷性黄土地基工程

甘肃庆阳某工程位于我国最大的黄土塬——董志塬，属于大厚度自重湿陷性黄土地基。本场地采用 15000kN·m 能级的平锤施工，夯锤直径 2.5m，锤重 65t，夯坑深达 5～6m，最深 7～8m。由于夯坑深度过大，施工过程中夯坑多次填入黄土，每遍夯后采用推平夯坑。施工效果示意图见图 1.2-4。

根据填料性质和施工工艺，本场地施工工艺应归于强夯施工范畴。夯坑深度较大，即使采用了柱锤强夯，因填料与原土地基相同，不满足第二条，也只能算是强夯而非强夯置换。其实，处理后的地基经检测，夯点是密实的黄土墩体，夯间也是非常密实，随机抽检点基本上难以区分出夯点和夯间，达到了整体密实均匀的加固效果。

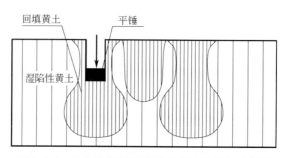

图 1.2-4 甘肃庆阳某湿陷性黄土地基强夯示意图

4. 山东青岛某船厂项目

青岛某船厂地基处理是典型的上硬下软的双层地基，上面回填的是素填土（碎石土3～6m），填土下为淤泥质土，部分区域采用10000kN·m平锤（直径2.5m，锤重50t），部分区域采用2000kN·m柱锤（直径1.5m，锤重15t）进行施工，夯坑过深时回填大粒径开山石，加固效果示意见图1.2-5。检测结果表明穿透了填土层，填料进入淤泥质土形成碎石墩体，能有效改良场地的变形特性，无论是平锤还是柱锤，均同时满足了四个条件，具备了强夯置换效果。

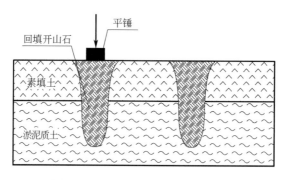

图 1.2-5 双层地基强夯置换示意图

2.3 强夯置换地基的变形计算问题

由于土性质变化的复杂性，采取原状土样的困难，边界条件及加荷情况与计算时所采取的简化情况有所差异，强夯置换地基的变形计算一直是个难题，计算结果往往与实测沉降有较大差别。经过大量强夯和强夯置换工程的沉降观测，积累了一定的经验。限于篇幅，本节列出部分工程的实测结果和几种方法的计算结果，对JGJ 79—2012第6.3.5条第12款强夯置换变形计算方法的调整做出说明和补充。

2.3.1 JGJ 79—2002关于强夯置换地基计算的规定

确定软黏性土中强夯置换墩地基承载力特征值时，可只考虑墩体，不考虑墩间土的作用，其承载力应通过现场单墩载荷试验确定，对饱和粉土地基可按复合地基考虑，其承载力可通过现场单墩复合地基载荷试验确定。

强夯置换地基的变形计算应符合本规范第 7.2.9 条的规定：

第 7.2.9 条 振冲处理地基的变形计算应符合现行国家标准《建筑地基基础设计规范》GB 50007 有关规定。复合土层的压缩模量可按下式计算：

$$E_{sp}=[1+m(n+1)]E_s \qquad (7.2.9)$$

式中：E_{sp}——复合土层压缩模量（MPa）；

　　　E_s——桩间土压缩模量（MPa），宜按当地经验取值，如无经验时，可取天然地基压缩模量。

公式(7.2.9)中的桩土应力比，在无实测资料时，对黏性土可取 2～4，对粉土和砂土可取 1.5～3，原土强度低取大值，原土强度高取小值。

2.3.2　JGJ 79—2012 关于强夯置换地基计算的规定

第 6.3.5 条 强夯置换法处理地基的设计应符合下列规定：

第 11 款 软黏性土中强夯置换地基承载力特征值应通过现场单墩静载荷试验确定；对饱和粉土地基，当处理后形成 2.0m 以上厚度的硬层时，其承载力可通过现场单墩复合地基静载荷试验确定；

第 12 款 强夯置换地基的变形宜按单墩承受的荷载，采用单墩静载荷试验确定的变形模量计算加固区的地基变形，对墩下地基土的变形可按置换墩材料的压力扩散角计算传至墩下土层的附加应力，按现行国家标准《建筑地基基础设计规范》GB 50007 的有关规定计算确定；对饱和粉土地基，当处理后形成 2.0m 以上厚度的硬层时，可按本规范第 7.1.7 条的规定计算确定。

第 7.1.7 条 复合地基变形计算应符合现行国家标准《建筑地基基础设计规范》GB 50007 的有关规定，复合地基变形计算深度必须大于复合土层的深度，在确定的计算深度下部仍有软弱土层时，应继续计算。复合土层的分层与天然地基相同，复合土层的压缩模量可按下式计算：

$$E_{sp}=\zeta \cdot E_s \qquad (7.1.7\text{-}1)$$

$$\zeta=\frac{f_{spk}}{f_{ak}} \qquad (7.1.7\text{-}2)$$

式中：E_{sp}——复合土层的压缩模量（MPa）；

　　　E_s——天然地基的压缩模量（MPa）；

　　　f_{ak}——桩间土天然地基承载力特征值（kPa）。

2.3.3　置换墩长度的实测资料

强夯置换往往都是大粒径的填料，岩土变形参数难以确定，所以强夯置换地基变形的计算方法应该化繁为简，提出一个适宜工程应用的方法。在计算参数中置换墩长是个关键参数，以下讨论这个问题。

强夯置换有效加固深度是选择该方法进行地基处理的重要依据，又是反映强夯置换处理效果、计算强夯置换地基变形的重要参数。强夯置换的加固原理相当于下列三者之和：强夯置换＝强夯(加密墩间土)＋碎石墩(墩点下)＋特大直径排水井(粗粒料)。因此，墩间和墩下的粉土或黏性土通过排水与加密，其密度及状态可以改善。强夯置换有效加固深度为墩长和墩底压密土厚度之和，应根据现场试验或当地经验确定。单击夯击能大小的选择与地基土的类别有关。一般说来，粉土、黏性土的夯击能选择应当比砂性土要大。此外，结构类型、上部荷载大小、处理深度和墩体材料也是选择单击夯击能的重要参考因素。

实际上影响有效加固深度的因素很多，除了夯锤重和落距以外，夯击次数、锤底单位压力、地基土性质、不同土层的厚度和埋藏顺序以及地下水位等都与加固深度有着密切的关系。

针对高饱和度粉土、软塑—流塑的黏性土、有软弱下卧层的填土等细颗粒土地基（实际工程多为表层有2～6m的粗粒料回填，下卧3～15m淤泥或淤泥质土）。根据全国各地68余项工程或项目实测资料的归纳总结（图1.2-6），提出了强夯置换主夯能级与墩长的建议值（见表1.2-1）。图1.2-6中也绘出了《建筑地基处理技术规范》JGJ 79—2002条文说明中的18个工程数据。初步选择时也可以根据地层条件选择墩长，然后参照本表选择强夯置换的能级，而后必须通过试夯确定。很多工程的强夯置换墩实际上很难着底，往往会在墩底留下1～4m的软土，如图1.2-7所示的某工程实测基岩深度与强夯置换墩长的关系（海边吹填软土，表层回填山皮石2m）。因此工程中估算变形时，强夯置换墩的变形加上墩底软土的变形之和应满足设计要求。

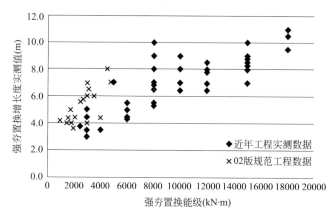

图1.2-6　强夯置换主夯能级与置换墩长度的实测值

强夯置换墩长度与强夯置换主夯能级的关系　　　　　　　　　　　　表1.2-1

主夯能级（kN·m）	高饱和度粉土、软塑—流塑的黏性土、有软弱下卧层的填土地基
3000	3～4m
6000	5～6m
8000	6～7m
12000	8～9m
15000	9～10m
18000	10～11m

需要注意的是表1.2-1中的能级为主夯能级。对于强夯置换法的施工工艺，为了要增加置换墩的长度，工艺设计的一套能级中第一遍（工程中叫主夯）的能级最大，第二遍次

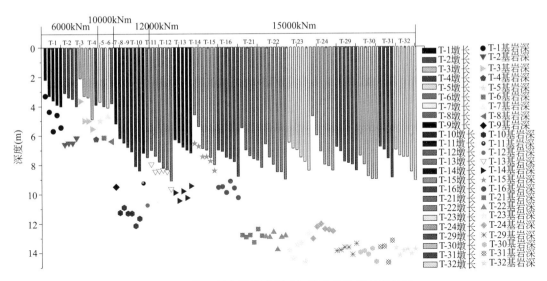

图 1.2-7　某工程实测基岩深度与强夯置换墩长的关系

之或与第一遍相同。每一遍施工填料后都会产生或长或短的夯墩。实践证明，主夯夯点的置换墩长度要比后续几遍的夯墩要长。因此，工程中所讲的夯墩长度指的是主夯夯点的夯墩长度。对于强夯置换法，主夯击能指的是第一遍夯击能，是决定置换墩长度的夯击能，是决定有效加固深度的夯击能。

2.3.4　对强夯置换地基变形计算的分析讨论

强夯置换的变形计算，结合工程测试结果，作如下比较分析：

（1）强夯置换地基的变形计算按现行国家标准《建筑地基基础设计规范》GB 50007—2011 有关规定。土层的压缩模量根据检测报告确定（实际工程中，强夯置换的填料绝大部分为大粒径的碎石、块石，检测报告往往根据重型动力触探或超重型动力触探的结果根据经验估算土层的压缩模量）。

（2）根据山东日照某实际工程中的超大板静载试验实测结果，先用规范方法一（用置换率应力比确定的复合压缩模量）计算，再用规范方法二（用承载力比确定的复合压缩模量）计算，并与工程实测结果比较分析。

（3）再根据辽宁葫芦岛、山东青岛、辽宁大连、广西钦州和温州泰顺等实际工程的实测结果，按照上述方法分别进行变形计算，通过对比验证各种方法。

通过大量的工程实例验算，得到的结论如下：

强夯置换地基变形包括两部分，一是墩体变形，由等面积的静载试验实测确定（虽然这部分变形可能包括了一少部分的软土变形，但因载荷试验时间短，主要是墩体的变形）；二是墩底软土的长期变形，按照扩散角理论计算软土变形。这两个变形量之和即为强夯置换地基的最终变形，简称"墩变形＋应力扩散法"。这个方法的前提条件是：1）强夯置换地基中，基础的荷载作用在墩体上，或者说夯点应布置在荷载作用点、变形敏感点、结构转折部位等处。2）静载试验的荷载板面积宜等于夯锤面积。经几个工程实例计算验证，计算结果和实测数据较为吻合，计算方法简单。

实际工程中，在满足要求的前提下，强夯置换墩静载试验达到特征值两倍时的变形量一般情况下在20mm左右，特征值对应的沉降量在10mm左右。初步设计时可以按墩体变形10mm，再加上下卧层变形的计算值即可预估总变形量。

2.3.5　强夯置换工程实例

1. 山东日照某工程实例分析

（1）工程概况与试验实测结果

场地为新近吹填与回填土，地层条件为：杂填土0～2.6m，淤泥质粉质黏土2.6～2.9m，吹填砂土2.9～9.4m，淤泥质粉细砂9.4～12.3m，12.3m以下为强风化花岗岩。

本项目强夯试验分为4个区：试验1区采用6000kN·m平锤强夯处理，试验2区采用12000kN·m平锤强夯置换处理，试验3区采用12000kN·m柱锤＋平锤强夯置换处理，试验4区采用15000kN·m平锤强夯置换处理。为模拟在10万m³油罐作用下夯后地基土的变形特性，验证油罐下采用浅基础的安全可行性，在试验2区进行了此次超大板的载荷试验。

试验的最大加载量为560kPa（28125kN），试验使用的载荷板为现浇早强C50钢筋混凝土板，尺寸为7.1m×7.1m，板面积50.41m²，板厚40cm（板厚与板宽比例为1：18，可近似按柔性板考虑）。此次大板载荷试验可反映载荷板下1.5～2.0倍载荷板宽度范围内地基土的承载力和变形性状，即本试验的影响深度在11～15m左右，根据详勘资料，该影响深度已达到了基岩顶标高。

施工参数：主夯点间距10m，一遍夯点平锤直径2.5m，锤重60t，能级为12000kN·m；二遍夯点能级为12000kN·m，夯点位于一遍4个夯点中心。三遍夯点6000kN·m能级平锤强夯，直径2.5m，夯点位于一、二遍4个夯点中心。四遍夯点3000kN·m能级平锤强夯，夯点位于一、二、三遍的4个夯点中心，并且包含一、二、三遍的夯点。第五遍满夯1500kN·m能级平锤，每点夯3击，要求夯印1/3搭接。

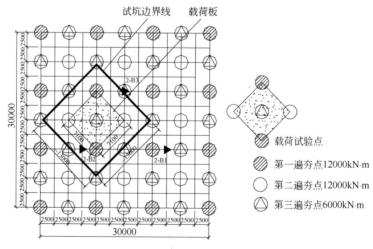

图 1.2-8　大压板静载试验点布置图

本次试验承压板与强夯置换墩之间的相对位置如图1.2-8所示，承压板的中心位于第三遍夯点位置，承压板四角分别放置于第一、二遍夯点 1/4 面积位置。此种布置方式的原因有以下两个方面：

①根据工程经验，如果承压板中心位于一、二遍夯点（12000kN·m）位置，试验所得出的承载力将根据比承压板中心位于 6000kN·m 能级第三遍夯点位置时得出的承载力高，因此本试验中采用的布置方式偏于保守，测试得出的数据有较高的可靠度；

②根据试夯施工的夯点布置方式（图 1.2-8），可以近似认为每个碎石置换墩承受板上 25m² 的上部荷载。由于本次试验采用的承压板的面积为 50.41m²，为了尽量准确模拟油罐作用下碎石置换墩的受力情况，承压板下的碎石置换墩的数量应等于两个。对于本次试验方案中的承压板布置方式，承压板的四周分别位于 2 个 1/4 第一遍夯点和 2 个 1/4 第二遍夯点位置。强夯置换墩这种桩体属于散体桩，桩体本身由散体材料组成，桩顶的受力状态与周围土体的围压存在很大的关系，其受力状态与刚性桩和半刚性桩有较大的区别，对于本项目场地可近似认为散体桩桩顶任意区域只有直接承受荷载，其下部相应区域的散粒体才会提供反力，桩顶其他未直接接触荷载区域，其下散粒体提供的反力可近似为 0，因此本试验 4 个 1/4 碎石置换墩的受力即可近似为 1 根 12000kN·m 碎石置换墩的受力，再加上承压板中心位置的一根 6000kN·m 碎石置换墩，本次试验承压板可认为是 2 根碎石置换墩在提供反力，这与油罐作用下复合地基的真正受力方式相似，模拟的相似性较好。现场堆载照片见图 1.2-9。

图 1.2-9　现场堆载照片图

试验测试实测 p-s 值见表 1.2-2，实测 p-s 曲线见图 1.2-10，载荷板平均最终累计沉降量为 62.40mm。

实测 p-s 值　　表 1.2-2

荷载(kPa)	0	140	210	280	350	420	490	560
本级平均沉降(mm)	0.00	10.30	8.10	9.40	7.30	8.30	9.80	9.20
累计平均沉降(mm)	0.00	10.30	18.40	27.80	35.10	43.40	53.20	62.40

根据由图 1.2-10～图 1.2-12 所示测试数据，可以看出：试验过程中荷载施加较均匀；承压板下地基整体较均匀；每级荷载作用下各测点的沉降平均值较均匀；p-s 曲线显示试验加载过程中，地基土还处于弹性阶段，p-s 曲线接近于直线，并未进入塑性阶段，说明

地基承载力的潜力较大。p-s 曲线平缓，没有出现陡降段，根据相关规范的要求，按最大加载量的一半判定，地基土承载力特征值不小于 280kPa。根据规范建议公式和类似的工程经验，判定地基土变形模量 $E_0 \geqslant 20$MPa。

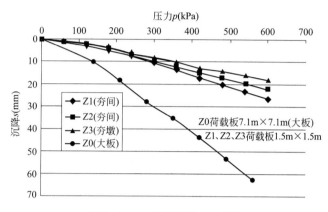

图 1.2-10　现场实测 p-s 曲线

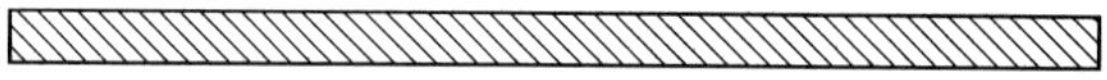

图 1.2-11　承压板范围（对角线）

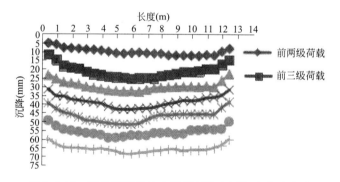

图 1.2-12　荷载板下 SP2 水平测斜管实测竖向位移曲线

实测的桩土分担比为 3：2，桩土应力比为 4（置换墩顶应力平均为 1200kPa 左右，墩间土的应力为 306kPa）。

（2）按规范方法一（用置换率应力比确定的复合压缩模量）计算变形量

从增强体的材料特性上讲，强夯置换墩的材料一般为碎石土等粗粒料，处理高饱和度粉土和软塑黏性土地基，其置换墩属于用散粒体材料形成的复合地基增强体，依据规范宜采用用置换率应力比确定的复合压缩模量，其公式为：$E_{sp} = [1 + m(n-1)]E_s$。计算采用的尺寸见示意图 1.2-13。

①仅考虑第一二遍夯点的置换增强体作用

第一、二遍夯点能级为 12000kN·m，夯锤直径 2.5m，置换墩直径取 $1.2 \times 2.5 = 3.0$m（02 规范 6.2.15 条：墩的计算直径可取夯锤直径的 1.1～1.2 倍），单墩面积 $A_p = 7.1$m²。实测置换墩长度 7m，计算变形时考虑墩下有 1m 的墩底压密土厚度。荷载板下

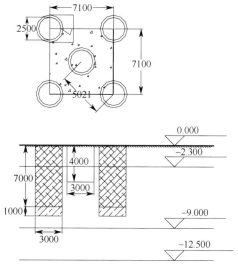

图 1.2-13　地基处理示意图

有 2 个 1/4 的一遍夯点，有 2 个 1/4 的二遍夯点，置换率 $m＝A_p/A＝7.1/50＝14\%$。当 $m＝14\%$ 时，若按原规范取桩土应力比最大值 $n＝4$（工程实测第一、二、三遍点的 n 均为 4），$E_{sp}＝[1＋m(n－1)]E_s＝1.42E_s$；

当 $n＝4$ 时沉降计算经验系数为 $1.196（p_0≥f_{ak}）$ 或 $0.896（p_0≤0.75f_{ak}）$，总沉降量＝$0.896×678.72＝608.13（mm）$，与实测值差异较大。下面按照应力比 $n＝8$ 进行试算。

当 $n＝8$ 时的各层土的压缩情况：若取桩土应力比 $n＝8$，$E_{sp}＝[1＋m(n－1)]E_s＝1.98E_s$；沉降计算经验系数为 $1.053（p_0≥f_{ak}）$ 或 $0.753（p_0≤0.75f_{ak}）$，总沉降量＝$0.753×529.18＝398.47（mm）$，与实测值差异仍然较大。那么变换一个思路，考虑第三遍夯点的置换作用再进行试算。

②考虑第一、二、三遍夯点的置换增强体作用

在第一、二遍夯点的基础上，考虑第三遍夯点 6000kN·m 的置换增强体作用：夯锤直径 2.5m，置换墩直径取 $1.2×2.5＝3.0m$，单墩面积 $A_p＝7.1m^2$。实测置换墩长度平均 3.5m，计算变形时考虑墩下有 0.5m 的墩底压密土，共 4m 厚度。荷载板下有 2 个 1/4 的一遍夯点，有 2 个 1/4 的二遍夯点，有 1 个三遍夯点，在 0～4m 范围内的置换率 $m＝A_p/A＝2×7.1/50＝28\%$，4～8m 范围内的置换率为 14\%。

若按原规范取桩土应力比最大值 $n＝4$，则 1～4m 范围内 $E_{sp}＝[1＋m(n－1)]E_s＝1.84E_s$，则，4～8m 范围内 $E_{sp}＝[1＋m(n－1)]E_s＝1.42E_s$；

当 $n＝4$ 时，沉降计算经验系数为 $1.148（p_0≥f_{ak}）$ 和 $0.848（p_0≤0.75f_{ak}）$，总沉降量为 $0.848×620.05＝525.80（mm）$。

当 $n＝8$ 时，沉降计算经验系数＝$0.975（p_0≥f_{ak}）$ 和 $0.688（p_0≤0.75f_{ak}）$，总沉降量为 $0.688×466.88＝321.21（mm）$。依然差异较大。

实际上，从夯坑填料量来分析，墩体直径都要比 02 规范建议的 1.1～1.2 倍夯锤直径要大得多。比如本工程 2 号试验区每个夯点的实际填料量平均在 100m³，考虑压实系数

1.2，夯墩直径 $1.2 \times 2.5 = 3.0 \mathrm{m}$，面积 $7.1 \mathrm{m}^2$，计算夯墩长度 $100/1.2/7.1 = 11.7 \mathrm{m}$，远远大于实测墩长度。很多工程都发现这个问题，那么这么多填料如何失踪了？如果按照墩长度 $7 \mathrm{m}$ 考虑，$100/1.2/7 = 11.9 \mathrm{m}^2$，换算夯墩直径为 $3.9 \mathrm{m}$，约为 1.6 倍的夯锤直径。先按照墩体直径为 1.6 倍夯锤直径试算。

③考虑第一、二、三遍夯点的置换增强体作用（墩体直径 $4 \mathrm{m}$）

在第一、二遍夯点的基础上，考虑第三遍夯点 $6000 \mathrm{kN \cdot m}$ 的置换增强体作用：夯锤直径 $2.5 \mathrm{m}$，置换墩直径取 $1.6 \times 2.5 = 4.0 \mathrm{m}$，单墩面积 $A_\mathrm{p} = 12.6 \mathrm{m}^2$。实测置换墩长度平均 $3.5 \mathrm{m}$，计算变形时考虑墩下有 $0.5 \mathrm{m}$ 的墩底压密土，共 $4 \mathrm{m}$ 厚度。荷载板下有 2 个 1/4 的一遍夯点，有 2 个 1/4 的二遍夯点，有 1 个三遍夯点，在 $0 \sim 4 \mathrm{m}$ 范围内的置换率 $m = A_\mathrm{p}/A = 2 \times 12.6/50 = 50\%$，$4 \sim 8 \mathrm{m}$ 范围内的置换率为 25%。

若按原规范取桩土应力比最大值 $n = 4$，则 $1 \sim 4 \mathrm{m}$ 范围内 $E_\mathrm{sp} = [1 + m(n-1)]E_\mathrm{s} = 2.5 E_\mathrm{s}$，则，$4 \sim 8 \mathrm{m}$ 范围内 $E_\mathrm{sp} = [1 + m(n-1)]E_\mathrm{s} = 1.75 E_\mathrm{s}$；沉降计算经验系数为 1.039（$p_0 \geqslant f_\mathrm{ak}$）和 0.739（$p_0 \leqslant 0.75 f_\mathrm{ak}$），总沉降量为 $0.739 \times 517.81 = 382.66$（mm）。

若按原规范取桩土应力比最大值 $n = 8$，则 $1 \sim 4 \mathrm{m}$ 范围内 $E_\mathrm{sp} = [1 + m(n-1)]E_\mathrm{s} = 4.5 E_\mathrm{s}$，则，$4 \sim 8 \mathrm{m}$ 范围内 $E_\mathrm{sp} = [1 + m(n-1)]E_\mathrm{s} = 2.75 E_\mathrm{s}$；沉降计算经验系数为 0.76（$p_0 \leqslant 0.75 f_\mathrm{ak}$），总沉降量为 $0.7 \times 186.895 = 130.83$（mm）。

这个结果虽然有点接近了，但偏大了 52%。也就是说，针对这个工程实例，采用按照置换率应力比确定复合地基压缩模量的方法，当考虑三遍夯墩影响、取应力比 $n = 8$、墩体直径为 1.6 倍夯锤直径时，计算结果与实测结果较为接近，处于工程中可以接受的误差范围且比实测值稍大，偏于安全。

④考虑第一、二、三遍夯点的置换增强体作用（墩体直径 $5 \mathrm{m}$）

在第一、二遍夯点的基础上，考虑第三遍夯点 $6000 \mathrm{kN \cdot m}$ 的置换增强体作用：夯锤直径 $2.5 \mathrm{m}$，置换墩直径取 $2.0 \times 2.5 = 5.0 \mathrm{m}$，单墩面积 $A_\mathrm{p} = 19.6 \mathrm{m}^2$。实测置换墩长度平均 $3.5 \mathrm{m}$，计算变形时考虑墩下有 $0.5 \mathrm{m}$ 的墩底压密土，共 $4 \mathrm{m}$ 厚度。荷载板下有 2 个 1/4 的一遍夯点，有 2 个 1/4 的二遍夯点，有 1 个三遍夯点，在 $0 \sim 4 \mathrm{m}$ 范围内的置换率 $m = A_\mathrm{p}/A = 2 \times 19.6/50 = 79\%$，$4 \sim 8 \mathrm{m}$ 范围内的置换率为 39%。

若按原规范取桩土应力比最大值 $n = 4$，则 $1 \sim 4 \mathrm{m}$ 范围内 $E_\mathrm{sp} = [1 + m(n-1)]E_\mathrm{s} = 3.4 E_\mathrm{s}$，则，$4 \sim 8 \mathrm{m}$ 范围内 $E_\mathrm{sp} = [1 + m(n-1)]E_\mathrm{s} = 2.2 E_\mathrm{s}$；沉降计算经验系数为 0.926（$p_0 \geqslant f_\mathrm{ak}$）和 0.663（$p_0 \leqslant 0.75 f_\mathrm{ak}$），总沉降量为 $0.663 \times 435.47 = 288.72 \mathrm{mm}$。

若取桩土应力比最大值 $n = 8$，则 $1 \sim 4 \mathrm{m}$ 范围内 $E_\mathrm{sp} = [1 + m(n-1)]E_\mathrm{s} = 6.5 E_\mathrm{s}$，则，$4 \sim 8 \mathrm{m}$ 范围内 $E_\mathrm{sp} = [1 + m(n-1)]E_\mathrm{s} = 3.7 E_\mathrm{s}$；

沉降计算经验系数 1（$p_0 \geqslant f_\mathrm{ak}$）和 0.7（$p_0 \leqslant 0.75 f_\mathrm{ak}$），总沉降量为 $0.64 \times 162.322 = 104.49 \mathrm{mm}$。

这个结果更加接近了，仅偏大了 23%。也就是说，针对这个工程实例，采用按照置换率应力比确定复合地基压缩模量的方法当取应力比 $n = 8$、墩体直径为 $1.8 \sim 2.0$ 倍夯锤直径时且同时考虑第一、二、三遍夯点的置换墩作用时，计算确定的沉降量与实测结果较为接近，处于工程中可以接受的误差范围且比实测值稍大，偏于安全，是一个可以接受的比较理想的结果。

（2）按规范方法二（用承载力比确定的复合压缩模量）计算

从增强体的材料特性来分析，应当属于散粒体材料形成的增强体。但如果考虑到墩体自身较高的密实度和墩体与墩间土的强度的巨大差异，按照 02 版规范 9.2.8 条规定试算一下。

【02 版规范】9.2.8　地基处理后的变形计算应按现行国家标准《建筑地基基础设计规范》GB 50007—2011 的有关规定执行。复合土层的分层与天然地基相同，各复合土层的压缩模量等于该层天然地基压缩模量的 ζ 倍，ζ 值可按下式确定：

$$\zeta = \frac{f_{spk}}{f_{ak}} \qquad (9.2.8\text{-}1)$$

式中：f_{ak}——基础底面下天然地基承载力特征值（kPa）。

变形计算经验系数 ψ_s 根据当地沉降观测资料及经验确定，也可采用规范中推荐的数值。

复合地基按 280kPa 承载力特征值计算。考虑置换墩增强体的长度为 7m，墩底压密土的深度为 1m，综合考虑 8m。原地基土的承载力特征值为 100kPa，则：

$$\zeta = \frac{f_{spk}}{f_{ak}} = \frac{280}{100} = 2.8$$

沉降计算经验系数为 $0.907(p_0 \geqslant f_{ak})$ 和 $0.653(p_0 \leqslant 0.75 f_{ak})$，总沉降量为 $0.653 \times 421.84 = 275.46$mm。

从上面的分析计算可以看出，这个计算结果与复合地基的承载力的特征值关系极为密切。由于复合地基真正的承载力特征值在很多工程中很难准确通过试验确定出来，使得用于计算的承载力特征值偏低估计了处理地基土的模量，使得计算的变形与实测偏大。

（3）按照"墩变形＋应力扩散法"计算结果

"墩变形＋应力扩散法"，强夯置换地基的变形包括两部分：

①第一部分：以置换墩变形为主、软土变形为辅，静载试验的载荷板平均在附加压力 560kPa 下的最终累计沉降量为 62.40mm，在 250kPa 设计荷载作用下的沉降量为 23mm（查 p-s 曲线获得）。

②第二部分：以软土变形为主以置换墩变形为辅，地表考虑 250kPa 的附加压力，圆形荷载 $b = 2.5$m（等于夯锤直径），考虑墩长度 7m，按照碎石的压力扩散角（$z/b = 2.5 > 0.5$，取 $\theta = 30°$）扩散，在深度 7m 处的附加压力为 57kPa。之下有 2m 淤泥质土（$E_s = 2.5$MPa）和 3m 砂土（$E_s = 4$MPa），按照大面积荷载作用（不考虑扩散），沉降量为 $42 + 40 = 82$mm。

③两部分之和为强夯置换地基的总变形量 $s = 23 + 82 = 105$mm，比较符合实际情况。

④需要注意的是：这个方法有一个计算假定：荷载作用点位于夯墩上；如果局部做不到的话，应该设置刚性基础，使荷载尽量作用在夯墩上。当荷载作用在夯间时，如果夯间有 2m 后的碎石垫层，也基本上可以将荷载传递到夯墩上，可以保证工后变形不致过大。当垫层厚度小于 1m，且基础宽度过小（小于 1.5m）荷载又较大时会出现地基冲切破坏。这种情况在实际工程中出现的概率不大。所以尽量保证强夯置换地基完成后的垫层厚度超过 2m。

（4）变形计算汇总结果

变形计算汇总结果见表1.2-3。

变形计算汇总结果 表1.2-3

方法	考虑	计算参数	计算$\sum s$（mm）	ψ_s	计算最终s（mm）	与推算最终s=85mm的误差（%）	实测
用置换率应力比确定的复合压缩模量	若仅考虑第一二遍夯点的置换增强体作用	墩体直径3m，$n=4$，$m=14\%$	678.7	0.896	608.1	615.4	静载实测$s=62.4$mm，估算最终沉降量在75～95mm左右。暂按照平均值85mm作为推算最终沉降量进行分析
		墩体直径3m，$n=8$，$m=14\%$	529.2	0.753	398.5	368.8	
	当考虑第一二三遍夯点的置换增强体作用	墩体直径3m，$n=4$，$m=28\%$（1～4m），$m=14\%$（5～8m）	620.1	0.848	525.8	518.6	
		墩体直径3m，$n=8$，$m=28\%$（1～4m），$m=14\%$（5～8m）	466.9	0.688	321.1	277.8	
		墩体直径4m，$n=4$，$m=50\%$（1～4m），$m=25\%$（5～8m）	517.8	0.739	382.7	350.2	
		墩体直径4m，$n=8$，$m=50\%$（1～4m），$m=25\%$（5～8m）	186.895	0.7	130.83	53.9	
		墩体直径5m，$n=4$，$m=79\%$（1～4m），$m=39\%$（5～8m）	435.5	0.663	288.7	239.6	
		墩体直径5m，$n=8$，$m=79\%$（1～4m），$m=39\%$（5～8m）	162.322	0.64	104.49	22.9	
用承载力比确定的复合压缩模量	复合地基按280kPa承载力特征值考虑	$\zeta=2.8$	421.8	0.653	275.5	224.1	
墩变形+应力扩散法	第一部分：墩体在设计荷载作用下的变形由静载试验曲线得到	$s_1=23$mm	第二部分：按照应力扩散法计算下卧层变形 $s_2=82$mm		$\sum=105$	23.5	

（5）小结

①在相同应力比n的情况下，与仅考虑第一、二遍夯点的置换增强体作用相比，当考虑第一、二、三遍夯点的置换增强体作用时的计算沉降减小了10%～20%。从实际效果来讲，第三遍的置换墩虽然较短，但对减小变形的实测效果较好。第四遍夯点的能级较低（3000kN·m），墩长较短，常与表层碎石层起到硬壳层的作用。浅层的压缩模量取值已经较高，再考虑四遍点的作用对减小变形的贡献不大。因此计算变形时四遍点作用不再单独考虑。

②工程实测的第一、二、三遍点的应力比 $n=4$，计算变形是实测变形的 6～7 倍；n 取 8 的计算变形是实测变形的 3.8～4.5 倍。当应力比 n 由 4 增加到 8 的时候，计算变形量减少 30%～40%。说明即使再增加应力比的计算值，对变形的减少程度都是有限的。

③考虑墩体直径 4m（夯锤直径的 1.6 倍），计算沉降 382.7mm；考虑墩体直径 5m（夯锤直径的 2 倍），计算沉降 288.7mm，都远大于实测沉降量。

④用承载力比确定的复合压缩模量方法，由试验得到的特征值进行计算变形结果，大于实测沉降量。

⑤按照"墩变形＋应力扩散法"与实测值较为接近。

2. 葫芦岛海擎重工机械有限公司地基处理项目

（1）工程基本概况介绍

已经部分建成投产的葫芦岛海擎重工机械有限公司位于葫芦岛经济开发区北港工业区内，南北方向为三号路与五号路之间，南北宽约 700m，东西方向为纵三路与纵五路之间，长约 1000 米，工程总体分为一期工程和二期工程，总占地面积约 1600 亩，其中一期工程煤化工设备重型厂房（一）已于 2009 年 5 月建成，2010 年 3 月份正式投产。

煤化工设备重型厂房（一）占地面积约 42000m²，钢结构总重 6000t，总共分为三跨，跨度分别为 36m、30m、30m，柱距为 12m，总共分为 A、B、C、D 四条轴线，其中 C-D 轴 400t 两台，150t 行吊两台；B-C 轴 150t 行吊一台，100t 行吊三台；A-B 轴 50t 行吊三台，32t 行吊一台，厂房内另有若干煤化工加工设备。

根据设计单位上海现代建筑设计集团申元岩土工程公司编制的《海擎重工机械有限公司煤化工设备制造厂房（一）地基处理设计施工总说明》：整个厂房分为三个区域进行处理，其中重型、中型跨厂房柱基及重要设备下采用 10000kN·m 能级柱锤强夯置换联合 12000kN·m 能级平锤强夯置换五遍成夯工艺进行处理，其中柱基中心处采用 15000kN·m 能级的平锤强夯置换加固；轻型跨柱基下采用 15000kN·m 能级平锤强夯置换联合 12000kN·m 能级平锤强夯置换施工工艺进行处理；其他轻型设备及室内道路、地坪下采用 12000kN·m 能级的平锤强夯置换五遍成夯的施工工艺进行处理，其中柱锤强夯置换夯锤直径为 1.3m，平锤强夯置换夯锤直径为 2.4m。

本场地地基处理后分别采用平板载荷试验、重型动力触探、瑞利波三种检测方法进行检测，根据检测单位锦州衡基检测有限公司提供的 9 个平板载荷试验检测结果，厂房地基经过处理后承载力特征值为 360kPa；根据辽宁工程勘察院提供的 12 个点的动力触探试验检测结果，厂房地基经过处理后置换墩的长度分别为 6.2m、6.0m、6.0m、8.7m、6.9m、7.0m、8.1m、7.9m、6.6m、8.0m、7.8m、8.5m，平均长度为 7.3m，置换墩直径约为 1.5m 左右；根据瑞利波试验检测结果，厂房地基经过地基处理后 0～12m 深度范围内等效剪切波速基本上在 200m/s 以上，波速值提高幅度比较大，加固效果比较明显，有效加固深度超过 10m。

本场地地基基础采用浅基础的设计方案，根据设计单位上海现代建筑设计集团申元岩土工程公司《海擎重工机械有限公司煤化工设备制造厂房（一）柱基础设计施工图纸》，A 轴采用 5m×6.5m 的独立基础，B 轴采用 5.5m×7.5m 的独立基础，C 轴和 D 轴采用 6m×9m 的独立基础。

（2）沉降理论计算值

实测的静载试验结果见图 1.2-14、图 1.2-15（荷载板 1.5m×1.5m）。

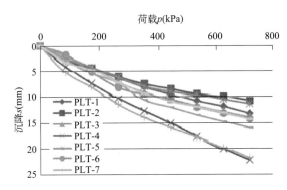

图 1.2-14　实测的静载试验 p-s 曲线

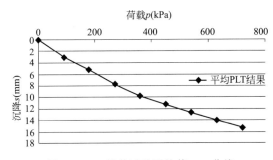

图 1.2-15　静载试验平均值 p-s 曲线

结合《海擎重工煤化工设备制造厂房、餐厅、宿舍岩土工程勘察报告》（葫芦岛工程勘察院，2008 年 10 月，工程编号：1—20085025）以及海擎重工机械有限公司煤化工设备制造厂房（一）强夯夯后检测报告（葫芦岛工程勘察院，2008 年 10 月）分别选取位于重型跨中地质条件最不利的 ZK6 号钻孔进行计算，上部荷载依据浙江工业大学建筑设计研究院提供的《海擎重工机械有限公司－煤化工设备制造厂》计算书选取重型跨 D 轴线上柱底荷载的 69 号最不利荷载。

基础长 $L=9.000$m，基础宽 $B=6.000$m，基底标高为 -2.850m，基础顶轴力准永久值为 9461.700kN，L 向弯矩准永久值 $M_x=14408.630$kN·m。

压缩模量为 6.14MPa，沉降计算经验系数 0.604（$p_0 \leqslant 0.75 f_{ak}$）

地基处理后的总沉降量 $=0.604 \times 115.57 = 69.80$（mm）

（3）按照"墩变形＋应力扩散法"计算结果

荷载取值：$9461.7 / (9 \times 6) = 175$kPa

①根据静载试验曲线得到：特征值 175kPa 对应夯墩的变形为 5mm。

②根据静载试验结果，$E_0 = I_0 (1-\mu^2) \dfrac{pd}{s} = 0.886 \times (1-0.27^2) \dfrac{175 \times 1.5}{4} = 54$MPa。

③按照 $E_s = E_0$ 计算，规范方法，$\psi_s = 0.2$，计算 $s = 4$mm。

④软土沉降计算：夯墩直径按 1.5m，夯锤长度 7.3m，应力扩散角 30°，在 7.3m 处

的附加压力值为 4kPa。变形量 $s=4\left(\dfrac{1}{3}\times 2+\dfrac{1}{4}\times 1+\dfrac{1}{6}\times 1.85\right)=4.9\text{mm}$（下卧层的压缩模量分别为 3MPa，4MPa，6MPa，对应的厚度分别为 2m，1m，1.85m）。

⑤总沉降量为 5+4.9=9.9mm。

（4）实际沉降观测值

目前该厂房总共进行过五次沉降观测，从开始观测至今约 3 年（含项目投产 2 年），竣工监测为 2009 年 3 月 30 日。施工过程阶段已经观测完毕，观测时间分别为 2009 年 6 月 12 日和 2010 年 1 月 1 日，使用阶段进行三次观测，观测时间为 2010 年 3 月 2 日，2010 年 9 月 25 日、2011 年 4 月 2 日（图 1.2-16）。五次观测的独立柱基础实际发生的总的最大沉降值为 12.1mm，绝大部门柱基沉降量在 6～10mm 左右。按照"墩变形＋应力扩散法"的计算结果和实测结果接近。

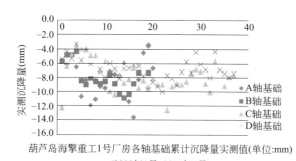

葫芦岛海擎重工1号厂房各轴基础累计沉降量实测值(单位:mm)

(2009年1月~2011年4月)

图 1.2-16　沉降实测值

3. 大连中远船厂某项目

本场地位于辽宁大连旅顺经济技术开发区，场地主要是抛石填海造地而成。上部填土主要为烟大轮渡施工时清淤的排放物，主要由卵石及淤泥组成，均匀性差，下覆淤泥质土沉积层。

经过各方面技术经济对比分析采用 2000～3000kN·m 柱锤强夯置换联合 3000kN·m 平锤强夯法处理，为确保加固效果，在现场进行了 2 块试验区，处理后完全满足设计要求。柱锤直径 1.2～1.4m，平锤直径 2.4～2.6m。试验后进行正式施工。大面积施工及工程运营两年来的监测结果表明，加固效果良好。

本工程分区域参与不同的施工参数进行施工，如Ⅳ区采用了 2500kN·m 能级柱锤强夯置换联合 3000kN·m 能级平锤强夯置换四遍成夯工艺处理。

典型地质剖面图见图 1.2-17，加固后剖面示意图见图 1.2-18。

通过实测数据可知置换墩墩体的平均长度为 3.86m，密实度为稍密—中密，夯间土上部的硬碎石土层平均厚度约为 2.8m，密实度为稍密。墩体密实度为稍密—中密，墩底至 6.0m 深度范围内主要是粉质黏土和淤泥质土，粉质黏土平均击数为 3.55，淤泥质土平均击数为 1.53；夯间土上层为碎石土层，平均厚度为 3.05m，密实度为稍密—中密（以中密为主，个别点为稍密），以下至 6.0m 深度范围内主要为粉质黏土、淤泥质土，粉质黏土重型动力触探平均击数为 3.32 击，淤泥质土平均击数为 2.63 击。较夯前有较大改善。

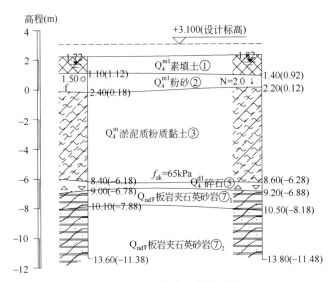

图 1.2-17　典型地质剖面图

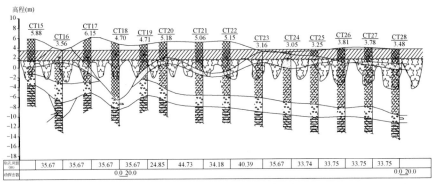

图 1.2-18　加固后剖面示意图

根据静载试验（图 1.2-19），夯点位置处承载力特征值不小于 400kPa，夯间土承载力特征值不小于 120kPa，满足设计要求。

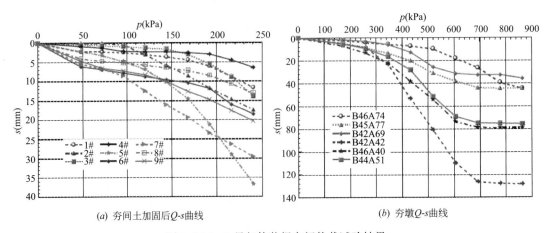

(a) 夯间土加固后Q-s曲线　　　　　　　(b) 夯墩Q-s曲线

图 1.2-19　1 号船体装焊车间静载试验结果

运营 2 年后的实测沉降量：普通地坪 1～2cm，设备基础 3～4cm。

4. 中石油广西石化千万吨炼油项目

拟建场地为开山填海形成，填土厚度差异很大，最深达到 15m。依据岩土工程勘察报告，汽油罐区范围场地西部为挖方区，罐区主要位于填方区，原为海沟，填土厚度较大。场地地层情况见图 1.2-20。

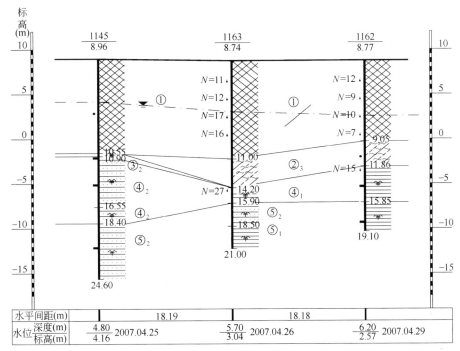

图 1.2-20　典型地质剖面图

汽油罐区：地基处理根据本场地回填土均匀性较差，且部分罐跨越挖填方区域，采用填土厚度从浅入深、能级由低到高施工，部分罐下采用异形锤强夯置换，以满足地基加固和消除差异沉降的目的。其中 TK109，TK201，TK205，TK206，TK208 罐基部分位于填方区域，在施工 4500～8000kN·m 异形锤夯点时，采用 3000～1000kN·m 能级强夯先从填土厚的地方开始向填土薄的方向推进；TK101、TK102、TK103、TK106、TK107、TK201、TK203、TK204、TK206 罐填土下有厚度不等的淤泥和淤泥质土，其中 TK101、TK102、TK103、TK201 罐下淤泥质土较厚，厚度在 3.0～6.7m 之间。汽油罐组一为 5000m³ 罐，汽油罐组二为 10000m³ 罐。各罐平均沉降量见表 1.2-4。

汽油罐区各罐平均沉降量　　　　　　　　　表 1.2-4

汽油罐组一罐号	TK101	TK102	TK103	TK104	TK105	TK106	TK107	TK108
实测最大环墙沉降量(mm)	10.1	11.9	28.0	48.6	18.8	29.5	52.0	37.0
汽油罐组二罐号	TK201	TK202	TK203	TK204	TK205	TK206	TK207	TK208
实测最大环墙沉降量(mm)	29.5	38.1	37.6	26.6	47.4	42.8	62.6	42.4

柴油罐区：本区为 2 万 m³ 罐共 12 个，其中有 10 个点位于填方区，根据填土厚度采用 2000～12000kN·m 能级进行强夯置换，其中 2000kN·m 普夯区填土厚度 0.5～2.9m；

8000kN·m 能级强夯置换区填土厚度 5.3(＋0.5)～9.3m；10000kN·m 能级强夯置换区填土厚度 8.0～11.0m；12000kN·m 能级强夯置换区填土厚度 8.0～13.0m，主要集中在 11.0～13.0m 之间。充水预压监测环墙最大沉降量在 16.5～47.3mm 之间，各罐平均沉降量见表 1.2-5。

柴油罐区各罐平均沉降量　　　　　表 1.2-5

罐号	TK101	TK102	TK103	TK104	TK105	TK106	TK107	TK108	TK109	TK110
平均沉降量(mm)	16.5	33.3	45.6	42.4	47.3	33.4	38.7	34.9	37.7	42.2

芳烃罐区：根据填土厚度，本区采用 2000kN·m 普夯和 8000kN·m、10000kN·m、12000kN·m 能级强夯置换处理。普夯区填土厚度小于 2.0m；8000kN·m 能级强夯置换区填土厚度 6.3～9.3m；10000kN·m 能级强夯置换区填土厚度 8.0～11.0m；12000kN·m 能级强夯置换区填土厚度 9.6～12.6m。芳烃罐为 5000m³ 罐。各罐平均沉降量见表 1.2-6。

芳烃罐区各罐平均沉降量　　　　　表 1.2-6

罐号	TK101	TK102	TK201	TK202	TK203	TK204	TK301	TK302
平均沉降量(mm)	25	15	21	25	38	26	36	38

航煤罐区：根据填土厚度，分别采用普夯和 8000kN·m、10000kN·m 能级强夯置换。2000kN·m 普夯区填土厚度≤2.0～3.0m；8000kNm 强夯置换区填土厚度 4.0～9.8m，集中在 6.0～8.0m 之间；10000kN·m 强夯置换区填土厚度 6.6～13.8m 之间，集中在 10.0～12.0m 之间，其中东侧 4 个罐下有 0.8～9.0m 的淤泥。航煤罐为 5000m³ 罐。各罐平均沉降量见表 1.2-7。

航煤罐区各罐平均沉降量　　　　　表 1.2-7

罐号	TK101	TK102	TK103	TK104	TK105	TK106	TK107	TK108	TK109	TK110
平均沉降量(mm)	28	38	45	39	28	24	32	29	58	67

库区压舱水罐：压舱水罐容积为 5000m³，直径为 20m，荷载为 250kPa，采用 6000kN·m 能级强夯处理，采用环墙浅基础。沉降观测点布置见图 1.2-21，充水预压沉降观测结果见图 1.2-22，沉降量在 11～69mm，其中 a 罐的 5 号、7 号点沉降量最大，达到 69mm。

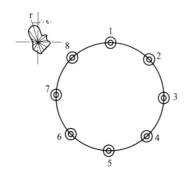

图 1.2-21　充水预压环墙沉降观测点

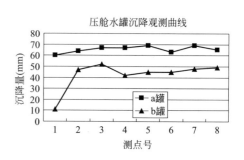

图 1.2-22　充水预压环墙沉降曲线

5. 浙江温州某工程

浙江温州某工程位于弃土回填区，东侧为在建的南山路，南侧为规划的湖滨北路，西侧为枫树梢安置用地。工程总用地面积约为 35795m²，建筑占地面积约为 15900m²。图 1.2-23 为项目建筑效果鸟瞰图。

图 1.2-23　建筑效果鸟瞰图

拟建建筑由 4 幢 3～4 层的商业用房和 1 幢综合办公楼组成，采用浅基础，单柱荷载设计值为 5000～6000kN，本场地填土厚度极不均匀，回填土主要由碎石、角砾粉质黏土和分化岩石组成，建筑外轮廓范围内回填厚度为 12.3～59.3m，为人工新近 5～8 年间回填形成，厚度分布差异显著。场地填土为不同时期周围开山的碎石土、砂土、紫红色细砂岩，未经压实，因此需对深厚回填土进行有效的处理以满足建筑荷载要求。图 1.2-24 为填土厚度分布统计图。

图 1.2-24　为填土厚度分布统计图

本场地地基处理的重点是加固上部的欠密实填土地基，在综合分析工期、造价、施工质量的基础上，结合本工程的工程概况，采用差异化处理深度的调平思路，本场地地基处理拟采用中、高能级强夯处理方案。本场地强夯工艺主要为：4000～18000kN·m 平锤强夯，强夯主夯点以柱网分布位置控制，提高建筑物地基基础的整体刚度。建筑物地基处理范围应比建筑物、地下室轮廓外扩 6m 距离。该施工工艺可利用不同强夯能级、不同工艺组合的高能级强夯法加固，处理后可满足上部结构对差异变形的使用要求。高能级主夯点主要布置在柱网角点、以及建筑物基础角点等对差异变形敏感的区域，中高能级主要分布在仅有地下空间（中心地下广场等）分布的区域，形成深浅组合的立体加固体系。

目前项目竣工已两年，变形监测最大沉降量在 2cm，变形已经达到稳定标准。

2.4 软基深厚填土地基处理后沉降计算方法研究

2.4.1 概述

无论是围海造地还是开山填谷形成的地基，一般上部填土较厚，表层填土经过浅层地基处理，一般都可以满足浅层承载力要求，但在巨厚填土的自重荷载作用下，软土地基以及巨厚填土自身，随时间发生较大的沉降，且往往持续时间数十年。可观的地基工后沉降量，容易导致严重的差异沉降，对上部建筑结构的建造和后期使用维护带来很大的隐患。因此，在造地期间，或工程建设前期如何选取经济、高效、环保、节能的地基处理方法控制深厚填土的工后沉降是工程界迫切需要解决的重大关键性难题。对于工程建设及工后安全运营有着重要的意义。

1. 深厚填土地基的地基处理方法

填土地基处理技术除换土法外，主要通过物理机械的和化学胶结的措施以排除填土中的水分，减少填土的空隙体积，硬颗粒互相胶结，从而提高填土地基土的强度，改善填土地基的变形性质，消除填土地基的不均匀变形，保证建筑物的安全使用。常用于填土地基处理的方法主要有以下几种。

（1）重锤夯实法

锤重一般为 20～40kN，落距 3～5m。锤重与锤底面积的关系应符合锤底面上的静压力为 15～20kPa 的要求。适用于夯实厚度小于 3m、地下水位以上 0.8m 左右的稍湿杂填土、黏性土、砂性土、湿陷性黄土地基。由于锤体较轻、锤底直径和落距较小，产生的冲击能也较小，故有效夯实深度不大，一般为锤底直径的一倍左右。

（2）振动压实法

将振动机械置于地基表面进行一定时间的振动，利用其激振力在土中产生的剪切压密作用，使一定深度内的土均匀增密，从而改善地基的力学性能。适用于处理砂性土及松散杂填土。

（3）强夯法（强夯置换法）

强夯法指的是为提高软弱地基的承载力，用重锤自一定高度下落夯击土层使地基迅速固结的方法。也称动力固结法，利用起吊设备，将 8～40t 的重锤提升至 6～30m 高处使其自由下落，依靠强大的夯击能和冲击波作用夯实土层。

强夯法适用于处理碎石土、砂土、低饱和度的粉土与黏性土、湿陷性黄土、杂填土和素填土等地基。对高饱和度的粉土与黏性土等地基，当采用在夯坑内回填块石、碎石或其他粗颗粒材料进行强夯置换时，应通过现场试验确定其适用性。

强夯法的加固特点：施工设备简单；施工工艺、操作简单；适用土质范围广；加固效果显著，可取得较高的承载力，一般地基强度可提高 2～5 倍；变形沉降量小，压缩性可降低 2～10 倍，加固影响深度可达 6～20m；土粒结合紧密，有较高的结构强度；工效高，施工速度快、较换土回填和桩基缩短工期一半；节省加固原材料；施工费用低，节省投资；它的适用范围十分广泛，不但能在陆地上施工，而且也可在水下夯实。其缺点是施工时噪声和振动较大，不宜在人口密集的城市内使用。

鉴于围海造地和开山填谷项目中填土厚度较大,采用重锤夯实和振动压实法,工期较长且地基加固效果得不到保证。而强夯法作为经济的地基处理方法之一,在大面积深厚回填土地基处理过程中的优势就被突显出来。

2. 软基深厚填土地基处理后工程特性

软土地基上的深厚填土经夯实处理后所形成的人工地基,是一种上硬下软的双层或多层地基,因此,其工程特性一般符合上硬下软的硬壳层双层地基模型。

在荷载作用下,硬壳层与其下的软土层形成一个整体的承载体系,这使得软土硬壳层地基的沉降变形规律同一般的软土地基有着明显的不同。首先,软土之上的硬壳层限制了下卧软土的挤出以及隆起,这使得软土层在较小的外荷载下基本不发生剪切变形;其次,硬壳层本身比软土层更加密实,且具有一定的刚度,在荷载作用下,硬壳层可以承担部分剪力,当作用的外荷载较小时,硬壳层只会产生很小的剪切变形甚至没有剪切变形。由此可以看出,与单纯的软土地基不同,硬壳层与软土层间的应力传递方式发生了一定的变化,此时的硬壳层已经具有了"壳体效应"。硬壳层的壳体效应可使土体中的附加应力传递到更大面积的软土上,这使得软土层上的实际附加应力比按传统扩散方法得出的结果低得多,且附加应力的分布范围更大,更加均匀,这即是硬壳层的应力扩散作用。

从国内外大量研究与工程实践中可以看出,硬壳层对减小软土地基沉降,控制地基不均匀变形,维持地基整体稳定是有利的。经过大量的理论研究与工程实践,国内外学者已经达成一定的共识,即硬壳层对其下的软土主要具有四个方面的作用。

(1) 硬壳层的应力扩散作用

由于硬壳层具有板体承载方式,使得基底处的附加压力向下传播时被扩散到较大面积的软土上,这使得软土层上的实际附加应力比按传统扩散方法得出的结果更低,且分布的面积更大,更加均匀。

(2) 硬壳层的封闭作用

硬壳层像一种板体覆盖在厚度较大的软土层上,在荷载作用下,附加应力通过硬壳层向软土层传递,由于下部的软土流动性相对较好,此时软土层由于受到外力作用将向周围挤压,但是由于表面硬壳层限制了软土的挤出和鼓起,那么软土层如果要发生剪切变形将需要较大的外荷载。在这个过程中,软土地基中的应力分布发生了变化,地基中产生了较大的水平压力,这即是硬壳层的封闭作用。

(3) 硬壳层的反压护道作用

对于路基地基,在路堤填筑后期,随着路基中心部位土压力增加,比较平稳的坡脚外侧的土压力也开始增加,这是由于软土层的压缩而产生的侧向挤出对其上的硬壳层形成了向上的作用力,表明硬壳层在此时起反压护道的作用。

(4) 硬壳层的沉降滞后作用

关于硬壳层作用的另一看法是硬壳层对沉降的滞后作用,它延缓了沉降速率,对沉降不利。

2.4.2 工程常用沉降计算方法

从机理上分析,地基总沉降可分为瞬时沉降、固结沉降和次固结沉降三部分。

瞬时沉降主要来源于外荷载使土体在剪切作用而引起的侧向变形,由侧向挤出导致土体的位移变形在地基总沉降量中占有一定的比重。一般认为瞬时沉降有两部分组成：一部分是由土体的弹性变形引起的；另一部分则由土体塑性区的发展引起。目前，有关初始沉降的计算都针对前一部分沉降而言，对后一部分沉降计算目前还没有找到令人信服的计算方法，大多是在前一部分计算结果的基础上进行一些修正来考虑塑性变形的影响。

固结沉降是由于外荷载引起的超孔隙水压力的水力梯度促使水从土内排出，而应力增量转移到土骨架上而发生的沉降，这是一个与时间有关的过程，主要发生体积的变化。固结沉降在总沉降量中所占的比例最大，固结变形持续时间较长，且与地基土的性质、土层厚度、排水条件和土体的固结系数有关。

次固结沉降是土体在附加应力作用下，因土骨架本身随时间的蠕变发展而产生的缓慢沉降。因此，次固结沉降又称蠕变沉降，它是工后沉降的主要组成部分。

一般来讲，瞬时沉降常用弹性理论求解；固结沉降多采用分层总和法，根据固结试验确定参数求解；次固结沉降常用分层总和法和根据蠕变试验的确定参数求解。

目前，国内外关于沉降的计算方法很多，常见的几种计算固结总沉降的方法如下。

（1）分层总和法

分层总和法假定土体为直线变形体，在外荷载下的变形只发生在有限的厚度范围内（即压缩层），将压缩层内的土体分层，分别求出各个分层的应力，然后利用室内压缩试验指标及土体应力-应变关系求出各个分层的变形量并将其总和起来即为土体的最终沉降量。分层总和法常采取 e-p 曲线和 e-$\lg p$ 曲线进行计算，前者未能考虑土体的应力历史状况，而后者能够克服这个不足，能够求出正常固结、超固结和欠固结情况下的沉降。但这两种方法都是假定土体在侧向不产生变形，而只在竖向上发生压缩，如此假定无侧向变形会导致沉降计算结果偏小。为此，20 世纪 50 年代，黄文熙教授提出了土在三向应力状态下的沉降计算方法其表达式为：

$$s_c = \sum_1^n K_i \frac{\Delta e_i}{1+e_{0i}} H_i$$

$$K = \frac{1}{1-2\mu}\left[(1+\mu)\frac{\sigma_Z}{\sigma_X + \sigma_Y + \sigma_Z} - \mu\right]$$

式中：H_i 为第 i 层土的厚度；Δe_i 为压缩前后孔隙比的变化；e_{0i} 为初始孔隙比；μ 为泊松比。

但这种方法完全基于弹性理论，未考虑偏应力引起的体积变化，而由弹性体泊松比来反映侧向变形的影响也与实际不尽相符。

（2）应力路径计算方法

应力路径法计算地基的沉降量是指在荷载的作用下，地基中各点的主应力的值及方向都随时间和荷载而变化，因而各点固结过程中的应力状态有显著差异，即应力路径不同。该方法的计算过程为：（1）计算某点的自重应力，并根据弹性理论计算附加应力引起的竖向和水平应力；（2）进行三轴试验，土样现在自重应力下固结，然后加上附加应力，量取在附加应力作用下固结前后的垂直应变；（3）用量取的两种应变差乘以土层的厚度，即得地基固结沉降量。该方法的最大优点是能考虑加荷方式和加荷速率的影响，但该方法过多地依赖室内试验，试验工作量大且试验技术要求很高，故在工程应用方面非常不便。

（3）数值计算方法

目前用于沉降分析的数值方法主要有：差分法、有限单元法、边界元法和无单元法等。其发展趋势是有限元法与差分法或者与边界元法相结合解决问题。有限元可以结合土的变形特性除了可以选用非线弹性、弹塑性、黏弹塑性等多种描述土体应力-应变关系的模型外，目前已能够考虑到较为复杂的土体本构关系，如一些考虑流变的黏弹塑性模型、考虑损伤效应的弹塑性损伤模型等。求得的沉降可以同时包含瞬时沉降、固结沉降和次固结沉降三部分。此外，有限单元法还可以考虑复杂的边界条件、土体应力-应变关系的非线性特性、土体的应力历史、水与骨架上的应力的耦合效应，可以模拟现场逐级加荷处理超填土问题，能考虑侧向变形、三维渗流对沉降的影响，并能求得任一时刻的沉降、水平位移、孔隙水压力和有效应力的变化。尽管有限元法的适应性很强，但是由于其采用的模型中所涉及的计算参数多且不易确定，程序复杂难以为一般工程设计人员接受，在实际工程中并没有得到普遍应用。

（4）现场试验法（经验法）

该方法是通过不同的现场或原位试验结果与土的性质指标之间的统计相关关系，估算土的变形指标，然后仍按弹性理论的基本公式估算沉降，在对某些取原状土样进行室内试验有困难的情况下，它不失为一种可行的途径。目前常用的有静、动力触探试验法、标准贯入试验法及旁压仪试验等。不论是标准贯入试验、静力触探试验，还是瞬态波，在建立土性指标相关关系时，不可能考虑土层的诸多因素，例如应力历史、各向异性、实际应力状态、土的剪胀性、基础形状大小等。其可靠性在很大程度上依赖于实际经验，它只是一种粗略的估算方法。

工程设计中，目前采用的简易沉降计算方法主要还是规范的分层总和法，本章将结合工程实测数据重点讨论包括基于布辛奈斯克应力解的分层总和法以及基于双层地基理论的应力扩散法。

1. 基于均质地基的分层总和法与规范法

分层总和法与规范法的基本原理都是基于太沙基一维竖向固结压缩理论。规范法是在分层总和法的基础上，通过改进计算公式、引入沉降计算经验系数、增加计算深度等方面提高沉降计算的精确度。分层总和法与规范法的比较见表1.2-8。

分层总和法与规范法的比较　　　　　　　　　　　　　　　　表 1.2-8

项目	分层总和法	《地基基础设计规范》法
计算公式	$s = \sum_{i=1}^{n} \dfrac{\overline{\sigma}_{zi}}{E_{si}} h_i$ $s = \sum_{i=1}^{n} \dfrac{a_i}{1+e_{1i}} \overline{\sigma}_{zi} h_i$	$s = \Psi_s s' = \Psi_s \sum_{i=1}^{n} \dfrac{p_o}{E_{si}} z_i \overline{\alpha_i} - z_{i-1} \overline{\alpha_{i-1}}$
计算结果与实测值关系	中等地基 $s_计 \approx s_实$ 软弱地基 $s_计 < s_实$ 坚实地基 $s_计 \gg s_实$	引入沉降计算经验系数 Ψ_s，使 $s_计 \approx s_实$
地基沉降计算深度 z_n	一般上 $\sigma_z = 0.2\sigma_c$ 软土 $\sigma_z = 0.1\sigma_c$	①无相邻荷载影响 $z_n = b\ (2.5 - 0.4\ln b)$ ②存在相邻荷载影响 $\Delta s'_n \leqslant 0.025 \sum_{i=1}^{n} \Delta s'_i$

其中，利用分层总和法计算复合地基沉降的压缩模量可按以下两种方法确定：

（1）置换率法

根据《复合地基技术规范》GB/T 50783—2012 第 5.3.2 条，散体材料桩复合地基中复合土体的压缩模量，可按下列公式计算：

$$E_{spi} = mE_{pi} + (1-m)E_{si}$$

式中：m——复合地基置换率；

$\quad E_{spi}$——第 i 层复合土体的压缩模量（kPa）；

$\quad E_{pi}$——第 i 层桩体压缩模量（kPa）；

$\quad E_{si}$——第 i 层桩间土压缩模量（kPa），宜按当地经验取值，如无经验，可取天然地基压缩模量。

（2）复合地基承载力比法计算压缩模量

根据《建筑地基基础设计规范》GB 50007—2011 第 7.2.12 条，复合土层的压缩模量可按下式计算：

$$E_{sp} = \zeta \cdot E_s$$

$$\zeta = \frac{f_{spk}}{f_{ak}}$$

式中：E_{sp}——复合土层的压缩模量（MPa）；

$\quad E_s$——天然地基的压缩模量（MPa）；

$\quad f_{ak}$——桩间土天然地基承载力特征值（kPa）。

2. 基于双层地基的应力扩散法

软基深厚填土地基经强夯或强夯置换后可能出现两种地基模型，分别为均匀地基和上硬下软的双层地基，对于均匀地基可采用分层总和法或规范法计算地基工后沉降；对于上硬下软的双层地基，理论和工程界常采用应力扩散角法进行沉降计算。

应力扩散法是将处理后的土层视为双层地基（硬壳层＋下卧软弱层），其中硬壳层沉降可采用分层总和法或者按照《复合地基技术规范》第 13.2.13 条单墩载荷试验或单墩复合地基载荷试验确定；对于下卧层，可采用分层总和法计算沉降，但下卧软弱土层层顶平均附加应力 σ_b 需考虑应力扩散作用。

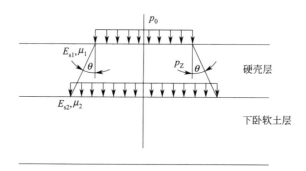

图 1.2-25　存在硬壳层的应力扩散

对条形基础和矩形基础，p_z 值可按下列公式简化计算：

条形基础　　　　　　　　$p_z = bp_0 / (b + 2z\tan\theta)$

矩形基础 $p_z = l b p_0 / [(b + 2z \tan\theta)(l + 2z \tan\theta)]$

式中：b——矩形基础或条形基础底边的宽度；

l——矩形基础底边的长度；

p_0——基础底面处地基附加应力值；

z——基础底面至软弱下卧层顶面的距离；

θ——地基压力扩散线与垂直线的夹角。

基于双层地基的应力扩散法沉降计算结果的可靠性取决于应力扩散角的选取。《建筑地基基础设计规范》中给出了压缩模量比为 3、5、10 对应厚宽比为 0.25、0.50 情况下的扩散角值，具体见表 1.2-9。

地基压力扩散角 θ 　　　　　表 1.2-9

E_{s1}/E_{s2}	z/b	
	0.25	0.50
3	6°	23°
5	10°	25°
10	20°	30°

注：1. E_{s1} 为上层土压缩模量；E_{s2} 为下层土压缩模量；

2. $z/b < 0.25$ 时取 $\theta = 0°$，必要时，宜由试验确定；$z/b > 0.50$ 时 θ 值不变。

强夯或强夯置换形成的双层地基又可分为均匀双层地基和非均匀双层地基，其中均匀双层地基多为强夯形成，非均匀双层地基多为强夯置换形成。

（1）均匀双层地基

均匀双层地基多为强夯形成，地基整体呈现上硬下软的地基模型，且硬壳层土性较为均匀。硬壳层沉降可采用分层总和法进行计算；下卧软弱土层沉降在考虑应力扩散作用后用分层总和法进行计算。

（2）非均匀双层地基

对于非均匀双层地基，地基呈现上硬下软的地基模型，但硬壳层墩体和墩间土性差异大，硬壳层土性较为不均匀。

硬壳层变形可按照《复合地基技术规范》GB/T 50783—2012 第 13.2.13 条关于强夯置换夯后有效加固范围内的土层变形的规定执行：

下卧软弱土层沉降在考虑应力扩散作用后用分层总和法进行计算。

2.4.3 工程实测比较分析

软基深厚填土经强夯或强夯置换处理后，地基总体会呈现两种可能的情况：整个地层较为均匀，地基呈上硬下软的硬壳层地基，针对两种不同的地基模型，采用不同的沉降计算方法，以得到更接近于实际情况的沉降值。

1. 均匀地基

（1）工程概况

拟建项目场地地层情况见图 1.2-26。场地为开山填海造地而成，填土厚度大、回填时间短、场地要求高，要在短期内加固填土需要进行地基处理，本场地在前期试验基础上，采用高能级强夯对填土进行了一次处理后，再根据检测结果和建筑物特点和要求进行基础设计。

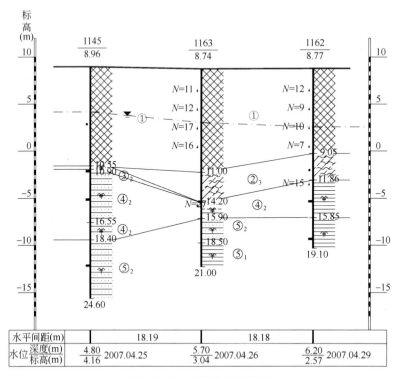

图 1.2-26 典型地质剖面图

由于场地基岩埋深较浅，约为 13～14m，表层填土较厚为 4～8m，地基经高能级强夯或普夯处理后，加固深度已达到下卧层的硬土层（岩石层），没有明显的软硬土层分界，各土层的压缩模量变化不大，可视为均匀地基。

（2）强夯设计参数

罐基础下分别采用 4500kN·m、6000kN·m、8000kN·m 能级强夯置换处理。4500kN·m 能级异形锤强夯置换夯击次数按最后两击平均夯沉量不大于 20cm 控制；6000kN·m 能级异形锤强夯置换夯击次数按最后两击平均夯沉量不大于 22cm 且不少于 8 击控制；8000kN·m 能级异形锤强夯置换夯击次数按最后两击平均夯沉量不大于 25cm 控制且不少于 10 击控制；异形锤施工完成推平场地 3 天后即可进行大面积强夯施工。

（3）沉降计算

柴油罐区包括 TK101～TK110 共十个罐，普夯区包括 TK111 和 TK112 两个罐。柴油罐直径 37m，高度 20.1m，满载载重 200kPa。夯前和夯后承载力与压缩模量对比见表1.2-10。

根据夯前夯后地层特性分析，经 8000～12000kN·m 能级强夯后（普夯区能级为2000kN·m），原地基的软土层"消失"，整个土层变成较为均匀的地层，分别采用分层总和法、规范法和应力扩散法进行沉降计算，不同方法计算得到各储罐的最终沉降量对比见图 1.2-27，其中应力扩散法扩散角取 23°，硬壳层和软土层分别取 8 和 4m 进行计算。

夯前和夯后承载力与压缩模量对比一览表 表 1.2-10

罐编号	TK101～TK110				TK111 和 TK112			
项目	夯前		夯后		夯前		夯后	
统计指标 土层深度（m）	承载力特征值 f_{ak}（kPa）	压缩模量 E_s（MPa）	承载力特征值 f_{ak}（kPa）	压缩模量 E_s（MPa）	承载力特征值 f_{ak}（kPa）	压缩模量 E_s（MPa）	承载力特征值 f_{ak}（kPa）	压缩模量 E_s（MPa）
0～4	130		260	23	—	—	270	23
4.1～8.0	80	2	280	25	130		310	28
8.1～10	180	10	260	23	180	10	300	27
10～12	600	19			600	19		

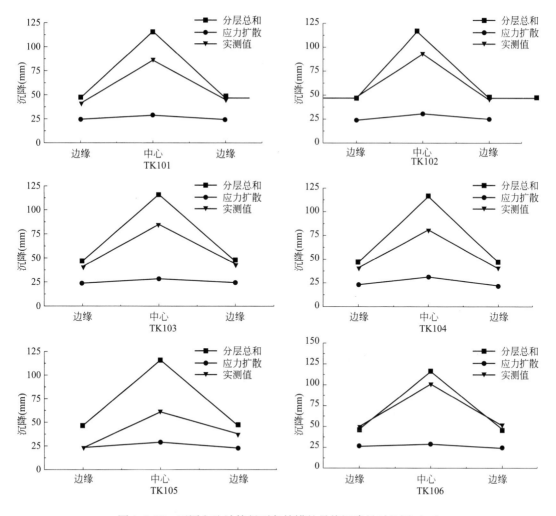

图 1.2-27　不同方法计算得到各储罐的最终沉降量对比图（一）

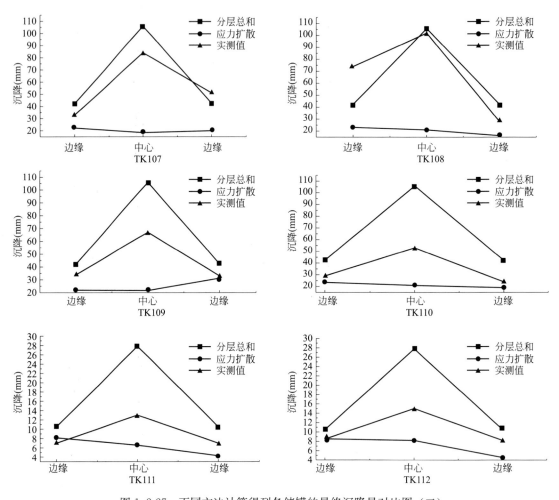

图 1.2-27　不同方法计算得到各储罐的最终沉降量对比图（二）

由图 1.2-27，应力扩散法计算结果小于实测值，分层总和法计算结果与实测值较为接近；同时，由于地基经强夯后已达基岩，不满足分层总和法中弹性半无限空间的要求，因此，应用分层总和法的计算结果偏大。从表 1.2-10 中可以看到，TK101～TK112 储罐地基工后沉降采用分层总和法经经验系数修正后的规范法计算结果明显偏小，经验系数取值并没有很好反映地基的真实情况。

2. 双层地基

（1）均匀双层地基

中油珠海项目储罐直径 60m，高度 17.7m；场地表层为素填土，表层下为淤泥质粉质黏土和粉砂的夹层，其中素填土平均厚度为 14.5m，各层淤泥粉质黏土和粉质黏土厚度约为 4～5m，总厚度约为 40m。夯前和夯后承载力与压缩模量对比见表 1.2-11。

该项目地基经 18000kN·m 能级强夯后，有效加固范围内土层承载力和压缩模量都得到极大提高，且较为均匀，与未加固下卧层形成明显的上硬下软的地层，对该项目分别采用分层总和法、规范法和应力扩散法进行沉降计算，得到各储罐沉降结果对比见图 1.2-28，其中应力扩散法扩散角取 23.9°，硬壳层和软土层分别按 12.5 和 7.5m 进行分层计算。

夯前和夯后承载力与压缩模量对比一览表　　　　表1.2-11

统计指标 土层深度(m)		夯前		夯后	
		承载力特征值 f_{ak}(kPa)	压缩模量 E_s(MPa)	承载力特征值 f_{ak}(kPa)	压缩模量 E_s(MPa)
0～12.5		—	—	300	25
12.5～14.5		—	—	172	5.18
14.5～40	淤泥粉质黏土	90	4.5	90	4.5
	粉砂	120	8	120	8
40～			20		20

注：若强夯加固有效范围内粉砂层，该层承载力特征值由120kPa提高到223.7kPa。

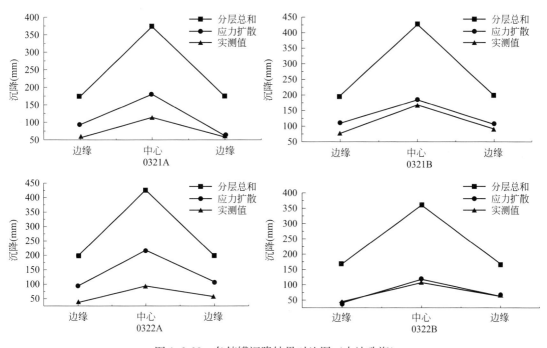

图1.2-28　各储罐沉降结果对比图（中油珠海）

从图1.2-28得到，储罐地基经强夯处理后0～14m范围内土层承载力和压缩模量得到较大提高，且该层土性较为均匀，其下存在约7.5m的软土层，形成明显的上硬下软的硬壳层地基，夯后地基分层明显，上下两层的压缩模量差别较大，所以得到如图1.2-28的夯后沉降计算结果，应力扩散法计算的最终沉降值与实测值接近，而分层总和法得到最终沉降量远大于实测值。

（2）非均匀双层地基

对于强夯置换形成的场地，强夯置换墩体对原土体的挤密、置换和排水通道等作用，使得加固范围内地基承载力和压缩模量得到较大提高，但墩体与墩间土工程性质有明显的差别，墩体的承载力和压缩模量较墩间土高。

1）山东日照项目

该项目拟建的储罐直径80m，高21.8m，容积$10×10^4 m^3$。地层条件为：杂填土0～

2.6m，淤泥质粉质黏土 2.6～2.9m，吹填砂土 2.9～9.4m，淤泥质粉细砂 9.4～12.3m，12.3m 以下为强风化花岗岩。

夯前和夯后承载力对比一览表　　　　表 1.2-12

项目	储罐						
对比	处理前	T-21	T-23	T-24	T-29	T-30	T-31	T-32
		处理后						
1 层	80	250	250	250	250	250	250	270
2 层	70	180	170	150	100	148	135	180
3 层	185	250	230	170	250	—	—	250
基岩深度(m)	12～14	12～13	12～13	12～13	12～13	13～14	13～14	

夯前和夯后压缩模量对比一览表　　　　表 1.2-13

项目	储罐						
对比	处理前	T-21	T-23	T-24	T-29	T-30	T-31	T-32
		处理后						
1 层	—	15	15	15	15	15	15	17
2 层	2.5	8	8	5	4	8	7	7
3 层	17.5	18	19	17	—	—	—	—
层底深度(m)	12～14	12～13	12～13	12～13	12～13	13～14	13～14	

①分层总和法

压缩模量按照以下两种方法确定如下：

A. 置换率法

主夯距为 10m，夯锤的直径为 2.5m，夯墩的直径取为 2.5×1.2＝3m，只考虑第一、二两遍的强夯为强夯置换，所以有

$$m=\frac{2\times\frac{1}{4}\times\pi\times(2.5\times1.2)^2}{10\times10}=0.141$$

因本场地大板载荷试验得到实测 $n=4$，所以 $E_{sp}=[1+0.141\times(4-1)]E_s=1.423E_s$；

B. 承载比法

$$E_{sp}=\zeta\cdot E_s$$

$$\zeta=\frac{f_{spk}}{f_{ak}}$$

储罐地基夯前夯后地基承载力提高比 ζ，因各储罐承载力提高比不同。

②应力扩散角法

采用应力扩散角法进行沉降计算时，地基工后变形为加固区的墩体载荷试验或单墩复合地基载荷试验确定的变形模量计算的变形＋下卧层沉降变形，因本罐在地基检测过程中没有针对墩体进行载荷板试验，暂用墩间土的变形代替墩体的变形（载荷板试验，最大荷

载对应沉降值），硬壳层厚度等于墩体长度，硬壳层应力扩散角为30°。

项目	T-21	T-23	T-24	T-29	T-30	T-31	T-32
墩体长(m)	7.2	7.3	7.05	7.6	8.3	7.4	7.8
应力扩散角法(°)	30						
置换率法 $E_{sp}=[1+m(n-1)]E_s$	1.423						
承载比法 $E_{sp}=\zeta \cdot E_s$	1.25	1.4	1.4	1.25	1.25	1.25	1.25

计算参数统计表　　　　　　　　　　　　　　　表 1.2-14

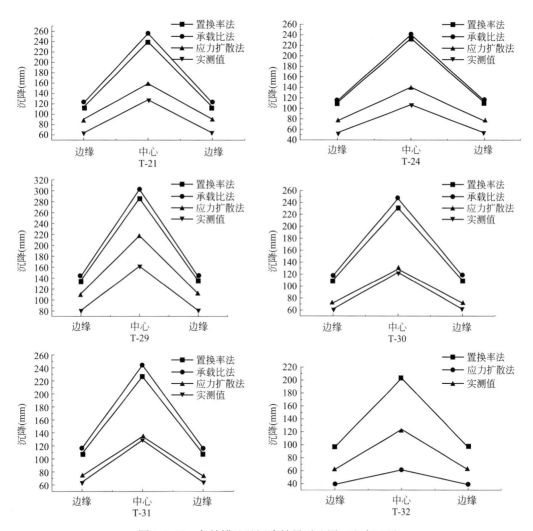

图 1.2-29　各储罐地基沉降结果对比图（山东日照）

山东日照项目的储罐地基经强夯置换处理后约有 7m 厚的硬壳层，6m 厚的软土层，形成明显的上硬下软的硬壳层地基，夯后地基分层明显，上下两层的压缩模量变化较大。所以得到如图 1.2-29 的夯后沉降计算结果，应力扩散法计算的最终沉降值与实测值接近，基于分层总和法理论的置换率法和承载比法得到最终沉降量远大于实测值。

2）青岛海西湾造船项目

青岛海西湾造船项目独立基础计算尺寸 2.5m×2.5m，基础受荷 240kPa。地基采用 5000～6000kN·m 能级强夯置换进行处理（表 1.2-15）。

夯前和夯后承载力与压缩模量对比一览表　　　　　表 1.2-15

项目名称	青岛海西湾		青岛海西湾		
对比	处理前	处理后　处理前	处理前　处理前	处理后	
1 层	—	—	—	350	
2 层	77.5	3.62	3.62	150	
3 层	212.5	—	—	280	
基岩深度(m)	16		12～13	12～13	

青岛海西弯造修船基地沉降计算结果　　　　　表 1.2-16

置换率法沉降	应力扩散沉降	实测沉降
139.88	47.7	2.9
86.64	46.1	12.1

地基经强夯置换处理后有 12m 厚的硬壳层，只有 1m 的软土层，其下即为岩土层，整个地基的均匀性较好且地基承载力和压缩模量都较高，工后沉降值会很小。所以出现如表 1.2-16 所示的情况，基于均匀半无限空间的分层总和法沉降计算结果较大，而因硬壳层较厚，作用于软土层顶的应力经应力扩散后很小，应力扩散法沉降计算结果最接近实测值。

3）葫芦岛项目

葫芦岛项目独立基础尺寸 6m×9m，基础受轴力 9461.7kN，长度方向弯矩准永久值 14409.630kN·m。该地基采用 10000～15000kN·m 能级强夯置换进行处理（表 1.2-17）。

夯前和夯后承载力与压缩模量对比一览表　　　　　表 1.2-17

项目名称	承载力		压缩模量	
对比	处理前	处理后	处理前	处理后
1 层	150	350	5.0	20
2 层	66.7	150	7.5	8
3 层	190	280	25	25
基岩深度 m	13.5		13～14	13～14

独立基础夯后地基沉降理论与实测结果对比分析（葫芦岛）　　　　　表 1.2-18

分层总和法		应力扩散角法	实测
置换率	承载比		沉降（非最大荷载时的沉降值）
94.62	78.65	46.1	12.1

地基经强夯置换处理后有 8m 厚的硬壳层，5m 厚的软土层，其下即为基岩层。该地基呈现明显的上硬下软的双层地基。所以出现如表 1.2-18 所示的情况，应力扩散法得到的沉降结果最接近实测值。

3. 不同方法适用性分析

通过本章工程实例的分析，得到各方法的适用性。总体上，采用与夯后地基特性相适应的工后沉降计算方法，沉降计算值才能更接近实测值。

（1）软基较薄，同时强夯加固深度超过填土深度，经强夯处理后，原地基软基"消失"，整个土层变成较为均匀的地层；如中国石油广西石化（强夯）Tk101～Tk110 储罐地基经强夯后没有明显的软硬土层分界，各土层的压缩模量变化不大，几乎可以视为均匀地基。所以应力扩散法计算结果小于实测值，而分层总和法计算结果与实测值较为接近，规范法计算结果远小于实测值；

（2）基岩埋深较浅时，经强夯处理后，整个地层承载力和压缩模量都得到提高，但因加固深度达到基岩，使得靠近基岩的土层承载力和压缩模量得到较大的提高。如中国石油广西石化（强夯）Tk111～Tk112 储罐。此时，分层总和法计算结果大于实测值，应力扩散法得到沉降值小于实测值。

（3）软基较厚时，经强夯处理，表层填土的承载力和压缩模量都得到极大的提高形成上硬下软的"硬壳层"地基。如山东日照项目的储罐地基经强夯置换处理后有 7m 厚的硬壳层，6m 厚的软土层，形成明显的上硬下软的硬壳层地基；中油珠海项目储罐地基经强夯处理后形成约 12.5m 后的硬壳层，7.5m 的软土层，形成明显的上硬下软的双层地基；葫芦岛项目，经强夯置换处理后有 8m 厚硬壳层，5m 厚软土层，呈现明显的上硬下软的双层地基；又如青岛海西湾项目，经强夯处理后形成 12m 厚的硬壳层和 1m 厚的软土层。分析以上各项目得到，应力扩散法计算的最终沉降值与实测值较为接近，而分层总和法得到最终沉降量远大于实测值。

综上所述，分层总和法适用于地基土相对均匀，基岩埋深较深的地基类型；应力扩散法适用于上硬下软明显分为两层（压缩模量比值较大，且上层地基的压缩模量较大）的地基土。研究成果与杨果林的一致。对于上硬下软的双层地基，根据杨果林的研究结果，硬壳层本身变形模量大，受力后变形小，由于对下卧层起应力扩散作用而使地基变形受到遏制，可类似弹性地基板来处理。对于路堤来讲，路堤中心线下的接触面上的附加应力随硬壳层厚度的增加而减小，相应下卧软土层沉降也大幅度的减小。

2.5　小结

本章介绍了强夯与强夯置换的区别与联系，提出适于强夯置换变形计算的"墩变形＋应力扩散法"；针对软基深厚填土经强夯或强夯置换处理后出现三种主要的地基模型：均匀地基、均匀双层地基、非均匀双层地基，探讨各模型采用不同的工后沉降计算方法。

（1）强夯和强夯置换法是经济高效应用广泛的地基处理方法之一，但工程界对强夯与强夯置换的概念理解仍存在很大分歧，有必要对强夯和强夯置换的概念进行澄清。强夯置换区别于强夯的四个条件：有无填料；填料好否；夯锤静接地压力是否大于 80kPa 和是否形成密实墩体，同时满足以上四个条件才是强夯置换，否则是强夯。概念的澄清有利于工程中保证强夯置换的加固效果。

（2）针对各模型采用不同的工后沉降计算方法：

①经强夯或强夯置换处理后，整个地基土性较为均匀时，首选分层总和法计算最终沉降值；

②经强夯处理后，呈现均匀双层地基时，硬壳层采用分层总和法进行计算，下卧软弱土层考虑层顶附加应力的扩散作用后用分层总和法进行计算；

③经强夯置换处理后，呈现非均匀双层地基，首选应力扩散角法进行最终沉降量计算，硬壳层采用单墩或单墩复合地基载荷试验模量进行计算，下卧软弱土层考虑层顶附加应力的扩散作用后用分层总和法进行计算。

第 3 章　按变形控制进行强夯加固地基设计思想的探讨

3.1　概述

在进行地基处理设计时应当考虑的两点：（1）在长期荷载作用下，地基变形不致造成上部结构的破坏或影响上部结构的正常使用；（2）在最不利荷载作用下，地基不出现失稳的现象。前者为变形控制设计的原则，后者为强度控制的原则。对于大多数的工程来讲，地基承载力往往是地基处理成果的附产品，关键是地基处理中地基的变形特性是否满足要求。在利用变形控制思想进行地基处理设计时，首先应计算分析地基变形是否满足建筑物的使用要求，在变形满足要求的前提下，再验算地基的强度是否满足上部建筑物的荷载要求。

以强夯法为例，强夯设计的基本方法是以勘察资料为依据，结合场地所需要的承载力、变形量允许值，提出处理方案，根据设计方案进行典型区域试验并进行检测。若测得的承载力和变形符合要求，则可进行大面积强夯处理，若有差距，调整参数或选用新的方案。

多年的工程实践证明，强夯能级从 1000～20000kN·m 表层的承载力基本都满足要求，不同能级的差别主要表现在深层加固效果，也就是有效加固深度上，反映出来的就是变形效果是否满足设计要求。因此，变形控制是地基处理的主要产品，与能级、工艺关系较为密切，应按变形控制进行强夯法地基处理设计。

3.2　强夯能级对地基加固参数的影响

3.2.1　不同能级强夯对浅层地基承载力的影响

强夯法是将重锤起吊到一定高度，而后自由下落，其动能在土体中转化成很大的冲击力和高应力，从而提高地基承载力。某试验场地主要由新近人工填土（粉砂）层、第四系海陆交互相沉积层构成。填料厚度一般 0.5～1.3m，最大处达 3.1m。对场地分区进行试夯试验，试夯 1 区共夯 4 遍，第 1、2 遍点夯能量为 4000kN·m，点夯间距 5m，第 3、4遍为 1000kN·m 满夯，每夯点 2 击，锤印彼此搭接。试夯 2 区共夯 5 遍，第 1、2 遍点夯能量为 6000kN·m，点夯间距 6m，第 3 遍点夯能量为 3000kN·m，点夯间距 6m，第 4、5 遍分别采用 2000kN·m、1000kN·m 能级满夯，每夯点 2 击，锤印彼此搭接。夯后对试验区进行浅层平板载荷试验，载荷板面积为 2m²，所得 p-s 曲线见图 1.3-1（Z1、Z2、Z3 位于试夯 1 区，Z4、Z5、Z6 位于试夯 2 区），夯前、夯后瑞利波波速曲线见图 1.3-2（HQ—夯前，HH—夯后，1、2 点位于试夯 1 区，3、4 点位于试夯 2 区）。

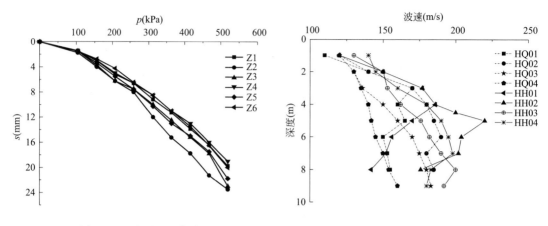

图 1.3-1　夯后 p-s 曲线　　　　　图 1.3-2　夯前、夯后瑞利波波速曲线

由图 1.3-1，p-s 曲线未见明显比例界限，根据规范取 $s/b=0.01$（即沉降 14mm）所对应的压力为各试验点的地基承载力特征值，夯后各区平均承载力特征值：

$$试夯 1 区：\overline{f}_{ak}=367kPa$$

$$试夯 2 区：\overline{f}_{ak}=383kPa$$

由图 1.3-2，根据波速减小的拐点，试夯 1 区有效加固深度约为 5m，试夯 2 区有效加固深度约为 7.7m。试夯 1 区与 2 区强夯能级相差 33%，有效加固深度相差 35%，但处理后浅层地基的承载力仅相差 4.2%。

某试验场地为开山碎石形成，最大填土厚度为 11～14m，对该场地分别进行夯击能 3000kN·m、6000kN·m 的试夯试验，试验区面积 20m×20m，夯后对试验区进行浅层平板载荷试验，载荷板尺寸为 1.5m，所得 p-s 曲线见图 1.3-3。

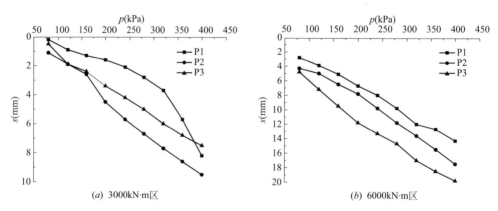

（a）3000kN·m 区　　　　　　　　　（b）6000kN·m 区

图 1.3-3　夯后 p-s 曲线

由图 1.3-3，大部分 p-s 曲线为直线（缓降型），将不同能级试验区平板载荷试验结果取平均值，得到夯后地基承载力特征值：

$$3000kN·m 区：f_{ak}=240kPa$$

$$6000kN·m 区：f_{ak}=245kPa$$

两个试验区强夯能级相差 50%，但夯后浅层地基承载力仅相差 2%，即强夯能级的高低对浅层地基承载力无直接影响，这是由于重锤冲击土体产生很大的冲击波，其中压缩波（P波）有助于增加土粒间的正应力，提高压缩量，而土体的最大压缩量由最大干密度控制，较低能级强夯已可以使浅层土体达到最密实状态，压缩模量达最大值。此外，重锤冲击土体产生的高应力大范围扩散，不同能级、不同夯点处产生的应力在一定深度范围内相互叠加，使加固后浅层土体的均匀性较好。由此得出，能级的差异反映在深层的加固效果，即有效加固深度范围内的变形效果，而不是浅层承载力的差异。因此，变形控制是地基处理的主要产品，而地基承载力是地基处理的附属产品。

此外，进行浅层平板载荷试验仅能反映（2~3）倍板宽深度范围内承载力的大小，不能反映深层的加固效果，如进行深层载荷试验，上部土体相当于超载作用于承压板两侧，承压板下土体难以发生整体剪切破坏，不能得到准确的深层地基承载力特征值。因此，不能仅以处理后所需达到的地基承载力为控制目标进行强夯设计，应以变形控制进行强夯法地基处理设计。

3.2.2 不同强夯能级对有效加固深度的影响

有效加固深度指从最初起夯面（夯前地面整平标高）算起，不完全满足工程安全需要的地基上，经强夯法加固后，以某种方法测试的土的强度、变形等指标，达到工程设计要求达到的深度。

强夯设计中需要进行多遍夯击，一般每遍的夯点、夯击能量各不同，其中第一遍的夯击能量最高，称为主夯。根据规范中强夯能级与有效加固深度的关系（图1.3-4）可知，强夯能级越高，夯锤对地面的冲击力越大，土体中产生的冲击应力扩散范围越大，有效加固深度就越大。

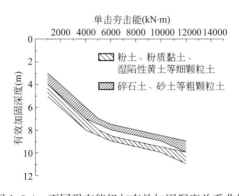

图 1.3-4 不同强夯能级与有效加固深度关系曲线

有效加固深度范围内土体的密实度增加，强度提高，压缩性降低，是反映地基处理效果的重要参数，同时对夯击能量的确定、夯点布设、加固均匀性等参数起决定作用。有效加固深度不仅与强夯能级、土质有关，还与施工工艺、锤底面积、锤形等诸多因素有关，因此强夯设计时主要依据经验判断不同强夯能级的有效加固深度。

3.2.3 强夯有效加固深度对变形的影响

有效加固范围内的土体强度提高、压缩性降低，组成强夯的加固区，由于不同夯点采用的强夯能级不同，有效加固深度就会不同，这些加固区相当于竖向刚度不同的加固体，导致强夯处理后沿深度方向地基刚度分布不均匀、荷载作用后基础基底压力分布不均匀，造成两者变形不协调，增大了差异沉降，因此宜选择在柱基、转角等上部荷载较大的部位设置夯点，使强夯处理后地基的刚度分布与基础基底压力分布相吻合，达到夯后地基的后期沉降变形从整体上与基础沉降协调一致，减小差异沉降，使基础和上部结构内部不产生较大的次生内力，同时使夯后土体本身承载能力尽量得到发挥。

夯后地基加固区的存在使附加应力的高应力区向下伸展，附加应力影响深度增大。当有效加固深度外还存在较厚软弱土层时，软弱下卧层土体的沉降量占夯后地基总沉降比例很大，此时减小夯后地基变形最有效方法是减小软弱下卧层土体的变形量，而减小软弱下卧层土体的变形量最有效的是增大有效加固深度，减小软卧下卧层的厚度，由于有效加固深度与强夯能级直接相关，最终实现由变形的控制进行强夯能级的选择及其他设计参数的确定。

3.3 基于变形控制的强夯加固地基设计方法

由于强夯能级与浅层地基承载力无直接关系，即较低的强夯能级能够满足地基承载力的设计要求，但加固深度较小，对深厚填土地基容易造成过大工后沉降，故在强夯地基处理中仅按承载力设计难以满足变形要求。有的项目强夯能级很高，表层土被振松、主夯坑过深没有进行原点加固夯或满夯没有做好，反倒容易导致浅层承载力很低，因此，从这个角度讲，承载力是强夯地基的附产品，它的主产品应该是有效加固深度控制变形量。

按变形控制进行强夯地基处理设计，一是预估强夯加固有效深度，计算加固区范围外的变形量，验算变形是否满足要求，根据变形确定最终的有效加固深度，再由有效加固深度与单击夯击能的关系合理选择强夯能级及其他设计参数。二是由于场地经强夯后，形成的加固区沿深度可看作变刚度分布，为使强夯处理后地基的刚度分布与基础基底压力分布相吻合，减小差异沉降，夯点的布置应尽量与上部结构的刚度分布一致，达到两者的变形协调，充分发挥夯后土体自身的承载潜力。三是重视原点加固夯和满夯对浅层地基的加固效果，确保浅层地基承载力满足要求。

3.4 变形控制强夯设计法的工程应用

3.4.1 青岛海西湾开山填海工程

（1）工程概况

拟建修船场区内原始地层及海域主要为淤泥及淤泥质土，场区分两期回填，其中Ⅰ期回填场区的2/3，Ⅱ期为新近回填，占场区的1/3。区内地层较为简单，上部为开山碎石填土层，厚度为2.0～13.0m，图1.3-5为修船区典型地质剖面图。

厂区由于基岩埋深较深，回填层较厚，局部有残留软土层，且开山土石料形成的陆域，灌注桩成桩难度大，工期长，造价高，设计对陆域深填区采用平锤高能级强夯、局部有残留软土区采用采用异性锤强夯置换。

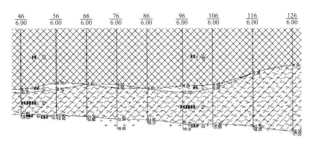

图 1.3-5　修船区典型地质剖面图

（2）深填区高能级强夯

深填区土石填料层较厚，固结时间短，为达到较好的密实效果，减少工后沉降，采用平锤高能级强夯处理。

由于处理后场区要满足修船厂柱基、室内外地坪、道路等对变形大小的不同要求，设计时根据土层特性和需要加固的深度要求确定不同的强夯能级和施工工艺，其中对柱基下和重型设备基础下应布置有超高能级夯点。

强夯处理后，对残留淤泥厚度 $\delta \geqslant 3m$ 的局部区域进行高压旋喷等方法固结处理，减小强夯加固区沿深度方向的刚度差异，避免出现过大的工后差异沉降。

（3）异形锤强夯置换

在陆域回填区，对露天钢材堆场的桥吊柱基，采用异形锤强夯，增加置换深度，减小差异沉降。

东围堰内区局部软土层较厚、含水量高，夯前采用插设竖向排水板与堆载预压联合处理，围堰外区没有经过堆载预压，为避免夯后两部分区域土体刚度差异过大，造成柱基较大差异沉降，对东围堰内区用 4500kN·m 能级强夯置换，外区用 5500kN·m 能级强夯置换。

（4）强夯地基变形计算

经检测强夯处理后地基承载力满足要求，在此种情况下，对于变形量的控制设计就成了确定强夯方案是否适用和进行强夯设计的关键。

本项目淤泥质土较厚的 D 区采用 8000kN·m 能级强夯进行处理，因此对淤泥质土的固结沉降计算分析可选用不同淤泥厚度的勘探点进行计算，各轴线柱基计算沉降量与项目建成后沉降观测 5 年稳定后的实测值见图 1.3-6。

根据修船区车间强夯地基检测报告和现有的沉降观测成果表明：产生差异沉降主要是由于填土下存在软弱淤泥质粉质黏土固结沉降引起的。根据近 5 年的实测沉降结果可以看出，在全部 252 个柱基中，仅有 4 个柱基的沉降量超过了规范要求，整个监测结果与强夯前的预测分析完全一致。该处柱基已经采取了一定的结构预防措施，以此说明了"以变形控制进行地基处理设计"思路的准确性。

3.4.2　葫芦岛开山填海地基强夯置换处理工程

（1）工程概况

场地为开山填海形成，回填料级配不均匀，一般粒径为 10～200mm，含量为 50%～80%，最大可见粒径为 300～800mm，回填厚度 8.00～8.70m，场地典型地质剖面见图 1.3-7。

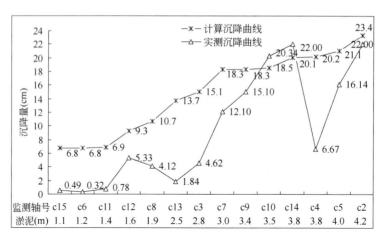

图 1.3-6 实测沉降量和计算沉降量的对比曲线

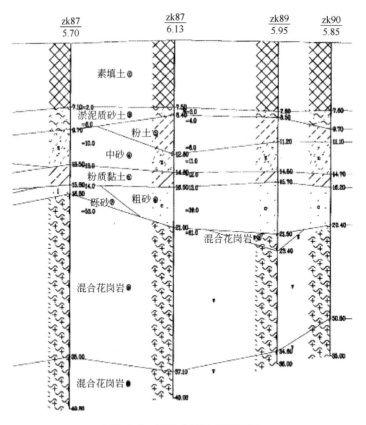

图 1.3-7 场地典型地质剖面图

设计要求：重型、中型跨柱基及重要设备下，地基承载力特征值 $f_{ak} \geqslant 350\text{kPa}$，变形模量 $E_0 \geqslant 25\text{MPa}$；轻型跨柱基、其他设备及室内道路、地坪下，地基承载力特征值 $f_{ak} \geqslant 300\text{kPa}$，变形模量 $E_0 \geqslant 20\text{MPa}$。最终沉降量 $\leqslant 120\text{mm}$，相邻柱子的差异沉降 $\leqslant 30\text{mm}$。

（2）强夯工艺在变形控制中的应用

重型厂房在设备作用下单柱最大设计轴力达10000kN，最大设计弯矩达15000kN·m，计算柱基沉降达75cm，远大于设计要求，按常规基础设计采用桩基础方案，但由于场地为开山填海形成，回填过程中填料质量很难控制，无论是采用预制桩还是钻孔桩、挖孔桩，均有施工难度大、桩基造价高、工期长等工程难题。

为解决以上难题，提出对厂房分区进行强夯处理，重型、中型跨厂房柱基承受上部荷载较大，受力后产生较大沉降，为减小与轻型跨柱基的差异沉降，需增大有效加固深度或形成刚度更大的加固体。由于柱锤面积小、静接地压力大，可以在地层深处形成置换碎石墩，首先采用10000kN·m能级柱锤强夯在要求有效加固深度范围内形成置换碎石墩，之后采用12000kN·m能级平锤强夯在柱基下12m×12m范围内形成外扩碎石墩，确保柱基应力扩散的一定范围内形成刚度均匀的加固体，有效控制柱基的沉降。最后采用2000kN·m能级满夯，以夯实地基浅部填土，保证浅层地基承载力达到要求，强夯处理后采用浅基础方案。

室内道路、地坪所受荷载小，受力后沉降较小，可适当减小有效加固深度，设计采用12000kN·m能级平锤强夯在加固深度范围内形成置换碎石墩，可有效控制变形。之后采用2000kN·m能级满夯夯实地基浅部填土。

（3）柱基沉降变形监测

项目竣工投入使用后，进行了为期2年的沉降观测，沉降已基本稳定，厂房各柱基的沉降曲线见图1.3-8。

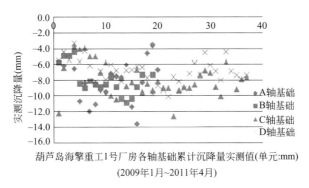

葫芦岛海擎重工1号厂房各轴基础累计沉降量实测值(单元:mm)
(2009年1月~2011年4月)

图1.3-8 柱基沉降曲线图（投入使用2年后）

由图1.3-8，厂房柱基整体沉降比较均匀，最大沉降量为14.7mm，相邻柱基最大差异沉降量为6.3mm，均满足设计要求，说明分区采用不同能级的柱锤联合平锤强夯置换工艺，形成不同加固深度的置换碎石墩，控制变形效果较好。

3.4.3 中化格力二期5.5万 m³ 石油储罐地基处理

（1）工程概况

中化格力二期项目位于珠海市高栏港经济开发区，场地原始地貌单元属海岸沉积地貌，该场地于2004年采用10000kN·m能级强夯处理整平，经自重固结6年后，拟提前投入使用，经检测，场地基承载力满足要求，但计算沉降变形过大，需以变形控制进行地基处理设计。

对强夯后的场地进行钻探取样，结果显示，拟建场地主要由新近人工填土层、第四系海陆交互相沉积层和燕山期花岗岩构成。

根据夯后二维面波测试，场地层状结构明显，呈上硬下软的状态，下层仍存在较厚的淤泥质土层，T1304 罐东西方向软土层的分布差异较大，西侧软土分布厚度大，整体不均匀性大；T1303 罐土层均匀性较好，但根据钻孔情况，T1303 罐的软土层分布厚度在 5～10m。

（2）方案选用

夯后 T-1303、T-1304 罐地基承载力满足设计要求，但不均匀沉降不能满足规范[9]要求，故以变形控制进行地基处理设计。

为充分利用强夯地基承载力，同时减小储罐地基的不均匀沉降变形，本次 T-1303、T-1304 罐地基处理采用疏桩劲网复合地基。疏桩劲网复合地基充分发挥地基及疏桩基础承载力，主要目的为控制基础的沉降变形。结合本工程特点，桩设置为带桩帽的减沉疏桩、网设置为加筋复合垫层（图 1.3-9）。

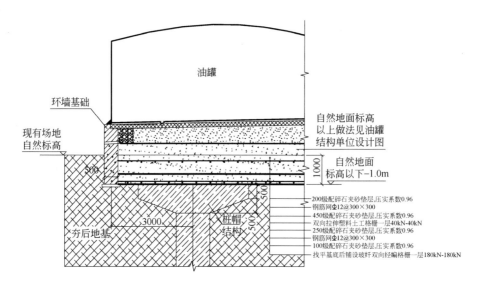

图 1.3-9 疏桩劲网复合地基构造图

考虑到油罐地基在周边环墙处受力比内部大，为使地基的刚度分布与基础基底压力分布相吻合，减小不均匀变形，疏桩采用环形布桩方式；为协调疏桩与强夯地基的受力，本方案采用直径为 5.0m 的大尺寸桩帽；为协调疏桩与强夯地基的变形，采用厚度为 1m 的碎石垫层，其内设 4 层三向土工格栅。

（3）环墙基础沉降变形监测

充水预压阶段，在环墙基础周边布置了 32 个沉降变形监测点，环墙基础沉降变形曲线见图 1.3-10。

由图 1.3-10，在油罐充水预压前期，环墙基础各点沉降较均匀，随着充水高度的增加，个别点沉降量较大，当充水量为 18m 时，各点沉降总体趋于均匀，说明了疏桩劲网复合地基已开始发挥其调节地基不均匀沉降的能力。T-1304 罐环墙基础部分差异沉降较大，但均满足规范平面倾斜与非平面倾斜要求。

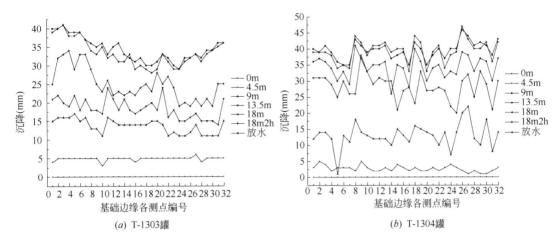

(a) T-1303罐　　　　　　　　　(b) T-1304罐

图 1.3-10　充水预压阶段环墙基础沉降变形曲线

3.5　变形与地基承载力控制的辩证关系

对有竖向增强体的复合地基的变形控制可采用变刚度分布的设计思想，以有效减小压缩量。变刚度设计可采用两种措施，一种是桩长沿深度变化，即由部分长桩和部分短桩结合组成长短桩复合地基；另一种是采用刚度及长度均不相同的两种或以上形式的复合地基，如 CFG 桩复合地基与砂桩复合地基的组合作用等。

地基承载力和变形是地基处理的两个方面，但这两方面是密切联系并不是孤立的。对整个场地来说，浅层平板载荷试验测得的地基承载力犹如面上一个个点，虽然点的地基承载力满足要求，但每个点下的加固深度不尽相同，不同加固深度的点沿深度方向形成刚度不同的加固体，荷载作用后，会产生差异沉降。

如何控制差异沉降就是变形控制的设计思想，如对深厚回填土地基进行强夯置换处理后，地基表层各点承载力满足要求，但夯后地基在置换墩附近形成加固体刚度大，荷载作用后导致在整个面上差异沉降大，通过合理选择能级、布置夯点，能实现变形控制的效果；某大型油罐项目，场地局部存在较厚的软弱土，平面分布上存在软硬地层并存的情况，油罐位于半填半挖地基、土岩组合地基上，为减小工后差异沉降，采用"碎石垫层＋强夯置换"方法处理，将油罐区域的基岩通过爆破开挖 1m，再回填碎石至设计标高，经强夯置换处理后地基在整个面上的刚度均匀，不但地基承载力满足要求，而且有效控制了差异变形。

因此变形控制是地基处理的"主要产品"，是较难满足的"高级产品"，在地基处理工程中应重点关注。相较之下，地基承载力是地基处理的"附属产品"，是较易满足的"入门产品"。

3.6　小结

（1）强夯法地基处理中不同强夯能级与处理后浅层地基承载力无直接关系，承载力是强夯地基的附产品，它的主产品应该是有效加固深度控制变形量。

（2）按变形控制进行强夯地基处理设计，一是根据变形要求确定强夯加固有效深度，再由有效加固深度合理选择强夯能级及其他设计参数；二是使夯后地基的刚度分布与基底压力分布相吻合，夯点的布置尽量与上部结构的刚度分布一致，使两者变形协调，减小差异沉降；三是重视原点加固夯和满夯对浅层地基的加固效果，确保浅层地基承载力满足要求。

（3）按变形控制思想，对有下卧软弱土层、深度较大的碎石回填土层地基，可采用高能级强夯预处理和疏桩劲网复合地基，能充分发挥疏桩基础和强夯地基的承载性能，协调两者变形，达到变形控制目的。

（4）广而言之，其他地基处理方法中形成的复合地基，也应按变形控制思想来优化设计。

第4章 强夯地基承载力及平板载荷试验研究

4.1 概述

4.1.1 地基承载力研究历程

1954年，当时的建筑工程部将苏联地基规范的翻译本改称《天然地基设计暂行规范》（规结7-54）。该规范规定，"基础的计算压力不应超过基土的容许承压力"，并列表规定了各类基土的容许承压力，承压力表的土类有岩石类、半岩石类、大块碎石类、砂类和第四系非大孔黏土类。砂类根据湿度和密实度，黏土类根据孔隙比和稠度，可查到相应的基土容许承压力。"容许承压力"最初译为"地基耐压力"，简称"地耐力"。对于常用结构，满足了容许承压力也就满足了变形要求。该规范还规定了软弱下卧层的验算方法；规定了哪些情况应进行沉降计算；专设一章规定湿陷性黄土的设计。该规范没有用抗剪强度指标计算地基承载力的规定，也没有沉降计算方法和沉降限值的规定。

1974年，我国第一次制订了《工业与民用建筑地基基础设计规范》TJ 7—74，提出了容许承载力（R）概念；1989年3月27日第二次制订了《建筑地基基础设计规范》GBJ 7—89，提出了地基承载力标准值f_k概念；2002年2月20日第三次制订了《建筑地基基础设计规范》GB 50007—2002，提出了地基承载力特征值f_{ak}概念。

地基承载力问题长期以来是地基基础领域中一个重要的研究课题。上海地区对这一问题的研究一直没有停止。早在20世纪30年代，上海地区基于实际房屋建造的经验，提出了天然地基上房屋荷载控制在恒载≤50kPa，恒载＋活载≤80kPa；这是上海地区关于天然地基承载力最早的经验认识。1949年上海市建筑规划委员会和1950年上海市工部局颁布的Building Code（房屋建筑规范）中，将这一内容作为地基基础设计规则。1963年，第一版上海市《地基基础设计规范》（试行）颁布，其中采用$p_{1/4}$公式计算天然地基容许承载力。后根据实际应用情况，在1975版上海市《地基基础设计规范》中，改为按临塑荷载公式计算容许承载力，并在1989年上海市《地基基础设计规范》（以下简称"上海地基规范"）中继续沿用。

20世纪90年代，上海地基规范为适应国家标准《建筑结构设计统一标准》的要求，需要向概率极限状态设计方法转轨。在天然地基承载力计算上，也需要从容许承载力计算向极限承载力计算和可靠性分析转轨。当时因上海市《地基基础设计规范》DGJ 08—11—1999规范修订时间紧迫，未能进行系统性的现场天然地基极限承载力试验，只能结合当时已经收集的上海地区天然地基平板载荷试验资料（大部分未到极限）采用双曲线外推的方法得到了关于上海浅层软土极限承载力的最初认识。在规范修订结束后，规范组以及同济大学、上海建科院等单位都陆续进行了部分场地的天然地基极限承载力试验。

2010 规范修改时做了一些工作：

（1）结合原规范引用平板载荷试验数据和补充的一部分平板载荷试验结果进行了综合分析，上海地区浅层平板载荷试验所反映的极限承载力总体上比较稳定，大体上在 200～300kPa 之间，确定了极限承载力基本稳定。

（2）通过分析和工程经验认识，上海地区采用载荷试验确定天然地基承载力的抗力系数 γ_R 由 1.6 调整为 2.0，提高了承载力的安全水平。

4.1.2 强夯地基的承载力问题

1. 强夯地基承载力

《建筑地基处理技术规范》JGJ 79—2012 第 6.3.13 条规定：强夯处理后的地基竣工验收时，承载力检验应采用静载试验、原位测试和室内土工试验。强夯处理后的地基竣工验收承载力检验，应在施工结束后间隔一定时间方能进行，对于碎石土和砂土地基，其间隔时间可取（7～14）d；粉土和黏性土地基可取（14～28）d。

强夯地基承载力检验的数量，应根据场地复杂程度和建筑物的重要性确定，对于简单场地上的一般建筑物，每个建筑地基的载荷试验检验点不应少于 3 点；对于复杂场地或重要建筑地基应增加检验点数。

现场对强夯地基承载力检验时，夯间与夯点的加固效果可能有差异，进行平板载荷试验是否要考虑这种差异，是否要增大载荷板的尺寸进行试验，通过在某沿海碎石土回填地基上成功实施的 10000kN·m 高能级强夯系列试验（3000kN·m、6000kN·m、8000kN·m、10000kN·m），对不同能级强夯后地基土平板载荷试验结果的分析与对比，得到一些有益结论。

2. 强夯置换地基承载力

强夯置换后的地基，表层和置换墩体的材料性质与原软黏土地基有较大差异，如何合理评价其承载力是工程中非常关心的问题。

《建筑地基处理技术规范》JGJ 79—2012 第 6.3.5 条的第 11 款规定：

（1）软黏性土中强夯置换地基承载力特征值应通过现场单墩静载荷试验确定

软黏土地基，表层没有填粗粒料，标高已经比较高（如果标高低，建议填些粗粒料在表层，便于施工）施工设备很难上去或易陷机、吸锤等，施工不安全。往往出现在吹填地基上建工业厂房的项目。此时，可采用路基板等辅助设备上去，但夯坑里建议填砂或碎石、山皮石等建筑垃圾粗粒料。施工时易出现隆起，夯点周边一般隆起量在 30～50cm。必要时可以选择隔行跳打施工或者分次置换，形成的场地从宏观角度来看是"桩式置换"，置换墩实际上很难着底。

此时，强夯置换地基承担的荷载如果是通过一定厚度和刚度的地坪板传下来的，如工业地坪面荷载，那么要考虑适当加厚地坪钢筋混凝土板。确保冲切验算等满足要求，此时单墩承担荷载为其承担面积上的地坪板自重和板上荷载，单墩承载力特征值满足即可。如果是柱基或其他独立荷载等直接作用在墩体上，单墩承载力特征值要满足柱基等荷载直接作用的要求。如果是较大的面积设备等局部荷载，单墩承载力特征值要满足按基础面积分摊到每个墩上的作用。

（2）饱和粉土地基，当处理后墩间土能形成 2.0m 以上厚度的硬层时，其承载力可通过现场单墩复合地基静载荷试验确定

常规工程施工参数中，一、二遍施工后强夯置换点的间距一般在 3.5～6.3m（第一遍主夯点间距 5～9m）。对饱和粉土地基，当基础底标高以下的墩间土有 2.0m 以上厚度的硬层时，若有独力荷载作用在墩间土上，会通过 2m 左右的硬层把荷载扩散到周边临近的强夯置换墩上。其荷载传递机理即可以按复合地基的理论进行计算分析。因此此时强夯置换地基的承载力可以按单墩复合地基进行静载试验确定，也即"整式置换"。此时，现场单墩复合地基静载荷试验确定的承载力就代表整个强夯置换地基的承载力。

当墩间土表层的硬层厚度小于 2m 时，复合作用不明显，应按单墩载荷试验确定强夯置换地基承载力。当然，由单墩载荷试验确定的承载力不能代表强夯置换地基的承载力，要在静载试验报告里面讲清楚是单墩试验的结果，设计人员使用单墩承载力的时候按荷载作用形式和特点进行换算和分析。单墩的承载力很高，并不代表整个强夯置换地基的承载力很高。如果以单墩承载力特征值代替整个强夯置换地基的承载力就偏于不安全了。

实际工程中，强夯置换墩的承载力往往都非常高，很少有试验做出真正的承载力极限值，大多提出的承载力特征值都是按设计要求值的两倍加载得到满足设计要求的结论，很少是真正按照变形比确定的。

4.1.3　平板载荷试验现状

平板载荷试验是一项技术成熟，理论上无可争议的地基承载力检测技术。在确定地基承载力方面，是目前被认为最为准确、可靠的检验方法，因此，每种地基基础设计处理规范都把平板载荷试验列入重要位置。一般情况下，平板载荷试验的成果数据，如地基承载力、沉降量等均认为是准确、可靠的，这已为无数的工程实例证明。

在测试方法上，我国大部分规范（规定）都制定的是"慢速维持荷载法"，具体做法是按一定要求将荷载分级加载到荷载板上，在板下沉未达到某一规定的相对稳定标准前，该级荷载维持不变；当达到稳定标准时，继续加下一级荷载；当达到规定的终止试验条件时终止加载；然后再分级卸载到零。试验周期一般较长。有关地基处理后的间隔时间、分级标准、测读下沉量间隔时间、试验终止条件以及卸载规定等项目，各规范和标准的规定不尽相同。

国家标准《岩土工程勘察规范》GB 50021—2001（2009 年版）规定：

"载荷试验加荷方式应采用分级维持荷载沉降相对稳定法（常规慢速法）；有地区经验时，可采用分级加荷沉降非稳定法（快速法）或等沉降速率法"；"对慢速法，每级荷载施加后，间隔 5min、5min、10min、10min、15min、15min 测读一次沉降，以后间隔 30min 测读一次沉降，当连续两个小时每个小时沉降量小于等于 0.1mm 时，可认为沉降已达相对稳定标准，施加下一级荷载"。

国家标准《建筑地基基础设计规范》GB 50007—2011 规定："每级加载后，按间隔 10min、10min、10min、15min、15min，以后为每隔半小时测读一次沉降量，当在连续两个小时内，每个小时的沉降量小于 0.1mm 时，则认为已趋稳定，可加下一级荷载。"

行业标准《建筑地基处理技术规范》JGJ 79—2012 规定："每级加载后，按间隔 10min、10min、10min、15min、15min，以后为每隔 0.5h 测读一次沉降量，当在连续 2h 内，每小时的沉降量小于 0.1mm 时，则认为已趋稳定，可加下一级荷载"。

上海市工程建设规范《建筑地基基础设计规范》DBJ 08-11-2010 规定：

"加荷等级宜为 10～12 级，加荷方法应采用慢速维持荷载法，每次荷载施加第一个小时内按 5min、15min、30min、45min、60min 进行测读，以后每隔半个小时测读一次，当每小时沉降量不超过 0.1mm，并连续出现两次则认为已趋稳定"。

《建筑地基基础设计规范》GB 50007—2011 关于确定承载力特征值的规定：当压板面积为 $0.25～0.5m^2$，可取 $s/b=0.01～0.015$ 所对应的荷载，但其值不应大于最大加载量的一半。对于压板面积大于 $0.5m^2$ 的情况并未作出说明。而且对于不同种类土层，关于 s/b 的取值也未作出具体说明。参照《建筑地基处理技术规范》JGJ 79—2012 及广东省《建筑地基基础检测规范》DBJ 15-60-2008，对天然地基和处理土地基，高压缩性土 s/b 取 0.015，中压缩性土 s/b 取 0.012，低压缩性土和砂土 s/b 取 0.01。当压板宽度或者直径 b 大于 2m 时，按 2m 计算。

《建筑地基基础设计规范》GB 50007—2011 规定承压板宜在 $0.25～0.5m^2$ 范围内选用，对应的板宽为 0.5～0.7m。由于工程需要，荷载板的尺寸也越做越大，对于大尺寸荷载板试验测出的承载力该如何选用，规范亦未给出说明。因此应确定一个标准尺寸荷载板，对使用其他尺寸荷载板得到的地基承载力进行适当修正。

部分不同规范平板载荷试验要求对比   表 1.4-1

序号	规范名称	载荷板面积（m^2）	测读标准	稳定标准
1	《岩土工程勘察规范》GB 50021—2001（2009 年版）	根据不同土性，选 $0.25～0.5m^2$	慢速法	沉降差≤0.01mm
2	《建筑地基基础设计规范》GB 50007—2011	≥$0.25m^2$，软土取 $0.5m^2$	慢速法	每小时沉降量≤0.1mm
3	《建筑地基处理技术规范》JGJ 79—2012	处理地基≥$1.0m^2$，强夯地基≥$2.0m^2$	慢速法	每小时沉降量≤0.1mm
4	《建筑地基基础设计规范》DBJ 08—11—2010	≥$0.5m^2$	慢速法	每小时沉降量≤0.1mm
5	《建筑地基基础检测规范》DBJ 15—60—2008	≥$0.5m^2$（软土不小于 $1.0m^2$）	快慢速法	小于等于特征值时取≤0.1mm，大于等于特征值时取≤0.25mm

备注：1. 以上规范均有对垫层厚度要求，不超过 20mm 中粗砂找平。
     2. 除《建筑地基处理技术规范》JGJ 79—2012 主要针对处理地基外，其他均包括了天然地基载荷试验。

4.2 平板载荷试验稳定标准的研究

平板载荷试验方法需要探讨一系列问题，包括平板尺寸的选择、测读稳定标准的确定、试验前的预压要求及荷载的大小等问题，并且在不同类型地基的试验中，对以上问题形成不同组合，使得问题更加复杂。

本节从工程实践角度出发，对于平板载荷试验的稳定标准、压板尺寸、预压问题进行探讨，以期获得一些规律，用以指导工程实践，为相关规范编制提供一些有益参考。

4.2.1 不同规范测读方法及稳定标准

（1）国家标准《岩土工程勘察规范》GB 50021—2001（2009 年版）规定：

"载荷试验加荷方式应采用分级维持荷载沉降相对稳定法（常规慢速法）；有地区经验

时，可采用分级加荷沉降非稳定法（快速法）或等沉降速率法；加荷等级宜取 10～12 级，并不应少于 8 级，荷载量测精度不应低于最大荷载的±1%。"

"对慢速法，当试验对象为土体时，每级荷载施加后，间隔 5min、5min、10min、10min、15min、15min 测读一次沉降，以后间隔 30min 测读一次沉降，当连续两个小时每个小时沉降量小于等于 0.1mm 时，可认为沉降已达相对稳定标准，施加下一级荷载；当试验对象是岩体时，间隔 1min、2min、2min、5min 测读一次沉降，以后每隔 10min 测读一次，当连续三次读数差小于等于 0.01mm 时，可认为沉降已达相对稳定标准，施加下一级荷载。"

（2）国家标准《建筑地基基础设计规范》GB 50007—2011 规定：

"每级加载后，按间隔 10min、10min、10min、15min、15min，以后为每隔半小时测读一次沉降量，当在连续两个小时内，每个小时的沉降量小于 0.1mm 时，则认为已趋稳定，可加下一级荷载。"

（3）行业标准《建筑地基处理技术规范》JGJ 79—2012 规定：

"每级加载后，按间隔 10min、10min、10min、15min、15min，以后为每隔 0.5h 测读一次沉降量，当在连续 2h 内，每小时的沉降量小于 0.1mm 时，则认为已趋稳定，可加下一级荷载。"

（4）上海市工程建设规范《建筑地基基础设计规范》DBJ 08-11-2010 规定：

"加荷等级宜为 10～12 级，加荷方法应采用慢速维持荷载法，每次荷载施加第一个小时内按 5min、15min、30min、45min、60min 进行测读，以后每隔半个小时测读一次，直至达到稳定标准，每级荷载在其维持过程中，应保持加荷量值的稳定。

稳定标准：每小时沉降量不超过 0.1mm，并连续出现两次。

预载：试验前宜进行预载，预载量宜等于上覆土自重。

卸载：卸载量可取加载量的两倍进行等量逐级卸载，卸除每级荷载维持 30min，回弹测读时间为第 5min、15min、30min。卸载至零后应测读稳定的残余沉降量，维持时间 3h。"

通过以上对比发现，规范中一般采用慢速维持荷载法进行平板载荷试验，但测读时间、加载分级以及判稳标准，各规范有不尽相同的规定。

4.2.2　不同测读方法的对比试验研究

在工程检测验收中，国外的维持荷载法相当于国内的快速维持荷载法，最少持载时间为 1h，并规定了较为宽松的沉降相对稳定标准。国内此类研究起步较晚，数据及成果很少。从理论上讲，快速加载法有一定的偏差，因为每级加载时间较短，在未稳定的条件下继续加下一级，导致单级沉降和总沉降均小于常规的慢速维持荷载法。虽然快速荷载法存在误差，但并不是完全不可用。在已取得的慢速维持荷载法和快速维持荷载法对比试验数据，并且已经建立了经验公式的地区是可以采用的。如《岩土工程勘察规范》GB 50021—2001（2009 年版）规定：载荷试验加荷方式应采用分级维持荷载沉降相对稳定法（常规慢速法）；有地区经验时，可采用分级加荷沉降非稳定法（快速法）或等沉降速率法。

为了不断提高检测技术水平及经济效益和社会效益，缩短大面积工程检测中静载荷试验周期，研究出适应本地区的快速静载荷试验方法，我们结合生产实践开展了快速法及慢速法静载荷的对比试验研究。

4.2.3 对比试验设计

对比试验是通过在静载荷试验项目中选取一定数量的检测点进行快速法及慢速法静载荷对比试验，从中寻找两种方法在各级荷载作用下所得的沉降和极限承载力的差异规律，进而将快速法静载试验的沉降和极限承载力修正成慢速法静载试验的沉降及极限承载力，并找出一种适应上海地区的快速静载荷试验方法。

本次试验对 $0.5m^2$、$1m^2$、$2m^2$ 荷载板分别进行慢速维持荷载法（以下简称"慢速法"）、快速维持荷载法（以下简称"快速法"）以及准慢速维持荷载法（以下简称"准慢速法"）试验，试验共计 3 组，每组 3 个试验。荷载板均采用方形板，$0.5m^2$ 板对应板宽为 0.707m，$1m^2$ 板对应板宽为 1.0m。$2m^2$ 板对应板宽为 1.414m。试验情况统计见表 1.4-2。

静载试验情况统计　　　　　　　　　　　　　　　　　　　表 1.4-2

试验类型	荷载板面积（m²）		
	0.5	1	2
慢速法	1	1	1
准慢速法	1	1	1
快速法	1	1	1

各试验类型的测读方法如下：

（1）慢速法

加荷期间，每级荷载施加后按第 5、15、30、45、60min 测读载荷板的沉降量，以后每半小时测读一次，直至达到稳定标准，然后施加下一级荷载。稳定标准为：每小时位移变形量小于 0.1mm 并连续出现两次。

卸载时，卸载量可取加载量的两倍，每级荷载维持 60min，按 5，15，30，60min 测读四次；卸至零后维持 3h，测读残余沉降量，测读时间为 5、15、30、60min，以后每隔 30min 测读一次。

（2）准慢速法

在达到特征值对应的荷载之前（包括特征值对应的荷载），每级荷载施加后按第 5、15、30、45、60min 测读载荷板的沉降量，以后每半小时测读一次，直至达到稳定标准，然后施加下一级荷载。相对稳定标准为：每小时位移变形量小于 0.1mm。在特征值对应的荷载之后，每级荷载施加后按第 5、15、30、45、60min 测读载荷板的沉降量，以后每半小时测读一次，直至达到稳定标准，然后施加下一级荷载。相对稳定标准为：每小时位移变形量小于 0.25mm。

卸载时，一次性将荷载卸载至零，维持 60min，测读残余沉降量。

（3）快速法

加荷期间，每级荷载施加后维持 60min，按第 5、15、30、45、60min 测读载荷板的沉降量，然后施加下一级荷载。

卸载时，一次性将荷载卸载至零，维持 60min，测读残余沉降量。

4.2.4 试验结果分析

沉降量达到板宽的 10% 时，试验终止。取沉降量达到 0.012 倍板宽时对应的荷载值为地基承载力特征值，但所取承载力特征值不大于最大试验荷载的 1/2；取沉降量达到 0.07 倍板宽时对应的荷载值为地基承载力极限值。各组试验数据见表 1.4-3，各组试验沉降曲线见图 1.4-1～图 1.4-3。

各组试验特征值及极限值的对比分析　　　　　　　　　　表 1.4-3

板尺寸		试验类型	特征值(kPa)	与慢速法差异百分比	极限值(kPa)	与慢速法差异百分比	特征值对应沉降(mm)	极限值对应沉降(mm)
面积(m²)	宽度(m)							
0.5	0.707	慢速法	87	—	205	—	8.48	49.49
		准慢速法	88	1.15%	233	13.66%		
		快速法	107	22.99%	292	42.44%		
1	1	慢速法	85	—	182	—	12	70
		准慢速法	92	8.24%	203	11.54%		
		快速法	103	21.18%	244	34.07%		
2	1.414	慢速法	91	—	173	—	16.97	98.98
		准慢速法	97	6.59%	224	29.48%		
		快速法	108	18.68%	270	56.07%		

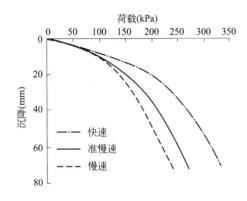

图 1.4-1　0.5m² 载荷板试验数据

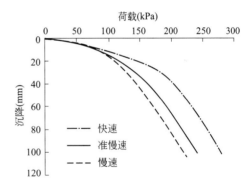

图 1.4-2　1m² 载荷板试验数据

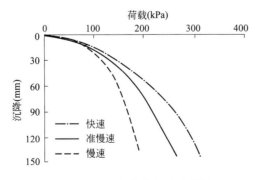

图 1.4-3　2m² 载荷板试验数据

根据试验数据对比可以看出，在承载力特征值的判定上，准慢速法与慢速法差别很小，快速法与慢速法差别略大，如果以 0.01 倍板宽的沉降对应的荷载为特征值，这种差别将会更小。这说明，如只需判定承载力特征值，那么采用准慢速法这种采集数据的方法也是可以的。

对于承载力的极限值，准慢速法与慢速法相差 11.54%～29.48%，快速法与慢速法相差 34%～56.07%，显得差异过大。这说明，如需对承载力极限值做出判定，准慢速法及快速法与慢速法差异均显得过大，需对结果进行修正。

4.3 平板载荷试验压板尺寸效应的研究

4.3.1 规范关于压板尺寸的规定

目前国内主要规范对平板载荷试验压板尺寸的具体规定如下：

（1）国家标准《岩土工程勘察规范》GB 50021—2001（2009 年版）规定：

10.2 载荷试验

10.2.3 载荷试验的技术要求应符合下列规定：

3 荷载试验宜采用圆形刚性承压板，根据土的软硬或岩体裂隙密度选用合适的尺寸；土的浅层平板载荷试验承压板面积不应小于 $0.25m^2$，对软土和粒径较大的填土不应小于 $0.5m^2$。

（2）国家标准《建筑地基基础设计规范》GB 50007—2011 规定：

附录 C 浅层平板载荷试验要点

C.0.1 地基土浅层平板载荷试验适用于确定浅部地基土层的承压板下应力主要影响范围内的承载力和变形参数，承压板面积不应小于 $0.25m^2$，对于软土不应小于 $0.5m^2$。

（3）行业标准《建筑地基处理技术规范》JGJ 79—2012 规定：

附录 A 处理后地基静载试验要点

A.0.2 平板静载荷试验采用的压板面积应按需检测土层的厚度确定，且不应小于 $1.0m^2$，对夯实地基，不宜小于 $2.0m^2$。

（4）上海市工程建设规范《建筑地基基础设计规范》DBJ 08—11—2010 规定：

16.2 天然地基静载荷试验

16.2.1 天然地基静载荷试验应符合下列要求：

1 荷载板应采用面积不小于 $0.5m^2$ 的刚性板；

《建筑地基基础设计规范》GB 50007—2011 关于确定承载力特征值的规定：当压板面积为 $0.25～0.5m^2$，可取 $s/b=0.01～0.015$ 所对应的荷载，但其值不应大于最大加载量的一半。对于压板面积大于 $0.5m^2$ 的情况并未作出说明。而且对于不同种类土层，关于 s/b 的取值也未作出具体说明。参照《建筑地基处理技术规范》JGJ 79—2012 及广东省《建筑地基基础检测规范》DBJ 15—60—2008，对天然地基和处理土地基，高压缩性土 s/b 取 0.015，中压缩性土 s/b 取 0.012，低压缩性土和砂土 s/b 取 0.01。当压板宽度或者直径 b 大于 2m 时，按 2m 计算。

《建筑地基基础设计规范》GB 50007—2011 规定承压板宜在 $0.25～0.5m^2$ 范围内选

用，对应的板宽为 0.5～0.7m。由于工程需要，荷载板的尺寸也越做越大，对于大尺寸荷载板试验测出的承载力该如何选用，规范亦未给出说明。因此应确定一个标准尺寸荷载板，对使用其他尺寸荷载板得到的地基承载力进行适当修正。

4.3.2　软土地基荷载板尺寸效应试验分析

针对上海软土地基的荷载板尺寸效应问题，在静载荷试验项目中选取一定数量的检测点进行不同尺寸的静载荷对比试验，以期寻找相同荷载下，不同尺寸的荷载板所对应的沉降及极限承载力的差异规律。

本次试验对 $0.5m^2$、$1m^2$、$2m^2$ 三个尺寸的荷载板分别进行慢速维持荷载法（以下简称"慢速法"）、快速维持荷载法（以下简称"快速法"）以及准慢速维持荷载法（以下简称"准慢速法"）试验，试验共计 3 组，每组 3 个试验。荷载板均采用方形板，$0.5m^2$ 板对应板宽为 0.707m，$1m^2$ 板对应板宽为 1.0m。$2m^2$ 板对应板宽为 1.414m。不同尺寸板得出的承载力极限值及特征值统计见表 1.4-4。

不同尺寸板的承载力极限值及特征值　　　　　　表 1.4-4

荷载板宽度（m）	承载力极限值（kPa）			承载力特征值（kPa）		
	快速法	准慢速法	慢速法	快速法	准慢速	慢速法
0.71	292	233	205	107	88	87
1	244	203	182	103	92	103
1.41	270	224	173	108	97	91

对于慢速法，荷载-沉降曲线（$p\text{-}s$ 曲线）见图 1.4-4，荷载-沉降/板宽曲线（$p\text{-}s/b$ 曲线）见图 1.4-5。由曲线可以看出，随着荷载板尺寸的增大，相同荷载下的沉降逐渐增大，这是由于板尺寸越大，对地层的影响深度越大，因而沉降越大。随着板尺寸的增大，承载力特征值及极限值的变化不明显。对于准慢速法以及快速法试验结果亦有类似特征，$p\text{-}s$ 曲线及 $p\text{-}s/b$ 曲线见图 1.4-4～图 1.4-9。

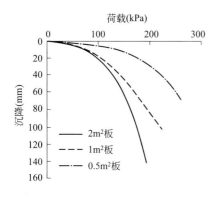

图 1.4-4　不同尺寸板慢速法 $p\text{-}s$ 曲线

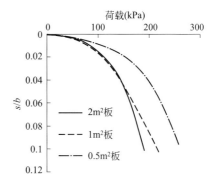

图 1.4-5　不同尺寸板慢速法 $p\text{-}s/b$ 曲线

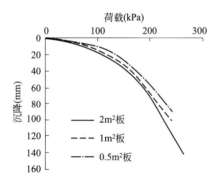

图 1.4-6　不同尺寸板准慢速法

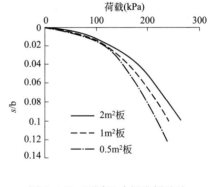

图 1.4-7　不同尺寸板准慢速法

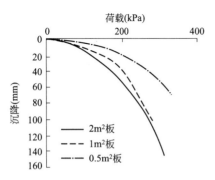

图 1.4-8　不同尺寸板快速法 p-s 曲线

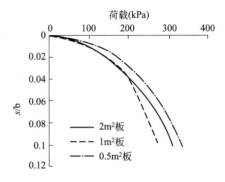

图 1.4-9　不同尺寸板快速法 p-s 曲线

根据表 1.4-4 的数据，得到承载力的极限值及特征值与荷载板直径的关系见图 1.4-10、图 1.4-11。黑色实线为实验结果的回归曲线。回归曲线不通过原点，这一点与太沙基承载力公式不一致。由图 1.4-10 及 1.4-11 可以看出，随着荷载板的宽度增大，承载力特征值及极限值的变化并不明显。对于承载力特征值，这一规律与我国一些勘察单位所做的试验研究结果是相符合的，即不同尺寸的荷载板，得出的承载力特征值（比例界限值）是不变的。对于承载力极限值，这一点与砂土性质差异较大，也与太沙基的公式表达的不一致。对于砂土地基，荷载板尺寸越大，极限承载力也越大，而在软土地基中不存在这个性质。

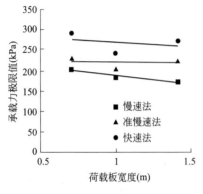

图 1.4-10　极限值与荷载板宽度的关系

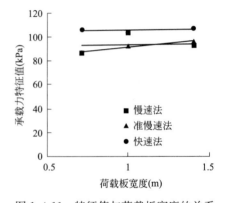

图 1.4-11　特征值与荷载板宽度的关系

通过以上的分析可知，对上海软土地基的载荷试验，不同的板面积对应的承载力特征值和极限值差别不大，也就是说进行软土地基载荷试验时，板面积没必要做的很大，只要满足规范的要求或者比要求略大即可，建议不要超过 $2m^2$。

4.3.3 砂土地基荷载板尺寸效应分析

试验场地在内蒙古自治区赤峰市克什克腾旗浩来呼热镇的北井子，场地总体属波状沙丘地貌，原始地形起伏较大，地表砂化较严重，属风积砂地，根据勘察报告，勘探深度范围内，场地地层主要由第四系风积粉细砂和冲洪积成因的细砂组成，工程地质剖面图见图 1.4-12。

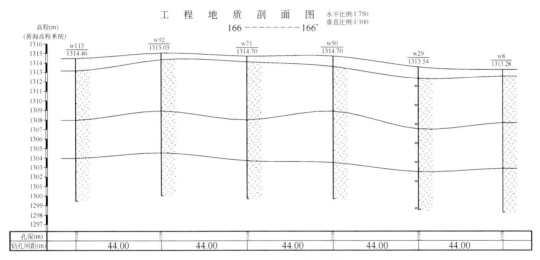

图 1.4-12　工程地质剖面图

1. 试验装置及载荷板尺寸选择

本次平板载荷试验采用堆载横梁反力法，采用砂袋堆载，人工读取沉降量。为研究平板载荷试验的尺寸效应和沉降变化规律，在本次细砂场地上分别选取 0.1m×0.1m、0.2m×0.2m、0.315m×0.315m、0.4m×0.4m、0.5m×0.5m、0.6m×0.6m、0.707m×0.707m、1.0m×1.0m 共 8 种尺寸的载荷板，除 1.0m×1.0m 板进行 2 组试验外，其他尺寸的载荷板每个尺寸分别进行了 3 组试验。

2. 试验操作及承载力判定的具体要求

（1）各种尺寸的平板载荷试验应在地基处理后地面以下 60cm 处进行，试坑宽度不小于 3 倍的载荷板宽度，要求清除掉表层松散砂层，且试压表面应采用中粗砂进行找平处理。

（2）每个平板载荷试验的堆载量均不小于最大加载量的 1.2 倍。

（3）每个平板载荷试验加荷等级根据最大加载量确定，并不小于 8 级。

（4）每个平板载荷试验正式加载前应进行预压，预压荷载（包括设备重量）接近卸去土的自重，预压时间 30min，并记录预压和预压卸载回弹后的沉降量。

（5）稳定标准。连续 2h 内，每 1h 的平均沉降量小于 0.1mm 时，可加下一级荷载。

（6）卸载要求：①按 2 倍加载级差进行卸载。②卸载时每 10min 读记一次回弹量，每卸一级，间隔 0.5h，直至卸完全部荷载。

（7）为了研究平板载荷试验的尺寸效应，根据"基础规范"的相关规定，所有尺寸平板载荷试验的承载力特征值的判定均采用以下相同标准：①当 p-s 曲线上有比例界限时，取该比例界限所对应的载荷值；②当极限荷载小于对应比例界限的荷载值的 2 倍时，取极限荷载值的一半；③当不能按上述二款要求确定时，取 $s/b=0.01$ 所对应的荷载值。

3. 试验结果及分析

不同尺寸荷载板 p-s 曲线见图 1.4-13～图 1.4-20。由 p-s 曲线可以看出，随着荷载板宽度的增加，沉降量也随之大幅增加，不同尺寸荷载板对应的最终沉降量的差异比较大。这说明在运用不同尺寸荷载板进行载荷试验时，结果应该进行适当修正。

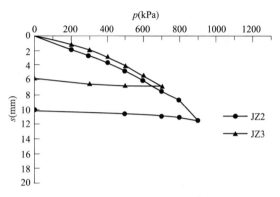

图 1.4-13　p-s 曲线（0.1m×0.1m）

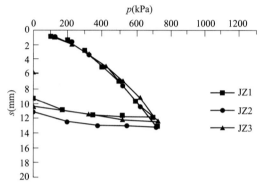

图 1.4-14　p-s 曲线（0.2m×0.2m）

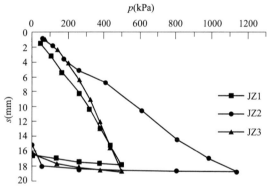

图 1.4-15　p-s 曲线（0.315m×0.315m）

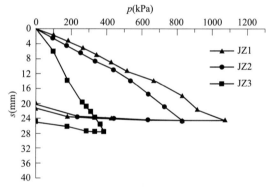

图 1.4-16　p-s 曲线（0.4m×0.4m）

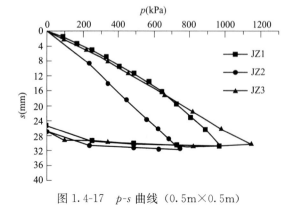

图 1.4-17　p-s 曲线（0.5m×0.5m）

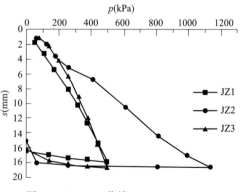

图 1.4-18　p-s 曲线（0.6m×0.6m）

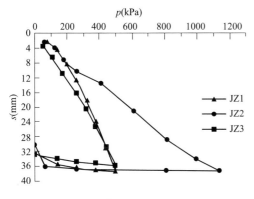

图 1.4-19　p-s 曲线（0.707m×0.707m）

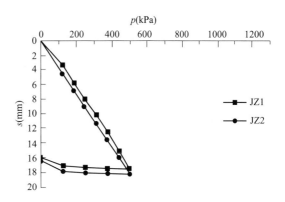

图 1.4-20　p-s 曲线（1m×1m）

不同尺寸荷载板得出的承载力及沉降量见表 1.4-5。不同尺寸荷载板宽度与承载力特征值以及最大沉降量的关系曲线见图 1.4-21、图 1.4-22。0.2m×0.2m 板的承载力特征值与相邻两个特征值差异过大，故视其为异常值，予以剔除；同理，剔除 0.6m×0.6m 板的最终沉降量。荷载板宽在 0.1～1m 范围内，砂土地基承载力特征值与板宽基本呈线性关系；由各 p-s 曲线可以看出，沉降量与荷载也基本呈线性关系，这与软土地基的特性是截然不同的。

不同尺寸荷载板得出的承载力及对应沉降量　　　　表 1.4-5

序号	板宽(m)	面积(m²)	承载力特征值(kPa)	特征值对应沉降量(mm)	承载力极限值(kPa)	极限值对应沉降量(mm)
1	0.10	0.01	100	1.00	800	8.73
2	0.20	0.04	223	2.00	800	12.83
3	0.315	0.10	158	3.15	800	14.39
4	0.40	0.16	177	4.00	800	20.40
5	0.50	0.25	205	5.00	800	22.00
6	0.60	0.36	217	6.00	800	29.10
7	0.707	0.50	236	7.00	800	25.73
8	1.00	1.00	280	10.00	800	28.60

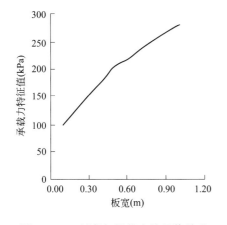

图 1.4-21　板宽与承载力特征值关系

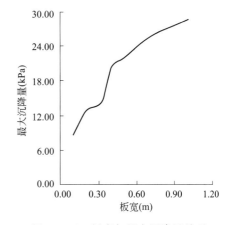

图 1.4-22　板宽与最大沉降量关系

4.3.4 珠海深水海洋工程装备制造场区荷载板尺寸试验

拟建场区位于高栏港开发区以南水陆域，珠江口西岸，东面毗邻珠海电厂，南面与荷包岛隔海相望。该区域为围海造地而成，场地海岸线总长 1349m，占地总面积约 207 万 m²。

1. 试验装置与试验基本要求

对场地进行强夯加固后进行浅层平板载荷试验，静载试验点布置见图 1.4-23，承压板采用正方形，面积分别为 1m²、2m²、4m²、9m²，采用 9m² 载荷板区域最大加载量为 700kPa，其他静载试验区域最大加载量为 1400kPa。

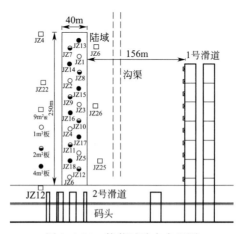

图 1.4-23　静载试验点布置图

试验加荷方法采用分级维持荷载沉降相对稳定法（慢速法）。试验的加荷标准：试验前先进行预压，预压荷载（包括设备重量）应接近卸去土的自重，并消除扰动变形的影响。每级荷载增量（即加荷等级）取被测试地基土层预估极限承载力的 1/8。施加的总荷载应尽量接近试验土层的极限荷载。荷载的量测精度应达到最大荷载的 1%，沉降值的量测精度应达到 0.01mm。

2. 试验结果及分析

不同尺寸荷载板 p-s 曲线见图 1.4-24。

试验点加载至最大试验荷载时，承压板沉降速率达到相对稳定标准，未出现地基土破坏。根据规范，取 $s/b=0.01$ 时对应的荷载值为地基承载力特征值，但所取承载力特征值不大于最大试验荷载的 1/2，不同尺寸承压板测得的地基承载力特征值见表 1.4-6。

不同尺寸承压板测得的地基承载力特征值　　　　　　　　　　　　　表 1.4-6

承压板尺寸（m²）	地基承载力特征值（kPa）
1	467
2	525
4	544
9	350

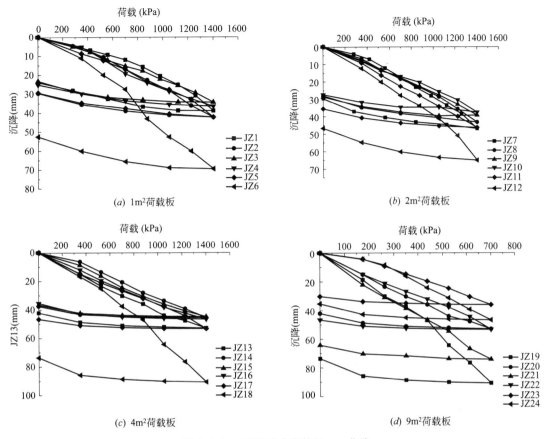

图 1.4-24　不同尺寸荷载板 $p\text{-}s$ 曲线

进行 $9m^2$ 载荷板静载试验的区域为总装场地，设计地基承载力为 350kPa，故试验时最大加载量为 700kPa，此时地基土没有出现明显破坏，由于大载荷板应力扩散范围、影响深度大，地基土沉降较大，已达 90.86mm。对 $1m^2$、$2m^2$、$4m^2$ 载荷板测得的承载力特征值进行曲线拟合，见图 1.4-25。

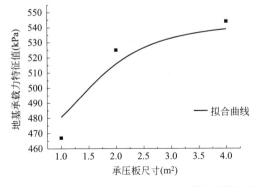

图 1.4-25　地基承载力特征值与承压板尺寸拟合曲线

由图 1.4-25，对围海造地形成的填土地基，当承压板尺寸较小时（一般小于 $2m^2$），承压板尺寸对地基承载力特征值有较大影响，随着承压板尺寸的增大，测得的地基承载力特征值呈线性增加，当承压板尺寸大于 $2m^2$ 时，承压板的大小对测得的地基承载力特征值的影响减弱，故承压板的尺寸没必要做很大，承压板尺寸大于 $2m^2$ 时即可减小尺寸效应的影响。

对 $1m^2$、$2m^2$、$4m^2$ 载荷板进行载荷试验时测得的最大沉降值进行曲线拟合，见图 1.4-26。

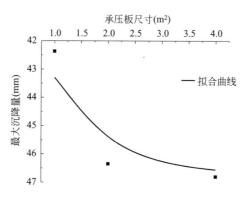

图 1.4-26　最大沉降量与承压板尺寸拟合曲线

由图 1.4-26，当承压板尺寸较小时（一般小于 $2m^2$），承压板尺寸对地基最大沉降量有较大影响，随着承压板尺寸的增大，测得的最大沉降量呈线性增加，当承压板尺寸大于 $2m^2$ 时，承压板的大小对测得的地基最大沉降量的影响减弱，并逐渐趋于稳定。

4.3.5　强夯置换地基荷载板尺寸效应分析

1. 工程概况

本次载荷试验区地基由大面积吹填工艺形成，地层中存在性质较差、厚度不均的吹填淤泥，承载力及压缩模量较低。后经 12000kN·m 能级强夯置换工艺处理，夯后共完成大板载荷试验 1 个（载荷板尺寸 7.1m×7.1m，最大加载量 560kPa/28125kN），小板载荷试验 3 个（夯间土 2 个，夯墩 1 个，载荷板尺寸均为 1.5m×1.5m，最大加载量 600kPa/1350kN）。大板载荷试验的平板布置图见图 1.4-27。

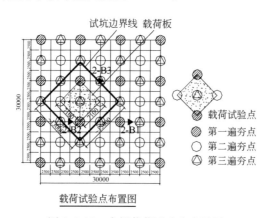

载荷试验点布置图

图 1.4-27　大板载荷试验点布置图

2. 地层概况

本试验区夯前及夯后钻孔资料见表 1.4-7。

夯前、夯后钻孔资料统计表　　　　　　　　　　　　　表 1. 4-7

夯前		夯后	
深度	土层名称	深度	土层名称
0～2.2m	杂填土	0～3m	杂填土
2.2～3.6m	淤泥质粉质黏土	3～5.5m	淤泥质粉质黏土
3.6～8.1m	吹填砂土	5.5～7.7m	吹填砂土
8.1～13.0m	淤泥质粉细砂	7.7～10m	淤泥质粉细砂
13.0m 以下	强风化花岗岩		

3. 载荷试验结果

本次大板载荷试验最大加载量为 560kPa (28125kN)，试验使用的载荷板为钢筋混凝土板，面积为 50.41m²，尺寸为 7.1m×7.1m，板厚 40cm（板厚与板宽比例为 1：18，可近似按柔性板考虑）。按载荷试验影响深度范围 1.5～2.0 倍板宽考虑，本次试验的影响深度在 11～15m 左右，根据详勘资料，该影响深度已达到了基岩顶标高。

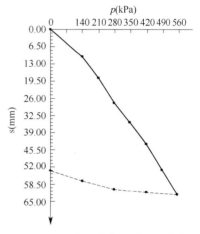

图 1.4-28　大板载荷试验 p-s 曲线

载荷板的沉降主要由板四周 8 个沉降观测点的沉降值来综合判断。最大试验荷载 560kPa，荷载共分 8 级，首次加载两级，每级试验荷载 70kPa。试验 p-s 曲线见图 1.4-28。通过测试数据，可以得出：

（1）p-s 曲线接近于直线，基本没有出现弯曲，说明地基土还处于弹性阶段，未进入塑性阶段。

（2）p-s 曲线平缓，没有出现陡降段，根据相关规范的要求，按最大加载量的一半判定，地基土承载力特征值为 280kPa。

本次小板载荷试验共完成 3 个，其中夯间土 2 个，夯墩 1 个，载荷板尺寸均为 1.5m×1.5m，最大加载量 600kPa，每级荷载下的平均沉降值见图 1.4-29。

由图 1.4-29 可知，大板载荷试验最大沉降量为小板载荷试验最大沉降量的 3 倍左右。大板特征值对应的沉降量为小板特征值对应沉降量的 3.3 倍。而大板尺寸（7.1m）为小板尺寸（1.5m）的 4.7 倍。据此可知，沉降量及承载力特征值与荷载板尺寸并非线性关系。对比曲线见图 1.4-29。

4. 荷载板板底剖面变形监测

（1）监测方法

监测采用水平测斜方法，首先在载荷板板底预先埋设水平测斜管，水平测斜管每相隔 90°有一个槽口，共有四个槽口，作为测斜探头的滑轮移动的滑槽，通过水平测斜探头监测板底土体沉降剖面。水平测斜原理如图 1.4-30（a）所示。水平测斜测线布置如图 1.4-30（b）所示。

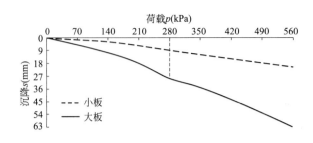

图 1.4-29 载荷试验 p-s 曲线

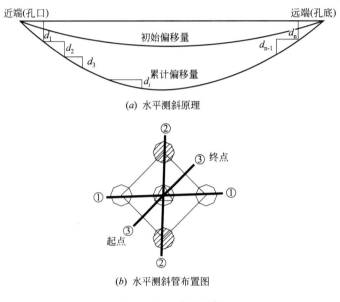

(a) 水平测斜原理

(b) 水平测斜管布置图

图 1.4-30 水平测斜

（2）监测结果及分析

板底土体沉降如图 1.4-31 所示。

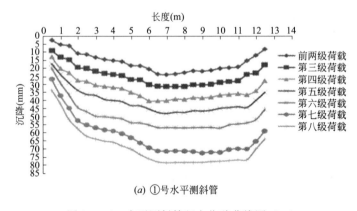

(a) ①号水平测斜管

图 1.4-31 水平测斜管竖向位移曲线图（一）

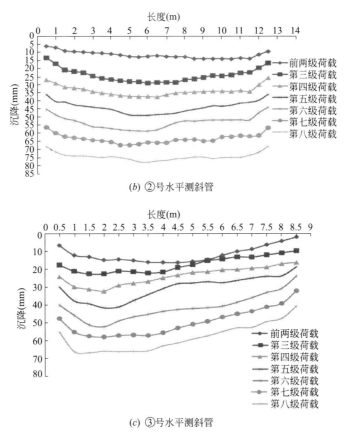

图 1.4-31 水平测斜管竖向位移曲线图（二）

通过水平测斜结果可知，靠近板中心位置沉降较大，板两侧沉降较小。载荷板板底各部位沉降较为均匀，任意两点之间的沉降差均小于 15mm，并且这种不均匀沉降主要是由于载荷板下土层的不均匀性引起的。

5. 荷载板板底土压力监测

（1）监测方法

静载试验前，在压板垫层下方埋设土压力计，土压力计四周用细砂掩埋，电缆由地沟引出地面，探头和读数仪通过电缆相连，用于监测土压力计的频幅变化，然后换算得到土压力变化情况。土压力计埋设及布置如图 1.4-32、图 1.4-33 所示。

（2）监测结果分析

土压力随荷载的变化曲线如图 1.4-34 所示。

由图 1.4-34，T1、T3、T4 所承受的土压力较大，此三点均为一、二遍强夯置换墩所在位置。且随着承受荷载的增大，强夯置换墩所承受的土压力逐渐增大。

经土压力分布测试结果的统计分析，得出以下结论：

①一、二遍主夯点 T1～T4 所承受土压力平均值为：1002kPa；

②三遍夯点 T8 承受土压力为：388kPa；

③夯间土 T5～T7 承受土压力平均值为：373kPa；

图 1.4-32　土压力计埋设图

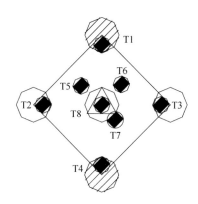

图 1.4-33　土压力计布置图

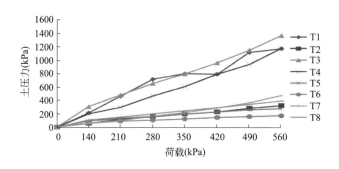

图 1.4-34　板底土压力变化曲线

④根据置换墩及墩间土测试的土压力与相应面积的乘积，可得到墩土荷载分担比：
一、二遍主夯点：三遍夯点：夯间土＝13881：2743：11004＝5：1：4。可以看出，载荷
板所承受的荷载大部分被传递至强夯置换墩上。

6. 压板四周土体深层水平位移监测

（1）监测方法

在压板周围钻孔埋设竖向测斜管，采用竖向测斜仪进行测试，测斜管下部埋设在基岩
内。管内由测斜探头滑轮沿测斜导槽逐渐下放至管底，配以伺服加速度式测斜仪，自上而
下每隔 0.5m 测定该点的偏移角，然后将探头旋转 180°（A0、A180），在同一导槽内再测
量一次，合起来为一个测回。由此通过叠加推算各点的位移值。测斜管布置如图 1.4-35
所示。

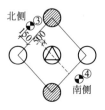

图 1.4-35　竖向测斜管布置

（2）监测结果及分析

深层变形曲线如图 1.4-36 所示。

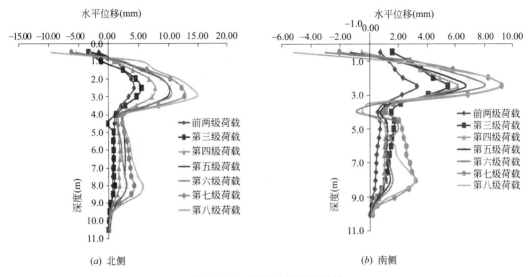

图 1.4-36　深层水平位移曲线

根据北侧与南侧深层水平位移深度曲线可知，深度 4.0m 以上碎石土层位移较大，深度为 2.5m 处位移达到最大，其中北侧最大位移为 14.87mm，南侧最大位移为 9.21mm。深度 4.0m 以下砂层位移较小。

7. 载荷板周边土体隆起变形监测

（1）监测方法

利用精密水准仪监测测点高程变化情况。对每一级堆载施加过程及工后进行沉降监测，监测变形量和变形速率。压板四周土体隆起监测点布置如图 1.4-37 所示。

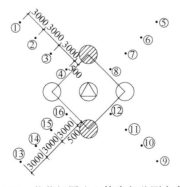

图 1.4-37　载荷板周边土体隆起监测点布置图

（2）监测结果及分析

载荷板周边土体隆起变形曲线见图 1.4-38。

根据载荷板周边土体隆起变形图可知，离板 0.5m 处土体隆起较大，最大隆起量达到 11.3mm，平均隆起 9.6mm。距载荷板 6.5m 以外隆起较小，仅 1～2mm。根据监测数据分析压板载荷对地基周边土层隆起变形的影响范围约为板宽 1 倍。

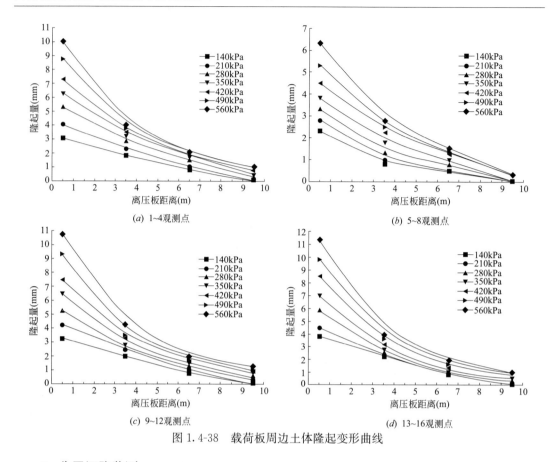

(a) 1～4观测点

(b) 5～8观测点

(c) 9～12观测点

(d) 13～16观测点

图 1.4-38　载荷板周边土体隆起变形曲线

8. 分层沉降监测

（1）监测方法

首先在预定位置按要求的深度成孔，成孔后，将组装好的沉降管送入孔内。入孔后，待所有沉降环插入孔壁原状土后，密实回填孔内空隙，加上孔口保护盖。埋入土体内的钢环与土体同步位移，用探头在分层沉降管探测钢环的位置，钢环位置的变化即为该深度处的沉降或隆起。分层监测沉降点布置如图 1.4-39 所示。

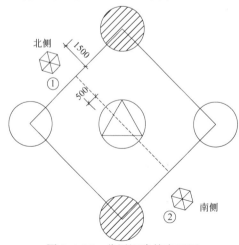

北侧

①

1500

500

南侧

②

图 1.4-39　分层沉降管布置图

（2）监测结果及分析

分层沉降量随深度的变化曲线如图 1.4-40 所示。

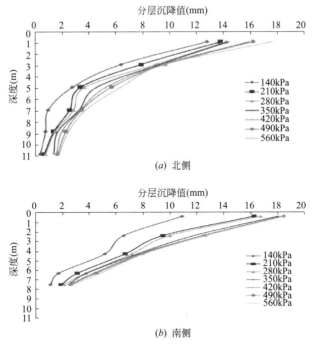

图 1.4-40　南侧分层沉降-深度曲线图

由图 1.4-40，分层沉降值随深度增大而减小。表层 3m 范围碎石土沉降占总沉降值的 65％以上，8～10m 粉质黏土沉降值较小，仅占总沉降的 5％～10％。

4.3.6　高能级强夯地基土的载荷试验研究

通过在某沿海碎石土回填地基上成功实施的不同强夯能级作用下夯后地基土平板载荷试验的实测结果，得出了一些有实用意义的结论。以期为地基处理规范中强夯部分的修订和发展提供实用参数，进而指导今后高能级强夯地基处理的工程实践。

1. 土层条件与施工工艺

本试验场地最大填土厚度为 11～14m。夹有较多大块开山石，粒径较大。

主夯能级 10000kN·m，采用 180kN 和 220kN 的圆形铸铁组合锤，第一遍、第二遍夯点间距 10m×10m；第三遍采用 3000kN·m 能级插点夯，满夯能级 1000kN·m，夯印搭接 1/3。10000kN·m 主夯的功效在于处理更大深度地基，3000kN·m 插点夯的功效在于处理主夯点之间楔形土地基。夯点布置见图 1.4-41。

本章以 10000kN·m 能级强夯平板载荷试验结果为主，并与 3000kN·m、6000kN·m、8000kN·m 的平板载荷试验结果做对比分析，并对工程中的相关问题进行了探讨。

2. 平板载荷试验结果及分析

本次系列试验共进行了 19 组平板载荷试验，其中 2.5m×2.5m 板的平板载荷试验装置示意图见图 1.4-42。荷载板采用多层厚钢板叠和，确保不出现影响测试结果的变形。大面积施工区的 10 个平板载荷试验均布置在夯间，变形模量的计算采用公式(1.4-1)计算：

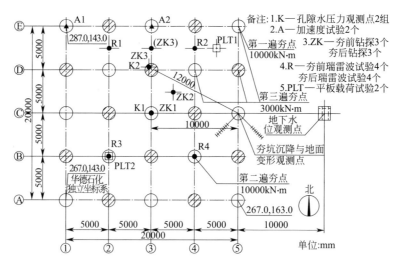

图 1.4-41　10000kN·m 试验区夯点布置及监测与检测点布置图

$$E_0 = I_0 \cdot (1 - \mu^2) \cdot \frac{pd}{s} \qquad (1.4\text{-}1)$$

式中，E_0 为地基土的变形模量（MPa），I_0 为刚性承压板性状系数，方形板取 0.886；p 为 $s = (0.10～0.15)d$ 时承压板底的荷载强度（kPa），s 为与荷载强度 p 对应的沉降量（mm），d 为承压板直径或边长（m），结合对炸山回填碎石土的工程经验，取其泊松比 $\mu = 0.224$。利用平板载荷试验确定的强夯土地基承载力特征值和变形模量值见表 1.4-8。

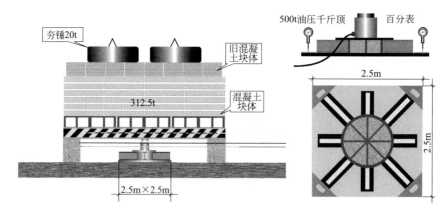

图 1.4-42　平板载荷试验及 2.5m 承压板平、侧面示意图

3000kN·m、6000kN·m、8000kN·m、10000kN·m 能级强夯后平板载荷试验成果表

表 1.4-8

能级(kN·m) 项目	Z1 (10000)	Z2 (10000)	Z1 (3000)	Z2 (3000)	P1 (3000)	P2 (3000)	P3 (3000)	Z1 (6000)	Z2 (6000)
载荷板边长(m)	1.5	1.5	1.5	1.5	1.5	1.5	1.5	1.5	1.5
承载力特征值 f_{ak}(kPa)	350	400	240	180	280	250	240	250	240
变形模量 E_0(MPa)	36.2	39.44	55.8	20.2	68.2	41.1	82.9	65.4	43.9

能级(kN) 项目	P1 (8000)	P2 (8000)	P3 (8000)	P4 (8000)	P5 (8000)	P6 (8000)	P7 (8000)	P8 (8000)	P9 (3000)	P11 (6000)
载荷板 边长(m)	2.5	2.5	2.5	2.5	1.5	1.5	1.5	1.5	2.5	1.5
承载力特征值 f_{ak}(kPa)	300	300	280	300	280	300	300	300	250	230
变形模量 E_0(MPa)	66.3	52.3	64.4	61.3	61.0	109.6	64.3	53.3	50.2	45.3

其中，10000kN·m 试验区满夯后布置了两个平板载荷试验点 Z1、Z2，承压板面积为 1.5m×1.5m，试验的 p-s 曲线见图 1.4-43。两点的试验曲线基本相似，Z2 点试验曲线在 350kPa 之前沉降量略大于 Z1 点，之后沉降量略小于 Z2 点。

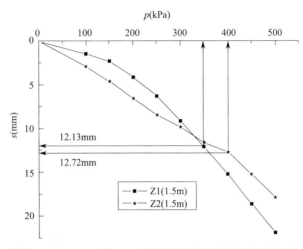

图 1.4-43　10000kN·m 试夯区平板载荷试验关系曲线

3000kN·m 能级强夯在试验区满夯后布置了 2 个平板载荷试验点 Z1、Z2，在大面积施工后布置了 4 个平板载荷试验点 P1、P2、P3 和 P9，除了 P9 承压板面积为 2.5m×2.5m 之外，其他载荷板面积均为 1.5m×1.5m，各点的 p-s 曲线见图 1.4-44。其中，Z1 布置在夯点上，Z2 布置在夯间，大面积施工区的 4 个平板载荷试验均布置在夯间。需要说明的是 Z2 点由于夯坑积水，满夯时发现该点表层形成橡皮土。在加载量达到 350kPa 时的沉降量已超过 80cm，承载力检测时不满足要求，在图 1.4-44 中未绘出。从图 1.4-44 可以看出，试验曲线基本上是直线发展，没有陡降段，荷载板周围土体没有明显隆起。P9 点荷载板面积 6.25m²，是其他 4 个荷载板面积的 2.8 倍，在 150kPa 之前变形量较大，之后与其他荷载试验的结果相似，变形量略大于 P1、P2 和 P3，但小于 Z1。

承载力特征值取为 250kPa，与其他小板的平板载荷试验结果相差不大。从图 1.4-44 还可以看出，在相同荷载下夯点上（Z1 点）的变形量比夯间试验点还要大，虽最大变形量也不超过 30mm。

6000kN·m 能级强夯在试验区满夯后布置了两个平板载荷试验点 Z1、Z2，在大面积施工后布置了 1 个平板载荷试验点 P11，载荷板面积均为 1.5m×1.5m，各点的 p-s 曲线见图 1.4-44。其中，Z2 布置在夯点上，Z1 布置在夯间，大面积施工区的平板载荷试验

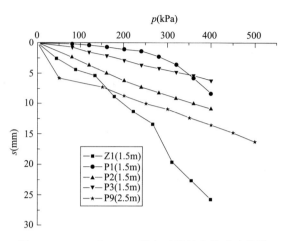

图 1.4-44　3000kN·m 强夯区平板载荷试验结果

P11 布置在夯间。从图 1.4-45 看出，夯点上的 Z2 点和夯间的 Z1、P11 点承载力和变形特性差别不大。p-s 曲线为直线（缓降）型，在 400～500kPa 时的总变形量很小，均在 20mm 内。

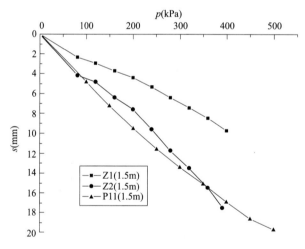

图 1.4-45　6000kN·m 强夯区平板载荷试验结果

8000kN·m 能级强夯在大面积施工后布置了 8 个平板载荷试验点 P1～P9，其中 P1～P4 承压板面积为 2.5m×2.5m，P5～P9 载荷板面积均为 1.5m×1.5m，各点的 p-s 曲线见图 1.4-46。整体上看，试验曲线均为缓变型，变形量均在 30mm 以内。虽然荷载板的大小相差了近 3 倍，但从图 1.4-46 中基本看不出大板和小板的区别。这不仅说明了本场地上强夯后夯点夯间基本一致，地基的均匀性良好，故在选择试验点位置时不必刻意定位于夯点还是夯间。而且从试验结果可以看出，只要荷载板的面积达到一定大小（如本场地碎石填土 1.5m×1.5m 板），无需再增大荷载板的面积。如对本场地地质条件，使用 2.5m×2.5m 板比 1.5m×1.5m 板将会增加大量的试验费用、试验周期和难度。

如果对不同能级的试验区和（或）施工区平板载荷试验结果取平均值，可以发现 3000kN·m 区的承载力特征值为 240kPa；6000kN·m 区的承载力特征值也为 240kPa；

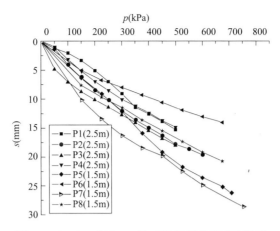

图 1.4-46　8000kN·m 施工区平板载荷试验结果

8000kN·m 区的承载力特征值为 284kPa；10000kN·m 区只有两个试验点，数量较少，平均的承载力特征值较高，达到了 375kPa。

试验测得的大部分 p-s 曲线为直线（缓降）型，最大加载量虽然达到了设计承载力要求的两倍，但没有达到极限荷载。所得承载力试验结果只能代表了该地基处理后满足了工程设计要求，而不是地基真实的承载力特征值，其极限承载力将高于或远高于上述承载力特征值的 2 倍。

由图 1.4-43～图 1.4-46 可以看出，本类场地强夯加固后夯点与夯间地基土的密实度基本一致，静载试验反映的承载力和变形特性基本相同。在选择试验点位置时不必考虑定位于夯点还是夯间，宜选择具有代表性的位置。从试验结果来看，只要荷载板的面积达到一定大小（如本场地碎石填土用 1.5m×1.5m 板），不必过大增加荷载板的面积。

4.3.7　小结

（1）理论公式表明，地基承载力随基础尺寸的增加而线性增加，但这显然偏差过大。因此，应规定一个标准尺寸板，对其他尺寸荷载板得到的地基承载力进行适当修正。

（2）对上海软土地基的载荷试验，不同的板面积对应的承载力特征值和极限值差别不大，也就是说进行软土地基载荷试验时，板面积没必要做得很大，只要满足规范的要求或者比要求略大即可，建议不要超过 2m²。

（3）对无黏性土，存在较为明显的尺寸效应，荷载板宽在 0.1～1m 范围内时，砂土地基承载力特征值与板宽基本呈线性关系；随着荷载板尺寸的增加，极限承载力也会增加。不同尺寸荷载板对应的最终沉降量差异比较大，沉降量与荷载也基本呈线性关系，这与软土地基的特性是不同的。

（4）对围海造地形成的填土地基，当承压板尺寸较小时（一般小于 2m²），承压板尺寸对地基承载力特征值、最大沉降量有较大影响，随着承压板尺寸的增大，测得的地基承载力特征值、最大沉降量呈线性增加，当承压板尺寸大于 2m² 时，承压板的大小对测得的地基承载力特征值、最大沉降量的影响减弱，并逐渐趋于稳定，故承压板的尺寸没必要做很大，承压板尺寸大于 2m² 时即可减小尺寸效应的影响。

（5）对经高能级强夯处理后的沿海碎石土回填地基，强夯加固后夯点与夯间地基土的密实度基本一致，静载试验反映的承载力和变形特性基本相同，在选择试验点位置时不必考虑定位于夯点还是夯间，宜选择具有代表性的位置。只要荷载板的面积达到一定大小（如 4.3.6 中碎石回填土用 1.5m×1.5m 板），不必过大增加荷载板的面积。

4.4 平板载荷试验的预压问题探讨

在天然地基或复合地基项目中，基底标高低于地面，因此，试验中应将基底以上的土挖除。由于土体的挖除，压板下的土体应力状态改变，再加上扰动影响，土体松散。为了尽可能模拟土体的原始状态，有的规范提出，在正式试验之前需要进行预压。但不同的规范，对于是否需要预压以及预压荷载大小，有不同的规定。本节试图通过工程实例及理论分析，对平板载荷试验的预压问题进行研究，以期对工程检测予以指导。

4.4.1 预压的必要性分析

某火电项目主厂房位置地层情况为：粉质黏土层厚为 1.5m，重度 γ 为 19.5 kN/m³；细砂层厚为 4.2 m，重度 γ 为 19.1kN/m³。依靠标贯试验和土工试验参数初步确定地基承载力的特征值 f_{ak} 为 170kPa。为准确查明该层土的承载力，需要进行载荷试验。设计基底标高为 2.6m，地下水位深为 5.6m，试验执行浅层平板载荷试验，经过计算上覆土层的有效应力为 50.26kPa，在同一基坑内进行 3 点试验，试验点各级沉降量 s 随载荷 p 变化曲线见图 1.4-47。试验点 1 未进行预压，试验结果中第一级沉降量比第二级和第三级都偏高，采用此曲线判断地层的承载力，有可能导致极限承载力判断偏低。试验点 2 预压采用 50.26kPa，加载的前几级曲线呈缓变趋势，符合地基土的变化规律，采用此曲线判断地层的承载力比较合理。试验点 3 预压采用 70kPa，加载量超过上覆土层的有效应力，第一级沉降量会偏小。

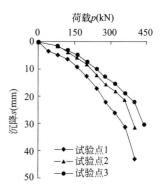

图 1.4-47 试验 1 点 p-s 曲线

理论上讲，预压荷载应该接近承压板处上覆土层的有效应力，才能使得判断地层的承载力比较合理，上述的试验也说明了这点。由以上分析可知，当预压荷载偏小时，可能低估极限承载力；当预压荷载偏大时，则可能高估极限承载力。

4.4.2 预压荷载的确定原则分析

广东省标准《建筑地基基础检测规范》第 8.3.2 条规定，正式试验前应进行预压。预压载荷为最大试验荷载的 5%～10%。预压后卸载至零，测读位移测量仪表的初始读数或重新调整零位。预压荷载究竟该如何取值？预压后是否应该卸载至零，然后开始重新加载呢？

根据土体卸荷回弹再压缩试验研究，当再加荷量为卸荷量的 20% 时，土样产生的再压缩变形量已接近回弹变形量的 40%～50%；当再加荷量为卸荷量的 80% 时，再压缩变形量与回弹变形量大致相等，则此时回弹变形完全被压缩；当再加荷量与卸荷量相等时，再压缩变形量大于回弹变形量。回弹再压缩曲线如图 1.4-48 所示。

　　预压的目的是将压板下土层的应力状态恢复到试坑开挖之前，尽最大限度的模拟土层的原始应力应变状态。如果预压荷载为挖除土的自重，那么再压缩量将大于回弹变形量，此时土体的应变状态已与原始状态有所区别。因此，预压的荷载应接近挖除土自重的 80％，以保证再压缩变形量与回弹变形量大致相等，此时卸荷点以后的再压缩曲线与原压缩曲线轨迹基本重合。如果预压后卸载至零，再重新加压，亦即在第一次回弹再压缩基础之上，再一

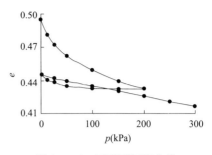

图 1.4-48　回弹再压缩曲线

次进行回弹再压缩，此时沉降量会再次增加，与土体的原始状态差得更远。因此，预压后不应该卸载至零，而应在预压荷载基础之上，开始第一级加载。

4.4.3　小结

　　（1）由工程实例可以看出，预压荷载应该接近承压板处上覆土层的有效应力，才能使得判断地层的承载力比较合理。当预压荷载偏小时，可能低估极限承载力；当预压荷载偏大时，则可能高估极限承载力。

　　（2）理论分析得出，预压荷载取挖除土自重的 80％时，土体的应变状态最为接近原始状态。

　　（3）根据理论和试验分析，建议预压荷载取挖除土自重的 80％时，预压后不宜卸载至零，应在预压荷载基础之上，开始第一级加载。

第5章 强夯振动及侧向变形对环境影响的试验研究

强夯法是一种经济高效的地基处理方法，但美中不足的是施工时产生的振动和噪声，尤其是高能级强夯施工时产生的振动影响亟待研究。噪声扰民，振动可能在一定范围内对其他的建（构）筑物和建筑物内安装和使用的设备、仪表仪器等产生不利影响，这也是强夯法进一步发展的瓶颈。强夯振动对建筑物影响的大小，不仅与强夯的有关工艺参数（如夯击能、夯点间距）有关，还与土体的组成及建筑物本身的结构有关。本章主要就强夯引起的土体变形与振动扰动展开讨论，分析了强夯对周围建筑物的影响因素，总结了一些有效的措施来消除和减弱强夯对周围建筑物的不利影响。

5.1 强夯对周围建筑物影响的机理

在巨大夯击能作用下，夯点中心一般都会迅速下沉（累积的沉降量甚至可达 1 m 以上），夯坑周围的土体一般也会隆起，所以在夯击能的作用下土体将产生很大的变形，地基土体的变形必然会对周围建筑物产生不利影响。

夯锤对地面施加的冲击能量，以振动波的形式在地基弹性体半空间中传播，改变着土体的物理力学性质。振动波以体波和面波的方式从夯点向外传播，在地基中会产生一个波场。体波包括纵波（亦称压缩波，P 波）和横波（亦称剪切波，S 波）。体波沿着一个半球波阵面径向地向外传播。纵波使土体受拉、压作用，能使孔隙水压力增加，导致土骨架解体，而随后到达的横波使解体的土颗粒处于更加密实状态。面波主要有瑞利波（R 波）及洛浦波（L 波），面波携带的夯击能局限在地表层附近区域内传播，面波可使表层土体松动形成松弛区域。因而面波对地基压密没有效果，但对建筑物产生的振动较大，为有害波。从上述的分析原理可以看出，由于冲击波的作用引起地基土的挤密和表层的松弛变形，从而造成了地基土变形，地基土的变形必然影响了周围已建建筑物基础的安全。

5.2 强夯引起的环境振动监测分析

根据沿海某碎石场地强夯施工过程中成功实施的地面振动加速度实时监测分析，得到了碎石土地基在强夯施工时的加速度衰减和传播特点，实现了动态化设计和信息化施工，保证了工程的顺利进行，所得结论可用于分析强夯地基处理的环境效应。

5.2.1 工程地质与施工工艺

该油库场地位于广东省某港口，其东、南两面临海，北为开阔地西侧紧邻已建成的泽华油库（油库内已建成各种重型储罐），场地占地面积约 47690m^2。

拟建场地地貌单元属滨海滩涂，后经人工填海堆积。场地毗邻海岸线，场地地下水类型属上层滞水、潜水类型，与海水具有一定的水力联系，地下水埋深为 1.50～4.00m。场地各土层的工程特性见表 1.5-1。其中，碎石土②层的厚度分布不均，厚度最小处 2m 左右，最大处 21m，而白垩系凝灰质砂岩的埋深变化亦较大，在场区西北部埋深约 3m 左右，南部则深达 21m。

该场地地下水位较高，强夯施工还会产生较高的超孔隙水压力，引起土体的变形。这些都会影响邻近建筑（构）物的安全。由于场地内淤泥质土层之上为厚度不等的人工碎石填土，极不均匀，故须进行地基加固处理，地基处理采用强夯法，地基强夯处理施工的基本参数如下：东部油罐区夯击 4 遍，夯击能为（8000＋8000＋3000＋2000）kN·m，西部化学品罐区夯击 4 遍，夯击能为（5000＋5000＋3000＋1500）kN·m，其余附属设施（含综合楼等）区域夯击 3 遍，夯击能为（3000＋3000＋1500）kN·m。

场地工程地质概况 表 1.5-1

岩土名称	层底埋深 h(m)	承载力特征值 f_{ak}(kPa)	变形模量 E_0(MPa)
人工填土①	2～3.5		
碎石填土②	6～21		
淤泥质粉质黏土③		70	4 5
粉质黏土④	7～17	180	16 0
中粗砂⑤		220	22
残积粉质黏土⑥	7～22	220	18
强风化凝灰质砂岩⑦	13～26	700	60
中风化凝灰质砂岩⑧	未钻穿	1500	

5.2.2　环境概况

本场地西侧紧邻泽华油库，泽华围墙距本工程 5000kN·m 和 3000kN·m 能级强夯施工区边界仅 6m 左右，环境平面详见图 1.5-1。

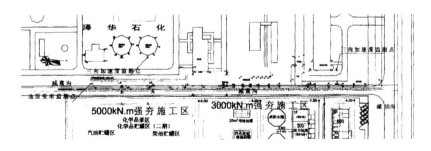

图 1.5-1　环境平面与监测点的布设图

5.2.3　现场监测

在施工过程中，为减轻强夯振动对泽华油库内建（构）筑物的影响，强夯施工前在距泽华油库东围墙 5m 处，开挖一条宽约 2m，平均深度在 3m 左右的减振沟。减振沟北段（约 36m）由于受浅埋基岩的影响，开挖深度在 1-6m 之间，此段正对的泽华油库内建（构）筑物是施工阶段的监测重点。根据施工对建（构）筑物的影响，沿泽华油库内围墙、正对夯点的地面上布设测点（图 1.5-1）。

本次监测仪器采用加拿大 Instantel 公司生产的 Blast 振动监测仪及标准三向振动传感器。标准三向振动传感器可以同时监测每个点 3 个方向（横向、竖向、径向）的速度、加速度、位移。监测分 3 个阶段进行，前后持续近 2 个月时间，在现场对不同能级、近 10条测线、超过 350 个夯点、1000 多个振动事件进行监测。监测数据在 BlastWareSeries 软件中显示、处理，典型振动速度衰减曲线见图 1.5-2。

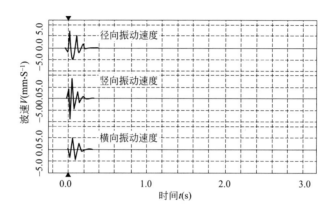

图 1.5-2　实测的强夯振动速度

1. 强夯不同能级的振动测试结果

8000kN·m 能级区距离泽华油库围墙最近处约为 60m，为此在兴盛油库施工场地距离夯点 60m、80m 处地面上分别进行了振动监测。距夯点 60m 处地面上监测到的振动（横向、径向、竖向）速度最大值小于 0.2cm/s，振动加速度最大值小于 0.02g；距离夯点 80m 处监测三向振动速度均小于 0.1cm/s，加速度都小于 0.01g。因此，本能级强夯施工对泽华油库没有不利影响。

5000kN·m 能级施工区是在场地南侧，本区域靠近泽华油库的减振沟较深，一般沟深 3～3.5m。在泽华油库内对 5000kN·m 能级区施工进行现场监测。从监测数据看出，最大振动速度在 2cm/s 以内，加速度在 0.3g 以内。

3000kN·m 强夯施工区，夯点距泽华油库围墙最近为 28m 左右，测点在泽华油库内靠墙地面上、距夯点为 29m 左右。泽华油库汽车库后围墙以北正对的减振沟最浅，并且也是基岩出露最浅处，因此是强夯引起泽华油库内振动最大的地方。从监测数据看出，振动速度最大值为 0.787cm/s，振动加速度最大值为 0.119g，且振感较小。

对比以上强夯振动监测数据，深度在 3m 左右的减振沟对 5000kN·m 和 3000kN·m 能级施工的隔振效果都很明显，且相差不大。

2. 场地的振动传播特性

强夯振动对建（构）筑物产生不利影响因素中，除了建（构）筑物本身的质量、性质等之外，场地振动传播特性也是重要的影响因素之一。为了获得本场地强夯振动的传播规律，为后续靠近泽华油库围墙及其他建（构）筑物的强夯施工提供指导，在 3000kN·m 施工区，对与夯点相距 2～30m 不同点地面进行振动监测。图 1.5-3 分别为 3000kN·m 能级强夯时平均振动加速度、速度、振动位移衰减曲线。

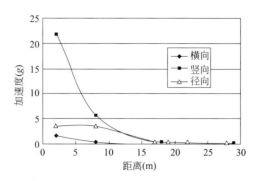

图 1.5-3　3000kN·m 能级强夯时平均振动加速度衰减曲线

从图中看出，距夯点 17m 以内振动较大，三向振动（加速度、速度和位移）中竖向振动最大，其次是径向、横向振动分量。振动速度峰值在 6cm/s 以上，振动加速度峰值在 $(1～24)g$ 之间，振动位移主要在 0.25mm 以上；距夯点 15～20m 之间，是最大振动从竖向到径向过渡区域，振动加速度、速度、位移波动较大，甚至出现最大振动在竖向与径向之间交替出现的现象。

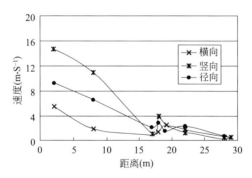

图 1.5-4　3000kN·m 能极强夯时振平均振动速度衰减曲线

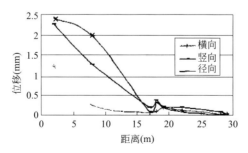

图 1.5-5　3000kN·m 能级强夯时平均位移衰减曲线

近距离（特别是 10m 以内），振动随距离增加衰减速度较快；远距离（特别在 17m 以外），振动随距离增加衰减速度较慢。例如，距夯点 2m 处振动速度峰值平均为 18cm/s，振动加速度峰值平均为 20g，7m 处振动速度峰值平均为 10cm/s，振动加速度峰值平均 5g，振动速度衰减为 1.6cm/s，振动加速度衰减为 3g；距夯点 17m 处振动速度峰值平均 在 5.3cm/s，振动最大加速度平均在 1g 左右；距夯点 22m 处振动速度峰值平均在 1.9cm/s，振动加速度峰值平均在 0.32g 左右，振动速度衰减为 0.68cm/s，振动加速度 衰减为 0.14g。

通过现场监测，距夯点 19m 及以外，震感都不大，其最大振动速度平均都在 3.2cm/s 以内，振动加速度小于 0.45g。

3. 减振沟深度对减振效果的影响

靠近泽华油库东围墙且与围墙平行的 3 列 3000kN·m 强夯点施工是监测重点，振动 监测点沿泽华油库内围墙边设置，测点与夯点正对，随夯点移动。夯点距离泽华围墙为 12～24m，测点到夯点的距离为 12.5～25m，图 1.5-6～图 1.5-8 为 3000kN·m 能级强夯 时距夯点 13m 处不同点振动加速度、速度、位移的变化曲线。

距夯点同为 13m、减振沟较深，不同测点振动相差不大，如 D7、D9 等点，减振沟都 在 3.0m 左右，最大振动加速度、速度和位移为径向振动，最大加速度不超过 0.5g、最 大速度为 3.7cm/s，平均位移小于 0.5mm；在基岩埋藏浅和减振沟不深处，振动加速度、 速度和位移明显增大，如在 b、c 点，基岩较浅，减振沟仅有 0.6m，竖向加速度最大达到 7g，竖向速度达到 14 cm/s，平均位移在 0.5mm 以上，为减振沟 3m 时竖向加速度的 14 倍，速度的 3.7 倍。

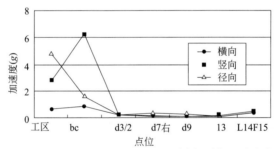

图 1.5-6　3000kN·m 强夯 13m 处不同点振动加速度变化曲线

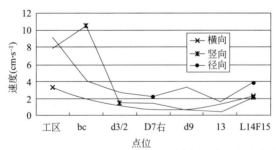

图 1.5-7　3000kN·m 强夯 13m 处不同点振动速度变化曲线

4. 动态化设计及信息化施工

填平后的减振沟处强夯点距离泽华最近仅有 6m。考虑到减振沟处场地的使用功能，结合前两个阶段振动监测情况，向建设方建议减振沟处采用碾压施工工艺进行地基处理；若采用强夯工艺，建议采用低能级施工，以在泽华油库内引起的最大振动速度不超过

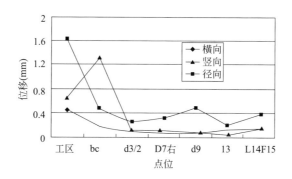

图 1.5-8　3000kN·m 强夯 13m 处不同点振动位移变化曲线

3cm/s，最大振动加速度不大于 0.4g 为宜，以保证泽华油库内建（构）筑物免于受到不利振动影响。

在减振沟填平处采用原设计能级 3000kN·m 进行试夯，从连续 8 个夯点的监测数据看出，平均在 3 击振动速度就达到 3 cm/s 以上。根据减振沟处试夯监测结果，就减振沟处施工进行调整，确定：

（1）采用 1500kN·m 能级对减振沟处地基进行点夯；

（2）以最大振动速度 3 cm/s（最大振动加速度平均值小于 0.4g）作为停锤标准；

（3）每个夯点不少于 2 击；

（4）对减振沟处施工采用现场监测、现场反馈、现场调整锤击数，对所有夯点进行全程监测。

在减振沟处进行满夯施工中，采用及时反馈信息、现场调整能级的监测方法，从 1500kN·m 能级调整到 1200kN·m。根据监测结果，最终将强夯能级调整到 1000kN·m 完成减振沟处满夯施工。

减振沟处采用现场振动监测，及时反馈、调整施工工艺，既满足场地施工需要，又避免对泽华油库内建（构）筑物产生不利振动影响。

5.2.4　结论

通过对不同强夯能级夯点、不同距离的振动监测，得出以下结论：

（1）三向振动速度越大，则相应的加速度及振动位移也越大；并且随测点与夯点距离的增大，振动明显减小。在相同距离处监测时，同一个夯点振动加速度、速度和位移随锤击数的增加而增大，幅值增量逐渐减小。

（2）减振沟的减振、隔振作用明显。当与夯点距离相同时，有减振沟时测得的振动远小于无减振沟时的振动，对碎石土地基，减振沟的深度宜超过 3m。

（3）对碎石土地基，与夯点距离在 13m 以内时，三向振动中竖向振动最大；超过 17m 时，三向振动中径向振动最大；13～17m 为最大振动从竖向向径向的过渡区。

（4）通过振动监测数据分析，对于本施工场地来说，距离夯点 19m 及以外或者最大振动速度小于 3cm/s（最大振动加速度小于 0.4g）时，基本上不会对泽华油库内建（构）筑物产生不利影响。

（5）根据振动监测结果，对强夯施工提出因地制宜的停锤标准，使施工振动处于受控状态，确保动态化设计和信息化施工。

5.3 柱锤强夯置换振动及侧向变形环境影响试验研究

由于强夯施工过程中，夯锤冲击地基土，会产生噪声和振动，在强夯施工过程中会对周围土体产生压缩、挤压作用，使得夯锤周围土体在一定程度上都会发生侧向变形，这种侧向变形会对周边相邻建筑物产生作用力。为了研究柱锤强夯施工不同能量对周围土体的影响，通过在不同距离进行地面振动监测和埋设测斜管，监测地面振动和土体深层水平位移情况，来了解不同能级的柱锤夯击下振动和土体侧向变形实际影响范围，为设计确定后续施工工艺提供依据。

1. 工程地质条件

试验区位于青岛海西湾，原为海域，经人工回填开山石方，底层主要有碎石填土、海湾相软弱淤泥质土、残坡积土和基岩。基岩以花岗岩为主，少量闪长玢岩、安山玢岩、煌斑岩呈脉状分布。

2. 试验区设计施工参数

试验分三个不同能级试验区，8000kN·m、6000kN·m和4000kN·m能级试验区。8000kN·m能级试验区面积为12m×12m，6000kN·m和4000kN·m能级试验区面积为10m×10m。强夯置换所使用柱锤为35t，直径1.2m，高约4.5m，采用2遍成夯工艺，2遍点夯能级相同，第一遍夯点施工完成后进行第二遍夯点施工，一遍夯点共9个，二遍夯点共4个。

3. 强夯置换对周围土体变形影响监测

为研究强夯置换柱锤对周边土体的变形影响，分别在8000kN·m、6000kN·m、4000kN·m不同能级下进行测斜监测。8000kN·m、6000kN·m试验区在试夯点边界外6m、9m、12m、18m、25m共5处分别监测其土体深层位移，4000kN·m试验区在试夯点边界外7m、8.5m、10m、15m共4处分别监测其土体深层位移。测斜管埋设深度至基岩层顶为止，测斜管长18m。施工前监测2～3次，以平均值作为监测点的初值，施工期间主要按夯击遍次的间隔进行监测，当施工时间较长时可在每天施工间歇时进行监测。在施工结束时监测一次，结束后再监测一次，直至整个土体稳定时观测结束。

图1.5-9为三个试验区的测斜监测实测曲线，从图中可以看出在相同能级条件下，距夯点距离越近，侧向挤出位移（远离夯点）越大，随着距离的增大，侧向水平位移也越来越小。在距离大致相近的情况下，能级越低，侧向挤出位移越大，随着能级的增加，地基土深处水平位移减小，浅层地基土出现向夯点靠拢变为负值的现象。造成向夯点靠拢变为负值现象的原因是，当能级较低时，柱锤夯击地基土产生夯坑较浅，夯锤对地基土反复冲击，由于四周覆盖地基土厚度产生自重压力较小，因而产生侧向挤出变形较大。随着能级的提高，柱锤夯击地基土产生夯坑较深，夯锤对地基土产生冲切，由于四周覆盖地基土厚度产生自重压力较大，因而产生侧向挤出变形就变得较小，浅层地基土会朝夯坑变形而产生位移。

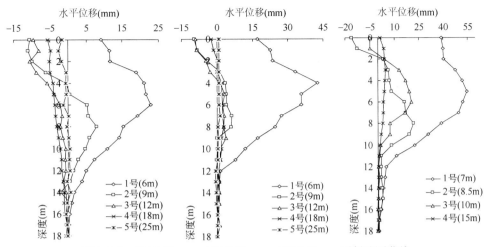

图 1.5-9　8000kN·m、6000kN·m、4000kN·m 测斜监测曲线

图 1.5-10 为不同能级下，在距夯点距离相近的情况下地基土的侧向变形对比曲线，从图中可以看出，在距夯点距离大致相同的条件下，能级越高，侧向变形越小，能级越低，侧向变形越大。根据监测位移曲线可得，在距夯点 12m 以外，4000～8000kN·m 能的强夯置换所产生侧向变形影响范围基本在 10mm 以内（包含正负）。在距离夯点附近，多为深层土体的侧向位移，尤其 3～8m 侧向变形最为显著。由此可确定在试验能级范围内，侧向变形不会造成建筑物破坏的安全距离为 20m。

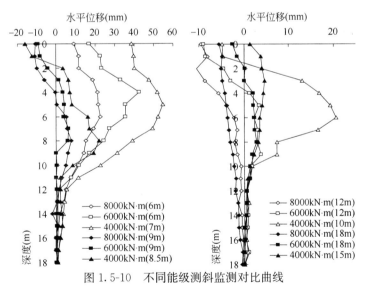

图 1.5-10　不同能级测斜监测对比曲线

4. 结论

通过 4000～8000kN·m 能级的柱锤强夯置换试验的地面振动及周围土体测斜监测可得：

（1）根据振动速度和加速度判定，4000～8000kN·m 能级柱锤强夯置换的振动安全距离为 20～30m。

（2）根据柱锤周围土体变形检测结果判定，4000～8000kN·m 能级柱锤强夯置换的振动安全距离为 20m。

（3）随着柱锤强夯置换能级的增大，柱锤四周土体的侧向变形在减小，但对地面振动影响范围增大。

（4）在距振源距离大致相同的情况下，强夯置换能级越大，对周围土体侧向变形影响越小。当能级增大到一定时，远离振源的地面会出现向振源方向变形的现象。

5.4 减少强夯振动影响的措施

1. 保证有效的振动安全距离

根据建筑物及设备对振动的要求，依据夯击能、夯击数、地基土等情况，确定安全距离是避免强夯对建筑物影响的必不可少的措施。

2. 设置隔振沟减少强夯对周围建筑物的影响

隔振沟主要是起到消波、滤波的作用，隔振沟将大部分振动波的水平分量产生的能量降到了最低限度，同时也使竖向的能量有了很大的衰减。隔振沟有两种，主动隔振是采用靠近减振或围绕振源的沟，以减少振源向外辐射的能量；被动隔振是靠近减振的对象挖一条沟。

3. 改变强夯工艺减少对建筑物的影响

在靠近建筑物的附近降低夯击能、减少夯击数也可起到减少对建筑物安全的影响。

4. 改变施工顺序减少对建筑物的影响

先夯击建筑物附近的地基，然后再夯击远处的。由于刚开始时土体松散，土体的阻尼比较大，吸收的夯击能较多，向外传播的振动波的波速和振动加速度就较小，对建筑物的安全影响也就较小。

5.5 强夯振动噪声对周围环境的影响

强夯是将势能转化为动能的过程，能量以振动波形式向土层深处和地表面传播，这一过程中强夯产生噪声，噪声过大会影响人们的工作和休息。

现行国家标准《建筑施工场界噪声限值》GB 12523 规定：不同施工阶段作业噪声限值见表 1.5-2。

不同施工阶段作业噪声限值　　　　　　　　　　　　　　表 1.5-2

施工阶段	主要噪声源	噪声限值等效声级 LAeq[dB(A)]	
		昼间	夜间
土石方	推土机、挖掘机、装载机等	75	55
打桩	各种打桩机等	85	禁止施工
结构	混凝土搅拌机、振捣棒、电锯等	70	55
装修	吊车、升降机等	65	55

强夯引起的噪声，声音发闷，频率较低，在距夯点 10m 以外，其噪声影响不是很大。

强夯施工产生的噪声不应大于表 1.5-2 的规定，施工场地周围有居民居住时，晚上不得进行强夯施工。

第6章　西部山区城市场地形成与空间拓展的新实践

6.1　概述

随着国家经济整体实力的提高和国家促进经济协调发展战略的实施，我国西部"老少边穷"地区发展已取得了显著成效，经济实力明显增强，产业结构不断调整和优化，基础设施建设取得根本性变化；生产力水平显著提高，文教卫生事业发展迅速，为中央进一步实施西部大开发战略奠定了良好的基础。

西部"老少边穷"地区，是指我国西部的老革命区、少数民族地区、边区和贫困地区。西部大开发中的西部（太行山以西的陕西、四川、重庆、云南、贵州、西藏、甘肃、宁夏、青海、新疆10个省市以及内蒙古西部地区）是我国"老少边穷地区"的集中区，具体的概况见表1.6-1。

西部大开发中的西部概况　表 1.6-1

面积 （km²）	占国土总面积 （%）	人口 （亿）	占全国人口 （%）	国家重点扶持贫困县 （个）	占全国总数 （%）
545.1	56.8	2.85	23	307	＞50

我国西部"老少边穷"地区的经济起步较迟，随着西部大开发的深入，却能获得东部发达地区原来缺乏的新机遇，这些地区可以凭借和发挥自身发展成本低、效益较高、矿产资源丰富等优势，在平等竞争中找准突破口，促使地区之间的产业转移和生产要素的流动，开拓纵深度。

虽然西部地区面临前所未有大发展的机遇，但同样面临着许多共性的瓶颈。由于我国西部城市多分布在丘陵、高原和山区，可利用的大面积工业用地和城市开发用地非常有限，仅有的山间谷地、盆地也作为耕地资源。因此，只要逐步解决基础设施问题，"老少边穷"地区的资源优势终将逐步转化为经济优势和商品优势。

6.2　西部城镇空间拓展的意义

1. 解决山区城镇经济增长的空间瓶颈问题

随着西部大开发，西部城市经济社会得到较快的发展，由于山区城镇可利用的开阔平地资源稀少，空间不足逐渐成为当地发展的最大障碍。经过几年开发后，许多城市几乎没有土地可供招商，而投资方也由于山区建设成本太高望而止步。因此，对于西部山区城镇，如何突破城镇空间不足，解决城镇开发用地，提高城镇经济增长的新动力成为西部大开发进一步推进的关键问题。"筑巢引得凤凰来"。要引资、要发展，必须先筑巢，先有地可筑，有好地可筑，即先解决城镇空间拓展问题。

2. 促进山区精准扶贫工作的推进

西部山区城镇空间拓展主要采用"造新城"的模式，按照统一规划、统一布局、分步实施的原则，开展削山造地、道路连通等工作，加强基础设施建设，改善出行交通条件、通信设施等，打开了山区与外界的天然闭塞，促进贫困山区与外界的经济交流，对扶贫开发、民生建设意义重大。

3. 解决灾区重建用地紧张、人地矛盾的难题

2008 年，汶川地震造成特大地震灾害，同时诱发了大量的次生山地灾害，主要包括崩塌、滑坡、泥石流等，给灾区城镇基础设施、道路交通、水土资源等造成巨大的危害与破坏。地震重灾区工程地质条件复杂，对灾后重建的不利因素多，高山深谷、岩石破碎、软土广布、强度低，承载力弱，对地震及其次生灾害有较强的放大作用，同时岩土性质变化大，这些地区的重建工作采用造新城的模式，拓展城镇空间，缓解了用地紧张的难题。

2010 年，舟曲发生特大山洪泥石流，造成大量房屋冲毁，基础设施严重破坏，形成堰塞湖。在舟曲特定的自然地形条件下，有限的建设用地和不断增加的人口，使城市用地极度紧张，原本规划预留的泄洪道和河道不断的被蚕食挤占，是致使灾难发生后损失巨大的一个重要原因。灾后重建对堆积了大量的泥石流渣体的地区，进行场地整平处理，同时以城镇空间拓展为新思路，实行开山造地的发展规划，解决了城市用地紧张、人地矛盾的难题，促进了山区城市的经济发展。

6.3 城镇空间拓展的实践

6.3.1 山地整理拓空间

丽水山多地少，土地资源十分紧张，人均耕地不足 0.54 亩，丽水经济开发区工业用地仅有 0.89 平方公里，难以为工业发展提供产业支撑，丽水南城东部区块首期开发面积 5.51 平方公里，计划用两年时间通过劈山移石、高挖深填，开发出工业用地 5000 多亩，缓解丽水工业用地紧张状况。

从 2002 年起，丽水经济开发区利用 4 年时间，前后累计投资 10 多亿元，削峰填谷，劈山整地，开挖了 110 个山头，平整场地 9124 亩，开发建设了占地约 10 平方公里的工业新区。其中，利用山地开发出来的有 7.7 平方公里，约占园区总面积的 54%，相当于节约了 1.15 万亩耕地资源。

丽水经济开发区还结合实际，创造性地选择了台地式与缓坡式相结合的土地开发利用模式。对于山地高差大且山体连绵的区块，采用台地式开发，将用地平整为面积较大、高低不等的立体台地；对坡度相对不大且有一定连续性的地形，采用缓坡式开发，尽可能少破坏原始地形，按照这一开发模式，结合就地平衡、就近平衡、总体平衡的"三平衡"方法，不仅降低了开发的难度和成本，也基本解决了山地开发土石方平衡的难题。

目前，工业区已有入园企业 284 家，工业总产值已突破 100 亿元。在将山地开发建设成浙西南中心城市产业功能区的过程中，节约集约利用土地已成为丽水企业发展的共识。

开发区内已有 167 家企业进行了加层改建，在未增加工业用地的情况下，新增建筑面积
25.7 万 m^2。园区内的大众阀门集团丽水有限公司，在加盖一层厂房的同时，还充分利用
地下空间，修建地下仓库，净增建筑面积近 $3000m^2$，节约用地近 10 亩。

6.3.2 低丘缓坡综合治理

1. 工程概况

在城市建设用地日益紧张、耕地保护形式越发严峻的同时，甘肃某地却有较多的荒山
荒沟和低丘缓坡沟壑等未利用地（图 1.6-1）未得到合理开发利用，2012 年，该市经国家
及省国土厅批准成为低丘缓坡沟壑等未利用地综合开发利用试点，试点区总面积为
999.77 公顷，试点区主要为黄土丘陵梁峁，地形起伏较大，天然植被覆盖率低。

图 1.6-1 甘肃某地低丘缓坡沟壑等未利用地

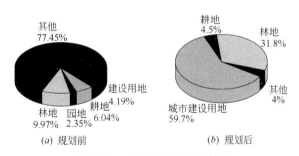

图 1.6-2 试点区土地规划情况

试点区土地规划前、后使用情况见图 1.6-2，试点区建设项目目标见表 1.6-2。

<table>
<tr><td colspan="5">试点区建设项目目标一览表（部分数据） 表 1.6-2</td></tr>
<tr><td>项目</td><td>试点一</td><td>试点二</td><td>试点三</td><td>试点四</td></tr>
<tr><td>规划面积（公顷）</td><td>484.67</td><td>236.58</td><td>100.01</td><td>78.52</td></tr>
<tr><td>原地势高度（m）</td><td>1560～1852.5</td><td>1581～1737</td><td>1550～1850</td><td>1520～2067</td></tr>
<tr><td>最大挖方高度（m）</td><td>110.61</td><td>84.2</td><td>45</td><td>107</td></tr>
<tr><td>最大填方高度（m）</td><td>117.57</td><td>71.6</td><td>30</td><td>43</td></tr>
<tr><td>挖方量（m³）</td><td>9596</td><td>1670.97</td><td>3535.77</td><td>439.8</td></tr>
<tr><td>填方量（m³）</td><td>8246</td><td>1512.8</td><td>696.50</td><td>439.8</td></tr>
<tr><td>挖方区面积（m³）</td><td>241.99</td><td>62.3</td><td>53.44</td><td>—</td></tr>
<tr><td>填方区面积（m³）</td><td>243.01</td><td>57.6</td><td>46.48</td><td>—</td></tr>
</table>

2. 工程实施方案设计

试点项目的核心任务是平山造地满足城市建设用地需求，土地开发阶段主要建设内容为土地平整工程、边坡工程和防洪工程三大类。由于项目区范围广，工程量大，土方挖、填调配尤为重要，各项目片区均按照台阶式、多个标高、不同梯次错落有致的格局进行平整，区域填挖方区土方的调配方向和数量最优解确定。由于项目区内地形较为复杂，沟壑纵横、川梁相间，项目实施过程中不可避免地要进行深挖高填，因此产生了较多且陡的边坡工程，所以针对高陡边坡应采取工程措施予以加固或治理。另外，各试点项目根据自身的工程特点考虑了相应的防洪措施。

（1）青白石项目

青白石项目开发面积为 485 公顷，工程设计主要包括以下内容：

1）场地平整和地势优化

设计方案遵循利用现状地形，争取挖填方总量最小，土方尽量平衡的原则，并考虑到地形改造要尽量保持原有的山势，利用地形的造景作用使项目具有一定的区域特性，确定项目区场地平整采用台地式方案。在满足场地对外交通衔接顺畅的基础上，减小台地总坡度，可更加突出台地景观特色，因此，将场地依地势设计为东高西低两个台地进行处理，项目场地平整工程具体指标见表 1.6-3，场地平整效果见图 1.6-3。

项目场地平整工程具体指标　　　　　　　　　　　　　表 1.6-3

项目部位	设计坡度	设计标高	挖填最大值	土石方量
东侧地区	场地平均纵向坡度 3.0%；横向坡度 2.1%；总坡度 3.66%	最低点位于场地西南标高 1650cm，最高点位于场地东北标高 1759m，平均标高 1711m	挖方最大值：103m 位于场地东侧；填方最小值：94m 位于场地北侧	挖方总量为 8948 万 m³，填方总量为 8879 万 m³
西侧台地		最高点位于场地西南标高 1627m，最高点位于场地北侧标高 1739m，平均标高 1686m	挖方最大值：106m 位于场地北侧；填方最大值：116m 位于场地南侧	

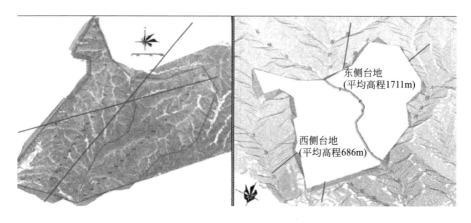

图 1.6-3　青白石项目区原始地形图及土地平整效果图

2）填筑体处理

对于填方高度小于 30m 的区域，压实系数不低于 0.93；对于填方高度大于 30m 的区域，压实系数不低于 0.88；场地不均匀沉降量不超过填方高度的 3%。

对于填方高度小于 30m 的低填方区，为保证压实系数不小于 0.93，采用强夯处理。强夯处理参数见表 1.6-4。

强夯处理参数表   表 1.6-4

单位夯击能(kN·m)	夯点布置	夯点间距	夯击变数	每层夯击处理厚度(m)
2000	正方形	取夯锤直径的 3 倍，且不小于 6m	先点夯 2 遍，再以低能级满夯 1 遍	4

注：对于挖填交接面，在强夯前先开完成台阶，每阶高 4m，阶面宽 4m。

3）边坡工程

场地平整后，开发范围靠沟谷一侧和山体一侧形成高边坡，靠山一侧为高挖方边坡，靠沟一侧为高填方边坡。由于坡体相对高差较大，开挖和回填形成的边坡临空条件好，加之坡体土主要为黄土，结构松散，土体间的固结性差，在降雨、地震等不利工况条件下，易发生崩塌、滑坡等地质灾害的可能性大，因此，平整工程中加强高边坡防护措施，边坡较高时应分级并留宽 2.0～3.5m 的平台，每级平台及边坡坡脚应设置截排水沟，坡面防冲刷处理。对于填方边坡，填土压实系数应达到 0.95，每级坡高不应超过 8.0m，除截排水处理外，

图 1.6-4　项目区边坡布置图

应做好坡面防冲刷处理。项目区施工产生的边坡类型主要有填方边坡、挖方边坡及平整台地间衔接的边坡三种类型。主要分布情况见图 1.6-4，挖填方边坡设计参数见表 1.6-5～表 1.6-6。

挖方边坡设计参数建议值   表 1.6-5

坡高	坡级设计		坡比	防护措施
$H \leqslant 10m$	一坡到顶		1∶0.75	坡脚设排水沟
$10 < H \leqslant 20m$	8～10m 处设 2.0～3.0m 宽平台	1 级	1∶0.75	坡脚设排水沟，片石护坡
		2 级	1∶0.75	
$20 < H \leqslant 30m$	8～10m 处设 2.0～3.5m 宽平台	1 级	1∶0.75	坡脚设排水沟，片石护坡
		2 级	1∶0.75	
		3 级	1∶1	
$30 < H \leqslant 40m$	8～10m 处设 2.0～3.5m 宽平台	1 级	1∶0.75	坡脚设排水沟，片石护坡
		2 级	1∶0.75	片石护坡
		3 级	1∶1	
		4 级	1∶1	

填方边坡设计参数建议值 表 1.6-6

坡高	坡级设计		坡比（$H:L$）
$H \leqslant 8m$	一坡到顶		1：1.25
$8 < H \leqslant 16m$	8m 处设置 2～3m 宽平台	1级	1：1.25
		2级	1：1.5
$16 < H \leqslant 24m$	8m 处设置 2.5～3.5m 宽平台	1级	1：1.5
		2级	1：1.75
		3级	1：2

（2）碧桂园项目

项目区规划总面积 236.55 公顷，一期占地面积 120 公顷，呈不规则形状，东西宽 0.4～1.2km，南北长 1.1～1.8km；整体地形较为复杂，呈东西两条南北向沟壑，中间一条南北向山岭的地貌特征。

1）场地平整工程

项目区内以由梁和峁组成的黄土丘陵为主，区内坡地情况见图 1.6-5。

场地平整方案在综合考虑项目区实际地形、挖填方总量、景观效益的基础上，确定台地平整方案为四阶台地方案，台地梯级高差控制在 15m 以内，根据项目区功能布局及用地需求情况，进一步划分为高差 5m 的台地，场地平整挖方量 1637.31 万 m^3，填方量 1459.57 万 m^3，总土方量 3096.88 万 m^3，挖填比 1.12，项目区挖填方总面积 119hm²，挖填高度面积统计见图 1.6-6。

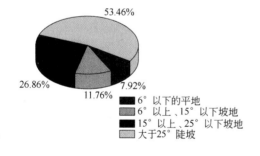

图 1.6-5 区内坡地情况

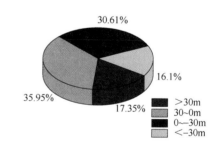

图 1.6-6 区内挖填高度统计

2）边坡工程

台地平整方案需充分考虑台地与台地之间的过渡问题，以及项目区与周边区域的衔接问题。对于台地的高差处理方式，可以选取挡土墙、护坡、护坡加挡土墙或者自然放坡四种形式。其中，高差小于 5m 的台地主要采用挡土墙的方式，大于 5m 则宜于采用护坡、护坡加挡土墙以及自然放坡的混合处理形式。综合考虑挖填总土方量、台地高差及景观效益等因素，经设计单位反复计算、分析后，确定台地平整方案为四阶台地方案，具体设计指标见表 1.6-7 和表 1.6-8。

挖方边坡设计参数表　　　　　　　　　　　　　表 1.6-7

土类	坡高(H)	边坡做法	坡比(H：L)
黄土	$H \leqslant 10\text{m}$	一坡到顶	1：0.75～1：1
	$10\text{m} < H \leqslant 20\text{m}$	H 每升高 6～8m 设置平台,平台宽 3～3.5m	1：0.75～1：1
	$H > 20\text{m}$	H 每升高 6～8m 设置平台,平台宽 3～3.5m	1：1
砂岩	$H \leqslant 10\text{m}$	一坡到顶	1：0.5
	$10\text{m} < H \leqslant 20\text{m}$	H 每升高 6～8m 设置平台,平台宽 3～3.5m	1：0.5～1：0.75
	$H > 20\text{m}$	H 每升高 6～8m 设置平台,平台宽 3～3.5m	1：0.75～1：1

填方边坡设计参数表　　　　　　　　　　　　　表 1.6-8

土类	压实系数	坡高(H)	边坡做法	坡比(H：L)
土夹砂、石	0.9	$H \leqslant 10\text{m}$	一坡到顶	1：1.25～1：1.5
	0.9	$H > 10\text{m}$	H 每升高 6～8m 退台处理,退台宽 0.5～1.0m	1：1.25～1：15
粉土、粉质黏土	0.9	$H \leqslant 10\text{m}$	一坡到顶	1：1.25～1：1.75
	0.9	$H > 10\text{m}$	H 每升高 6～8m 退台处理,退台宽 0.5～1.0m	1：1.25～1：1.75

（2）创新城项目

创新城试点项目区由地势较高的黄土梁峁和地势低洼的沟谷两种地貌单元构成,总开发规模为 100 公顷。在原始地形条件下,作为城市建设用地,场地的工程建设适宜性较差。项目区通过有序、有控制的挖山填沟等工程活动将场地改造为稳定性好、适宜进行工程建设的场地。

1) 平整工程

采用平坡式方案,平整后平均坡度为 3‰ 左右,项目区挖方量 3535.77 万 m^3,填方量 696.50 万 m^3,多余挖方量全部用于远方项目区填方。挖方最大高度 45m,填方最大高度 30m;

填挖方高度面积统计见图 1.6-7。

2) 防洪工程

项目区在填挖施工过程中,须保证其地表水及洪水的排泄,为保证施工质量和施工进度,在土石方施工过程应组织有效的临时排水系统,在土石方

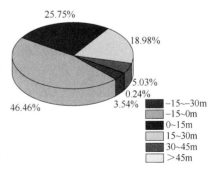

图 1.6-7　区内挖填高度统计

施工前,按要求回填原地面的沟壑、冲蚀坑等可能积水的地方,结合现场地势情况,设置临时排水明渠。

项目区松散固体物质大量堆积且来源丰富,同时残存沟道沟底狭窄,汇水面积大且集中,水动力强。因此,需设计修筑拦挡坝作为防洪工程治理措施。在四个残存泥石流沟沟口分别设置一道道拦挡坝,设计坝高 15.0～20.0m,顶宽 8～10m;其中一号坝,二号坝为石渣坝,三号和四号坝为土渣坝。拦挡坝平面位置见图 1.6-8。

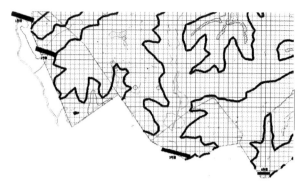

图 1.6-8　拦挡坝平面位置图

① 基础及坝肩结合槽设计：清除沟道、坡面与坝体而接触的松散表层，夯实碾压基础，确保坝肩、坝基结合良好。

② 断面设计：迎水面、背水面坡率分别为 1∶0.45、1∶0.45。为了减小静水压力，坝体上埋设螺纹管充当泄水孔，呈品字布设，规格为 $\phi=0.3m$，间距为 $3m\times3m$，不设涵洞。拦挡坝断面见图 1.6-9～图 1.6-10。

图 1.6-9　一、二号拦挡坝断面图

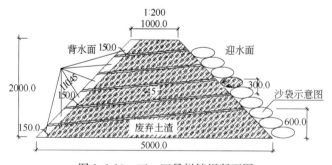

图 1.6-10　三、四号拦挡坝断面图

③ 坝高设计：本次为雨季临时性工程，结合实际地形情况，因残存沟道短小，为充分保证库容，设计坝高 20m。

④ 溢流口设计：根据以上参数及各坝址处沟床宽度确定溢流口断面。溢流口宽度大于稳定沟槽宽度并小于同频率洪水的水面宽度，溢流口采用梯形断面，边坡设计 1∶0.5，安全超高 h_2 取 0.5m，过流深 h_1 加 h_2 即为溢流口设计高度 1.5m。

3. 项目实施情况

该项目试点二规划效果图见图 1.6-11，目前四个试点项目均已完成土地一级开发，试点二和试点三项目已完成一期项目二级开发，项目的实施带动示范效益显著，有效保护了该地区的耕地，对荒山荒沟治理、自然生态环境改善、地质灾害隐患综合整治意义重大。

图 1.6-11　试点二建设规划效果图

6.3.3　湿陷性黄土高填方区场地形成

1. 工程地质概况

延安气资源综合利用项目位于陕西省富县县城以南 12km 处的富城镇洛阳村，项目建设用地坐落在河流两岸，场地具有地形地质条件复杂、建设规模大、超高填土且具有湿陷性黄土地基、填料水稳性差等特点和难点，是本项目重点处理区域。拟建场地平面图见图 1.6-12。

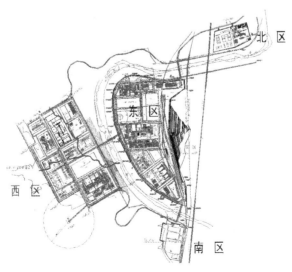

图 1.6-12　拟建场地平面图

场地附近区域地层主要由第四系全新统松散堆积物（主要为河道两侧的黄土状土和砂

类及碎石类土）、披盖于丘陵与黄土残塬上的第四系中更新统和晚更新统黄土（Q^{2+3}）、第三系红黏土（N）和基岩组成，场地处于构造运动相对稳定的地块，建设场地附近地区没有大型活动断裂通过，区内地震水平较低，抗震设防烈度为 6 度。

场地地下水属潜水类型，地下水位总体呈北高南低的趋势，地下水主要接受洛河河水从北侧补给，向南侧渗透排泄。地下水位主要受洛河水位的影响，年变化幅度大致在 2m 左右。

2. 场地西区场平设计关键技术

本项目西区存在的岩土工程关键技术问题见表 1.6-9。

场地西区存在的岩土工程关键问题　　　　表 1.6-9

工程地质条件综合问题	土方规模大、场地平整范围宽，地形地貌条件复杂，覆盖土层岩土结构和工程性质独特，涉及填方区滑坡体、湿陷性黄土、不均匀地层分布、地下水出露、高含水量黄土等工程地质处理问题
地下水环境综合治理问题	工程建成后，地形地貌改变将引起地下水补给、径流、排泄条件的改变，引起地下水运动的显著改变，地下水的有效导排和治理决定了湿陷性黄土地基条件下高填方地基的长期变形和稳定问题
高填方填筑地基处理问题	选择合理的处理方法和工艺参数，对湿陷性黄土地基进行加固处理，以满足稳定和变形要求
高填方地基变形问题	高填方地基填方高、荷载大，原地基和填筑体自身的沉降均较大，加上湿陷性地基条件，填方体湿化变形等不利因素，沉降控制难度极大

（1）原场地地基处理

根据原状湿陷性黄土层的分布区域及分布厚度，采用不同能级和工艺的强夯法处理黄土地基的湿陷性，满足原状土地基承载力和变形、湿陷性等要求，强夯处理能级为 4000～12000kN·m。原填方区滑坡体分布区域，均进行了进一步地基处理，一般区域采用高能级强夯法，高含水量分布区采用强夯置换法处理。

（2）高填方填筑体处理

西区设计标高在 951.5～955.0m 之间，自然场地标高最低为 883.4m（冲沟出口处），原始地貌为典型的"V"形沟谷地形，综合考虑安全性、经济适用性、设备调度能力和工期，采取分层回填＋分层强夯的方案进行处理。

回填区域土方回填和强夯分 8 层进行，见表 1.6-10。强夯分层回填示意图见图 1.6-13。

回填区域强夯分层施工参数表　　　　表 1.6-10

回填层数	回填厚度（m）	强夯能级（kN·m）
第一层	冲沟回填碎石渗层	8000
第二层	12	12000
第三层	12	12000
第四层	12	12000
第五层	8	8000
第六层	8	8000
第七层	4.5～6.5	4000
第八层	4.5～6.5	4000

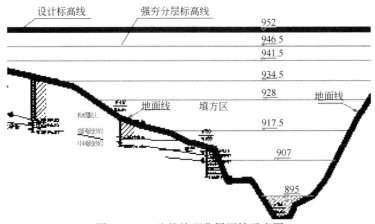

图 1.6-13　地基处理分层回填示意图

（3）挖填交接面、施工搭接面处理

①挖填交接面处理

填方区与挖方区交接面是高填方区经常出现问题的薄弱环节，为了保证填方区与挖方区能均匀过渡，在填挖方交接处，应布置过渡台阶。

在挖填交界处基岩面以下，按 $H=1m$ 高，宽度 L 随实际坡比而变化，沿着山体表面开挖台阶，对于直壁地形，在实际施工过程中可以适当调整高宽比，但台阶宽度不宜小于 1m。并回填 2m 厚砂碎石，形成土岩过渡层，同时与底部排水盲沟连接，排出基岩裂隙水（图 1.6-14）。

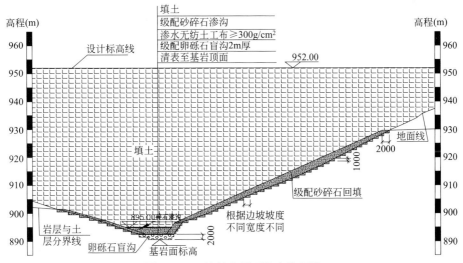

图 1.6-14　挖填交界面处台阶开挖

② 施工段间的搭接施工

西区由于填筑区域范围大、工段多、工作面分散而又集中，各工作面起始填筑标高不一，存在工作面搭接问题。工作面搭接处理不好，势必带来人为的软弱面或薄弱面，给高填方稳定性带来不利影响。为此，要求各工作面间要注意协调、两个相邻工作面高差要求一般不超过 4m，以避免出现"错台"现象。

各标段间、各分区间均存在搭接面。各工作面间填筑时，先填筑的工作面按1：2放坡施工。后填筑的工作面，在填筑本层工作面时，对预留的边坡开挖台阶，台阶高2m，宽4m，分层补齐。对工作面搭接部位，按相同间距加设两排夯点进行补强。

③ 沟口高填方边坡后方填方地基处理技术要求

冲沟沟口高填方边坡回填及强夯处理方案与其余地方相同，根据挡墙设计单位要求强夯边界线，位于场区边界线向厂区内24m和34m处。

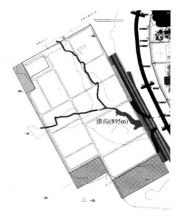

冲沟沟口加筋土挡墙后方高填方边坡距离挡墙设计单位提出的强夯边界线30m范围内为强夯能级降低区。其中原12000kN·m的分层填土厚度为12m，在此区域为分层厚度3m，分四层回填施工，采用2000kN·m降低能级处理。土方回填时进行部分超填，土方回填边界线上边界距离厂区边界31m，1：1放坡至895m标高碎石渗沟表层。强夯施工边界线上边界距离厂区边界34m，1：1放坡至895m标高碎石渗沟表层。强夯与挡墙交替搭接施工，确保高边坡和挡墙的稳定。

（4）地下排渗系统设置

冲沟底部采用盲沟形式进行处理，盲沟施工前，首先进行基底清理工作，清除表层软弱覆盖层至基岩面，沿冲

图 1.6-15　冲沟处理平面图

沟底部铺设2m厚的卵砾石，粒径要求是5～40cm，中等风化岩石。盲沟保持自然地形排水坡度，纵坡坡度不小于2％。盲沟顶部铺设≥300g/m²的渗水土工布。

冲沟沟口处由于洛河水位的影响，其50年一遇洪水水位为891.54m，100年一遇洪水位为893.04m，为保证冲沟回填土不受水位的影响，895m标高以下均采用级配良好的砂碎石回填（图1.6-15、图1.6-16）。

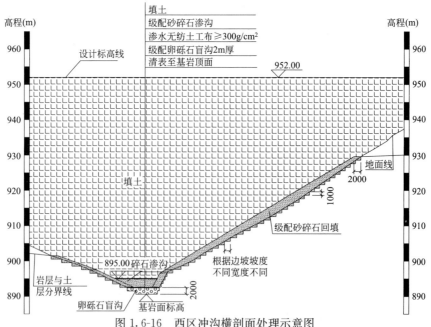

图 1.6-16　西区冲沟横剖面处理示意图

3. 项目实施情况

目前项目场地形成已全部完成，正在进行工业项目设施的建设工作，图1.6-17为项目区填土施工全景。

图1.6-17 项目区填土全景

6.3.4 云南绿春地质灾害防治削峰填谷建新城

1. 工程概况

绿春县绿东新区削峰填谷项目位于云南省红河州绿春县，主要地貌类型为中山峡谷地貌，除深切的"V"形峡谷、悬崖绝壁、瀑布、活动性冲沟外，最主要的是沿分水岭的主要河流两坡广泛发育的古夷平面和台地；其中坡度大于25°的山地占总面积的75%，全县境内无一处大于1km²的平坝，正所谓"地无三尺平"，是典型的山区县。

2000年以来，绿春县城市用地需求见图1.6-18随着社会经济的发展，城市建设发展迅速，用地规模不断增加，使得原本建筑活动区域狭窄的这一发展限制因素逐步凸现出来，在老县城范围内局部拆建、改扩建或者向斜坡中下段的陡坡地段扩展，以见缝插针方式来进行基础建设，既不能满足基础建设发展和需求，还会诱发很多地质灾害，安全隐患很大；以小范围削坡填沟建设可解决个别突出问题，但治标不治本，导致重复投资。所以，在科学规划论证基础上提出了城东俄批梁子和把不粗梁子进行"削峰填谷"，作为绿春县城城镇发展的建设用地。

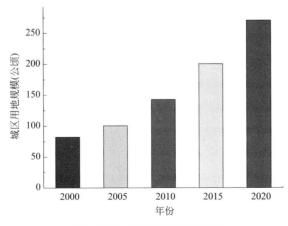

图1.6-18 绿春县城用地需求

工程区位于绿春县城绿东新区把不粗梁子至俄批梁子之间（图 1.6-19），松东河上游地段，属构造侵蚀低中山沟谷地形，地势东高西低，呈一相对封闭的开口向西、西南的圈椅状地形。区内分布俄批、把不粗梁子，山梁子之间发育松东河上游 3 条（G1、G2、G3）树枝状支沟，于把不粗梁子北侧东仰体育馆下方汇合成松东河上游主河道。工程区受构造影响地形差异抬升强烈，形成对照鲜明的沟谷与梁子相间地形。工程区山梁子及山包标高 1740～1850m，沟谷河床标高 1520～1650m，切割深 150～300m，地形起伏较大。山梁子及其两侧斜坡自然坡度 25°～40°，谷坡坡度 35°～60°，局部直立，多为直线性陡坡，构造影响破碎带谷坡更为宽缓，局部河道宽缓带有河漫滩及阶地分布。

图 1.6-19　现场地貌图

2. 工程关键技术实施

工程挖方区（俄批梁子和把不粗梁子，W1～W5，见图 1.6-20）面积 42.10hm²，挖方总量（实方）17565425m³，填方区（T1～T6）面积 61.50hm²，填方总量（实方）18671585m³。

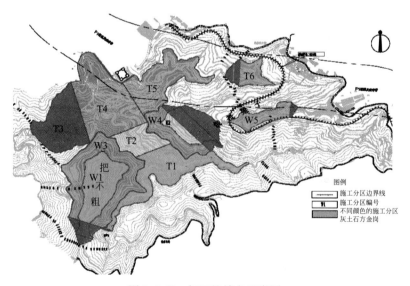

图 1.6-20　场区挖填方示意图

（1）高填方工程原地面土基和软弱下卧层处理

① 原地面处理

填方区目前除表层分布有厚度约 0.50m 的耕土、植被和浮土外，局部地段（洼地、沟塘底部等）的软弱土、松散的零星分布的人工填土层、生活垃圾都应全部清除，其下为冲洪积相的卵、漂石层，下伏为稳定的风化砂泥质板岩，地表水体和地下水受季节影响大，目前水量不丰富。清除工作完成后，同时在地基处理之前需要对原场地进行如下处理：

填方区原地面坡度在 1：2～1：3 时，应开挖台阶，台阶高度 50cm，台阶宽度根据地面坡度确定，台阶顶面向内倾斜，以免造成影响高填方稳定性的薄弱接触面。

填方区原地面坡度大于 1：2 时，应超挖成 1：2 的坡度并按上述原则开挖台阶，所有台阶顶面应挖小排水明沟，以排出由于坡向内倾造成的台阶顶面积水。

② 破碎带处理

表层清理完毕后，破碎带地基采用固结灌浆处理。固结灌浆孔的孔距、排距采用 3～4m，正方形布置形式。固结灌浆应按分序加密的原则进行，固结灌浆孔孔径不宜小 75mm。灌浆浆液应由稀至浓逐级变换，固结灌浆浆液水灰比采用 2、1、0.8、0.6 四个比级。水泥采用 42.5 级普通硅酸盐水泥，浆液中掺入水泥重量 3% 的水玻璃，水玻璃模数为 3.0，浓度取为 40 波美度。

（2）填挖交界面的处理

不同工作面或标段之间搭接，正常碾压时碾压搭接，搭接范围不小于 5m，高差大于一个碾压层厚但最大不超过 4m 时采用加强碾压（压实系数为 0.94）进行处理。

填方区与挖方区交接面是高填方区经常出现问题的薄弱环节。为了保证填方区与挖方区能均匀过渡，在填挖方交接处，应结合台阶开挖，沿竖向每填筑 4m 厚，在台阶交接面附近采用加强碾压的方法进行处理，如图 1.6-21 所示。

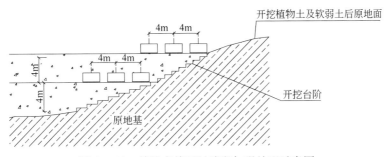

图 1.6-21　填挖交接面过渡段加强处理示意图

（3）高边坡支护加固

工程填方区（B1、B4，见图 1.6-22）、挖方区（B2、B3、B5）形成的边坡防护主要采用锚索框格梁、抗滑挡墙、坡面排水、坡面绿化、土工格栅和拦挡坝形式。

① B1 边坡

B1 边坡填筑前，开挖至 ⑥₂ 层强风化板岩层顶，边坡下原地基换填完成后，再进行原排水盲沟的修筑。B1 边坡挖填方边界面范围内应铺设厚度不小于 50cm 的碎石，碎石压实系数不小于 0.96。

B1 边坡采用土工格栅加筋处理（图 1.6-23）。

② B2 边坡

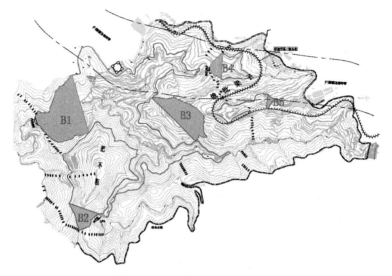

图 1.6-22　场地边坡形成示意图

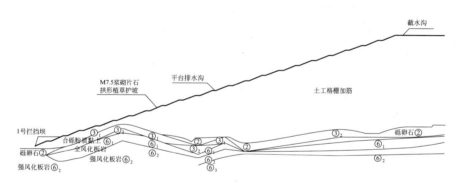

图 1.6-23　B1 边坡加固形式剖面图

B2 边坡采用锚索＋锚杆框格梁进行防护（图 1.6-24），边坡排水孔上仰角度 5°，排水管长度 35m，边坡应遵循从上往下，每开挖一级加固一级，再向下开挖。

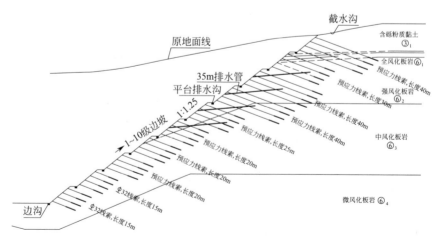

图 1.6-24　B2 边坡加固形式剖面图

③ B3 边坡

B3 边坡采用锚索＋锚杆框格梁进行防护（图 1.6-25），边坡排水孔上仰角度 5°，排水管长度 30m，边坡应遵循从上往下，每开挖一级加固一级，再向下开挖。

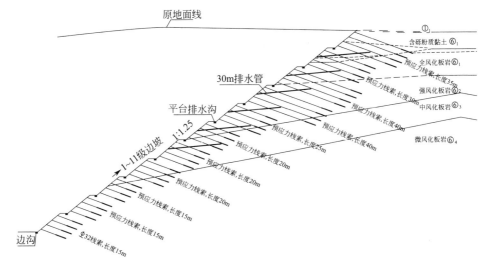

图 1.6-25　B3 边坡加固形式剖面图

④ B4 边坡

B4 边坡采用土工格栅加筋处理（图 1.6-26），基底固结灌浆处理。

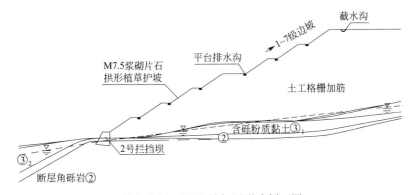

图 1.6-26　B4 边坡加固形式剖面图

⑤ B5 边坡

B5 边坡采用 M7.5 浆砌片石植草拱形护坡处理（图 1.6-27），边坡排水孔上仰角度 5°，排水管长度 15m。

3. 项目实施进展

该项目场区规划效果图见图 1.6-28，目前该项目场地形成全面完成，正在进行大规模的市政、道路、公用设施和地面建筑物的建设，该项目结束了绿春县境内无一处大于 1km² 平坝的历史，不仅主动预防、有效遏制了绿春县城地质灾害隐患的发生，而且形成了 1.56 平方公里的城市建设用地，具有良好的政治、经济、社会效益。

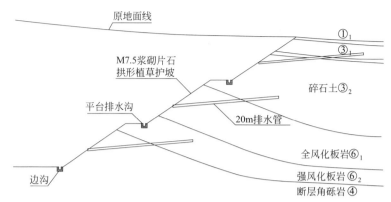

图 1.6-27　B5 边坡加固形式剖面图

图 1.6-28　云南省绿春县东部新城规划效果图

6.3.5　削峁建塬拓空间

1. 工程概况

在西北黄土丘陵地区由于地形条件限制，其城市空间极小，因此实施削峁建塬、填沟造地等是解决新型城镇化建设中发展空间拓展的重要战略。

延安某新区一期综合开发工程初步规划面积 10.5km²，南北向长度约 5.5km，东西向宽度约 2.0km，场区内地形起伏大，地面高程 955～1263m，高差 308m，场区地处黄土丘陵地区，地形条件、工程地质条件和水文地质条件复杂，由于原始地貌不同，场地回填厚度不等，最厚约 40m，填料为黄土梁峁挖方料。

2. 项目关键技术

（1）填筑体压实工艺

对于黄土填料的高填方填筑体，其施工方法的选择应根据密实度要求、土料类型、含水量、场地条件等因素综合考虑。压实方法以振动碾压和冲击碾压为主，开始阶段宽敞工作面没有形成前，采用振动压实的方法进行压实；宽敞工作面形成后，大范围作业采用冲击碾压和大型压路机振动碾压进行压实。当土料含水量偏低时，采用冲击碾压。

对基岩出露的狭窄冲沟区域，当盲沟顶面与基岩顶面高差大于 6m 时，在基岩面标高以下范围内，每填筑 6m 采用 3000kN·m 能级进行强夯补强处理，填筑碾压的压实度控制要求为 93%。

（2）填方区湿陷性黄土地基处理工艺

填方区湿陷性黄土地基处理的目的不仅是针对黄土的湿陷性，相对高填方填筑地基而

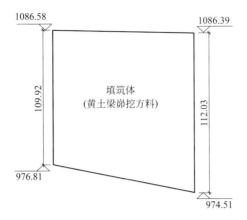

图 1.6-29　场区填筑体回填示意图（最大填筑高度）

图 1.6-30　施工现场冲击碾压

言，深厚的结构性大孔隙黄土层是湿敏性的相对软弱层，土方填筑施工后，地基土内部的含水量和孔隙中的湿度都将显著增加，其变化将是一个缓慢而又有可能发生突变的过程，突变发生的可能性可以通过采取有效的地表排水系统和地下排水盲沟系统将其控制到最低限度，但内部含水量和湿度的增加却难以把握和控制，这是一个有待研究的课题。采取强夯方法将一定深度内结构性大孔隙黄土予以夯实，增加其密实度，同时将其变成相对的隔水层，避免地下水沿原地面下渗。

根据场地功能分区和需处理的湿陷性黄土、表层松散粉土的分布厚度采取不同的强夯能级（表 1.6-11）。

填方区湿陷性黄土地基处理方法　　　　　　　　　　表 1.6-11

地基处理分区	处理方法	湿陷性黄土层厚度	备注
重要建筑区	6000kN·m 强夯	＞6m	规划未明确时按一般建筑区考虑
	3000kN·m 强夯	3～6m	
一般建筑区、交通区	6000kN·m 强夯	＞7m	
	3000kN·m 强夯	3～7m	

（3）预成孔深层夯实加固技术

预成孔深层夯实法是在强夯法与散体挤密桩地基处理工艺相结合的基础上发展的一种全新的地基加固技术，以其特有的优势，弥补了强夯法与散体桩的不足，其处理深度大、使用条件广的特点，实现了对超深层湿陷性地基土的处理。

本项目对预成孔深层夯实法地基处理工艺进行研究，通过处理湿陷性黄土地基的试验，获得该工艺的基本施工参数，为制定预成孔深层夯实法地基处理施工工艺提供依据，也为类似工程的施工和设计提供实例参考。

预成孔深层夯实工艺设计参数　　　　　　　　　　表 1.6-12

有效桩长 （m）	桩顶标高 （m）	桩直径 （mm）	桩间距 （mm）	布置形式	成孔方式	桩体材料
20	自然地面	1800	3000	等边三角形	取土成孔	灰土

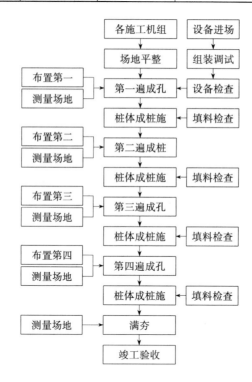

图 1.6-31　预成孔深层夯实法工艺流程

（4）高填方压实场地超高能级强夯地基处理工艺

试验区场地选在回填 C 区，填料为黄土梁峁挖方区料。为满足 30m×30m 试验区以及强夯设备施工安全的要求，需将试验区外围填至 50m×50m。由于原始地貌不同，试验区回填厚度自西向东从 15～22m 逐渐递增。回填方式：底部 3～10m 采用分层碾压回填，中间 11～18m 采用分层强夯回填，顶部 15～22m 再采用分层碾压回填。平台回填分层填筑至超高能级强夯试验场地标高要求，填筑体压实度应满足相关要求。试验场地平面图见图 1.6-32。

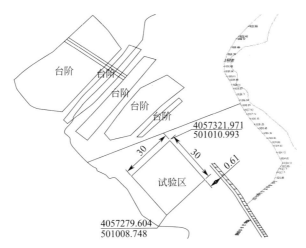

图 1.6-32 强夯试验场地平面图

试验施工工程量清单   表 1.6-13

工程内容	夯击遍数	夯点数量(个)	面积(m²)
20000kN·m 超高能级地基 处理试验	第一遍 20000kN·m 能级	9	900
	第二遍 20000kN·m 能级	4	
	第三遍 15000kN·m 能级	12	
	第四遍 3000kN·m 能级	25	
	第五遍 2000kN·m 能级	满夯	

2016 年 5 月 18 日，20000kN·m 超高能级强夯地基处理试验正式施工，至 2016 年 5 月 25 日 900m² 试验区全部施工完成，试夯工期共计 8 天。试夯施工进度详见表 1.6-14。

试夯施工进度表   表 1.6-14

工程内容	夯击遍数	夯点数量(个)	施工时间
20000kN·m 超高能级地基 处理试验	第一遍 20000kN·m 能级	9	5.18～5.20
	第二遍 20000kN·m 能级	4	5.21
	第三遍 15000kN·m 能级	12	5.22～5.24
	第四遍 3000kN·m 能级	25	5.24～5.25
	第五遍 2000kN·m 能级	满夯	5.25

从试验性施工及夯后检测结果来看，20000kN·m 超高能级强夯地基处理后，场地强夯后平均沉降 75cm，土体压实度及承载力均能满足设计要求。

但超高能级强夯施工过程中，夯锤下落后部分夯点可能发生偏锤现象，为使其夯击能量均匀向下传递，需对偏锤夯坑进行填料纠偏或用挖掘机将坑底挖平，以保证施工质量。

图 1.6-33 为经 20000kN·m 能级强夯处理（夯后）、不经强夯处理（夯前）试验区沉降随时间的变化曲线，由图 1.6-33，经高能级强夯处理分层碾压后的高填方场

地，大幅减少了场地的工后沉降，缩短填筑体压缩达到稳定时间，缩短填土地基交地使用时间。

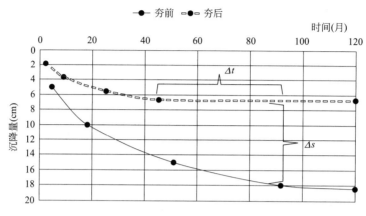

图 1.6-33　夯前、夯后场地沉降随时间变化曲线

6.4　城镇空间拓展的需求与协调自然环境的关系

城镇空间拓展主要是对荒草地、裸土地、废弃园地、低效林地等多种低丘缓坡土地的后备开发资源加以利用。受地形的限制，山地城镇在交通、管网设置等方面都不同于平地。要充分利用自然山势、水系，形成高效的城市供排水系统，避免大开、大挖。

在建设用地向山地发展的过程中，特别是建设过程中，还是会在可控范围内对山地的植被造成短时间破坏。但通过边建设边恢复、边建设边治理，是可以恢复山地植被的，甚至可以恢复的比建设前还要好。政府从政策层面也会加以要求与限制，规范建设行为，注重提高山地城镇的安全性和人居环境质量。借助自然环境、景观特色，建设与自然面貌有机结合的城市环境，形成"城在山中、房在林中、水在城中、人在绿中"的独特城镇风貌。

1. 城镇空间拓展的秩与序

由于城市人口集聚和地域的不断扩大，人地矛盾不断凸显，迫切需要拓展更大的城市空间。人们在城市地域拓展过程中的各种建设活动，虽然大多数都具有积极的动机，但也不经意地破坏了城市地区的生态自我调节机制的动态平衡，景观多样性和生态环境遭到破坏。

在未来的城市化进程中，创建城市空间拓展的生态模式理念显得尤为重要，即遵循空间拓展"秩"与"序"的理念："秩"是从"硬"性的空间拓展，即城市的规模、布局、交通、建设等方面，要求统筹兼顾，对基础设施的建设，如水电供应、污水排放、垃圾处理、交通、治安等要引起足够的重视，因为这些因素都是拓展城市空间的关键；"序"是从"柔"性的"环境·生态·绿化"方面，强调组合城市之间足够的生态缓冲距离，划定永久性的生态开敞空间，根据环境与资源所提供的条件来考虑未来的走向。

2. 城镇空间拓展的生态理念

城市占有着广阔的自然空间，在城市漫长的形成过程中，人类为了生存和发展所构筑的人工环境与其周边的自然环境通过不断的交互作用，形成城市特有的形态。城市空间不断向邻近空间扩展，为了实现社会经济发展的要求，人类对自然的索取，超越了自然环境的承受度，导致生态危机的发生。

麦克哈格与《设计结合自然》一书从人为空间与自然环境相结合的角度提出了生态规划的思想。他认为城市空间的拓展必须"自然地"利用自然环境，将自然环境的不利影响减小到最低程度。

3. 优化城镇空间拓展的对策

目前，城镇空间拓展所带来的城市生态效应下降已经愈来愈引起人们的关注，为了保持城市的生态功能，使城市生态系统向着健康的方向发展，在城市的规划、建设和管理的过程中必须始终贯穿着生态的理念。

在空间拓展的过程中，最大限度地保护和改善周边及城市内部生态环境质量，合理利用有限的城市空间为目的，对城镇空间扩展进行科学的规划，将生态理念贯彻到城镇建设的各个方面，制定城镇生态化发展的政策，加强生态立法，设立城镇生态化发展的管理机构，提高城市规划、建设和管理水平。

自然地理条件和环境既是地区经济差距形成的基础性因素，也是地区经济差距扩大的重要原因。我国东部地区以冲积平原为主，地势平坦，降水充沛，土壤肥沃，水热条件配合充分，发展农业条件较好。而西部地区多为山地、丘陵和戈壁沙漠，非耕地资源约占土地总面积的 96%，生态环境保护和建设是西部"老少边穷"地区开发的根本。只有大力改善生态环境，西部丰富的资源才能得到很好的开发和利用，也才能改善投资环境，引进资金、技术和人才，加快发展步伐。

改造西部"老少边穷"地区的生态环境，对于改善全国生态环境，具有重大意义。如果西部"老少边穷"地区不尽快恢复林草植被、治理水土流失，那么，长江、黄河洪水灾害不可能得到根治，广大中下游流域将永无宁日，在改善生态环境上，要坚决实行"退耕还林（草）、封山绿化、以粮代赈、个体承包"的措施，在加大实施天然林保护工程的同时，有计划、分步骤地退耕还林（草），绿化荒山荒地，恢复林草植被。现在全国粮食供应充裕、库存多，是以粮食换林草的极好时机。通过以粮代赈，既可以改善生态环境，又可以缓解目前粮食总量相对过剩造成的一些矛盾，还能带动整个经济结构的调整。同时，把以粮食换林草同扶贫工作结合起来，也是加快"老少边穷"地区脱贫致富的有效途径。

6.5 "空间拓展"为西部山区经济社会发展提供新机遇

1. "空间拓展"促进西部山区与外界的经济交流

西部地区是祖国发展的大后方，必须正确处理好其生态环境与经济发展之间的关系，否则会以牺牲环境为代价发展低效、短期的经济。

东部地区依托其良好的交通网络，其海陆空交通网络格局都很完善，经济发展速度比西部山区快。加强西部山区的交通建设，拓展有利于工业发展的城镇空间，有利于促使资源优势与区位优势的结合，加快西部山区资源开发和物资输出，促使资源优势尽快转化为经济优势。

云南绿春为从根本上解决县城区面临的地质灾害、建设用地紧张的问题，提出了"削峰填谷、扩大城镇、减负降压"的方法，不但解除了县城长期以来遭受地质危害的隐患，而且缓解了县城发展过程中面临的人地矛盾问题，为城镇化工业发展提供了必需的用地资源，促进了县城与外界的经济交流。

湖北十堰实施山地整理项目，将"三少一无"，即耕地少、林地少、拆迁户少、无基本农田的大面积低山丘陵整理成建设用地，极大地缓解城区工业用地紧缺矛盾。"筑巢引得凤凰来"，山地整理为城区西部带来了前所未有的商机，各路客商纷至沓来，为西部城区带来了前所未有的商机。

甘肃某地低丘缓坡项目将大量的荒山沟壑、贫瘠土地再利用，实现新增建设用地8365公顷，拓展了该地城市空间，巩固了该地区域优势，随着项目区基础设施项目的快速实施和运行，区内旅游商贸、影视文化、科技等产业成熟，区域经济发展带动效应将显著提高。

陕西某地拥有丰富的煤气资源、广阔的土地资源、富集的水电资源等区位优势，为利用河流两岸的未利用山坡地，对其进行高能级强夯处理，处理后用作延安某石油煤气资源的综合利用项目的工程建设，在利用本地资源的基础上，促进了该地与外界的经济交流。

2. 西部"老少边穷"地区资源优势为经济优势的转化创造了条件

我国西部"老少边穷"地区自古以来的自然和矿产资源就非常丰富。在西部地区被统计的35种主要矿种中，探明储量占全国90％以上的有稀土、汞、钛、铂族金属、镁盐、钾盐、石棉等；超过60％～80％的有锌、锡、钡、天然气等；超过50％的有铅、钴、锑、磷、煤等。按45种主要矿产工业储量潜在价值量计算，西部占全国的48.3％，接近中、东部之和；按一次能源探明储量计算，西部占全国的56.5％，比中、东部之和还大13个百分点。西部地区的水能理论蕴藏量达5.57亿千瓦，其中可开发利用的水电资源2.74亿千瓦，分别占全国的82.3％和72.3％。而且，这些资源的开发程度和地质勘探程度都低于中、东部，现有矿区扩大储量和发现新矿区和矿种的潜力还很大。

云南94％的面积是山地，平地只有6％，合理地把这些山地资源加以利用，可以解决城镇化建设开发所遇到的用地瓶颈问题。低丘缓坡变新区，将荒草地、裸土地、废弃园地、低效林地等多种土地后备开发资源全部利用，极大增加了耕地和建设用地供给，缓解土地供需矛盾，实现耕地占补平衡。对城镇建设、工业园区等鼓励"用地上山"，"用地上山"包含了三个转变：一是发展方式的转变，由原来利用坝区平地搞建设，转为向山地、坡地要建设用地，推进工业化和城镇化；二是城市规划指导思想的转变，改变城市扩张非要集中连片"摊大饼"，而让城区因地制宜地在山坡、丘陵上"组团发展"，城市建设实现"城在山中、山在城中、房在林中、人在绿中"；三是用地方式的转变，城市建设用地由占用基本农田向宜城宜工发展的低丘缓坡要地，拓展用地空间，突破用地瓶颈。

6.6　场地形成经济效益评价

按照一般的思维习惯，在山上搞建设的投资肯定比平地的投资要多。但换个角度来看，平地坝区拆迁量很大，对占用的农田还要征收耕地质量补偿费。这样一算，成本也不低。而在山区用地，地价比较低。而且为了鼓励城镇上山，政府采取了多种措施，各级公共资金加强了对山地城镇建设和耕地保护的倾斜力度。因此，若仔细算，有的项目在坝区的前期投入反而比山区的前期投入还要多。

6.6.1　云南绿春削峰填谷经济效益评价

1. 项目征地拆迁投资估算

云南绿春削峰填谷建新城项目规模大、涉及征用农用地面积大，项目的征地规模见表1.6-15。

项目征地情况表　　　　　　　　　　　表 1.6-15

地类		面积（亩）
耕地	水田	1135.943
	旱地	822.419
园地	茶园	40.281
草地	其他草地	328.448
住宅用地	农村宅基地	1.799
水域及水利设施用地	河流水面	12.868
合计	2341.758 亩	

项目区土地平均征地拆迁费用为 2.8 万元/亩，估算征地拆迁补偿总费用约为6486.53 万元，其中各部分所占比例见图 1.6-34。

2. 项目经济效益分析

项目的实施首先能产生不少于 42.10hm² 的可用于建设的稳定场地，极大地改变了城市建设用地不足的情况，为县城的招商引资、建设活动等提供了必要的土地资源。

项目的前期投入不会产生明显的经济效益，但项目实施完成后，可造就短期建设用地（挖方区）42.1hm²、远期挖填方建设用地 61.5hm²。预计项目建成后建设用地出让金平均为 80 万元/亩，总有偿用地与划拨用地面积比例为 48.23：51.77（按城市规划推算），近期优先考虑公益设施，其比例为 30：70。

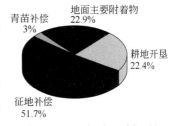

图 1.6-34　项目征地拆迁补偿费用各部分所占比例

项目造地面积见表 1.6-16，短期造就的建设用地价值 50520 万元，短期建设造价与土地价值比 9.49%；远期全区建设用地价值 73800 万元，远期建设造价与土地价值比 13.87%；由此可见经济效益显著，而在土地基础上可产生的间接经济效益更是巨大。

项目造地面积表　　　　　　　　　　　　　　　　表 1.6-16

预期用地种类	用地面积(hm^2)
短期商、居、工业、服务业（有偿）	21.06
短期政府公益、基础设施	49.14
远期商、居、工业、服务业（有偿）	60.83
远期政府公益、基础设施	65.29

6.6.2　甘肃某地低丘缓坡项目经济效益评价

1. 土地开发成本与收益分析

（1）"三通一平"投资单位成本估算

"三通一平"包括通水、通电、通路、平整场地，根据各项目开发单位提供的投资情况数据，项目达到"三通一平"要求的土地开发成本约为 43.03 万元/亩，各项目投资成本估算见表 1.6-17。

各项目的"三通一平"投资估算　　　　　　　　　表 1.6-17

项目名称	项目区总面积 （公顷）	总投资 （亿元）	亩均投资 （万元/亩）
试点一	485	32.46	44.6
试点二	119.9	7.856	43.6
试点三	100.01	6.134	40.9

2. "七通一平"益本比

"七通一平"包括通水、通电、通路、通气、通邮、通暖气、通天然气或煤气、平整场地，根据投资估算，项目达到"七通一平"建设要求的土地开发成本约为 66.81 万元/亩。预估试点项目到达"七通一平"阶段的土地出让价在 150 万～200 万之间。

假设按 180 万元/亩计算出让价。考虑到低丘缓坡丘壑未利用地开发项目，可供出让建设用地面积占总造地面积的比例较低，暂估为 44%，如四个试点项目（总规划面积 900 公顷）可出让建设面积按 396 公顷计算，则出让总收入 106.9 亿元，扣除七通一平总成本（900×15）亩×66.81 万元/亩＝901935 万元，四个试点项目土地出让净收益预计可达 16.7 亿元，亩均收益约为 12.4 万元，益本比达 18.5%。因此，未利用地开发后土地收益良好。

3. 未利用地综合开发带来的间接经济效益分析

（1）未利用地土地一级开发后，居住地原村民通过征地补偿将得到部分赔偿，项目建成后的商业项目将形成新的消费和市场需求，会增加服务行业的就业岗位，居民收入亦会增加。

（2）土地一级开发项目可以为政府带来二级开发的税收收入并相应带来新的税源。截至目前，试点项目完成投资 167.36 亿元，初步估算完成利税 5.82 亿元，随着各试点基础设施项目的快速推进，利税额将不断增加。

（3）建成后的项目区将成为具有较强辐射能力和带动能力的区域文化、经济中心的一部分，形成一定的区域优势，对整个地区的良性发展有着重要的社会意义。

6.7　对削峰填谷场地形成的技术经济的比较与分析

6.7.1　关于造地的经济性分析

根据调研，全国削山造地每亩平均成本约 35 万元，若把后续的城市配套成本加起来，每亩地建设成本为 70 万～90 万元，而二三线城市老城区的每亩平均拆迁成本就高达 500 万元，而且还有各种社会成本，可见采用削峰填谷进行城市土地空间扩展在经济效益上优势明显。上述三个项目的经济指标对比见表 1.6-18。

场地形成的经济指标对比　　　　　　　　　　　　表 1.6-18

项目名称	造地面积 （km²）	填方高度 （m）	造价 （亿元）	单位面积造价 （万元/亩）	填筑体处理手段
绿春县城地质灾害防治	1.56	110（最大）	6	26	分层碾压
削峰填谷项目 陕西某工业项目	1.6	18	11	45	分层回填＋高能级强夯
陕西某新区综合 开发工程项目	10.5	25	44	28	分层冲击碾压为主， 底层强夯处理

注：由于延安煤油气资源综合利用项目要求土方施工完毕立即进行建设项目施工，立即投产，对地基沉降等要求非常高，故场地形成单位面积造价较高在此类工程建设中，挖填方及填筑体的处理占工程投资的比例较高，原地基及填筑体处理手段基本均采用分层强夯或分层碾压的方法，以下为对两种工法的全面比较。

6.7.2　关于造地工程填筑体回填技术方案的比较

根据削峰填谷工程建设的特点，常用的填筑体回填压实可选用振动碾压方案、冲击碾压方案、分层强夯方案。

1. 工期比选

（1）单台设备的作业效率对比

考虑到不同施工工序交叉影响，一台冲击压实机械压实效率约为 6400m³/d，强夯法对填筑体进行地基处理时，假设填筑体按 3000kN·m 处理，填筑体按 4m 一层划分，3000kN·m 能级强夯施工效率约为 500m²/d，考虑到 4m 的填筑厚度，强夯施工效率约为 2000m³/d。

因此，从单台设备的作业效率相比，强夯效果较低，然而从施工流水的角度分析，强夯允许一次性回填摊铺厚度较大，可满足大规模的回填作业施工，尤其是沟底或狭窄沟道区域回填作业施工效率较高。在设备配置合理的情况下，可弥补单机作业效率的不足。

（2）交叉作业情况效率分析

分层碾压方案施工前期主要受制于沟道底部作业面较窄，回填及碾压施工速度较慢，施工中期主要受制于挖方区的作业面和施工便道的车辆饱和度影响。

强夯方案回填速率不受分层回填、摊铺及碾压工序的影响，可多投入挖机、土方车辆等，大幅提高填土挖填作业效率，尤其是沟底或狭窄沟道区域内，由于作业面狭窄，分层摊铺、碾压效率难以发挥，采用强夯处理，允许一次性回填 4～8m 厚填土，从而达到快速打开作业面，迅速形成大面积施工的效果。

2. 造价比选

采用强夯法造价是按面积计算造价，分层压实法是按压实土方量计算造价。如按 6000kN·m 能级，每7m处理一层，按市场施工价 60 元/m^2，折算成单方填料处理费用为 8.57 元/m^3，若按 12000kN·m 能级，每12m处理一层，按市场施工价 120 元/m^2，折算成单方填料处理费用为 10 元/m^3。填土分层压实费用约为 9 元/m^3。从以上对比可得知，低能级强夯费用与分层碾压费用相当，高能级强夯费用略高。

3. 技术比选

分层夯实在作业面狭小时可首先采取一次性回填大厚度填土（可达 4～12m），快速打开作业面，而且对填料粒径、含水率要求相对较低，受冬季影响相对小，处理后压实度很高，但是振动噪音大，对周围环境影响较大。

振动碾压施工设备轻便灵活、施工简单，处理后的场地压实度较高，但该方法对填料粒径、含水率要求高（$w_{op}\pm2\%$），分层填筑厚度较薄，分层数量多，导致施工效率低。

冲击碾压施工设备轻便灵活、施工简单，处理后场地性好，但该方法对填料粒径、含水率要求高（$w_{op}\pm2\%$），压实质量受含水率变化影响较大，容易产生局部不均匀沉降。

4. 方案综合对比

从技术、工期、效果、造价方面对填筑体压实方案进行综合对比分析，见表 1.6-19。

填土压实方案综合对比 表 1.6-19

压实方法	技术	对回填料要求	工期	效果	造价
振动碾压	压实效果较高	填料粒径、含水率要求高（$w_{op}\pm2\%$）	长	均匀性好，压实度一般	高
冲击碾压	质量可靠性高、场地均匀性好	填料粒径、含水率要求高（$w_{op}\pm2\%$）	短	均匀性一般，压实度较好	中等
分层强夯	分层填筑厚度较厚，可达 4～12m，可快速打开工作面，压实效果好	填料粒径、含水率要求低	短—中等	均匀性一般，压实度最好	低—中等（性价比较高）

6.8 小结

（1）西部山区城市空间拓展利用未开发的沟壑、山地，削平后用于建设用地，缓解了用地紧张的难题，具有良好的政治、经济、社会效益。

（2）西部山区城市扩建中经常以见缝插针的方式在山坡上进行基础建设，容易诱发地质灾害，采用大范围削峰填谷的方式扩展建设用地，有效遏制了地质灾害的发生。

（3）西部山区城市空间拓展过程中场地整平往往需要深挖高填，对填筑体的压实方案应根据密实度要求、土料类型、含水量、场地条件等因素综合考虑，一般有振动碾压、冲击碾压、分层夯实三种方法。

（4）分层夯实一次处理填筑体厚度较大（4～12m），压实效果较好，而且对填筑体粒径、含水率要求低，工期较短。其中，低能级强夯与分层碾压费用相当，高能级强夯费用略高 10%。振动碾压施工设备轻便灵活、施工简单，处理后的场地压实度较高，但对填料粒径、含水率要求高（$w_{op} \pm 2\%$），分层填筑厚度较薄，分层数量多，工期长。冲击碾压施工设备轻便灵活、施工简单，处理后场地性好，但对填料粒径、含水率要求高（$w_{op} \pm 2\%$），压实质量受含水率变化影响较大，容易产生局部不均匀沉降，工期短。

（5）西部山区城市空间拓展方案要因地制宜，遵循利用现状地形、争取挖填方总量最小、土方尽量平衡的原则，地形改造尽量保持原有的山势，利用地形的造景突出区域景观特性。

第 7 章　对高能级强夯技术的发展展望

7.1　高能级强夯加固技术的发展前景

目前，我国的能源形势相当严峻。我国的人均煤炭储量只占世界人均储量的 50%、原油占 12%、天然气仅占 6%、水资源仅占 25%、森林资源仅占 16.7%。我国已成为世界上第三大能源生产国和第二大能源消耗国。作为能耗大国，我国建筑总能耗已占社会能耗的近 30%，有些城市高达 70%，建筑节能潜力巨大。

节能专项规划是我国能源中长期发展规划的重要组成部分。国家发展改革委《节能中长期专项规划》中明确指出：节能是我国经济和社会发展的一项长远战略方针，也是当前一项极为紧迫的任务。为推动全社会开展节能降耗，缓解能源瓶颈制约，建设节能型社会，促进经济社会可持续发展，实现全面建设小康社会的宏伟目标，必须提高能源的利用效率，大力推广节能环保技术的开发和应用。

地基处理除应满足工程设计要求外，尚应做到因地制宜、就地取材、保护环境和节约资源等。那么在进行岩土改造的同时，如何保障岩土及相关工程可持续发展便被提上了日程。美国绿色建筑中心编著的《绿色建筑技术手册》，其中对绿色的叙述是："这种'发源地——发源地'的方法称之为'绿色'或'可持续'建筑技术。它从原材料的使用、产品的制造到产品运输、建筑设计、建造、运行与维护，以及建筑的再使用或报废的全过程均考虑其经济性、对环境影响和性能。"它告诉我们：①尽可能少地扰动；②从自然中来，到自然中去；③结束是新的开始；④循环式高层次往复；⑤永恒地持续下去；⑥重视过程。绿色岩土亦然，要求重视岩土工程的绿色性或可持续性，其核心在工程上，根本点在于：①认识、改造影响环境的岩土工程问题；②强调岩土工程本身的可持续性。这些观点正是切合了强夯加固法的特点。强夯法将土作为一种能满足技术要求的工程材料，在现场对土层本身作文章，以土治土，充分利用和发挥土层本身的作用，符合岩土工程"要充分利用岩土体本身作用"的总原则，且对于土层没有化学性质上的损害，是一种绿色的地基处理方法。

我国节能技术政策大纲明确指出，逐步实现城市垃圾分类收集和处理，积极推行废品回收和综合利用。有条件的城市应试行建设垃圾利用等工程，这是节约能源，实现环境保护，促进经济可持续发展的有效之举。当前，我国生活垃圾产生量惊人，但由于资金等原因生活垃圾的无害化处理率却不到 10%；换而言之，有 90% 的城市生活垃圾只能运往城郊长年露天裸露堆放。全国 200 余座城市陷入垃圾的包围之中，"垃圾城"已成为威胁人们生活环境的一大公害。这些城市生活垃圾中含有各种病原体和寄生虫，甚至含有各类有毒有害物质，既污染土壤和水源，也占用土地资源、破坏环境卫生。其中占很大比例的建筑垃圾、工业矿渣炉渣等可以作为强夯的填料加以处理和应用。因此，强夯技术处理垃圾等固体废弃物，蕴藏着巨大的可利用潜力，这也是化害为利、变废为宝、实现经济及环境效益双赢的资源之一。

为了节约耕地和充分利用土地资源，国内外已出现加大开山填沟和填海造陆工程的趋势，因此随着强夯理论和工艺的成熟，强夯发展的趋势是能级不断增加，与之相配套的高性能专用强夯机的出现也是必然（已获国家住房和城乡建设部立项的科技项目"高能级强夯地基加固机理工法研究与专用机械研制"（04-2-016）中第二个子项目将对高能级专用强夯机进行研制与开发）。高能级强夯有效加固深度大，可加固处理下伏深厚淤泥的山皮石回填地基、山区块石杂填地基、废弃采石场（含大孤石）、垃圾填埋场等其他方法很难甚至无法处理的地基，对于提高地基土强度和均匀性，降低压缩性，消除湿陷性，改善其抵抗振（震）动液化的能力等具有明显的效果。

目前，国内大型基础设施（机场、码头、高等级公路等）建设的发展和沿海城市填海造陆工程以及位于黄土区域内的西部大开发，都给强夯工程的大量实施创造了条件。同时，我国又有多项大型基础设施开工建设，"西部大开发"、"纵横通道"，"长三角"、"珠三角"和"环渤海"等经济区域的快速发展等都将带动大批基础设施建设项目，工程建设中的山区杂填地基、开山块石回填地基、炸山填海、吹砂填海、围海造地等工程也愈来愈多。

强夯技术的应用，对于节约水泥、钢材，降低工程造价，净化人类生存环境等许多方面都有显著优点。多年工程实践表明，强夯技术的广泛应用有利于节约能源和环境保护，是一种绿色地基处理技术，其进一步应用必然使强夯这一经济、高效的地基处理技术为我国工程建设事业做出更大的贡献。

7.2　高能级强夯加固地基机理研究的方向

强夯应用虽然广泛，但其作用仍限于地基的一般性处理，满足一般的设计要求。今后一段时间，对强夯的研究应注意以下几个方面：

1. 强夯地基处理方案的选用原则

地基与基础是紧密联系的，应一起考虑；地基与基础方案按天然地基→地基处理→桩基础的顺序选择，强夯法地基处理的选用一是考虑土层条件是否合适；二是考虑周边环境是否允许振动和噪声。

2. 强夯与强夯置换夯后变形计算的研究

（1）夯后土层压缩模量的取值（考虑填料，能级，击数，应力历史，工程经验等），修正系数的取值。

（2）强夯置换往往都是大粒径的填料，粗放型的施工方法，岩土变形参数难取，提出"置换墩＋应力扩散"的计算方法。

（3）变形控制理论在强夯法地基处理设计中应用。

3. 强夯能级对加固效果的影响

（1）强夯能级到底能达多高受多方面因素的影响，如承载力的提高、变形的控制、经济性的比较。

（2）强夯能级与浅层地基承载力、深层地基承载力、有效加固深度的关系。

4. 强夯加固效果与地基土性质之间的关系

（1）强夯加固效果同地基土性质指标之间的关系；

（2）不同类型填土地基与强夯有效加固深度的关系；

（3）地基土含水量、塑性指数、液性指数与强夯加固后压缩性指标之间的关系；

（4）夯后进行平板载荷试验测定地基承载力，载荷板大小与土质的关系。

5. 强夯锤身形状对加固效果的影响

（1）国内夯锤几乎都是圆柱形，偶尔可见圆台形，上大、下小，上大、下小圆台形在成坑过程中对坑臂可能有侧向挤实作用，但也正由于存在侧向挤实，对坑底的作用能量可能有较大损失。国外强夯锤的锤身多成多边形，从四边、五边、六边到 N 边不等，少见圆柱形，国内对锤身形状的理论研究较少。

（2）目前，大多使用平底锤，随使用时间的增加，锤边磨损也越严重。

（3）夯锤通气孔的形状和气垫效应问题，只要通气孔的总面积与锤底面积达到一定比值（0.09～0.12），在强夯过程中不会产生气垫效应，也不会出现二次喷土现象。

6. 强夯单位击实功，单位夯击能与强夯加固效果之间的关系

（1）单位夯击能。其意义为单位面积上所施加的总夯击能，单位夯击能的大小与地基土的类别有关，在相同条件下，细颗粒土的单位夯击能要比粗颗粒土适当大些。单位夯击能过小，难以达到预期效果；单位夯击能过大，浪费能源，对饱和度较高的黏性土来说，强度反而会降低。

（2）强夯单位击实功。提高强夯能级或增加夯击数可大大提高单位击实功，还可以增加单位夯击能；而缩小夯距，又进一步增加单位夯击能。

7. 强夯法地基处理中减振隔振的研究

（1）夯锤冲击地面，在土体中转化成很大的冲击力，冲击力大小的准确测定。

（2）夯锤冲击地面产生的振动到底有多大，如何进行减振隔振的设计，减小对周围环境的影响。

7.3 高能级强夯施工技术的综合应用

单纯的一种地基处理方法已很难达到地基处理的设计和使用要求，地基处理向着复合型、综合性的处理方向发展。强夯施工技术也在向着超高能级的综合性应用的方向发展。

1. 强夯与强夯置换兼容施工技术的应用

该强夯处理方法施工关键是：在施工工艺上，按强夯置换工艺进行，质量控制标准首先应满足《建筑地基处理技术规范》强夯置换的规定；同时，由于超高能的影响深度大，使置换层以下的松散沉积层也得到了加固。

2. 高能级强夯联合疏桩劲网复合地基

对含软弱下卧层、深度较大的松散回填碎石填土地基，高能级强夯处理的主要对象为浅层碎石填土地基，其下淤泥质软土层性质并没有太大改善，在上部荷载作用下会产生较大的不均匀沉降变形。疏桩劲网复合地基方案可充分利用浅层强夯地基和疏桩基础的承载力，协调两者变形，减小地基的不均匀沉降变形。

3. 超高能级处理低含水量湿陷性黄土

工程上用干密度作为夯实的质量检验指标，对湿陷性黄土而言，干密度越大，湿陷性消除的效果越好。夯击功能是影响击实效果的重要因素，击实功能越大，得到的干密度越大，而相应的最优含水量越小，所以最大干密度和最优含水量都不是一个常数，而是随击实功能而变化。

4. 注水强夯法

西北干旱湿陷黄土区土体比较干燥，含水量很低，一般处于 3%～8% 之间，未经扰动的土体干强度一般较高，在现行规范的能级下直接进行强夯的处理效果不佳，影响深度比较小，需要进行增湿处理。对场地进行增湿施工，达到适宜的含水量再进行高能级强夯，消除黄土湿陷性的深度增大，其强度参数均有近两倍以上的提高。

5. 预成孔深层水下夯实法

预成孔深层水下夯实法主要适用于地下水位高、回填深度大且承载力要求高的地基处理工程。首先，在地基土中预先成孔，直接穿透回填土层与下卧软土层；然后，在孔内由下而上逐层回填并逐层夯击。对地基土产生挤密、冲击与振动夯实等多重效果。孔内采用粗颗粒材料形成良好的排水通道，软弱土层能够得到有效固结。孔内填料在夯击作用下形成散体桩，与加固后的桩间土共同分担上部结构荷载，形成散体桩复合地基（图 1.7-1）。

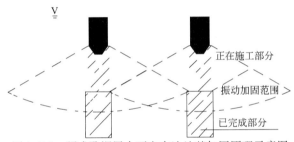

图 1.7-1　预成孔深层水下夯实法地基加固原理示意图

6. 预成孔填料置换强夯法

预成孔填料置换平锤强夯法首先在地基土中预先成孔，直接穿透软弱土层至下卧硬层顶面或进入下卧硬层；然后，在孔内回填块石、碎石、粗砂等材料形成松散墩体，松散墩体与下卧硬层良好接触；最后，对置换体根据深度大小，施加不同能级强夯，形成密实墩体，铺设垫层，形成复合地基。该方法解决了强夯法与强夯置换法存在的技术问题，实现置换墩体与下卧硬层良好接触，有效加固处理饱和黏性土、淤泥、淤泥质土、软弱夹层等类型的地基，可提高地基稳定性、地基承载力、减少（不均匀）沉降变形等。

7. 强夯与其他地基处理技术的联合应用

在强夯处理地基的工程实践中，工程技术人员已经认识到有些场地单纯采用强夯效果不明显，将强夯与其他地基处理方法的联合应用是地基处理技术发展与创新的方向，有着很大的发展空间，例如：碎石桩与强夯结合、强夯与冲击碾结合、石灰桩与强夯结合等。

7.4　强夯法关键技术与研究趋势

近年来，国内强夯技术发展迅速，应用范围更为广泛，其关键技术主要集中在高能级的强夯技术研究和饱和软土复合地基的强夯技术研究。

1. 高能级强夯技术

为了加固深厚地基，特别是山区非均匀块石回填地基和抛石填海地基。必须施加高能级进行强夯处理，这样对高能级的加固机理和强夯机具提出了新的技术要求。

我国于1992年率先在三门峡火力发电厂采用8000kN·m强夯技术，用于消除黄土湿陷性。之后8000kN·m强夯技术在我国普遍采用，目前18000kN·m已成功通过试验和多个工程应用，并成为国内已经实施的最高能级强夯，其有效加固深度约在17～20m之间，《建筑地基处理技术规范》JGJ 79—2012对12000kN·m以上强夯的有效加固深度没有明确，梅纳公式又显然不适宜。

一般以3000kN·m强夯为限。当强夯能量小于3000kN·m时，施工机具相对简单，国内常用的杭重W200A型50t履带吊不必辅以龙门桁架，施工便捷、定位快、工效高、移动迅速；当强夯能量大于3000kN·m时，50t吊车必须辅以龙门架才足以保证安全施工，因而机具移动、定位相对较慢，工效相对降低。

(a) CGE1800A型机　　(b) CGE1800B型机　　(c) CGE1800C型机

图1.7-2　高能级专用强夯机照片

当强夯能量要求大于10000kN·m时，目前施工单位常用的50t履带吊难以承受，因此施工机具的制约是过高能量强夯技术发展的关键。目前国内也在加强这方面的研究。已获国家建设部立项的科技项目"高能级强夯地基加固机理工法研究与专用机械研制（04-02-016）"，项目将对高能级专用强夯机进行研制与开发，其实物照片如图1.7-2所示，这三种型号的高能级专用强夯机已经研制出来并得到了广泛应用和逐步完善。

2. 饱和软土复合地基的强夯技术

对于饱和淤泥质黏土或者淤泥质粉土、由于其含水量高，黏粒含量多，粗颗粒含量少；渗透性差，直接采用强夯效果很差，甚至夯后地基承载力降低。那么决定饱和软土不适宜强夯的关键因素是什么？关键在于强夯过程中和强夯以后；饱和软土中超孔隙水压力不能消散，地下水不能排出，强夯所施加的能量根本不能改变土体结构，全部被超孔隙水压所抵消。甚至由此引起原有土体结构破坏，形成人们所称的"橡皮土"。为了提高在这类饱和软土中应用强夯的加固效果；首先，必须解决土中地下水的排出和超孔隙水压力消散的问题，因此可以在饱和软土中打入挤密碎石柱桩、砂桩，使其在饱和软土中形成竖向排水通道，既有利于地下水的排出，又有利于超孔隙水压力的迅速消散；软土表面铺设一定厚度的粗颗粒，使土中排出的地下水有横向通道不致逸出地表造成施工困难，形成地表软化；竖向排水通道的形成起到了土体置换的作用；增加了粗颗粒含量，使本来不适宜强夯的软黏土成为适宜强夯的含粗颗粒土。一般工程经验证明，当粗颗粒含量大于 30% 时，地下水位适宜，可以采用强夯；当粗颗粒含量大于 60% 时，地下水位适宜；强夯效果特别理想。在强夯过程中，饱和软土既有竖向变形也有横向变形，因此砂柱、碎石桩的设计要避免被挤断从而失去排水作用；可以从桩径和排水井的柔软性两个方面考虑，使其适应地基土的变形，同时具有一定的刚度和强度。除挤密碎石桩、砂桩以外，常用的排水井形式还有袋装砂井、硬质纸板、聚氯乙烯多孔塑料板等。

天津川府新村住宅小区及天津宜白路住宅小区的工程中有关于饱和软土辅以砂井进行强夯加固处理的尝试。深圳福田开发区亦有局部饱和吹填软土辅以塑料插板进行小能量强夯的工程实践。目前我国沿海地区是建设项目热点地区，如石化项目多数设置在沿海地区。而沿海地区多数为软土地基，一般处理这类软土地基的方法有直接采用桩基、挤密碎石桩、深层搅拌桩、粉喷桩及真空预压、堆载预压、塑料插板等，当地基处理面积很大时，上述处理方法的造价、工期将十分惊人，因此工程技术人员对软基处理新工艺的研究兴趣极其浓厚。饱和软土辅以砂桩、碎石桩或其他工艺进行强夯处理技术将是非常具有吸引力的研究课题，应用前景广阔。

该技术既可改进原有直接采用桩基、挤密碎石桩、深层搅拌桩等造价过高，同时又可缩短材料购置、制作、打入周期，其主要方法有以下几种：

（1）挤密碎石桩加强夯。挤密碎石桩上部加固效果不如强夯，对于饱和软土，结合挤密碎石桩加上强夯，加固效果会非常显著。挤密碎石桩既可起侧挤密作用又可起竖向排水作用。另外，挤密碎石桩加强夯比单纯挤密碎石桩布桩可稀疏，工艺可简化，使该工艺的总费用与单纯挤密碎石桩方案相比基本持于或略高一点。经该工艺加固后可满足一般建筑、工业厂房、设备基础的承载力和变形要求。中国建筑科学研究院地基所已将挤密碎石桩加强夯成功应用于青海湖周边的盐渍土地基处理。

（2）砂桩加强夯。砂桩在饱和软土中只起竖向排水作用，因此其总体加密效果比挤密碎石桩加强夯效果要低些，一般可作为大面积厂区地基预处理方案。经过处理后可作为一般建筑，厂房、道路简单设备地基，对于高重设备则需通过验算，必要时还应辅以设计桩基。即便是采用部分桩基也比在饱和软土中直接采用桩基要经济得多，因为此时地基性状经处理后明显改善，桩侧阻力大大提高，消除了湿陷性，液化对桩基承载力的影响，再考虑桩-土共同作用，总体效果更好。

（3）真空/堆载预压加强夯。目前沿海地区采用真空或推载预压处理软基的较多。该工艺相对直接采用桩基等方案造价低，但是周期很长，一般需要近一年甚至更长，且加固效果仅能达到 80～100kPa。根据预压 s-t 曲线分析发现一般情况下堆载预压沉降量在最初的 3 个月发生最多，约占 30%～50%，如果工期要求特别紧迫，此前可在软基中设置袋装砂井，在地表铺设一定厚度的碎石土，既有利于形成横向排水通道，又便于施工机具行走，然后就可以采用小能量强夯加固硬壳层，消除软基的其余部分沉降。经这一综合工艺处理后，地基承载力可达到 80～130kPa，一般可作为大面积厂区的一般建筑、厂房、道路、简单设备地基。其特点是比真空或堆载预压工期大大缩短，加固效果更高，费用增加不多。可通过真空预压的插板间距和堆载预压的袋装砂井间距调整来综合考虑成本。由于小能量强夯本身的价格很低，因此两项工艺综合使用的造价并未提高多少，而工期却可大大缩短。

（4）强夯碎石墩。在沿海地区软基处理中，部分工程采用了强夯碎石墩工艺，如深圳机场工程。强夯碎石墩工艺是将普通强夯的夯锤平底面改造成尖锥形底面，直径缩小，将其吊起后砸入地基内，形成锥状夯坑，将夯锤拔出后向夯坑内填注碎石形成碎石墩，然后再次夯击，将碎石墩的碎石夯击挤入软土中，起到置换和加固效果。上海申元岩土工程有限公司设计的大连中远船厂地基处理项目，利用柱锤在软基上成功实施了强夯碎石礅地基，相比原来的 PHC 管桩和振冲碎石桩＋平锤强夯方案分别节省了 700 多万元和 1360 万元，工期节省 6 个月。

由此可以看出，辅以一定工艺后进行强夯处理是有效、经济地加固处理沿海（包括沿江、湖）地区饱和软土地基的重要研究课题，将会成为目前我国在该领域的重点内容，应用前景广阔。

在传统强夯工艺的基础上，强夯施工开始走向多元化。所谓多元化即对复杂场地进行地基加固时，单一处理方法很难达到设计要求或由于经济等条件受限，那么针对不同的地基土，综合其他加固机理和强夯机理各自的优势共同加固地基的一种复合处理形式。各种方法均有其适用范围和优缺点，强夯法通过与多种地基处理方法联合进行复杂场地的处理，具有明显的经济效益和可靠的技术质量效果。

第 2 篇

高能级强夯处理沿海非均匀回填地基

本篇对近 10 年来沿海地区高能级强夯（置换）处理填海造地地基的大型工程进行介绍，对施工参数、检测方法、处理深度、加固效果等进行总结分析，为沿海地区高能级强夯的技术发展提供实践经验与理论支持。

1. 沿海回填地基的特点

随着我国经济建设的迅猛发展，建设用地日趋紧缺，沿海地区围海造地的建设规模迅速扩大。围海造地一般采用吹填淤泥、吹填砂土与回填碎石土等方式。无论采用何种方式，该类地基均具有土质疏松、均匀性差、回填厚度大、工后沉降大等特点，不经处理无法作为建筑地基使用。

2. 高能级强夯简介

高能级强夯是指单击夯击能在 6000kN·m 以上的强夯，其有效加固深度一般超过8m。广义的高能级强夯包括高能级平锤强夯、高能级柱锤置换及高能级平锤强夯＋柱锤置换组合施工。

高能级强夯具有施工简便、成本低廉、施工周期短、一次性处理深度大、处理效果显著、绿色环保等特点，在"十二五"期间，尤其是 2010 年以来得到了广泛的推广与应用。

3. 沿海回填地基高能级强夯应用

（1）沿海回填地基高能级强夯施工工艺的选择

实际工程中应根据场地条件选择合适的地基处理方式。高能级强夯一般要求回填土为透水性良好的材料如碎石土、砂土，以及低饱和度黏性土等。回填土层厚度较大（一般指8m 以上）时，可采用高能级平锤强夯对回填层进行有效加固，如果回填层下无深厚软黏土层，平锤强夯加固后的地基可直接作为建（构）筑物的持力层。如果回填土层厚度较小且下卧较厚的软黏土层，整体处理深度一般不大于 12m 时，可采用高能级强夯置换进行地基处理，加固后的地基亦可直接作为建构筑物的持力层。由于沿海回填地基的复杂性，高能级平锤强夯与高能级柱锤置换往往在同一个工程中组合应用。

（2）沿海回填地基高能级强夯 10 年来的应用

1）高能级强夯施工工艺的应用

根据对本篇收录的 14 个工程高能级强夯施工工艺进行的统计，各工艺的应用比例如图 2-1 所示。

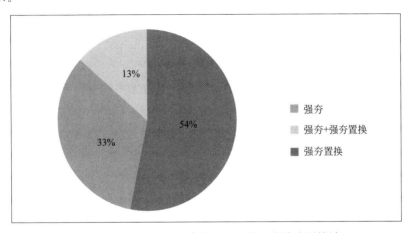

图 2-1　沿海回填地基高能级强夯施工方式应用统计

2）高能级强夯最高施工能级的应用

当前高能级强夯在沿海回填地基处理工程中应用比较广泛，施工能级一般均在 10000kN·m 以上，最高已达 18000kN·m。对本篇收录的 14 个工程施工能级进行统计，各能级的应用比例如图 2-2 所示。

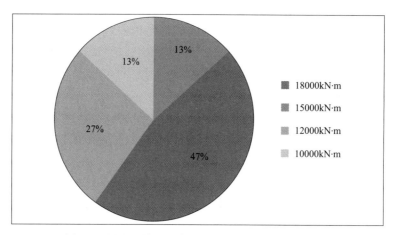

图 2-2　沿海回填地基高能级强夯最高施工能级统计

3）高能级强夯施工能级的选择

高能级强夯的有效深度一般在 8m 上，目前实际工程中已经应用的最高施工能级为 18000kN·m，其有效加固深度可达 18m。根据工程实例进行统计得到高能级强夯的有效加固深度如表 2-1 所示。

高能级强夯有效加固深度统计

表 2-1

强夯		强夯置换	
施工能级（kN·m）	有效加固深度（m）	施工能级（kN·m）	有效加固深度（m）
10000	10.0～12.0	8000	6.0～7.0
12000	12.0～13.0	10000	8.0～9.0
15000	13.0～15.0	12000	9.0～10.0
18000	15.0～18.0		

4. 强夯法处理沿海回填地基工程十年来的变化

（1）高能级强夯广泛应用，施工能级越来越高

2005 年以前，强夯法已广泛应用于沿海回填地基的处理工程，但强夯施工能级多集中于 6000kN·m 以下的中低能级。高能级强夯虽然已经出现，但其应用很少，最高施工能级不超过 10000kN·m。

2005 年以来，随着沿海地区填海造地工程建设规模的不断扩大，高能级强夯施工设备与施工技术也不断地成熟与完善，高能级强夯得到广泛应用，施工能级也越来越高，目前得到实际应用的最高施工能级已达 18000kN·m。

2005 年 8 月，葫芦岛北海船厂项目首先采用 8000kN·m 能级强夯置换进行地基处理；2005 年，广西钦州项目首先采用 12000kN·m 能级强夯进行地基处理；2006 年，大

连南海石化项目首先采用 15000kN·m 能级强夯进行地基处理；2009 年，惠州大亚湾中油惠印项目首先采用 18000kN·m 能级强夯进行地基处理；2014 年辽宁葫芦岛新型总装生产线建设项目首先采用 12000kN·m 能级强夯置换用于地基处理。

（2）强夯法越来越多地出现在组合工艺中

2005 年之前，已经出现动静联合固结法（堆载/真空预压联合强夯法）与高真空击密法（真空井点降水联合强夯法）等组合工艺，用于处理沿海地区的软弱地基。2005 年以来，也出现了多种新型组合工艺，而这些组合工艺中均能找到强夯的身影。

2009 年，中化格力二期项目首先采用高能级强夯联合疏桩劲网进行地基处理；2013 年，惠州炼油二期项目首先采用预成孔深层水下夯实法进行地基处理；2014 年，辽宁葫芦岛新型总装生产线建设项目首先采用平锤置换与柱锤置换组合工艺进行地基处理；2014 年，青岛海业摩科瑞油品罐区项目首先采用预成孔置换强夯法进行地基处理。

本篇收录沿海回填地基高能级强夯工程实例汇总表　　　　　　　　　　　表 2-2

序号	工程名称	工程地点	施工时间	面积（万 m²）	地基土	最高能级（kN·m）	施工方式	工程特点	处理效果
1	渤海船舶重工大型船舶建造设施项目深厚碎石回填地基 10000kN·m 强夯处理试验研究	葫芦岛	2005～2006	30	开山填海地基	10000	强夯（置换）	国内首次采用面波法检测强夯处理效果	夯后地基承载力提高显著，提高到 500kPa 左右，变形模量提高到 25MPa 左右
2	大连新港南海罐区碎石填海地基 15000kN·m 强夯处理工程	大连市	2006～2006	6	深厚人工填土地基	15000	强夯	15000kN·m 国内首创	强夯后厚层素填土的地基承载力特征值提高近 3 倍，地基承载力特征值 350～450kPa 变形模量为 21.3～28MPa
3	惠州炼油项目马鞭洲油库场 5.3 万 m² 抛石填海地基 12000kN·m 强夯处理工程	马鞭洲岛	2006～2007	12	抛石填海地基	12000	强夯	重型动力触探在块石填海地基中不适用，块石回填场地中，夯坑周边塌落严重，应采取控制最后两击夯沉量和夯击击数作为控制标准	有效加固深度达到 14m 以上承载力特征值达到设计要求
4	中国海洋石油惠州 1200 万吨炼油项目开山填海地基 12000kN·m 强夯处理工程	惠州大亚湾	2006～2007	100	人工填土地基	12000	强夯（置换）	对于夯点不能一次施工完成的，可以采取墩点二次夯击的方法	地基承载力特征值≥250kPa，压缩模量≥15MPa，有效加固深度可以达到 13～14m
5	广西石化千万吨炼油项目汽油罐区开山填海地基 10000kN·m 强夯及强夯置换处理工程	钦州市	2007～2008	120	人工填土与淤泥质土地基	10000	强夯（置换）	土岩交界处采用了异形锤强夯置换的特殊处理方式	地基承载力特征值不小于 250kPa，强夯后均匀性和地基承载力均满足设计要求

续表

序号	工程名称	工程地点	施工时间	面积（万 m²）	地基土	最高能级（kN·m）	施工方式	工程特点	处理效果
6	葫芦岛海擎重工机械有限公司煤工设备重型厂房开山填海地基15000kN·m强夯置换处理工程	葫芦岛	2008～2008	20	人工填土和淤泥质土地基	15000	强夯置换	首次采用了高能级强夯置换和强夯处理后直接设置浅基础的技术方案	地基承载力由160kPa提高至600kPa（平夯）和1000kPa（置换联合夯）
7	中国石油华南（珠海）物流中心工程珠海高栏岛成品油储备库38万 m²填海地基18000kN·m强夯处理工程	珠海高栏岛	2009～2009	40	开山填海地基	18000	强夯	18000kN·m为国内首创	地基承载力特征值不小于300kPa，压缩模量不小于25MPa
8	中石油大连成品油库区二期6万 m²碎石回填地基12000kN·m强夯处理工程	大连市	2009～2009	5	人工填土地基	12000	强夯	地下水位高的场地，强夯过程中夯坑"多次填料少喂料"	处理后地基土属于中密状态承载力特征值均大于220kPa变形模量均大于20MPa
9	中海油珠海高栏终端105万 m²碎石填海地基15000kN·m强夯处理工程	珠海高栏岛	2009～2013	100	山区非均匀地基和开山填海地基	15000	强夯	高能级强夯在处理填海造陆场地的典型案例	填石层的密实度均达到密实状态，地基承载力特征值均大于200kPa
10	中油惠印石化仓储基地一期工程沿海碎石土场地18000kN·m强夯处理应用	惠州大亚湾	2009～2009	8	开山填海地基	18000	强夯	国内第二例18000kN·m能级强夯工程	20m内加固效果显著，经强夯处理后场地地基土的各项指标均满足设计要求
11	泉州石化1200万吨/年重油深加工项目青兰山库区50万 m²开山填海地基15000kN·m强夯置换工程	泉州市	2008～2011	350	开山填料及深厚淤泥	15000	强夯（置换）	首次提出在开山填海场地上大型油罐项目中使用高能级强夯置换工艺设计	浅层地基承载力特征值均不低于250kPa，有效加固深度不小于12m
12	日照原油商业储备基地项目储罐吹填土地基15000kN·m强夯处理工程	日照市	2010～2011	60	吹填地基砂类土与黏性土互层	15000	强夯（置换）	大板载荷试验与常规载荷试验相比更贴近油罐地基的实际受力状态	夯后地基土承载力特征值不小于280kPa，变形模量不小于20MPa
13	惠州炼化二期300万 m²开山填海地基12000kN·m强夯处理工程	惠州大亚湾	2012～2014	86	开山碎石回填土	12000	强夯	高能级强夯在开山填海地质条件下大面积应用的一个典型案例	加固深度不小于10m，夯后地基土的物理力学指标满足设计要求
14	广东石化2000万吨/年重油加工15000kN·m强夯处理粉细砂地基工程	揭阳市	2012～2013	87	细砂	15000	强夯	高能级强夯处理堆积砂土地基	有效加固深度为13m砂土液化可能性已消除

【实录1】渤海船舶重工大型船舶建造设施项目深厚碎石回填地基 10000kN·m 强夯处理试验研究

何立军[1]，水伟厚[2]，柴世忠[2]

(1 上海申元岩土工程有限公司，上海 200040；2 中化岩土集团股份有限公司，北京 102600)

摘　要： 近年沿海地区开山回填造地项目越来越多，以开山碎石和块石进行回填造地情况尤其普遍。将造地和地基处理结合，采用高能级强夯一次处理到位，不仅可以节省造价，而且大大缩短工期。渤海重工是典型的造地结合地基处理的工程实例，场区由开山石直接推填后形成，回填层尚未固结，呈现粗颗粒、大空隙和孔隙的特点，对厂区采用 10000kN·m 能级的高能级强夯处理。在具体施工过程中结合上部结构要求，独立基础下采用柱锤联合平锤的高能级强夯处理，此工艺在国内属首次使用，处理效果良好，可供类似工程参考。

关键词： 地基处理；高能级强夯；试验研究

1 工程概况

拟建渤海船舶重工有限公司大型船舶建造设施工程船体联合工场位于辽宁省葫芦岛市，由两个大的工场组成，分别为船体加工、部件装焊区（位于场区西侧）和平面、立体分段装焊区（位于场区东侧）。

拟建船体加工区和部件装焊区，长 543m，三跨，跨度 39m。加工区内布置多台行车，行车最大起重量为 28t，轨高 11m；拟建平面、立体分段装焊区，长 351m（近东西向），三跨，跨度均为 45m，车间内设置两层行车，底层有 3 部起重量为 20t 的行车，顶层有两部起重为 150t 的行车，轨高 22m；在跨度为 45m 的车间内分两段，西端轨高 16m，东端轨高 28m，单台行车起重量为 240t。

工程施工时间：2006 年 5 月～2007 年 1 月。

2 工程地质概况

拟建场地部分为陆域，部分为海域。该区处于阴山东西复杂构造带中段与大兴安岭－太行山脉北东向构造带东缘的交接部位，不同时期、不同方式和方向的构造交织在一起，地质构造和岩性甚为复杂。场地土层情况见表 2.1-1，典型地质剖面图见图 2.1-1。

场地陆域部分地下潜水，受大气降水和潮水位变化影响较大，不稳定。陆域地下水和海水对混凝土、混凝土中的钢筋和钢结构均具有中等腐蚀性。

作者简介： 何立军（1972—　），男，高工，主要从事地基处理设计、施工和检测等工作。E-mail：hlj71932@163.com。

场地土层分布情况表

表 2.1-1

层号	土层名称	厚度	特点
①₁	杂填土	1.0～7.0m	由碎石、砂石和黏性土等填筑而成，其中直径大于20cm的块石含量占50%以上，最大的块石直径达1m以上
②	灰色粉质黏土	2.0～5.0m	呈流塑—软塑状，该层分布不连续，含贝壳碎屑及少量砂砾等，部分区域该层状态差，呈淤泥质粉质黏土状。本层为厂房柱基的软弱下卧层，若处理不好，会引起柱基较大的沉降量和差异沉降，需特别注意
③	含砂黏土	4.5～13.4m	可塑—硬塑，局部呈坚硬状。含砾石、碎石，且自上而下卵砾石逐渐增加，局部底部以碎石、卵砾石为主，该土层分布不均匀，仅局部上部土质较均一，而大部分区域含砾石和卵石，最大含量近50%。有一半砾石粒径0.5～2cm，最大可达10cm，成分为石英砂岩，浑圆至次棱角状
④₁	含碎石黏性土	4.6～12.1m	可塑—硬塑状，局部为坚硬或软塑，该层土性不均匀，夹较多碎石，一般粒径0.5～2cm，碎石的成分为硅质及未完全风化的矽质灰岩和石英砂岩

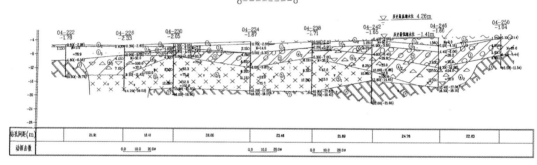

图 2.1-1　典型地质剖面图

3　地基处理设计要求及方案比选

3.1　地基处理设计要求

（1）平面、立体分段装焊区

地基承载力特征值＞150kPa；地基变形模量＞20MPa；基本消除桩基负摩阻力。

（2）船体加工区与部件装焊区

主厂房钢柱基础置于经强夯处理后的地基上，地基承载力特征值＞300kPa。

轨道基础置于经强夯处理后的地基上，地基承载力特征值＞150kPa。

地基变形模量＞25MPa，柱基础沉降差控制在0.3‰以内。

3.2　地基处理方案比选

（1）地基处理方案比选

由于该工场场区回填层尚未固结，海积相的压缩性比较高，承载力低。若采用桩基，则持力层应保持在中风化及微风化岩层中，且桩还须承受由于回填层固结时所产生的负摩阻力。本场地无论采用预制桩，还是钻孔桩、挖孔桩，均有施工难度大、造价高，工期长等诸多困难，即使增加大量额外费用提高上部结构的刚度，也难以保证差异沉降满足要求，而且还需大量费用进行清淤和清理已回填区域的大量抛石等。厂房地面荷载较大，对于新填海造地区域也必须对回填土夯实处理后才能作为厂房的建筑地面。

(a) 海域

(b) 陆域

图 2.1-2　现场原始地貌

强夯法是一种经济高效的地基处理方法。它不仅可提高土层的均匀性，减少工后差异沉降，而且具有经济易行、效果显著、设备简单、施工便捷、节能环保、质量容易控制、适用范围广、施工周期短等突出优点，在各类工程的地基处理中得到了日益广泛的应用。根据本场地回填土的成分及厚度、软弱下卧层的埋深、上部结构的荷载与使用要求、场地的施工环境及设计要求等具体情况，决定采用强夯法的地基处理方案。对于本场地这种粗颗粒、大空隙和孔隙的回填区，采用强夯法是性价比最优的地基处理方法。经研究后认为此方案技术上可行，经济上合理，施工质量容易控制，可以达到预期效果。为了使夯后地基土的强度整体均匀，变形协调一致，应根据回填土的不同厚度和软弱土层的埋深及层厚，厂房柱基荷载大小和变形要求，以及地面堆载和大吨位吊车的布位情况，拟选用不同能级和不同工艺的强夯进行加固处理。

（2）陆域形成方案建议

为保证处理后场地整体均匀，承载力和变形满足规范要求，保证强夯施工可靠，省去清淤及开山石粉碎费用，避免二次换填，系统调配回填材料，控制和优化强夯加固效果，渤海船舶重工有限公司大型船舶建造设施工程船体联合工场陆域形成的具体实施方案建议如下：

① 建议大部分粒径控制在 0.5m 以内；

② 回填后场地标高为 5.200m；

③ 先回填分段装焊区，再回填部件装焊区，最后回填船体加工区；

④ 回填方向：从北向南，垂直各区段柱基排列方向；

⑤ 尽量选用矽质灰岩、辉绿岩等材质较好的填料，填料中中等风化块石成分不宜少于 70%；

⑥ 边填边夯边挤淤，回填边缘距夯点不小于 15m；

⑦ 一次抛填到位，运输车辆自然堆填并碾压。

4 强夯试验方案设计

考虑到本工程的特点，在正式施工以前要求进行强夯试验，进一步验证方案的可行性，确定施工工艺参数，采取必要的措施，确保方案的顺利实施。

4.1 强夯试验目标

（1）判断各强夯地基处理方案在本场地的适宜性；

（2）评价各种强夯处理方案的效果，包括强夯处理范围和有效加固深度，即场地经强夯处理后，地基土的承载力、变形模量等指标是否满足设计要求，特别是地基工后沉降变形是否满足现行国家规范要求和设计要求。确定各能级和工艺的强夯施工能否满足设计要求的有效加固深度；

（3）最后确定适合本工程场地地质条件的强夯施工工艺和施工参数，包括最佳夯击能（夯击击数）、最佳夯点间距、遍夯间歇时间等；

（4）评价强夯对周围环境的影响。

4.2 强夯试验方案设计思路

根据上述试验目标，本次试验的设计思路是：

（1）试夯场地的选择

选择原则：随机、均匀并有足够的代表性；综合考虑选择场地人工填土层的厚度较大，或残留淤泥质土层较厚，或按设计上部柱基跨度和荷载较大，或吊车吨位较大，或油罐建成后地基沉降量可能较大的区域进行试夯。

（2）试夯方案设计

根据本场地回填土的成分及厚度，软弱下卧层的埋深，上部结构的荷载大小、类型和使用要求，场地的施工环境及设计要求等具体情况，采用强夯法进行地基加固。为了使夯后地基土的强度整体均匀，变形协调一致，应根据回填土的不同厚度和软弱土层的埋深及层厚，厂房柱基荷载大小和变形要求，以及地面堆载和大吨位吊车的布位情况，选用不同能级和不同工艺的强夯进行加固处理。

试夯 1 区采用 10000kN·m 高能级强夯加固处理方案，根据本工程的实际情况，试验 1 区位于 04-198 钻孔处（具体位置现场由业主、监理确定）。试验区平面尺寸为 24m×24m。该区域的柱基荷载最大可达 15000kN，而且填土厚度较大，在 7.0m 左右。淤泥含砂层 3.3m 厚，含黏性土碎石层 2.2m 厚。

试夯 2 区采用 8000kN·m 高能级强夯加固处理方案，根据本工程的实际情况，试验 2 区位于 04-246 钻孔处（具体位置现场由业主、监理确定）。试验区平面尺寸为 24m×24m。该区域的柱基荷载较大，基岩最深（22m），而且填土厚度在 7.0m 左右，含砾黏性土层 4.9m，含黏性土碎石层 6.1m 厚。

试夯 3 区采用 6000kN·m 高能级强夯置换处理方案，根据本工程的实际情况，试验 3 区位于 04-210 钻孔处（具体位置现场由业主、监理确定）。试验区平面尺寸为 24 m×24m。该区域港务局码头的填土由碎石、砂石和黏性土等填筑而成，填料成分与本次大面积回填的开山填料差异较大，淤泥含砂层 1.5m 厚，含黏性土碎石层 2.2m 厚，故用强夯置换深层加固，置换后用 8000kN·m 再加固。

试夯 4 区采用 3000kN·m 强夯加固处理方案。根据本工程的实际情况，试验 4 区位于 04-29 钻孔处（具体位置现场由业主、监理确定）。试验区平面尺寸为 18m×18m。该区域已回填多年，表层为厚度达 5.7m 的松散杂填土。

5　10000kN·m 能级强夯试验方案

根据现场地层条件和以往工程经验，本次 10000kN·m 能级强夯试验参数如下：

10000kN·m 能级强夯试验区分四遍进行，第一遍的单击夯击能均为 10000kN·m，夯锤直径宜为 2.2～2.6m，每遍夯击次数以最后两击平均夯沉量不大于 15cm 控制或不少于 15 击；第二遍的单击夯击能为 10000kN·m，每遍夯击次数以最后两击平均夯沉量不大于 10cm 控制或不少于 12 击；第三遍夯击能为 3000kN·m，夯击次数以最后两击的平均夯沉量不大于 5cm 控制；第四遍满夯能级为 2000kN·m，夯两击。两遍主夯点呈 6m×6m 正方形布置，第一、二遍夯点采取隔行跳点方式进行施工，第三遍夯点在第一、第二遍相邻四个主夯点的中间插点，第四遍满夯夯印要求搭接 1/3，以夯实地基浅部填土并整平地基表面。夯点布置如图 2.1-3 所示。

6　10000kN·m 能级强夯试验检测结果

本次试验采用（超）重型动力触探、平板载荷试验和面波测试等多种手段进行检测。采用夯前、夯后检测结果进行对比，各试验区检测结果汇总如下。

10000kN·m 能级强夯试验检测结果见图 2.1-4、表 2.1-2～表 2.1-4。

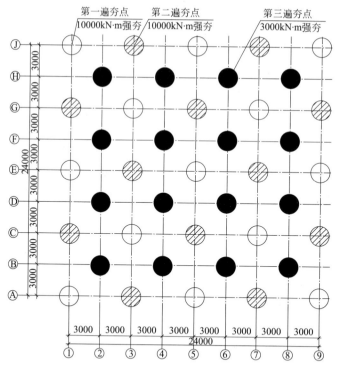

图 2.1-3　10000kN·m 高能级强夯夯点布置图

10000kN·m 强夯区夯前、夯后瑞利波试验成果表　　表 2.1-2

内容	深度（m）	V_r 平均值（m/s）	承载力特征值（kPa）	压缩模量 Es（MPa）
夯前	0.0～5.0	202	166	12
	5.0～12.0	252	234	17
夯后	0.0～3.0	238	220	15
	3.0～10.0	493	500	40

10000kN·m 强夯区夯前、夯后动力触探成果表　　表 2.1-3

内容	深度（m）	承载力特征值（kPa）	变形模量 Es（MPa）
夯前	0.0～3.0	110	15
	3.0～7.0	125	17
	7.0～8.5	170	24
夯后	0.0～3.0	400	22
	3.0～8.0	610	34

10000kN·m 强夯区夯前、夯后平板载荷试验成果表　　表 2.1-4

内容	点号	承压板宽度（m）	最大加荷值（kN）	承载力特征值（kPa）	变形模量 E_0（MPa）
夯前	1 区 C 号	1.5	743	120	16.68
夯后	1 区 1 号（夯间）	1.6	2560	238	19.55

夯前、夯后两个试验点试验土层均为碎石填土层，通过统计分析可得：

（1）夯后地基土瑞利波速浅层提高 14％，深层提高 90％以上；根据瑞利波测试和动力触探测试，夯后地基土压实度显著提高。

（2）夯后地基承载力提高显著，浅层夯前地基承载力 120kPa，夯后提高到 238kPa；根据瑞利波测试和动力触探测试，深层夯前地基土地基承载力 120kPa，夯后提高到 500kPa 左右。

（3）变形模量夯前 15～17MPa，夯后提高到 25MPa 左右。

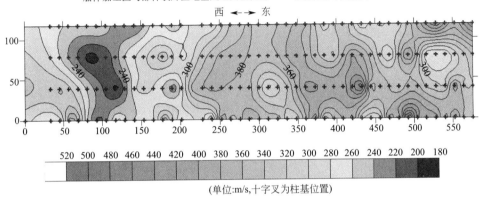

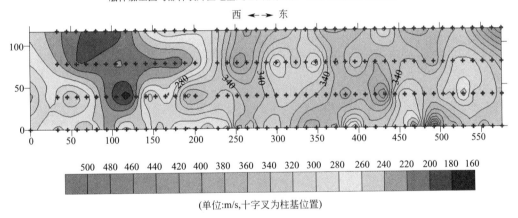

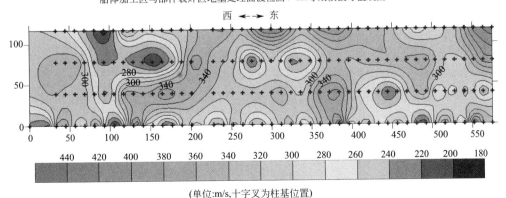

图 2.1-4　船体加工区与部件装焊区不同深度范围波速等值线图（一）

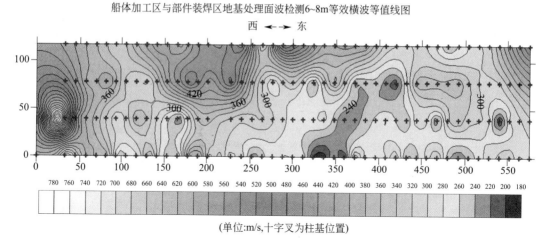

船体加工区与部件装焊区地基处理面波检测6~8m等效横波等值线图

（单位:m/s,十字叉为柱基位置）

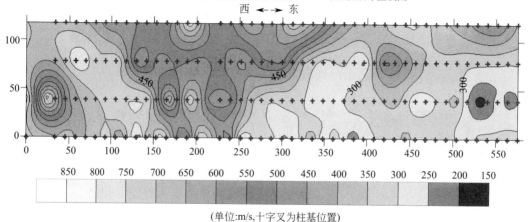

船体加工区与部件装焊区地基处理面波检测8~10m等效横波等值线图

（单位:m/s,十字叉为柱基位置）

图 2.1-4　船体加工区与部件装焊区不同深度范围波速等值线图（二）

8　结论

通过本工程强夯处理试验和检测，可得：

（1）对于块石回填地基，采用高能级强夯处理是一种高效的地基处理方法，夯后地基承载力和变形模量均较高，满足工业建筑对地基要求。

（2）高能级强夯处理深厚碎石填土地基时，可根据上部结构要求和地层情况，采用不同能级和组合方式的设计方法。

（3）在本项目后续地基处理设计时，除了采用10000kN·m能级高能级强夯处理外，国内首次对厂房柱下采用6000kN·m强夯置换＋8000kN·m强夯的柱锤联合强夯地基处理工艺，如图2.1-5所示。这样不仅兼顾了场地地基处理的效果，同时考虑到了柱基特殊性，使得强夯具有针对性。

（4）对于碎石土地基高能级强夯处理后检测，采用多道瞬态面波法测试可对场地的均匀性进行检测，当时属国内首次采用面波法对场地地基处理效果做全面检测并绘制了波速等值线图。

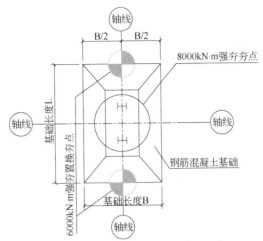

图 2.1-5　柱基下特殊强夯处理工艺

【实录 2】大连新港南海罐区碎石填海地基 15000kN·m 强夯处理工程

年廷凯[1]，李鸿江[2]

(1. 大连理工大学土木工程学院，大连 116024；2. 中化岩土集团股份有限公司，北京 102600)

摘　要： 针对某沿海下卧软弱夹层的碎石回填土地基，在国内首次开展了 15000kN·m 高能级强夯的现场试验。通过单点夯试验，各夯点与夯坑周围地面沉降观测及强夯前后地基动力触探测试结果的对比分析，揭示了下卧软弱夹层的碎石回填地基上 15000kN·m 高能级强夯的作用机制，得出该条件下强夯的有效加固深度为 11.5m，主夯点间距宜为 12.5m，夯击数宜为 18～22 击的有关结论，其结果可供类似工程参考。

关键词： 高能级强夯；15000kN·m；下卧软弱夹层；动力触探测试；有效加固深度

1　项目概况

近年来，一些沿海地区通过填海造地建设原油库区、炼厂、堆场、码头的项目越来越多，而强夯法处理地基的工艺因其成本低、施工快而被广泛采用。随着沿海软土地区回填碎石地基厚度的加大，强夯的夯击能也逐渐加大，但由于高位地下水的消能作用，相同夯击能下沿海地区的强夯要比陆域强夯的处理效果有所降低。大连新港南海原油罐区罐基础强夯工程就是一个在海域软土层上回填碎石而形成的地基项目，该工程位于大连新港鲇鱼湾西侧，要建设 6 台 10 万 m³ 储备原油罐及排洪沟和系统管网等一些其他相应配套设施。场地平均回填厚度 8m 左右，最大深度约 14m。前期曾进行过 8000kN·m 能级强夯试验，但效果不理想，后经多方论证决定通过加大夯击能来达到设计要求，最终采用 15000kN·m 能级，当时尚属国内首创，试验工作于 2005 年 10 月 22 日开始进行，试验成功后在该工程中采用，自此拉开了超高能级强夯的历史帷幕。

2　地质概况

工程场地处于陆域低山丘陵与海域水下岸坡之间，且已通过人工回填方式形成陆域，回填料为素填土，含较多碎块石，最大粒径在 40 cm 以上，个别达 1.0 m 左右。地下水位受海潮影响，在地面以下 3.0～5.0 m 间波动。场地土层情况见表 2.2-1。

作者简介： 年廷凯（1971—　），男，大连理工大学教授、博士生导师，长期致力于岩土工程灾变机理与减灾技术方面的应用基础研究，在海岸/海洋岩土工程与减灾技术、特殊岩土力学与沿海软基病害处置技术方面取得了一些创新性成果。E-mail：tknian@163.com。

场地土层分布情况表　　　　　　　　　　　　　　　　表 2.2-1

层号	土层名称	厚度(m)	特点
①	素填土	8～14	稍湿—湿,松散—稍密,主要由石英岩、辉绿岩与板岩碎块及少量黏性土组成,碎块含量 60% 左右,土的颗粒级配极差,承载力较低
②	粉细砂	0.5～3.5	饱和,松散～稍密,含少量石英质砾石及贝壳碎片,分布较连续,层厚在 0.5～3.5 m 不等,为海相成因,工程地质性质较差,局部存在可液化点
③	粉质黏土	0.8～3	饱和,软塑—可塑状,含少量砂和砾,分布连续,为海陆交互相成因,其工程地质性质较差,承载力较低,为下卧软弱夹层
④	碎砾石	0.5～5	饱和,稍密—中密,碎石以石英质为主,次棱角状,粒径为 2～4 cm,碎砾石含量为 50%～60%,孔隙间充填黏性土及少量砂,分布连续,工程地质性质较好
⑤	强—中风化板岩	—	岩芯呈碎块状,用手可折断,散体结构,岩体基本质量等级为 V 级

3　地基处理设计要求及施工参数

设计要求:6 个油罐基础均采用强夯法处理,强夯区域以罐中心为圆心,直径为 100m。设计要求强夯加固处理后各层土的指标分别满足下列要求:

素填土:地基承载力特征值 $f_{ak} \geq 300kPa$,压缩模量 $E_s \geq 20MPa$。

粉细砂:地基承载力特征值 $f_{ak} \geq 170kPa$,压缩模量 $E_s \geq 12.2MPa$。

粉质黏土:地基承载力特征值 $f_{ak} \geq 250kPa$,压缩模量 $E_s \geq 8.7MPa$。

施工参数:强夯共分 5 遍进行,第 1、2 遍为点夯,夯击能为 15000kN・m,夯点间距 10m,正方形布点。单点夯击数 20 击,每点收锤标准最后 2 击平均夯沉量小于 25cm。第 3 遍点夯,夯击能 8000kN・m,在第 1、2 遍主夯点之间,成梅花形布点。单点夯击数 20 击,每点收锤标准最后 2 击平均夯沉量小于 20cm。第 4、5 遍为满夯,夯击能 3000kN・m,最后 2 击平均夯沉量小于 6cm。夯印彼此搭接 1/3 锤径。

4　强夯试验

在大面积施工前,在 42 号罐选择一个有代表性区域作为 15000 kN・m 强夯试验区。试验区施工设备采用中化岩土公司最新研制的 CGE-1800B 型强夯机,该机型是采用自动遥控装置系统,安全可靠;夯锤选用直径 2.5m,重量达 450kN 的铸钢锤,底面静压力约为 90 kPa;

4.1　强夯施工工艺流程

场地平整→测量放线→第 1 遍主夯点→场地平整→测量放线→第 2 遍主夯点→场地平整→测量放线→第 3 遍加固夯→场地平整→测量→第 4 遍满夯→场地平整→测量→单体验收。

4.2　强夯试验方案

试验区为 20m×20m 的正方形,按设计要求的布点方式如图 2.2-1 所示。一遍点

（15000kN·m）9个，二遍点（15000kN·m）四个，三遍点（8000kN·m）12个。为了验证夯击数和夯点间距，施工过程中对 A5B5、A4B4 和 A4B1（位置见图 2.2-1）三点进行了单点夯试验。试验方法是分别在夯锤上和夯坑周围地面相互垂直方向埋设观测标识，在夯击过程中利用仪器测量每击的夯沉量和地面水平方向、垂直方向的位移，当夯击数达到设计夯沉量控制指标后，或地面出现异常隆起时，停止夯击。绘制夯击数和夯沉量以及夯击数与夯坑周边沉降、隆起量关系曲线（图 2.2-2、图 2.2-3a、b、c），计算有效夯实系数，确定最佳夯击数和夯点间距。

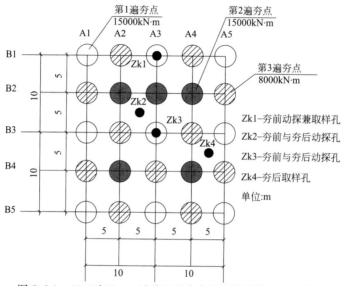

图 2.2-1 15000kN·m 试验区夯点布置及监测与检测点布置

4.3 单点夯监测及结果分析

15000kN·m 能级夯点 A5B5、A4B4 与 8000kN·m 能级夯点 A4B1 各夯点的夯沉量与夯击数关系曲线如图 2.2-2 所示。

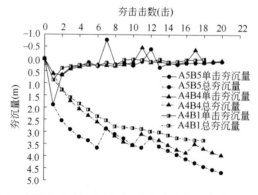

图 2.2-2 A5B5、A4B4 与 A4B1 各夯点夯沉量与击数关系曲线

从图 2.2-2 可以看出，夯沉量是第一击最大，而后随着夯击数的增加而减小，并逐渐趋于定值。其中两条 15000kN·m 夯击能曲线（A5B5 与 A4B4）上分别出现了两个尖点

（突变点），为强夯过程中两次填料所致；填料后夯击仍然是第1击夯沉量最大，而后逐渐减小并趋于定值，且第1次填料的夯沉量大于第2次填料夯沉量，由此说明二次填料后夯沉量在减小，夯坑底部逐渐趋于密实。对比分析3条单击夯沉量曲线可见，总体上第1遍15000kN·m夯击点（A5B5）每击夯沉量大于第2遍15000kN·m夯击点（A4B4），二者均大于第3遍8000kN·m夯击点（A4B1），这从3条地面总夯沉量曲线上也能明显反映出。分析地面总夯沉量曲线，15000kN·m能级主夯的总夯沉量在4.0～4.87m之间，而8000kN·m夯击能总夯沉量在3.25m。

点夯进行中每夯一击实测地面总夯沉量，同时对夯坑周边进行地面凹陷与隆起的监测，具体结果如图2.2-3所示。

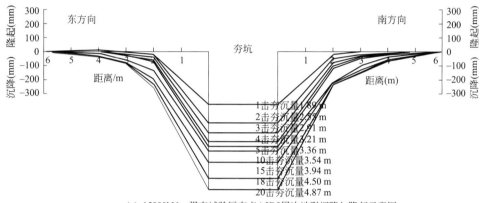

(a) 15000kN·m强夯试验区夯点A5B5周边地形沉降与隆起示意图

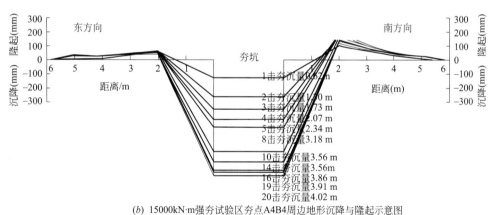

(b) 15000kN·m强夯试验区夯点A4B4周边地形沉降与隆起示意图

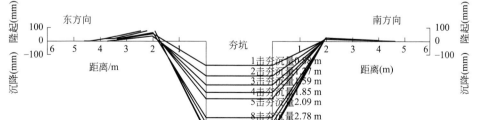

(c) 8000kN·m强夯试验区夯点A4B1周边地形沉降与隆起示意图

图2.2-3　主夯点周围地面沉降与隆起示意图

监测结果表明：

（1）第 1 遍 15000kN·m 单点（A5B5）在夯击过程中周边地面表现为沉降，靠近夯锤的 2 个观测点下沉较为显著，远离夯锤各点下沉逐渐减小，到远处观测点下沉已不明显；综合分析表明，15000kN·m 单点夯侧向影响范围应在 6.25m 左右。由此可见，10m×10m 的主夯点间距设计还是比较合理的。夯击过程中填料 2 次，累计加料厚度约 1.19m，填料与坍料以下沉为主，侧向挤土作用较弱，最终夯坑深度为 4.87m，夯坑范围超过 2 倍夯锤直径，达到 6.2m。此点夯击至 18 击时已达到连续 2 击的平均夯沉量不大于 20cm 的要求，为安全考虑，将夯击数增至 20 击，最后 2 击平均夯沉量为 18.5cm。

（2）第 2 遍 15000kN·m 单点（A4B4）在夯击过程中周边地面表现为隆起，靠近夯锤的两个观测点隆起显著，远离夯锤各点隆起不明显。第 1、2 击隆起量显著，以后各击变化不明显；至第 10 击隆起量明显回落，表现为整体沉降，但夯坑远处监测点隆起量有所增加。分析原因为：由于受第 1 遍夯击作用影响，2 遍夯坑下方土体（5m 以下）较上部密实，起初夯击时侧向挤土膨胀造成地表鼓起；当 10 击挤密周围土体后转而夯击回填碎石向下挤土，同时带动周围素填土下移，表现为整体沉降；多次向下挤土使得素填土进入软黏土层或夯击能影响到该层，导致软黏土侧移、上鼓，致使远处监测点表现为隆起。夯击过程中填料 2 次，加料厚度为 0.82m，形成夯坑深度为 4m，实测夯坑直径为 5.2m。此点第 17 击因故障停夯，后补充夯至 20 击，最后 2 击平均夯沉量已在 15cm 之内。综合两遍 15000kN·m 单点夯的监测结果认为，15000kN·m 夯击过程中每个夯点填料 2 次，最佳夯击数为 18～22 击。

（3）第 3 遍 8000kN·m 单点（A4B1）在夯击过程中周边地面仍表现为隆起，靠近夯锤的 2 个观测点隆起显著，远离夯锤各点隆起不明显，最远处观测点影响极小。其侧向影响范围应在 5.25m 左右。夯击过程中未填料，形成夯坑深度为 3.34m，实测夯坑直径为 5.0m。此点夯击至 16 击时已达到连续两击的平均夯沉量不大于 10cm 的要求。为安全考虑，将夯击数增至 18 击，最后 2 击平均夯沉量为 3cm。综合分析认为，8000kN·m 单点夯最佳夯击数为 16～18 击。

4.4 试验区强夯地基测试及加固效果分析

15000kN·m 强夯试验区夯前布置动力触探测试孔 3 个（其中 1 个孔兼取样），夯后布置动力触探孔 2 个，取样孔 1 个，各孔布置及其编号如图 2.2-1 所示。现将 Zk2、Zk3 孔夯前与夯后动力触探测试结果列于表 2.2-2，夯前 Zk1 孔、夯后 Zk4 孔（夯后 3 个月）室内土工试验结果列于表 2.2-3。其中粉细砂、粉质黏土层采用标准贯入试验测试。

由表 2.2-2 位于夯点的 Zk3 孔夯前与夯后动力触探测试结果分析可见，强夯后厚层素填土的地基承载力特征值提高近 3 倍，粉质黏土提高 50%，粉细砂与碎砾石也均有 20%以上增幅；位于夯间的 Zk2 孔其地基承载力也有明显提高，但幅度稍小。由表 2.2-3 夯前 Zk1 孔与夯后 Zk4 孔土工试验结果的对比分析可见，夯后粉质黏土的孔隙比、液性指数、压缩系数均有明显改善，其对应 300～400kPa 压力时的压缩模量提高了 86%。素填土的地基承载力特征值为 350～450kPa，变形模量为 21.3～28MPa；含砾粉细砂地基承载力特征值 170～200kPa，变形模量 12.2～14.1MPa；黏土的地基承载力特征值为 90～100kPa，压缩模量为 2.45～2.72MPa；碎砾石的地基承载力特征值为 400kPa，变形模量为 26.0MPa。

试验区夯前与夯后各层土动力触探测试结果对比　　　表 2.2-2

测试孔号	土层分类	测试深度(m)		修正击数(击)		承载力特征值 f_{ak}(kPa)		
		夯前	夯后	夯前	夯后	夯前	夯后	增幅(%)
Zk2（夯间点）	素填土	0～8.6	0.4～8.0	3	8	120	320	167
	粉细砂	8.6～10.9	8.0～9.7	10	14	140	172	23
	粉质黏土	10.9～12.7	9.7～11.2	4	7	125	190	52
	碎砾石	12.7～13.4	11.2～11.7	8	9	320	360	13
			11.7～13.2	8	8	320	320	0
Zk3（15000kN·m 夯点）	素填土	0～8.3	0.4～8.5	3	11	120	440	275
	粉细砂	8.3～10.2	8.5～9.8	10	14	140	172	23
	粉质黏土	10.2～11.8	9.8～10.9	4	7	125	190	52
	碎砾石	11.8～12.4	10.9～11.5	8	10	320	400	25
			11.5～12.5	8	8	320	320	0

注：表中粉质黏土含少量砂和砾，其夯后地基承载力特征值由现场标贯试验并参考强夯结束 3 个月后钻孔取样室内土工试验结果综合给出。

粉质黏土夯前与夯后物理力学性质差异　　　表 2.2-3

孔号	取土深度(m)	含水量 w(%)	密度 ρ_0(g/cm³)	孔隙比 e_0	饱和度 S_r(%)	液限 w_L(%)	塑限 w_p(%)	塑性指数 I_p	液性指数 I_L	压缩系数 a_{v1-2}(MPa⁻¹)	压缩模量(MPa)		特征值 f_{ak}(kPa)
											E_{s1-2}	E_{s3-4}	
Zk1(夯前)	9.7～11.3	34.7	2.01	0.95	98.7	37.3	21.4	15.9	0.84	0.58	2.45	4.75	120
Zk4(夯后 3 个月)	9.0～10.2	32.3	2.06	0.82	100	37.0	21.5	15.6	0.69	0.44	4.55	8.84	180

5　工程施工

通过强夯试验区的试验结果分析，能够满足原油罐体的使用要求，大面积施工罐基础采用 15000kN·m 能级强夯，罐间及其他区域采用 8000kN·m 能级强夯施工。根据本工程量大小和工期要求，共入 5 台强夯施工机组，其中 3 台为我公司自行研制的 CGE1800B 型强夯专用机，最高施工能级可以达到 18000kN·m，另两台为 50t 履带式吊车。工程最终如期保质完成，罐组建成试水试验沉降满足要求。

6　结论与建议

通过对该项强夯地基工程的施工、监测和检测结果的综合分析，得出：

（1）对于存在地下水与软弱层碎石回填地基，若采用梅纳修正公式预估高能级强夯的有效加固深度时，建议其修正系数取 α=0.29～0.32，但应以现场试验确定。

（2）对于高能级强夯主夯点夯坑较深，在满夯施工前对第 1、2 遍点应进行补夯

（固夯）处理，根据夯坑深度能级应在 3000kN·m 能级以上。

（3）为加大强夯深层处理效果，强夯施工过程中应尽量加大夯坑深度，在不得已的情况下（提锤困难，水泥石飞溅）再填料，每次填料厚度应有所控制，不可太厚，以不超过坑深 1/3 为宜，以确保夯击能量有效传递至坑底以下较大深度。

（4）对于存在地下水与软弱层的碎石回填地基，夯坑回填料最好选择强度较高、级配良好，最大粒径不超过 350mm 的开山碎石。

（5）施工过程中，发现表层有含水量较高软弱粉土、黏土时应及时换填，换填料可用夯坑回填料。

【实录3】惠州炼油项目马鞍洲油库场地5.3万m² 抛石填海地基12000kN·m强夯处理工程

柴俊虎[1]，杨金龙[1]，何立军[2]

(1. 中化岩土集团股份有限公司，北京 102600   2. 上海申元岩土工程有限公司，上海 200040)

摘　要：场区由开山碎石回填海域形成，回填料级配不均匀，最大填筑厚度约14m，采用最高能级 12000kN·m能级强夯进行处理，施工过程中仅需回填石料，可连续施工，且成本较低，夯后采取载荷试验、瑞雷波等方法进行检测，强夯处理效果显著，为今后抛石填海地基处理积累了一定的经验。
关键词：地基处理；抛石填海地基；高能级强夯

1　工程概况

厂区位于马鞍洲岛北半岛三面环水海域，正南侧中部为陆域，一部分山体已被爆破开挖，东南侧为正在运营的原油码头。

本场地由爆破开挖陆域山体碎石土回填海域形成，设计有效处理深度范围内的地基土为素填土，主要成分为开山碎石，级配一般，回填厚度 0～14m 不等，场地标高 10m 左右，地下水位同海平面。场区典型地质剖面见图 2.3-1。

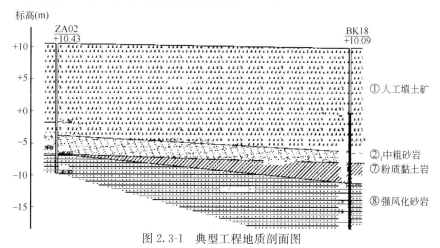

图 2.3-1　典型工程地质剖面图

根据强夯设计要求，本工程共分 4 个强夯施工区，分别为Ⅰ区 12000kN·m、Ⅱ区、Ⅳ 8000kN·m、Ⅲ区 3000kN·m 三种能级。

作者简介：柴俊虎（1981—　），男，高级工程师，主要从事岩土工程方面的施工和科研。E-mail：deltachy @126.com。

Ⅰ区强夯设计能级为 12000kN·m，强夯施工面积 16500m²，主要为办公区，本区域人工填土最大厚度达 14m，是本工程重点处理地段；Ⅱ区强夯设计能级为 8000kN·m，强夯施工面积 8850m²，为事故水池，是本工程重点处理地段；Ⅲ区强夯设计能级为 3000kN·m，该地段回填土厚度较小，是挖填方过渡地段，强夯施工面积 9800m²；Ⅳ区强夯设计能级 8000kN·m，为场区道路，本区域回填土较厚，以控制道路不均匀沉降为目的，强夯施工面积 18150m²。

2 方案比选及设计参数

2.1 方案比选

（1）桩基方案

本项目施工场地为开山回填场地，主要成分为开山碎石且回填料级配不均匀。如采用钻（冲）孔灌注桩，存在以下不利条件：

① 因回填成分主要为开山碎石，成孔很困难，施工过程缓慢，不利于工期控制；

② 因本项目地处海岛，施工材料均需由陆地运至施工现场，运输成本高；

③ 场地为新近回填场地，且主要回填成分为开山碎石，回填不均匀，空隙大而且不均匀，灌注过程中充盈系数必然会很大，而且成桩质量不易控制，同时也造成了成本大幅增加。

综上所述，桩基方案在本项目中实施难度较大，且施工成本高、质量控制难度大、工期无法得到有效控制。

（2）强夯方案

强夯方案在本项目实施中有以下几点优势：

① 本项目为碎石回填场地，此类场地非常适合强夯施工，一般在碎石场地应用强夯工艺都能取得良好的施工效果。虽然本项目最大回填厚度为 14m，但可以通过增大强夯施工能级确保强夯的有效加固深度；

② 强夯工艺不需要增加新的建筑材料，在施工过程中仅需要回填石料，而石料在本项目中可以在海岛上获取，不需要由陆地运输建筑材料；

③ 强夯施工工艺简单，质量控制较为容易，而且施工过程中可以组织连续施工，施工周期短，有利于总体施工工期控制；

④ 因强夯方案以上特点，强夯方案的施工成本较低，有利于施工项目的成本控制。

综上所述，强夯方案在工期、质量、成本等方面均有较大优势，本项目最终选择的地基处理方案为强夯方案。

2.2 施工参数

（1）设计要求

① Ⅰ区位于场地西北部，主要包括综合办公楼、泡沫泵站、海水淡化厂房、罐区变配电所、锅炉房除氧气框架、消防水罐、生产水罐等，处理后地基承载力特征值 f_{ak} 要求达到 160kPa，有效处理深度为 14.00m 左右。采用 12000kN·m 能级进行强夯处理。

②Ⅱ区位于场地东南部，主要为雨水/事故池部分，Ⅳ区位为场区道路，处理后地基承载力特征值 f_{ak} 要求达到 120kPa，有效处理深度 10.00m 左右；采用 8000kN·m 能级进行强夯处理。

③Ⅲ区位于原油区边缘，介于挖方区与填方区之间，处理后地基承载力特征值 f_{ak} 要求达到 120kPa，有效处理深度 1.00～7.00m；采用 3000kN·m 能级进行强夯处理。

（2）施工参数

①Ⅰ区 12000kN·m 能级参数

Ⅰ区分四遍进行，第一、二遍的单击夯击能均为 12000kN·m，夯锤直径为 2.6m，每遍夯击次数以最后两击平均夯沉量不大于 20cm 控制，第三遍夯击能为 6000kN·m，主要是使一、二遍间土体得到有效加固，达到密实状态；第四遍为满夯能级为 2000kN·m，每点夯两击。两遍主夯点呈 10m×10m 正方形布置，第一、二遍夯点采取隔行跳点方式进行施工；第三遍夯点在第一、二遍相邻四个主夯点的中间插点；满夯夯印要求搭接 1/4，以夯实地基浅部填土。

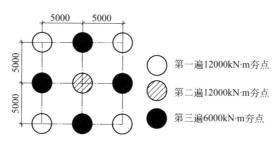

图 2.3-2　Ⅰ区 12000kN·m 能级夯点布置示意图

②Ⅱ区、Ⅳ区 8000kN·m 能级参数

Ⅱ区和Ⅳ区分三遍进行，第一、二遍的单击夯击能均为 8000kN·m，夯锤直径为 2.6m，每遍夯击次数以最后两击平均夯沉量不大于 15cm 控制；第三遍为满夯，夯击能级为 2000kN·m，每点夯两击。两遍主夯点呈 9m×9m 正方形布置，第一、二遍夯点采取隔行跳点方式进行施工；第三遍满夯夯印要求搭接 1/4，以夯实地基浅部填土。

3　试验施工

3.1　试验区选定

根据强夯设计要求，本工程共分 4 个强夯施工区，施工区的具体位置详见强夯区域平面布置图。

Ⅰ区位于场地西北部，主要包括综合办公楼、泡沫泵站、海水淡化厂房、罐区变配电所、锅炉房除氧气框架、消防水罐、生产水罐等；Ⅱ区位于场地东南部，主要为雨水/事故池部分；Ⅲ区位于原油罐区边缘，介于挖方区与填方区之间，是挖填方过渡地段，该地段回填土厚度较小；Ⅳ区位于罐区周边道路处，为场区道路，本区域回填土厚度较厚，以控制道路不均匀沉降为目的。

本次施工根据本项目的特点、建筑物的布置、建筑物的重要程度，选择Ⅰ区、Ⅱ区进行试验施工；Ⅲ区、Ⅳ区不进行试验施工，根据类似场地施工经验确定施工参数直接进行工程施工。

3.2 试验要求

（1）试夯区Ⅰ：在现场Ⅰ区范围选定 30m×30m 的场地，每遍夯点布置按照 10m×10m 正方形布置。12000kN·m 能级强夯两遍，6000kN·m 能级一遍，满夯 2000kN·m 能级一遍。处理后地基承载力特征值 f_{ak} 要求达到 160kPa，有效处理深度为 14m 左右；

（2）试夯区Ⅱ：在现场Ⅱ区范围选定 27m×27m 的场地，每遍夯点布置按照 9m×9m 正方形布置。8000kN·m 能级强夯两遍，满夯 2000kN·m 能级一遍。处理后地基承载力特征值 f_{ak} 要求达到 120kPa，有效处理深度约为 10m。

3.3 单点夯试验

在试验区Ⅰ和试验区Ⅱ分别选取一个夯点进行单点夯试验，进行夯沉量和周边变形观测，观测成果见图 2.3-3、图 2.3-4：

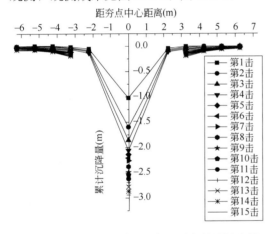

图 2.3-3　试验区Ⅰ单点夯各观测点累计沉降量　　图 2.3-4　试验区Ⅱ单点夯各观测点累计沉降量
（由于部分数据缺失，曲线有断开）

由图 2.3-3（靠近夯锤的两个观测点丢失），距夯点中心 4m 范围内观测点下塌落明显，其余各点也有下沉，但不明显，可以发现夯击侧向影响范围应在 5～6m 之间。此点共夯了 15 击，最终夯坑深 2.94m，最后两击平均夯沉量为 8cm。第一遍点夯完成后，从现场来看两个夯坑之间塌落较大，在其余各个夯点施工现象和单点夯观测结果一致。第二遍点夯观测中塌落现象明显减弱，最大塌落为 14cm。

由图 3.3-4（靠近夯锤的一个观测点丢失），距夯点中心 3m 范围内观测点下塌落明显，其余各点也有下沉，但不明显，可以发现夯击侧向影响范围应在 4～5m。第一遍点夯完成后，从现场来看两个夯坑之间塌落较大，在其余各个夯点施工现象和单点夯观测结果一致。第二遍点夯观测中塌落现象明显减弱，最大塌落为 12cm。

4 试验检测评价

本项目采取了瑞雷波、平板静载荷试验两种检测手段。因本场地在试验过程中进行的重型圆锥动力触探（夯后）仅在表层 1～5m 范围可实施，而且数据不稳定，不能准确评价地基土的特性，故在工程检测中未采用重型圆锥动力触探测试。

本次试验共进行了 16 组瑞雷波测试，6 个点位的平板静载荷测试，下面将通过各区域部分检测数据说明本项目的实际效果。

4.1　瑞雷波评价

（1）试验区Ⅰ（12000kN·m）瑞雷波监测

由图 2.3-5，夯后瑞雷波波速明显提高，各测点频散曲线与夯前频散曲线基本呈平行状态。地层密实度增加，波速提高可以判断，强夯地基处理后有效加固深度不小于 14m，且地面以下 14m 范围内无明显低速软弱层。

（2）试验区Ⅱ（8000kN·m）瑞雷波监测

由图 2.3-6，夯后瑞雷波波速明显提高，各测点频散曲线与夯前频散曲线基本呈平行状态。地层密实度增加，波速提高可以判断，强夯地基处理后有效加固深度不小于 10m，且地面以下 10m 范围内无明显低速软弱层。

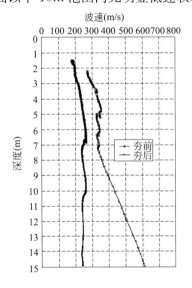

图 2.3-5　12000kN·m 瑞雷波频散曲线

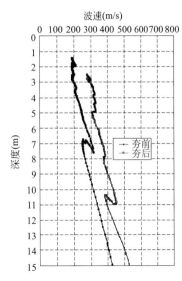

图 2.3-6　8000kN·m 瑞雷波频散曲线

4.2　平板静载荷试验评价

由图 2.3-7、图 2.3-8，p-s 曲线上无明显的陡降段，s-$\lg t$ 曲线未出现明显向下弯曲，故各测试点在最大荷载的作用下未达到破坏。依据《建筑地基基础设计规范》GB 50007 进行取值，Ⅰ区承载力特征值 $f_{ak} \geqslant 160$kPa，Ⅱ区承载力特征值 $f_{ak} \geqslant 120$kPa，测试结果满足设计要求。

5　总结与建议

（1）在地表浅层进行重型动力触探试验时击数就超过了 50 击甚至出现反弹现象，达到停止试验的标准，不能满足设计要求的处理深度，重型动力触探试验在此类场地不适用，可采取其他方式对有效加固深度测试；

（2）在强夯处理深度范围内地基土水平、垂直方向均匀性较好；从瑞雷波频散曲线来看，12000kN·m能级区域有效加固深度达到14m以上，8000kN·m能级区域有效加固深度达到10m以上，高能级强夯在抛石填海地基中适用；

（3）块石回填场地中，夯坑周边塌落严重，应采取最后两击夯沉量和夯击击数作为控制标准。

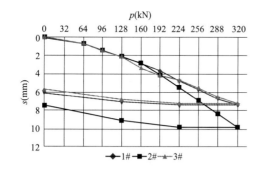

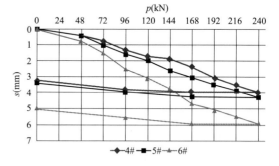

图2.3-7　12000kN·m平板静载荷试验P-s曲线　　图2.3-8　8000kN·m平板静载荷试验P-s曲线

【实录4】中国海洋石油惠州1200万吨炼油项目开山填海地基12000kN·m强夯处理工程

柴俊虎[1]，孙会青[2]

(1. 中化岩土集团股份有限公司，北京 102600；2. 沧州中化桩基检测中心，沧州 061000)

摘　要：本工程场地为"填海造陆"形成，最大填土厚度约15m，填土以碎石、砂组成，采用12000kN·m能级强夯进行处理后，分别进行平板载荷试验、瑞雷波试验、重型动力触探试验检测夯后加固效果，夯后地基承载力特征值≥250kPa，压缩模量≥15MPa，有效加固深度≥11m，说明高能级强夯处理开山填海地基可以达到预期效果。

关键词：地基处理；开山填海地基；高能级强夯

1　工程概况

中海油总公司惠州炼化项目（年加工原油能力1200万吨）地处广东省惠州市大亚湾经济技术开发区石化工业区的中北部丘陵、海滨台地，占地面积约2500亩。厂区内装置区设有大型、重型设备：多座超过100m的钢筋混凝土烟囱、几十米高的钢框架、10万m³原油罐8座、有凉水塔、火炬塔架、水池、铁路装车场；建筑物一般为多层钢筋混凝土框架、单层砖混、钢筋混凝土排架结构，钢结构压缩机房及设有动力基础等设施。工程时间：2006年12月～2007年4月。

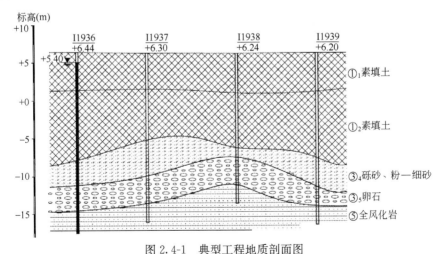

图 2.4-1　典型工程地质剖面图

作者简介：柴俊虎（1981—　），男，高级工程师，主要从事岩土工程方面的施工和科研。E-mail：deltachy@126.com。

2 工程地质概况

拟建厂区地形开阔，北部依山，南面傍海；地貌形态为丘陵、山前冲洪积平原，属于海滨台地。地面标高为北高南低，由北向南平缓倾斜，自然地面标高大约在 7.000～15.000m。场地已进行了土石方平整，目前大致形成了三级人工台阶。填海区位于厂区南面，已进行了人工填海并采用强夯法进行了表层土加固，地势平坦，自然地面标高6.290～6.610m。

场地地层自上而下由素填土、砂、卵石、残积土、基岩风化带组成，素填土由碎石与细粒土的混合土或碎石组成；砂为粉细砂、中砂、砾砂，分布不连续；卵石分布连续，粒径较大，局部为漂石；基岩以泥岩或泥质粉砂岩为主，普遍存在。

3 方案比选及试验

3.1 地基处理方案选择

（1）桩基

由于本工程回填层中包含部分块石，如选用桩基方案，预制桩难以进行沉桩，只能选用冲孔或旋挖灌注桩施工，桩基方案可满足设计要求。但桩基存在以下缺点：第一不论是冲孔还是旋挖成孔，回填土层较为松散，成孔质量较难保证，而且如遇块石仍存在成孔困难的现象；第二若整个厂区各装置均选用桩基，地基处理成本将在整个工程中所占比例大幅增加；第三虽然桩基为成熟的施工工艺，由于其自身工序决定了桩基的施工周期较长。

（2）强夯法

强夯法因其适用于砂土、碎石土、杂填土、含水率低的黏性土的地基处理，而且强夯法具有施工工艺简单、施工效率高、工程造价低廉等特点，广泛应用于工程领域。对于人工填土形成场地，当填土层较厚时一般采取分层回填进行强夯处理。但本场地已经回填完成，且因地处沿海，地下水位高，不具备分层强夯的条件。

通过方案的比较，最终决定采取强夯法进行地基处理，因本项目要求地基处理有效加固深度为11m，故本工程选用 12000kN·m 能级强夯进行处理，并在正式施工前进行试验性施工，进一步论证强夯方案的可行性。

3.2 试验性施工

（1）12000kN·m 能级强夯施工参数

① 试验区位置选定：选择在整个场区具有代表性的土层区域作为试验区，填土层厚度为 11.19m，填土层下为5.4m厚粉砂层。

② 试验方案：试验区面积为 30m×30m，强夯分六遍进行，第一和第二遍的单击夯击能均为12000kN·m，夯锤直径约为2.6m，每遍夯击次数以最后两击平均夯沉量不大于20cm控制，第三和第四遍夯击能为 6000kN·m，夯击次数以最后两击的平均夯沉量不大于15cm控制；第五遍和第六遍为满夯能级为 2000 kN·m，每点夯两击。四遍主夯

点呈 10m×10m 正方形布置，第一、二遍夯点采取隔行跳点方式进行施工；第三、四遍夯点在第一、二遍相邻四个主夯点的中间插点；两遍满夯夯印要求搭接 1/4，以夯实地基浅部填土并整平地基表面。夯点布置如图 2.4-2 所示。

③ 地基处理后要求地基承载力特征值 $f_{ak} \geqslant 250kPa$，压缩模量 $E_s \geqslant 15MPa$，强夯有效加固深度 $\geqslant 11m$。

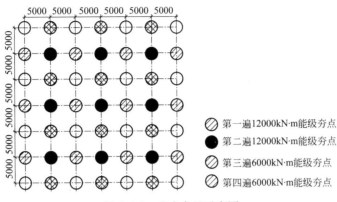

图 2.4-2　夯点布置示意图

（2）单点夯施工

选择开始施工的第一个夯点做单点夯试验，随夯随测夯坑变形量，同时从锤边向外每隔 1m 设定隆起观测点，测量夯点沿互相垂直的两个半径方向的隆起量。测试结果显示，第 4 击后夯坑深达 2.30m，单击夯沉量为 33~97cm，从第 5 击开始填料，填料后单击夯沉量在 18~59cm 之间，至第 18 击累计夯沉量 6.29m，最后两击平均下沉量为 18.5cm，达到设计要求的停夯标准；同时，累计隆起量最大达到 19cm（距锤边缘 1m 处观测点最大）。

（3）群夯施工

群夯具体施工参数详见表 2.4-1。

各遍点夯数据统计

表 2.4-1

夯击遍数	夯击数（击）	夯坑深度（m）	最后两击平均夯沉量（cm）
第一遍第一次	9~14	2.53~5.00	16.5~45.5
第一遍第二次	4~7	1.42~2.30	16.5~19.0
第二遍	11~14	2.81~4.52	12~20
第三遍	6~9	1.17~1.86	5.5~13.5
第四遍	7~11	1.44~2.34	4~14

注：第一遍夯点采取墩点二次夯击的方式进行施工，即第一次不控制最后两击夯沉量，只控制夯击数，整平场地后进行第二次夯击时再控制最后两击夯沉量。

4　试验检测结果

为更加有效的评价地基处理效果，本次检测采取了多种检测手段：夯前钻探、重型动力触探对比、瑞雷波对比、平板载荷试验。

4.1 夯前钻探

本次夯前钻探 3 孔，钻孔深度为每孔 14m。从钻探情况来看，本场地土层为混合土，含卵、砾石，详见表 2.4-2。

夯前钻探记录   表 2.4-2

地层编号	深度（m）	土层名称	土层描述
①₁	0～3.0	素填土	素填土，黑、褐色，夹少量碎石
	3.0～7.0	素填土	黄褐色，碎石填土，含砂
①₂	7.0～11.5	素填土	黄褐色，填土
	11.5～14.0	素填土	蓝、绿色强风化岩，夹细砂、碎石

4.2 重型动力触探对比

由表 2.4-2，经强夯处理后，动探深度范围内无松散层，夯后土层密实度和均匀性均有不同程度的提高，但地层依然存在不均匀性。

这种不均匀性体现在动探击数沿深度变化较大，2.5～4.6m 范围内夯后动探击数甚至比夯前略低，若适当延长检测与施工的间隔时间土体强度将会恢复并提高。在 9.8～11.6m 的动探击数较低，在 5～10 击左右，三个孔均有此现象，与勘察报告钻孔揭示的情况较一致。故可推断除检测与施工的间隔时间较短的原因之外，该试验区 9.8～11.6m 处的填料黏性土含量较大，也是导致夯后动探击数增长不明显的原因之一。

地层密实度分层表   表 2.4-3

深度范围	厚度（m）	$N_{63.5}$平均值	密实度	承载力特征值（kPa）	变形模量（MPa）
0～2.2	2.2	17.2	密实	625	39.5
2.2～4.6	2.4	8.5	稍密	340	22
4.6～8.1	3.5	45.1	密实	≥700	≥64
8.1～9.8	1.7	16.9	中密	610	39
9.8～11.6	1.8	6.5	稍密	260	17
11.6～13.0	1.4	24.8	密实	≥700	52

4.3 瑞雷波对比

由图 2.4-3，夯前的波速已经较高。通过波形、波速变化分析可知，地层仍然存在不均匀性，本区域强夯有效加固深度≥11.0m。

4.4 平板载荷试验

本次夯后共进行 3 组平板载荷试验，分夯间、夯点进行，载荷板面积为 1.0m × 1.0m，最大加载量按设计要求地基承载力特征值的两倍加载，即为 500kPa。

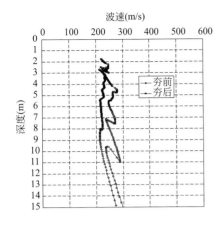

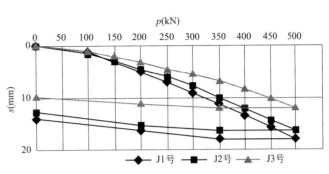

图 2.4-3　夯前、夯后瑞雷波频散曲线　　　图 2.4-4　平板载荷试验 $p\text{-}s$ 曲线图

$q\text{-}s$ 曲线没有出现陡降，3 个试验点在最大荷载作用下均未达到破坏。J1 号、J2 号、J3 号试验点 $s/b=0.01$ 对应承载力分别为 320kPa、345kPa、445kPa。按规范建议的变形标准判定 3 个点的承载力特征值均不小于 250kPa，满足设计要求；静载试验各点的承载力特征值和变形模量见表 2.4-4。

静载试验成果汇总表　　　　　　　　　　表 2.4-4

试验点（号）	最大加载量（kN）	最终沉降量（mm）	地基承载力特征值（kPa）	变形模量（MPa）
J1	500	17.99	≥250	28.9
J2	500	16.46	≥250	34.9
J3	500	12.12	≥250	45.3

4.5　综合评价

（1）结合多种手段测试结果综合分析，本试验区经 12000kN·m 强夯处理后，地基承载力特征值≥250kPa，压缩模量≥15MPa，满足设计要求；

（2）根据试验结果综合判断，本试验区强夯有效加固深度≥11m；

（3）综合本次各项监测、测试等多项试验结果，建议本场地各层土承载力特征值和压缩模量取值见表 2.4-5；

各层土承载力特征值和压缩模量取值　　　　　表 2.4-5

深度范围（m）	0.0~2.0	2.0~10.0	10.0~12.0	12.0~13.0
平均动探击数 $N_{63.5}$（击）	15	32	6.8	20
承载力特征值 f_{ak}（kPa）	250	300	250	350
变形模量 E_0（MPa）	23	36	18	41
压缩模量 E_s 建议值（MPa）	18	30	15	32

（4）12000kN·m 强夯大面积施工时，建议第一遍强夯分两次施工，主夯点间距宜为

10m，分次施工时，第一遍第一次的最佳夯击数为 12 击，第一遍第二次按最后两击平均夯沉量不大于 20cm 控制。

5 结论与建议

（1）开山填海造陆地基处理工程中可以采用强夯法进行施工，并可以取得较好的效果，但在回填过程中应注意对填料质量的控制；

（2）12000kN·m 能级强夯有效加固深度满足设计要求的 11m，从瑞雷波频散曲线中可以看出，其有效加固深度可以达到 13～14m；

（3）对于回填厚度较大、有明显分层，特别是存在软弱夹层的场地，宜分别描述各层土的压缩模量。

（4）对于夯点不能一次施工完成的，可以采取墩点二次夯击的方法。

【实录5】广西石化千万吨炼油项目汽油罐区开山填海地基10000kN·m强夯及强夯置换处理工程

何立军[1]，张文龙[1]，水伟厚[2]，王彩军[3]

(1. 上海申元岩土工程有限公司，上海 200040；2. 中化岩土集团股份有限公司，北京 102600；3. 中国石油广西石化公司，广西钦州 535000)

摘　要：场地为开山填海形成，占地面积达 250 万 m^2，填土厚度差异很大，最深达 15m。采用 10000kN·m 强夯处理场地，并根据强夯效果和上部结构设计要求，最终确定基础形式，其中在罐区除了码头库区外，均在强夯处理后采用浅基础形式，并在充水预压试验后确定满足设计要求。本文选取汽油罐区地基处理为例，介绍高能级强夯法在处理填海造陆工程中的应用，特别是在罐基下存在土岩交界处的特殊处理方式，可为类似工程提供借鉴。

关键词：填海造地；高能级强夯；强夯置换

1　工程概况

中国石油广西石化 1000 万吨/年炼油工程项目位于广西壮族自治区钦州市钦州港经济技术开发区现有规划工业用地，主厂区东邻东油公司；10 万吨级码头库区项目位于广西壮族自治区钦州市钦州港鹰岭作业区东南端的天昌码头与钦州电厂煤码头之间；拟建码头位于钦州港天昌库区码头东邻，西邻电厂码头，南接钦州湾。码头建设规模为 2 个 10 万吨级原油卸船泊位。

项目总占地面积约 3700 亩（合 246.7 万 m^2），其中厂区内占地约 3342 亩（合 222.8 万 m^2），厂外工程占地约 358 亩（合 23.9 万 m^2）。

主厂区主要拟建（构）筑物包括第二循环水场、常减压蒸馏装置、预留装置区、综合办公楼、中央控制室、消防站、消防给水加压泵站、氮气站、压缩空气站、净水场、硫磺回收装置（含酸性水汽提和溶剂再生）、连续重整装置、蜡油加氢裂化装置、动力站、重油催化裂化装置、第三循环水场、聚丙烯装置、第一循环水场、催化柴油加氢精制装置、预留装置、汽油醚化装置、气体分馏装置的联合装置区、管理区及罐区。10 万吨级码头库区设施主要包括原油、成品油罐区以及配套设施等。

本场地为开山填海造地而成，填土厚度大、回填时间短、场地要求高，要在短期内加固填土需要进行地基处理，本场地在前期试验基础上，采用高能级强夯对填土进行了一次处理后，再根据检测结果和建筑物特点和要求进行基础设计。

本项目地基处理从 2007 年 4 月开始，到 2008 年 1 月结束。

本项目大部分在强夯处理后采用桩基，罐区均采用强夯处理地基后直接做罐，其中汽

作者简介：何立军（1972—　），男，高级工程师，主要从事地基处理设计、施工和检测等工作。E-mail：hlj71932@163.com。

图 2.5-1　项目地基处理现场情况

油罐区是典型的不均匀回填地基，在强夯处理时采用了多种工艺进行处理，对类似工程的地基处理具有借鉴意义。

2　地质概况

依据岩土工程勘察报告，汽油罐区范围场地西部为挖方区，罐区主要位于填方区，原为海沟，填土厚度较大。场地地层情况见表 2.5-1。

场地土层分布情况表

表 2.5-1

层号	土层名称	厚度（m）	特 点
①	素填土	3.8～15.1	主要由山体挖方区的全风化—中等风化的砂岩、泥岩、页岩组成，局部覆盖粉土；岩性不均匀，呈稍密—密实、稍湿—饱和状态
②₁	淤泥质黏性土	1.2～3.5	含有机质，土性不均匀，稍有光滑，韧性中等，干强度中等，局部为淤泥，呈软塑—流塑状态
②₃	粉质黏土	0.49～6.7	含腐烂的植物根系等，土性不均匀，稍有光滑，韧性中等，干强度中等，局部夹有黏土薄层，呈软塑—可塑状态
②₄	粉土	1.8～3.8	土性不均匀，含较多黏粒，摇振反应不明显，韧性中等，干强度中等，呈稍密、湿—很湿状态
③₁	全风化页岩	0.6～4.8	结构构造基本破坏，但层理、片理尚可辨认，局部含少量石英颗粒；已蚀变成土状，用手可捏碎；用锹易挖掘
③₂	全风化砂岩	0.35～4.9	已蚀变成土状，含有较多石英颗粒及砂岩碎块，用手可捏碎
④₁	强风化页岩	—	结构构造已大部分破坏，岩体破碎，完整性极差，被切割成碎块状，碎块干时用手易折断，遇水软化；用锹可挖掘

3　地基处理要求

根据上部结构设计要求，汽油罐区强夯地基处理的技术要求如下：

（1）强夯处理后的地基在储罐冲水试压后的变形应满足以下要求：罐区内的 5000m³ 内浮顶储罐基础（储罐内径为 21m；罐体高度为 18.2m）的平面倾斜或任意直径方向的沉降差应不大于 140mm；沿罐周边的不均匀沉降每 10m 不应大于 20mm；储罐中心到边缘的沉降差不应大于 80mm。

罐区内的 3000m³ 低压拱顶储罐基础（储罐内径为 15.2m；罐体高度为 19.3m）的平

面倾斜或任意直径方向的沉降差应不大于 110mm；沿罐周边的不均匀沉降每 10m 不应大于 35mm；储罐中心到边缘的沉降差不应大于 60mm。

（2）强夯处理后的地基土承载力的特征值满足 $f_{ak}\geqslant 250$kPa、压缩模量满足 $E_s\geqslant 20$MPa。

4　汽油罐区地基处理设计

汽油罐（一）6 个 $\phi 21\times 18$ 汽油罐，2 个 $\phi 16\times 18$ 汽油罐，汽油罐（二）8 个 $\phi 28\times 18$ 汽油罐。根据勘察报告，汽油罐区回填土均匀性较差，且部分罐跨越挖填方区域，采用填土厚度从浅入深、能级由低到高施工，部分罐下采用异形锤强夯置换，以满足地基加固和消除差异沉降的目的。地基处理设计如下：

（1）罐基础下异形锤强夯置换预处理：罐基础下分别采用 4500kN·m、6000kN·m、8000kN·m 能级强夯置换处理。4500kN·m 能级异形锤强夯置换夯击次数按最后两击平均夯沉量不大于 20cm 控制；6000kN·m 能级异形锤强夯置换夯击次数按最后两击平均夯沉量不大于 22cm 且不少于 8 击控制；8000kN·m 能级异形锤强夯置换夯击次数按最后两击平均夯沉量不大于 25cm 且不少于 10 击控制；异形锤施工完成推平场地 3 天后即可进行大面积强夯施工。

（2）3000kN·m 强夯主夯点间距 5m，每点击数按最后两击平均夯沉量不大于 5cm 控制；点夯施工完成后采用 1000kN·m 能级满夯一遍，每点 2 击，夯印 1/3 搭接。

（3）8000kN·m 强夯主夯点间距 10m，第一、二遍能级 8000kN·m，每点击数按最后两击平均夯沉量不大于 20cm 且不少于 6 击控制；第三遍能级 3000kN·m，每点击数按最后两击平均夯沉量不大于 5cm 控制；点夯施工完成后满夯二遍，第一遍能级 2000kN·m，每点 2 击，第二遍能级 1000kN·m，每点 2 击，夯印 1/4 搭接。

（4）10000kN·m 强夯主夯点间距 10m，第一、二遍能级 10000kN·m，每点击数按最后两击平均夯沉量不大于 20cm 且不少于 10 击控制，第三遍能级 3000kN·m，每点击数按最后两击平均夯沉量不大于 5cm 控制；点夯施工完成后满夯两遍，第一遍满夯能级 2000kN·m，每点 2 击，第二遍满夯能级 1000kN·m，每点 2 击，夯印 1/4 搭接。

5　地基处理检测结果

本项目采用动力触探、平板载荷试验和多道瞬态面波测试等多种方法进行检测，以 10000kN·m 能级强夯区检测结果分析强夯加固效果。多道瞬态面波测试、动力触探测试和平板载荷试验结果见图 2.5-2～图 2.5-4。

由图 2.5-2，夯后剪切波速和动力触探击数比夯前有大幅度提高，12m 深度范围内，面波波速提高 9%～41%；由图 2.5-3，动探击数提高了 37%～178%。夯后地基均匀性较好；由图 2.5-4，夯后地基承载力特征值不小于 250kPa。本区域地基处理后均匀性和地基承载力均满足设计要求。

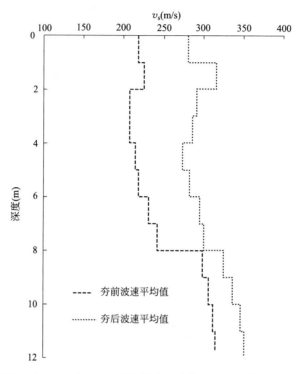

图 2.5-2　10000kN·m 能级强夯区夯前、夯后面波波速对比

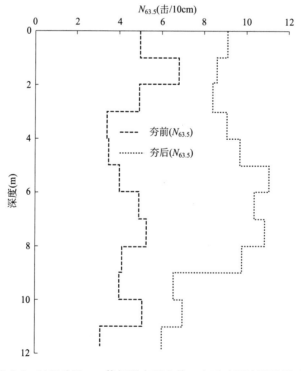

图 2.5-3　10000kN·m 能级强夯区夯前、夯后动探检测结果对比

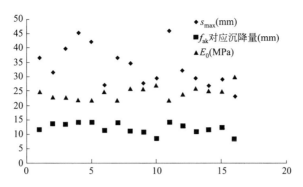

图 2.5-4　10000kN·m 能级强夯区夯后平板载荷试验曲线

6　充水预压监测

汽油罐区经高能级强夯处理后，对两个区域的 16 个罐进行了充水预压试验，充水预压最终沉降量见图 2.5-5 和图 2.5-6。

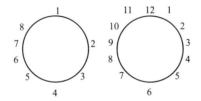

图 2.5-5　汽油罐充水预压沉降观测点示意图（左：汽油罐一，右：汽油罐二）

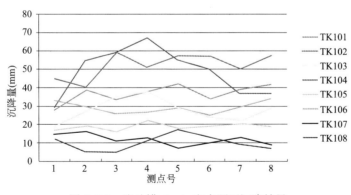

图 2.5-6　汽油罐（一）充水预压沉降结果

由图 2.5-6 和图 2.5-7，环墙沉降比较均匀，实测环墙沉降量均未超过允许最大沉降量，满足规范和设计要求。

7　结论

该场区为大型开山填海造陆形成，合理选择施工工艺和工艺流程对工程造价和进度影

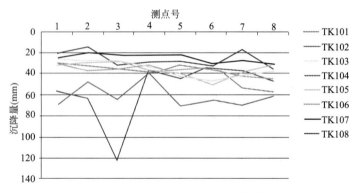

图 2.5-7　汽油罐（二）充水预压沉降结果

响较大，本项目汽油罐区地基处理经验可为类似工程提供借鉴：

（1）将强夯处理效果与基础设计要求相结合，综合选择基础形式。对沉降不敏感或地基均匀的建（构）筑物采用浅基础，如厂区原油罐区、成品油罐区以及一些附属设施等；对沉降控制要求高的装置区和地基处理难以达到要的码头库区采用桩基。

（2）对于挖、填方交替的区域、地形起伏较大、填土类型复杂、地层中下卧淤泥层厚度变化较大区域采用特殊工艺进行重点处理。对航煤罐区和中间原料罐区采用了特殊的强夯工艺进行处理，满足设计要求。

【实录6】葫芦岛海擎重工机械有限公司煤化工设备重型厂房开山填海地基15000kN·m强夯置换处理工程

张文龙[1]，戴海峰[1]，水伟厚[2]

(1. 上海申元岩土工程有限公司，上海 200040；2. 中化岩土集团股份有限公司，北京 102600)

摘　要： 场区为开山填海形成，回填料级配不均匀，填土厚度不等，最深处达8.7m，采用15000kN·m高能级强夯和强夯置换处理回填土地基，使用了高能级柱锤联合平锤加固工艺，并在重型厂房区经高能级强夯工艺处理后采用浅基础方案取代原设计中的桩基础方案，实测表明工后场地沉降完全满足设计要求，节省造价，缩短了工期，可为类似开山填海场地的地基处理和基础选型提供参考。

关键词： 开山填海地基，高能级强夯置换；柱锤联合平锤复合工艺；

1　概述

山东海擎化工机械有限责任公司重型压力容器制造项目位于辽宁省葫芦岛开发区综合产业园，总占地面积约1600亩。项目主要建设内容包括煤化工重型设备生产厂房、石化设备生产厂房、核电压力容器生产厂房、综合仓库等，工程从2008年5月开始试验性施工至2008年12月份完成大面积处理施工。

该项目煤化工设备重型厂房在400t行吊荷载和重型设备作用下单柱产生最大设计轴力荷载达到10000kN，最大设计弯矩达到15000kN·m，按照常规基础设计只能采用桩基础设计方案，但由于场地为开山填海形成，回填过程中填料质量很难控制，无论是采用预制桩还是钻孔桩、挖孔桩，均有施工难度大、桩基造价高、工期长等工程难题。为解决以上难题，在经过分析、计算后，提出高能级异形锤复合平锤五遍成夯的地基处理方案，地基处理后在最大运行400t行吊的重型厂房中采用浅基础设计方案。根据当时建设单位对填海地基情况下类似重型厂房所采用基础形式的调查结果，同规模重型厂房同种地质条件下采用浅基础设计方案在国内尚属首次。

2　场地地质概况

根据勘察报告，地层主要为素填土、淤泥质砂、淤泥质粉质黏土、中粗砂、砾砂、混合花岗岩、煌斑岩岩脉组成，场地土层情况见表2.6-1，场地典型地质剖面见图2.6-1。

作者简介：张文龙（1982—　），男，高级工程师，主要从事地基处理设计、施工、检测等相关工作。E-mail：tylz87934743@163.com。

场地土层分布情况表 表 2.6-1

层号	土层名称	厚度(m)	特 点
①	素填土	8～8.7	主要有板岩、石英砂岩、混合花岗岩的中、强风化块石、碎石、角砾等组成，含少量黏性土，一般粒径为 10～200mm，含量为 50%～80%，最大可见粒径为 300～800mm
②	淤泥质砂	0.7～5.1	主要成分为长石、石英矿物，含淤泥质黏性土，约占 15%～30%，见少量贝壳碎片，具腥味
③	粉质黏土	0.3～4.4	软塑—可塑状态，局部呈现流塑状态，韧性低，干强度低，无摇振反应，切面粗糙，含中粗砂约占 1%～5%，见大量贝壳碎片，具腥味
④	中砂	0.6～5.8	主要成分为长石英质矿物，稍密状态，饱和。一般粒径为 0.5～10mm，其中角砾含量为 20%～30%，成分以石英岩、花岗岩为主，含少量黏性土
⑤	粉质黏土	0.5～4.0	硬塑状态，韧性中等，干强度中等，切面光滑，无摇振反应
⑥	粗砂	0.3～5.8	主要成分为长石、石英矿物，含少量黏性土，约占 3%～5%
⑦	砾砂	0.6～6.4	长英质矿物为主，一般粒径为 1～10mm，可见最大粒径为 30mm，其中角砾含量为 25%～40%，部分砂砾强烈风化
⑧	全风化混合花岗岩	0.8～3.3	主要组成矿物为石英、长石、黑云母等，其中长石已高岭土化；原岩结构、构造已不清晰，节理裂隙极发育，岩芯呈粗、砾砂状，手捻可碎，稍具黏性

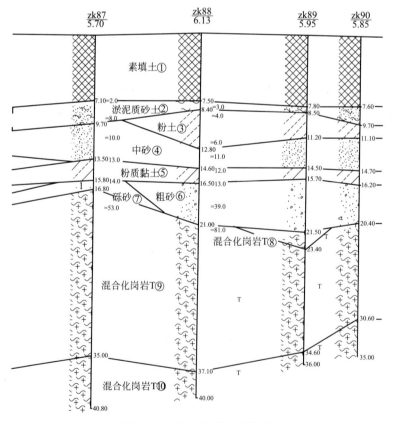

图 2.6-1 场地典型地质情况

3　地基处理设计要求

重型、中型跨柱基及重要设备下，地基承载力特征值 $f_{ak} \geqslant 350 \text{kPa}$，有效加固深度$\geqslant$ 10m，2～4m 深度范围内压缩模量 $E_s \geqslant 25 \text{MPa}$，4～6m 深度范围内压缩模量 $E_s \geqslant$ 20MPa，6～8m 深度范围内压缩模量 $E_s \geqslant 15 \text{MPa}$。

轻型跨柱基、其他设备及室内道路、地坪下，地基承载力特征值 $f_{ak} \geqslant 300 \text{kPa}$，有效加固深度$\geqslant$9m，1～3m 深度范围内压缩模量 $E_s \geqslant 22 \text{MPa}$，3～5m 深度范围内压缩模量 $E_s \geqslant 18 \text{MPa}$，5～7m 深度范围内压缩模量 $E_s \geqslant 12 \text{MPa}$。

4　强夯试验

根据设计要求，在正式施工前进行了两个试验区的试验性施工，其中试验一区采用 12000kN·m 能级平锤强夯处理工艺，试验二区采用 8000kN·m 能级异形锤强夯置换与 12000kN·m 能级平锤强夯联合处理工艺。

试验性施工前对试夯区进行了重型动力触探、钻孔取样并进行室内土工试验。并在试夯一区和试夯二区各进行一台现场载荷试验。试验性施工结束后共进行 15 个钻孔取样（试夯一区 6 个、试夯二区 9 个），以便采取素填土下面原状土样；试夯一区距夯点 1.0m 处进行 3 组重型动力触探，试夯二区距强夯置换点 1.0m、2.0m 处共进行 10 组重型动力触探；试夯一区和试夯二区各自选择两个夯点、两个夯间共进行 4 台静载荷试验。

从夯前、夯后取样分析，夯前所见的②淤泥质砂层，夯后已不见，该层土已被置换掉，充填到填土孔隙之中；根据动力触探检测结果，地表下 6m 左右范围属强夯置换区，加固效果显著，由素填土（夯前）置换为块石（夯后），重型触探击数由 4 增加到 17.2（10.2）；地表下 6～9m 范围属强夯加强区，加固效果较好，②淤泥质细砂层、③粉土层地基处理后，强度有所增长，②淤泥质细砂层重型触探击数由 2.5 增加到 3；③粉土层由 3 增加到 4.2；根据静载试验结果，夯后地基承载力由 160kPa 增加至 600kPa（平夯）和 1000kPa（置换联合夯），提高了（3.8～6.7）倍。

图 2.6-2　置换墩位置垂直开挖效果

施工结束后为判断所形成置换墩的深度和直径，在加固区域进行了垂直开挖检查，开挖效果见图 2.6-2。图中 L1 和 J1 为 8000kN·m 能级柱锤强夯置换点，K1 点为 12000 kN·m 能级强夯点。开挖采用分两层进行，第一层厚度 2.5～3.0m，碎石置换深度从第一层底向下约 3.0m。异形锤置换直径约 2.0m，强夯夯点直径约 3.0m。填料置换深度 5.5～6.0m。

5 强夯处理施工工艺

根据试夯结果，正式施工将整个厂房分为 3 个区域处理：

Ⅰ区：重型、中型跨厂房柱基及重要设备下柱锤强夯置换联合平锤强夯置换区，采用 10000kN·m 能级柱锤强夯置换联合 12000kN·m 能级平锤强夯置换五遍成夯施工工艺处理，其中柱基中心采用 15000kN·m 平锤强夯置换进行加固。具体施工工艺为：第一遍采用 10000kN·m 能级柱锤强夯置换，夯点依据柱基位置和尺寸布置，重要设备下按 12m×12m 正方形布置，收锤标准按最后两击平均夯沉量不大于 15cm 且击数不少于 25 击控制，施工完成后及时将夯坑填平；第二遍采用 15000kN·m 能级平锤强夯置换，夯点位于柱基中心，收锤标准按最后两击平均夯沉量不大于 15cm 且击数不少于 25 击控制，施工完成后及时将夯坑填平；第三遍采用 12000kN·m 能级柱锤强夯置换，夯点依据柱基位置和尺寸布置，重要设备下按 12m×12m 正方形布置，收锤标准按最后两击平均夯沉量不大于 10cm 且击数不少于 20 击控制，施工完成后及时将夯坑填平；第四遍采用 5000kN·m 能级平锤强夯，夯点按 4m×4m 正方形布置，收锤标准按最后两击平均夯沉量不大于 15cm 且击数不少于 25 击控制，施工完成后及时将夯坑填平；第五遍采用 2000kN·m 能级满夯，每点夯 3 击，要求夯印 1/3 搭接，以夯实地基浅部填土，满夯结束后整平场地。

Ⅱ区：轻型跨柱基下平锤强夯置换区，采用 15000kN·m 能级平锤强夯置换联合 12000kN·m 能级平锤强夯置换施工工艺，具体施工工艺如下：第一遍采用 15000kN·m 能级平锤强夯置换，每个柱基下两点，收锤标准按最后两击平均夯沉量不大于 15cm 且击数不少于 25 击控制，施工完成后及时将夯坑填平；第二遍采用 12000kN·m 能级平锤强夯置换，夯点依据柱基位置和尺寸布置，收锤标准按最后两击平均夯沉量不大于 10cm 且击数不少于 20 击控制，施工完成后及时将夯坑填平；第三遍采用 6000kN·m 能级平锤强夯，夯点依据柱基位置和尺寸布置，收锤标准按最后两击平均夯沉量不大于 5cm，施工完成后及时将夯坑填平；第四遍采用 4000kN·m 能级平锤强夯，夯点按 4m×4m 正方形布置，按每点 10 击控制，施工完成后及时将夯坑填平；第五遍采用 2000kN·m 能级满夯，每点夯 3 击，要求夯印 1/3 搭接，以夯实地基浅部填土，满夯结束后整平场地。

Ⅲ区：其他设备及室内道路、地坪下平锤强夯置换区，采用五遍成夯的 12000kN·m 能级平锤强夯置换工艺，具体施工顺序如下：第一遍采用 12000kN·m 能级平锤强夯置换，夯点按 12m×12m 正方形布置，收锤标准按最后两击平均夯沉量不大于 10cm 且击数不少于 20 击控制，施工完成后及时将夯坑填平；第二遍采用 12000kN·m 能级平锤强夯置换，夯点按 12m×12m 正方形布置，收锤标准按最后两击平均夯沉量不大于 10cm 且击数不少于 20 击控制，施工完成后及时将夯坑填平；第三遍采用 6000kN·m 能级柱锤强夯置换，为第一遍和第二遍夯点间插点，收锤标准按最后两击平均夯沉量不大于 5cm，施工完成后及时将夯坑填平；第四遍采用 3000kN·m 能级平锤强夯，夯点按 4m×4m 正方形布置，按每点 10 击控制，施工完成后及时将夯坑填平；第五遍采用 1500kN·m 能级满夯，每点夯 3 击，要求夯印 1/3 搭接，以夯实地基浅部填土，满夯结束后整平场地。

(a)　　　　　　　　　　　　　(b)
(c)　　　　　　　　　　　　　(d)

图 2.6-3　强夯置换现场施工情况

6　地基处理效果检测与分析

　　工程施工结束后由检测单位对该厂房强夯地基分别在夯点和夯间选取检测点进行浅层平板载荷验收试验，由于试验为工程验收性检验，试验最大加荷值不少于设计荷载的两倍，试验结果见表 2.6-2 和表 2.6-3。

工程验收地基土承载力及变形参数静载试验结果（试 1~试 5）　　　表 2.6-2

试验点	试 1		试 2		试 3		试 4		试 5	
承压板宽度(m)	1.50		1.50		1.50		1.50		1.50	
试验点标高(m)	−2.65		−2.95		−2.95		−2.65		−2.95	
试验点位置	夯间		夯点		夯点		夯间		夯点	
夯击能量(kN·m)	—		15000 强夯置换点		15000 强夯置换点		—		15000 强夯置换点	
最大加荷值与承载力特征值取值	最大加荷值(kN)	承载力特征值(kPa)	最大加荷值(kN)	承载力特征值(kPa)	最大加荷值(kN)	承载力特征值(kPa)	最大加荷值(kN)	承载力特征值(kPa)	最大加荷值(kN)	承载力特征值(kPa)
	1620	360	1620	360	1620	360	1620	360	1620	360
对应沉降量(mm)	13.20	8.03	10.77	7.43	13.92	9.03	22.30	12.68	11.38	7.88
变形模量(MPa)	56.6		61.1		50.3		35.8		57.6	

工程验收地基土承载力及变形参数静载试验结果（试6～试9）　　　　表2.6-3

试验点	试6		试7		试8		试9	
承压板宽度(m)	1.50		1.50		1.50		1.50	
试验点标高(m)	−2.95		−2.65		−2.95		−2.95	
试验点位置	夯点		夯间		夯点		夯点	
夯击能量(kN·m)	15000 强夯置换点		—		15000 强夯置换点		15000 强夯置换点	
最大加荷值与承载力特征值取值	最大加荷值(kN)	承载力特征值(kPa)	最大加荷值(kN)	承载力特征值(kPa)	最大加荷值(kN)	承载力特征值(kPa)	最大加荷值(kN)	承载力特征值(kPa)
	1620	360	1620	360	1620	360	1620	360
对应沉降量(mm)	14.22	9.43	21.86	13.91	16.02	10.62	14.29	9.22
变形模量(MPa)	48.1		32.6		42.8		49.2	

　　试验的9个检测点地基承载力特征值均≥360kPa，地基承载力特征值与其对应的变形模量均满足设计要求。

　　为对处理后厂房地基的加固效果及有效加固深度做出评价，在浅层平板载荷试验后进行了多道瞬态面波测试，厂房1～36轴0～4m、4～8m、8～12m范围内等效剪切波速等值线如图2.6-4～图2.6-6所示。

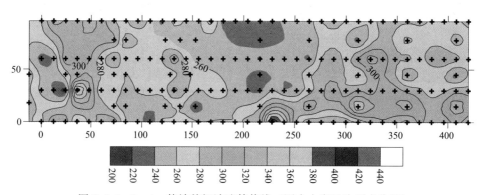

图2.6-4　0～4m等效剪切波速等值线（图中十字叉为测点位置）

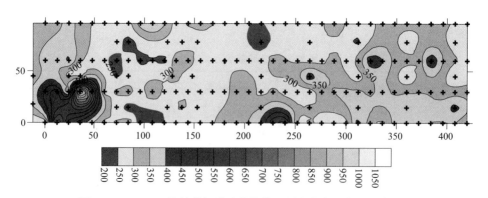

图2.6-5　4～8m等效剪切波速等值线（图中十字叉为测点位置）

　　根据分层等效剪切波速等值线图可以判断，场地经过地基处理后，土层加固效果明显，等效剪切波速基本上在200m/s以上，波速值提高幅度比较大，加固效果比较明显，

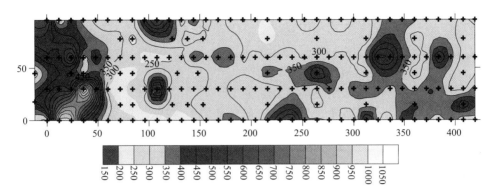

图 2.6-6　8～12m 等效剪切波速等值线（图中十字叉为测点位置）

有效加固深度超过 10m，达到设计要求。

7　后期沉降观测

本项目竣工投产后，应建设单位要求对厂房柱基及重要设备基础进行了沉降变形观测，观测时间自 2009 年 3 月 30 日开始至 2012 年 4 月 28 日，历时 1125 天，厂房柱基的沉降观测结果见图 2.6-7。

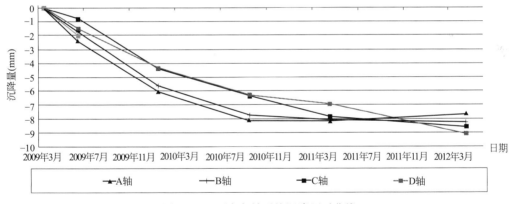

图 2.6-7　厂房各轴平均沉降历时曲线

由图 2.6-7 可以看出，厂房整体沉降在设计允许范围内，且沉降比较均匀。在厂房建成后的第一年度，沉降相对较大，第二年趋稳态势比较明显，第三年度结束已基本稳定。最后一次观测获得的厂房沉降速率在 0.00～−0.01mm/d，也说明厂房沉降在目前荷载状态下已基本稳定。

8　结论

本项目针对国内沿海地区普遍存在的开山填海场地地基，对于重型设备制造厂房基础的设计施工首次采用了高能级强夯置换和强夯处理后直接设置浅基础的技术方案，不仅满足了建设单位的功能使用要求，而且大大节约经济成本和缩短了建设工期，在工程应用、技术推广、概念创新、节能环保方面取得了巨大的成绩，可以为相似场地地基条件下重型厂房建设提供参考。根据工程施工检测结果和后期沉降观测数据，可得到以下结论：

（1）根据试夯区夯前、夯后取样揭示的地层变化结果可知，夯前所见的淤泥质细砂层，夯后已不见，该层土已被置换掉，充填到填土孔隙之中；

（2）根据试夯区夯前、夯后重型动力触探试验对比结果可知，地表下 6m 左右范围属强夯置换区，加固效果显著，由素填土（夯前）置换为块石（夯后），重型触探击数由 4 增加到 17.2（10.2）；地表下 6～9m 范围属强夯加强区，加固效果较好，②淤泥质细砂层、③粉土层地基处理后，强度有所增长，②淤泥质细砂层重型触探击数由 2.5 增加到 3；③粉土层由 3 增加到 4.2；

（3）根据试夯区夯前、夯后浅层平板载荷试验对比结果可知，夯后地基承载力由 160kPa 增加至 600kPa（平夯）和 1000kPa（置换联合夯），提高了（3.8～6.7）倍；

（4）根据厂房强夯地基的浅层平板载荷试验结果，地基经高能级强夯置换和强夯处理后，承载力特征值和变形参数可以满足厂房进行浅基础设计的承载力要求；

（5）根据厂房强夯地基的多道瞬态面波测试结果，场地经过地基处理后，土层加固效果明显，等效剪切波速基本上在 200m/s 以上，波速值提高幅度比较大，加固效果比较明显，有效加固深度超过 10m，可以达到设计要求；

（6）根据厂房柱基和设备基础后期沉降观测结果，竣工投产 3 年内厂房柱基和设备基础整体沉降均匀，可以满足设计要求，且监测结束时沉降可判定已达到稳定。

【实录7】中国石油华南（珠海）物流中心工程珠海高栏岛成品油储备库 38 万 m² 填海地基 18000kN·m 强夯处理工程

牟建业[1]，张　忠[2]，何立军[3]

(1. 中化岩土集团股份有限公司，北京 102600；2. 中国石油天然气华东勘察设计研究院，青岛 266071；3. 上海申元岩土工程有限公司，上海 20040)

摘　要：场区由抛石填海形成，回填料为全风化、强风化花岗岩碎石土及块石，级配不均匀，填料厚度在 9.50～18.50m 之间，处理面积约 38 万 m²，采用 8000kN·m、12000kN·m、18000kN·m 高能级强夯处理，其中 18000kN·m 能级强夯技术为国内首次在地基处理中应用，可为以后的高能级强夯工程提供指导。

关键词：抛石填海地基；高能级强夯；地基处理

1　工程概况

珠海高栏岛成品油储备库项目为中国石油华南（珠海）物流中心工程的首期工程，建设地点为珠海高栏岛经济区南迳湾石化仓储区内。项目规划总库容为 $100 \times 10^4 \mathrm{m}^3$，首期建设 $52 \times 10^4 \mathrm{m}^3$，码头依托华联油库现有 80000DWT 码头。库区由储罐区、汽车装车区、污水处理区、辅助设施及行政管理区组成。共有储罐 14 台及其他设备，其中：8 台 $5 \times 10^4 \mathrm{m}^3$ 柴油罐，4 台 $3 \times 10^4 \mathrm{m}^3$ 汽油罐，2 台污水调节罐等 19 个单元工程。

地基采用强夯工艺进行处理，处理面积约 38 万 m²，其中 8000kN·m 能级强夯约 40840m²，12000kN·m 能级强夯约 254790m²，18000kN·m 能级强夯约 82930m²。

项目强夯试验从 2008 年 5 月开始到 2008 年 10 月结束，正式施工从 2009 年 1 月 16 日开始，场地北区施工在 2 月 28 日完工，整个场地的施工在 4 月 24 日完工，历时 99 天。

2　工程地质概况

本工程场地表层普遍回填全风化—强风化花岗岩碎石土及块石，填土厚度 9.50～18.50m，属于新近回填土，地基处理前已基本整平，设计厂区的地面整平标高 6m 左右。场地土层情况见表 2.7-1，场地典型地质剖面见图 2.7-1。

作者简介：牟建业（1983— ），男，工程师，主要从事地基处理施工。E-mail：mujianyecge@126.com。

场地土层分布情况表　　　　　　　　　　　　　　　表 2.7-1

层号	土层名称	厚度(m)	特　点
①	素填土	6.10～17.50	主要由花岗岩碎石、块石、粗砾砂堆积而成，块石粒径 20cm～1m，结构较松散，均匀性差，钻进十分困难
②	中砂	2.20～9.90	级配较好，分选较差，含少量黏性土，含大量贝壳碎片、碎屑，偶夹粗砂、砾砂，砂粒组成以石英、长石成分为主，呈饱和、松散—中密状态，局部含有腐烂植物
②₁	淤泥质粉砂	0.50～6.80	含淤泥及贝壳碎片，局部混少量细砂，含大量腐烂植物，粉砂以石英、长石成分为主，呈饱和、流动—松散状态
③	粉砂	2.80～17.40	分选较好，级配差，含少量细砂、中砂，局部含有大量粉黏粒，夹有腐烂植物，砂粒组成以石英、长石成分为主，呈饱和、松散—稍密状态
④	粉质黏土夹粉土	2.50～31.70	含少量中粗砂、粉细砂、淤泥质土，局部含有砾砂，有机质含量在 5.0%左右，呈软塑—可塑状态，为中压缩性土
⑤	粉质黏土	2.30～24.00	含大量中粗砂、局部夹砂薄层，含有机质，呈可塑—硬塑状态，为中压缩性土

根据初勘报告，①层素填土若作为天然地基持力层需进行地基加固处理。②₁、②、③层饱和砂土液化等级为轻微—中等液化。液化需处理的最大深度为 20m。

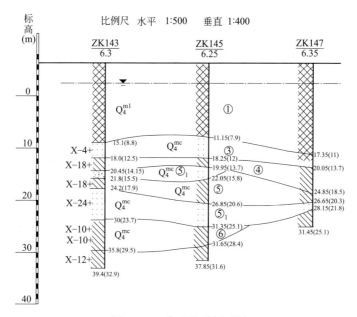

图 2.7-1　典型地质剖面图

3　方案优点

本次工程采用强夯处理优点：

（1）强夯夯击能高，处理深度大，处理后地基土的物理力学指标相对低能级强夯高，容易满足设计要求；

（2）根据信息化施工原则，可以随时调整夯击数，夯后地基土整体均匀；

（3）施工工艺简单，施工质量容易得到控制；

（4）可以就地取材，不消耗建筑材料，工程成本较低；

（5）施工机具移动便捷；

（6）与其他地基处理方案相比，工期最短。

4　强夯试验

4.1　强夯施工参数

（1）18000kN·m 区强夯施工方案

本区强夯分五遍进行。第一遍为 18000kN·m 点夯，夯点的间距为 10.0m，呈正方形布置。夯点的收锤标准以最后两击的平均夯沉量小于 20cm 控制。第二遍为 18000kN·m 点夯，夯点的夯击次数及收锤标准同第一遍 18000kN·m 点夯相同；第三遍为 8000kN·m 加固夯夯点，夯点的收锤标准以最后两击的平均夯沉量小于 20cm 控制；最后分别采用能级为 3000kN·m、1000kN·m 夯击能的满夯各满夯两遍，每点夯两击，要求夯锤底面积彼此搭接 1/4。

夯点平面布置见图 2.7-2。

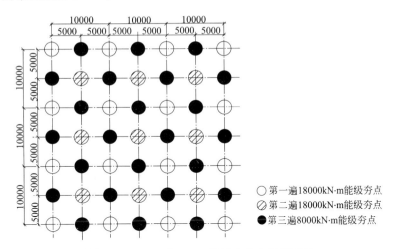

图 2.7-2　18000kN·m 能级夯点布置示意图

（2）12000kN·m 强夯施工方案

本区强夯分五遍进行。第一遍为 12000kN·m 点夯，夯点的间距为 9.0m，呈正方形布置，以最后两击的平均夯沉量小于 20cm 为夯点的收锤标准；第二遍为 12000kN·m 点夯，夯点的夯击次数及收锤标准同第一遍 12000kN·m 点夯相同；第三遍为 8000kN·m 加固夯夯点，经现场的试夯确定为夯击数 10 击左右，夯点的收锤标准以最后两击的平均夯沉量小于 20cm 控制；最后分别采用能级为 3000kN·m、1000kN·m 夯击能的满夯各满夯 2 遍，每点夯两击，要求夯锤底面积彼此搭接 1/4。

（3）8000kN·m 强夯施工方案

本区强夯分 5 遍进行。第一遍为 8000kN·m 点夯，夯点的间距为 8.0m，呈正方形布置，以最后两击的平均夯沉量小于 10cm 控制为夯点的收锤标准；第二遍为 8000kN·m 点夯，夯点的收锤标准以最后两击的平均夯沉量小于 10cm 控制；第三遍为 3000kN·m 加固夯夯点，夯点的间距为 8.0m，呈正方形布置，以最后两击的平均夯沉量小于 5cm 为夯点的收锤标准控制；最后为满夯分两遍，能级为 1000kN·m，每点夯 2 击，要求夯锤底面积彼此搭接 1/4。

考虑本工程场地回填差异性较大，北侧区域回填时间较长，且回填料以开山石为主，南侧为正在回填区域，回填料以山皮土为主，为此在试验区选择时将南北区域分开，进行 8000kN·m、12000kN·m、15000kN·m、18000kN·m 能级试验，对比不同能级强夯施工效果。

4.2　18000kN·m 能级试夯区（试夯 1 区）试夯检测

本工程试验是国内强夯首次采用 18000kN·m 能级，为此在试验检测过程中对该能级进行了重点检测。

（1）瑞雷波测试

试夯 1 区夯前、夯后各进行 3 组瑞雷波测试，夯前、夯后面波对比曲线见图 2.7-3。

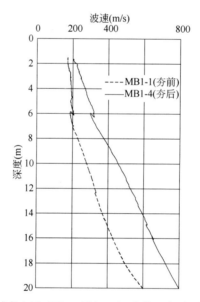

图 2.7-3　试夯 1 区（18000kN·m）夯前、夯后面波对比曲线

图 2.7-3 显示夯后面波波速比夯前显著提高，从频散曲线拐点判定，试夯 1 区（18000kN·m）强夯有效加固深度在 14～16m。

（2）载荷试验

试夯 1 区进行夯前 1 组、夯后 3 组载荷试验。

夯前最大加载量 500kN，夯后最大加载量为 600kN。根据试验数据绘制的 $p\text{-}s$ 曲线图 2.7-4 和图 2.7-5。

从图 2.7-4 可知，夯前载荷试验按 $s/b = 0.015$ 对应的荷载值为地基承载力特征值，确定本试夯区夯前地基承载力特征值为 195kPa。

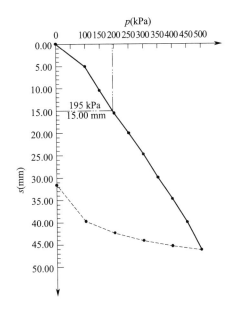

图 2.7-4　夯前载荷试验 p-s 曲线

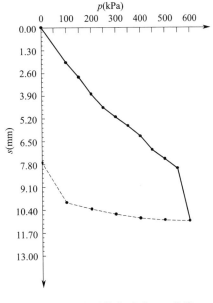

图 2.7-5　夯后载荷试验 p-s 曲线

从图 2.7-5 可知，夯后载荷试验加载至 600kPa 时 p-s 曲线呈陡降段，但总的沉降量很小，不到 12mm，在荷载达到 300kPa 时该点沉降量仅为 5.12mm，试验点地基土也未出现明显裂缝，因此可判定地基土未出现破坏，可判断承载力特征值为 300kPa。

试夯 1 区载荷试验情况见表 2.7-2。

试夯 1 区载荷试验情况统计表   表 2.7-2

试点编号	试验日期	p(kPa)	s(mm)	f_{ak}(kPa)	备注
JZ1-0	2008-05-03	500	46.22	195	夯前
JZ1-1	2008-08-30	600	11.04	300	夯后
JZ1-2	2008-08-28	600	18.38	300	夯后
JZ1-3	2008-08-31	600	24.14	300	夯后

4.3　其他能级试夯区试夯检测

（1）试夯 2 区承载力特征值分别为 300kPa、244kPa、281kPa，各点实测值的极差未超过其 30%，平均值为 275kPa；从动探结果看，2 区有效加固深度在 13m 左右；从面波测试结果看，强夯有效加固深度 10～12m；从标贯结果看，17～20m 范围内的标贯数据变化不明显。综合判断试夯 2 区的有效加固深度为 13m，地基承载力为 275kPa。

（2）试夯 3 区承载力特征值分别为 250kPa、250kPa、250kPa；从动探结果来看，3 区有效加固深度在 8.5m 左右；从面波测试结果看，强夯有效加固深度 8～11m 之间；从标贯结果来看，标贯数据变化不明显。综合判定，试夯 3 区的有效加固深度为 8.5m，地基承载力特征值为 250kPa。

（3）试夯 4 区承载力特征值分别为 300kPa、300kPa、250kPa，各点实测值的极差未超过其30%，平均值为283kPa；从动探结果看，4区有效加固深度在12m左右；从面波测试结果看，强夯有效加固深度13.5～15.5m；从标贯结果看，16～20m范围内的标贯数据变化不明显。综合判断试夯4区的有效加固深度为12m，地基承载力特征值为283kPa。

（4）试夯5区承载力特征值分别为300kPa、210kPa、214kPa，各点实测值的极差未超过其30%，平均值为241kPa；从动探结果看，5区除了夯点在10m范围内有加固效果外，夯间基本上没有加固效果；从面波测试结果分析试夯区5加固效果不明显。

（5）试夯6区承载力特征值分别为250kPa、250kPa、250kPa；从动探结果看，有效加固深度在8.5m左右；从面波测试结果来看，强夯有效加固深度8m左右；标贯数据变化不明显。综合判定试夯6区有效加固深度为8.5m，地基承载力特征值为250kPa。

5 结论

本项目施工过程表明，强夯主夯坑必须回填碎石，低能级夯坑可以就地整平，起到调整场地标高的作用。高能级强夯施工需要大量的回填石料，要求回填中风化以上、含土量较少、粒径控制在0.5m以内的碎石，石料质量对强夯质量的保证有很大的影响。总体来看本工程施工周期较短，施工工期远低于其他工艺，工程造价低于桩基等其他工艺。

根据检测中平板载荷试验、动力触探、多道瞬态面波测试等综合分析，得到以下结论：

（1）18000kN·m强夯加固区域地基承载力特征值不小于300kPa，压缩模量不小于25MPa，满足设计要求；12000kN·m强夯加固区域地基承载力特征值不小于250kPa，压缩模量不小于25MPa，满足设计要求；8000kN·m强夯加固区域地基承载力特征值不小于250kPa，压缩模量不小于20MPa，满足设计要求。

（2）通过强夯前后重型动力触探和多道瞬态面波检测，回填土经强夯加固后，土的工程性质有显著改善，但由于强夯前填土成分、厚度极不均匀，故夯后地基仍有不均匀性，设计人员在选用地基承载力和变形指标及基础设计时，应考虑地基的不均匀性。

【实录8】中石油大连成品油库区二期6万 m² 碎石回填地基 12000kN·m 强夯处理工程

董炳寅，李鸿江

（中化岩土集团股份有限公司，北京 102600）

摘　要：针对中石油大连成品油库区6万㎡高地下水位的碎石回填地基，采用了强夯处理方法，根据不同填土厚度，采用不同处理能级，分别是 12000kN·m、8000kN·m 和 4000kN·m。强夯过程中针对地下水位高的特点，采取了夯坑回填料控制夯坑深度的措施，以保证工程质量。通过夯后检测分析，在填土处理深度范围内不同深度填土密实性相近，较均匀，承载力和变形模量均满足设计要求。

关键词：高能级强夯；碎石回填地基；地基处理

1　项目概况

拟建大连油库场区位于辽宁省大连市开发区新港 12 号泊位西侧，东西长度约为 270m，南北长度约为 220m 范围内，拟建场区围有护栏网，场区内拟建罐组 10 座。同时场区分布有汽、柴油泵房、泡沫站、监控室、变配电间等附属设施。本地基处理工程为强夯加固工程，工程时间为 2009 年 6 月～2009 年 9 月，处理范围为 T-01～T-10 储罐基础、外扩保护区、附属建筑及道路等区域，其中 T-01～T-04 号罐直径为 40.5m，T-05～T-10 号罐直径为 46m。强夯平面布置图如图 2.8-1 所示。

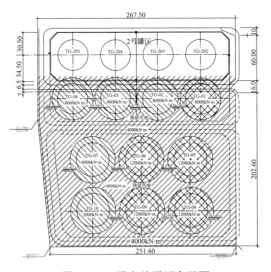

图 2.8-1　强夯总平面布置图

作者简介：董炳寅（1986—　），男，中化岩土工程股份有限公司地基基础研究所所长助理，主要从事岩土工程方面的设计、咨询、工艺开发工作。E-mail：dbycge@163.com。

本项目特点有：

（1）处理深度深，拟建场区位于大连市经济技术开发区新港内 12 号泊位西侧。根据勘察报告，拟建场区处原为海滩，港区建设时在场区及附近区域进行了人工回填，回填层厚度最深处约 12m，为达到罐区的承载力要求，根据不同处理深度，需采用 12000kN·m、8000kN·m 和 4000kN·m 能级强夯进行处理。

（2）地下水位高，场地为浅滩回填，地下水位位于现有地面下 2m 左右。强夯过程中夯坑极易出水。

（3）回填土性质不均匀，场区上部分布的填土层为人工堆填而成，回填土层中的骨架颗粒大小不一，分布不均匀，总体上在场区东半部大粒径块石略多。根据现场钻探和原位测试数据综合分析，该层大部地段在上部呈稍密状态，下部一般处于松散状态，力学性质很不均匀，因此该层不能直接作为拟建储罐等建（构）筑物的基础持力层，必须进行适当的处理，且处理深度须穿透上部稍密填土层和下部松散填土层。

2 工程地质概况

根据野外勘察成果，并结合室内土工试验成果，在勘察深度范围内，场区地层划分为① 人工填土（Q^{4ml}）、② 强风化板岩（Zc）和③ 中等风化板岩（Zc），本次地基处理范围主要涉及人工填土层，场地土层情况见表 2.8-1，场区典型地质剖面见图 2.8-2。

场地土层分布情况表 表 2.8-1

层号	土层名称	厚度(m)	特　点
①	人工填土	6.8～11.9	主要为碎石土，主要成分以板岩、石英岩、辉绿岩碎石、块石为主，分布不均匀。局部含有花岗岩，充填物主要有残积土、板岩和辉绿岩碎屑，含少量黏性土和砂土等，局部堆填有少量建筑垃圾
①1	人工填土	0～2.8	主要为碎石土，大部分呈稍密状态，局部呈中密状态，填土的骨架颗粒主要成分以强风化—中等风化的板岩、石英岩、辉绿岩等碎石为主，约占总量的 65%～75%，粒径以 10～80mm 为主，级配不均；充填物为残积黏土和砂土，岩石碎屑等
①2	人工填土	8.5～9.6	主要为碎石土，总体上呈松散状态，不均匀，骨架颗粒主要成分以强风化—中等风化的板岩、石英岩、辉绿岩碎石为主，一般粒径在 10～70mm 左右，约占总量的 60%～70%；充填物为残积的黏性土和砂土、岩石碎屑等

3 强夯施工工艺

3.1 强夯设计要求

（1）强夯处理填料要求：采用坚硬粗颗粒开山碎石进行回填，不得使用淤泥、耕土、杂填土、冻土以及有机质含量大于 5% 的土作为填料，不得含有植物残体垃圾等杂质，碎石比例控制在 50% 以上；

（2）强夯完成后平整度应控制在 ±15cm 范围内，以 20m×20m 方格网进行检查；

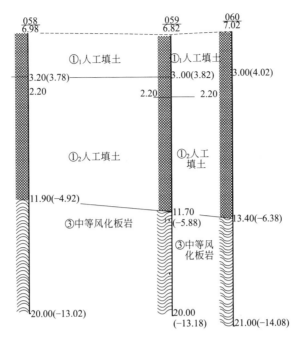

图 2.8-2　典型地质剖面示意图

（3）强夯处理应注意对已有建筑物的影响，并设置减振沟；

（4）强夯处理后，储罐地基承载力特征值大于 220kPa，附属建筑物地基承载力特征值大于 180kPa。

3.2　强夯施工工艺

根据勘察报告揭示的地质情况，以及储罐地基处理后承载力特征值大于 220kPa，附属建筑物地基处理后承载力特征值大于 180kPa 的处理要求。本工程强夯主要分为储罐内和储罐外两个区域。储罐内（基础保护线内）强夯能级分别为 12000kN·m 和 8000kN·m 能级，储罐外（基础保护线外）强夯能级均为 4000kN·m 能级。12000kN·m 能级强夯设计参数见图 2.8-3 以及表 2.8-2。

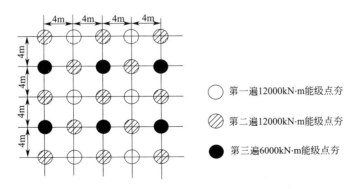

图 2.8-3　12000kN·m 能级强夯夯点布置示意图

储罐 12000kN·m 能级强夯施工参数　　　　　　　表 2.8-2

遍数 \ 参数	能级 (kN·m)	锤重(t)	落距(m)	布点形式 (正方形)	击(点)	控制要求
第一遍	12000	60	20	8m×8m	8～12	最后两击平均夯沉量≤200mm
第二遍	12000	60	20	8m×8m	8～12	最后两击平均夯沉量≤200mm
第三遍	6000	40	20	8m×8m	8～12	最后两击平均夯沉量≤100mm
第四遍	2000	10	20	搭接 1/3	2	

4　加固效果

为确定强夯地基处理后的效果，对于地基碎石土采用浅层静载荷试验，对于夯点、夯间土采用超重型动力触探、标贯和瑞利波试验方法检测地基各层土的承载力特征值 f_{ak}，变形模量 E_0 及地基碎石土的密实度。以 T-05 号为例，该罐地基强夯处理后，共进行了静载荷试验 3 点，瑞雷波试验 3 点，超重型动力触探试验 11 点，检测点分布如图 2.8-4 所示。

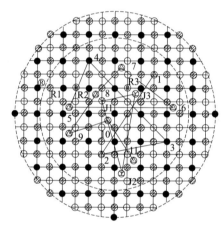

图 2.8-4　T-05 号罐静载荷、超重型动力触探、瑞利波试验布点图

J1～J3—静载荷试验点；1～11—超重型动力触探试验点；R1～R3—瑞利波试验点

各检测试验结果分析如下：

4.1　静载荷试验

静载荷试验承压板面积 1m²，最大加载量 450kN。载荷-沉降曲线（p-s 曲线）见图 2.8-5。

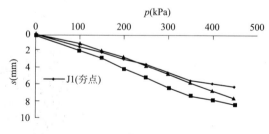

图 2.8-5　T-05 号罐静载荷试验 p-s 曲线

根据图 2.8-5，载荷-沉降曲线呈缓变形曲线，沉降量与承压板宽度之比小于 0.06，曲线上没有明显比例界限，也没有陡降段供判定极限荷载，根据承载力特征值不应大于最大加载量的一半的原则，取最大加载量的一半作为承载力特征值。不论是夯点、夯间点的静载荷试验的最大加载量不小于 450kN，在承压板影响深度范围内 f_{ak} ＝225kPa，变形模量 E_0 分别为 60.08MPa、42.33MPa 和 61.29MPa。

4.2　瑞雷波试验

本次试验检测采用 Miniseis24 型综合工程探测仪，采用 12 个检波器，道间距为 1m，偏移距为 0.5m。共进行强夯后瑞利波检测 3 个试点。实测瑞利波波速见表 2.8-3。

T-05 号罐瑞雷波测试数据表　　　　　　　　　　　　　　表 2.8-3

测试点位	瑞利波按土层厚度(m)/测试波速(m/s)		
R1	0～2	2～7	7～8
	180	220	300
R2	0～1.87	1.87～6(m)	6～7.52
	308	372	496
R3	0～2	2～6(m)	6～8.5
	300	460	540
平均值	263	348	452

依据《建筑地基基础技术规范》，对于该罐各土层 V_R＞240m/s，承载力特征值 f_{ak}＞220kPa，变形模量 E_0＞20MPa。

4.3　动力触探试验

超重型动力触探夯点布 11 孔，触探击数进行杆长修正后进行分段（划分土层）进行统计，给出每层土的标准击数、承载力特征值、变形模量、密实度等。具体划分层，统计结果见表 2.8-4。

T-05 号罐强夯地基超重型动力触探分层统计表　　　　　表 2.8-4

分层	统计个数 n	最小值 N_{min}(击)	最大值 N_{max}(击)	平均值 N(击)	承载力特征值 f_{ak}(kPa)	变形模量 E_0(MPa)
素填土	11	7.80	12.63	10.26	≥220	≥20

根据超重型动力触探结果，回填土层高程 6.50～－4.57m，地基承载力特征值 f_{ak}≥220kPa，变形模量 E_0≥20MPa；超重型动力触探标准击数 N_{120}＝10.26 击，呈中密状态，一般击数 7.80～12.63 击，密实度较均匀。

4.4　T-05 号罐检测结果

T-05 号罐基地表高程 6.5m，回填深度平均 12.10m（底高程－4.57m 左右）。经 3 点位静载试验、11 孔位超重型动力触探、瑞利波试验综合结果：高程 6.50～－4.90m，地基承载力特征值 f_{ak}≥220kPa，满足设计要求；变形模量 E_0≥20MPa；超重型动力触探标准击数 N_{120}＝10.26 击，呈中密状态，一般击数 7.80～12.63 击，密实度较均匀。

4.5 各罐组地基强夯后检测结果综合分析

各试验检测结果如表 2.8-5～表 2.8-7 所示。

储罐地基浅层静载试验检测结果　　　　　表 2.8-5

罐组编号	1 号	2 号	3 号	4 号	5 号
建议承载力特征值(kPa)	225	225	225	225	225
建议变形模量值(MPa)	＞20	＞20	＞20	＞20	＞20
罐组编号	6 号	7 号	8 号	9 号	10 号
建议承载力特征值(kPa)	225	225	225	225	225
建议变形模量值(MPa)	＞20	＞20	＞20	＞20	＞20

储罐地基瑞雷波试验检测结果　　　　　表 2.8-6

罐组编号	1 号	2 号	3 号	4 号	5 号
平均波速(m/s)	265	352	315	354	354
建议承载力特征值(kPa)	＞220	＞220	＞220	＞220	＞220
建议变形模量值(MPa)	＞20	＞20	＞20	＞20	＞20
罐组编号	6 号	7 号	8 号	9 号	10 号
平均波速(m/s)	411	340	360	404	398
建议承载力特征值(kPa)	＞220	＞220	＞220	＞220	＞220
建议变形模量值(MPa)	＞20	＞20	＞20	＞20	＞20

储罐地基动力触探试验检测结果　　　　　表 2.8-7

罐组编号	统计个数 n	最小值 N_{min}(击)	最大值 N_{max}(击)	平均击数 N(击)	承载力特征值 f_{ak}(kPa)	变形模量 E_0(MPa)
1 号	7	7.35	13.03	10.04	≥220	≥20
2 号	7	10.02	13.46	12.04	≥220	≥20
3 号	9	6.37	11.27	8.66	≥220	≥20
4 号	7	7.73	13.02	10.84	≥220	≥20
5 号	11	7.8	12.63	10.26	≥220	≥20
6 号	11	5.97	10.67	8.27	≥220	≥20
7 号	6	7.74	14.3	11.56	≥220	≥20
8 号	11	7.86	12.3	9.49	≥220	≥20
9 号	11	8.06	13.45	10.17	≥220	≥20
10 号	6	12.74	15.23	13.85	≥220	≥20

由表 2.8-4～表 2.8-6，T-01 号～T-10 号储罐，浅层静载荷试验结果：承载力特征值均大于 220kPa，变形模量均大于 20MPa；瑞雷波试验结果：各罐平均波速为 315～411m/s，承载力特征值均大于 220kPa，变形模量均大于 20MPa；超重型动力触探试验检测结果：各罐平均动探击数为 8.27～13.85 击，均属于中密状态。

综上所述，T-01 号～T-10 号储罐地基经强夯处理后，处理深度范围内，地基土属于中密状态，承载力特征值均大于 220kPa，变形模量均大于 20MPa。

5 结论

（1）为达到罐区的承载力要求，根据不同处理深度，采用不同的施工能级，处理效果显著，达到了最初的设计目的；

（2）对于地下水位高的场地，强夯过程中夯坑"多次填料少喂料"，减小夯坑深度对于地基处理效果是有益的，不但降低施工难度，而且提高了地基承载力；

（3）场地回填土性质不均匀，经强夯地基处理后，瑞雷波和动力触探试验结果显示，处理深度范围内，地基土密实性相近，较均匀。

综上所述，高能级强夯处理高地下水位、超厚碎石回填土地基是合适可行的。

【实录 9】中海油珠海高栏终端 105 万 m²碎石填海地基 15000kN·m 强夯处理工程

牟建业[1]，何淑军[1]，梁汉波[2]，何立军[3]

(1. 中化岩土集团股份有限公司，北京 102600；2. 中海石油深海开发有限公司，深圳，518067；

3. 上海申元岩土工程有限公司，上海 20040)

摘　要：中海石油（中国）南海深水天然气开发项目珠海高栏终端工程，该场地为开山填海、填谷形成，填海厚度 5～30m，总共需要进行强夯的面积为 105 万 m²，根据回填土厚度等因素采用不同工艺和能级的强夯法进行加固处理，施工能级为 2000kN·m、6000kN·m、12000kN·m、15000kN·m，夯后经浅层平板载荷试验、多道瞬态面波测试、标准贯入试验、圆锥动力触探试验等测试，陆域及海域夯后地基承载力特征值均不小于 200kPa，夯后地基在检测深度范围内，整体波速较高，满足设计要求，为大面积强夯施工提供指导。

关键词：填海地基；碎石土；高能级强夯

1　工程概况

珠海高栏港经济区投资建设南海深水天然气开发项目珠海高栏终端位于珠海市高栏港经济区南径湾作业区最南端的正咀山山体及相邻西南方向填海区，占地约 140 万 m²。该场地为开山填海、填谷形成，填海面积约为 67.5 万 m²（其中含码头 2 万 m²，征地红线与填海围堰之间的扩展面积 3.5 万 m²）。陆地面积 71.5 万 m²，其中回填面积为 21.5 万 m²，炸山挖方面积为 50 万 m²，标高最北端为 +50m，按 0.3‰ 的坡度向南放坡。

总共需要进行强夯的面积为 1050296m²，其中需要采用高能级强夯区域（海域及陆域分层填土厚度大于 9m 区域）面积 721059m²，采用低能量级强夯区域（陆域分层填土厚度不大于 9m 区域）面积约 330253 m²。场地回填土的成分以碎石土为主。根据上述分层原则，拟采用 15000kN·m 能级强夯处理的面积 272050m²，拟采用 12000kN·m 能级强夯处理的面积 449009m²，拟采用 6000kN·m 能级强夯处理的面积 266071m²，拟采用 2000kN·m 能级强夯处理的面积 63166m²。根据回填土厚度等因素采用不同工艺和能级的强夯法进行加固处理。

2　工程地质概况

拟建场地陆域地貌位于走丘塘（361.7m）南部山脚及大脑山除东部外的中下沿山丘，属低丘陵陡坡地貌，为一相对独立的山体，最高处为大脑山，海拔 239.1m，最低 3.50m，相对高差达 235m。与走丘塘为一山沟相连。由于填海造地和工程建设的需要，

作者简介：牟建业（1983— ），男，工程师，主要从事地基处理施工。E-mail：mujianyecge@126.com。

局部山体（西北角山体）被无序挖采成为乱掘区，表土遭剥离，岩土裸露，局部已造成水土流失，坡面坑坑洼洼，地形地貌和植被遭受破坏，场内陡坎遍布，杂乱无章。东部和南部山体（除局部挖掘区外），大部分保持原始地貌，植被发育，坡面坡度一般为 $35°\sim40°$。

海域勘探点勘探深度范围内揭露地层主要由新近人工填土（Q_4^{ml}）层、第四系海陆交互相沉积（Q_4^{mc}）层。场地土层情况见表 2.9-1。

场地土层分布情况表　　　　　　　　　　　　　　　　　　　表 2.9-1

层号	土层名称	厚度(m)	特　　点
①	素填土	17.5～27.8	主要由附近开山搬运的全风化—中风化花岗岩形成的碎石土、碎石、块石经人工堆积而成，属新近回填土，一般上部结构松散，下部结构稍密。粒径一般 5～20cm，局部块石粒径 30～50cm
②	粉砂	1.8～14.4	以石英、长石为主，多呈次棱角状、浑圆状，含贝壳、螺壳碎屑及少量淤泥质土
③	淤泥质粉质黏土	—	流塑，切面光滑，有光泽，干强度、韧性中等，岩性不均匀，相变频繁，局部过渡为粉土，含少量的腐烂植物及弱泥炭质土，软塑，为高压缩性土
④	粉质黏土	—	饱和、硬塑，含较多石英砂砾，呈土状，由花岗岩风化残积而成
⑤	全风化花岗岩	—	原岩结构清晰，合金钻具易钻进，呈粗砾砂混黏性土状，岩芯呈土柱状
⑥	强风化花岗岩	—	原岩结构大部分矿物已破坏，风化裂隙很发育，下部不均匀夹少量硬块状，岩块用手可折断，合金钻进容易，岩芯呈土柱状、砂砾状
⑦	中风化花岗岩	—	岩石裂隙发育，裂隙面铁染呈褐色；岩芯呈块状及短柱状，岩块手折不断，合金钻进较困难
⑧	微风化花岗岩	—	裂隙少量发育，岩土致密、坚硬，断面新鲜，岩芯呈柱状，合金钻进困难

3　方案设计

3.1　强夯地基处理方案的选用

根据本场地工程地质条件，结合以往同类工程特点、相邻场地已有的设计施工经验，分析认为，采用强夯法对场地地基土进行加固处理，不仅是适宜的，而且有以下几个方面是其他方案无法替代的优势：

（1）强夯工艺简单，工艺环节较少，施工质量容易控制。

（2）强夯法处理人工填土地基不仅可以提高地基土的强度，且处理后地基整体均匀。

（3）现场环境条件适宜强夯施工。拟建场区开阔，没有建（构）筑物，在强夯影响范围之内不存在扰民问题。

（4）工期短、施工效率高，与其他地基处理工艺相比，工期可大大缩短。

（5）投资省。强夯法地基处理由于没有过多建筑材料的消耗，在地基处理工艺中施工成本较低，可有效降低工程投资。

3.2　强夯设计施工技术方案

（1）在制定强夯地基施工技术方案设计时，根据场地工程地质条件，结合国家相关规范和场地设计处理深度，确定了采用多种夯击能对场地进行施工，其中每种夯击能对应不同的夯击范围。夯击能 2000kN·m 主要针对陆域分层回填土厚度不超过 4m 的区域，夯击能 6000kN·m 主要针对陆域分层回填厚度不超过 9m 但大于 4m 的区域，夯击能 12000kN·m 主要针对陆域分层回填厚度超过 9m 及海域回填厚度小于 14m 的区域，15000kN·m 主要针对海域回填厚度超过 16m 的区域。

（2）明确了夯坑回填料的成分、粒径、回填工艺顺序等，为土方和强夯施工提供便利。强夯施工前应在现场场地标高基础上采取高挖低填工艺整平场地，使场地标高接近设计标高，强夯过程中，夯坑应用骨料回填，骨料的土石比应达到 3：7，2000kN·m 及以下能级最大块石粒径不大于 300mm；2000kN·m 以上能级最大块石粒径不大于 500mm。点夯后平整场地，使场地标高高于设计标高 0.2m，然后进行满夯。

（3）在制定强夯地基检测方案设计时，我们充分考虑到本场地沉降控制要求，为按分层总和法计算地基沉降、预测地基变形提供了充分依据。并严格按有关国家规范和招标文件要求布置了完善的检测手段，能准确地对施工质量进行检测和评价。根据《建筑地基处理技术规范》JGJ 79 规定，本次检测设计采用原位测试和室内土工试验等方法进行，具体采用的原位测试有：动力触探试验、平板静力载荷试验、瑞利面波测试。

利用土工试验结果确定夯后地基土物理力学性质指标改善程度、判定场地液化消除情况，对夯后地基进行沉降、变形验算和预测；静力载荷试验成果确定强夯后地基土承载力；瑞利面波测试，主要用于浅层地基土探测，可结合室内实验、动力触探试验，综合评价地基土的物理力学性质指标改善的程度。通过上述几种检测手段可综合确定试夯后场地强夯施工参数和大面积强夯施工区地基强夯加固效果。

4 强夯试验

4.1 强夯试验目的

本次试验是对压缩层范围内地基进行加固处理的试验研究。主要目的是使地表一定深度范围内土层的密实度、均匀性得到有效提高，形成一定厚度的硬壳层，增强整体变形协调性，满足后续设计对地基强度和变形的要求。

具体的试验目标是：

（1）为大面积地基处理设计、施工提供方案依据；

（2）确定和优化大面积施工技术参数；

（3）通过地基处理前后与过程中的监测和检测，动态了解地基的加固效果和变形特征，为后续设计提供依据。

在分析场地工程地质勘察资料的基础上提出适合相应能级的地基处理参数，验证各种参数的合理性和适用性，通过对试验结果的综合比较，为后期大面积地基处理优化设计提供依据。

4.2 强夯试验区的选择

试验区的面积：2000kN·m 能级强夯 20m×20m，6000kN·m 能级强夯 24m×

24m，12000kN·m 能级强夯 40m×40m，15000kN·m 能级强夯 40m×40m。本次试验试验区的选择原则是设计确定的各能级强夯区，地质条件差、设计处理深度大的区域。

按照本设计初步确定的工艺和参数进行试验性施工时，根据地面沉降和变形的实际情况，可对施工参数进行调整，使其更趋合理。

5　施工工艺

5.1　强夯施工技术要求

强夯施工技术要求   表 2.9-2

区　　域	遍　数	能级(kN·m)	间距(m)	击　数
15000kN·m 能级区	一	15000	10	15
	二	15000	10	15
	三	8000	10	10
	满夯	2000		3
12000kN·m 能级区	一	15000	10	15
	二	15000	10	15
	三	6000	10	10
	满夯	2000		3
6000kN·m 能级区	一	6000	6	10
	二	6000	6	10
	满夯	1500		3
2000kN·m 能级区	一	2000	5	6
	二	2000	5	5
	满夯	1500		2

5.2　工艺流程

15000kN·m、12000kN·m 能级强夯施工工艺流程如下：
测量放线→强夯第一遍→强夯第二遍→加固强夯→满夯→检测验收。
6000kN·m、2000kN·m 能级强夯施工工艺流程如下：
测量放线→强夯第一遍→强夯第二遍→满夯→检测验收。

6　检测、监测结果

根据 2009 年 11 月至 2010 年 11 月以及 2012 年 3 月至 2012 年 9 月的检测数据及分析，得到以下结论：

（1）根据平板载荷试验结果（表 2.9-3），陆域及海域夯后地基承载力特征值均不小于 200kPa，满足设计要求。

平板载荷试验数据统计表　　　　　　　　　　　　表 2.9-3

序号	试验点号	最大加载量(kPa)	最终沉降量(mm)	f_{ak}(kPa)	E_0(MPa)
1	JZ1	400	12.23	200	46.0
2	JZ2	400	13.06	200	94.8
3	JZ3	400	11.52	200	101.0
平均值			12.27	200	80.6

（2）根据标准贯入试验结果（表 2.9-4），填石层厚度以下，淤泥质粉质黏土层地基承载力特征值为 80～100kPa，粉砂层承载力特征值为 126kPa，砾砂层承载力特征值为 180kPa，黏土层及粉质黏土层承载力特征值均大于 200kPa。

标准贯入试验成果统计表　　　　　　　　　　　　表 2.9-4

标贯击数 N ＼ 统计项目		最小值	最大值	平均值	承载力特征值(kPa)
第③层粉砂	实测值	3	13	9	126
	修正值	2.1	9.1	6.5	
第③₁层淤泥质粉质黏土	实测值	3	3	3	85
	修正值	2.1	2.1	2.1	
第④层砾砂	实测值	11	18	13	180
	修正值	7.7	12.6	9.2	
第④₁层黏土	实测值	12	25	18	300
	修正值	8.4	17.5	12.3	
第⑤层粉质黏土	实测值	4	11	8	200
	修正值	2.8	7.7	5.3	
第⑤₁层淤泥质粉质黏土	实测值	3	7	5	100
	修正值	2.1	4.9	3.7	

（3）根据重型圆锥动力触探及钻孔试验结果（表 2.9-5、表 2.9-6），陆域填石层平均厚度为 23.8m，海域填石层平均厚度 29.4m。填石层的密实度均达到密实状态，地基承载力特征值均大于 200kPa，满足设计要求。

陆域夯后动探数据统计表　　　　　　　　　　　　表 2.9-5

地层范围(m)	修正击数标准值(击)	承载力特征值的建议值(kPa)	密实度评价
0～17.5	30	300	密实
17.5～23.8	17	250	密实

海域夯后动探数据统计表　　　　　　　　　　　　表 2.9-6

地层范围(m)	修正击数标准值(击)	承载力特征值的建议值(kPa)	密实度评价
0～29.4	27	300	密实

7　总结

（1）该工程项目为高能级强夯在处理填海造陆场地的典型案例，此项目强夯优势凸显，造价低、环保、工期短、制约因素较少。

（2）夯后经平板载荷试验测试，陆域及海域夯后地基承载力特征值均不小于 200kPa，满足设计要求。

（3）多道瞬态面波测试表明夯后地基在检测深度范围内，整体波速较高，密实度均达到稍密—中密状态，重型圆锥动力触探及钻孔试验表明陆域填石层平均厚度为 23.8m，海域填石层平均厚度 29.4m，填石层的密实度均达到密实状态，满足设计要求。

【实录10】中油惠印石化仓储基地一期工程碎石填海场地 18000kN·m 强夯地基处理应用工程

刘 坤[1]，何立军[1]，水伟厚[2]

(1. 上海申元岩土工程有限公司，上海 200040；2. 中化岩土集团股份有限公司，北京 102600)

摘 要：场地由碎石填土形成，填土厚度较大，夹杂大粒径块石较多，部分区域还有厚度不等的淤泥质砂土层，地基土的抗剪强度和抗变形能力不能满足设计要求，因此采用高能级强夯（18000kN·m、8000kN·m）对地基进行加固处理，以提高土体的变形模量，减少沉降量，增加其抗剪强度和在底部滑移的稳定性，本项目是 18000kN·m 能级强夯国内应用的第二个实例，对今后高能级强夯的应用和推广积累了宝贵的经验，对沿海工程项目地基处理的发展进步具有重要工程意义。

关键词：碎石土回填地基；高能级强夯；检测

1 工程概况

中油惠印石化仓储基地项目库区一期地基处理工程位于广东省惠州市大亚湾惠州港石化区，本工程主要拟建建筑物为 6 个内径为 40m、设计容量为 30000m³ 的钢储罐，编号为 T-401～T-406。

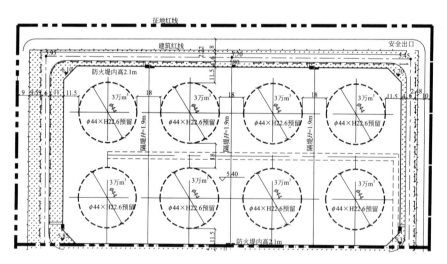

图 2.10-1 中油惠印石化仓储基地项目库区一期平面布置图

本场地表层主要土层为回填土，并且回填土结构疏松且存在大空隙和孔隙，强度很

作者简介：刘坤（1982— ），男，高级工程师，硕士，主要从事岩土工程设计、咨询、检测、监测。E-mail：liukun186@126.com。

低，夹杂大粒径块石较多，部分区域下层还有厚度不等的淤泥质砂土层，地基土的抗剪强度和抗变形能力不能满足设计要求，因此拟设计采用强夯法对本场地地基进行加固处理，同时为进一步验证地基处理初步设计参数在本场地大面积施工中的适用性，提前进行了强夯地基处理设计的试验性施工，通过夯后检测结果对大面积强夯法地基处理进行优化详细设计。本项目强夯施工于 2009 年 8 月开始，2009 年 10 月底完成，夯后地基检测工作于 2009 年 11 月 11 日～11 月 29 日完成。

2　工程地质条件

根据勘察报告，强夯地基处理设计影响范围内地层分布情况见表 2.10-1。

场地土层分布情况表　　　　　　　　　　表 2.10-1

层号	土层名称	厚度(m)	特　点
①	人工填石	5.0～21.6	由岩块及砂土堆而成，块石粒径一般为 10～60cm，局部粒径大于 100cm，岩芯呈短柱状、碎石状或砂土状，骨架颗粒排列十分混乱，密实度不均匀
②₁	细砂	0.5～7.2	以细砂为主，含少量粉、中、粗砂、贝壳碎屑及有机质
②₂	中砂	0.7～5.2	松散—稍密状，粒径大于 0.25mm 的多达 50%，含少量粗砂，偶夹少量圆砾，局部含有贝壳碎屑及有机质
②₃	黏土	0.7～5.2	层理不明显，局部含较多粉砂成分，偶见卵石成分，中等压缩性，强度中等
②₄	淤泥质砂	0.5～12.0	局部为流塑状淤泥，高压缩性，强度低，灵敏度较大，局部可见未完全炭化的植物根茎，含较多的有机质及贝壳碎屑，局部含较多的粉砂
③	含砂粉质黏土	0.5～6.9	局部可塑状，局部含较多砂砾，岩芯遇水易软化

3　地基处理试验

3.1　试验性施工设计

依据本场地主要建（构）筑物的类型、分布以及场地的代表性，本场地共选择了三个试验区，强夯法地基处理设计参数主要包括确定强夯的能级、夯击次数、夯击遍数、两遍夯击的间隔时间、夯击点位置布置、强夯处理范围、检测项目、处理合格指标等，根据勘察报告和上部结构设计要求，试夯Ⅰ、Ⅱ区的能级为 18000kN·m，试验Ⅲ区能级为 8000kN·m。三个试验区具体试验性施工设计参数如下：

试夯Ⅰ区采用 18000kN·m 能级强夯，五遍成夯工艺，具体设计施工参数如下：

（1）第一遍夯点施工：平锤直径 2.4～2.6m，能级为 18000kN·m，夯点间距为 10.0m，收锤标准按最后两击平均夯沉量不大于 25cm 且击数不少于 15 击控制；（2）第二遍夯点施工：18000kN·m 能级平锤强夯，夯点间距为 10.0m，夯点位于一遍 4 个夯点中心，收锤标准按最后两击平均夯沉量不大于 25cm 且击数不少于 15 击控制；（3）第三遍夯点施工：8000kN·m 能级平锤强夯，夯点位于一、二遍 4 个夯点中心，收锤标准按最后两击平均夯沉量不大于10cm且击数不少于10击控制；（4）满夯施工：第四遍为3000 kN·m能级满夯，每点夯3击，要求夯印1/3搭接。满夯结束后整平场地。

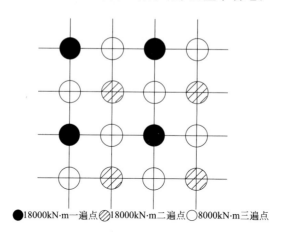

●18000kN·m一遍点 ◎18000kN·m二遍点 ○8000kN·m三遍点

图2.10-2　中油惠印石化仓储基地项目库区一期试夯Ⅰ、Ⅱ区夯点布置图

试夯Ⅱ区采用18000kN·m能级强夯，五遍成夯工艺，具体设计施工参数同试夯Ⅰ区，夯点间距为11m。

试夯Ⅲ区采用8000kN·m能级四遍成夯工艺，具体设计施工参数如下：

（1）第一遍夯点施工：平锤直径2.4～2.6m，能级为8000 kN·m，夯点间距为9.0m，收锤标准按最后两击平均夯沉量不大于20cm且击数不少于10击控制；（2）第二遍夯点施工：8000kN·m能级平锤强夯，夯点间距为9.0m，夯点位于一遍4个夯点中心，收锤标准按最后两击平均夯沉量不大于20cm且击数不少于10击控制；（3）第三遍夯点施工：4000kN·m能级平锤强夯，夯点位于一、二遍4个夯点中心，收锤标准按最后两击平均夯沉量不大于5cm且击数不少于8击控制；（4）满夯施工：第四遍为1500kN·m能级满夯。

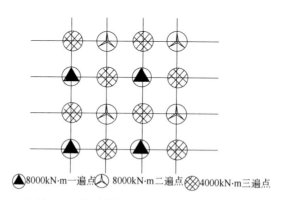

▲8000kN·m一遍点 ✳8000kN·m二遍点 ⊗4000kN·m三遍点

图2.10-3　中油惠印石化仓储基地项目库区一期试夯Ⅲ区夯点布置图

三个试验区拟采用平板载荷试验、动力触探试验、多道瞬态面波测试试验和钻孔取样室内土工试验四种检测手段进行地基处理加固效果检测，根据平板载荷试验确定夯后地基土浅层承载力，根据动力触探、钻孔取芯室内土工试验确定加固的深度，根据多道瞬态面波测试确定地基加固的均匀性。

3.2　试验性施工检测结果

根据相关规范，对各区域进行检测，试验性施工Ⅰ、Ⅱ、Ⅲ区检测结果分别如下：

（1）本场地为碎石填土地基，适合采用高能级强夯进行处理，处理效果显著。

（2）经强夯处理，试夯Ⅰ、Ⅱ区地基承载力特征值不小于 250kPa，试夯Ⅲ区地基承载力特征值不小于 160kPa，满足设计要求。

（3）通过多道瞬态面波测试，确定经不同能级强夯处理后，设计要求加固深度范围碎石土剪切波速均不小于 250m/s，为稍密、中密碎石土层，属于中硬土层，加固效果显著，根据剪切波速判定，18000kN·m 能级强夯 20m 内加固效果显著，8000kN·m 能级 10m 以内或基岩面以上加固效果显著。根据面波测试剪切波速进行分层，结合静载试验结果建议各层压缩模量见表 2.10-2。

压缩模量建议值统计表　　　　　　　　　　　　　　　表 2.10-2

试夯区	分层范围（m）	平均剪切波速（m/s）	压缩模量建议值（MPa）
试夯Ⅰ区	0～3.5	311.8	25
	3.5～10.43	291.5	20
	10.43～20.0	280.2	15
试夯Ⅱ区	0～3.5	296.0	25
	3.5～10.43	332.4	20
	10.43～20.0	303.7	15
试夯Ⅲ区	0～3.5	283.3	15
	3.5～10	363.2	15

（4）本场地加固深度范围主要为碎石土，夹杂块石成分，动探贯入和钻进极为困难，通过各区钻进情况来看，未发现软弱土层；建议后期大面积检测中尽量减少动探或钻孔取样数量，不仅可以降低造价，也可以大幅度节省检测时间，以缩短整个工期。建议每个罐下可以设置 1～3 个钻孔，对强夯后地层进行复验，对重点或地层异常区域可适当增加钻孔数量。建议大面积地基处理检测主要采用多道瞬态面波测试和平板静载试验进行验收性检测，多道瞬态面波测试采用全场地覆盖检测，以确定整个场地横向和竖向均匀性情况。

（5）通过试验期间监测，18000kN·m 能级强夯施工振动未对邻近建构筑物安全产生不利影响；通过监测，隔振沟对减小振动作用显著，近距离可阻隔 70% 竖向振动；鉴于随强夯施工深入，场地密实度逐渐提高，振动传播加快、衰减趋小，在施工过程中应加强对周边环境的监控。

（6）大面积施工设计参数建议：罐基础下采用 18000kN·m 能级强夯，主夯点间距宜取 10m。其他非罐基础装置下，采用 8000kN·m 能级强夯，主夯点间距宜取 8m。在大面积设计施工时可根据现场情况进行调整，淤泥较厚区应重点加强，，以动态化设计和信息化施工来确保差异沉降满足规范要求。

4　大面积强夯施工情况

场地大面积地基处理采用 18000kN·m、8000kN·m 强夯法加固处理（施工平面图见图 2.10-4），以提高土体的变形模量，减少沉降量，增加其抗剪强度和在底部滑移的稳定性。

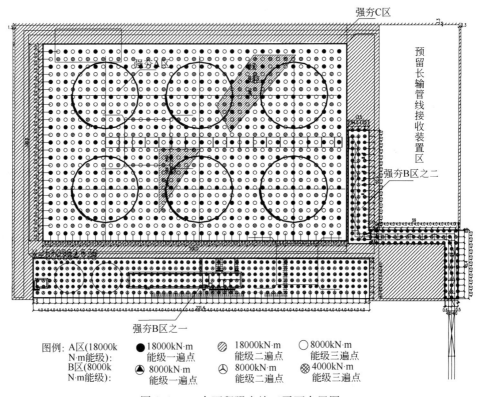

图例：A区(18000k N·m能级)：　●18000kN·m能级一遍点　◎18000kN·m能级二遍点　○8000kN·m能级三遍点

B区(8000k N·m能级)：　▲8000kN·m能级一遍点　✖8000kN·m能级二遍点　⊗4000kN·m能级三遍点

图 2.10-4　大面积强夯施工平面布置图

本场地两块淤泥深厚区域是本次地基处理的重点区域之一，本区域填土层的厚度 9～12m，下覆淤泥质土层的厚度 6.4～12m，与场地其他区域土层分布明显不同。两块淤泥深厚区域位于强夯 A 区，A 区采用 18000kN·m 能级三遍点夯工艺，在点夯施工前，在点夯位置先采用 10000kN·m 能级的柱锤强夯置换工艺对两块淤泥深厚区域进行置换处理，收锤标准按最后两击平均夯沉量不大于 30cm，且不小于 20 击控制。柱锤的直径宜为 1.8m。柱锤强夯置换施工时，应边夯边填加块石，块石最大粒径不超过 50cm，块石强度达到中等风化以上，将块石夯入淤泥质土层中，在淤泥质土层中形成块石礅，达到置换部分淤泥的目的。柱锤强夯施工顺序与平锤强夯施工顺序相同，完成后再按原方案要求进行平锤强夯处理。

另外，为保证施工的顺利进行，在设计时充分考虑了强夯施工过程中可能出现的问题，进一步提出了解决方案。例如：强夯过程中，如遇到地面隆起，影响施工，则应适当考虑消散期并分次施工，适时挖除隆起量，保持起夯面标高不变，如隆起土方为淤泥，应适当超挖一定深度后，回填级配良好的碎石土至起夯面标高，继续强夯施工，保证强夯施工设备能够正常作业；强夯施工时，不得在夯坑底有水或淤泥的情况下施工；若出现大量淤泥，应挖除淤泥并回填碎石后，再进行施工；场地内若有构筑物在强夯边界 15m 范围内，应引起注意，施工时应注意保护，必要时应设置减振沟并进行振动监测等等。

强夯施工完成后，经过夯后检测证明，该设计方案比较成功，经强夯处理后场地地基土的各项指标均满足设计要求。

【实录11】泉州石化 1200 万吨/年重油深加工项目青兰山库区 50 万 m² 开山填海地基 15000kN·m 强夯置换工程

刘　坤[1]，梁永辉[1]，徐先坤[1]，水伟厚[2]，刘立钢[3]，惠　文[3]，母晓红[3]

(1. 上海申元岩土工程有限公司，上海 200040；2. 中化岩土集团股份有限公司，北京 102600；

3. 中化泉州石化有限公司，泉州 362103)

摘　要： 场地为开山填海地基，回填料级配不均匀，存在大空隙，总面积约为 50.16 万 m²，包括 A、B、C 区及成品油罐区。首次提出在开山填海场地上大型油罐项目中使用高能级强夯置换工艺设计，经过多次专家评审会论证，一致认为我司的高能级强夯置换法设计是经济合理、技术先进、安全适用的地基处理方法。值得一提的是，目前我国沿海地区石化项目 10 万 m³ 油罐回填地基一般均采用桩基，采用高能级强夯法处理是一个技术创新，是地基处理领域的一个新思路。

关键词： 开山填海；高能级强夯置换；油罐；检测

1　工程概况

中化泉州石化 1200 万吨/年炼油项目是国家"十二五"规划重点建设项目，也是中化集团第三次创业征途上具有代表性、标志性的大工程项目，总投资 287 亿元人民币，其中建设投资为 248 亿元人民币，项目总体目标是：建成国内领先、国际一流的炼化企业。该项目青兰山库区拟建 10 万 m³ 油罐 12 个，成品油储罐 13 台，单罐罐容 2 万 m³，场地为开山填海地基，总面积约为 50.16 万 m²，包括 A、B、C 区及成品油罐区。

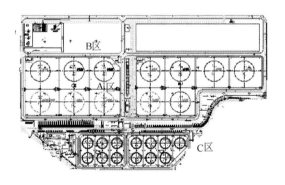

图 2.11-1　中化泉州石化青兰山库区总平面布置图

作者简介： 刘坤（1982—　　），男，高级工程师，硕士，主要从事岩土工程设计、咨询、检测、监测。E-mail：liukun186@126.com。

2 工程地质条件

场地土层情况见表 2.11-1，场地典型地质剖面见图 2.11-2。

场地土层分布情况表 表 2.11-1

层号	土层名称	特 点
①	素填土	岩性以(残积或者全风化、土状强风化成因的)黏性土、砂质黏性土、砾质黏性土、砂砾石夹(碎块状强风化成因)碎石、块石组成
①₁	填石	岩性以中风化花岗岩为主，粒径为碎、块石等级(10～40cm 为主)，块石为主
②₁	砂混淤泥	砂粒平均含量约 66%，淤泥平均含量约 25%；砂粒以石英为主；含有机质、贝壳碎片
②₂	淤泥混砂	砂粒平均含量约 52%，淤泥平均含量约 41%；砂粒以石英为主；含有机质、贝壳碎片。局部含少量砾石、卵石
③₁	淤泥混砂	砂粒平均含量约 57%，淤泥平均含量约 33%；砂粒以石英为主；含少量有机质、贝壳碎片及砾石，局部分布
③₂	砂混淤泥	砂粒平均含量约 66%，淤泥平均含量约 20%；砂粒以石英为主；含少量有机质、贝壳碎片及砾石
③₃	卵石	颗粒磨圆度高，最大粒径约 20cm，石英中粗砂充填。局部分布
③₄	砾砂	砂粒以石英为主。局部为中粗砂
⑤	残积黏性土	以长石风化黏性土为主，含少量砂粒，摇振无反应，泡水易软化、崩解，干强度及韧性中等。局部为残积砂质黏性土
⑤₁	残积砂质黏性土	以长石风化黏性土为主，含砂粒，摇振无反应，泡水易软化、崩解，干强度及韧性中等。局部为残积黏性土。局部分布

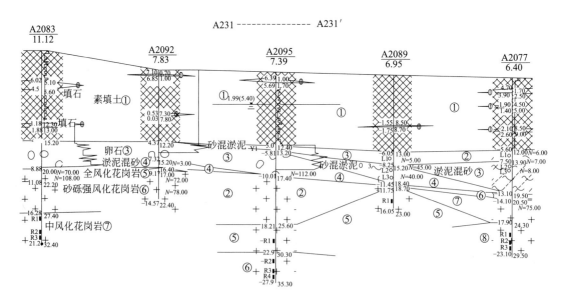

图 2.11-2 典型地质剖面图

3　水域回填残积土地基处理的难点

3.1　遇水软化和湿陷性

回填残积土以土状夹碎石为主，其中碎块石本身多为全风化或者强风化，遇水后易软化破碎，强度降低。同时由于结构完全破坏，强度完全丧失，其主要成分黏性土部分浸水后容易产生较大的沉陷，即具有湿陷性。

3.2　自重压密时间长、效果差

回填残积土在堆填过程中，未经人工压实，压密度较差，为欠压实土，但在土的自重和大气降水下渗的作用下有自行压密的特点，自重压实所需的时间长短与填土的物质成分和颗粒组成有关。该项目陆域回填时间较短（一年左右），回填至标高后即进行地基处理，预压期很短，土体自重作用下的压密性很差，土体处理严重欠固结状态。另外，回填土大部分位于潮面以下，土体浮重度低，减弱了土体自密性。

3.3　饱和状态下挤密效果差

对于深厚残积土的处理，常用的密实方法如强夯法、挤密砂石桩法等。然而对于饱和状态时，由于黏性土成分为主的特征，其加固效果类似于加固淤泥类软土地基，挤密效果差，加固机理以置换为主。因此，势必带来强夯中大量级配填料的问题。导致加固费用增加，而对于夯间土的加固效果也不会太理想。

基于以上水域回填花岗岩残积土填土的性质分析，地基处理中应把握加固的机理和重点，选择合适的工艺，选择合理的施工季节，避免不利于残积土地基处理效果的因素。

4　地基处理设计

根据总体设计要求，青兰山库区经过强夯处理后，须达到以下目标：

（1）罐基础区域：处理后地基承载力特征值≥250kPa，有效加固深度范围内地基土加权压缩模量 E_s≥18MPa；处理深度应达到残积土层顶或基岩面层顶或12m。

（2）罐基周边区域：包括罐基周边区域、管廊及通道、附属设施区域（锅炉房等），处理后地基承载力特征值≥200kPa，有效加固深度范围内地基土加权压缩模量 E_s≥15MPa；有效加固深度至填土层底或12m。

（3）B区及邻近围堤区域：处理后地基承载力特征值 f_{ak}≥150kPa，深层地基按厚度加权压缩模量 E_s≥10MPa；有效加固深度至填土层底。

（4）A、B区交界区域：处理后地基承载力特征值≥200kPa，有效加固深度范围内地基土加权压缩模量 E_s≥15MPa；处理深度应达到素填土层底或12m。

5　施工工艺和施工概况

A区施工工艺为高能级强夯置换工艺，加固面积133209m²，施工顺序：先进行罐基础区域的施工，再进行罐基周边区域的施工，然后进行邻近围堤区域及A、B交界区域的施工，施工采用圆柱形钢锤，直径2.5m，平锤设置四个上下贯通的通气孔，孔径250～350mm，夯坑采用回填整平，施工过程中有局部轻微隆起；

B区加固面积113938m²，主要加固处理回填土层，根据回填土厚度不同采用4000kN·m、6000kN·m和8000kN·m平锤强夯；

C区加固面积113938 m²，主要加固处理回填土层，根据回填土厚度不同采用4000kN·m、6000kN·m和8000kN·m平锤强夯。

各区域地质条件及地基处理设计方案　　　　　　　　　　　　表2.11-2

区域	地质情况	使用功能	地基处理设计
A区	回填土厚度为9～12.0m左右，填土的来源为后山挖方，其成分为花岗岩残积土、全风化或强风化为主，并含有球形风化残留孤石	7个10万m³原油储罐	①罐基础区域 采用15000kN·m平锤强夯置换，局部增加10000kN·m柱锤强夯置换，调整罐基处理的均匀性。第一、二遍采用15000kN·m能级平锤强夯置换施工，夯点间距为9m×9m。 ②罐基周边区域 采用12000kN·m能级平锤强夯置换五遍成夯工艺。第一、二遍采用12000kN·m能级平锤强夯置换施工，夯点间距10m×10m。 ③邻近围堤区域 采用过渡能级强夯处理，能级从4000kN·m过渡到12000kN·m，由围堤向内侧进行施工，采取隔行跳打方式施工。 ④A、B交界区域 采用15000kN·m能级平锤强夯置换处理。第一、二遍采用15000kN·m能级平锤强夯置换施工，夯点间距9m×9m，第三遍采用8000kN·m能级平锤强夯置换施工
B区	上部回填土厚度为6～8m；下卧软弱土层总厚度约为6.7～12.3m，包括①₂层冲填土、①₃层冲填土、②₁层淤泥、②₂层淤泥混砂、③₁层砂混淤泥。	预留区	经过塑料排水板及预压处理后，根据填土层厚度不同，采用4000～8000kN·m能级平锤强夯处理
C区	场地局部存在较厚的软弱土，平面分布上存在软硬地层并存的情况，油罐位于半填半挖地基、土岩组合地基之上	5个10万m³原油储罐	采用"碎石垫层＋强夯置换"方法处理：首先将场地通过爆破松动、凿除、开挖的方法平整至6.500m设计标高（1985年国家高程系统），其中油罐区域中的挖方区通过爆破开挖至5.500m标高，然后回填1m厚碎石（可选择将基岩爆破后形成块石破碎至10cm以内）至6.500m标高；场地平整后，对填方区域进行强夯置换处理，强夯置换施工能级根据填方厚度定，依次为5000～12000kN·m，最后连同挖方区域碎石垫层一并进行满夯处理

6　检测结果与综合分析

本次地基处理效果的检验，主要采用平板载荷试验、标准贯入试验、重型圆锥动力触探试验、多道瞬态面波测试等多种试验方法检测试验地基处理的效果。其中静载承压板为方形板；面积为1.0m²和2.0m²（其中，A、C区罐基区域载荷板面积为2.0m²；罐基周边区域、B 区及邻近围堤区域载荷板面积为 $1.0m^2$）。各区域典型点检测结果统计见表 2.11-3。

各区域典型点检测结果统计表　　　　　　　　　　　　表 2.11-3

区域	静载试验			标贯				动力触探			面波
	p (kPa)	s_{max} (mm)	f_{ak} (kPa)	深度 (m)	击数 击	f_{ak} (kPa)	E_0 (MPa)	击数 击	f_{ak} (kPa)	E_0 (MPa)	v_s (m/s)
A 区	500	21.03	250	0～8	50	>300	>20	38	>300	>20	241
				8～12	29	>280	>20	18	>300	>20	245
				12～15	37	>300	>20	20	>240	>16	256
B 区	300	29.76	150	0～2				43.66	>300	>20	242
				2～6				21.23	>300	>20	263
				6～10				8.2	>240	>16	267
C 区	500	19.32	250	0～5	40.6	>300	>20	39.9	>300	20	231
				5～10	48.1	>300	>20	17.6	>300	18	267
				10～13	50	>300	>20	34.2	>300	20	279

7　总结

（1）本次针对开山填海项目的强夯地基处理工艺取得了不错的效果，说明强夯法对大厚度填土地基，尤其是填料不均匀的场地，具有很好的适用性。通过针对性的夯后检测，地基处理效果总体达到了预期目标；

（2）A 区整体位于填方区，回填土中含有大量块石，且分布极不均匀，其他处理方式难度极大。通过高能级强夯置换，夯坑回填粒径 30cm 左右的块石，通过击数及夯沉量双重控制，加固深度达到基岩顶面（或不低于 12m）；

（3）B 区整体位于淤泥埋深较深的填方区，位于场地的靠海的最边缘，由于该区域作为预留区，本次仅仅对填土层进行了加固；

（4）C 区半挖半填区域是本次地基处理难度最大的部分，油罐地基最大的问题便是不均匀沉降，本次地基处理工艺的亮点是对浅层的基岩区进行爆松，对填方区进行强化置换，使场地整体最大限度地达到软硬均匀；

（5）该项目从回填到建成投产历时近 5 年，整个工程的设计、施工都体现了创新，体现了信息化施工、动态化设计。高能级强夯置换施工工艺在开山填海工程中的应用取得了较大的成功，为类似工程积累了丰富的经验；本次地基处理相对于常规地基处理方法（一般采用桩基础）节约造价 1 亿多元，节约工期 1 年多，为建设方后期的投产运营争取了时间，取得了较好的经济效益。

【实录 12】日照原油商业储备基地项目储罐吹填土地基 15000kN·m 强夯处理工程

徐先坤[1]，何国富[2]，水伟厚[3]

(1. 上海申元岩土工程有限公司，上海 200040；2. 中石化上海工程有限公司，上海 200120；

3. 中化岩土集团股份有限公司 北京 102600)

摘　要：场区由大面积吹填土形成，吹填软土层较厚、基岩面起伏较大，设计采用强夯预处理＋灌注桩的施工工艺，满足油罐地基使用要求。另外，由于 T-22 罐高能级强夯置换后依然存在淤泥厚度层差异性大的问题，设计采用了高能级强夯置换地基＋加筋碎石垫层处理工艺，协调油罐地基的不均匀变形。本项目首次采用了尺寸为 7.1m×7.1m、面积为 50m^2、最大加载量为 28000kN 的大板载荷试验检测及地基长期受力变形监测，总结高能级强夯置换地基的受力变形机理，为后续大面积吹填土地基处理工程提供经验。

关键词：吹填土地基；大板载荷试验；监测；数值模拟

1　工程概况

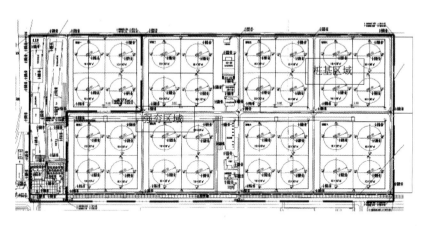

图 2.12-1　平面布置图

日照原油商业储备基地工程位于山东日照岚山区岚桥港，共建设 32 个直径 80m，高 21.8m，容积 10×10^{4}m^3 的大型储罐、雨水提升泵站、污水提升泵站及附属设施、办公区等建（构）筑物。其工程重要性等级为一级工程，场地等级为二级，地基等级为二级。

本项目场地由围海吹填造陆形成，地质条件较差。按照吹填软土层厚度，设计采用 6000～15000kN·m 能级强夯处理，提高地基土承载力与压缩模量，加速地基土固结，减

作者简介：徐先坤（1983—　），男，硕士，主要从事地基处理技术研究与测试工作。E-mail：158174018 @qq.com。

少工后沉降。针对软土层较厚、基岩面起伏较大的罐组五和罐组七，设计采用 3000kN·m 能级强夯预处理＋灌注桩处理工艺，满足油罐荷载和沉降要求。项目于 2010 年初开始试验，至 2012 年已基本完成。

2　工程地质概况

本项目场地上部是围海吹填造地形成的工业场地，由于周边排水条件的限制，排水口较少且相对固定，为满足吹填标高的要求，需多次变换吹砂口的位置，因此，场地上部沉积的吹填土是经过数次吹填形成的，地质条件极为复杂。本场地吹填过程中，场地内排污口偏少，导致排泥（水）不畅，变换的吹填口携大量粗粒土（砂类土）将沉积在场地内的细粒土（黏性土）不断覆盖掩埋，造成部分区域地层分布杂乱无序，砂类土与黏性土呈互层状分布。

土层具体分布情况如下：

第①层吹填土：浅灰—黄褐色，主要由细砂、中砂、黏性土组成，含贝壳碎片，有黏性土夹层或透镜体。湿—饱和，密实度、均匀性很差，欠固结；

第①$_1$层素填土：主要由块石、碎石、黏性土等组成。密实度、均匀性差。后期回填较多，局部含有大块石，一般粒径 10～70cm，最大可达 150～170cm；

第①$_3$层吹填黏土：灰—灰绿—黄褐色，主要由黏性土组成，混砂和姜结石，呈可塑—软塑状态；

第①$_4$层吹填淤泥：深灰色，含有机质、贝壳碎片，具有腥臭味，混砂，呈流塑状；

第①$_5$层吹填土：由吹填砂和吹填黏性土构成，呈互层状，单层厚度为 0.2～0.3m，局部有厚度为 0.5～0.7m 的黏性土透镜体。易扰动且液化，扰动后呈软—流塑状态，工程性质较差；

第②层泥炭质黏土：灰—深灰色，含有机质、贝壳，具有腥臭味，混砂粒。呈可塑—软塑状态，工程性质较差。天然孔隙比平均为 1.125，液性指数 I_L 介于 0.46～0.87，压缩系数 a_{1-2} 介于 0.35～1.11，平均值为 0.82，呈软塑—可塑状态，属高压缩性，有机质含量 W_u 平均为 11.60%，属弱泥炭质土；

第②$_1$层中粗砂：黄褐—灰绿色，长石—石英质，颗粒呈亚圆形，均匀，含贝壳碎片，混黏性土，饱和。稍密—中密；

第②$_2$层碎石：主要由火成岩、变质岩碎块组成，亚角形，强—中风化，粒径 20～40mm，最大可达 60mm，空隙内充填多为黏性土。呈松散—稍密状态，呈透镜体状存在；

第③层粉质黏土：灰绿—褐黄色，含氧化铁、姜结石，有灰白色条纹。天然孔隙比介于 0.685～1.257，液性指数 I_L 介于 0.32～0.45，压缩系数 a_{1-2} 介于 0.18～0.26，呈可塑状态，属中压缩性土；

第③$_1$层粉质黏土：褐红色，含氧化铁条纹、混大量变粒岩碎块，块状结构。天然孔隙比介于 0.450～0.545，平均值为 0.490，液性指数 I_L 介于 0～0.05，压缩系数 a_{1-2} 介于 0.15～0.39，平均值为 0.26，呈硬塑—坚硬状态，属中压缩性土；

第④层花岗闪长岩：黄褐—棕褐色，主要由斜长石、石英、角闪石等矿物组成，中粗粒结构，似斑状构造，裂隙发育，充填石英岩脉，岩芯破碎，呈碎块状，强风化；

第⑤层花岗闪长岩：浅肉红—灰白色，主要由斜长石、石英、角闪石等矿物组成，中粗粒结构，似斑状构造，裂隙发育，充填石英岩脉，岩芯呈短柱状，中风化；

第⑨层变粒岩：红褐色，主要由石英、斜长石等矿物组成，结构构造已无法辨认，岩芯破碎，呈砂土状，全风化。

3 大板载荷试验结果

3.1 试验概况

为模拟在 10 万 m^3 油罐作用下夯后地基土的变形特性，验证油罐下采用浅基础的安全可行性，进行了此次超大板的载荷试验。试验的最大加载量为 560kPa（28125kN），试验使用的载荷板为现浇早强 C50 钢筋混凝土板，尺寸为 7.1m×7.1m，板厚 40cm（板厚与板宽比例为 1：18，可近似按柔性板考虑）。此次大板载荷试验可反映载荷板下 1.5～2.0 倍载荷板宽度范围内地基土的承载力和变形模量，即本试验的影响深度在 11～15m 左右，根据详勘资料，该影响深度已达到了基岩顶标高，同时大板也克服了场地不均匀性的影响，因此，本次试验对油罐地基的模拟具有较好的代表性，可反映油罐作用下地基土的实际受力情况。

本次大板载荷试验位于试验 2 区，范围为 30m×30m，采用 12000kN·m 强夯置换处理，具体施工工艺如图 2.12-2 所示。

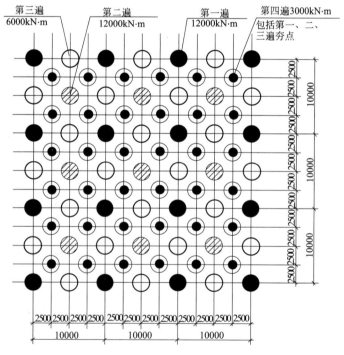

图 2.12-2　试验 2 区夯点布置图

夯坑填料时机根据夯坑深度确定，以不丢锤、不吸锤、夯坑内无水为原则。施工过程中应坚持"少喂料，喂小料，喂好料"的原则。

为了尽可能模拟油罐的实际受力状态，考虑到实际操作的可行性、安全性、压板的影响深度和平面布置要求，根据设计要求，本次试验载荷板的尺寸最终选定 7.1m×7.1m，板面积 50.41m²，压板平面布置如图 2.12-3 所示。

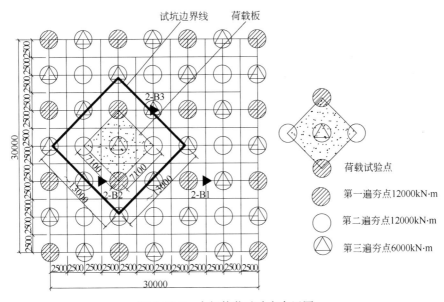

图 2.12-3　大板静载试验点布置图

测试项目：

（1）载荷板沉降观测：利用精密水准仪观测每级荷载作用下载荷板沉降，8 点；

（2）土压力观测：利用土压力计观测夯点和夯间土在每级荷载作用下所承受的土压力变化情况，8 点；

（3）孔隙水压力观测：利用孔压计观测每级荷载作用下土体中超孔隙水压力的变化情况，4 组；

（4）分层沉降观测：采用分层沉降管、磁环、分层沉降仪等观测每级荷载作用下深层土体的压缩变形情况，2 点；

（5）水平位移观测：利用竖向测斜管、竖向测斜仪观测每级荷载作用下土体的水平变形情况，2 点；

（6）载荷板板底土体竖向变形观测：利用水平测斜管、水平测斜仪观测每级荷载作用下板底土体的竖向变形情况，3 点；

（7）载荷板周边土体隆起变形观测：利用精密水准仪观测每级荷载作用下由于土体的水平位移而产生的隆起变形，16 点。

3.2　载荷试验

本次大板载荷试验中载荷板的沉降主要由板四周 8 个沉降观测点的沉降值确定，8 个沉降观测点在承压板的具体位置及最大沉降量统计见图 2.12-6。

图 2.12-4　承压板

图 2.12-5　大板载荷试验现场图

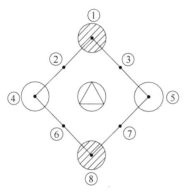

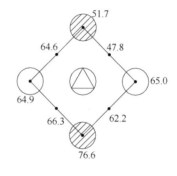

图 2.12-6　沉降观测点布置及各点累计最大沉降统计图（单位：mm）

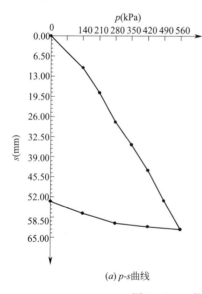

(a) p-s曲线

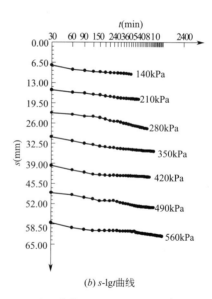

(b) s-lg t曲线

图 2.12-7　载荷试验 p-s、s-lg t 曲线

　　本次载荷试验 p-s 曲线、s-lg t 曲线见图 2.12-7，其中载荷板的平均沉降值为每级荷载作用下 8 个沉降观测点沉降值的平均值。可以得出：①试验过程中荷载施加较均匀；

②承压板下地基整体较均匀；③每级荷载作用下，各测点的沉降平均值较均匀，p-s 曲线显示，试验加载过程中，地基土还处于弹性阶段，p-s 曲线接近于直线，并未进入塑性阶段，说明地基承载力的潜力较大。④p-s 曲线平缓，没有出现陡降段，根据相关规范的要求，按最大加载量的一半判定，地基土承载力特征值不小于 280kPa。⑤根据规范建议公式，判定地基土变形模量 $E_0 \geqslant 20$MPa。

3.3　载荷板板底土体竖向变形观测

压板下埋设水平测斜管，观测每级荷载作用下载荷板板底土体竖向变形情况。

图 2.12-8　水平测斜管布置图

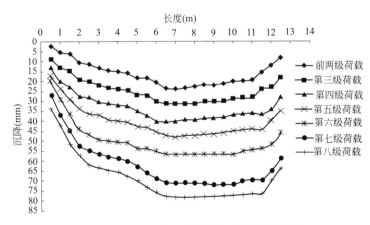

图 2.12-9　SP1 水平测斜管竖向位移曲线图

图 2.12-9 为典型水平测斜结果。根据测试结果，载荷板板底各部位沉降较为均匀，任意两点之间的沉降差均小于 15mm，最大差异沉降发生在板边，载荷板板底不均匀沉降主要由板下土层的相对不均匀性引起。

3.4　土压力

利用土压力计观测夯墩和墩间土在加载过程中所承受的土压力变化情况。

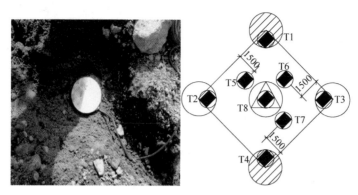

图 2.12-10 土压力计布置图

土压力测试结果如表 2.12-1 所示，表中荷载已包括承压板、钢梁的重量。可以看出，土压力计读数的平均值随着荷载的增加而不断增加，并且随着荷载的增加，两者之间的差值基本呈线性规律，这说明随着荷载的增加，荷载向强夯置换墩传递的比例增大，达到了强夯加固效果的目的。

不同位置土压力变化统计表　　　　　　　　　　　　　　　　表 2.12-1

荷载　　　　　　　测点	一、二遍主夯点	三遍夯点	夯间土
0	0	0	0
140kPa	195	106	73
210kPa	336	150	106
280kPa	494	198	143
350kPa	596	245	178
420kPa	690	290	217
490kPa	865	337	260
560kPa	1003	388	306

据图 2.12-12，T1、T3、T4 所承受的土压力较大，此三点均为一、二遍强夯置换墩所在位置。且随着承受荷载的增大，强夯置换墩所承受的土压力逐渐增大。

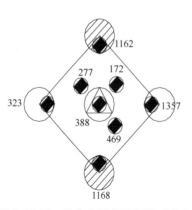

图 2.12-11　最大土压力示意图（kPa）

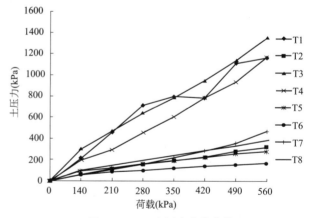

图 2.12-12　土压力变化曲线

经统计分析，得到以下结论：

（1）一、二遍主夯点 T1～T4 所承受土压力平均值为：1003kPa；

（2）三遍夯点 T8 承受土压力为：388kPa；

（3）夯间土 T5～T7 承受土压力平均值为：306kPa；

（4）据置换墩及墩间土测试的土压力与相应面积的乘积，可得到墩土荷载分担比，一、二遍主夯点：三遍夯点：夯间土＝13881：2743：11004 ＝5：1：4，即碎石置换墩承担荷载的60%，即载荷板所承受的荷载大部分被传递至强夯置换墩上。

对本次土压力观测结果需要注意的问题是：

（1）夯间土 T7 位置土压力明显大于其他夯间土位置土压力。这是由于，夯后钻孔资料显示夯间土表层0～3m均为碎石土，所以四周碎石置换墩的作用范围已基本搭接，并且由原始土层钻孔资料显示，T7 位置土层相对较弱，受四周强夯置换的影响更为明显，因此出现 T7 位置土压力明显大于其他夯间土土压力。

（2）T8 点（第三遍夯点）位置土压力值（388kPa）较小，远远小于四周一、二遍夯点土压力值，甚至小于周围局部夯间土（T7 位置）的土压力值（469kPa）。这可能是由于埋设 T8 传感器时，四周细砂并未完全压密所致，并且载荷板四个角点处，可能存在应力集中，导致测试结果偏大。因此，本次试验三遍夯点上的土压力测点数量少，可能存在代表性不足。

3.5　土体深层水平位移

通过埋设竖向测斜管的方式观测堆载过程中压板周围地基土体的深层侧向位移情况。

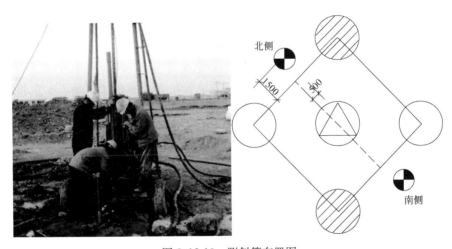

图 2.12-13　测斜管布置图

根据水平位移-深度变化曲线可知，深度 4.0m 以上碎石土层位移较大，深度为2～3m处位移达到最大，其中北侧最大位移为 14.87mm，南侧最大位移为 9.21mm。从中还可以看出，两曲线均在2～3m深度、4～4.5m深度出现了较大的转折，这可能是由于：

（1）2～3m 深度：勘察资料显示，原土层 2.2～3.6m 深度为淤泥质粉质黏土，该层土由于土工性质较差，强夯置换处理后强度提高有限，与其相邻的上下土层相比，强夯置换处理后的效果较差，并且考虑到强夯置换处理后，整个场地表面的下降，因此出现 2m

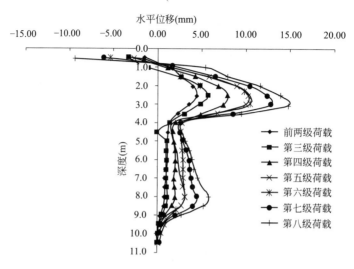

图 2.12-14　北侧水平位移变化曲线

深度位置水平位移较大。测斜管埋设在夯间，在上部荷载作用下淤泥质粉土有向外的挤压效应，造成上部水平位移偏大。

（2）4～4.5m 深度：在此深度水平位移突然减小，可能是由于该位置是施工过程中夯坑深度位置，其下土层加固效果较好所致。

小结：深度 4.0m 以下砂层位移较小，荷载对周边土体的挤密作用小，说明该位置土体已较紧密，强夯加固效果较好。由深层水平位移的观测结果可知，强夯置换对土体的挤密效果较为明显，强夯置换加固该场地的效果较好。

3.6　孔隙水压力

为了给油罐稳定性分析和油罐后期充水预压时的加载速率提供依据，本次通过孔隙水压力观测，分析载荷试验加载、卸载过程中地基土不同深度孔隙水压力的变化情况，反映地基应力在深层土体中的传递情况，调整堆载施工的速度。

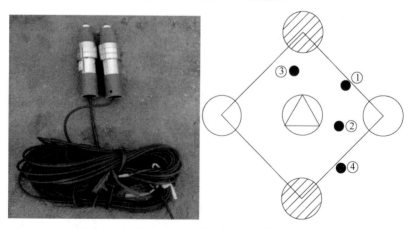

图 2.12-15　孔压计布置图

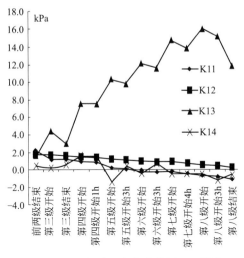

图 2.12-16　超孔压变化曲线图（1 号孔）　　图 2.12-17　超孔隙水压力随深度变化曲线

　　根据超孔隙水压力变化曲线，随着堆载过程进行，4～6m 碎石土或中粗砂的超孔隙水压力并没有明显变化，超孔隙水压力消散较快。但 8m 左右粉质黏土中孔隙水压力增长明显，超孔隙水压力消散较慢。

3.7　土体隆起变形

　　通过利用精密水准仪观测测点高程，反映堆载作用下载荷板沉降量及压板周边地基土隆起量；监测堆载作用下地基沉降量及影响范围，监测变形量和变形速率，保证工程安全、有序的施工。

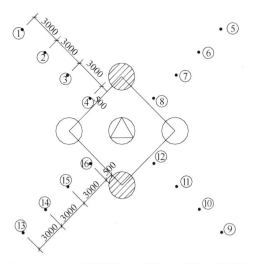

图 2.12-18　载荷板周边土体隆起观测点布置图

　　据载荷板周边土体隆起变形图 2.12-18，距板 0.5m 处土体隆起较大，最大隆起量达到 11.3mm，平均隆起量 9.6mm。距载荷板 6.5m 以外隆起较小，仅 1～2mm。根据监测数据分析压板载荷对地基周边土层隆起变形的影响范围约为 1 倍板宽。

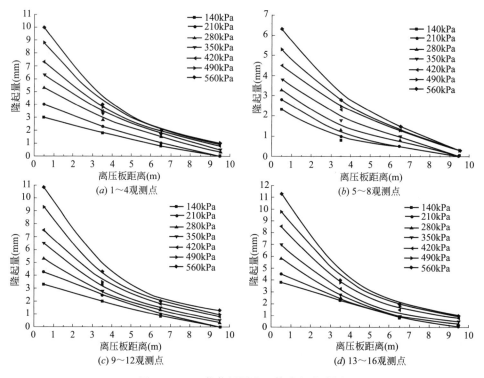

图 2.12-19　载荷板周边土体隆起变形图

3.8　分层沉降

分层沉降通过观测各级堆载作用下不同深度地基土的竖向变形量，测试土层内离地表不同深度处的沉降或隆起变形。

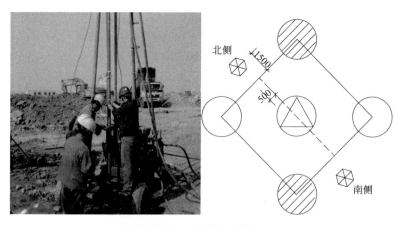

图 2.12-20　分层沉降布置图

根据分层沉降统计结果，分层沉降值随深度增大而减小。表层 3m 范围碎石土沉降占总沉降值的 65% 以上，8～10m 粉质黏土沉降值较小，仅占总沉降的 5%～10%。因基岩上土层很薄，仅 13～15m 以内，故土层内的沉降急剧衰减。

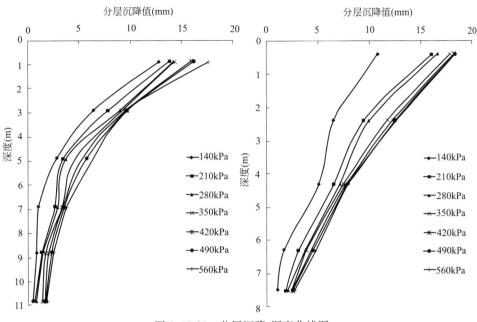

图 2.12-21　分层沉降-深度曲线图

3.9　小结

为模拟在 10 万 m³ 油罐作用下夯后地基土的变形特性，验证油罐下采用浅基础的安全可靠，进行了此次超大板的载荷试验。试验中使用钢筋混凝土板，尺寸为 7.1m×7.1m，板厚 40cm，最大加载量为 560kPa（28125kN）。此次大板载荷试验可反映载荷板下 11～15m 地基土的承载力和变形模量，此深度达到基岩顶标高，同时大板也克服了场地不均匀性的影响，因此，本次试验对油罐地基的模拟具有较好的代表性，可反映油罐作用下地基土的实际受力情况。检测结论如下：

（1）本次大板载荷试验共进行 8 点的载荷板沉降观测，其中分级加载过程中所产生的分级沉降量最大为 16.1mm；累计沉降量最大为 76.6mm，累计沉降量最小为 47.8mm；最大差异沉降量为 28.8mm；载荷板平均最终累计沉降量为 62.40mm。根据相关规范要求，夯后地基土承载力特征值不小于 280kPa，变形模量不小于 20MPa。

（2）根据土压力测试结果，夯点最大土压力为 1357kPa，夯间最大土压力为 469kPa。一、二遍夯点、三遍夯点、夯间土的荷载分担比为 5∶1∶4，即碎石置换墩承担约 60% 的荷载。

（3）根据超孔隙水压力测试结果，4～6m 碎石土或中粗砂的超孔隙水压力消散较快，8m 左右粉质黏土中孔隙水压力增长明显，超孔隙水压力消散较慢。

（4）根据土体测斜结果，深度 4.0m 以上碎石土层位移较大，深度为 2～3m 处水平位移最大，最大位移为 14.87mm，4～4.5m 深度处水平位移最小。

（5）根据载荷板板底土体竖向变形观测结果，载荷板板底各部位沉降较为均匀，任意两点之间的沉降差均小于 15mm，最大差异沉降发生在板边，说明载荷板板底不均匀沉降主要并不是由于板的刚度不够而引起的，而是板下土层的相对不均匀性引起的。

（6）根据分层沉降观测结果，分层沉降值随深度增大而减小。表层 3m 范围碎石土沉降占总沉降值的65％以上，8～10m粉质黏土沉降值较小，仅占总沉降的5％～10％。

（7）根据载荷板周边土体隆起变形观测结果，离板0.5m处土体隆起较大，最大隆起量达到11.3mm，平均隆起9.6mm。距载荷板6.5m以外土体隆起较小，仅1～2mm；压板载荷对地基周边土层隆起变形的影响范围约为1倍板宽。

4 工程强夯施工工艺

4.1 6000kN·m能级强夯处理

（1）工程地质情况

罐组一和罐组二的8个储罐吹填土层和素填土层厚度较小（7～9m），采用6000kN·m能级强夯处理。

（2）检测结果

大部分检测点满足承载力特征值≥250kPa，压缩模量≥15MPa设计要求，仅少部分区域由于表层存在一定厚度淤泥，在强夯施工过程中受扰动挤出，强夯效果较差，检测完成后采取了碎石换填＋1500kN·m能级满夯处理，承载力和压缩模量达到设计要求。夯墩长度检测结果：平均长度3.4m，基岩埋深6～7m。

建议：围海吹填地基处理过程中，针对表层一定厚度淤泥的吹填场地，建议首先应挖出淤泥部分（至少3m），换填碎石后再进行强夯处理。若后续强夯施工过程中发现淤泥挤出等现象，同样应挖除挤出淤泥并进行换填处理后再继续施工。

（3）监测结果

T-2罐充水预压过程中环墙基础沉降监测曲线见图2.12-22。根据监测结果，充水至最高19.5m，环墙基础最大沉降为29.7mm，最小沉降为18.9mm，平均沉降为25.1mm，满足规范沉降变形要求。该吹填土地基采用6000kN·m能级强夯处理加固效果明显，工后沉降小，满足规范和设计要求。

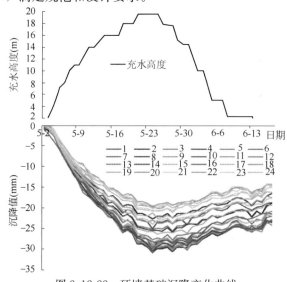

图2.12-22 环墙基础沉降变化曲线

4.2　12000kN·m能级强夯处理

（1）工程地质情况

罐组三、罐组四位于拟建场地的西侧，表层的吹填淤泥已基本被清除，回填了山皮土，且靠近海岸边缘，基岩埋深较浅，基岩面埋深介于 8.0～14.3m，除 T-10、T-14、T-16 罐的局部地段基岩埋深为 13.0～14.3m 之外（采用 15000kN·m 能级强夯处理），其余各个罐的基岩埋深为 10m 左右，且工程性质较差的吹填土分布范围不大，厚度较薄，采用 12000kN·m 能级强夯处理。

（2）检测结果

所有检测点满足承载力特征值≥250kPa，压缩模量≥15MPa 设计要求。夯墩长度检测结果：平均长度 5.2～7.2m，基岩埋深 6.5～10.0m。

（3）监测结果

T-9 罐充水预压过程中环墙基础沉降监测曲线见图 2.12-23。根据监测结果，充水至最高 19.5m，环墙基础最大沉降为 22.8mm，最小沉降为 16.3mm，平均沉降为 19.2mm，满足规范沉降变形要求。该吹填土地基采用 12000kN·m 能级强夯处理加固效果明显，工后沉降小，满足规范和设计要求。

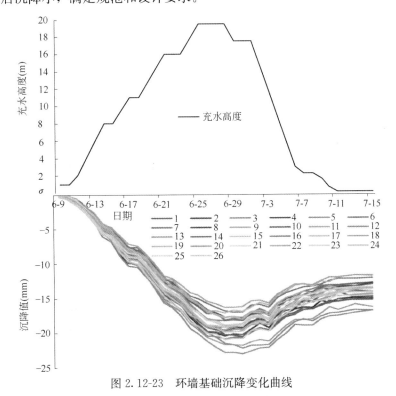

图 2.12-23　环墙基础沉降变化曲线

4.3　15000kN·m能级强夯处理

（1）工程地质情况

罐组六和罐组八的 8 个储罐吹填土层和素填土层厚度较大（10～14m），采用

15000kN·m 能级强夯处理。

（2）施工工艺

前两遍 15000kN·m 能级，锤重 577.2kN，落距 25.98m；第三遍 8000kN·m 能级，锤重 457.6kN，落距 17.48m；第四遍 4000kN·m 能级，锤重 183kN，落距 21.3m。强夯具体情况如表 2.12-2。

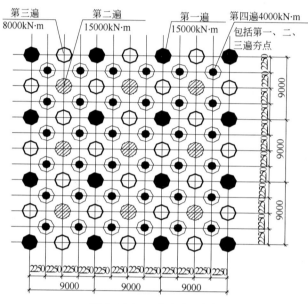

图 2.12-24　夯点布置图

强夯施工工艺表　　　　　　　　　　　　　　　　　表 2.12-2

强夯能级	夯击遍数	夯点夯击击数	最后两击平均夯沉量(cm)	备注
15000kN·m	第一遍	不小于 25 击	≤25	第三遍为加固夯,能级8000kN·m,第四遍加固夯能级为4000kN·m,满夯能级为1500kN·m
	第二遍	不小于 25 击	≤25	
	第三遍(加固夯)	不小于 15 击	≤10	
	第四遍(加固夯)	不小于 8 击	≤5	
	第五遍(满夯)	3 击,1/3 搭接		

（3）检测结果

T-23 罐：①静载检测结果显示地基承载力特征值满足设计要求 $f_{ak}=250kPa$；②重型动力触探、标准贯入试验、瑞利波测试、钻孔取样及室内土工试验、静力触探检测结果均反映出 0～3m 地基承载力特征值和压缩模量满足设计要求；但 7～12m 的地层偏软，3m 以下至基岩的地层厚度加权平均压缩模量 E_s 为 9.9～15.2MPa；③夯墩长度检测结果：平均长度 7.3m，基岩埋深 12.0～15.0m。

即：T-23 罐淤泥层整体偏厚，经高能级强夯置换处理后，夯墩下淤泥质土层加固效果未达到预期，但经过软弱下卧层承载力和沉降验算，依然可满足储罐要求，故未进行二次处理。但后期对该罐增加受力变形监测项目，以实时监测其在充水预压及正式运营过程中的受力变形特性，对于荷载和变形值予以及时预警，防止地基发生较大的不均匀变形。

T-22 罐：①静载试验得到地基承载力特征值 250kPa，满足设计要求；②重型动力触探、标准贯入试验、瑞利波测试、静力触探试验、钻孔取样及室内土工试验结果分析，各检测点 0～3m 地基承载力特征值和压缩模量满足设计要求，4m 以下存在较厚的软弱黏性土层，地基承载力偏低，3m 以下至基岩的复合地基地层厚度加权平均压缩模量 E_s 为 3.6～12.7MPa，其中最低厚度加权平均压缩模量为 3.6MPa；③夯墩长度检测结果：平均长度 8.2m，基岩埋深 12～14m。

即：T-22 罐经过高能级强夯置换处理后，储罐环墙基础以下仍然存在厚度不均的淤泥质土层，未避免储罐发生较大的不均匀沉降变形，设计采用 80cm 厚加筋碎石垫层方案进行处理，协调储罐基础的受力变形。

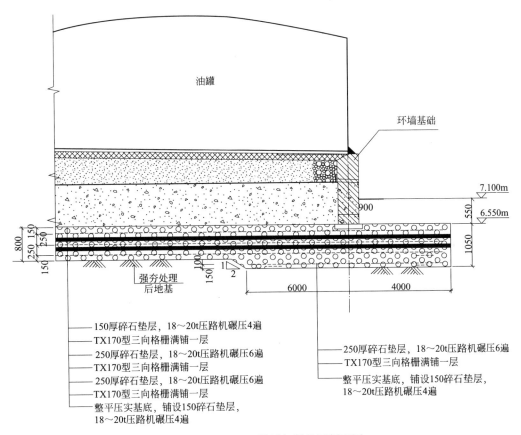

图 2.12-25　T-22 储罐加筋垫层剖面图

（4）监测结果

T-22 罐充水预压过程中环墙基础沉降监测曲线见图 2.12-27。根据监测结果，充水至最高 19.5m，环墙基础最大沉降为 93.9mm，最小沉降为 45.6mm，平均沉降为 71.9mm，满足规范沉降变形要求。该吹填土地基采用 15000kN·m 能级强夯处理加固效果明显，工后沉降小，满足规范和设计要求。

4.4　3000kN·m 能级强夯预处理＋灌注桩方案

（1）工程地质情况

罐组五和罐组七的 8 个储罐吹填土层和素填土层厚度较小（7～9m），基岩埋藏较深，

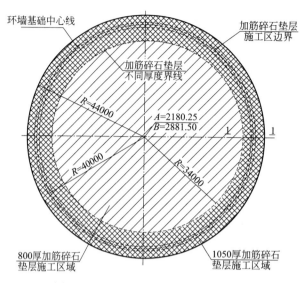

图 2.12-26　加筋碎石垫层平面布置图

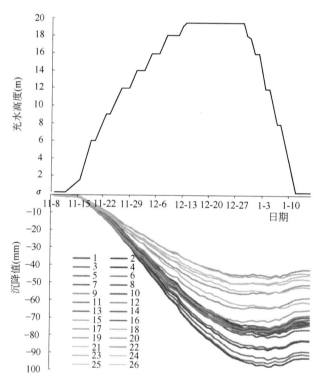

图 2.12-27　T-22罐环墙基础沉降变化曲线

普遍分布有吹填黏土，厚度较大，且基岩面上部覆盖有工程性质很差的泥炭质黏土。本罐组采用3000kN·m能级强夯预处理＋灌注桩施工工艺。

（2）施工工艺

罐组五和罐组七强夯预处理的主要目的为提高表层填土地基的承载力，满足桩基施工机械正常作业条件，减小桩基负摩阻力的不利影响。强夯预处理施工完成后进行灌注桩施工，每罐共布置 517 根灌注桩，桩端进入强风化基岩 5m 或进入中风化基岩 0.5m，桩长 18~25m，承载力特征值不小于 3000kN。

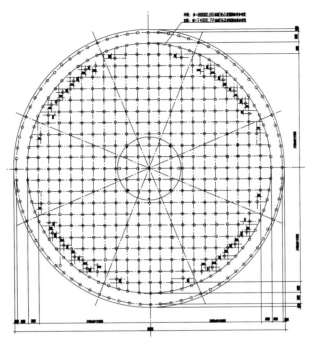

图 2.12-28　灌注桩平面布置图

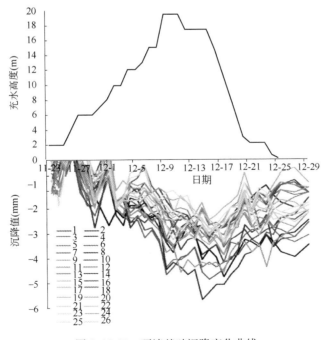

图 2.12-29　环墙基础沉降变化曲线

（3）监测结果

T-19罐充水预压过程中环墙基础沉降监测曲线见图2.12-29。根据监测结果，充水至最高19.5m，环墙基础最大沉降为4.5mm，最小沉降为1.4mm，平均沉降为2.8mm，储罐几乎没有沉降。该吹填土地基采用3000kN·m能级强夯预处理＋灌注桩方案工后沉降小，满足规范和设计要求。

5 高能级强夯置换储罐地基基础受力变形监测

本项目针对采用高能级强夯置换工艺（15000kN·m）处理后的T-22储罐和T-23储罐在充水预压过程中进行了地基基础受力性能实测研究，监测项目包括：

（1）环墙基础环向受力钢筋应力测试：采用钢筋应力计进行测试；

（2）环墙基础混凝土应力测试：环向及竖向，采用混凝土应变计进行测试；

（3）环墙基础土压力测试：采用土压力计测试环墙内侧水平土压力、环墙基础下竖向土压力；

（4）地基孔隙水压力监测：采用孔压计进行测试，布置在罐内外；

（5）地基土压力测试：采用土压力计测试，加筋碎石垫层上下各布置土压力计，分析加筋碎石垫层的应力扩散作用；

（6）罐外竖向测斜：测试罐外土体水平变形；

（7）罐外土体分层沉降监测：采用沉降磁环监测罐外土体分层沉降变形。

5.1 土压力监测

（1）加筋碎石垫层以上土压力监测结果分析

加筋碎石垫层以上土压力监测项目共布置30个土压力计，分布于6个统计截面，每个截面下包括一遍点、二遍点、三遍点土压计各1个，夯间土压计2个。本监测项目主要用于监测环墙基础底标高位置土压力变化情况。监测结果：

① 充水预压前，加筋碎石垫层上所承受的荷载包括罐底垫层及钢储罐自重引起的土压力，计算值为44kPa，实测为75.9kPa，实测值偏高。

② 根据上层所有土压力计监测得到的土压力平均值随充水高度的变化曲线14-40可知，上层土压力随充水高度增加而增大，满载（水位19.5m）时最大土压力为263.9kPa，基本接近计算值235kPa；实测上层平均土压力与水位关系为 $F=9.1254H$（理论为 $y=9.8H$）；实测值比理论值稍小，分析原因主要为水荷载传至上层土压力所在地层中已发生部分应力扩散而偏小。

（2）加筋碎石垫层以下土压力监测结果分析

① 充水预压前，加筋碎石垫层下所承受的荷载包括环墙基础范围内的垫层自重、钢储罐自重及1m加筋碎石垫层自重，实测值为70.4kPa，不考虑应力扩散作用，其上覆压力包括：上层土压力75.9kPa+1m碎石垫层20.5kPa（实测值）＝96.4kPa，即加筋碎石垫层应力扩散：96.4－70.4＝26.0kPa，扩散比0.27。

② 根据图2.12-31，上层所有土压力计监测得到的土压力平均值随充水高度的变化关系为 $F=7.2538H$，其平均最大土压力为226.6kPa；不考虑应力扩散作用，下层平均最

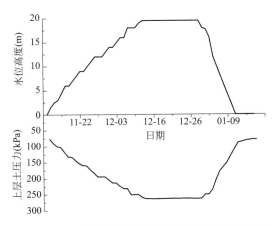

图 2.12-30 加载曲线及上层平均土压力变化曲线

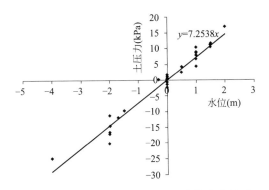

图 2.12-31 下层平均土压力与水位变化关系

大土压力 $263.9 + 20.5 = 284.4$kPa；即：应力扩散 $284.4 - 226.6 = 57.8$kPa，扩散比 0.20；扩散后直径 $D = 44.8$m；应力扩散角：$67.4°$。

③ 根据各截面测试得到的土压力，对比各截面所在位置的地质条件可得出：地质条件较差区域所承受土压力较小，地质条件较好区域承受土压力较大。

④ 夯点与夯间位置土压力对比情况见表 2.12-3，据此可知，一遍点及二遍点承受土压力较大，三遍点与夯间承受土压力较小，强夯加固效果明显（一遍点下层、二遍点上层由于部分土压力计损坏或者偏离夯墩位置导致测试数据偏小）。

夯点与夯间位置土压力对比情况表　　　　　　　　　　表 2.12-3

位　　置	上层(kPa)	下层(kPa)
一遍点	329.6	167.9
二遍点	279.7	323.1
三遍点	195.0	237.9
夯间	249.1	179.8

（3）环墙底土压力监测结果分析

充水预压前环墙下地基土压力为 16.5kPa，满载时环墙底最大土压力为 115.6kPa，环墙底地基土压力增长幅度远小于上层地基土压力（263.9kPa），即环墙承受的竖向荷载远小于地基承受的竖向荷载。

233

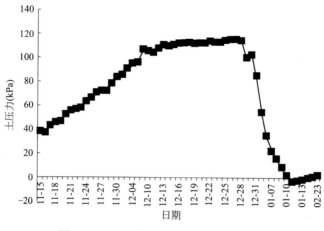

图 2.12-32　环墙下土压力 TX4 变化曲线

（4）环墙内侧土压力监测结果分析

环墙内侧土压力监测主要用于测试环墙所承受的水平向土压力。

① 充水预压前各层水平向土压力平均值：上层环墙土压力平均值 15.2kPa；中层环墙土压力平均值 33.1kPa；下层环墙土压力平均值 35.9kPa，即：环墙内侧承受的水平土压力随垫层厚度逐渐增大，中层及下层环墙水平土压力差异较小。

② 充水预压过程中环墙内侧平均土压力监测曲线见图 2.12-33。

上层环墙水平土压力平均值：39.5kPa，最大值 46.2kPa；

中层环墙水平土压力平均值：94.2kPa，最大值 123.4kPa；

下层环墙水平土压力平均值：83.6kPa，最大值 122.6kPa。

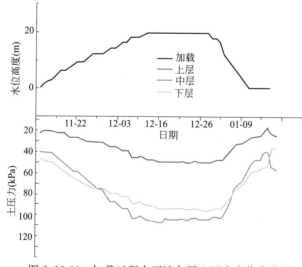

图 2.12-33　加载过程中环墙各层土压力变化曲线

随荷载增加，环墙各层承受的水平向土压力均增大，但中层增长幅度大于上层及下层，即墙所受侧向压力上部小，中间大，下部小，类似于半无限体内应力扩散的分布规律，与理论计算中的主动土压力或静止土压力的分布规律不同。

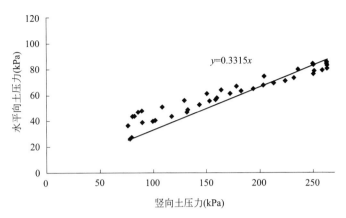

图 2.12-34　环墙竖向土压力及水平向土压力关系曲线

③ 根据主动土压力计算理论：可以得到平均主动土压力系数 $K_a = 0.3315$；砂垫层平均内摩擦角 $\varphi = 30°$。

④ 根据实测环墙水平应力计算得到的环墙单位高度环向力为 2896kN/m，小于环墙单位高度环向力设计值 3265kN/m，远小于环墙单位高度可承受的最大环向力 4195kN/m，安全系数为 1.45。

5.2　孔隙水压力监测

（1）根据充水预压阶段的超孔压平均值变化曲线（图 2.12-35），可得到以下结论：①加载阶段，随水位增加，超孔隙水压力逐渐增长，增长幅度基本在 30%～50% 之间，小于 60% 的规范要求，满载超孔压最大值为 65.1kPa（占预压荷载的 36.2%）；②恒压阶段（19.5m），随时间增加，超孔压逐渐减小，孔隙水压力逐渐转化为有效应力，地基强度逐渐提高；③卸载阶段，超孔压逐渐减小，至完全卸载后，超孔压最小值为 −17.5kPa，即通过充水预压过程，地基有效应力增加 17.5kPa；④完全卸载后，超孔压有所恢复，分析原因为由于卸载导致该区域水位变化所致。

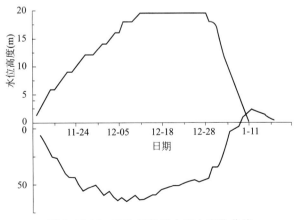

图 2.12-35　平均超孔隙水压力变化曲线

（2）根据满载阶段平均超孔压随深度变化曲线（图 2.12-36）可知，超孔压随深度增加先增大后减小，最大超孔压位于9.0～9.5m之间。

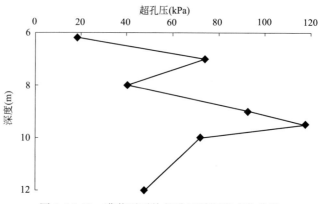

图2.12-36　满载后平均超孔压随深度变化曲线

（3）根据不同位置处超孔压测试结果可知，地质条件较好区域的超孔压值较小，承受的土压力较大，超孔压快速转化为土体的有效应力。

（4）根据罐内外超孔压测试结果对比分析可知，罐内承受的超孔压远大于罐外超孔压，且罐内孔压随时间变化幅度比罐外大，即：预压荷载大部分由罐内地基承担，其预压荷载对罐外影响相对较小。

5.3　环墙钢筋应力监测

环墙钢筋应力监测主要目的为：观测充水预压阶段环向钢筋应力变化情况。

（1）根据混凝土浇筑后钢筋应力测试结果可知，混凝土浇筑后钢筋受压，随时间先增大后减小，分析原因为混凝土硬化过程中的温度变化及收缩变形引起。

（2）混凝土浇筑后至充水预压前，钢筋所受压力逐渐减小，部分钢筋开始受拉，主要由环墙内填料垫层竖向荷载引起。

（3）充水过程

① 充水预压过程中，钢筋承受的最大拉力在31.2～43.3kN之间，各钢筋承受的拉力因所处位置不同而不同，差异较大。

② 根据不同截面钢筋平均拉力变化曲线（图2.12-37），各截面位置处钢筋拉力不同，其中L1、L3截面钢筋平均拉力较大（最大拉力分别为16.5kN和16.0kN），L2、L4截面钢筋平均拉力较小（最大拉力分别为8.6kN和11.5kN）。

③ 根据上层、中层、下层钢筋拉力平均值变化曲线（图2.12-38）可知，上层钢筋所承受拉力最小，满载最大平均拉力为4.6kN，中层钢筋承受满载最大平均拉力为9.8kN，下层钢筋承受拉力最大，满载最大平均拉力为24.4kN。

④ 根据外侧、中间、内侧钢筋拉力变化曲线（图2.12-39）可知，内外侧钢筋平均拉力相差不大，外侧稍大（最大拉力15.6kN），中间和内侧稍小（最大拉力分别为12.3kN和12.9kN）。

（4）本次钢筋拉力实测值远小于设计值：单根钢筋拉力设计值为147.2kN，实测值最大为43.2kN，仅为钢筋拉力设计值的0.3倍；环墙环向力设计值为3265kN/m，实测值最大为333kN/m，实测结果较小，仅为设计值的0.1倍。

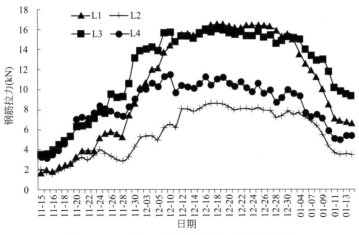

图 2.12-37　截面钢筋平均拉力时间变化曲线

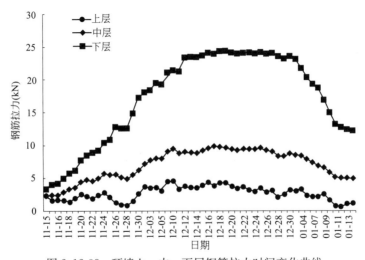

图 2.12-38　环墙上、中、下层钢筋拉力时间变化曲线

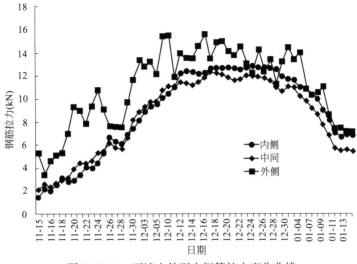

图 2.12-39　环墙由外到内钢筋拉力变化曲线

5.4 环墙混凝土应变监测

环墙混凝土应力监测的主要目的为监测环墙混凝土在充水预压阶段应变变化情况，包括水平向及竖向两个方向。

（1）环墙混凝土浇筑后，混凝土发生收缩变形，产生压应变，且竖向压应变大于环向压应变，最大环向压应变为 294.8$\mu\varepsilon$，最大竖向压应变为 480.0$\mu\varepsilon$。

（2）从混凝土浇筑后至充水预压前阶段，环向压应变减小，部分截面已发生拉应力变形，主要由环墙内填料垫层竖向荷载引起；同时，该阶段竖向压应变增大，主要由竖向荷载增大引起。

（3）充水过程

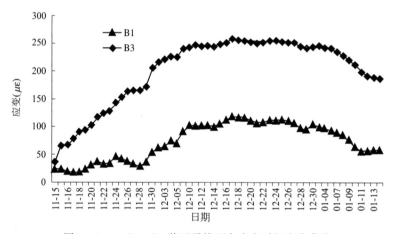

图 2.12-40　B1、B3 截面平均环向应变时间变化曲线

① 满载状态下各截面测试得到的最大环向拉应变为 646$\mu\varepsilon$，B3 截面平均环向应变最大值为 258$\mu\varepsilon$，B1 截面平均环向应变最大值为 118.7$\mu\varepsilon$，即 B3 截面平均环向拉应变大于 B1 截面；最大竖向拉应变为 290$\mu\varepsilon$，B4 截面平均竖向压应变最大值为 72.1$\mu\varepsilon$。

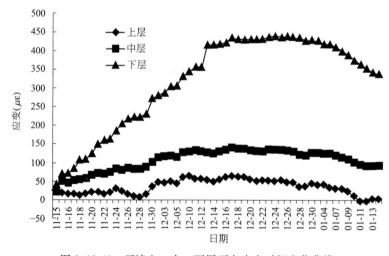

图 2.12-41　环墙上、中、下层环向应变时间变化曲线

② 根据上层、中层和下层混凝土承受最大平均拉应变时间变化曲线（图 2.12-41）可知，上层承受环向拉应变最小，最大拉应变为 64.9$\mu\varepsilon$，中层承受最大拉应变为 141.7$\mu\varepsilon$，下层混凝土承受环向拉应变最大，满载最大拉应变为 440.8$\mu\varepsilon$。

③ 根据上层、中间和下层竖向应变时间变化曲线（图 2.12-42）可知，上层混凝土承受竖向压应变最大，满载最大压应变为 192.8$\mu\varepsilon$，中层混凝土承受最大竖向压应变为 55.7$\mu\varepsilon$，下层混凝土承受竖向压应变最小，满载最大压应变为 34.5$\mu\varepsilon$。

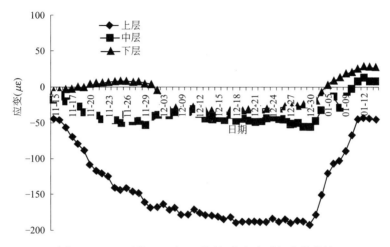

图 2.12-42　环墙上、中、下层竖向应变时间变化曲线

④ 根据环墙外侧、中间、内侧平均环向应变变化曲线（图 2.12-43）可知，环墙基础外侧环向应变较大，最大应变值为 262.3$\mu\varepsilon$，中间及外侧应变大小相近，最大应变值分别为 179.5$\mu\varepsilon$ 和 184.8$\mu\varepsilon$。

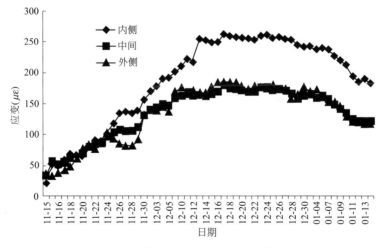

图 2.12-43　环墙由外到内环向应变变化曲线

⑤ 根据外侧、中间、内侧平均竖向应变变化曲线（图 2.12-44），环墙基础外侧竖向压应变较大，最大应变值为 125.1$\mu\varepsilon$，内侧压应变较小，最大应变值 31.8$\mu\varepsilon$。

⑥ 混凝土在受拉开裂之前，钢筋与混凝土变形相同，根据钢筋的弹性模量，可将实

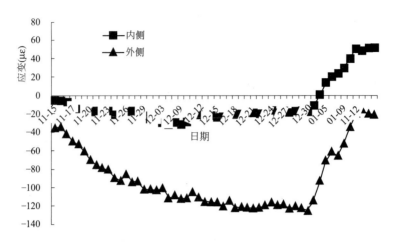

图 2.12-44 环墙由外到内竖向应变变化曲线

测钢筋拉力转换为钢筋应变，同时与实测混凝土应变对比分析，见表 2.12-4。据此可知，混凝土应变计测试得到的应变值比钢筋应力计测试得到的应变平均偏大 1.5 倍左右。

环向应力应变测试结果差异性统计表　　　　　　　　　　　　　　　表 2.12-4

位　置	钢筋拉力(kN)	钢筋应变($\mu\varepsilon$)	混凝土应变($\mu\varepsilon$)	差异性
上层	4.6	46.9	64.9	1.38
中层	9.8	99.9	141.7	1.42
下层	24.4	248.7	440.8	1.77
外侧	15.6	159.0	262.3	1.65
中侧	12.3	125.4	179.5	1.43
内侧	12.9	131.5	184.8	1.41

5.5 竖向测斜监测

竖向测斜主要监测目的为监测加载过程中和稳定后储罐周围地基土的水平位移变化情况。

各孔监测结果：

（1）根据各孔深层水平位移监测数据可知，T-22 罐水平位移最大值为 49.3mm，日位移速度小于 1mm/d，符合规范及设计要求。

（2）C1、C2 孔表层土体发生靠近油罐的水平位移，最大值分别为 22.5mm 和 17.0mm，其下土体发生远离油罐的水平位移，其值随深度增加先增大后减小；C3～C5 孔表层水平位移，且随深度逐渐减小，表层最大水平位移为 49.3mm。

（3）C1 孔浅层 2.5m 地基发生靠近油罐的水平变形，最大值为 22.5mm；2.5～13.5m 发生远离油罐的水平变形，随深度增加水平位移先增大后减小，最大位移为 42.5mm，位于 9m 深度处。

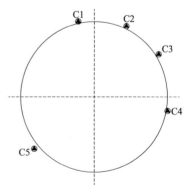

图 2.12-45 竖向测斜孔布置图

（4）C2 孔浅层 2.0m 地基发生靠近油罐的水平变形，最大值为 17.0mm；2.0～14.0m 发生远离油罐的水平变形，随深度增加水平位移先增大后减小，最大位移为 41.6mm，位于 8m 深度处。

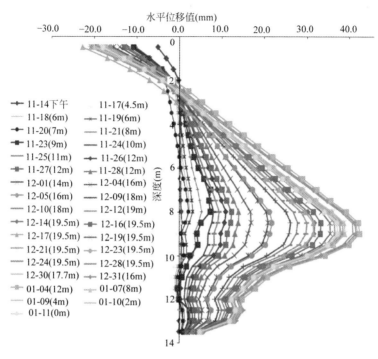

图 2.12-46　C3 孔水平位移时间变化曲线

（5）C3 孔浅层 6.5m 地基发生远离油罐的水平变形，且浅层 0.5m 处最大，最大值为 49.2mm；5.5m～10.5m 发生远离油罐的水平变形，随深度增加水平位移先增大后减小，最大位移为 -8.5mm，位于 10m 深度处。

（6）C4 孔深层水平位移随深度增加而减小，浅层 0.5m 最大，最大值为 49.3mm。

（7）C5 水平位移值为充水 10m 后产生的位移，随深度增加而减小，浅层 0.5m 处最大，最大值为 27.2mm。

5.6　分层监测

监测目的：监测不同荷载作用下罐周边土体不同深度地基土的竖向变形量，测试土层内离地表不同深度处的沉降或隆起。

（1）根据 F1～F7 孔分层沉降监测结果可知，深度 2m 处最大累计沉降为 59.0mm，小于环墙基础沉降最大值。

分层沉降统计表（单位 mm）　　　　　　　　　表 2.12-5

位　　　置	F2	F4	F5	F6	平均值	比例
最大值	51.8	49.2	59	55.3	53.8	100%
2～4m	15.3	13.7	22.6	14.3	16.5	31%
4～6m	11.4	9.5	9.8	11.4	10.5	20%

位　　置	F2	F4	F5	F6	平均值	比例
6～8m	7.0	7.9	7.3	9.7	8.0	15％
8～10m	5.3	5.3	5.7	7.3	5.9	11％
10～12m	5.8	4.6	5.0	5.4	5.2	10％
12～14m	7.0	4.8	4.5	3.9	5.1	9％
14m 以下		3.3	4.2	3.4	3.6	7％

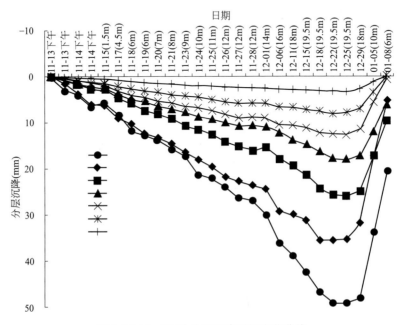

图 2.12-47　F4孔分层沉降时间变化曲线

（2）根据充水预压过程中各层平均沉降值及在累计总沉降中所占比例，见表 2.12-5 统计。据此可知，随深度增加，分层沉降值逐渐减小，主要沉降量发生在 2～6m，在总沉降中所占比例超过 50％。

6　总结

（1）本项目采用大板载荷试验对高能级强夯置换地基进行了详细的实测研究，其荷载影响深度可达到基岩，与常规载荷试验相比更贴近油罐地基的实际受力状态。

（2）吹填土地基中采用 6000～15000kN·m 能级强夯置换方案进行加固处理，基本能够满足油罐使用要求，但是针对吹填淤泥较厚、基岩埋深较大区域可采用低能级强夯预处理加灌注桩施工工艺；针对强夯置换施工后淤泥质土分布不均的情况可考虑采用加筋碎石垫层方案，调节储罐后期不均匀沉降变形。

（3）本项目对于吹填土高能级强夯置换地基的土压力、孔隙水压力、环墙钢筋应力、环墙混凝土应变、竖向测斜、分层沉降等方面进行了详细的实测，进一步了解了吹填土高能级强夯置换地基的受力变形特性，对于后续吹填土地基处理设计提供参考。

【实录13】惠州炼化二期 300 万 m² 开山填海地基 12000kN·m 强夯处理工程

赵永祥[1]，刘　波[1]，孙会青[2]

(1. 中化岩土集团股份有限公司，北京 102600；2. 中国化学工程第一岩土工程有限公司，沧州 061001)

摘　要：场区位于广东省惠州市大亚湾石化区，场地回填土为开山碎石土，回填厚度在 9～10m，根据地质特点，采用强夯法对地基进行了加固处理，根据回填土厚度，选择的强夯能级为 8000kN·m、12000kN·m。强夯加固总面积约 300 万 m²。经夯后检测，8000kN·m 能级区地基承载力 $f_{ak} \geqslant$ 220kPa，变形模量≥15MPa，有效加固深度≥9m；12000kN·m 能级区地基承载力 $f_{ak} \geqslant$ 250kPa，变形模量≥15MPa，有效加固深度≥10m。处理后的场地达到了预期要求。

关键词：开山填海地基；地基处理；高能级强夯

1　概述

拟建的惠州炼化二期场区位于广东省惠州市大亚湾石化区，是在中海油惠州一期 1000 万吨/年炼油项目基础上，再增加炼油和乙烯工程，并配套建设相关的储运、公用工程、辅助生产系统及厂外工程等，拟建建筑物包括分析化验室、中控室、总变电站、乙烯装置区、高压消防水泵站、公用工程区、仓库、维修中心、消防站、气防站、中心控制室等。

按照地基处理设计文件，采用强夯法对地基进行加固处理，设计强夯加固总面积约 300 万 m²。该工程施工自 2012 年 10 月 10 日开始，2014 年 3 月 26 日结束。

2　场地地质情况

项目所在场地原为海域，已经回填整平，回填土为开山碎石土，后经初步夯实处理。现场地面标高为 3.5～4.5m（黄海高程），北高南低。场地土层情况分布见表 2.13-1。

场地土层情况分布表 　　表 2.13-1

层号	岩土名称	层厚(m) 层底深度(m)	层底标高(m)	岩性特征	分布范围
①₁	素填土	0.8～10.9 0.8～10.9	−5.68～4.55	杂色,主要为黄褐—红褐色,来源主要为开山残(坡)积土及风化石块,主要为黏性土、粉土、碎石。稍密,湿	场地均布
①₂	素填土	1.0～7.3 3.0～9.6	−4.5～2.7	杂色,主要为褐—红褐色,成分主要为碎石、块石、毛石,块石、毛石主要呈强—中等风化。稍密—中密,湿	局部分布

作者简介：赵永祥，男，工程师，主要从事地基处理等方面的生产工作。

层号	岩土名称	层厚(m) 层底深度(m)	层底标高 (m)	岩性特征	分布范围
②₀	淤泥质粉质黏土	1.0～8.3 7.0～13.7	-8.6～-1.64	灰—灰黑色,含多量碎贝壳,切面稍有光泽,韧性高,干强度高,软塑—可塑	局部分布
②₁	粉细砂	0.5～9.6 6.3～13.8	-8.4～-0.79	灰白—灰黄色,砂粒成分主要为石英、长石,分选中等,本层含有少量贝壳、云母,局部混砾石。稍密,饱和	局部分布
②₂	中粗砂、砾砂	0.1～5.4 4.2～15.0	-9.64～1.5	灰黄—褐黄色,砂粒成分主要为石英、长石,呈圆状或亚圆状,本层分选一般,局部混砾石。中密—密实,饱和	局部缺失
②₃	卵砾石	0.8～14.5 6.0～24.8	-19.5～-0.13	黄褐—灰黄色,分选差,局部混漂石,粒径20～50mm,含量大于50%,充填物为中粗砂。中密—密实,饱和	场地均布
③₁	粉质黏土	05～4.8 8.1～19.4	-13.8～-2.35	褐—灰黄色,黏性中等,无摇振反应,干强度及韧性中等。可塑—硬塑	局部分布
④₂	全风化砂岩	最大揭露厚度14.0m 最大揭露深度32.2m		褐黄—褐红色,原岩结构基本破坏,岩石已风化成坚硬或密实土状	场地均布
⑥₁	强风化砂岩	最大揭露厚度10.5m 最大揭露深度34.3m		灰—红褐色,泥砂质结构,块状构造,风化裂隙很发育,岩芯多呈短柱状或碎块状	场地均布
⑥₂	中风化砂岩	最大揭露厚度11.45m 最大揭露深度39.92m		褐—红褐色,泥砂质结构,块状构造,风化裂隙发育,岩芯多呈柱状	场地均布

3 设计要求

根据地质条件及上部结构情况,将施工区域分为 8000kN·m、12000kN·m 两种能级施工,其中 8000kN·m 能级为装置间道路及管廊区域,12000kN·m 能级为所有化工生产装置及辅助设施区域。

8000kN·m 能级区要求处理后的地基承载力 $f_{ak} \geqslant 220$kPa,变形模量 $\geqslant 15$MPa,有效加固深度 $\geqslant 9$m,有效加固层为①₁、①₂层素填土,②₁层粉细砂。

12000kN·m 能级区要求处理后的地基承载力 $f_{ak} \geqslant 250$kPa,变形模量 $\geqslant 15$MPa,有效加固深度 $\geqslant 10$m,有效加固层为①₁、①₂层素填土,②₁层粉细砂。

4 试验性施工及大面积施工工艺

4.1 试验性施工

为确定方案的适应性、评价处理效果、确定适合场地地质条件的强夯施工工艺和施工参数,在大面积施工前进行试验性施工,试验施工分为 8000kN·m 试验区、12000kN·m 能级试验区,试验区施工参数见表 2.13-2。

（1）8000kN·m 能级试夯参数

该能级试验施工分四遍进行:

第一、二遍的单击夯击能均为 8000kN·m，每遍夯击次数以最后两击平均夯沉量不大于 10cm 控制；第三遍夯击能为 3000kN·m，夯击次数以最后两击的平均夯沉量不大于 5cm 控制；第四遍满夯能级为 1500kN·m，夯两击。

两遍主夯点呈 9m×9m 正方形布置，第一、二遍夯点采取隔行跳点方式进行施工，第三遍夯点在第一、二遍相邻四个主夯点的中间插点，第四遍满夯夯印要求搭接 1/3，以夯实地基浅部填土。

（2）12000kN·m 能级试夯参数

该能级试验施工分四遍进行：

第一、二遍的单击夯击能均为 12000kN·m，每遍夯击次数以最后两击平均夯沉量不大于 15cm 控制；第三遍夯击能为 6000kN·m，夯击次数以最后两击的平均夯沉量不大于 10cm 控制；第四遍满夯能级为 2500kN·m，夯两击。

两遍主夯点呈 9m×9m 正方形布置，第一、二遍夯点采取隔行跳点方式进行施工，第三遍夯点在第一、二遍相邻四个主夯点的中间插点，第四遍满夯夯印要求搭接 1/3，以夯实地基浅部填土。

4.2　大面积强夯施工工艺

大面积施工以试验性施工确定的施工工艺为依据，并根据试夯情况对收锤标准进行调整，调整后施工参数见表 2.13-2。

强夯施工参数表　　　　　　　表 2.13-2

能级（kN·m）	遍数	能级（kN·m）	主夯点间距	最后两击平均夯沉量（cm）	击数
8000	一	8000	9m×9m	20	或≥14 击
	二	8000	9m×9m	20	或≥14 击
	三	3000	插点	15	或≥14 击
	四	1500	满夯	2 击 1/3 搭接	
	五	1500	满夯	2 击/1/3 搭接	
12000	一	12000	9m×9m	20	或≥14 击
	二	12000	9m×9m	20	或≥14 击
	三	6000	插点	15	或≥14 击
	四	2500	满夯	2 击 1/3 搭接	
	五	2500	满夯	2 击/1/3 搭接	

场地回填土质量较差，需以夯填料适时回填夯坑，以保证夯锤能够顺利挂钩和起锤，同时以适当夯填料来保证强夯加固地基效果，达到预期的承载力要求。

夯填料的级配按如下标准进行控制。夯填料为碎石料，夯填料中粗骨料（粗骨料：粒径≥2cm 的石料）的质量不超过夯填料总质量的 70% 且不低于 30%；其余为细骨料，夯填料内不宜含淤泥、耕土，且其中有机质含量不宜大于 5%。粗骨料中块石最大粒径不大于 300mm 且粒径大于 100mm 的颗粒的质量不大于粗骨料总质量的 50%，其余各种直径的颗粒按自然级配。

5 加固效果检测

5.1 检测手段及检测点布置

为检测地基处理效果，在强夯结束2周后对夯后场地进行了检测，检测手段包括重型动力触探试验、瑞利波试验、静力载荷试验。

重型动力触探试验：检验深度大于设计要求加固有效深度2m，以判断地基的夯后承载力特征值和压缩模量以及夯后地基土沿深度方向上的均匀性；检测点均匀布置于全部强夯区域，每900m²布置一个检测点。

瑞利波试验：通过与夯前波速曲线的对比，大面积测控地基的加固效果。检测点均匀布置于全部强夯区域，对于8000kN·m能级区，每600m²布置一个检测点，对于12000kN·m能级区，每900m²布置一个检测点。

静载荷试验：确定承压板下应力主要影响范围内地基土综合承载力和变形模量。检测点均匀布置于全部强夯区域。对于8000kN·m能级区，每1800m²布置一个检测点，对于12000kN·m能级区，每900m²布置一个检测点。承压板尺寸为1.5m×1.5m。

5.2 地基加固效果评价

本场区强夯效果评价见表2.13-3及表2.13-4。

8000kN·m地基处理效果评价表　　表2.13-3

层号	平板载荷试验		瑞利面波试验	重型动力触探试验		综合评价结果	
	承载力特征值 f_{ak}(kPa)	变形模量 E_0(MPa)	波速(m/s)	承载力特征值 f_{ak}(kPa)	压缩模量 E_s(MPa)	承载力特征值 f_{ak}(kPa)	压缩(变形)模量 E_s(E_0)(MPa)
第①₁层	≥220	22.2～60.4	160～280	220	(15)	220	(15)
第①₂层			160～320	230	(20)	220	(20)
第②₀层			80～140	95	2.8	95	2.8
第②₁层			140～280	160	10.0	160	10.0
第②₂层			160～360	220	15.0	220	15.0
第②₃层			240～360	340	30	340	30
第③₁层			180～280	200	4.9	200	4.9

12000kN·m地基处理效果评价表　　表2.13-4

层号	平板载荷试验		瑞利面波勘探	重型动力触探试验		综合评价结果	
	承载力特征值 f_{ak}(kPa)	变形模量 E_0(MPa)	波速(m/s)	承载力特征值 f_{ak}(kPa)	压缩模量 E_s(MPa)	承载力特征值 f_{ak}(kPa)	压缩(变形)模量 E_s(E_0)(MPa)
第①₁层	≥250	20.8～83.5	160～280	250	(15)	250	(15)
第①₂层			180～320	250	(20)	250	(20)
第②₀层			100～160	95	2.8	95	2.8
第②₁层			140～320	165	10.0	165	10.0
第②₂层			160～360	240	15.0	240	15.0
第②₃层			240～360	340	30	340	30
第③₁层			180～280	200	4.9	200	4.9

从整体加固效果看，夯后场地上部土层强度因土质、碎块石含量及夯点、夯间差别，

在水平及垂直方向上存在差异；强夯后本场地的第①$_1$、①$_2$层素填土的加固效果较好，夯后承载力特征值和变形模量均比强夯前有较大提高，第②$_1$、②$_2$层承载力及变形模量均有提高。由于地质条件的影响，第②$_0$层淤泥质粉质黏土的承载力与变形模量夯后提高幅度较小。

6　结论

（1）综合三种检测方法，本场地强夯后，检测深度范围内地基土的工程特性有了较大改善和提高。夯后承载力及压缩模量均达到预期效果。

（2）综合三种检测方法，本场地强夯后，8000kN·m 能级夯区强夯有效加固深度约 9m，12000kN·m 能级夯区强夯有效加固深度不小于 10m。

（3）在测区中，无论垂直方向还是水平方向都存在较大的不均匀性，这在强夯加固中不可避免，主要是由于填料性质、颗粒大小、级配、含水量、填土厚度以及天然地基土性质影响，因此后期应根据建筑物重要性以及建筑物对沉降敏感性加强沉降观测。

经过试验性施工及质量检测，认为该强夯基础处理方案可行，设计参数合理，强夯后地基土的物理力学指标满足设计要求。场地大面积强夯处理后，经过综合检测，工程质量满足设计要求，工程一次交验合格，达到预期处理效果。

【实录14】广东石化2000万吨/年重油加工项目 15000kN·m 强夯处理粉细砂地基工程

何立军，秦振华，李　睿

（上海申元岩土工程有限公司，上海 200040）

摘　要：场地以风积粉细砂土覆盖，土层比较松散，地基承载力较低，不能满足设计要求；同时还有大量的整平填土需要处理，在进行大面积处理前，对强夯处理效果进行检验，为大面积地基处理施工参数的确定提供依据。本项目在处理类似沿海或沿江的堆积砂土地基处理具有一定的典型性，可供类似工程参考。

关键词：粉细砂地基处理；高能级强夯；试验研究

1　工程概况

中委合资广东石化2000万吨/年重油加工工程地基处理试验场区位于揭阳（惠来）大南海工业园内，东临隆江改河，南临南海，总占地约 5.6km²。场区距离惠来县城约 12km、深汕高速隆江出入口约 5km、省道广葵线约 5km、溪金线约 2km、铁路接轨站葵潭车站约 22km、机场约 60km。本工程建筑面积较大，场地有一定起伏，表层填土比较松散，在工程施工前需要对填土进行加固处理，通过比较分析，采用强夯法进行处理比较经济，为确定大面积地基处理参数，选取典型区域对可能采用强夯能级进行试验。

本项目试验开工日期为2011年3月22日，试验结束日期为2011年10月31日。

2　工程地质概况

本场地地形东西向：西高东低，南北向：中间较高，两头低；场地标高：$1.56\sim17.95m$，80%以上区域的标高在 $7\sim14m$。地貌主要为沙滩、沙丘、废弃鱼池、防护林、草地、冲沟等。

初勘阶段拟建场地在勘探深度范围内所揭示的地层，主要由新近人工填土（Q_4^{ml}）、第四系风-水堆积层（Q_4^{eol+m}）、第四系海陆相交互沉积层（Q_4^{mc}）、第四系冲、洪积层（Q_4^{al+pl}）、第四系残积沉积物（Q_3^{el}）、燕山期花岗岩（γ_5^{2-3}）构成，典型地质剖面见图 2.14-1，场地土层情况分布见表 2.14-1。

作者简介：何立军（1972—　），男，高级工程师，主要从事地基处理设计、施工和检测等工作。E-mail：hlj71932@163.com。

场地土层分布情况表　　　　　　　　　　表 2.14-1

层号	土层名称	厚度(m)	特　点
①	素填土	0.30～1.50	主要由石子、中粗砂及少量黏性土,属新近回填土,结构松散、干燥
②₁	粉细砂	0.90～10.50	主要矿物成分为石英,上部表层含少量植物根系,分选性好,级配不良。以松散状态为主,局部稍密

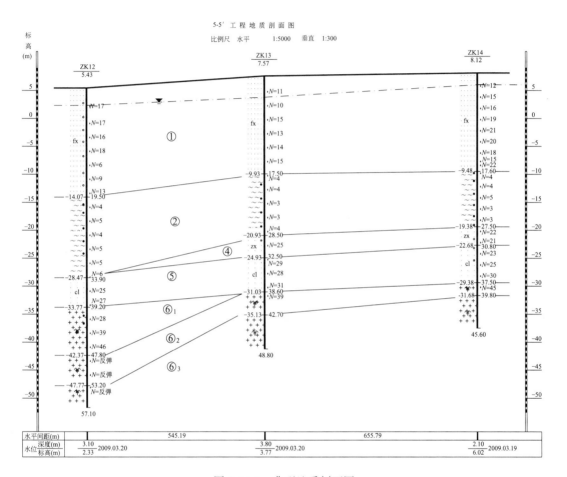

图 2.14-1　典型地质剖面图

3　强夯试验目的

(1) 通过强夯地基加固处理试夯,确定不同区域的夯击能量、夯击方式、夯点间距、间隔周期、地面夯沉量等参数,为大面积施工提供设计和施工依据;

(2) 通过强夯地基加固处理试夯,测定处理后地基承载力、压缩模量、有效处理深度等参数是否满足设计和使用要求;

(3) 通过强夯地基加固处理试夯,检验和评价不同夯击能对砂层液化可能性的消除效果。

4 强夯地基处理试验设计要求

根据场地地层情况，本项目对四个不同强夯能级进行试验，强夯设计要求如下：

（1）15000kN·m 能级强夯区

第一遍夯点，能级 15000kN·m，夯点间距为 10m；第二遍夯点为第一遍夯点插点，能级 15000kN·m，第一、二遍收锤标准为最后两锤的平均夯沉量不大于 200mm。第三遍夯点，能级 8000kN·m，为第一、二遍夯点插点，收锤标准为最后两锤的平均夯沉量不大于 200mm。第四遍满夯，能级 3000kN·m、1000kN·m 各夯一遍，夯印搭接 1/4，每点 2 击。

地基承载力特征值 $f_{ak} \geqslant 250$kPa，压缩模量 $E_s \geqslant 25$MPa；每遍间隔时间为 5～7 天。

（2）12000kN·m 能级强夯区

第一遍夯点，能级 12000kN·m，夯点间距为 10m；第二遍夯点为第一遍夯点插点，能级 12000kN·m，第一、二遍收锤标准为最后两锤的平均夯沉量不大于 200mm。第三遍夯点，能级 8000kN·m，为第一、二遍夯点插点，收锤标准为最后两锤的平均夯沉量不大于 200mm。第四遍满夯，能级 3000kN·m、1000kN·m 各夯一遍，夯印搭接 1/4，每点 2 击。

地基承载力特征值 $f_{ak} \geqslant 250$kPa，压缩模量 $E_s \geqslant 25$MPa；每遍间隔时间为 5～7 天。

（3）8000kN·m 能级强夯区

第一遍夯点，能级 8000kN·m，夯点间距为 8m；第二遍夯点为第一遍夯点插点，能级 8000kN·m，第一、二遍夯点收锤标准为最后两锤的平均夯沉量不大于 200mm；第三遍夯点为第一、二遍夯点插点，能级 3000kN·m，收锤标准为最后两锤的平均夯沉量不大于 100mm。第四遍满夯，能级 2000kN·m、1000kN·m 各夯一遍，夯印搭接 1/4，每点 2 击。

地基承载力特征值 $f_{ak} \geqslant 250$kPa，压缩模量 $E_s \geqslant 25$MPa；每遍间隔时间为 3～5 天。

（4）5000kN·m 能级强夯区

第一遍夯点，能级 5000kN·m，夯点间距为 6m；第二遍夯点为第一遍夯点插点，能级 5000kN·m，第一、二遍夯点收锤标准为最后两锤的平均夯沉量不大于 100mm。第三遍满夯，能级 2000kN·m、1000kN·m 各夯一遍，夯印搭接 1/4，每点 2 击。

地基级承载力特征值 $f_{ak} \geqslant 200$kPa，压缩模量 $E_s \geqslant 20$MPa；每遍间隔时间为 3～5 天。

5 试夯施工情况

（1）15000kN·m 能级强夯施工

15000kN·m 能级强夯试验区，夯点间距为 10m。第一、二遍点夯（15000kN·m）夯击数在 12～13 击左右，夯坑累计夯沉量介于 2.3～2.8m，该试验区未进行填料。第三遍加固夯（8000kN·m）夯击数在 10～12 击左右，夯坑深度 1.7～2.1m。点夯后进行两遍满夯施工，能级分别为 3000kN·m、1000kN·m（锤重 18t，锤径 3.2m），锤印 1/4

锤直径搭接，每夯点 2 击。试验场地地面标高较夯前下沉约 100cm。具有代表性的夯点（A2-B3、A1-B2、A9-B9）累计夯沉量与夯击数关系曲线见图 2.14-2。

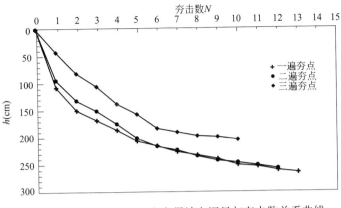

图 2.14-2　15000kN·m 夯点累计夯沉量与夯击数关系曲线

（2）12000kN·m 能级强夯施工

12000kN·m 能级强夯区，夯点间距为 10m。第一、二遍点夯（12000kN·m）夯击数在 12 击左右，大部分夯坑最终累计夯沉量介于 2.3～2.8m 之间。在施工过程中，夯坑四周没有出现明显的隆起，夯坑直径一般为 5m 左右。第三遍加固夯（8000kN·m）夯击数在 10～11 击左右，夯坑深度 1.7～2.3m 之间。点夯后同样进行两遍满夯施工，能级分别为 3000kN·m、1000kN·m（锤重 18t，锤径 3.2m），锤印 1/4 锤直径搭接，每夯点 2 击。试验场地地面标高较夯前下沉约 65～70cm。

具有代表性的夯点（A8-B7、A5-B8、A9-B1）累计夯沉量与夯击数关系曲线见图 2.14-3；

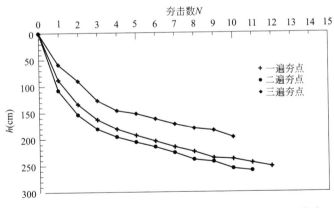

图 2.14-3　12000kN·m 夯点累计夯沉量与夯击数关系曲线

（3）8000kN·m 能级强夯施工

8000kN·m 能级强夯区，夯点间距为 8m。第一、二遍点夯（8000kN·m）夯击数约为 11 击；夯坑深在 1.7～2.1m。第三遍加固夯（3000kN·m）夯击数约为 10～11 击；夯坑深度在 0.6～1.3m。

夯坑上口直径约为 4m。第一遍满夯能级 2000kN·m（锤重 18t，锤径 3.2m），每点

2 击；第二遍满夯能级 1000kN·m，每点 2 击。试验区地面标高整体下沉量约 50cm。

具有代表性的夯点（A8-B1、A7-B4、A8-B2）累计夯沉量与夯击数关系曲线见图 2.14-4。

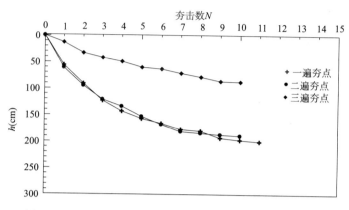

图 2.14-4 8000kN·m 夯点累计夯沉量与夯击数关系曲线

（4）5000kN·m 能级强夯施工

5000kN·m 能级强夯区，夯点间距为 6m。第一、二遍点夯（5000kN·m）夯击数约为 10～11 击；夯坑深在 1.5～2.0m。第一、二遍点夯完成后，各夯坑隆起均不明显，夯坑上口直径约为 4.5m，夯坑呈倒圆台状。第一、二遍满夯能级分别为 2000kN·m、1000kN·m（锤重 18t，锤径 3.2m），每点 2 击。试验场地地面标高较夯前下沉约 40cm。有代表性的夯点（A2-B3、A9-B8）累计夯沉量与夯击数关系曲线见图 2.14-5。

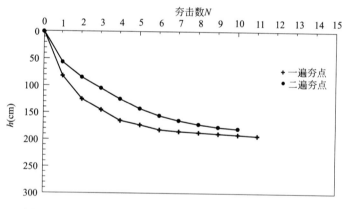

图 2.14-5 5000kN·m 夯点累计夯沉量与夯击数关系曲线

6 试夯检测结果

试夯检测采用多种手段进行检测，检测方法包括标准贯入试验、静力触探、平板载荷试验等。各区检测结果分析如下：

（1）15000kN·m 能级检测结果分析

根据夯前、夯后标准贯入试验、静力触探、多道瞬态面波测试和平板载荷试验结果综合分析：

① 浅层土地基承载力特征值和压缩模量主要以载荷试验确定，深层土的地基承载力和压缩模量主要以标准贯入试验和静力触探试验确定。本区域地基承载力特征值与压缩模量分层统计建议值见表 2.14-2。

地基承载力特征值与压缩模量分层统计表　　　　　　表 2.14-2

序　号	土层	土层对应深度(m)	f_{ak}建议值(kPa)	E_s建议值(MPa)
1	粉细砂	0～5	250	29
2	粉细砂	5～11	230	21
3	中砂	11～14	300	25
4	粉细砂	14～15	250	20

② 根据标准贯入、静力触探和面波等方法夯前、夯后的检测结果对比，综合判定本区强夯有效加固深度为 15m。

③ 根据标准贯入试验，按照《建筑抗震设计规范》判定，有效加固深度范围内的砂土液化可能性已消除。

（2）12000kN·m 能级检测结果分析

根据夯前、夯后标准贯入试验、静力触探和平板载荷试验等检测结果综合分析：

① 本区域地基承载力特征值与压缩模量分层统计建议值见表 2.14-3。

地基承载力特征值与压缩模量分层统计表　　　　　　表 2.14-3

序　号	土层	土层深度(m)	f_{ak}建议值(kPa)	E_s建议值(MPa)
1	粉细砂	0～5	250	28
2	粉细砂	5～12	250	25

② 根据标准贯入、静力触探夯前、夯后的检测结果对比，综合判定本区强夯有效加固深度为 12m。

（3）8000kN·m 能级检测结果分析

根据夯前、夯后标准贯入试验、静力触探和平板载荷试验等检测结果综合分析：

① 本区域地基承载力特征值与压缩模量分层统计建议值见表 2.14-4。

地基承载力特征值与压缩模量分层统计表　　　　　　表 2.14-4

序　号	土层	土层对应深度(m)	f_{ak}建议值(kPa)	E_s建议值(MPa)
1	粉细砂	0～5	250	27
2	粉细砂	5～10	250	25

② 根据标准贯入、静力触探夯前、夯后的检测结果对比，综合判定本区强夯有效加固深度为 10m。

③ 根据标准贯入试验结果，按照《建筑抗震设计规范》判定有效加固深度范围内的砂土液化可能性已消除。

（4）5000kN·m 能级检测结果分析

根据夯前、夯后标准贯入试验、静力触探和平板载荷试验等检测结果综合分析，结论如下：

① 本区域地基承载力特征值与压缩模量分层统计建议值见表 2.14-5。

地基承载力特征值与压缩模量分层统计表　　　　　表 2.14-5

序　　号	土层	土层对应深度（m）	f_{ak}建议值（kPa）	E_s建议值（MPa）
1	粉细砂	0～4	200	24
2	粉细砂	4～7	230	24

② 根据标准贯入、静力触探夯前、夯后的检测结果对比，综合判定本区强夯有效加固深度为 7m。

③ 根据标准贯入试验结果，按照建筑抗震设计规范判定有效加固深度范围内的砂土液化可能性已消除。

7　结论与建议

（1）对沿江或沿海地区深厚砂土覆盖地基，采用适当能级强夯加固处理，可以达到提高地基土强度、降低压缩性、消除有效加固深度内的砂土液化性的目的。

（2）各个能级强夯区，强夯施工后有效加固深度范围内的地基承载力和压缩模量已满足设计要求，消除了地基砂土的液化性。

（3）结合场地地层的复杂性，建议强夯施工 15000kN·m 能级的有效加固深度取 13m，12000kN·m 能级的有效加固深度取 12m，8000kN·m 能级的有效加固深度取 10m，5000kN·m 能级的有效加固深度取 7m。

（4）根据施工和检测结果，建议强夯设计参数见表 2.14-6。

建议强夯施工参数一览表　　　　　表 2.14-6

强夯能级（kN·m）	第一遍点夯		第二遍点夯		第三遍加固夯		夯点距（m）	总夯沉量（cm）	满夯点夯击数	锤印搭接
	最后两击平均沉降量（cm）	夯击数（击）	最后两击平均沉降量（cm）	夯击数（击）	最后两击平均沉降量（cm）	夯击数（击）				
15000	≤20	12～13	≤20	11～12	≤20	10～12	10	100	2	1/4锤直径
12000		10～12		10～12		10～11	10	70		
8000	≤10	10～12	≤10	10～11	≤10	10～11	8	50		
5000		9～11		10～11		—	6	40		

（5）15000kN·m 和 12000kN·m 能级强夯的第一遍满夯采用 3000kN·m 能级，第二遍满夯建议采用振动冲击碾压实；8000kN·m 和 5000kN·m 能级强夯的第一遍满夯采用 2000kN·m 能级，第二遍满夯建议采用振动冲击碾压实。

第 3 篇

山区高填方场地形成与地基处理

本篇对近十年来山区高填方场地形成与地基处理工程进行介绍，对回填方式、地基处理工艺、地基沉降监测等进行总结分析，为山区高填方场平工程提供实践经验与理论支持。

1. 山区高填方地基的特点

在山区高填方地基由削峰填谷形成，具有回填厚度大、土质松散、填土性质复杂、均匀性差等特点。高填方场地往往具有工后整体沉降与不均匀沉降量大、填方边坡稳定性差、挖填方交接处容易产生不均匀沉降、地下水位变化与排水对场地沉降影响巨大等问题。另外，黄土回填地基具有湿陷性问题，砂土回填地基具有液化性问题。因此，高填方场地的形成必须针对性的采取回填措施与地基加固方案，以保证地基的稳定性和变形性满足后续使用要求。

2. 场地回填方式与地基处理工艺

高填方地基的回填方式应与地基处理工艺相适应。

高填方地基常用回填方式与地基处理工艺　　　　　　　　表 3-1

序号	地基处理工艺	回填方式	特　点
1	碾压法	每 30~50cm 一层分层回填	分层回填厚度小，施工周期长 需严格控制填料的含水率在最优含水率附近
2	振动压实法	每 1m 左右一层分层回填	分层回填厚度较小，施工周期较长 需严格控制填料的含水率在最优含水率附近
3	中低能级强夯	每 3~6m 一层分层回填	分层回填厚度较大，施工周期较短 对填料的含水率要求较为宽松，但 不适用于饱和软黏土与特别干燥土
4	高能级强夯	每 8~15m 一层分层回填	分层回填厚度大，施工周期短 对填料的含水率要求较为宽松，但 不适用于饱和软黏土与特别干燥土
5	灰土/素土挤密桩	处理深度一般不大于12m，土体含水量宜接近最优含水率	
6	砂土/碎石挤密桩	同上，黄土地基不易采用	

近年来，高填方场平工程呈现出以下几个发展趋势。

（1）填方高度越来越大

随着山区削峰填谷工程的规模越来越大，场地回填深度由数十米已经发展至百余米。本篇所述的工程中，最大填方高度接近 300m。

（2）高能级强夯的应用越来越广泛

高能级强夯具有施工简便、成本低廉、施工周期短、一次性处理深度大、地基处理效果显著、绿色环保等特点。在"十二五"期间尤其是 2010 年以来，随着高能级强夯施工技术的逐步成熟，越来越多的高填方工程开始采用高能级强夯进行地基的加固与处理。

（3）多种方式组合进行地基加固

高填方地基形成之后往往会有较大的整体沉降与不均匀沉降量，为了最大限度地减小地基沉降，近几年来某些工程开始尝试采用多种方式组合进行地基加固。例如，某高填方场平工程，5m 一层分层回填，每层回填完成后采用 3000kN·m 低能级强夯进行加固，然后每 15~20m 再采用 20000kN·m 高能级强夯进行一次加固。

本篇收录山区高填方场地形成与地基处理工程实例汇总表　　表 3-2

序号	名称	时间	地区	填方厚度(m)	填土性质	处理方法	能级(kN·m)	效果评价
15	延安新城湿陷性黄土地区高填方场地地基20000kN·m超高能级强夯处理试验研究	2016.5	陕西延安新城	40	湿陷性黄土	高能级强夯	20000	满足要求
16	高填方分层压实技术在"削峰填谷"山地城市空间拓展中的应用	2010～2015	云南绿春	150～300	开山块石	分层碾压	—	满足要求
17	延安煤油气资源综合利用项目场地形成与地基处理工程	2012～2015	陕西延安	70	湿陷性黄土	高能级强夯	12000	满足设计要求
18	浙江温州泰顺县茶文化城18000kN·m高能级强夯地基处理项目	2011～2011	浙江温州	60	含角砾粉质黏土、碎石	高能级强夯	18000	地基承载力增长达2倍以上
19	抚顺石化化工新区高填方地基处理工程	2007～2008	辽宁抚顺	30	粉质黏土、圆砾、碎石	高能级强夯	8000	满足设计要求
20	中国石油庆阳石化300万吨/年炼油厂改扩建项目高能级强夯处理湿陷性黄土地基工程	2007～2007	甘肃庆阳	16	湿陷性黄土	高能级强夯	15000	$f_{ak}\geq250kPa$
21	大连石化新港原油罐区北库区山区非均匀回填地基15000kN·m强夯处理工程	2008～2008	辽宁大连	20	碎石土	高能级强夯	15000	$f_{ak}\geq300kPa$ $E_s\geq25MPa$
22	内蒙古大唐国际克旗煤制气场地粉细砂土地基处理工程	2010～2010	内蒙古克什克腾旗		粉细砂和细砂	中低能级强夯	6000	
23	安庆石化炼油新区地基处理工程	2015～2016	安徽安庆	19.8	主要由卵石与黏性土组成	高能级强夯	15000	$f_{ak}=$ 137kPa～200kPa
24	华润电力焦作有限公司2×660MW超超临界燃煤机组地12000kN·m强夯地基处理工程	2014～2014	河南焦作		黄土为主，含粉质黏土与卵石	高能级强夯	12000	湿陷性全部消除
25	神华集团榆神工业区厂区地基处理工程	2012～2012	陕西榆林	40	粉土和砂土	高能级强夯	18000	$f_{ak}\geq250kPa$
26	中国石油云南1000万吨/年炼油项目场地开山回填黏性土地基处理关键技术研究与应用	2012～2015	云南昆明	53	黏性土与残积土	强夯、强夯置换	15000	满足设计要求
27	安庆石化成品油管道工程首站场地形成与地基处理工程	2013～2015	安徽安庆	21	黏性土为主,含卵石与粗砂	强夯置换	8000	满足设计要求
28	南充联成化学高能级强夯置换复合工艺地基处理工程	2015～2015	四川南充	6.6	填土成分复杂	高能级强夯置换	18000	置换深度8～12

【实录15】延安新城湿陷性黄土地区高填方场地地基20000kN·m超高能级强夯处理试验研究

水伟厚，董炳寅，梁富华

（中化岩土集团股份有限公司，北京 102600）

摘　要： 在西北黄土丘陵地区由于地形条件限制，其城市空间极小，因此实施削峁建塬、填沟造地等是解决新型城镇化建设中发展空间拓展的重要战略。在建设过程中，必然会存在十几米甚至上百米高的填筑体。本项目是国内首次使用20000kN·m超高能级强夯处理经分层碾压（或分层强夯）后的填筑体，使回填土分阶段再压缩，大幅减少场地的工后沉降，缩短填筑体压缩达到稳定时间，缩短填土地基交地使用时间。采用浅层平板载荷试验、重型动力触探试验、室内土工试验等方法检测强夯效果，结果表明夯后地基承载力特征值 $f_{ak}=344$kPa，有效加固深度达18m以上，夯后土的干密度$1.77\sim1.82$g/cm³。本文针对延安某高填方工程，对20000kN·m超高能级施工开展相关试验工作，可为地基处理理论、设计、施工、检测提供良好的参考价值。

关键词： 20000kN·m超高能级强夯；湿陷性黄土；高填方场地；试验研究

1　场地概况

本次试验场地位于延安某填沟造地工程。试验场地填筑体填料为黄土梁峁挖方料。试验场地大小为 50m×50m。由于原始地貌不同，试验区回填厚度自西向东从 14.46～22.16m 逐渐递增。试验前场地经分层回填，填筑体压实度为 0.93 左右。回填方式为：顶部 0～3.62m 采用分层碾压回填，3.62～7.86m 采用分层强夯夯实，夯击能级为3000kN·m，7.86m 以下采用分层碾压回填。回填后填筑体经压实度检测，满足压实度不小于 0.93 的要求。试验场地平面如图 3.15-1 所示，强夯试验场地剖面如图 3.15-2 所示。

试验施工时间：2016 年 5 月 18 日，20000kN·m 超高能级强夯地基处理试验正式施工，至 2016 年 5 月 25 日 900m² 试验区全部施工完成，试夯工期共计 8 天。

2　强夯试验方案设计

20000kN·m 能级试验设计参数共分五遍进行。

第一遍 20000kN·m 能级平锤强夯，夯点间距为 12.0m，收锤标准按最后两击平均夯沉量不大于 30cm 且击数不少于 18 击控制，施工完成后及时将夯坑填平；第二遍20000kN·m 能级平锤强夯，夯点间距为 12.0m，夯点位于一遍 4 个夯点中心，收锤标准

作者简介：水伟厚（1976—　），男，教授级高级工程师，博士，主要从事地基处理设计、施工和检测等工作。
E-mail：sh191@126.com。

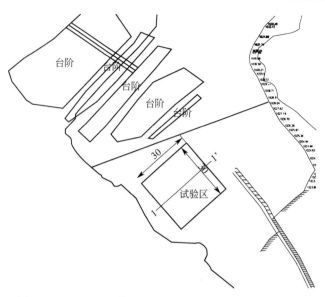

图 3.15-1　强夯试验场地平面图（图中标注尺寸均为 m）

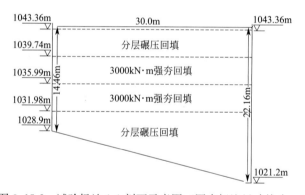

图 3.15-2　试验场地 1-1 剖面示意图（图中标注尺寸均为 m）

按最后两击平均夯沉量不大于 30cm 且击数不少于 16 击控制，施工完成后及时将夯坑填平；第三遍 15000kN·m 能级平锤强夯，夯点位于第一遍或二遍相邻两个夯点中间，收锤标准按最后两击平均夯沉量不大于 20cm 且击数不少于 15 击控制；

第四遍为一、二、三遍夯点的原点加固夯，夯击能 3000kN·m，夯点位置与一、二遍夯点重合，收锤标准按最后两击平均夯沉量不大于 10cm 且击数不少于 9 击控制；

第五遍为 2000kN·m 能级满夯，每点夯 2 击，要求夯印 1/3 搭接。满夯结束后整平场地。

夯点布置图如图 3.15-3 所示，试验区域现场照片如图 3.15-4 所示。

3　强夯试验分析及检测结果

强夯试验进行了单点夯试验、群夯试验，为更加有效的评价强夯试验地基处理效果，本次检测采取了几种检测手段：夯前夯后钻孔取土土工试验、浅层平板载荷试验、重型圆锥动力触探试验。

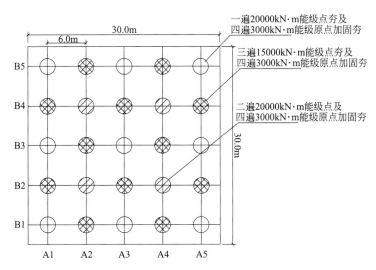

图 3.15-3　20000kN·m 能级强夯试验夯点及检测点布置图

(a) 场地南面　　　　　　　　　(b) 场地北面

图 3.15-4　试验区域现场照片

3.1　单点夯试验

为了监测夯坑周围隆起情况，本次试验针对第一、二遍主夯点和第三遍插点夯进行了单点夯试验，在夯坑周围设立隆起观测点：以夯点中心向外 3m、4m、5m、6m、7m 相互垂直的方向各设 5 个监测点，两组观测点示意图如图 3.15-5 所示。

以第一遍 20000kN·m 能级单点夯的隆起观测情况为例，夯点位于试验区的中心，从各观测点隆起数据来看，靠近夯点的三个观测点隆起较为明显，隆起量均小于 30cm，4 号和 5 号观测点距离夯点中心 6m 和 7m，其隆起量均小于 5cm，说明 20000kN·m 能级强夯的夯击侧向影响范围在 6.0m 左右，由此可见夯点间距设计比较合理。第二、三遍点单点夯隆起观测均表明靠近夯点的三个观测点隆起相对较为明显，但均不大于 30cm，离夯点越远隆起量越小，距离夯点中心 6m 和 7m 的两个观测点其隆起量均小于 5cm。第一、二、三遍点隆起观测情况如图 3.15-6～图 3.15-8 所示。

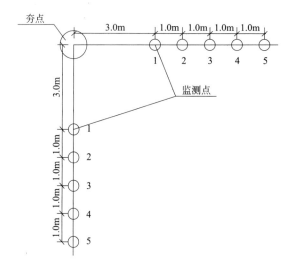

图 3.15-5　单点夯试验示意图

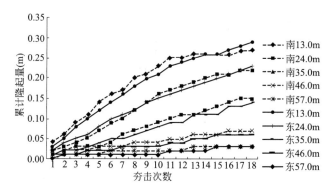

图 3.15-6　第一遍 20000kN・m 单点夯累计隆起曲线

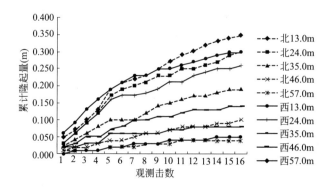

图 3.15-7　第二遍 20000kN・m 单点夯累计隆起曲线

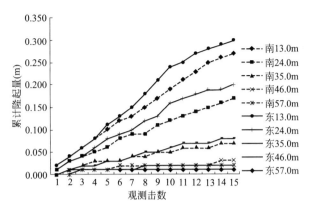

图 3.15-8　第三遍 15000kN·m 单点夯累计隆起曲线

3.2　群夯试验

(1) 第一遍 20000kN·m 能级夯点共 9 个，夯击数平均为 18 击，末两击平均夯沉量均控制在了 30cm 之内。夯坑平均深度 5.09m，A1B5、A1B3、A1B1 夯点一侧夯坑深度相对较浅，造成坑浅的原因是该排夯点靠近山体，底部回填厚度约为 15m，其他各排回填厚度均在 20m 以上。夯沉量与击数关系见图 3.15-9。

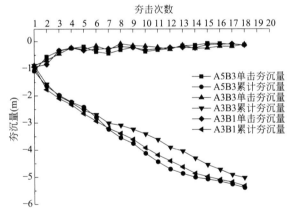

图 3.15-9　第一遍 20000kN·m 夯沉量与夯击击数曲线图

(2) 第二遍 20000kN·m 能级夯点共 4 个，夯击数为 16 击，末两击平均夯沉量均控制在了 30cm 之内。夯坑平均深度 4.52m，夯坑深度差异较小。夯沉量与击数关系见图 3.15-10。

(3) 第三遍 15000kN·m 能级夯点共 12 个，夯击数为 15 击，末两击平均夯沉量均控制在了 20cm 之内。夯坑平均深度 3.44m，夯坑深度差异较小，夯沉量与击数关系见图 3.15-11。

(4) 第四遍 3000kN·m 能级夯点共 25 个，夯击数为 9 击，末两击平均夯沉量均控制在了 10cm 之内。夯坑平均深度 1.06m，夯坑深度差异较小，夯沉量与击数关系见图 3.15-12。

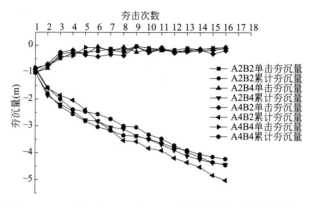

图 3.15-10　第二遍 20000kN·m 夯沉量与夯击击数曲线图

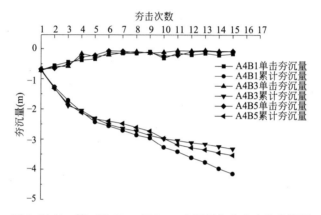

图 3.15-11　第三遍 15000kN·m 夯沉量与夯击击数曲线图

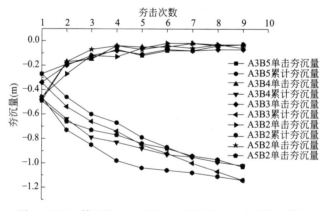

图 3.15-12　第四遍 3000kN·m 夯沉量与夯击击数曲线图

　　通过群夯试验得出的夯沉量与夯击击数曲线图分析可知，第一遍 20000kN·m 点夯在夯击 15 击左右时每击的沉降逐渐趋于稳定，第二遍 20000kN·m 点夯在夯击 13 击左右时每击的沉降逐渐趋于稳定，第三遍 15000kN·m 点夯在夯击 12 击时每击的沉降逐渐趋于稳定，第四遍 3000kN·m 点夯在夯击 8 击时每击的沉降逐渐趋于稳定。

3.3　夯前、夯后钻孔取土土工试验

本次试验共进行钻孔（探井）取土 7 孔，强夯试验前进行 3 孔，强夯试验后进行 4 孔，其中 3 孔位于夯间，1 孔（T4）位于夯点。测试超高能级强夯处理前后的深部土层的干密度，评价经高能级强夯后的场地土层压实度。

如图 3.15-13 所示，在强夯施工前，经干密度试验，其干密度平均值为 1.69g/cm³，强夯施工后，夯间干密度平均值为 1.77g/cm³，夯点干密度平均值为 1.82g/cm³，经高能级强夯处理后，夯后干密度较夯前增加近 0.1g/cm³，强夯处理效果明显。

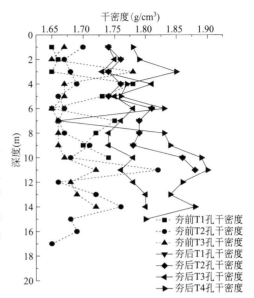

图 3.15-13　夯前、夯后不同深度
土层的干密度曲线

3.4　浅层平板载荷试验

本试验区域共进行浅层平板静载荷试验 3 处（编号为 P1～P3），三点均位于夯间，压板采用面积为 1m² 的方形刚性承压板。试验预估荷载 1000kPa，前 6 级分级荷载为 100kPa 每级，加至 600kPa 后，分级荷载调整为 80kPa 每级，最终加至 1000kPa 或达到规范其他终止条件的荷载。载荷试验的 p-s 曲线见图 3.15-14。

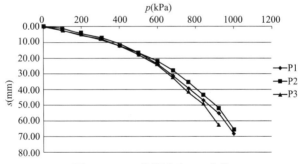

图 3.15-14　载荷试验 p-s 曲线

由图 3.15-14 可知，各试验点的 p-s 未见明显比例界限，根据规范取 $s/b=0.01$（即沉降量为 10mm）所对应的压力为各试验点的地基承载力特征值：

P1：$f_{ak1}=334$kPa；P2：$f_{ak2}=348$kPa；P3：$f_{ak3}=352$kPa；

经计算，3 处试验点静载荷试验点承载力特征值的极差不超过平均值的 30%，根据规范取其平均值为强夯处理后的地基承载力特征值，即：$f_{ak}=334$kPa。

3.5　重型动力触探试验

对试验区域在强夯施工前后各进行了 3 孔连续动力触探试验（强夯处理前 3 孔编号为 HQ01～HQ03，强夯处理后 3 孔编号为 HH01～HH03，强夯处理后的试验孔位于夯间），各孔夯前、夯后平均动探锤击数对比见图 3.15-15。

由图 3.15-15，在 18～20m 范围内强夯加固效果明显，夯前平均锤击数 13.8 击，夯后平均锤击数 21.5 击，击数增加 55.8%，在处理深度范围内，地基土整体密实度有了较大提高，强夯整体效果明显。

3.6 夯前、夯后场地沉降量对比

试夯区夯前场地平均标高 1043.36m，夯后场地标高是 1042.61m，场地强夯后整体沉降为 75cm。场地各遍夯沉量如图 3.15-16 所示，场地各遍强夯后总体夯沉量分别为 22cm，9cm，12cm，21cm，15cm。场地第一遍 20000kN·m 能级夯点个数为 9 个，而第二遍 20000kN·m 能级夯点个数为 4 个，因此第二遍强夯后场地总体沉降量相对较小。从相对于平均 18m 厚的填筑体来看，总体压缩量 75cm，填筑体每米厚度平均压缩近 4cm，压缩量显著，说明分层压实（夯实）填筑场地经超高能级强夯后，场地工后沉降量大幅减少，沉降稳定时间大幅度减小。

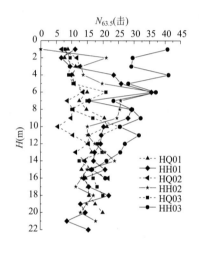

图 3.15-15　夯前、夯后重型动力触探击数对比曲线

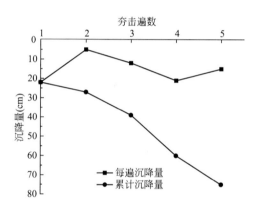

图 3.15-16　不同夯击遍数下场地沉降量曲线图

4 结论

（1）从试验性施工来看，20000kN·m 超高能级强夯地基处理后，整个场地的沉降变化较大，夯前场地标高为 1043.36m，夯后场地标高降为 1042.61m，场地强夯后整体沉降 75cm。超厚（20m 以上）分层压实（夯实）填筑场地经超高能级强夯后，场地工后沉降和沉降稳定时间都大幅度减小。

（2）本次 20000kN·m 超高能级试验，尚属国内首次，其施工设计参数，检测方法，处理理念，具有很好的参考价值。

【实录 16】高填方分层压实技术在"削峰填谷"山地城市空间拓展中的应用

季永兴[1]，水伟厚[2]，梁永辉[3]，宋美娜[3]

(1. 上海市水利工程设计研究院有限公司，上海 200063；2. 中化岩土集团股份有限公司，
北京 102600；3. 上海申元岩土工程有限公司，上海 200040)

摘　要：随着山区经济建设的发展，近年来，利用"削峰填谷"解决山区高速公路、城市用地、民航机场等造地项目日趋增多。由此形成的大面积、巨大土石方量、大挖方、高填方、截排水等一系列地基处理问题需要解决。本文以云南绿春"削峰填谷"项目为实例，成功解决了这些地基处理问题，为今后这类工程提供参考依据。

关键词：高填方；大挖方；高边坡；截排水；地基处理

1　引言

　　2011 年，云南省政府提出了"城镇上山、工业上山"的新型城镇化发展战略，针对云南省各地区地质状况、资源状况等因素，云南提出了城镇上山的若干开发类型，其中，以绿春县为代表的地质灾害防治重点地区，通过科学论证，在采取工程措施治理泥石流、滑坡等的地质灾害的前提下，实施削峰填谷、推石造地，实现"减负降压、拓展新区"，成为拓展城市发展空间，解决建设用地与城市发展矛盾的有效途径。

　　绿春县绿东新区削峰填谷项目位于云南省红河州绿春县。该县东与元阳、金平接壤，北与红河相邻，西与墨江毗邻，西南隔李仙江与江城相望，东南与越南民主共和国山水为界。境内主要地貌类型为中山峡谷地貌，除深切的"V"形峡谷、悬崖绝壁、瀑布、活动性冲沟外，最主要的是沿分水岭的主要河流两坡广泛发育的古夷平面和台地；其中坡度大于 25° 的山地占总面积的 75%，全县境内无一处大于 $1km^2$ 的平坝，正所谓"地无三尺平"，是典型的山区县。随着社会经济的发展，城市建设发展迅速，人口规模和用地规模不断增长，使得原本建筑活动区域狭窄的这一发展限制因素逐步凸现出来。在老县城范围内局部拆建、改扩建或者向斜坡中下段的陡坡地段扩展，以见缝插针方式来进行基础建设，既不能满足基础建设发展和需求，还会诱发很多地质灾害或受地质灾害威胁，安全隐患很大；以小范围削坡填沟建设可解决个别突出问题，但治标不治本，导致重复投资。所以，在科学规划论证基础上提出了城东俄批梁子和把不粗梁子（东仰体育馆对面）进行"削峰填谷"，作为绿春县城城镇发展的建设用地。

　　作者简介：季永兴（1970—　），男，博士，教授级高级工程师，主要从事水利及海岸工程设计与研究。
E-mail：ji-yx@163.net。

2 项目概况

工程区位于绿春县城绿东新区把不粗梁子至俄批梁子之间，松东河上游地段，属构造侵蚀低中山沟谷地形，地势东高西低，呈一相对封闭的开口向西、西南的圈椅状地形。区内分布俄批、把不粗梁子，山梁子之间发育松东河上游 3 条（G1、G2、G3）树枝状支沟，于把不粗梁子北侧东仰体育馆下方汇合成松东河上游主河道。工程区受构造影响地形差异抬升强烈，形成对照鲜明的沟谷与梁子相间地形。工程区山梁子及山包标高 1740～1850m，沟谷河床标高 1520～1650m，切割深 150～300m，地形起伏较大。山梁子及其两侧斜坡自然坡度 25°～40°，谷坡坡度 35°～60°，局部直立，多为直线性陡坡，构造影响破碎带谷坡更为宽缓，局部河道宽缓带有河漫滩及阶地分布（图 3.16-1）。

项目时间：2010 年 1 月～2015 年 11 月。

图 3.16-1　现场地形图

3 工程地质情况

工程区主要分布（T_{3g}、S_1）碎屑岩及变质岩，浅表覆盖第四系松散层（Q），地下水类型有松散层孔隙水和基岩裂隙水两种类型。

工程区内还存在其他一些不良地质现象，对本项目的设计带来不利影响。如①岩体风化。岩体风化破碎，存在较明显的全、强、中、微风化岩体。全风化带厚 5.0～20.0m，强风化带厚 10～30m，累计全—强风化带厚 15～45m；②断层破碎带。工程区牛孔—黄草岭断裂（F_1）通过带形成带宽 200～400m 宽的断层破碎带。破碎带岩土体水浸易软化、崩解，力学强度低；③浅表层滑移。工程区浅表层滑移体发育，属浅层牵引式土层滑坡，厚度 2～6m，方量 500～5000m³，集中发育于牛孔—黄草岭断裂（F_1）破碎影响带沿线的沟谷边坡上。④泥石流。工程区雨期降雨充沛，浅部基岩裂隙水丰富。地表水、地下水集中向工程区径流排泄，雨期坡面及沟谷来水量大，沟谷洪水暴涨暴落，易形成局部小规模沟谷型泥石流；⑤采空区。工程区分布志留系（S_1）含矿地层，见有 6 处采矿弃洞，均位于松东河上游支沟谷底岸坡带。场区工程地质物理特性参数见表 3.16-1。

工程地质物理特性参数表　　　　表 3.16-1

地层层位及岩性名称	天然密度 ρ (g/cm³)	天然孔隙比 e_0	天然含水量 w (%)	塑性指数 I_p (%)	液性指数 I_L	压缩系数 a_{1-2} (1/MPa)	压缩模量 E_{s1-2} (MPa)	黏聚力 c (kPa)	内摩擦角 φ (°)	标贯平均击数 $N_{63.5}$ (击)	承载力特征值 f_{ak} (kPa)
①₁ 层 人工填土	1.78	0.79	17.0	11	—	0.40	4.5	29.0	4.2	7.0	130.0
①₂ 层 植被土	1.66	1.04	24.4	17	0.15	0.42	4.9	25.6	8.8	—	140.0
①₃ 层 含砾粉质黏土	1.94	0.72	21.0	16	0.15	0.25	7.0	30.0	12.5	12.0	170.0
② 层 砾卵石	2.08	0.45	10.3	—	—	0.06	26.0	15.4	28.2	—	280.0
③₁ 层 含砾粉质黏土	1.97	0.68	20.4	15	0.02	0.22	8.0	47.0	13.3	13.4	270.0
③₂ 层 碎石土	2.22	0.38	10.8	13	—	0.05	22.0	25.0	26.0	25.5	350.0
④ 层 断层角砾石	2.24	0.37	12.7	11	0.31	0.13	15.0	62.0	17.0	22.0	400.0
⑤₁ 层 全风化砂岩	2.38	0.28	4.3	—	—	0.04	30.0	74.0	19.7	31.1	500.0
⑤₂ 层 强风化砂岩	2.57	0.10	2.1	—	—	0.01	90.0	152.0	20.5	—	950.0
⑥₁ 层 全风化板岩	2.33	0.30	6.4	13	—	0.05	28.0	65.0	19.0	29.3	450.0
⑥₂ 层 强风化板岩	2.62	0.11	3.0	—	—	0.01	95.0	168.0	22.7	—	1000.0
⑥₃ 层 中风化板岩	2.66	0.07	2.5	—	—	<0.01	150.0	250.0	28.2	—	1500.0
⑥₄ 层 微风化板岩	2.68	0.05	1.5	—	—	<0.01	600.0	780.0	40.1	—	2800.0

备注：本表依据土工试验、原位测试及野外鉴定综合确定。c、φ 值为快剪建议取值

4　工程方案

4.1　总体布置方案

　　综合考虑工程区的建设与周边既有城市基础设施和自然景观的协调；场地与周边城市道路、晋思公路及拟建晋思二级公路的衔接；人工边坡与自然景观的协调；排水工程与自然溪沟及现状水利工程的协调等众多因素，确定采用了如图 3.16-2 大平台方案。

4.2　工程建设内容

　　工程建设项目是针对 1.036 平方公里的土地采用挖填土石方、拦挡、锚固、截排水等措施对现状峰谷进行建设用地整治。挖方区面积 42.10 公顷，挖方总量（实方）17565425m³，其中：把不粗梁子挖方边坡高 100m，分 10 级按 1∶1.25 坡比分台；俄批梁子挖方边坡，坡高 110m，分 11 级按 1∶1.25 坡比分台。填方区面积 61.50 公顷，填方总量（实方）18671585m³，其中：松东河填方边坡高 110m，分 22 级按 1∶2.5 坡比分台；②晋思二级路附近的填方边坡高 42m，分 7 级按 1∶1.5 坡比分台（表 3.16-2）。边坡防护主要采用锚索框格梁、抗滑挡墙、坡面排水、坡面绿化、土工格栅和拦挡坝形式。截排水设施主要包括：排洪沟长 4776m（含隧洞 3 座，总长 930m），拦水坝 4 座，坝高 7.50～14.00m；地下排水主渗沟长 1065m、次级渗沟长 2490m、支级渗沟长 19000m、水平渗水层总方量 386431m³（表 3.16-3、表 3.16-4）。

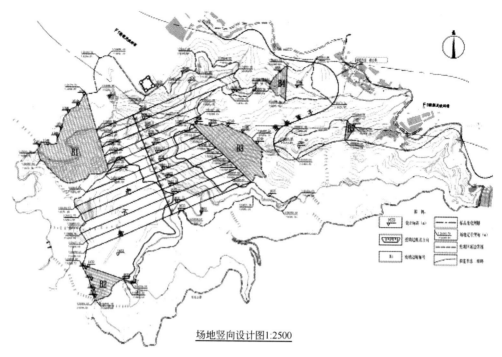

场地竖向设计图1:2500

图 3.16-2　场地竖向标高图

边坡工程规模及参数表　　　　　　　表 3.16-2

区域	边坡	坡比	坡顶标高(m)	坡底标高(m)	坡高(m)	每级边坡高度(m)	备注
填方区域	B1	1：2.5	1630	1520	110	5m	松东河填方边坡
	B4	1：1.5	1733	1633	42	6m	场地内填方边坡
挖方区域	B2	1：1.25	1740	1630	100	10m	把不粗挖方边坡
	B3	1：1.25	1686	1644	110	10m	俄批梁子挖方边坡
	B5	1：1.25	1782	1758	24	6m	俄批梁子挖方边坡

排水工程规模及参数表　　　　　　　表 3.16-3

建筑物	长度(m)	设计流量(m³/s)	进口底高程(m)	底坡	底宽(m)	坡比	备注
排洪沟	674	93.41	1628.50	1.5%	2.00	1.0	
1号隧洞	440	56.46	1682.00	1.5%	2.5		无压城门洞式
2号隧洞	160	93.41	1626.40	1.5%	3.5		
3号隧洞	330	141.41	1617.00	5%	3.5		
泄槽	129.06	141.41	1599.65	47.0%～72%		1.0	高度70.14m

拦水坝工程规模及参数表　　　　　　　表 3.16-4

坝号	顶宽(m)	长度(m)	坝顶至沟底高度(m)	坝高(m)	底宽(m)	坡比	
						上游	下游
1号拦水坝	3.00	24.00	3.77	9.3	10.56	1：0.2	1：1
2号拦水坝	3.00	38.00	3.26	9.5	10.80	1：0.2	1：1
3号拦水坝	3.00	40.00	3.22	8	9.00	1：0.2	1：1
4号拦水坝	3.00	24.00	5.52	8.2	9.84	1：0.2	1：1

5 地基处理问题

5.1 截水与排水渗水导流问题

根据现场地形及来水方向，本工程优化方案采用隧洞截排 G1、G2、G3 支沟流域来水，采用 PE 管道拦截项目区域内、项目边界坡体、老县城部分地段来水。

（1）截排设施

分别在项目填方边界布设 G1、G2、G3 支沟拦水坝，自项目区填方上游边界从北至南，依次编排为 1 号、2 号、3 号拦水坝，在 G1 沟左右两条支沟上各设置 1 座挡水坝（自北向南分别为 1 号拦水坝、2 号拦水坝），并通过明渠使 G1 支沟右侧支沟排入至 G1 支沟内，通过 2 号坝拦挡上游来水，并通过 1 号泄洪隧洞（位于俄批梁子）排入到至 G2 支沟，在 G2 支沟项目填方边界上 2 号泄洪（导流）渠排到 G3 沟中，并于把不粗梁子填方边界修建 3 号拦水坝拦截 2 号泄洪（导流）渠来水及 G3 支沟上游来水，最终施工期水导入到 3 号泄洪隧洞中排到松东河下游，通过上述设置，可以将 G1 沟、G2 沟和松东河上游（即 G3 支沟）的来水全部排走，避免了对工程区的影响。

（2）截洪辅助设施

由于挡水坝只能拦挡 G1、G2、G3 支沟上游来水，不能堵截坡面汇水，因此降雨时坡面汇集水流仍会对工程区产生影响。为此，可在项目填方边界及挖方边界设置临时排水沟，将水流分别排入至松东河和 3 号拦水坝内，待削填项目完成后于削填边界设置排水管，避免坡体流入项目区。

（3）临时截排水措施

为避免工程区内汇水对填方区造成影响，采用如下临时截排水措施：

①俄批梁子临时截排水措施

工程施工期间需开挖俄批梁子的土石方回填其下部的沟谷，为避免汇水流入沟谷内影响施工，沿俄批梁子开挖边界线外围设置 1 条临时截水沟（4 号临时排水沟），截住降雨时的汇流。俄批梁子的汇水排入到松东河排水沟中。

②把不粗梁子临时截排水措施

工程施工期间需开挖把不粗梁子的土石方回填其下部的沟谷，为避免汇水流入沟谷内影响施工，沿把不粗梁子开挖边界线外围设置 1 条临时截水沟（1 号临时排水沟），截住降雨时的汇流。把不粗梁子的地表水水分别汇入到 G2 沟和排洪隧洞下游。

③松东河主河道临时截排水措施

俄批梁子与把不粗梁子之间的降雨汇流拟通过设置在松东河干流附近的 2 号临时截排水沟排走。

④G1 沟下游临时截排水措施

民族风情园以下至 G1 沟之间的汇水由设置在 G1 沟附近的 3 号临时排水沟截住排往下游。

⑤填方区沟道临时排水

本工程施工周期为 2 年，雨期，即使确保在外围拦截、排导三条支沟的地表水，施工区沟道内仍会产生大量的坡面水流，对填方及其他工程产生危害，可根据地形条件，在做好其余临时排水主沟的同时，还需根据施工进度、季节、范围做好小范围的临时沟，如毛沟或抽水等，完善整个排水系统。

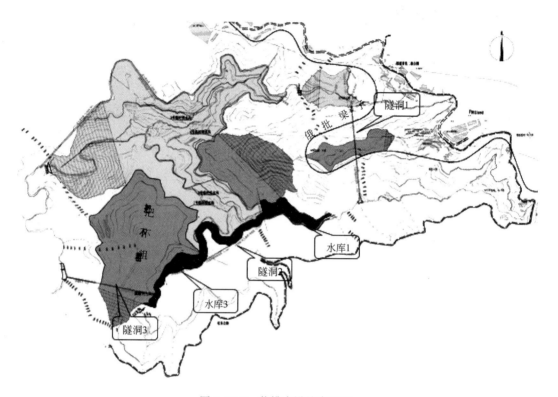

图 3.16-3　截排水设施布置图

（4）为确保填方区填筑体内地下水不积存，在填筑体垂向上每 20m 高度填筑一层厚 0.5m 的级配较好的中～微风化碎块石层，并在下面铺 10cm 厚黏土层，共同作为透水层。坡向与场地坡向相同，由南向北，由东向西 1％放坡。施工中确保透水层的连续性。

5.2　高填方工程原地面土基和软弱下卧层处理问题

（1）原地面处理

填方区目前除表层分布有厚度约 0.50m 的耕土、植被和浮土外，局部地段（洼地、沟塘底部等）的软弱土、松散的零星分布的人工填土层、生活垃圾都应全部清除，其下为冲洪积相的卵、漂石层，下伏为稳定的风化砂泥质板岩，地表水体和地下水受季节影响大，目前水量不丰富。清除工作完成后，同时，在地基处理之前需要对原场地进行如下处理：

填方区原地面坡度在 1∶2～1∶3 时，应开挖台阶，台阶高度 50cm，台阶宽度根据地面坡度确定，台阶顶面向内倾斜，以免造成影响高填方稳定性的薄弱接触面。

填方区原地面坡度大于 1∶2 时，应超挖成 1∶2 的坡度并按上述原则开挖台阶，所有台阶顶面应挖小排水明沟，以排出由于坡向内倾造成的台阶顶面积水。

（2）破碎带处理

表层清理完毕后，破碎带地基采用固结灌浆处理。固结灌浆范围为 B4 边坡全竖向投影范围加上坡脚横向外扩 8m，纵向外扩 1m 范围。固结灌浆孔的孔距、排距采用 3～4m，正方形布置形式。固结灌浆应按分序加密的原则进行（三序），固结灌浆孔孔径不宜小 75mm。灌浆浆液应由稀至浓逐级变换，固结灌浆浆液水灰比采用 2、1、0.8、0.6 四个比级。水泥采用 42.5 级普通硅酸盐水泥，浆液中掺入水泥重量 3% 的水玻璃，水玻璃模数为 3.0，浓度取为 40 波美度。固结灌浆标高：边坡基底范围为地表下 1.0m；2 号拦挡坝＋1640.00。

5.3　填挖交界面的处理问题

（1）挖填区交接处和填方与原地面交接处应结合台阶开挖，沿竖向每填筑 4m 厚，采用加强碾压的方法进行处理，交接面开挖台阶，台阶高度 50cm，台阶宽度 100cm。

（2）填方区原地面坡度大于 1∶2 时，应超挖成 1∶2 的坡度后并按上述原则开挖台阶，所有台阶顶面应挖小排水明沟，以排出由于坡向内倾造成的台阶顶面积水。

（3）填方区不同工作面之间应搭接，搭接范围为 8m，高差不超过 4m，采用加强碾压进行处理，搭接面应开挖台阶，台阶高度 50cm，台阶宽度 100cm，台阶顶面向内倾斜，以免造成影响高填方稳定性的薄弱接触面。压实填土的施工缝各层应错开搭接，在施工缝的搭接处，应适当增加压实遍数。边角及转弯区域应采取其他措施压实，以达到设计标准。

（4）加强碾压区域的压实系数为 0.94。

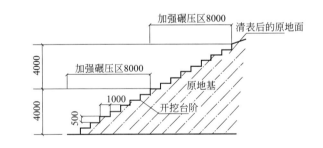

地方与原地面交接加强处理图 1:100

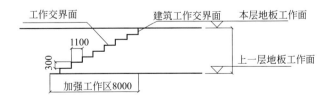

填方施工段工作面交接加强处理图 1:300

图 3.16-4　填方交接面处理示意图

5.4 分层填筑施工方法问题

采用以挖机开挖为主，局部采用爆破法。

填筑方式：采用振动压路机进行分层碾压，分层厚度见 4.7 节，压实系数分别为 0.93、0.94、0.95、0.97。其中 T4、T5、T6 区域，挖填搭接加强碾压区、填方与原地基交接加强碾压区，T1 区靠近排水设施的 100m 范围内碾压压实系数为 0.94；填方边坡的下部分别为 0.95 和 0.97；其余地段为 0.93。如图 3.16-5 所示。

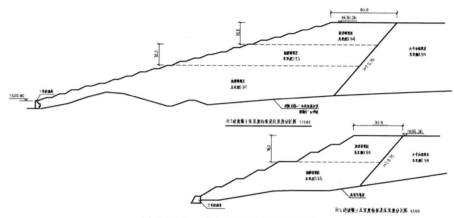

图 3.16-5　填方压实度布置示意图

（1）分层压实法对填料颗粒要求不得大于分层厚度，因此在分层压实施工时，对部分填料中的大颗粒需要进行破碎，破碎到 5cm 以下后方可压实。

（2）性质不同的填料，应水平分层、分段填筑，分层压实。同一水平层应采用同一填料，不得混合填筑。

（3）分层回填时，应保证每层回填材料的均匀性和表面平整度。

（4）压实填土施工过程中，应采取防雨、防冻措施，防止填料（粉质黏土、粉土）受雨水淋湿或冻结。

（5）冲击碾压法施工的冲击碾压宽度不宜小于 6m，工作面较窄时需设置转弯车道，冲压最短直线距离不宜少于 100m，冲压边角及转弯区域应采用其他措施压实。施工时地下水位应控制到碾压面以下 1.5m。

5.5 地基加固效果检测及评价方法问题

采用了徐工 XS222J 振动平碾压路机，其工作质量 22t，前轮分配质量 11t，静线荷载 516N/cm，速度范围 2.6～8.6km/h，振动频率（高/低）为 33/28Hz，名义振幅（高/低）1.86/0.93mm，激振力高/低振幅 374/290kN，振动轮宽度 2130mm。

填料的现场实测含水量在 11.5%～17.8%，平均 14.8%。最优含水率为 22%。碾压后采用环刀法和灌水法检测密度。

从表 3.16-5 黏土料碾压试验成果汇总表看，30cm、40cm、50cm 三个铺土厚度，各碾压遍数压实干密度均大于室内标准击实值，40cm 厚度层压实干密度在各遍数上均比 30cm、50cm 低。分析原因，40cm 铺土厚度为黏土，30cm、50cm 两个铺土厚度掺杂风化料。

黏土料碾压试验成果汇总表　　　　　　表 3.16-5

碾型	碾重 (t)	铺土厚度 (cm)	碾压遍数	碾压前厚度(cm)	碾压后厚度(cm)	压缩率 (%)	干密度(t/m³)		含水量(%)	
							平均值	范围值	平均值	范围值
平碾	22	30	3	29	25.6	11.7	1.83	1.77~1.92	16.0	14.7~16.9
			4		24.9	14.1	1.87	1.85~1.90	13.8	12.5~15.2
			5		23.4	19.3	1.85	1.75~1.91	13.1	11.5~14.3
		40	4	41	34.0	17.1	1.75	1.72~1.80	16.0	15.0~17.0
			5		34.3	16.3	1.78	1.74~1.83	15.6	13.3~17.8
			6		33.4	18.5	1.88	1.84~1.91	13.5	12.5~14.1
		50	4	52	43.9	15.6	1.85	1.84~1.86	12.9	12.1~13.8
			5		43.7	16.0	1.85	1.79~1.93	13.6	13.0~13.9
			6		41.1	21.0	1.95	1.90~1.99	14.0	12.8~15.1

　　根据设计标准值和现场碾压试验成果分析，结合施工机具及工程性质等实际情况，大面积施工采用以下指标作为黏土料碾压施工控制参数：干密度不小于 1.70g/cm³，铺土厚度为 40cm±2cm，碾压遍数 5 遍，第 1 遍采用平碾静压，2~5 遍，采用平碾振压、加推土机松土器刨毛，1 档低速油门速度行驶。

　　从表 3.16-6 风化料碾压试验成果汇总表看，50cm、60cm、70cm 三个铺土厚度，压实干密度不小于室内标准击实标准值 2.20g/cm³，但从现场碾压情况看，50cm、60cm 铺土厚度接近标准值，根据工程实际情况结合现场碾压试验成果分析，大面积施工采用以下指标作为风化料填方区碾压施工控制参数：干密度 2.14g/cm³；施工控制最小干密度值按设计压实度分区值控制。铺土厚度为 60cm±4cm；碾压遍数 6 遍，采用平碾振压 1 档低速油门速度行驶。

风化料碾压试验成果汇总表　　　　　　表 3.16-6

碾型	碾重 (t)	铺土厚度 (cm)	碾压遍数	碾压前厚度(cm)	碾压后厚度(cm)	压缩率 (%)	干密度(g/cm³)		含水量(%)	
							平均值	范围值	平均值	范围值
平碾 + 凸碾	20	50	4	52	44.3	14.8	2.08	2.02~2.13	7.3	5.2~9.8
			6		43.4	16.5	2.14	2.03~2.13	6.8	5.8~8.1
			7		42.2	18.8	2.16	2.16~2.17	7.8	7.4~8.5
		60	4	59	53	10.2	2.15	2.09~2.23	7.2	6.4~8.0
			6		50.5	14.4	2.13	2.03~2.28	6.6	5.9~7.0
			7		51.2	13.2	2.04	2.03~2.05	6.4	5.8~6.9
		70	4	70	61.5	12.4	2.04	1.93~2.13	5.9	5.5~6.3
			6		59.8	14.6	2.01	1.96~2.08	6.4	5.3~7.4
			7		61.4	12.3	2.02	1.94~2.07	7.2	6.5~7.3

6 结论

6.1 技术意义

本项目是首批将高填土压实方法用在山区城市建设用地中的项目，意义深远。项目是成功的，不仅通过实践解决了削峰填谷模式产生截水与排水渗水导流问题、高填方工程原地面土基和软弱下卧层处理问题、填挖交界面的处理问题、填料调配及分层填筑施工方法问题、挖方和填方高边坡加固系列问题、地基加固效果检测及评价方法等问题，也为后续这类山区造地提供了新模式、新出路，解决了城市空间发展的难题，具有非常深远的意义。

6.2 经济、环境和社会效益

（1）经济效益

造地创造经济价值：通过削峰填谷造地，就土地开发出让会创造大量的经济价值。

吸引更多投资：通过削峰填谷造地建设工业园区，建设统一的经济产业园区，会吸引大批外来企业投资，创造更多的经济价值，为新城的发展注入活力。

增加山区城市旅游收入：大规模的削峰填谷造地工程，能够引起社会的广大关注，提高云南山区城市旅游客流量，增加旅游收入。

（2）环境效益

减少工程地质灾害：工程选址多是荒山、荒沟、荒坡，削峰填谷对场地范围内的不良地质灾害进行了处理，基本不造成水土流失、土地退化、泥石流、滑坡复活等自然灾害。

增加绿地和公共娱乐场所：通过削峰填谷造地，统一规划，增加了绿地和公共娱乐休闲场所的建设。

缓解城区的拥挤现象：在造出的土地上规划建设商贸区、办公区、居住区等，极大地缓解了市区的交通拥挤，降低了人口密度，生活环境得到了改善。

改善城区环境：通过削山，削除了空气流通的天然屏障，风吹进城区，减少工业企业对城区的污染，极大地改善了城区空气质量。

（3）社会效益

改善了投资环境：拓展了城区面积，增加了土地资源储备，改善了投资环境。

提供就业岗位：通过造地建设产业园区，提供了众多的就业岗位，解决了部分失地农民的就业问题，减轻了社会负担。

附近农民受益：通过实施造地工程带动当地经济的发展，盘活了荒山、荒沟，给附近村民带来了福音。

增强了企业之间的相互联系：建设产业园区，安排相关企业出城入园，统一规划，增强各个企业之间的相互联系，便于相互之间的联系和合理利用资源，优化资源配置。

图 3.16-6　规划效果图

【实录17】延安煤油气资源综合利用项目场地形成与地基处理工程

陈　学[1]，张馨怡[1]，水伟厚[2]

(1. 上海申元土工程有限公司，上海 200040；2. 中化岩土集团股份有限公司，北京 102600)

摘　要：场区位于湿陷性黄土地区，场地由削峰填谷形成，地形复杂，山大沟深，设计采用多层多工艺高能级强夯法地基处理成套方案，依据强夯试验成果进行设计方案优化，结合现场施工资料，对施工期沉降及工后沉降实测数据进行总结分析，形成一套完备的高填方地基处理技术，为今后湿陷性黄土地区高填方工程的设计、施工、监测及检测提供参考。

关键词：强夯法地基处理成套技术；黄土湿陷性；检测；监测

1　工程概况

陕西延长石油（集团）延安煤油气资源综合利用项目场平地基处理工程，本项目厂址坐落于延安市富县境内，项目建设用地坐落在洛河两岸，由于受地形限制，洛河把工厂分成四大部分：东区、西区、南区（污水处理厂）、北区（综合行政管理区）。因其他区地势平坦、填方高度小，而西区场地的填方高度大，且场平设计、实验区试验情况、检测、监测等资料情况较为完备，故在本文中主要针对项目西区加以论述说明。

该项目西区地形复杂，山大沟深，为典型的"削峰填谷"工程。西区南北向长约1.4km，东西向宽约0.7km，西区场地将原有的花旗沟（东西向）、大塔沟（南北向）回填形成厂区，花旗沟沟口位置回填高度达到70m，整个厂区挖填土石方量约3000万 m³，填料主要为黄土，采用分层回填＋强夯的方法进行处理。

西区各主要分部分项工程开工、完工时间表见表3.17-1。

西区主要分部分项工程开工、完工时间表　　　　　　　　　表 3.17-1

分部分项工程	时间			地基处理方法
	开工	完工	历时	
盲沟排渗系统	2012 年 1 月	2012 年 6 月	6 个月	—
填方区域	2012 年 7 月	2014 年 7 月	24 个月	强夯
挖方区域	2014 年 5 月	2015 年 7 月	15 个月	强夯＋强夯置换
沟口与高边坡搭接部分	2014 年 7 月	2015 年 6 月	12 个月	强夯

作者简介：陈学（1986—　　），男，工程师，主要从事岩土工程等方面的设计及施工工作。E-mail：feihong1986@126.com。

2　工程、水文地质概况

2.1　地形、地貌及地层情况

　　拟建场地西区位于段家庄村的扶塔山、花渠山及菜子梁上，地形起伏较大。扶塔山地面高程为 890.00～1080.0m，相对高差为 190.0m；花渠山地面高程为 883.00～1030.0m，相对高差为 147.0m；菜子梁地面高程为 890.00～1020.0m，相对高差为 130.0m。场地局部地段为 20.0～40.0m 的陡坎，场地最高点在扶塔山梁顶，高程约为 1080.0m。地貌单元属黄土梁峁。据勘探揭露，场地地层自上而下依次为：耕植土、第四纪全新世坡洪积黄土状土；第四纪晚更新世风积黄土、残积古土壤；第四纪中更世风积黄土、残积古土壤，三叠系下统瓦窑堡组砂岩及砂、页岩互层体，西区场地原始地形地貌、地层情况分别见图 3.17-1、图 3.17-2。

图 3.17-1　西区原始场地地形地貌

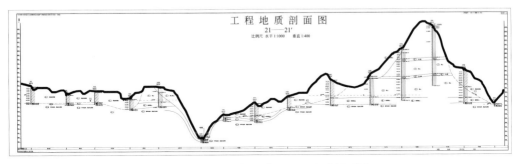

图 3.17-2　西区场地典型工程地质剖面图

2.2　水文地质条件

　　（1）地表水

　　建设场地内的大塔沟与花渠沟，有季节性流水，枯水期断流，雨期为洪水排泄通道。在场地挖填整平过程中，应注意地表水，特别是季节性暴雨洪水对其的不利影响。

　　（2）地下水

　　拟建场地浅部土层中的地下水属暂时性上层滞水，其水位动态变化主要受控于地表水体、大气降水、地面蒸发和滑坡堆积层中的裂隙、隔水层等多种因素的影响，并随气候的变化而变化，此外，拟建场区下伏基岩中还存在基岩裂隙水。地下水在部分地方从基岩面与第四系覆盖层接触面或基岩出露的地方以下降泉的形式排泄。设计及施工过程时应考虑地下水对其的不利影响。

3 地基处理设计方案

3.1 设计标准

（1）分层强夯地基土压实系数不小于 0.95；

（2）地基承载力特征值不小于 200kPa；

（3）地基处理后的填土地基压缩模量 $E_{s1\text{-}2}$ 不小于 10MPa；

（4）分层强夯地基处理有效加固深度不小于分层回填土厚度；

（5）消除原状湿陷性黄土地基的湿陷性。

3.2 场地形成设计方案

（1）场地原状湿陷性黄土强夯处理方案

根据原状湿陷性黄土层的分布区域及分布厚度，依据现行《建筑地基处理技术规范》、《湿陷性黄土地区建筑规范》及现场试验结果，采用不同能级和工艺的强夯法处理黄土地基的湿陷性，满足原状土地基承载力和变形、湿陷性等要求，强夯处理能级为 4000～12000kN•m。挖方区土层含水量较高区域，采用强夯置换工艺进行处理，强夯置换能级为 2000～12000kN•m。

（2）填筑体分层回填与地基处理方案

场地各区为厚度不等的深厚填土，最深处为西区 70m，根据上述规范和近十年强夯法的发展，为保证填土压实效果和缩短工期，通过工期、质量和经济性比较，根据不同的分层回填厚度，采用不同能级、不同施工工艺的分层强夯方案，回填区域土方回填和强夯分 8 层进行，第一层为冲沟回填碎石渗层，回填至该层顶后，统一采用 8000kN•m 高能级强夯一次性加固处理；自 895m 至 952.0m，黄土填土最大厚度为 57m，分为七层回填和强夯施工，第二～第四层每层回填厚度为 12m，采用 12000kN•m 高能级强夯处理，第五、六层回填厚度为 8m，采用 8000kN•m 能级强夯处理；第七、八层回填厚度为 4.5～6.5m，采用 4000kN•m 能级强夯处理。西区场地强夯分层示意图见图 3.17-3。

（3）冲沟排渗处理方案

为了确保填土的工程性状不受到地下水破坏，并消除地下水对场地稳定性的影响，在进行回填的沟道内布设排水盲沟和渗沟，在填方区底部形成完善的地下排水系统。

冲沟底部采用盲沟形式进行处理，盲沟施工前，首先进行基底清理工作，清除表层软弱覆盖层至基岩面，沿冲沟底部铺设 2m 厚的卵砾石，粒径要求是 5～40cm，中等风化岩石。盲沟保持自然地形排水坡度，纵坡坡度不小于 2%。盲沟顶部铺设≥300g/m² 的渗水土工布。

冲沟沟口处由于洛河水位的影响，其 50 年一遇洪水水位为 891.54m，100 年一遇洪水位为 893.04m，为保证冲沟回填土不受水位的影响，895m 标高以下均采用级配良好的砂碎石回填。

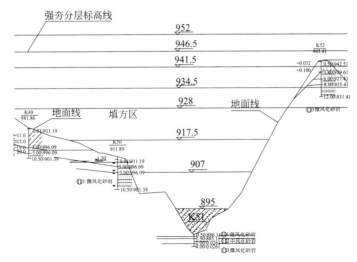

图 3.17-3　场地强夯分层示意图

4　强夯试验研究

4.1　试验区施工目标

考虑本工程的特点，在正式施工以前要求进行强夯试验，进一步验证方案的可行性、确定施工工艺参数，强夯试验的目标如下：

（1）判断各种工艺和能级的强夯地基处理方案在本场地的适宜性；

（2）评价地基处理的效果，包括强夯处理范围和有效加固深度，场地经强夯处理后，地基土的承载力、压缩模量等指标是否满足设计要求；

（3）校核强夯后场地的平均沉降量或抬升量；

（4）对不同能级强夯振动影响进行试验测试，评价强夯振动对周围环境的影响，确定与周边工程的安全施工最小距离；

（5）通过试验，获得土方自然方与压实方之间的最终松散系数实测值；

（6）进行试验性施工，预知施工中可能出现的各类问题，及早提出相应解决措施，使大面积施工工期、成本和质量处于可控状态。

4.2　试验区施工参数

本场地采用的主要强夯能级为 12000kN・m、8000kN・m、4000kN・m，其加固深度分别为 12m、8m、6m，由于西区分为 2 个标段，在Ⅰ、Ⅱ标段分别选取了 3 个试验区进行了施工前的强夯试验工作，施工参数均相同。但后期经检测发现，在ⅠB 试验区填筑体检测结果中，其轻击压实系数不能达到 0.95，对夯点进行补夯后重新检测，其土层平均压缩模量和压实系数均有一定的提高，根据施工过程中的情况调整了 12000kN・m 能级的强夯参数，并重新选择ⅠA 试验区进行了试夯工作。各强夯能级的设计参数见表 3.17-2。

强夯试验区设计参数统计表

表 3.17-2

能级 （kN·m）	强夯遍数	夯型	遍夯能级 （kN·m）	夯点间距 （m）	夯点 布置	收锤控制标准
4000	第一遍	点夯	4000	5	正方形	$n \geqslant 12, h_c \leqslant 10$
	第二遍	点夯	4000	5	正方形	$n \geqslant 12, h_c \leqslant 10$
	第三遍	满夯	1500	—	夯印 1/3 搭接	$/n \geqslant 3$
8000	第一遍	点夯	8000	8	正方形	$n \geqslant 15, h_c \leqslant 15$
	第二遍	点夯	8000	8	正方形	$n \geqslant 15, h_c \leqslant 15$
	第三遍	点夯	6000	8	正方形	$n \geqslant 12, h_c \leqslant 10$
	第四遍	点夯	2000	第一、二、三遍原点加固		$n \geqslant 8, h_c \leqslant 5$
	第五遍	满夯	1500	—	夯印 1/3 搭接	$/n \geqslant 3$
12000 （ⅠB）	第一遍	点夯	12000	10	正方形	$n \geqslant 20, h_c \leqslant 20$
	第二遍	点夯	12000	10	正方形	$n \geqslant 20, h_c \leqslant 20$
	第三遍	点夯	10000	10	正方形	$n \geqslant 15, h_c \leqslant 15$
	第四遍	点夯	6000	5	正方形	$n \geqslant 10, h_c \leqslant 10$
	第五遍	满夯	2000	—	夯印 1/3 搭接	$n \geqslant 3$
12000 （ⅠA）	第一遍	点夯	12000	10	正方形	$n \geqslant 18, h_c \leqslant 20$
	第二遍	点夯	12000	10	正方形	$n \geqslant 16, h_c \leqslant 20$
	第三遍	点夯	10000	10	正方形	$n \geqslant 14, h_c \leqslant 15$
	第四遍	点夯	4000	第一、二、三遍间插点及 进行原点加固		$n \geqslant 10, h_c \leqslant 10$
	第五遍	满夯	2000	—	夯印 1/3 搭接	$n \geqslant 3$

注：n—夯击次数；h_c—最后两击平均夯沉量。

由于 12000kN·m 在湿陷性黄土地区采用较少，且能级高，较典型，可为后续类似工程提供经验，下面进行详细说明。

（1）12000kN·m 能级试验区土体填筑施工工艺

试验区填筑体处理面积不小于 36m×36m（试验区面积最终以实测为准），填筑体边坡 1∶1.5 放坡，夯点距边界安全距离不小于 3m。填料宜选取西区挖方区的土料，施工方应对填料的来源性状等进行记录及描述。回填厚度为 12m，每次摊铺厚度为 1m，摊铺完成后进行初步碾压，其压实度不宜小于 0.90（采用环刀法测试，每层按每 1000m² 取 3 点的密度随机选取），填筑体强夯试验主能级为 12000kN·m。

（2）12000kN·m 能级试验区强夯施工工艺

本能级强夯共分 5 遍进行，第一遍强夯能级为 12000kN·m，夯点间距 10.0m，正方形布置，收锤标准按最后两击平均沉降量不大于 20cm 控制，且击数不少于 20 击控制，强夯结束后将夯坑推平；第二遍强夯能级为 12000kN·m，夯点间距为 10m，为第一遍夯点中间插点，收锤标准按最后两击平均沉降量不大于 20cm 控制，且击数不少于 20 击控制，强夯结束后将夯坑夯坑推平；第三遍强夯能级 10000kN·m，在第一、二遍之间插点，收锤标准按最后两击平均沉降量不大于 15cm 控制，且击数不少于 15 击，强夯结束后将夯坑推平；第四遍强夯能级为 6000kN·m，夯点位于第一、二、三遍夯点中心，收锤标准按最后两击平均沉降量不大于 10cm 控制，且击数不少于 10 击，强夯结束后将夯坑推平；第五遍为强夯能级 2000kN·m 的满夯，要求夯印 1/3 搭接，每点夯 3 击，满夯结束后将夯坑推平，整平场地。

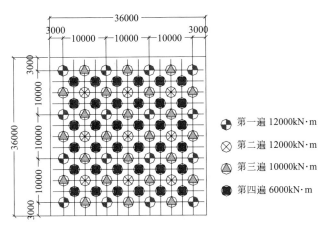

图 3.17-4　12000kN·m 能级夯点布置图

4.3　试验区强夯施工检测

（1）检测目的

地基强夯处理完成后，在满足相关规范规定的间隔期后，应对地基处理效果进行检测。

①对原场地滑坡体处理效果的检测

本试夯场地位于西区滑坡体上，必须先对滑坡体进行强夯处理，因此对滑坡体的处理效果进行检测，合格后方可进行土体填筑，并进行填筑体的强夯施工和检测；如果不合格，需进行补夯直至检测合格为止。检测内容包括黄土湿陷性、压实度、承载力检测等。

②对填方体处理效果的检测

为达到设计要求，对填筑施工参数进行检查和检测，包括湿陷性黄土处理的效果，每层填筑厚度、含水量控制、夯实程度等。通过检测确定施工过程中的填土压实度、承载力、变形等指标是否达到设计要求，如未达到设计要求需要继续进行夯实处理或晾晒或经加湿处理后继续夯实处理，如达到设计要求可以进行下一层铺设填土和夯实处理。

（2）检测方法及原理

①浅层平板载荷试验

填筑体表层地基土强夯后的地基承载力检测利用浅层平板载荷试验进行检测。平板静载荷试验原理是保持强夯后填筑体地基土的天然状态，模拟设计要求的 200kPa 的荷载条件，通过一定面积（面积 1m^2）的承压板向地基施加竖向荷载，根据荷载大小与沉降量的关系，分析判定强夯处理后填筑体地基的承载力特征值。

②静力触探试验

静力触探试验是用静力将探头以一定的速率压入土中，利用探头内的力传感器，通过电子量测器将探头受到的贯入阻力记录下来。由于贯入阻力的大小与土层的性质有关，因此通过贯入阻力的变化情况，可以达到了解土层工程性质的目的。

按照设计试验方案要求，本项目采用静力触探试验主要用于评价原状地基土及填筑体的深层地基土承载力，因此，采用单桥静力触探试验。利用静力触探评价地基土的承载力，主要靠岩土工程师的工程经验、地区经验并与载荷试验成果比对，是一种经验意义上的承载力评价方式。

③探井开挖及室内土工试验

湿陷性黄土地基强夯及分层填土地基强夯处理效果的检测采用开挖探井采取土试样进行土工试验。室内土工试验提供的参数包括含水量、比重、天然密度、干密度、孔隙比、饱和度、液限、塑限、压缩系数、压缩模量、湿陷系数、自重湿陷系数等常规物理力学参数，对处理后的黄土进行湿陷性评价，通过物理力学参数对比，判定强夯处理加固效果。

④填土初步碾压跟踪试验

填土初步碾压压实系数试验采用环刀取样法，待每层土铺设压实之后，每层采取环刀试样进行密度试验，测求所铺设的填土的压实系数。

⑤填土击实试验

击实试验是在一定的击实功作用下，能使填筑土达到最大密度所需的含水量称为最优含水量，与其对应的干密度称为最大干密度。主要与土的可塑性及夯实功有关。拟建厂区位于山区，其土性差异较大，因此，当填料变化时，击实标准必然会发生变化。

⑥重型圆锥动力触探试验

重型圆锥动力触探试验是岩土工程中常规的原位测试方法之一，它是利用一定质量的落锤（63.5kg），以一定高度的自由落距（76cm）将标准规格的探头（直径 74mm、锥角 60°）打入土层中，读取每贯入 10cm 的读数 $N_{63.5}$，根据探头贯入的难易程度评价土层的性质。

（3）检测成果的分析评价

①压实度

强夯施工完成后，进行探井取样，进行室内土工试验，填筑体夯实后的压实度检测成果见表 3.17-3，经检测符合设计要求。

各试验区压实度检测成果汇总表

表 3.17-3

试验区	检测点位置	单孔平均含水率(%)	轻型击实系数单孔平均	重型击实系数单孔平均
IB (12000kN·m)	夯点	17.2	0.91	0.88
	夯间	17.8	0.93	0.90
IIB (8000kN·m)	夯点	16.6	0.98	0.93
	夯间	16.8	0.98	0.92
IIC (4000kN·m)	夯点	16.7	0.98	0.93
	夯间	17.5	0.96	0.91
IA (12000kN·m)	夯点	17.2	0.98	0.91
	夯间	16.5	0.97	0.90

从各个试验区填筑体的静力触探试验和土工试验结果看，夯点和夯间的检测结果并无明显差异，对应的填筑体下部均能被有效加固。值得一提的是，在 IB 试验区填筑体的检

测结果中，其轻击压实系数不能达到 0.95，对夯点进行补夯后重新检测，其土层平均压缩模量和压实系数均有一定提高，根据施工过程中的情况，在 I_B 试验区主夯过程中，夯坑深度最大达 7m 之多，之后的低能级满夯并不能有效加固该部分土层。

②静力触探

6 处静力触探的试验深度为 11.0m，各处的比贯入阻力平均值见表 3.17-4。

压缩模量及压实系数 表 3.17-4

试验位置	夯点			夯间		
试验点编号	J1	J2	J3	J4	J5	J6
比贯入阻力平均值(MPa)	12.5	12.3	10.4	13.3	11.5	12.5

由上述表中数据可知，各处的比贯入阻力平均值介于 10.4～13.3MPa 之间。单桥静力触探试验是一种经验意义上的深层地基土承载力评价手段，由于其不直接测定变形指标，因此，若当变形满足要求时，根据在湿陷性黄土地区的经验，本次静力触探试验范围内的地基土承载力特征值均能满足 200kPa 的设计要求。

③静载试验

静载试验用于判定承压板影响范围内浅层地基土的承载力特征值，3 处静载试验数据及地基承载力特征值判定结果见表 3.17-5。

压缩模量及压实系数 表 3.17-5

试验位置	夯 点		夯间
试验点编号	P1	P2	P3
设计荷载 200kPa 下的沉降量(mm)	7.71	6.26	8.80
荷载加至 400kPa 下的沉降量(mm)	15.99	15.38	19.32
地基承载力判定(kPa)	200	200	200

由表 3.17-5 中的数据及静载试验曲线分析，浅层地基土的承载力特征值满足设计要求。

结合试验区的检测资料可知，强夯试验的最终检测结果基本满足了设计要求。从试夯施工过程来看，动态设计和信息化施工非常必要。

5 高填方场地沉降计算与分析

5.1 高填方地基变形分析的方法

高填方地基沉降变形包括下部软弱土层的固结沉降和上部非饱和填土的自重压密沉降。文中施工期沉降是指土方工程填筑期间所发生的高填方地基沉降，工后沉降是指土方工程完工之后的高填方地基沉降。

关于高填方地基沉降的理论计算，通常由附加应力引起的土基沉降，可由分层总和法来计算压缩层范围内的总沉降量，用太沙基固结理论来计算不同时间的沉降量。但是对于填筑体的自身瞬时压缩变形和不同时间的压缩变形计算，目前还没有通行的方法。国内对此主要有以下几种方法探索：

①采用改进的分层总和法来分析高填方的沉降，一般应用于路堤的沉降；

②采用非线性有限元法或其他数值分析方法分析填筑体的变形；

③利用类似高填方工程长期现场监测经验公式进行工程类比分析；

④基于工程实测资料的反分析和预测。

其中，有限元的方法，由于科学发展水平有限，目前人们对土体固结压缩过程，尤其是对于重塑土的压缩和固结的微观认识仍不充分和完全，基于固结理论建立的本构模型存在着理论基础上无法克服的缺陷。同时，有限单元法和其他数值方法都依赖于计算参数的准确性，这些参数需要借助室内试验获得。由于室内试验参数与现场实际值的差异，导致理论方法计算的沉降值往往与实测值出入较大。因此，工程上，往往采取经验类比等方法，同时最直接的是基于工程实测资料进行反分析和预测。

结合本项目，高填方地基沉降变形的计算方法主要参考以下几种方法：

（1）改进的分层总和法

高填方地基沉降仍可采用分层总和法，但考虑到随着填土的逐渐增加，填土的压缩指标也在不断变化。为此，必须对分层总和法做些适当的修正。应用一般的分层总和法，将高填方土体分成 n 层进行计算。考虑到填土过程中填土荷载是逐级施加的，施工到某一层时它所引起的压缩变形是由每层填土荷载作用于其下各层填土所产生变形的总和，涉及分级沉降量叠加的问题。为了方便计算及符合实际作如下的假定：

①每级填方荷载增量引起的固结过程是单独进行的，和上一级或下一级荷载增量所引起的固结无关；

②每级荷载是一次瞬时施加的。即不考虑每层填土的施工时间，认为是在很短的时间内施加的；

③某一时刻的总沉降量等于该时刻各级荷载作用下的沉降量的叠加。

鉴于此假定就可求解出任意级填土所引起的地基变形，如下式所示：

$$s_j = \sum_{j=1}^{m} \sum_{i=1}^{n} \Delta s_{ij} = \sum_{j=1}^{m} \sum_{i=1}^{n} \frac{\Delta p_{ij}}{E_{sij}} H_i$$

$$= \sum_{j=1}^{m} \sum_{i=1}^{n} \frac{\Delta p_{ij}}{\left[\dfrac{E_{s1-2}}{144.3} - \ln\left(\dfrac{\sigma_{zij}}{144.3}\right)\right] \sigma_{zij}} H_i$$

（2）长期现场监测经验公式

目前国内外对于类似项目块碎石为主的非饱和粗粒土和巨粒土变形研究较少，仅有少数的经验公式，如德国和日本的工后沉降估算公式（式3.17-1），劳斯和列斯特公式（式3.17-2），顾慰兹公式（式3.17-3），戈戈别里德捷公式（式3.17-4），高填方地基工后沉降估算公式（式3.17-5）。其中 s 为工后沉降（m），H 为填方高度（m），E 为地基土变形模量，k、n、m 为经验系数。

$$s = H^2/300 \tag{3.17-1}$$

$$s = 0.001 H^{3/2} \tag{3.17-2}$$

$$s_{t顾} = k H^n e^{-m/t} \tag{3.17-3}$$

$$s_{t戈} = -0.453(1 - e^{0.08H}) e^{0.693/t^{1.157}} \tag{3.17-4}$$

$$s = H^2 / E^{2/3} \tag{3.17-5}$$

由于式(3.17-1)～式(3.17-4) 中仅考虑了填筑高度这一因素，而未考虑填料的变形模量和工程加载速率等因素，因而其结果是粗略的，式(3.17-5)的适用性还有待工程实践的进一步验证。另外，Sower 等对美国 14 座碎石坝的长期沉降进行了研究，这些坝的高度从 50m 到 100m 不等，填料既包括石灰岩、砂岩，也包括花岗岩等。Sower 等发现这些碎石坝的沉降量随着时间的推移而变缓，但一直在持续着，沉降和竣工后时间的对数之间有大致的线性关系：

$$s/H = \alpha \lg(\Delta t_2 / \Delta t_1)$$

式中：竣工后 Δt_1 和 Δt_2 之间发生的沉降量为 s；H 是填方的高度；α 为常数，取值参见表 3.17-6。

不同填方的参数 α 的值　　　　　　　　表 3.17-6

地名	填方料	H(m)	压实方式	α(%)
Megget	砂卵岩	56	分层振动碾压	$0.04\sigma_v$
Brianne	泥岩	90	分层碾压振动	$0.12\sigma_v$
Scammonden	砂岩/泥岩	73	分层振动碾压	$0.12\sigma_v(0.17^*)$
Bindwells	砂岩/泥岩	60	无	$0.9\sim1.5^*$
Corby	硬黏土	24	强夯	0.5^*

注：σ_v 为上部填方的自重荷载，单位为 MPa，表中带 * 的数字是对应于整个填方高度的 α 值。Sower 经验公式应用于硬黏土时，其适用性还有待于工程实践的进一步验证。

(3) 已建高填方机场沉降计算经验

①贵阳龙洞堡机场

贵阳龙洞堡机场为贵州省"八五"重点建设工程，跑道长 3200m，道面宽 60m（含两侧道肩各 7.5m），滑行道长 3200m，道面宽 38m（含两侧道肩各 7.5m）跑滑轴线间距 180m。厂区地形条件差，最大削方高度 114.67m，最大填方高度 54m，挖填土石方量 2400 万 m³。填料为中风化的石灰岩碎石料，其次为呈粉砂、角砾、碎石松散颗粒状强风化白云岩。填筑方式为分层填筑＋振动碾压，之后以单击夯击能 3000kN·m 进行强夯。

由于缺乏施工期沉降观测资料，施工期沉降利用水电部门大坝沉降经验公式顾慰兹公式计算。

$$s_a = 0.1496 H^{1.646}$$

式中：s_a 为施工期沉降（cm）；H 为填筑体高度（m）。

根据工后沉降实测值，绘制填筑体高度与工后沉降关系曲线，工后沉降与填筑体高度之间的函数关系在一定程度上可用幂函数来拟合。

$$s_b = 0.0492 H^{1.3823}$$

式中：s_b 为工后沉降（cm）；H 为填筑体高度（m）。

②云南大理机场

大理机场位于云南省大理白族自治州境内。跑道长 2600m，宽 45m，两侧各设 1.5m 道肩。机场等级为 4C。场区地形条件差，道槽最高填方 30.3m。填料为挖方区自然级配石渣，夯实的单击夯击能为 2000kN·m。

由于缺乏施工期沉降观测资料，施工期沉降利用水电部门大坝沉降经验公式顾慰兹公式计算。

$$s_a = 0.1496H^{1.646}$$

式中：s_a 为施工期沉降（cm）；H 为填筑体高度（m）。

由填筑体高度与工后沉降关系曲线，工后沉降与填筑体高度之间存在一定的线性关系，亦表明各机场不同地质条件（尤其是不同填料和不同碾压夯实方法）下的工后沉降存在较大差异。

$$s_b = 1.16H - 10.98$$

式中：s_b 为工后沉降（cm）；H 为填筑体高度（m）。

③吕梁机场

吕梁机场是典型的黄土高填方机场，其最大填方高度达 81.4m，且场区地基土为湿陷性黄土，与本项目地质条件类似，填方高度接近，因此，可作为类似的工程进行类比分析。图 3.17-5 为吕梁机场竣工期 1 年内监测的沉降与工后预测反演分析的结果。

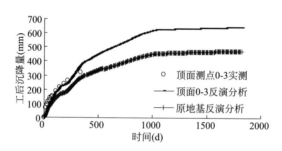

图 3.17-5　吕梁机场工后沉降实测历时曲线与反演分析预测曲线

④公路路基规范估算方法

公路设计手册《路基》（第二版）中之处："黄土高路堤自身工后下沉量与填土高度有直接关系，根据铁路、公路的少量观测资料，对压实较好的高路堤，可按填土高度的 1%～2% 估计"。

我国铁道科学研究院西北研究所和第一设计院对黄土高路堤下沉的观测研究表明当压实系数 $K \geqslant 0.85$ 时，路基顶面以下填土核心部位竣工后下沉量约为路堤高度的 0.7%～1%，边坡部位的下沉还要大。根据统计分析，竣工后的下沉量可按下式估算：

5.2　施工期沉降监测实测资料与理论计算的对比分析

针对本项目的特点，在初步设计阶段，填筑体施工期沉降主要采用 Sower 经验公式和顾慰兹公式来进行分析计算，Sower 经验公式中参数 α 值取 0.5 进行计算。假定场平工程施工期为 2 年，采用上述两种方法以及实测数据，针对不同填筑体高度的施工期沉降进行分析，填筑体施工期沉降计算结果见图 3.17-6。

根据顾慰兹公式和实测数据，对不同填筑体高度的沉降计算结果分析可知，填筑体施工期的沉降量随填筑体高度的增加而增大，符合地基土沉降变形的规律。顾慰兹公式是基于水利水电大坝（面板堆石坝）的经验公式，在填料、地基土性质、施工工艺等方面都与本工程差别较大，因此，类似经验公式的参考价值不大，主要还是依靠实测来了解施工期

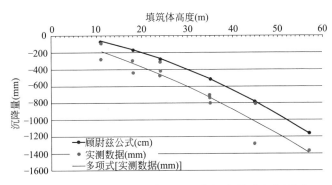

图 3.17-6　填筑体不同高度施工期沉降量对比分析图

的地基沉降。而施工期的沉降监测，一般仅作为了解场地形成的过程，不作为工后沉降预测和判定地基稳定的条件。因此，在此不作进一步的分析和探讨。

监测单位在施工期间完成的监测成果，在宏观上反映了施工阶段填筑体处理的效果，施工期累积沉降量指标反映的是施工过程中高填方地基的压缩变形，包含了分层回填过程中各分层土的累积压缩量，也包含了施工过程中各种工况的影响，是场平施工情况的综合反映，与工后变形无直接关系，工后沉降监测数据及沉降速率变化趋势才是设计及预测依据。

5.3　西区高填方场地工后沉降分析

从规范建议，到类似工程的经验，高填方场地的工后沉降分析预测都是基于工后一定时间的监测成果基础上进行。

目前，由于工后沉降监测工作的滞后，未获得场平竣工后的沉降监测数据，因此，无法进行基于实测的沉降预测，应业主的要求，对西区高填方工后沉降的预测，只能依靠理论计算和类似工程经验的类比分析，因此，分析的结果仅供参考，不能作为后期工程建设的依据。

下表为不同厚度填筑体采用改进分层总和法、Sower 公式、贵阳龙洞堡机场、云南大理机场等沉降经验公式以及吕梁机场沉降拟合公式、公路路基规范建议及铁科西北院经验公式计算的结果对比。

上述经验方法中，吕梁机场经验公式是基于工后 340 天的实测拟合获得的，因此，仅能对工后第一年的沉降量作为参考，参考 Sower 公式工后沉降曲线的特点，工后第一年沉降约占总沉降量的 40%，可以估计总工后沉降量约为工后第一年沉降量的 2.5 倍，以 $H=68m$ 为例，预估 30 年内的工后沉降量约为 55cm。

工后沉降计算结果（单位：cm）　　　　　　　　表 3.17-7

计算方法 填筑高度	修正分层总和法		Sower 公式	贵阳龙洞堡机场	云南大理机场沉降经验公式	吕梁机场经验公式	公路路基规范建议	铁科西北院经验公式
	主固结总沉降	工后沉降（50%～70%）	工后 30 年沉降	工后沉降	工后沉降	工后 340 天沉降	工后沉降	工后沉降
$H=68$	82.4	41～57	84	17	68	21.7	68～136	63
$H=60$	78.8	39～56	74	14	59	19.3	60～120	56
$H=50$	60.3	30～42	62	11	47	16.4	50～100	47

续表

计算方法 填筑高度	修正分层总和法		Sower 公式	贵阳龙洞堡机场	云南大理机场沉降经验公式	吕梁机场经验公式	公路路基规范建议	铁科西北院经验公式
	主固结总沉降	工后沉降 （50%～70%）	工后 30 年沉降	工后沉降	工后沉降	工后 340 天沉降	工后沉降	工后沉降
$H=40$	46.9	23～33	50	8	35	13.5	40～80	38
$H=30$	29.7	15～21	37	5	24	10.5	30～60	29
$H=20$	14.7	7～11	25	3	12	7.6	20～40	20
$H=10$	4.4	2～3	12	1	1	4.7	10～20	10
$H=5$	1.2	0.6～0.8	6	0	0	3.2	5～10	5

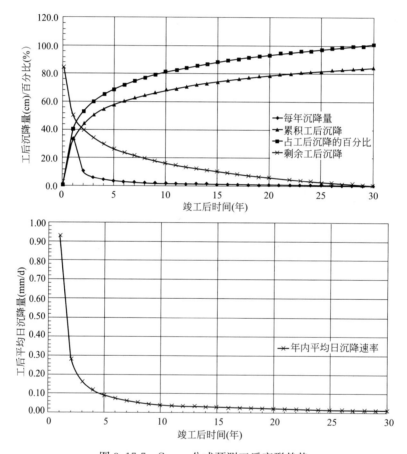

图 3.17-7 Sower 公式预测工后变形趋势

从上述估算方法结果对比可以看出，不同的经验公式计算结果差异较大，工后沉降量在 17～136cm 范围内，相差近一个数量级，反映出不同项目工后沉降的差异性很显著。因此，不能简单地用已有的模型或经验公式去估算本项目的工后沉降量，必须采取结合工后沉降实测的，基于工后变形数据，进行回归分析，建立适合本场地特点的预测模型，反演相关的模型参数，进而对工后较长时间的变形作出相对合理的分析和预测，以此作为工后建设的决策和参考依据。

6　结论

（1）本项目占地面积较大，处理范围广、场地地质条件较为复杂，在对地基处理进行多种方案对比分析后，认为强夯施工的方案是适合板工程的最理想方案，节省了大量的工程费用。

（2）大面积强夯施工采用不同能级、不同夯间距、不同施工工艺的设计方案准确。强夯施工后土体密实，压缩性降低，均匀性有所改善，承载力提高。

（3）通过对试验段强夯施工的检测和西区大面积填方区域工后的沉降监测等相关实测数据分析，原设计所选择的参数恰当，相关施工工艺控制合理，强夯的施工效果理想，均满足原设计的要求。

（4）高填方工程是一个系统性的工程，环环相扣，施工过程中应重视检测监测数据的实时分析，及时跟进调整优化设计方案，实施动态化设计和信息化施工，确保工程进度及质量，同时节约造价。

【实录18】浙江温州泰顺县茶文化城18000kN·m 高能级强夯地基处理项目

张文龙[1]，水伟厚[2]，林耀华[1]，顾克聪[2]

(1. 上海申元岩土工程有限公司，上海 200040；2. 中化岩土集团股份有限公司，北京 102600)

摘　要：本场地为弃土回填地基且回填深度不均匀，最深的达60m；场地内回填土含石量不均匀，地基根据填土厚度分别采用不同能级的强夯进行处理，填土最厚区域采用目前国内最高能级18000kN·m进行强夯，地基处理施工效果良好，过程中进行了专门的振动监测，建筑物竣工验收投入使用后进行了专门的沉降监测，观测结果表明本工程在深厚弃土回填地基上采用高能级强夯替换原设计桩基方案是合适的，为建设单位节省了大量造价和工期，并为后续类似开山填谷场地的深厚回填土地基处理和基础选型提供了参考。

关键词：18000kN·m；高能级强夯；深厚回填土；振动监测

1　工程及地质概况

1.1　工程概况

拟建的泰顺县茶文化广场工程位于罗阳新城大道南侧工程弃土回填区，东侧为在建的南山路，南侧为规划的湖滨北路，西侧为枫树梢安置用地。工程总用地面积约为35795m²，建筑占地面积约为15900m²，拟建建筑由4幢3～4F的商业用房及1幢6F综合办公楼组成，拟采用浅基础。在B号、C号、D号、E号建筑范围设地下层一层，面积约15900m²。

图3.18-1　项目建筑效果鸟瞰图

作者简介：张文龙（1982—　），男，高级工程师，主要从事地基处理设计、施工、检测等相关工作。E-mail：tylz87934743@163.com。

由于场地回填土回填不均匀且未经压实，设计时考虑过多种处理方式，最后采用高能级强夯方式进行地基处理。本工程是当时（本工程开始于 2011 年 1 月 9 日）少有的几个采用到 18000kN·m 能级的高能级强夯地基处理的项目。本工程的成功实施是高能级强夯在地基处理领域市场推广中的一个重要示范性案例。

工程时间：2011 年 1 月～2011 年 4 月

1.2　地质概况

勘察场地原为低山斜坡和沟谷，现为弃土回填区，拟建场地地形略有起伏，地势由东北往西南逐渐变低，总体可分为三级平台，场地内黄海高程为 507～521m。根据勘察结果，地基土在勘察深度范围内划分为 3 个工程地质层，其中③层可分为 2 个亚层，自上而下可分为：①素填土、②含角砾粉质黏土、③₁ 全风化粉砂岩、③₂ 中风化粉砂岩。场地回填时间为 2009 年，场地回填为削峰填石场地，松填，未经过任何处理。

基础设计主要参数一览表　　　　　　　　　　　　　　表 3.18-1

地层名称	f_{ak}(kPa)	E_0(MPa)
②含角砾粉质黏土	130	10
③₁ 全风化粉砂岩	180	15
③₂ 中风化粉砂岩	2000	>50

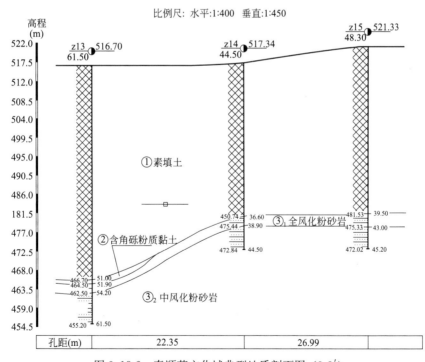

图 3.18-2　泰顺茶文化城典型地质剖面图（3-3′）

2　地基处理方案的选择

由于场地回填深度不均匀，最深的达 60m；场地内回填土含石量不均匀，因此要消除这部分地基的不均匀性，降低地基沉降，控制变形。地基处理方式有两种：桩基（钻孔桩）和强夯法。

若采用桩基将桩直接打在基岩上结构可靠，但人工填土中有大量块石、碎石（块石直径最大达 2～3m），不仅加大了施工难度、桩点位也难以保证且经济性也较差。

若采用强夯法，本场地可采用填石强夯可消除地基不均匀性；因其设计建筑物荷载不高，强夯法可有效形成复合地基结构大大提高浅层地基承载力，可满足设计要求。

经比选，项目地基处理方法最终采用强夯法。

3 强夯地基处理要求

3.1 设计要求

本场地经过地基处理后，需要达到以下技术要求：

（1）经加固处理后的地基承载力满足 80～100kPa 承载力特征值。

（2）在建筑物荷载作用下，经处理的地基变形值（包含下部较深填土在自重作用下的变形值）应满足：基础的平均沉降量小于 200mm。

3.2 施工技术要求

（1）点夯要求连续夯击，相邻两遍夯之间留有间歇时间，现场施工时，根据孔隙水压力消散情况确定；

（2）夯坑填料采用粒径不大于 300mm 的硬质开山石料，无严重风化和裂纹，含泥量≤5%；

（3）为保证强夯效果，应避免施工时夯锤发生倾斜，确保夯锤垂直度；

（4）点夯停夯时保证夯坑顶面标高与夯坑周围地面标高基本齐平；

（5）每遍夯前、后应首先对场地进行平整，并测量场地 10m×10m 方格网，保证场地平整度；

（6）现场应有临时排水设施，防止降雨浸泡正在施工的场地和已经完工的场地；

（7）应对整个施工过程作详细的记录，包括锤重、落距、夯击次数、每击的夯沉量及总夯沉量。

4 工程应用概况及施工组织概况

4.1 高能级强夯施工工艺及参数介绍

本场地强夯工艺主要为：3500～18000kN·m 平锤强夯，强夯主夯点以柱网分布位置控制，提高建筑物地基基础的整体刚度。建筑物地基处理范围应比建筑物、地下室轮廓外扩 6m 距离。

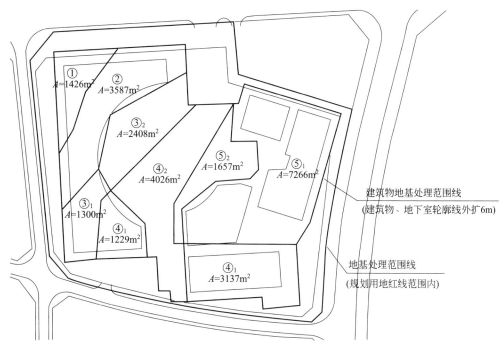

① A=1426m²

② A=3587m²

③₂ A=2408m²

⑤₂ A=1657m²

⑤₁ A=7266m²

④₂ A=4026m²

③₁ A=1300m²

④₁ A=1229m²

④₁ A=3137m²

建筑物地基处理范围线
(建筑物、地下室轮廓线外扩6m)

地基处理范围线
(规划用地红线范围内)

图 3.18-3　地基处理分区图

强夯能级及工艺　　　　　　　　　　　　　　　　　　表 3.18-2

区域	位置	填土厚度(m)	主体强夯工艺	地基处理有效加固深度(m)	地基处理面积(m²)
①区	E 号建筑西北角	12～15	8000kN·m 平锤强夯	10～12	1426
②区	E 号建筑东侧	15～30	12000kN·m 平锤强夯	12～14	3587
③₁ 区	D 号建筑西南角	30～40	14000kN·m 平锤强夯	14～16	1300
③₂ 区	E 号建筑东侧地下空间		6000kN·m 平锤强夯	6～8	2408
④₁ 区	C 号建筑、D 号东南角	40～50	16000kN·m 平锤强夯	16～18	4366
④₂ 区	中心广场		8000kN·m 平锤强夯	8～10	4026
⑤₁ 区	A 号、B 号建筑基础	50～60	18000kN·m 平锤强夯	18～20	7266
⑤₂ 区	A 号、B 号建筑西侧中心广场		10000kN·m 平锤强夯	10～12	1657
⑥区	其他非建筑		3500kN·m 平锤强夯	6	9761
备注:强夯主夯点以柱网分布位置控制,提高建筑物地基基础的整体刚度					总面积 35797m²

4.2　施工设备及材料

本工程投入 3 台强夯施工设备,其中 1 台为中化岩土集团有限公司自主开发研制的 CGE-1800 型强夯施工专用机械,配置 60t 夯锤 1 枚;2 台为杭重 50T 履带式起重机,配置 45t 夯锤 1 枚,25t 夯锤 1 枚,18t 夯锤 1 枚。以及挖掘机、铲车等其他辅助机械设备 2 台。

本工程回填所需回填夯坑石料由建设单位提供，为当地开山的碎石，粒径严格控制不大于 300mm。

5 振动监测

本工程主要针对靠近临近居民楼一侧三个区域使用强夯能级（分别为 12000kN·m 能级强夯、8000kN·m 能级强夯、3500kN·m 能级强夯），进行距建筑物最近点的振动监测。本次主要介绍 12000 能级强夯振动监测。

5.1 振动监测方案

（1）12000kN·m 能级强夯距建（构）筑物最近点振动监测

对于 12000kN·m 能级强夯，为保护周边建（构）筑物，分别在 10m、15m、20m、25m、30m、50m、80m、120m、150m、200m 布设 10 个施工试验点，每点监测 3 击，实测振速分析特定区域内特定能级在场地的施工安全距离。

（2）开挖隔振沟后振动监测

为切实保护建筑物，建议在建筑物所在方向场地边界处开挖深度约 3m、宽度约 2m 的隔振沟，开挖隔振后，分别在 3500kN·m、8000kN·m、12000kN·m 能级强夯施工时对建筑物所在位置进行振动监测，根据振动监测结果及时调整施工过程中的相关参数，将强夯振动对建筑物的影响控制在最小范围内。

5.2 振动监测成果分析

12000kN·m 能级强夯振动监测结果见图 3.18-4。

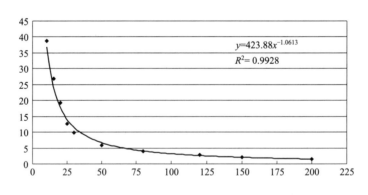

图 3.18-4　12000kN·m 强夯振速峰值随距离衰减曲线

从图 3.18-4 来看，距振源 200m 以内，12000kN·m 强夯引起的振速峰值在 1.60～38.7mm/s 之间，参照《爆破安全规程》GB 6722 规定，根据强夯施工具有时效性连续振动特点，结合我司以往振动监测实际工程经验，建议本场地各建（构）筑物安全距离如下：

（1）一般砖房、非抗震的大型砌体建筑物安全距离为 25m；

（2）钢筋混凝土结构房屋安全距离为 20m。

6　强夯地基处理效果检测分析

6.1　检测方法和工作量

本次地基处理检测采用平板载荷试验、多道瞬态面波试验进行综合测试，根据平板载荷试验确定夯后地基土浅层承载力和压缩模量，根据多道瞬态面波测试确定地基加固后的均匀性和有效加固深度。平板载荷及多道瞬态面波检测点布置遵循随机、均匀并有足够代表性原则。

6.2　平板载荷试验

18 个平板载荷试验中，各试验点在最大荷载作用下均未破坏，p-s 曲线呈缓变形，无陡降段，s-$\lg t$ 曲线无明显向下弯折，平板载荷试验的结果见表 3.18-3。

平板载荷试验结果汇总表　　　　表 3.18-3

分区	试点编号	p_{max}(kPa)	s(mm)	f_{ak}(kPa)	E_0(MPa)	建议 E_s(MPa)
E 号	JZ18	260	21.95	130	10	13
	JZ1	260	23.95	130	9	12
	JZ2	260	7.41	130	28	38
	JZ3	260	9.13	130	23	31
D 号	JZ4	260	13.45	130	16	21
	JZ5	260	5.64	130	37	50
	JZ6	260	6.84	130	31	41
C 号	JZ10	260	8.42	130	25	34
	JZ11	260	10.21	130	21	28
	JZ12	260	9.55	130	22	30
B 号	JZ7	260	9.21	130	23	31
	JZ8	260	9.82	130	21	29
	JZ9	260	8.97	130	23	31
A 号	JZ13	260	8.03	130	26	35
	JZ14	260	9.78	130	21	29
	JZ15	260	8.19	130	26	34
	JZ16	260	7.82	130	27	36
	JZ17	260	8.24	130	25	34

根据平板载荷试验结果分析，参考相关规范及结合工程检测经验，判定 A 楼、B 楼、C 楼、D 楼、E 楼浅层承载力特征值达到 130kPa，满足设计要求。

6.3　多道瞬态面波试验

根据各分区的多道瞬态面波测试的实际情况、试验数据及相关曲线，可以反演分层剪切波速绘制各点的剪切波速随深度变化曲线，将每个分区的反演曲线进行对比，来综合评价各分区的土层均匀性和加固效果。

（1）18000kN·m 能级强夯

反演分层剪切波速绘制各点的剪切波速随深度变化汇总曲线如图 3.18-5 所示。

经过 18000kN·m 能级强夯地基处理后，夯后 3 个点剪切波波速 0～17m 深度范围内波速均超过 200m/s；地基土均匀性得到明显改善。

（2）16000kN·m 能级强夯

反演分层剪切波速绘制各点的剪切波速随深度变化汇总曲线见图 3.18-6。

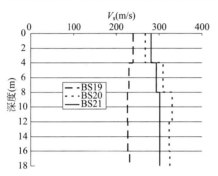

图 3.18-5　18000kN·m 能级强夯
夯后剪切波速对比曲线

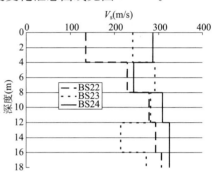

图 3.18-6　16000kN·m 能级强夯
夯后剪切波速对比曲线

经过 16000kN·m 能级强夯置换地基处理后，夯后 BS22 点剪切波波速 0～4m 深度范围内波速偏低，4～17m 深度范围内波速均超过 200m/s，夯后 BS23、BS24 点 0～17m 深度范围内波速均超过 200m/s，地基土均匀性得到明显改善。

（3）14000kN·m 能级强夯

反演分层剪切波速绘制各点的剪切波速随深度变化汇总曲线如图 3.18-7 所示。

经过 14000kN·m 能级强夯地基处理后，夯后 3 个点剪切波波速在 0～13m 深度范围内均基本达到或者超过 200m/s，地基土均匀性得到改善。

（4）12000kN·m 能级强夯

反演分层剪切波速绘制各点的剪切波速随深度变化汇总曲线如图 3.18-8 所示。

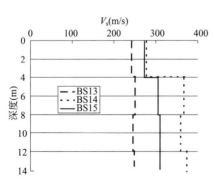

图 3.18-7　14000kN·m 能级强夯
夯后剪切波速对比曲线

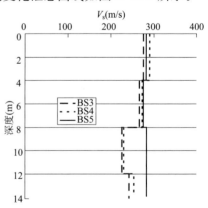

图 3.18-8　12000kN·m 能级强夯
夯后剪切波速对比曲线

经过 12000kN·m 能级强夯地基处理后，夯后 3 个点剪切波波速 0～13m 深度范围内均超过 200m/s，地基土均匀性得到明显改善。

（5）10000kN·m 能级强夯

反演分层剪切波速绘制各点的剪切波速随深度变化汇总曲线如图 3.18-9 所示。

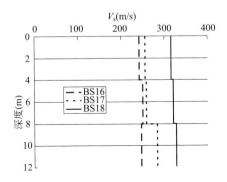

图 3.18-9　10000kN·m 能级强夯
夯后剪切波速对比曲线

经过 10000kN·m 能级强夯地基处理后，夯后 3 个点剪切波波速 0～11m 深度范围内波速均超过 200m/s，地基土均匀性得到明显改善。

7　沉降监测

建筑物沉降观测时间：2011 年 11 月 15 日至 2012 年 5 月 12 日，建筑物沉降观测统计见表 3.18-4。

建筑物沉降观测统计　　　　　　　　　　表 3.18-4

序号	基础的累计沉降量(mm)	序号	基础的累计沉降量(mm)	序号	基础的累计沉降量(mm)	序号	基础的累计沉降量(mm)	基础的平均沉降量(mm)
1	15	11	19	21	24	31	24	
2	16	12	18	22	22	32	23	
3	20	13	17	23	22	33	21	
4	16	14	18	24	25	34	23	
5	17	15	23	25	23	35	18	
6	17	16	24	26	21	36	20	19.64
7	16	17	21	27	21	37	17	
8	18	18	24	28	25	38	16	
9	16	19	23	29	21	39	16	
10	19	20	22	30	21			

由表 3.18-4 可以看出，基础的平均沉降量为 19.64mm，远远小于设计基础的平均沉降量值 200mm，符合设计、规范标准要求。

8 结论

（1）根据本工程实践，证明高能级强夯法处理回填碎石土效果显著，地基承载力增长达 2 倍以上，适合碎石填土地基（填土厚度大于 20m 且小于 60m）的一般低层商业建筑。

（2）强夯处理范围内地基土水平方向、垂直反向均匀性较好。

（3）强夯处理有效加固深度范围：

①10000kN·m 强夯有效加固深度达到 11m 以上；

②12000kN·m 强夯有效加固深度达到 13m 以上；

③14000kN·m 强夯有效加固深度达到 13m 以上；

④16000kN·m 强夯有效加固深度达到 17m 以上；

⑤18000kN·m 强夯有效加固深度达到 17m 以上。

（4）施工中对强夯振动进行了有效监测，并采取了必要的隔离措施，为今后强夯施工积累来了经验。

【实录 19】 抚顺石化化工新区高填方地基处理工程

杨金龙[1]，吴春秋[2]

(1. 中化岩土集团股份有限公司，北京 102600；2. 建研地基基础工程有限责任公司，北京 102600)

摘　要： 本项目占地面积约 108 公顷，场地的地貌类型为山地、丘陵部位的沟谷低洼地带，地形起伏较大，挖填整平后，形成部分开挖、部分回填的不均匀地基。场区底层标高约为 107.00m，顶层标高为 137.50m，最大填筑厚度约 30m，属于高填方工程，地基采用分层强夯加固的方式进行处理，分层厚度为 5～8m，强夯能级为 3000～8000kN·m 能级，总处理面积达 120 万 m^2。

关键词： 开山填谷；高填方地基处理；高能级强夯

1　概述

1.1　项目概况

中国石油抚顺石化分公司化工新区场平与地基处理强夯工程自 2007 年 12 月开工，至 2008 年 9 月竣工。该项目位于抚顺市东洲区元龙山，抚顺石油化工公司热电厂东侧，关口村西南，东北毗邻东洲～兰山公路，西侧毗邻东洲～碾盘～下马公路。

本项目占地面积约 108 公顷，场地的地貌类型为山地，丘陵部位的沟谷低洼地带，地形起伏较大，挖填整平后，形成部分开挖、部分回填的不均匀地基。其中填土区达到设计标高时，最大填土厚度约 30m。

1.2　方案比选

方案论证阶段拟选用分层强夯和分层碾压处理，详见表 3.19-1。

强夯与碾压综合对比表　　　　　　　　　　　　表 3.19-1

序号	对比项目	分层强夯	分层碾压
1	填土厚度(m)	30	30
2	分层厚度(m)	5	0.2～0.35
3	层数(层)	6	90～150
4	遍数(遍)	3	6～8
5	回填料要求	填料粒径不大于300mm	填料粒径不大于100mm
6	工期(天)	180	240

强夯对回填石料要求较低，而分层碾压对回填料要求较高，土方回填成本会进一步增加，经过地基处理方案比选和论证，确定采用强夯方案对填方区的人工填土分层进行加固处理。

作者简介： 杨金龙（1982— ），男，工程师，主要从事岩土工程等方面的施工。E-mail：enlaky@163.com。

2 气候及工程地质条件

2.1 气候条件

抚顺地区属温带季风型气候，夏季高温多雨，冬季寒冷干燥。多年平均气温 6.6℃；多年平均最高气温 26.7℃；多年平均最低气温－20.6℃。多年平均降雨量 500mm；多年平均蒸发量 1000mL。冻结期自 11 月下旬至翌年 3 月。场地标准冻结深度为 1.2m。（1）杂填土不冻胀；（2）粉质黏土为Ⅲ级弱冻胀土。

2.2 地质条件

根据钻探结果表明，构成场地地层自上而下依次为：

①$_1$ 植物层：主要由黏性土及角砾组成，含植物根系，松散，分布连续。

①$_2$ 杂填土：主要由黏性土、砖块、混粒砂等组成，松散。

②粉质黏土：黄褐色或灰色，摇振反应无，稍有光泽，干强度中等，韧性中等，含氧化铁结核，灰色地层含云母质碎片，可塑。分布不连续。

③圆砾：由结晶岩组成，亚圆形，坚硬，一般粒径 2～20mm，最大粒径 70mm，充填 40% 左右混粒砂及黏性土，局部有粗砂、砾砂夹层，湿—饱和，中密。分布不连续。

④碎石含黏土：碎石主要成分为凝灰岩碎屑，坚硬，棱角形，充填 20%～30% 黏性土，中密。

⑤凝灰岩（强风化）：灰黑色或黑褐色，碎屑矿物成分主要为玄武岩碎屑和安山岩碎屑，凝灰岩结构，块状构造，节理裂隙发育，风化呈块状，碎块用手可掰开，强风化。

⑥砂岩（强风化）：灰白色，矿物成分主要为石英—长石，细粒结构，块状构造，硅质胶结，解理裂隙较发育。典型地质剖面图见图 3.19-1。

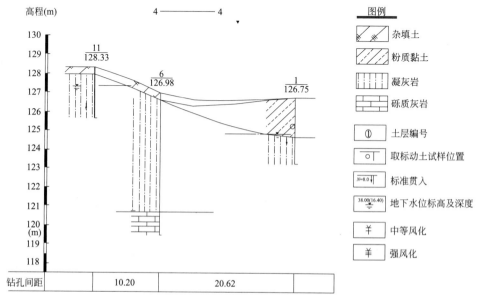

图 3.19-1 典型地质剖面图

3　工程应用与处理效果分析

3.1　场地准备

（1）植被等杂物清除

施工前，应将作业区内的各类建筑物、旧公路、树根、草根、树丛、灌木、积水、淤泥、耕植土等杂物清除，并运往指定地点。

（2）软弱土层清除

冲沟区域软弱土层应首先清除外运，为第一步填筑施工提供作业面。各区域开挖深度由勘察单位现场确定，确保下卧土层承载力达到300kPa的要求。土方开挖时应避免扰动下部好土层。如开挖区域出现积水，应采取抽排或明排的方式及时排干；

坡地软弱覆盖土层开挖可随填筑施工进行，开挖要求同冲沟区域，开挖至下卧土层满足承载力≥300kPa的要求。开挖出的坡地软弱土可视现场条件现场消纳、临时堆放、运走。冬季施工时严禁将冻土作为填料。采取现场消纳方式时，应采用夹心包的方式进行摊铺，即堆填一层碎石，再堆填一层土，再堆填一层碎石，直至完成一个强夯层的堆填。每层土层厚度不能超过200mm。

（3）填筑

①填料要求：填料最大粒径不超过300mm，级配良好，不均匀系数$C_u>10$，曲率系数$C_c=1\sim3$。填料中的含泥量不超过30%，不得含有植物残体、垃圾等杂质；不得使用淤泥、耕土、冻土以及有机质含量大于5%的土作为填料；

起始填筑层填料除满足上述要求之外，应采用硬质骨料，宜选用中风化岩爆破后的碎石，且不应选用泥岩，细颗粒料（粒径小于2mm）的含量不应超过30%。

②分层填筑：分层填筑施工应采取堆填的方式进行填筑，每个填筑亚层虚铺厚度不应超过1.5m；

③裂隙水处理：因场地存在裂隙水，出水量较大，为避免裂隙水在低洼处积存，造成对下部土体浸泡，导致下部土体承载力下降，在场地中设置一条盲沟以保证裂隙水不在场地内积存。渗流裂隙水和盲沟设置详见图3.19-2和图3.19-3。

图 3.19-2　渗流裂隙水

图 3.19-3　盲沟

（4）坡面与填方交界面处理

软弱土清除后的填筑基层应开挖成台阶，台阶高度视现场情况根据分层堆填厚度确定，台阶宽度一般不宜小于2.5m；台阶开挖可参考图3.19-4。

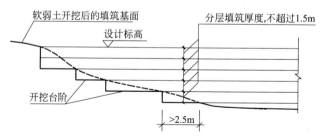

图3.19-4　填筑基层开挖台阶示意

3.2　强夯设计参数

（1）强夯能级划分

根据不同填筑厚度，采用不同的强夯能级进行强夯。填筑厚度在6～8m范围内，采用8000kN·m能级；填筑厚度在5～6m范围内，采用5000kN·m能级；填筑厚度在2～5m范围内，采用3000kN·m能级；填筑厚度小于2m时，可只用1500kN·m能级满夯两遍。

（2）强夯参数

夯锤直径2.2～2.6m；不同能级强夯参数见表3.19-2。

各能级强夯设计施工参数　　表3.19-2

能级分类（kN·m）	夯击遍数	单击夯击能（kN·m）	夯点间距（m）	夯点布置	夯击次数（击）	最后两击平均夯沉量（cm）
8000	第一遍	8000	8	正方形	≥12	10
	第二遍	8000	8	正方形	≥9	10
	第三遍	3000	主夯点间插点		≥10	5
	第四遍	3000	同第一遍夯点		≥10	5
	满夯	1500	$d/3$搭接		≥3	
5000	第一遍	5000	5.5	正方形	≥10	10
	第二遍	5000	5.5	正方形	≥10	10
	满夯	1500	$d/3$搭接		≥3	
3000	第一遍	3000	5	正方形	≥12	5
	第二遍	3000	5	正方形	≥8	5
	满夯	1500	$d/3$搭接		≥3	
1500满夯	第一遍	1500	$d/3$搭接		≥4	
	第二遍	1500	$d/3$搭接		≥3	

注：对于8000kN·m、5000kN·m、3000kN·m能级强夯中的满夯，最顶面标高层为两遍满夯，其余的为一遍满夯。

3.3　强夯施工

本项目分为三个标段进行挖填及强夯施工，历时127天完成施工，累计完成约120万 m² 强夯施工，夯后检测各项施工指标均满足设计要求，取得了良好的施工效果。本项目顺利完成了施工，在施工过程中也取得了一定的经验：

（1）强夯工程与土石方填筑，相互关联。与土石方单位紧密配合，双方共同组织流水施工，最大限度地保证双方的工作面，最大限度地减少双方交叉施工作业。强夯单位与土石方单位商定，根据现场实际情况，划分为若干施工区域，每区面积约 20000m² 左右。集中强夯机械，一区强夯完成后，再进行另一区域施工，使强夯作业、土石方回填形成流水施工，互不影响，从而保证了施工进度，保证工程顺利实施。

（2）分层强夯的回填场地，夹心层的处理；采取夹心层的处理方式可以有效地减少土方弃运工程量，降低了工程造价，同时也保证了总体施工工期。但夹心层处理应在中间标高层，不宜在基地标高和顶层标高处理。

（3）局部区域存在裂隙水，对于存在裂隙水的区域在基层做盲沟处理，在基层形成良好的排水通道，减小水对地基的影响，进而保证工程质量。

3.4　加固效果分析

现选取某区 122m 标高层一点（夯击能级为 8000kN·m 能级施工区）检测数据进行分析：

（1）静载荷试验

试验采用堆重平台作为试验反力，1m×1m 承压板，采用慢速维持荷载法，控制最终加载值为设计承载力特征值的 2.0 倍。

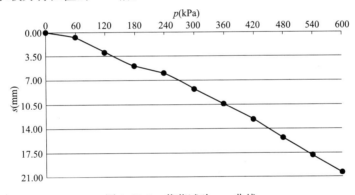

图 3.19-5　载荷试验 p-s 曲线

（2）超重型动力触探

超重型动力触探成果表				表 3.19-3
深度（m）	统计结果（击/10cm）	变异系数 μ	修正系数	修正后击数
0～1.0	3～14(8.62)	0.33	0.94	8.10
1.1～2.0	6～18(10.51)	0.22	0.96	10.14
2.1～3.0	5～14(10.02)	0.23	0.96	9.65
3.1～4.0	5～14(10.67)	0.20	0.97	10.33
4.1～5.0	6～17(16.2)	0.20	0.97	10.78
5.1～6.0	7～17(12.16)	0.14	0.98	11.89
6.1～7.0	6～14(12.26)	0.14	0.98	11.99
7.1～8.5	9～17(12.74)	0.12	0.98	12.74

注：统计结果——范围值（平均值）。

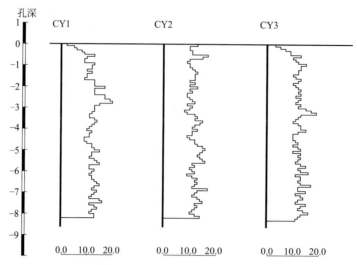

图 3.19-6　超重型动力触探数据

（3）瑞雷波测试

瞬态瑞雷波试验成果表　　　　　　　　　表 3.19-4

测试时间	瑞雷波速度（m/s）	变异系数	承载力特征（kPa）	变形模量（MPa）
夯前测试	173～243(206)	0.2106	171	17.81
夯后测试	264～477(298)	0.1209	326	32.52

注：瑞雷波速度——范围值（平均值）。

（4）检测综合评价

本项检测采取了静载荷试验、超重型动力触探、瑞雷波三种检测手段进行检测评价地基加固效果，其中共进行静载荷试验 438 点，超重型动力触探 1242 点，夯前瑞雷波测试 540 道，夯后瑞雷波测试 2451 道。

通过检测数据综合分析结果表明，强夯后场坪地基承载力特征值 $f_{ak} \geqslant 300\text{kPa}$，变形模量 $E_0 \geqslant 30\text{MPa}$，压缩模量 $E_s \geqslant 25\text{MPa}$。

4　结论

通过本项目试验数据和大量工程检测数据分析，得出结论与建议如下：

（1）强夯法在高填方碎石场地处理效果良好，适用于高填方碎石回填场地施工；

（2）同类场地填方方式采用"分层堆填"方式较"抛填"方式可取得更好的处理效果好；

（3）对存在大量裂隙水的场地设置排水通道有利于强夯处理效果；

（4）对于大型施工项目应充分考虑强夯夯坑回填料对整个工程土方平衡的影响。

【实录 20】中国石油庆阳石化 300 万吨/年炼油厂改扩建项目高能级强夯处理湿陷性黄土地基工程

刘　坤[1]，水伟厚[2]，梁永辉[1]，何立军[1]，王　鹏[2]

(1. 上海申元岩土集团有限公司，上海 200040；2. 中化岩土集团股份有限公司，北京 102600)

摘　要： 场区位于湿陷性黄土地区，场地黄土的湿陷等级为 Ⅱ 级，湿陷类型为自重湿陷性黄土，湿陷性黄土达 16m 厚，设计采用高能级强夯进行地基处理，通过对大面积强夯地基处理设计及施工过程分析、现场试验检测的大量实测数据研究，对湿陷性黄土地区强夯地基处理方法进行了讨论，得出了一系列对黄土地区地基处理工程极具参考价值的结论。本项目是黄土地区首次应用 15000kN·m 强夯施工的成功案例。

关键词： 黄土地区；高能级强夯；湿陷性

1　工程概况

中国石油庆阳石化 300 万吨/年炼油厂改扩建工程项目位于甘肃省庆阳市西峰区董志镇的朱庄与新庄两村之间，东临 S202 省道，场区地貌单元为黄土塬，即我国最大的塬——董志塬，地形平坦开阔，起伏较小。占地面积 80 万 m²，合计 1200 亩。根据中国石油天然气华东勘察设计研究院岩土工程公司提交的《中国石油庆阳石化 300 万吨/年炼油厂改扩建工程岩土工程初步和详细勘察报告》该工程拟建场地属于自重湿陷性场地，湿陷性轻微—中等，湿陷等级为 Ⅱ 级，勘探揭示湿陷性土层底界约 16m。

设计要求采用 15000kN·m、12000kN·m 和 8000kN·m 等能级对场地进行处理，以提高其承载力、压缩模量，消除浅层一定深度内土层的湿陷性，减少工后沉降。

该项目现场试验施工从 2007 年 8 月 18 日开始，2007 年 11 月 9 日结束，地基处理施工于 2008 年 4 月开始，2009 年 6 月结束。

2　地基处理设计要求及施工参数

场地位于我国最大的黄土塬——董志塬，原地形平坦、开阔，起伏不大。地面标高为 1350.00~1361.30m。地下水埋深一般为 29.5~33.5m 左右，标高 1320.50~1327.80m 之间。钻孔最大揭示深度 40m，揭示地层 13 层，第一层粉质黏土（黑垆土）为 Q_4；第二、第三、第四层粉质黏土（马兰黄土）为 Q_3；第五、第六、第七、第八、第九、第十、第十一、第十二、第十三层粉质黏土（离石黄土上段）为 Q_2。勘探场区，湿陷性黄土的湿陷程度由上向下逐渐减弱，一直渐变为非湿陷性黄土。湿陷性黄土的底界埋

作者简介： 刘坤 (1982—　)，男，高级工程师，硕士，主要从事岩土工程设计、咨询、检测、监测。E-mail：liukun186@126.com。

深 16m 左右，包含的地层为②、③、④、⑤粉质黏土，也就是说场地内湿陷性黄土为 Q_3 的马兰黄土和 Q_2 顶部的离石黄土。场地黄土的湿陷等级为Ⅱ级，湿陷类型为自重湿陷性黄土。

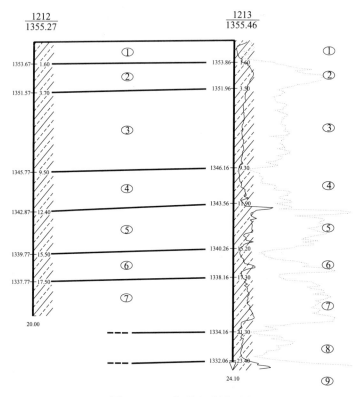

图 3.20-1　典型地质剖面图

3　强夯地基处理设计

15000kN·m 能级强夯区：第 1、2 遍为点夯，夯击能为 15000kN·m，夯点间距为 9.0m，呈正方形布置。夯点夯击次数不宜少于 12 击，夯点收锤标准以最后两击平均夯沉量小于 250mm 控制。第 1、2 遍夯点回填后，原夯点用 3000kN·m 夯击能进行加固夯。第 3 遍为点夯，夯击能为 8000kN·m，点夯间距为 9.0m，呈正方形布置，一般不宜少于 8 击，夯点收锤标准以最后两击平均夯沉量小于 200mm 控制。最后采用 2000kN·m 夯击能满夯 1 遍，每夯点夯击两击，要求夯锤底面积彼此搭接不小于 1/3。采用 1000kN·m 夯击能满夯 1 遍，每夯点夯击 2 击，要求夯印搭接 1/3。设计要求加固处理后的地基承载力特征值 $f_{ak} \geqslant 250$kPa，压缩模量 $E_s \geqslant 20$MPa。有效处理深度不小于 15m。15000kN·m 能级强夯施工完成总夯沉量为 120～140cm。

12000kN·m 能级强夯区：第 1、2 遍为点夯，夯击能为 12000kN·m，夯点间距为 8.0m，呈正方形布置。夯点夯击次数不宜少于 8 击，夯点收锤标准以最后两击平均夯沉量小于 200mm 控制。第 3 遍为点夯，夯击能为 8000kN·m，点夯间距为 8.0m，呈正方

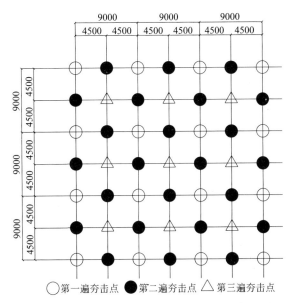

9000　9000　9000
4500　4500　4500　4500　4500　4500

4500
9000
4500

4500
9000
4500

4500
9000
4500

4500
9000
4500

○第一遍夯击点　●第二遍夯击点　△第三遍夯击点

图 3.20-2　15000kN·m 能级强夯区夯点布置图

形布置，一般不宜少于 4 击，夯点收锤标准以最后两击平均夯沉量小于 200mm 控制。最后采用 2000kN·m 夯击能满夯 1 遍，每点 2 击，要求夯印搭接 1/3。采用 1000kN·m 夯击能满夯 1 遍，每点 2 击，要求夯印搭接 1/3。设计要求加固处理后的地基承载力特征值 $f_{ak} \geqslant 250$kPa，压缩模量 $E_s \geqslant 20$MPa。有效处理深度不小于 11m。12000kN·m 能级强夯施工完成总夯沉量为 100cm～120cm。

8000kN·m 能级强夯区：第 1、2 遍为点夯，夯击能为 8000kN·m，夯点间距为 7.0m，呈正方形布置。夯点夯击次数不宜少于 8 击，夯点收锤标准以最后两击平均夯沉量小于 200mm 控制。第 3 遍为点夯，夯击能为 3000kN·m，点夯间距为 7.0m，呈正方形布置，一般不宜少于 6 击，夯点收锤标准以最后两击平均夯沉量小于 50mm 控制。最后采用 1500kN·m 夯击能满夯两遍，每点 2 击，要求夯印搭接 1/3。设计要求加固处理后的地基承载力特征值 $f_{ak} \geqslant 250$kPa，压缩模量 $E_s \geqslant 20$MPa。有效处理深度不小于 8m。8000kN·m 能级强夯施工完成总夯沉量为 80～100cm。

4　地基处理效果评价

为有效评价本次强夯地基处理效果，夯后地基采用静力触探、平板载荷试验、面波测试、探井及室内土工试验等多种检测手段综合评价分析，得出结论如下：

(1) 静力触探原位测试采用双桥探头，每隔 10cm 采集一次 q_c、f_s 值。夯前、夯后分别做静力触探测试，根据夯后 q_c、f_s 值的增长程度判定强夯地基有效加固深度。静力触探数据统计结果见表 3.20-1，综合静力触探夯前、夯后 q_c、f_s 值对比分析，可判定 3000、8000、12000、15000kN·m 的有效加固深度分别为 5、10、12、16m。

(2) 探井及土工试验采用机械洛阳铲开孔，井下人工刻取原状样，然后送往土工试验室进行试验。湿陷性系数小于 0.015 可认为湿陷性消除，可根据湿陷性消除的情况判断地基土有效加固深度。各强夯能级湿陷性统计结果见表 3.20-2，根据室内土工试验数据中湿陷性系数统计分析，可判定 3000、8000、12000、15000kN·m 的有效加固深度分别为 5、9、12、16m。

各强夯能级区域静力触探数据统计表　　　　　　　　　表 3.20-1

深度(m)	3000kN·m				8000kN·m				12000kN·m				15000kN·m			
	夯前		夯后		夯前		夯后		夯前		夯后		夯前		夯后	
	f_s(MPa)	q_c(MPa)	f_s(MPa)	q_c(MPa)	f_s(MPa)	q_c(MPa)	f_s(MPa)	q_c(MPa)	f_s(MPa)	q_c(MPa)	f_s(MPa)	q_c(MPa)	f_s(MPa)	q_c(MPa)	f_s(MPa)	q_c(MPa)
0～2	37.30	1.83	136.80	6.42	44.70	1.39	144.20	4.25	66.20	2.11	221.20	6.37	81.9	4.5	230.8	10.0
2～4	74.50	3.30	223.10	5.64	106.70	2.01	262.30	5.18	226.00	4.67	248.70	5.18	82.8	5.1	309.6	10.7
4～6	85.40	2.40	116.40	2.61	101.80	2.15	167.40	3.42	141.10	2.43	228.60	4.88	85.6	4.9	352.8	9.7
6～8	80.40	1.97	73.70	2.04	103.70	1.88	132.10	2.75	116.00	2.09	152.10	2.77	185.4	4.4	299.3	7.9
8～10	65.60	1.78	67.30	1.79	65.30	1.59	82.80	2.23	78.60	1.77	136.20	2.59	177.7	4.0	209.7	5.4
10～12					239.20	4.14	237.00	4.25	208.50	4.36	278.50	4.27	141.9	6.3	161.5	7.2
12～14					250.70	4.61	252.70	4.43	256.10	4.84	242.20	4.88	150.4	6.2	170.8	6.5
14～16					163.80	2.35	179.20	2.40	299.70	5.27	185.40	2.91	124.7	3.2	151.9	4.2
									219.00	4.00	254.30	4.93	167.2	4.5	185.3	5.2
16～18									272.80	4.36	311.50	5.13	175.8	5.6	174.7	5.6

各强夯能级区域湿陷性系数统计表　　　　　　　　　表 3.20-2

深度(m)	3000kN·m		8000kN·m		12000kN·m		15000kN·m	
	夯前	夯后	夯前	夯后	夯前	夯后	夯前	夯后
0～2	0.036	0.0025	0.028	0.002	0.098	0.002	0.041	0.006
2～4	0.024	0.0013	0.018	0.004	0.025	0.004	0.059	0.003
4～6	0.018	0.009	0.028	0.008	0.037	0.010	0.035	0.004
6～8	0.019	0.018	0.019	0.008	0.026	0.011	0.034	0.005
8～10	0.017	0.017	0.016	0.009	0.040	0.013	0.018	0.015
10～12			0.010	0.010	0.045	0.015	0.023	0.013
12～14			0.009	0.009	0.014	0.018	0.009	0.005
14～16			0.006		0.018	0.019	0.011	0.007
16～18					0.008	0.009	0.007	0.005
18～20					0.004	0.005	0.009	0.007

（3）面波测试，本场地采用多道瞬态瑞雷波进行测试，分别对 3000kN·m 能级、8000kN·m 能级、12000kN·m 能级、15000kN·m 能级强夯区域夯前、夯后进行面波测试，判断地基土有效加固深度。各强夯能级区域面波测试的剪切波速统计结果见表 3.20-3，根据瑞雷波频散曲线并结合剪切波速判定，3000、8000、12000、15000kN·m 的有效加固深度分别为 5、8、10、14m。

各强夯能级区域面波剪切波速统计表　　　　　　　表 3.20-3

深度 （m）	3000kN·m		8000kN·m		12000kN·m		15000kN·m	
	夯前	夯后	夯前	夯后	夯前	夯后	夯前	夯后
0～2	196	212	160	254	169	228	170	259
2～4	224	234	182	273	204	280	185	252
4～6	257	244	193	198	241	330	214	286
6～8	260	254	187	188	307	419	184	275
8～10		266	191	190	476	368	205	256
10～12			204	199	490	459	300	319
12～14			229	207	518	470	338	342
14～16			243	213	542	474	298	287
16～18					517	490	348	313

（4）平板静载荷试验，根据本场地勘察报告不浸水天然地基承载力特征值为 155kPa，浸水饱和地基承载力特征值 36～96kPa。本场地除进行了不浸水平板静载试验外，局部区域还进行了浸水平板载荷试验。大面积强夯施工完成后，根据平板载荷试验结果，本场地地基承载力均不低于 250kPa，满足设计要求。

试夯区静载试验情况：试夯区夯后共进行 9 组平板载荷试验，分夯间、夯点进行，其中 3000kN·m 试夯区试点编号分别为 1 号（夯间）、2 号（一遍夯点）、3 号（夯间，浸水）；8000kN·m 试夯区试点编号分别为 4 号（夯点）、5 号（夯间）、6 号（夯间，浸水）；12000kN·m 试夯区试点编号分别为 7 号（夯间）、8 号（一遍夯点）、9 号（夯间，浸水）。3000kN·m 和 12000kN·m 试夯区采用 1.0m² （1.0m×1.0m）载荷板，8000kN·m 试夯区采用 0.5m²（0.707m×0.707m）荷载板。

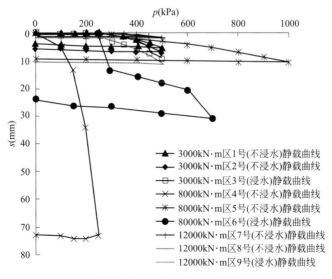

图 3.20-3　试夯区 *p-s* 曲线

根据地基处理技术规范，判定试验各点的承载力特征值和变形模量汇总见表 3.20-4。

静载试验成果汇总表　　　　　　　　　　　　　　　　表 3.20-4

试验点号	最大加载量(kPa)	最终沉降量(mm)	地基承载力特征值(kPa)	变形模量(MPa)
1号	500	5.25	250	69.5
2号	500	7.29	250	50.0
3号	500	8.89	250	41.0
4号	250	73.03	100	11.2
5号	1000	10.59	500	48.7
6号	700	30.93	300	111.2
7号	500	1.98	250	184.3
8号	500	1.62	250	225.2
9号	500	11.22	250	32.5

（5）强夯振动监测，由于场地周边存在居民区，采用高能级强夯方案可能对居民房屋、构筑物，管道等有一定影响。设计要求对各能级强夯进行振动监测，确定强夯振动安全距离，确保高能级强夯振动影响可防可控。本次振动设备为加拿大 Instantel 的 BlastmateⅢ型振动监测仪，如图 3.20-4 所示。

图 3.20-4　BlastmateⅢ振动监测仪

分别对 8000kN·m 能级、12000kN·m 能级、15000kN·m 能级强夯区域进行了强夯振动监测，衰减曲线图见图 3.20-5。

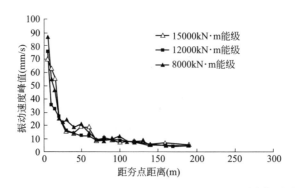

图 3.20-5　8000kN·m、12000kN·m、15000kN·m 强夯振速衰减曲线

根据监测数据以及《爆破安全规程》GB 6722—2003，不同能级强夯施工的安全距离

建议值见表 3.20-5。

不同能级强夯施工振动安全距离建议值 　　表 3.20-5

保护对象	不同能级强夯的安全距离(m)			
	8000kN·m	10000kN·m	12000kN·m	15000kN·m
一般砖房、非抗震大型砌块建筑物	40	40	50	50
钢筋混凝土结构房屋	20	20	30	30
水电站及发电厂控制设备	160	170	170	190
新浇大体积混凝土	15	15	20	20

（6）黄土地基处理后的渗透试验研究，为了解各种强夯能级处理后地基土在水、MTBE（甲基叔丁基醚）、甲苯、汽油、柴油、原油等液相作用下渗透特性，特进行相关液相的地基土渗透试验，确定各种液相在处理后地基土中的渗透系数。

渗透探井开挖及取样时间为 2008 年 5 月 2 日～5 月 3 日，共取样 259 个，其中 8000kN·m 场地取样 70 个，12000kN·m 场地取样 84 个，15000kN·m 场地取样 105 个。击实试验 18 组，制作三七灰土渗透试样 18 个。室内试验时间为 2008 年 5 月 6 日～5 月 25 日。

根据土力学渗流公式，对于分层的地基土，如果每层土的竖向渗透系数已知，地基土的等效竖向渗透系数由分层竖向最小的渗透系数确定，可根据下列公式计算竖直等效渗透系数。

$$K_z = \frac{H}{\sum\limits_{i=1}^{n} \frac{H_i}{k_i}}$$

式中　H——总土层厚度；

　　　H_i——每一分层土层厚度；

　　　k_i——每一分层土层的竖向渗透系数。

根据竖直等效渗透系数公式计算各试验区在各种液相介质下的垂直等效渗透系数如表 3.20-6 所示。

各试验区竖向渗透系数计算统计表 　　表 3.20-6

试验区强夯能级(kN·m)	计算深度(m)	渗透系数(cm/s)					
		水	MTBE	甲苯	汽油	柴油	原油
3000	6	1.78E-5					
8000	10	5.88E-06	1.83E-06	2.86E-05	4.03E-05	4.33E-06	2.93E-07
12000	12	2.18E-07	9.55E-07	6.43E-06	5.07E-06	1.92E-06	1.44E-08
15000	15	1.55E-07	1.78E-06	5.91E-06	2.68E-05	2.23E-06	2.40E-08

注：1. 本次室内渗透试验周围气温为 20～26.5℃。

　　2. 1.0E-6cm/s 的渗透速度相当于 24h 渗透了 0.086cm。

（7）夯后地基的试桩试验，本次试桩选择在已完成主夯能级为 3000kN·m 的地基处理施工区进行，试验地块位于石油液化气油罐区，试桩桩型为混凝土灌注桩，试桩直径为

ϕ800，桩长为 28.0m，桩身混凝土等级为 C30，钢筋保护层厚度为 50mm。根据岩土工程详细勘察报告试桩区的工程地质剖面图，混凝土灌注桩以第⑩层粉质黏土（古土壤 4 段 Q_2）为持力层。

对试桩进行抗压、抗拔和水平静载试验，设计抗压承载力特征值为 1700kN，设计抗拔承载特征值为 200kN，设计水平承载力特征值为 120kN，试桩主筋为 $12\phi18$。抗压试桩采用锚桩法，锚桩桩长为 28m，锚桩主筋为 $12\phi20$。本次试桩采用机械洛阳铲冲击取土成孔，成孔直径为 ϕ800。

试桩平面布置见图 3.20-6。

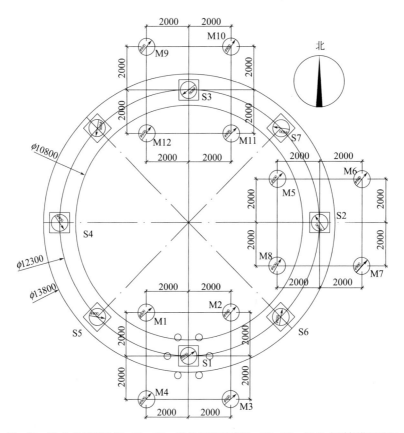

S1、S2、S3 为抗压试验桩，S4、S5、S6 为抗拔试验桩，S2、S3、S7 为水平静载试验桩

图 3.20-6　试桩平面布置图

本次试桩是采用机械洛阳铲冲击取土成孔的混凝土灌注桩，由于黄土地区的土性特点，孔壁直立性较好，成孔质量较高，成孔效率和效果均较好。缺点是孔位垂直度无法保证，成孔后孔壁过于光滑。从抗压试桩的 $Q\text{-}s$ 曲线（图 3.20-7）来看，浸水试桩 $Q\text{-}s$ 曲线比非浸水试验陡，沉降量大 8.0mm 左右，浸水试桩沉降量是不浸水试桩沉降量的 3 倍，说明浸水对沉降量影响显著；但绝对沉降量均不大，说明本场地经高能级强夯处理后，差异性较小，不影响对单桩承载力的判断。

根据单桩抗压静载试验结果来看（表 3.20-7），在试验最大荷载下均未破坏。综合判断，ϕ800 试桩抗压承载力特征值≥1700kN，满足设计要求。

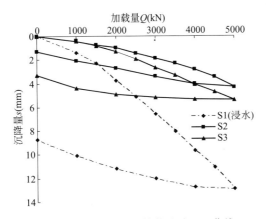

图 3.20-7　试桩抗压静载试验 $Q\text{-}s$ 曲线

抗压、抗拔静载试验试验结果一览表　　　表 3.20-7

试桩类型	桩径	桩号	最大加载量(kN)	特征值(kN)
抗压(浸水)	$\phi800$	S1	5000	2500
抗压	$\phi800$	S2	5000	2500
抗压	$\phi800$	S3	5000	2500

　　根据水平静载试验结果看（表 3.20-8），3 根试桩的极限承载力均为 300kN。取临界荷载平均值 0.8 倍作为水平承载力特征值，不小于 120kN，满足设计要求。

水平试桩静载试验结果一览表　　　表 3.20-8

桩径	桩号	最大加载量(kN)	H_u(kN)	H_{cr}(kN)
$\phi800$	S7	300	300	150
$\phi800$	S2	300	300	150
$\phi800$	S3	300	300	150

　　根据桩身内力测试结果（表 3.20-9），端总阻力比小于 20%；根据沉降量来看，最大加载量 5000kN 下，浸水桩沉降量为 12.9mm，非浸水桩沉降量 4~5mm，均不大，说明侧阻力、端阻力均未充分发挥。

混凝土灌注桩桩身内力测试端阻/总阻力比值　　　表 3.20-9

桩号	端阻力(kN)	侧阻力(kN)	总阻力(kN)	端总阻力比
S1	170	4830	5000	3.4%
S2	149	4851	5000	3.0%
S3	702	4298	4000	17.6%

5　结论

　　通过对本场地高能级强夯施工及检测监测的数据分析，总结分析如下：

（1）高能级强夯法在黄土地区能够有效地消除一定深度土层的湿陷性，根据检测数据来看，3000kN·m 能级有效加固深度为 5.0m，8000kN·m 能级有效加固深度为 9.0m，12000kN·m 能级有效加固深度为 12m，15000kN·m 能级有效加固深度为 15m；

（2）经各能级强夯处理后，场地地基承载力特征值不小于 250kPa；

（3）强夯施工要充分考虑振动的影响，不同能级强夯施工时设置不同的安全距离，必要时可考虑开挖隔振沟等减振措施。

（4）关于施工和检测时间：根据土工试验结果，场地地基土含水量对强夯尤其是高能级强夯来说普遍偏高，且地基土以粉质黏土为主，因此强夯施工不宜连续进行，各遍之间间隔时间根据能级大于等于 2～3 周。取土试验和静力触探试验可在满夯或振动碾压后 1～2 周进行，静载试验可在满夯或振动碾压后 3～4 周进行。

（5）关于夯后表层松散问题的处理：从夯后检测结果看，浅层 0.0～1.0m 地基土压缩模量及承载力特征值较 1.0～3.0m 小，建议满夯后进行一遍正交行驶的振动碾压，增加 0.0～1.0m 范围内地基土的整体性、均匀性、密实度。

（6）关于施工用锤：大面积施工应采用完整铸钢锤，要求锤底平底，不得磨损，且应有 4～6 个直径 25～30cm 的通气孔，夯锤直径宜 2.4～2.6m。磨损严重、锤底为锅底形、锤身为梨形的锤在本工程中不得使用。

（7）关于夯后地基的保护：场平后，由于场地存在大量填方区（地坑院、地沟等），表层填土松软，遇降雨容易下渗至低洼处，且深层回填土浸泡后雨水难以下渗，易形成含水量较高的填土，强夯后易形成橡皮土，难以达到加固效果。建议场地平整后表层略微加以碾压，并做好场地排水沟，使雨水及时排出场外。

（8）关于雨期施工：施工期间加强天气预报观测，强夯施工后的夯坑在降雨之前及时推平、回填，避免降雨形成集水坑对夯坑浸泡；遇降雨在坑内形成积水区域，应挖出坑内软泥，露出新鲜土层方可回填干燥土；强夯施工在降雨过后，至少必须经过 1 周的晾晒，待浅层地基土干燥后方可继续进行施工，以保证地基处理加固效果；施工过程中应确保施工安全。

（9）关于冬期施工：要充分考虑冬季冻土对施工的影响。冬季形成一定厚度的冻土层，强夯施工过程中，击穿冻土层要消耗一定的夯击能。而且黏土易粘结锤底堵塞气孔。施工过程中应及时清锤底、清气孔。

【实录 21】大连石化新港原油罐区北库区山区非均匀回填地基 15000kN·m 强夯处理工程

李鸿江，纪　超

(中化岩土集团股份有限公司，北京 102600)

摘　要：场区地貌单元为丘陵，地形起伏较大，山石爆破挖填整平后，形成山区部分开挖、部分回填的不均匀地基，设计采用高能级强夯并将超出强夯有效处理深度范围的区域采取分层处理的地基处理方案，其中填土区达到设计标高时，决定采用能级为 15000kN·m、12000kN·m 和 8000kN·m 的强夯工艺对填方区的人工填土进行加固处理。通过对高能级强夯与灌注桩、预成孔分层回填夯实碎石桩对比，以及不同能级强夯后地基的静载试验及标准贯入实验数据分析，得到了山区非均匀回填地基上高能级强夯的适用性及处理效果。

关键词：非均匀回填地基；高能级强夯；标准贯入试验；试验性施工

1　工程概况

中国石油商业储备大连石化油库项目新港北库库区地基处理总面积为 27.5 万 m²。建筑场地位于大连市金州区大孤山半岛的东南端的新港镇内，距离大窑湾港区约 2km。建设场地地貌单元为丘陵，地形起伏较大，山石爆破挖填整平后，形成山区部分开挖、部分回填的不均匀地基。该场地进行地基处理后主要进行原油储罐的建设，储罐体积设计为 10 万 m³，罐体直径 80m，高 20m，总荷重达 8.8 万吨。根据原油储罐对地基承载力和变形要求、场地回填土和部分较软弱原状土层的厚度、有效处理深度，以及国内地基处理技术和工程应用水平，经过充分论证和各种可行性方案的比选，本案场地回填土地基采用高能级强夯并将超出强夯有效处理深度范围的区域采取分层处理的地基处理方案。其中填土区达到设计标高时，决定采用能级为 15000kN·m、12000kN·m 和 8000kN·m 的强夯工艺对填方区的人工填土进行加固处理。地基处理效果显著，地基承载力特征值 $f_{ak} \geqslant$ 300kPa，压缩模量 $E_s \geqslant 25MPa$。

本项目于 2008 年 9 月份开始实施，属于国内在山区深厚回填地基处理项目采用 15000kN·m 进行强夯处理的首个案例。

2　工程地质概况

本案地基处理共划分成七个区域，分别为 A、B、C、D、E、F、G 区。每个区的回

作者简介：李鸿江 (1974—　)，男，工程学士、高级工程师，主要从事岩土工程地基基础方面的设计和施工。
E-mail：lhjcge@126.com。

填土厚度不同，对于回填土深厚的区域采用分层回填并强夯处理的方案。其中 A 区、B 区、F 区及 G 区属于公用辅助设施布置区域，总图布置上较为边缘化，回填深度较浅。罐区主要分布在 C 区、D 区、E 区三个区域，共计 14 个储罐，其中 4 个罐位于挖方区，2 个罐位于挖、填交互区，8 个罐位于填方区。C 区、D 区的罐区地基回填分两层进行强夯，E 区部分罐体位于挖填交互界面，位于挖方区的罐体地基需要进行局部爆破后与罐体的填方区部分一并处理，以减小挖、填方区不均匀沉降对罐体地基的影响。本案重点关注的是罐区挖填交互区地基处理、深厚填方区地基处理以及地基的不均匀沉降。

3 地基处理方案的比选

本项目在确定强夯地基处理方案之前，经过多种处理方案的比较，最终确定强夯方案来处理回填土地基。各种方案情况简介如下。

3.1 桩基方案

采用旋挖钻进成孔灌注桩，因考虑"消坡填坑"过程中存在大量的块石，且粒径较大并分布不均匀，成孔效率较低，孔壁坍塌也影响成桩质量。采用预制桩，由于回填场地的基岩面起伏变化较大，桩长变化也会较大，施工质量不易控制。

3.2 预成孔分层回填夯实方案

该方案是用旋挖钻进成孔或用螺旋钻进成孔，成孔后，孔内分层回填"消坡"时粒径较小且级配较好块料，分层夯实，形成密实的桩体，处理后按照复合地基理论对地基土进行评价。存在的困难：一是成孔效率较低，二是孔内分层夯实回填料的施工设备数量少，且国内目前的设备技术装备水平较低。

3.3 强夯方案

强夯法处理地基近年来取得了较为广泛的应用，尤其是对非饱和地基土加固效果较为突出。强夯法具有绿色环保、施工效率高、工艺简单、造价低的优点。对于人工填土，在填土厚度较大时，可以采取分层回填后分层强夯的方案。

根据场地的回填厚度结合处理深度要求，对于罐区，本案采用分层回填后用 12000kN·m 及 8000kN·m 强夯处理。对于公辅设备的管廊回填区域，直接采用 15000kN·m 强夯处理一次回填到标高的填土。

本项目地基处理后的指标：地基承载力特征值 $f_{ak} \geqslant 300kPa$，压缩模量 $E_s \geqslant 25MPa$。

4 强夯工艺参数的确定

本案场地属于低矮丘陵地貌，场地高低分布不均匀，"消坡填坑"后场地的回填厚度也分布不均匀。因此，在强夯具体的方案确定前，需要选择回填深度有代表性，回填土有代表性的场地进行试验性施工，对设计所确定的强夯工艺参数进行检验，是否满足设计要求的处理后的地基指标。然后选取最佳的强夯工艺参数进行大面积的强夯施工。

4.1　夯击能

单击夯击能一般根据加固土层的厚度、地基状况和土质成分来确定。本工程因回填深度较深，不能采用强夯法一次处理到位，采用分层回填并分层强夯的方法达到地基处理目的。根据 C 区和 G 区的地貌现状，C 区回填深度最大约为 20m，分两层回填并强夯，G 区回填深度最大约为 14m，分一层回填并强夯。本项目建设时，根据《建筑地基处理技术规范》JGJ 79—2012，填深 8m 左右的地基，暂定夯击能 $E=8000\mathrm{kN\cdot m}$。但是规范并没有规定高厚回填层超过 10m 适用的强夯能级，根据梅纳公式，进行修正，对于碎石土来说，取修正系数 $\alpha=0.3$，则对于填深 12m 的地基，暂定夯击能 $E=12000\mathrm{kN\cdot m}$，对于填深 14m 地基，暂定夯击能 $E=15000\mathrm{kN\cdot m}$。根据这些基本条件进行初步夯击能的设计，并进行试验验证。

4.2　夯击数

有效加固深度的确定与单点夯击数有密切关系。单点夯击数的确定主要根据项目建设时适用的规范《建筑地基处理技术规范》JGJ 79—2012，因当时规范中没有规定对 $12000\mathrm{kN\cdot m}$ 及 $15000\mathrm{kN\cdot m}$ 两种更高能级强夯参数初步确定的办法，因此根据现场实际试夯的数据及检测数据进行确定。

4.3　夯点间距及夯击遍数

试验性施工时，对于试验一区，回填深度约为 8m，分四遍施工。第一遍及第二遍主夯点均为 $8000\mathrm{kN\cdot m}$，夯点间距 8.0m。第三遍辅助夯点为 $6000\mathrm{kN\cdot m}$，在第一遍及第二遍主夯点中心插点。每遍的点夯夯坑用碎石土回填后整平场地。第四遍满夯 $2000\mathrm{kN\cdot m}$，夯击两遍，每遍单点夯击两击，锤印搭接 1/3。

对于试验二区，回填深度约为 12m，分四遍施工。第一遍及第二遍主夯点均为 $12000\mathrm{kN\cdot m}$，夯点间距 9.0m。第三遍辅助夯点为 $8000\mathrm{kN\cdot m}$，在第一遍及第二遍主夯点中心插点。每遍的点夯夯坑用碎石土回填后整平场地。第四遍满夯 $2000\mathrm{kN\cdot m}$，夯击两遍，每遍单点夯击两击，锤印搭接 1/3。

4.4　间歇时间

每遍施工的间歇时间取决于每遍夯击后土中的孔隙水压力消散时间，施工过程中根据土的渗透性参照规范来确定。本次试验性强夯，根据碎石土渗透性，每遍的消散期按照 7 天考虑。

4.5　夯点布置形式

夯点布置形式采用正方形布点规则。如图 3.21-1 和图 3.21-2 所示。

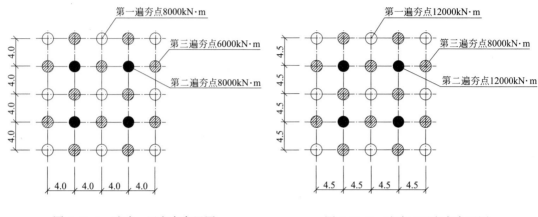

图 3.21-1　试验一区夯点布置图　　　　图 3.21-2　试验二区夯点布置图

5　强夯试验性施工

5.1　强夯施工设备

为组织本次施工，项目采用中化岩土集团股份有限公司自有知识产权及自行生产的 CGE1800 系列高能级强夯施工设备，最高施工能级可达 20000kN·m 及以上。夯锤为 40t 铸钢锤，锤底静压力大于 70kPa。

5.2　单点夯试验

单点夯试验的目的是确定最佳夯击数，同时根据地面变形情况对设计夯点间距进行调整。试验方法是分别在夯锤上和夯坑周围地面相互垂直方向埋设观测标识，在夯击过程中，利用水准仪测量每击的夯沉量和地面水平方向、垂直方向的位移，当夯击达到设计夯沉量控制指标后或地面出现异常隆起时，停止夯击。绘制夯击数和夯沉量关系曲线，计算有效夯实系数，确定最佳夯击数和夯点间距。

单点夯主要是针对主夯点进行。对于试验一区，主夯点单点夯击数达到 12 击时，最后三击的平均夯沉量已小于 15cm；夯击数达到 15 击时，最后三击的平均夯沉量已小于 10cm，此时地面无明显隆起。说明地基土在竖向上得到充分的压缩，设计间距合理。

对于试验二区，主夯点单点夯击数达到 15 击时，最后三击的平均夯沉量已小于 20cm；夯击数达到 18 击时，最后三击的平均夯沉量已小于 15cm，此时地面无明显隆起。说明地基土在竖向上得到充分的压缩，设计间距合理。

根据单点夯试验，初步判断，设计的夯击能及夯点间距是合理的。根据夯击数和夯沉量关系曲线，对于试验一区，8000kN·m 单点夯击数不宜少于 12 击；对于试验二区，12000kN·m 单点夯击数不宜少于 15 击。同时按照要求控制最后三击的平均夯沉量。

5.3　群夯试验

群夯试验的目的是判断强夯的适宜性和夯后地基所能达到的物理力学指标是否满足设

计要求，是在单点夯试验的基础上，按设计确定的单击夯击能及夯击次数和布点间距分遍施工，并控制最后两击的平均夯沉量满足设计要求，使地基土在水平方向和垂直方向均得到有效加固。群夯试验过程中取得的参数将是指导工程施工的依据，同时也是判断土方是否平衡的参考依据，因此，除了详细记录夯击数和每击的夯沉量，记录施工过程出现的异常情况以外，还要计算夯后场地的整体下沉量。

群夯试验的施工程序和大面积强夯基本一致，其夯点定位偏差、夯锤对点偏差均要满足规范要求。试验时，要测量每击夯沉量并控制夯击击数满足设计要求。试验夯具体情况如下。

试验一区的主夯点 8000kN·m、夯坑平均深度 3.7m，夯坑回填开山削坡的碎石土，碎石土块料级配较为良好，最大粒径不超过 30cm。第二遍主夯点施工时，单点平均每击的沉降量相比于第一遍点，存在减小的趋势，说明第一遍点夯施工完后，地基土已被显著加固。试夯完成后，根据夯坑回填碎石土方量及满夯后场地下沉量，折算试验一区整体下沉约 1.3m。

试验二区的主夯点 12000kN·m、夯坑平均深度 4.2m，夯坑回填开山削坡的碎石土，碎石土块料级配较为良好，最大粒径不超过 30cm。第二遍主夯点施工时，单点平均每击的沉降量相比于第一遍点，存在减小的趋势，说明第一遍点夯施工完后，地基土已被显著加固。试夯完成后，根据夯坑回填碎石土方量及满夯后场地下沉量，折算试验一区整体下沉约 1.7m。

根据场地土方填筑的情况，本次试夯两个区域，试验土体的整体沉降较大，土体被加固效果明显。

6　强夯试验结果

检测主要采用了超重型动力触探试验及静载荷试验手段。试验一区和试验二区的场地内分别布设 3 个动力触探检测孔与 1 个静力载荷试验点。

6.1　静力载荷试验及结果

试验一区强夯地基静载点载荷-沉降曲线见图 3.21-3。

由图 3.21-3 可以看出，荷载与沉降关系曲线基本上为直线关系，无明显拐点或陡降段，在 600kPa 的试验荷载内既没有出现屈服极限也无比例极限，且按照 s/b 取值也能满足不小于 300kPa 的要求，由此说明试夯一区回填深度 8m 范围的强夯地基的地基承载力特征值不小于 300kPa。根据规范及有关公式，得出该点地基土的变形模量为 35.5MPa，压缩模量为 44.4MPa。

试验一区强夯地基静载点载荷-沉降曲线见图 3.21-4。

由图 3.21-4 可以看出，荷载与沉降关系曲线基本上为直线关系，无明显拐点或陡降段，在 600kPa 的试验荷载内既没有出现屈服极限也无比例极限，且按照 s/b 取值也能满足不小于 300kPa 的要求，由此说明试夯二区回填深度 12m 范围的强夯地基的地基承载力特征值不小于 300kPa。根据规范及有关公式，导出该点地基土的变形模量为 26.9MPa，压缩模量为 33.6MPa。

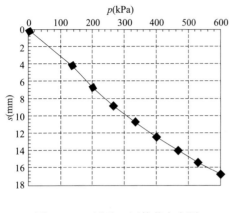

图 3.21-3　试验一区静载点实测
载荷-沉降关系曲线

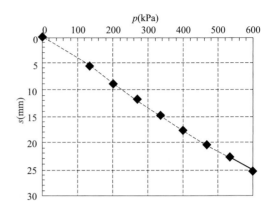

图 3.21-4　试验二区静载点实测
载荷-沉降关系曲线

6.2　动力触探检测结果

经对动力触探检测结果的统计分析，给出试验一区各检测点素填土、黏土、全风化辉绿岩、强风化辉绿岩的地基承载力特征值及变形模量，见表 3.21-1。

试验一区不同深度土层超重型动力触探统计结果

表 3.21-1

检测点号	土层分类	测试深度(m)	实测平均值(击)	承载力(kPa)	变形模量 E_0(MPa)
1	素填土	0～2.0	3.41	200	14
	黏土	2.0～2.9	2.22	160	12
	全风化辉绿岩	2.9～5.0	3.76	200	14
	强风化辉绿岩	5.0～8.0	10.18	480	31
2	素填土	0～2.0	4.83	280	18.5
	黏土	2.0～2.9	2.89	160	12
	全风化辉绿岩	2.9～4.2	4.77	280	18.5
	强风化辉绿岩	4.2～8.0	8.77	480	31
3	素填土	0～1.4	4.55	240	16
	含碎石黏土	1.4～2.7	10.40	480	31
	全风化辉绿岩	2.7～6.0	5.09	280	18.5
	强风化辉绿岩	6.0～8.0	13.78	480	31

由表 3.21-1 可以看出，素填土的地基承载力特征值为 200～280kPa，变形模量为 14～18.5MPa；含碎石黏土的地基承载力特征值为 160～480kPa，变形模量 12～31MPa；全风化辉绿岩的地基承载力特征值为 200～280kPa，变形模量 14～18.5MPa；强风化辉绿岩的地基承载力特征值为 480kPa，变形模量 31MPa。

试验二区动力触探检测结果的统计结果见表 3.21-2。

试验二区不同深度土层超重型动力触探统计结果　　表 3.21-2

检测点号	土层分类	测试深度(m)	实测(击)	承载力(kPa)	变形模量 E_0(MPa)
1	素填土①	0～7.1	8.59	480	31
2	素填土①	0～2.6	5.95	360	23.5
	素填土②	2.6～9.9	8.64	520	33.5
3	素填土①	0～5.2	7.58	440	28.5

由表 3.21-2 可以看出，素填土①的地基承载力特征值为 360kPa，变形模量为 23.5MPa；素填土②的地基承载力特征值为 440～520kPa，变形模量为 23.5～33.5MPa。

通过两个试验区的试夯及检测试验，其结果能达到预期的地基指标，但是由于回填区的深度呈现不规则变化，对于分层回填的场地，尤其是第一层（如试验二区），确保回填范围内以处理最深回填区域为重点，强夯能级满足处理该区域的要求。

7　技术经济效果评价

根据本案的实践，证明高能级强夯处理山区非均匀回填碎石土地基，效果显著，地基承载力能满足工业建筑的需求。经检测证明，加固后的地基，其地基承载力特征值 $f_{ak} \geq$ 300kPa，压缩模量 $E_s \geq$ 25MPa。地基经处理后，均匀性得到改善。

高能级强夯与灌注桩、预成孔分层回填夯实碎石桩相比，造价低，施工设备有优势，施工安全风险低，且施工工期较短，经济和社会效益明显。

同时，考虑削坡填坑时采用强夯处理回填地基，能更有效达到土方的平衡，大大减少外弃土石方的风险，不但对环境保护十分有利，而且节约费用和时间。

施工前进行典型回填区域的试夯，验证了强夯设计参数的合理性。场地经大面积施工后的检测，质量满足设计要求，工程一次交验合格，达到了预期处理效果。

【实录 22】内蒙古大唐国际克旗煤制气场地粉细砂土地基处理工程

张文龙[1]，水伟厚[2]，尤铁骊[1]

(1. 上海申元岩土工程有限公司，上海 200040；2. 中化岩土集团股份有限公司，北京 102600)

摘　要：场地地层主要由第四系风积粉细砂和冲洪积成因的细砂和中砂组成，由于原始场地起伏较大，整个场地按照设计标高整平后存在挖方和填方区，为改善整个场地的均匀性及提高地基土的承载力，分别采用不同能级的强夯法进行地基处理，以分别达到工程所需的有效加固深度。由于缺少对粉细砂土的强夯加固处理工程案例，检测单位通过使用不同的检测方法对内蒙古地区粉细砂地基的强夯处理加固效果进行研究，确定了影响地基处理效果的一个关键因素就是含水量。各个区域经过不同能级的强夯处理后，检测单位对场地采用平板荷载试验检测和标准贯入试验检测，检测结果证明其承载力及加固深度均达到设计要求。本项目可作为成功案例为其他细粉砂土场地的强夯处理工程提供重要的借鉴作用。

关键词：粉细砂土；强夯；含水量

1　概况

大唐国际发电股份有限公司日产 1200 万 m³ 煤制天然气工程厂址位于经棚镇（克什克腾旗政府所在地）和浩来呼热镇之间，具体位置位于浩来呼热镇北井子，北临呼海大通道，东临拟建的乌达公路，集通铁路在呼海大通道北侧 2.5km 处通过，东北方向距离经棚镇 68km，西南方向距离浩来呼热镇 7km。克什克腾旗位于内蒙古自治区赤峰市西北部，西北与锡林郭勒盟接壤，东南距离赤峰市区约 220km，距离锡林浩特市 165km，省际公路呼海大通道（S105）、集通铁路途经克什克腾旗政府所在地经棚镇，交通条件便利。

克什克腾旗地区山脉连绵，沟壑纵横，地势起伏较大，本次工程拟建场地总体属波状沙丘地貌，原始地形起伏较大，地表砂化较严重，属风积砂地。原始地面标高在 1309.71～1324.94m 之间。场地地层主要由第四系风积粉细砂和冲洪积成因的细砂和中砂组成。由于原始场地起伏较大，整个场地按照设计标高整平后存在挖方和填方区，为改善整个场地的均匀性及提高地基土的承载力，根据上部结构的使用要求以及本场地地质条件采用不同能级的强夯法进行地基处理。

本场地地基处理设计单位为赛鼎工程有限公司（原化学工业第二设计院），施工单位为中化岩土集团股份有限公司和河北建设勘察研究院有限公司，检测单位为上海申元岩土工程有限公司，施工时间为 2010 年 6 月。

作者简介：张文龙（1982 年—　　），男，高级工程师，主要从事地基处理设计、施工、检测等相关工作。E-mail：tylz87934743@163.com。

2　工程地质概况

整个工程建设场地总体属波状砂丘地貌，原始地形起伏较大，地表砂化较严重，属风积砂地，场地地层主要由第四系风积粉细砂和冲洪积成因的细砂组成，场地土层情况见表3.22-1，场地典型地质剖面见图3.22-1。

场地土层分布情况表　　　　　　　　　　　　　表 3.22-1

层号	土层名称	厚度(m)	特　　点
①	粉细砂	0.2～2.5	褐黄色,风积而成,成分以石英、长石为主,层中可见植物根系,含少量粉土,松散—稍密状态,该层沉积厚度不规律
②₁	细砂	3.4～6.8	系冲洪积形成,浅黄色—灰白色,成分以石英、长石为主,级配较差,局部混中砂或渐变为中砂层,稍密—中密,稍湿
②₂	细砂	3.2～6.2	系冲洪积形成,浅黄色—灰白色,偶夹褐黄色薄层砂,成分以石英、长石为主,级配较差,局部混夹中砂或渐变为中砂层,偶见粗砂,中密—密实,稍湿
②₃	细砂	—	系冲洪积形成,浅黄色—灰白色,含氧化铁,少量粗砂,成分以石英、长石为主,级配差,分选较好,局部夹薄层中砂或渐变为中砂层。密实,稍湿

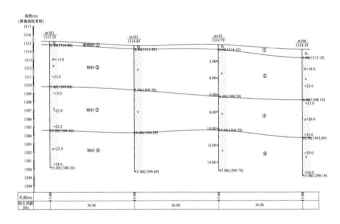

图 3.22-1　检测区典型的地质剖面图

3　地基处理方案设计

3.1　设计要求

由于原始场地起伏较大，整个场地按照设计标高整平后存在挖方和填方区，为改善整个场地的均匀性及提高地基土的承载力，根据上部结构的使用要求以及本场地地质条件采用不同能级的强夯法进行地基处理。

3.2　技术难点和研究

由于缺少对粉细砂土的强夯加固处理工程案例，强夯处理对粉细砂土地基的加固效果并不明确，这是此次项目最大的技术难点。因此上海申元岩土工程有限公司进行了对粉细砂地基强夯处理加固效果的研究。通过不同的检测方法，对不同能级强夯处理的有效加固深度、承载力特征值、压缩模量分别进行了研究。研究结果表明：强夯法对加固内蒙古地区深厚粉细砂地基是适用的，在含水量适宜的情况下，强夯的单击夯击能量越高，地基处理加固的效果就越明显，可采用平板载荷试验对地基处理后浅层土体的承载力特征值和模量进行检测，采用标准贯入试验对地基处理后深层土体的承载力特征值和压缩模量进行检测。为内蒙古地区深厚粉细砂地质地基处理方法的选择和地基处理后加固效果检测手段的选择提供了参考。

3.3 设计方案

根据场地回填区域的填方厚度以及上部结构的设计要求，本工程强夯地基处理总共分为 4 种能级，分别为 1000kN·m、2000kN·m、4000kN·m、6000kN·m，以分别达到 6m、7m、9m 以及 10m 的有效加固深度。

（1）6000kN·m 能级强夯区

主夯击点位置采用正方形布置，第一、二遍夯点能级为 6000kN·m，夯点间距 6m×6m，第二遍位于第一遍之间，夯点收锤标准以最后两击平均夯沉量小于 100mm 控制，第三遍满夯采用 3000kN·m 能级，锤印搭接不小于 1/4。有效加固深度不小于 10m。地基处理后的地基承载力特征值不小于 250kPa，压缩模量 $E_s \geqslant 25$MPa。

（2）4000kN·m 能级强夯区

主夯击点位置采用正方形布置，第一、二遍夯点能级为 4000kN·m，夯点间距 5.5m×5.5m，第二遍位于第一遍之间，夯点收锤标准以最后两击平均夯沉量小于 100mm 控制，第三遍满夯采用 2000kN·m 能级，锤印搭接不小于 1/4。有效加固深度不小于 9m。地基处理后的地基承载力特征值不小于 250kPa，压缩模量 $E_s \geqslant 25$MPa。

4 地基处理施工参数

（1）6000kN·m 能级强夯区

第一、二遍点夯施工时，平均每点击数 6～8 击，一般夯坑深度为 1.04～1.33m。

（2）4000kN·m 能级强夯区

第一、二遍点夯施工时，平均每点击数 6～8 击，一般夯坑深度为 0.97～1.25m。

5 强夯处理效果检测

5.1 检测内容

强夯检测在满夯结束 7～14 天后进行，与夯前测试数据进行对比，评价强夯效果，并提交检测报告。其中地基承载力特征值采用平板载荷试验检测进行确定，有效加固深度根据夯前、夯后标准贯入试验锤击数对比进行确定。由于夯前没有进行标准贯入检测，为了进行夯前、夯后对比，夯前数据根据试验区夯前数据和详细勘察报告综合选取。

5.2　检测方案

检测点由业主、设计、监理、施工、检测单位现场协商后选取，遵循随机、均匀性原则，并有足够代表性。以 4000kN·m 能级的 72 区为例，其检测点布置见图 3.22-2 所示。

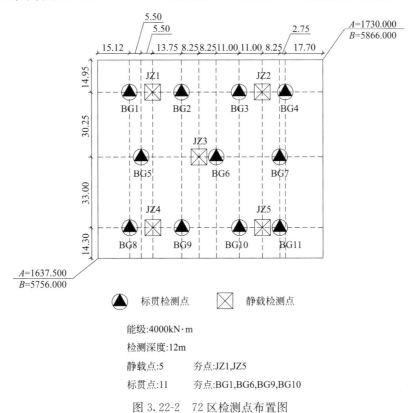

图 3.22-2　72 区检测点布置图

（1）平板载荷试验检测

判定浅层地基承载力特征值是否满足设计要求；估算浅层地基土的压缩模量。本次平板载荷试验采用堆载横梁反力法，上面采用砂袋堆载，人工读取沉降量。

（a）　　　　　　　　　　　（b）

图 3.22-3　平板载荷试验设备和现场照片

试验加荷方法采用慢速维持荷载法，载荷板为 1m^2 方形板。试验的加荷标准：试验开始时预压荷载（包括设备重量）接近卸去土的自重。荷载的量测精度达到最大荷载的 1%，沉降值的量测精度达到 0.01mm。在试验时出现承压板周围的土明显的侧向挤出或出现裂缝和隆起，沉降急剧增大，荷载—沉降曲线出现陡降段或在某一荷载下，24h内沉降速率不能达到稳定标准或 s/b 大于等于 0.06（b 为承压板宽度），可以终止加载。

（2）标准贯入试验检测

通过对不同深度的细砂土层夯前、夯后标贯击数的对比分析，可检验地基强夯处理后的加固效果，确定不同深度细砂土层的地基承载力特征值和压缩模量。本次标准贯入试验的测试采用的是北京探矿机械厂生产的 150 型履带式钻机及汽车钻机等设备（图 3.22-4）。

(a)　　　　　　　　(b)　　　　　　　　(c)

图 3.22-4　标准贯入试验现场照片

标准贯入试验就是利用一定质量的落锤将标准规格的贯入器打入地层中的试验，落锤重 63.5±0.5kg，落距 76±2cm，钻杆直径 42mm。本试验采用对开管贯入器，贯入器长度大于 500mm，外径 51mm，内径 35mm。根据标准贯入试验击数，可以对地基土的物理状态、土的强度、变形参数、地基承载力、单桩承载力、成桩的可能性等作出评价。

6　检测结果

由于本场地基处理面积比较大，各个能级强夯在整个场地内均有一定的分布区域范围，为研究不同能级强夯的地基处理加固效果，针对每个能级的强夯加固效果在场地内选取一个区域作为典型代表区域进行分析。

6.1　4000kN·m能级区地基处理检测

（1）平板载荷试验检测

72 区夯后共进行 7 组平板载荷试验，试验点分别为 JZ1～JZ12，实际试验过程中最大加载量为 2 倍的承载力特征值。

JZ1～JZ12 点加载至 500kPa 时 p-s 曲线均未出现明显陡降段，曲线呈缓变形，s-lg$t$ 曲线也未出现明显弯折。按承载力特征值不超过最大加载量的一半，确定 JZ1～JZ12 点地基承载力特征值均为 250kPa。72 区平板载荷试验情况见表 3.22-2。

平板载荷试验结果汇总表　　　　　　　　　　　　　　表 3.22-2

试点编号	试验日期	p_{max}(kPa)	s(mm)	f_{ak}(kPa)	估算 E_s(MPa)	备注
JZ1	2010-06-27	500	13.21	250	25	夯间
JZ2	2010-06-24	500	12.63	250	25	夯间
JZ3	2010-06-26	500	13.94	250	25	夯间

续表

试点编号	试验日期	p_{max}(kPa)	s(mm)	f_{ak}(kPa)	估算 E_s(MPa)	备注
JZ4	2010-06-24	500	12.34	250	25	夯点
JZ5	2010-06-25	500	9.01	250	25	夯点
JZ6	2010-06-26	500	13.45	250	25	夯点
JZ7	2010-06-22	500	11.55	250	25	夯间
JZ8	2010-06-24	500	14.70	250	25	夯间
JZ9	2010-06-23	500	9.75	250	25	夯间
JZ10	2010-06-27	500	13.42	250	25	夯点
JZ11	2010-06-22	500	12.39	250	25	夯间
JZ12	2009-06-25	500	11.94	250	25	夯间
平 均 值				250	25	

根据本区载荷试验统计表，参考有关规范建议，可以判定 0~3m 浅层细砂土平均承载力特征值不小于 250kPa，压缩模量平均值不小于 25MPa，满足设计要求。

（2）标准贯入试验检测

夯后进行 29 个标准贯入试验检测，其中夯点 8 个、夯间 21 个。夯前、夯后标准贯入试验结果统计见表 3.22-3、表 3.22-4 为夯后地基承载力特征值及压缩模量建议值。

夯前、夯后标准贯入试验结果统计表　　　　　　表 3.22-3

深度 (m)	夯前平均			夯点平均			夯间平均		
	N'	修正 N	密实度	N'	修正 N	密实度	N'	修正 N	密实度
2	13	11	稍密	25	25	中密	22	22	中密
3	5	5	松散	26	26	中密	23	23	中密
4	4	4	松散	27	26	中密	29	28	中密
5	4	4	松散	30	29	中密	29	28	中密
6	3	3	松散	29	27	中密	30	28	中密
7	4	4	松散	31	29	密实	32	29	密实
8	5	5	松散	36	32	密实	31	27	密实
9	4	4	松散	39	34	密实	34	30	密实
10	5	5	松散	41	35	密实	35	30	密实
11	5	5	松散	27	23	中密	31	26	密实
12	5	5	松散	20	17	中密	26	22	中密

夯后地基承载力特征值及压缩模量建议值统计表　　　　　　表 3.22-4

深度(m)	土层类型	夯点、夯间平均				
		N'	修正 N	密实度	f_{ak}(kPa)	E_s(MPa)
2	细砂	23	23	中密	250	25
3	细砂	26	26	中密	250	25
4	细砂	28	27	中密	250	25
5	细砂	29	28	中密	250	25
6	细砂	30	28	中密	250	25
7	细砂	29	27	中密	250	25
8	细砂	32	28	密实	250	25
9	细砂	32	28	密实	250	25
10	细砂	33	28	密实	250	25
11	细砂	30	25	中密	250	25
12	细砂	25	21	中密	250	25

6.2 6000kN·m能级区地基处理检测

（1）平板载荷试验检测

28区补夯后共进行3组平板载荷试验，试验点分别为JZ1、JZ2、JZ3，实际试验过程中最大加载量为2倍的承载力特征值。

JZ1、JZ2、JZ3三点加载至500kPa时 p-s 曲线均未出现明显陡降段，曲线呈缓变形，s-$\lg t$ 曲线也未出现明显弯折。按承载力特征值不超过最大加载量的一半，确定JZ1、JZ2、JZ3三点地基承载力特征值均为250kPa。平板载荷试验情况见表3.22-5。

平板载荷试验结果汇总表　　　　表3.22-5

试点编号	试验日期	p_{max}(kPa)	s(mm)	f_{ak}(kPa)	估算 E_s(MPa)	备注
JZ1	2010-07-19	500	17.82	250	25	夯间
JZ2	2010-07-20	500	15.57	250	25	夯点
JZ3	2010-07-20	500	18.03	250	25	夯间
平　均　值				250	25	

根据本区载荷试验统计表，参考有关规范建议及我司经验，可以判定0～3m浅层细砂土平均承载力特征值不小于250kPa，压缩模量平均值不小于25MPa，满足设计要求。

（2）标准贯入试验检测

夯后进行3个标准贯入试验检测，其中夯点1个、夯间2个，夯前、夯后标准贯入试验结果统计见表3.22-6、表3.22-7为夯后地基承载力特征值及压缩模量建议值。

夯前、夯后标准贯入试验结果统计表　　　　表3.22-6

深度(m)	夯前平均			夯点平均			夯间平均		
	N'	修正 N	密实度	N'	修正 N	密实度	N'	修正 N	密实度
2	13	11	稍密	25	25	中密	25	25	中密
3	5	5	松散	25	25	中密	26	26	中密
4	4	4	松散	31	30	密实	30	29	中密
5	4	4	松散	21	20	中密	22	21	中密
6	3	3	松散	20	18	中密	23	21	中密
7	4	4	松散	21	19	中密	24	22	中密
8	5	5	松散	21	18	中密	25	22	中密
9	4	4	松散	18	16	中密	25	22	中密
10	5	5	松散	23	19	中密	26	22	中密
11	5	5	松散	25	21	中密	26	22	中密
12	5	5	松散	22	19	中密	27	23	中密
13	5	5	松散	20	17	中密	23	19	中密

夯后地基承载力特征值及压缩模量建议值统计表　　　　表3.22-7

深度(m)	土层类型	夯点、夯间平均				
		N'	修正 N	密实度	f_{ak}(kPa)	E_s(MPa)
2	细砂	25	25	中密	250	25
3	细砂	26	26	中密	250	25
4	细砂	30	29	中密	250	25

深度(m)	土层类型	夯点、夯间平均				
		N'	修正 N	密实度	f_{ak}(kPa)	E_s(MPa)
5	细砂	21	20	中密	250	25
6	细砂	22	20	中密	250	25
7	细砂	23	21	中密	250	25
8	细砂	24	21	中密	250	25
9	细砂	22	19	中密	250	25
10	细砂	25	21	中密	250	25
11	细砂	26	22	中密	250	25
12	细砂	25	21	中密	250	25
13	细砂	22	19	中密	250	25

6.3　检测结论

根据标准贯入试验结果，4000kN·m 能级区 3～12m、6000kN·m 能级区。3～13m 深度范围内夯点、夯间均达到中密以上状态。参考相关规范建议及检测单位经验，判定 4000kN·m 能级区 3～6m 深度范围内和 6000kN·m 能级区 3～7m 的地基承载力特征值不小于 250kPa，压缩模量不小于 25MPa。根据补夯前、夯后标准贯入结果对比，判定现场强夯地基处理有效加固深度均满足设计要求。

7　结论

（1）由于克什克腾旗地区山脉连绵，本次工程拟建场地原始地形起伏较大，地表砂化较严重，属风积砂地，整个场地按照设计标高整平后存在挖方和填方区，为改善整个场地的均匀性及提高地基土的承载力，根据上部结构的使用要求以及本场地地质条件，分别采用 4000kN·m、6000kN·m 能级的强夯法进行地基处理，经检测有效加固深度分别达到 9m 和 10m。

（2）针对细粉砂土地基强夯处理案例稀少，强夯处理对细粉砂土地基的加固效果不明确的问题，检测单位通过使用不同的检测方法对内蒙古地区粉细砂地基的强夯处理加固效果进行研究，找到了影响地基处理效果的一个关键因素就是含水量，为整个厂区的地基处理方案设计提供了重要的设计依据。

（3）设计单位根据挖方区、填方区、上部结构的使用要求以及细粉砂土的含水量等各方面因素，进行强夯参数设计，强夯加固处理后的场地经检测，结果表明地基承载力及强夯加固深度均达到设计要求。

（4）场地强夯加固后显示：强夯法对加固内蒙古地区深厚粉细砂地基是适用的，在含水量适宜的情况下，强夯的单击夯击能量越高，地基处理加固的效果就越明显，处理后表层和深层加固深度范围内的地基土参数指标满足设计要求。

（5）本次强夯方案的成功运用，为内蒙古地区深厚粉细砂地质地基处理方法的选择和地基处理后加固效果检测手段的选择提供了参考。

【实录 23】安庆石化炼油新区地基处理工程

高斌峰[1]，陈　薇[2]，张立德[3]，潘　玮[4]

(1. 中化岩土集团股份有限公司，北京 102600；2. 中国石化工程建设公司，北京 100101；3. 中国石油化工股份有限公司安庆分公司，安庆 246002；4. 安徽万纬工程管理有限责任公司，安庆 246002)

摘　要： 场地属沿江剥蚀—堆积阶地地貌类型，场区通过土方平衡，高挖低填进行场地整平，填料为高黏性含量回填土，最大回填深度 19.8m，回填区域采用强夯法进行地基处理，施工能级 1500～12000kN・m，地基处理面积 39.9 万 m^2。强夯试验过程分为三个阶段进行，试验过程中分析与研究影响强夯施工及处理效果的各种因素，并据其调整设计方案，最终形成最优地基处理方案。通过强夯法在本项目的试验与应用，得出一些结论与建议，为类似场地采用强夯法进行地基处理提供工程经验。

关键词： 强夯；高黏性含量回填土；地基处理

1　概述

安庆石化含硫原油加工适应性改造及油品质量升级工程共分 14 个区，分别为：小鹤管装车台、柴油个罐区、原油罐区、消防水池、主装置区、污水处理厂、预留地、硫磺回收、酸性水汽提、溶剂再生装置、丙烯罐区、气柜、循环水场、火炬等装置，占地面积 60.6 万 m^2。

工程场地位于安徽省安庆市，地处长江流域，亚热带湿润季风气候区。场地属沿江剥蚀—堆积阶地地貌类型，原地面高程为 23.52～63.40m，最大高差为 39.88m。场区通过土方平衡，高挖低填进行场地整平，最大回填深度 19.8m。

回填区域采用强夯法进行地基处理，施工能级 1500～12000kN・m，地基处理面积 39.9 万 m^2。强夯试验性施工自 2015 年 5 月 25 日开始至 2015 年 10 月 24 日结束，试验过程分为三个阶段，通过不断调整试验方案，最终确定适合本工程的强夯施工方案与参数。大面积地基处理施工 2015 年 11 月 1 日开始至 2016 年 10 月 21 结束，地基处理结果达到设计目的，为类似工程的地基处理提供丰富的工程经验。

2　工程概况

2.1　工程地质条件

根据本工程地质勘察报告将场地主要地层自上而下由①层素填土、②层粉质黏土与③层卵石混合而成，主要由卵石与黏性土组成，卵石含量 12%～78%。场地土层情况见

作者简介：高斌峰（1984—　），男，工程师，主要从事地基处理工程新工艺与新技术研究。E-mail：binfeng54@163.com。

表 3.23-1。

场地土层分布情况表

表 3.23-1

层号	土层名称	厚度(m)	特　　点
①	素填土	0.4～13.5	主要由卵石、砾砂及黏性土组成，局部含少量建筑垃圾。卵石粒径主要为4～5cm，少量为7～10cm，次圆—圆形，母岩以石英岩、石英砂岩为主，强度高，局部表层为混凝土浇筑地面，厚度约20cm
②	粉质黏土	0.6～14.8	土质不均，含少量砾砂、卵石，稍有光泽，无摇震反应，干强度中等，韧性中等
③	卵石	0.5～25.0	主要呈灰白、灰黄色，中密—密实，级配较好，呈次圆—圆形，呈层状，产状近水平，局部夹薄层砂砾层，母岩主要为石英岩、石英砂岩和燧石等，强度高，充填物主要为粗砂和黏性土，卵石粒径一般为3～5cm，少量超过10cm
④	泥质砂岩	0.65～25.0	结构基本破坏，但尚可辨认，岩石风化成砂土状，含少量砂砾。该层分布较广，在场地大部分区域均有分布，仅少数钻孔缺失

2.2　水文地质条件

本场地地下水为空隙潜水。场地地下水主要以大气降水的垂直入渗及周边区域地下水的径流补给。地下水的主要排泄途径为向大气蒸发和地下径流排泄。

受场地水文地质条件限制，场地地下水稳定水位起伏很大，勘察期间测得地下水位埋深为 0.15～9.10m。

2.3　气候条件

本工程地处亚热带湿润季风气候区，具有气候温和、雨量充沛、日照充足、春温多变、梅雨显著、夏雨集中、秋高气爽、冬少严寒、霜雪期短、四季分明等特点。

据气象统计资料，本区多年平均气温 16.5℃，极端最高气温 44.7℃，极端最低气温 -15.1℃。多年平均降水量 1385.0mm，历年最大降水量 2294.2mm（1954 年），最小降水量 758.8mm（1978 年）。一次连续最大降水量 578.4mm，一日最大降水量 262.3mm。降水量年际分布不均匀，主要集中在 4～7 月份。年平均蒸发量 1315.3mm。平均湿润系数接近 1。多年平均无霜期为 241 天。多年平均日照时数 2057.1 小时。本区风向具明显的季节性变化，全年主导风向 NE，冬春多刮偏北风，夏秋季以偏南风为主，年平均风速在 2.7～3.6m/s。

3　强夯试验

本工程地质条件复杂，地基处理难度大，强夯试验过程中不断调整试验方案。根据方案不同，可划分为三个阶段。每个阶段均布置三个试验区，分别进行 3000kN·m 能级、6000kN·m 能级、8000kN·m 能级强夯试验性施工。有效加固深度要求：3000kN·m 能级不小于 6.0m，6000kN·m 能级不小于 8.0m，8000kN·m 能级不小于 10.0m。

3.1　第一阶段强夯试验

第一阶段强夯试验设计思路为：采用常规夯锤（直径 2.5m，铸钢锤）进行强夯施工，试验区选择在未回填区域，对①层素填土与②层粉质黏土进行加固处理。

由于①层素填土以黏性土为主，且含水状态接近饱和，在试验施工过程中，三个试验区均不同程度地出现以下问题：

（1）频繁吸锤，无法连续夯击；

（2）随施工进行，地表逐渐变软，陷车现象频繁发生，强夯设备无法正常行走；

（3）夯坑周围地面隆起严重，地基土难以得到有效加固；

（4）单点夯击次数达到一定程度之后，单击夯沉量不再减小，但最后两击平均夯沉量无法满足规范要求。

上述问题致使第一阶段强夯试验施工无法正常进行，因而调整强夯试验方案。

3.2 第二阶段强夯试验

第二阶段强夯试验设计思路为：采用常规夯锤（直径 2.5m，铸钢锤）进行强夯施工，试验区选择在回填区域，对新回填土层、①层素填土与②层粉质黏土进行加固处理。

（1）3000-2 试验区

①土层分布

素填土层厚度约 6.2m，粉质黏土层厚度约 1.3m。

②施工参数

分三遍进行施工，前两遍为 3000kN·m 能级点夯施工，夯锤直径 2.5m，夯点呈 6m×6m 正方形布置，第三遍为 2000kN·m 能级满夯施工，每点两击。各遍施工之间间歇时间不小于 7 天。

③施工情况描述

前两个夯点施工，分别在 9 击与 8 击时出现提锤困难，最后两击平均夯沉量分别为 15cm 与 18cm，不满足规范要求。夯坑回填后继续夯击，夯坑周围地面隆起量明显增大，最后两击平均夯沉量不再继续减小。详见图 3.23-1。

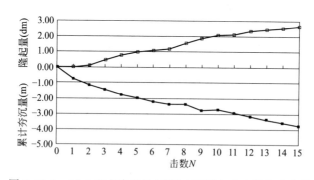

图 3.23-1 A6-5 夯点隆起量/累计夯沉量与夯击数关系曲线

后续夯点在连续夯击 7～12 击后出现提锤困难，停止夯击，最后两击平均夯沉量 9～25cm。

④检测结果

本试验区施工结束 14 天后，采用动力触探和平板载荷试验检测地基处理效果。

根据动力触探结果 0～7.5m 范围内动探击数均有明显提高，有效加固深度可取 7.5m。

3000-2 试验区进行了三组平板载荷试验，其中 J2 点位于夯点，J1、J3 为夯间。试验结果见表 3.23-2。承载力特征值综合评定为 145kPa。

<table>
<tr><td colspan="5" style="text-align:center">3000-2 试验区静载试验结果　　　　　　　　表 3.23-2</td></tr>
<tr><th>编号</th><th>最大加载值（kPa）</th><th>最大加载值对应沉降量（mm）</th><th>承载力特征值（kPa）</th><th>承载力特征值对应沉降量（mm）</th></tr>
<tr><td>J1</td><td>400</td><td>54.45</td><td>160</td><td>13.00</td></tr>
<tr><td>J2</td><td>400</td><td>60.12</td><td>130</td><td>13.00</td></tr>
<tr><td>J3</td><td>440</td><td>62.81</td><td>145</td><td>13.00</td></tr>
</table>

（2）6000-2 试验区与 8000-2 试验区

6000-2 试验区、8000-2 试验区的施工情况与检测结果均与 3000-2 试验区相似：

①点夯施工在夯击次数达到一定程度时，便出现提锤困难，最后两击平均夯沉量不能满足规范要求；

②根据动力触探结果，有效加固深度满足设计要求；

③根据平板载荷试验结果，夯后地基承载力 120～160kPa。

（3）第二阶段强夯试验总结分析

①施工情况：强夯设备可以正常行走，点夯施工可以连续夯击；

②地基处理效果：三个试验区的有效加固深度均可满足设计要求；

③仍存在一定的问题：最后两击平均夯沉量不能满足规范要求，夯后地基承载力低；

④为保证地基处理效果，重新调整试验方案。

3.3　第三阶段强夯试验

第三阶段强夯试验设计思路为：采用锤底静压力较小的大直径夯锤进行强夯施工，试验区选择在回填区域，对新回填土层、①层素填土与②层粉质黏土进行加固处理。

（1）3000-3 试验区

①土层分布

新回填土层厚度约 4.8m，素填土层厚度约 1.6m，粉质黏土层厚度约 1.2m。

②施工参数

分三遍进行施工，前两遍为 3000kN·m 能级点夯施工，夯锤直径 2.5m，夯点呈 6m×6m 梅花形布置，第三遍为 2000kN·m 能级满夯施工，每点两击。各遍施工之间间歇时间不小于 7 天。点夯施工采用直径 3.2m、锤重 22T、锤底静压力 27.5kPa 的夯锤。

③施工情况描述

点夯施工，连续夯击 16～19 击时，最后两击平均夯沉量满足规范要求。典型夯点的累计夯沉量与有效夯实系数随夯击次数的变化曲线见图 3.23-2。

④检测结果

本试验区施工结束 14 天后，采用动力触探和平板载荷试验检测地基处理效果。

动力触探结果如图 3.23-3 所示，0～6.5m 范围内夯后动探击数较夯前有明显提高，有效加固深度可取 6.5m。

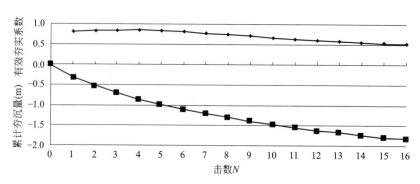

图 3.23-2　A3-6 夯点累计夯沉量与夯击数关系曲线

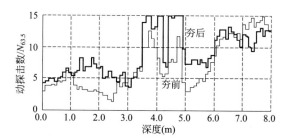

图 3.23-3　3000-3 试验区夯前、夯后动力触探试验数据

平板载荷试验结果见表 3.23-3 所示，J1、J3 点地基承载力特征值为 220kPa，J2 点地基承载力特征值为 145kPa，综合评定地基承载力特征值为 195kPa。

3000-3 试验区静载试验结果　　　　　　　　　　表 3.23-3

编号	最大加载值 （kPa）	最大加载值对应 沉降量（mm）	承载力特征值 （kPa）	承载力特征值对 应沉降量（mm）	压缩模量建议值 （MPa）
J1	440	30.12	220	10.29	12.0
J2	396	62.81	145	13.00	7.5
J3	440	22.94	220	10.24	12.0

（2）6000-3 试验区

①土层分布

新回填土层厚度约 6.4m，素填土层厚度约 2.2m，粉质黏土层厚度约 0.8m。

②施工参数

分三遍进行施工，前两遍为 6000kN·m 能级点夯施工，夯锤直径 2.5m，夯点呈 7.5m×7.5m 梅花形布置，第三遍为 2000kN·m 能级满夯施工，每点两击。各遍施工之间间歇时间不小于 7 天。点夯施工采用直径 3.6m、锤重 40t、锤底静压力 39.30kPa 的夯锤。

③施工情况描述

点夯施工，连续夯击 15～23 击时，最后两击平均夯沉量满足规范要求。累计夯沉量随夯击次数的增加逐步减小并呈现收敛趋势，有效夯实系数随夯击次数的增加而逐渐减小。

④检测结果

本试验区施工结束 14 天后，采用动力触探和平板载荷试验检测地基处理效果。

根据动力触探结果，0～8.5m 深度范围内夯后动探击数较夯前有明显提高，有效加固深度可取 8.5m。

根据平板载荷试验结果，三个静载点的基承载力特征值分别为 168kPa、156kPa、148kPa，综合评定地基承载力特征值为 157kPa。

（3）38000-3 试验区

①土层分布

新回填土层厚度约 7.8m，素填土层厚度约 2.8m，粉质黏土层厚度约 1.1m。

②施工参数

分四遍进行施工，前两遍为 8000kN·m 能级主点夯施工，第三遍为 4000kN·m 插点夯，夯点呈 5m×5m 正方形布置，第四遍为 2000kN·m 能级满夯施工，每点两击。各遍施工之间间歇时间不小于 7 天。主点夯施工采用直径 3.6m、锤重 40t、锤底静压力 39.30kPa 的夯锤，插点夯施工采用直径 3.2m、锤重 22t、锤底静压力 27.5kPa 的夯锤。

③施工情况描述

主点夯施工，连续夯击 15～16 击时，最后两击平均夯沉量满足规范要求。插点夯施工，连续夯击 13～15 击时，最后两击平均夯沉量满足规范要求。累计夯沉量随夯击次数的增加逐步减小并呈现收敛趋势，有效夯实系数随夯击次数的增加而逐渐减小。

④检测结果

本试验区施工结束 14 天后，采用动力触探和平板载荷试验检测地基处理效果。

根据动力触探结果，0～11.0m 深度范围内夯后动探击数较夯前有明显提高，有效加固深度可取 11.0m。

根据平板载荷试验结果，三个静载点的基承载力特征值分别为 220kPa、137kPa、178kPa，综合评定地基承载力特征值为 178kPa。

（4）第三阶段强夯试验总结分析

①施工情况：点夯施工可以连续夯击至最后两击平均夯沉量满足规范要求；

②地基处理效果：三个试验区的有效加固深度均可满足设计要求，地基处理效果较第二阶段有明显的提高；

③根据检测结果，地基处理效果达到满足设计目的。

3.4　强夯试验监测

（1）振动监测

试验过程中对 6000kN·m 能级强夯施工进行了振动监测，监测结果如图 3.23-4 所示。

根据图 3.23-4 显示的 6000kN·m 能级强夯施工振速峰值随距离衰减曲线，参照《爆破安全规程》GB 6722 规定，建议本场地各建（构）筑物安全距离如下：

①土窑洞、土坯房、毛石房屋安全距离为 100m；

②一般砖房、非抗震的大型砌块建筑物安全距离为 60m；

③新浇大体积混凝土安全距离为 60m；

④钢筋混凝土结构房屋安全距离为 50m。

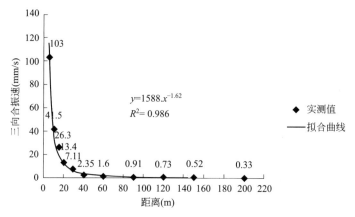

图 3.23-4　6000kN·m 能级强夯施工振速峰值随距离衰减曲线

　　振动监测过程中，在距振动源 25m 的位置开挖一条深 2.5m 宽 2m 的隔振沟，在隔振沟两侧分别设置监测点。从振动监测数据来看，隔振沟作用明显，经隔振沟减振后，三向合振速 PVS 从 9.43mm/s 衰减至 4.42mm/s，衰减率达 53.1％。

　　（2）孔隙水压力监测

　　试验过程中对 8000kN·m 能级强夯施工进行了孔隙水压力监测，分别在地面以下 3m、6m、9m 的位置设置孔隙水压力计进行孔隙水压力监测，监测结果如图 3.23-5 所示。

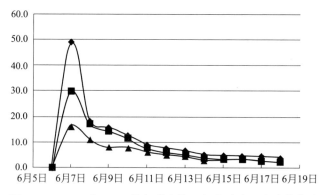

图 3.23-5　8000kN·m 能级强夯施工超孔隙水压力消散曲线

　　根据孔隙水压力监测数据，点夯施工当日超孔隙水压力达到峰值，5 日之后，超孔隙水压力消散至 80％以上。建议 8000kN·m 能级强夯施工，各遍夯击之间的间歇时间不小于 5 天。

4　地基处理方案与施工

4.1　地基处理方案

　　本工程采用强夯法进行地基处理，对新回填土层、①层素填土与②层粉质黏土进行加固处理，根据处理土层厚度采用相应的施工能级进行强夯处理。强夯施工能级 1500～

12000kN·m，6000kN·m 及以上能级强夯施工采用直径 3.6m、锤重 40t、锤底静压力 39.30kPa 的夯锤，5000kN·m 及以下能级强夯施工采用直径 3.2m、锤重 22t、锤底静压力 27.5kPa 的夯锤。

施工区域划分　　　　　　　　　　　　表 3.23-4

施工能级 （kN·m）	处理土层厚度 （m）	处理面积 （m²）	施工能级 （kN·m）	处理土层厚度 （m）	处理面积 （m²）
1500	0~2	66255	8000	8~10	61819
3000	2~6	151121	10000	10~12	15412
6000	6~8	71573	12000	12~14	32567

4.2　地基处理施工

本工程地基处理施工过程中经常出现的问题及处置措施结果如表 3.23-5 所示。

施工中的问题及处置措施　　　　　　　　表 3.23-5

序号	问题	措　施
1	表面湿软	将表层湿软土体挖除； 采用含水率适中、碎石含量高的土体进行换填
2	浅部软弱夹层	将浅部软弱夹层挖除； 采用含水率适中、碎石含量高的土体进行换填
3	夯坑出水	采用污水泵将夯坑内积水排净； 将夯坑底部饱和软土挖除； 晾晒数天待夯坑干燥； 采用含水率适中、碎石含量高的土体进行回填； 重新夯击
4	地表隆起量大	当表层软土或浅部软弱夹层挖除； 晾晒 1~2 天，整平夯坑，重新夯击
5	降雨	及时进行夯坑回填，避免雨水浸泡夯坑； 对场地表层土体进行碾压，减小雨水下渗； 场地内设置好排水沟，做好排水措施； 雨后及时将场地内积水排出； 雨后待场地晾干后再进行施工

5　地基检测

本工程采用标准贯入试验、重型动力触探试验、瑞雷波测试与平板载荷试验等原位测试手段结合室内土工试验进行地基检测。

根据标准贯入试验与重型动力触探试验结果，各能级强夯有效加固深度满足设计要求，强夯处理后有效加固深度范围内标准贯入击数与动力触探击数均有所提高，但离散性较大。

根据瑞雷波测试结果，夯后地基土面波波速 150~250m/s，各能级强夯有效加固深度满足设计要求，强夯处理后有效加固深度范围内地基土面波波速均有所提高。

根据平板静载试验结果，约 2/3 的静载点地基承载力特征值不小于 200kPa，约 1/3

的静载点地基承载力特征值 140～200kPa。

6 总结与建议

本工程采用强夯法对回填场地进行地基处理，根据本工程实践总结得到一些结论，同时提出一些可供类似工程参考的建议：

（1）本工程采用强夯法进行地基处理，加固效果满足设计与使用要求；

（2）根据强夯试验检测结果，3000kN·m 能级强夯（大直径夯锤）有效加固深度可取 6.5m，地基承载力特征值 145～200kPa；6000kN·m 能级强夯（大直径夯锤）有效加固深度可取 8.5m，地基承载力特征值 148～168kPa；8000kN·m 能级强夯（大直径夯锤）有效加固深度可取 11.0m，地基承载力特征值 137～200kPa；

（3）对长期被水浸泡饱和的①层素填土不宜采用强夯法直接处理，若在该层上土覆盖一定厚度含水量较低且卵石含量较高的土，可改善强夯施工并提高地基处理效果；

（4）6000kN·m 及以上能级强夯施工采用锤底静压力 39.30kPa 的夯锤，5000kN·m 及以下能级强夯施工采用锤底静压力 27.5kPa 的夯锤，可得到较为理想的处理效果；

（5）强夯施工过程中，应针对可能出现的各种问题采取有效的处理措施，以保证地基处理效果；

（6）地基回填与强夯施工均宜避开雨期。

【实录 24】华润电力焦作有限公司 2×660MW 超超临界燃煤机组场地 12000kN·m 强夯地基处理工程

（1. 上海申元岩土工程有限公司，上海 200040；2. 中化岩土集团股份有限公司，北京 102600）

摘　要：场区位于太行山南麓与山前冲洪积扇的过渡带上，场地内陡坎较多，地形落差大，总体西高东低，呈陡坎台阶状分布，场地中间地上有较多拆迁民房形成的建筑垃圾，地下有村民贮水窖、化粪池等，地基土主要由第四系黄土、冲洪积粉质黏土、卵石和石炭系灰岩、泥岩组成。设计采用大面积强夯技术进行地基加固，主厂房、烟囱、冷却塔等区域采用 12000kN·m 能级强夯地基处理，办公楼及附属建筑物、循环水、炉后等区域采用 8500kN·m 能级强夯地基处理。现场检测分别采用了平板载荷试验、重型动力触探、静力触探、探井取土室内土工试验、标准贯入试验等综合检测手段，检测结果显示，地基承载力特征值达到设计要求。

关键词：2×660MW；12000kN·m；高能级强夯

1　项目概述

本项目由华润电力控股有限公司出资兴建并负责运营，在关停 30 万千瓦小机组容量的基础上，一期建设两台 660MW 超超临界发电机组。该项目为国内唯一兼具供电、供热的 2×660MW 超超临界燃煤机组，在节能环保方面技术领先，并且在国内首次类似规模火电厂机组主厂房、冷却塔、烟囱等重要建构筑物地基未采用桩基础方案，为河南省 2014 年重点工程建设项目，项目动态总投资 50.18 亿元。

本工程场地情况概述如下：华润电力焦作有限公司龙源电厂 2×660MW 级机组工程项目位于河南省焦作市博爱县柏山镇，厂址东侧、大石河以西有一新建的从焦克公路至南司窑村的村间公路。焦克公路从厂址中部东西方向通过，将厂址分为南北两部分，北侧为主厂区、南侧为煤场区。

2　地质条件

场地内陡坎较多，地形落差大，总体西高东低，呈陡坎台阶状分布；场地中间地上有较多拆迁民房形成的建筑垃圾，地下有村民贮水窖、化粪池等，工程环境条件一般；场地位于太行山南麓与山前冲洪积扇的过渡带上，工程场地西半部分位于山前岗丘上，东半部分位于大石河的一、二级阶地上。场地土层情况见表 3.24-1。

作者简介：张文龙（1982—），男，高级工程师，主要从事地基处理设计、施工、检测等相关工作。E-mail：tylz87934743@163.com。

场地土层分布情况表

表 3.24-1

层号	土层名称	厚度(m)	特　　点
①	杂填土	0.50～3.00	主要成分为建筑垃圾、卵石及混凝土块。该层主要分布于主厂房地段及冷却塔地段，主要为村庄拆迁形成的建筑垃圾及原村庄硬化地面和村民堆填的生活垃圾等。该层均匀性差，未经处理不宜作建筑物持力层
②	黄土状粉质黏土	0.50～6.30	含少量卵、砾石和钙质结核，顶部0.30～0.50m为耕植土。硬塑为主（局部可塑），具中压缩性。该层具轻微—中等湿陷性
③	卵石	0.90～12.80	主要成分为灰岩，微风化。一般粒径3～20cm，勘测所见最大粒径90cm。卵石磨圆度一般，其间充填15%～25%可塑粉质黏土和10%～15%的细砂。中密，稍湿。该层主要分布在场地东部靠近石河地带，局部地段该层中间夹有可塑状粉质黏土透镜体
③₁	黄土状粉质黏土	3.50～7.60	含少量砾石和钙质结核。可塑—硬塑，具中压缩性
⑧	黄土（粉质黏土）	2.30～18.50	含少量白色钙质网纹、姜石，部分地段姜石富集并强胶结成层状，夹卵石透镜体。硬塑，具中压缩性
⑧₁	卵石	0.50～2.90	主要成分为灰岩，微风化。一般粒径3～15cm，勘测所见最大粒径70cm。卵石磨圆度一般，其间充填15%～20%可塑粉质黏土和10%～15%的砂砾石
⑨	黄土（粉质黏土）	2.2～18.0	含网状白色钙质、姜石及少量卵、碎石，局部地段夹卵石透镜体，部分地段姜石富集并强胶结成层状。垂直孔隙发育。硬塑，具中压缩性
⑨₁	黄土（粉质黏土）	0.70～11.00	含细砂粒及少量卵、碎石，局部地段夹卵石透镜体，主要位于层⑨底部。软塑，具中（偏高）压缩性
⑩	黏土	0.50～5.90	含姜石及锰质，底部含卵、碎石，主要位于场地西部岗丘地带。硬塑，具低压缩性
⑪	卵石	0.50～20.30	主要成分为灰岩，微风化。一般粒径3～20cm，勘测所见最大粒径100cm。卵石磨圆度一般，其间充填10%～15%可塑粉质黏土和10%～20%的细砂

各土层主要物理性质及工程特性指标推荐值汇总列于表 3.24-2。

各岩土地层主要物理及工程特性指标推荐值表

表 3.24-2

层号	含水量 w (%)	重度 γ (kN/m³)	干重度 γ_d (kN/m³)	孔隙比 e	饱和度 S_r (%)	液性指数 I_L	压缩模量 E_{s1-2} (MPa)	直接快剪 黏聚力 c_k (kPa)	直接快剪 内摩擦角 φ_k (°)	饱和单轴抗压强度标准值 f_{rk} (MPa)	静弹性模量 E (10³MPa)	软化系数 K_R	承载力特征值 f_{ak} (kPa)
②	18.0	18.0	15.4	1.039	65.4	0.15	5.0	18	7.5	—	—	—	135
③	—	20.5					23.0	—	25.0				250
③₁	18.5	18.5	15.3	0.925	68.0	0.30	7.0	17	9.0				150
⑧	18.4	18.8	15.7	0.865	68.6	0.10	12.5	25	15.8				190
⑧₁	—	20.3					20.0		23				230
⑨	17.2	18.1	15.3	0.919	65.7	0.20	10.0	20	11.0				175
⑨₁	27.0	19.5	15.4	0.850	84.3	0.77	5.0	13	7.0				130
⑩	19.3	20.4	17.1	0.710	88.3	0.05	14.0	30	15.0				220

工程场地及附近的不良地质作用主要为灰岩中的岩溶、原村庄内居民饮用贮水窖、化粪池及场地内分布的多口灌溉用水井。对于场地内的灌溉用水井，施工前应进行回填。对于贮水窖、花粪池，施工前应进行清除并回填。整个工程场地均分布有湿陷性土层。在竖

直方向上，湿陷性土层的分布不是连续的。层②的湿陷起始压力值介于 50～147kPa 之间，层⑧的湿陷起始压力值介于 56～244kPa 之间，层⑨的湿陷起始压力值介于 88～301kPa 之间。在 200kPa 压力下，湿陷性土层最大埋深为 17.60m，黄土的湿陷程度为轻微—中等，场地为非自重湿陷性黄土场地，地基的湿陷等级为 I 级（轻微）。在 300kPa、400kPa 压力下，湿陷性土层最大埋深为 19.60m，黄土的湿陷程度为轻微—强烈，场地为非自重湿陷性黄土场地，地基的湿陷等级为 II 级（中等）。

地下水条件：

厂址场地地下水类型为潜水，受石河内有无流水及流水大小的影响，地下水位埋深年变化幅度为 5.0～10.0m。场地西部岗丘地带 35m 内未见地下水；东部石河一级阶地一带地下水稳定水位埋深 23m。

本工程前期进行强夯试验，试夯区选择在冷却塔区域并分两层进行，面积约 650m²，分别采用 12000kN·m 和 8500kN·m 不同能级强夯处理，试夯检测结果显示：12000kN·m能级强夯地基处理有效加固深度可达 15m 左右；并消除该深度范围内黄土的湿陷性；8500kN·m 能级强夯地基处理有效加固深度可达 10m 左右；并消除该深度范围内黄土的湿陷性；设计单位根据试夯检测结果确定本工程后续整个厂区均采用强夯地基处理方案。

3　设计要求

本工程强夯施工区域具体可分为三块：①主厂房、烟囱、冷却塔等处理区域；②循环水处理区域；③A 列外、升压站区域、化水、炉后、办公楼、宿舍楼、食堂及其他附属建筑物等处理区域。

（1）冷却塔区域强夯设计要求：首先采用 12000kN·m 能级对冷却塔区进行第一层强夯处理，以提高现有地基土的承载力和压缩模量，减小地基沉降；检测要求：一次强夯处理后，在 400kPa 压力下，164.0m 高程以下地基土湿陷性应全部消除；一次强夯后采用碎石加土混合料回填，并进行分层碾压处理，冷却塔区二次处理采用 8500kN·m 能级进行强夯处理，设计检测要求：冷却塔区域经二次强夯处理后，地基承载力特征值不得小于 300kPa。

（2）主厂房区域强夯设计要求：采用主夯 12000kN·m 能级（正三角形布点）、复夯 6000kN·m 能级、满夯 3000kN·m 能级对主厂房区进行强夯处理，设计检测要求：强夯处理后，要求地基承载力特征值达到 400kPa，且在 400kPa 压力下处理湿陷深度为 12m，消除地基的全部湿陷量；该区域先进行试验夯处理，根据试夯检测结果确定大面积强夯处理方案。

（3）循环水区域地基处理设计要求：采用主夯 8500kN·m 能级（正三角形布点）、复夯 4500kN·m 能级、满夯 2500kN·m 能级对循环水区进行强夯处理，提高现有地基土的承载力和压缩模量，设计检测要求：强夯处理后，在 300kPa 压力下全部回填土深度范围内的土层湿陷性完全消除；由于该区域原场地高程从西向东为 180.0～163.0m，但场地现有标高达不到设计标高要求，整个场地二次强夯处理前采用山皮土回填至设计标高，强夯需要处理的回填土厚度约 6m，并且循环水区域原场地普遍存在厚度约 2m 的卵石层。

（4）炉后（脱硫吸收塔、石膏脱水楼、引风机、送风机）、办公楼及附属建筑物（办公楼、宿舍楼、食堂、化学水区、材料库、外委楼、干灰库）、A列外（升压站、热网首站、变压器、循环水泵房及流道）等区域：均采用主夯8500kN·m能级（正三角形布点）、复夯4500kN·m能级、满夯2500kN·m能级上述区域进行强夯处理。

其中炉后区域设计检测要求：强夯处理后，地基承载力特征值达到300kPa，且在300kPa压力下处理湿陷深度为12m，且下部未处理湿陷性黄土层的剩余湿陷量不大于150mm；

办公楼及附属建筑物区域设计检测要求：提高现有地基土的承载力和压缩模量，且在300kPa压力下强夯面往下10m深度范围内土的湿陷性应全部消除，且下部未处理湿陷性黄土层的剩余湿陷量不应大于150mm；

A列外区域设计检测要求：在300kPa压力下强夯处理湿陷深度为12m，且下部未处理湿陷性黄土层的剩余湿陷量不应大于150mm。

4 施工方案

本项目大面积工程夯区域包括主厂房（含集控楼、锅炉房、汽机基座等）、烟囱、冷却塔等区域采用12000kN·m能级强夯地基处理，办公楼及附属建筑物（含办公楼、宿舍楼、食堂、化水区、材料库、检修外委楼、干灰库等）、循环水、炉后（含脱硫吸收塔、石膏脱水楼等）、A列外（含热网首站、升压站、循环水泵房及流道、变压器等）等区域采用8500kN·m能级强夯地基处理，相关地基处理技术参数如表3.24-3所示。

地基处理技术参数表 表 3. 24-3

区 域	技术参数
主厂房、烟囱、冷却塔等处理区域（约 8 万 m²）	一遍：强夯能级：12000kN·m 参数：间距6.25m正三角形布点。施工工艺及控制标准： 主夯点使用12000kN·m排行打，每点≥20击，最后两击夯沉量小于10cm； 复夯6000kN·m每点≥8击，最后两击平均夯沉量＜50mm。拍夯使用3000kN·m，每点≥3击，拍夯两遍，夯印搭接1/3。 二遍：强夯能级：8500kN·m 参数：间距6.25m正三角形布点。施工工艺及控制标准： 主夯点使用8500kN·m隔行打，每点≥20击，最后两击夯沉量小于10cm； 复夯4500kN·m每点≥8击，最后两击平均夯沉量＜50mm。拍夯使用2500kN·m，每点≥3击，拍夯两遍，夯印搭接1/3
循环水处理区域（约 8 万 m²）	一遍：强夯能级：8500kN·m 参数：间距6.25m正三角形布点。施工工艺及控制标准： 主夯点使用8500kN·m隔行打，每点≥20击，最后两击夯沉量小于10cm；（只在局部范围内施工，约10000m²） 复夯4500kN·m每点≥8击，最后两击平均夯沉量＜50mm。拍夯使用2500kN·m，每点≥3击，拍夯两遍，夯印搭接1/3。 二遍：强夯能级：8500kN·m 参数：间距6.25m正三角形布点。施工工艺及控制标准： 主夯点使用8500kN·m隔行打，每点≥20击，最后两击夯沉量小于10cm； 复夯4500kN·m每点≥8击，最后两击平均夯沉量＜50mm。拍夯使用2500kN·m，每点≥3击，拍夯两遍，夯印搭接1/3

续表

区　域	技术参数
炉后、办公楼、宿舍楼、食堂、A列外、升压站区域、化水及其他附属建筑物等处理区域（约4万m²）	强夯能级：8500kN·m 参数：间距6.25m正三角形布点。施工工艺及控制标准： 主夯点使用8500kN·m隔行打，每点≥20击，最后两击夯沉量小于10cm； 复夯4500kN·m每点≥8击，最后两击平均夯沉量＜50mm。拍夯使用2500kN·m，每点≥3击，拍夯两遍，夯印搭接1/3

5　检测结果分析

现场检测单位分别采用了平板载荷试验、重型动力触探、静力触探、探井取土室内土工试验、标准贯入试验等综合检测手段；根据检测数据结果分析，本项目地质情况复杂，地层分布具有较大的不均匀性，特别是表层卵石层的分布区域和层厚均具有较大的不确定性，由于场地地质情况复杂将会导致整个场地的地基处理效果差异性比较大；检测咨询单位提出在大面积地基处理施工过程中，建议应针对不同地质情况采取相对较适合的地基处理方案。就地质情况复杂区域，可采用强夯置换地基处理，将卵石层下含水量较大的地基土由强夯形成的碎石置换墩挤密而形成整体固结；纯黄土层分布区域，可直接经过高能级强夯进行加固处理从而提高地基土承载力和压缩模量。

（1）冷却塔区域通过标准贯入试验、探井取样室内土工试验等两种检测手段进行综合检测，确定冷却塔区第一层强夯处理效果，检测结果显示164.0m高程以下地基土湿陷性已基本消除；通过标准贯入试验、探井取样室内土工试验、静力触探试验、平板载荷试验等多种检测手段进行综合检测，确定冷却塔区第二层强夯处理效果，检测结果显示个别检测点区域地基承载力特征值未达到设计要求，后又对上述区域进行50cm三七灰土处理，检测结果显示地基承载力特征值均达到300kPa，满足设计要求。

（2）主厂房区域通过标准贯入试验、静力触探试验、探井取样室内土工试验、平板载荷试验等多种手段进行综合检测，确定主厂房地段12000kN·m能级强夯处理加固效果；检测结果显示在400kPa压力下，检测面以下12m范围地基土湿陷性已全部消除，但大部分区域地基承载力特征值均未达到设计要求的400kPa，且强夯后地基土的压缩模量没有得到明显提高。

最终根据现场建设单位组织的主厂房地段地基处理专题会议要求：设计单位提出采用3000kN·m能级的强夯置换对主厂房、烟囱等区域承载力、压缩模量检测未合格区域进行二次处理，并委托检测单位对处理后的地基承载力、压缩模量进行检测，检测结果数据分析显示：二次处理后地基承载力和压缩模量均能满足上部结构设计要求。

（3）循环水区域通过标准贯入试验、静力触探试验、探井取样室内土工试验、静载荷试验等多种检测手段进行综合检测，确定循环水区强夯处理效果，检测结果显示该区域强夯处理后，在300kPa压力下全部回填土深度范围内的土层湿陷性已完全消除，地基土的承载力和压缩模量得到明显提高。

（4）炉后（脱硫吸收塔、石膏脱水楼、引风机、送风机）、办公楼及附属建筑物（办公楼、宿舍楼、食堂、化学水区、材料库、外委楼、干灰库）、A列外（升压站、热网首站、变压器、循环水泵房及流道）等区域通过标准贯入试验、静力触探试验、探井取样室内土工试验、静载荷试验等多种检测手段进行综合检测，确定上述区域的强夯地基处理效果。

根据炉后区域检测结果：强夯处理后，300kPa压力下处理湿陷深度为12m，且下部未处理湿陷性黄土层的剩余湿陷量不大于150mm；大部分区域地基承载力特征值达到设计要求，存在个别检测点地基承载力不合格区域（引、送风机），对上述区域采用三七灰土处理后，再次检测结果显示，地基承载力特征值均达到设计要求。

根据办公楼及附属建筑物区域区域检测结果：强夯处理后，300kPa压力下10m深度范围内地基土的湿陷性已全部消除，且下部未处理湿陷性黄土层的剩余湿陷量不大于150mm；大部分区域地基承载力特征值达到设计要求，存在个别检测点地基承载力不合格区域（食堂），对上述区域采用三七灰土处理后，再次检测结果显示，地基承载力特征值均达到设计要求。

根据A列外区域检测结果：强夯处理后，300kPa压力下处理湿陷深度为12m，且下部未处理湿陷性黄土层的剩余湿陷量不大于150mm；大部分区域地基承载力特征值达到设计要求，存在个别检测点地基承载力不合格区域（热网首站、2号循环水泵房），对上述区域采用三七灰土处理后，再次检测结果显示，地基承载力特征值均达到设计要求。

（1）冷却塔试夯区探井室内土工试验数据汇总及结果分析

冷却塔地基土在300kPa压力下的湿陷系数和干密度夯前、夯后对比统计如表3.24-4所示。

冷却塔区湿陷系数和干密度统计表（注：1～4m为卵石层） 表3.24-4

序号	深度(m)	湿陷性系数		干密度(g/cm³)	
		夯前	夯后	夯前	夯后
1	5～6	0.005		1.55	
2	6～7	0.002		1.55	
3	7～8	0.001	0.0015	1.52	1.67
4	8～9	0.002	0.0015	1.51	1.69
5	9～10	0.001	0.002	1.55	1.62
6	10～11	0.001		1.54	1.62
7	12～13	0.004	0.001	1.52	1.60
8	13～14		0.001	1.49	1.60
9	14～15			1.49	1.62

根据室内土工试验湿陷性系数夯前、夯后对比可以看出，该区域原湿陷性系数0.015＜0.03，属轻微湿陷性，经过12000kN·m强夯处理后，该区地基土湿陷系数明显减小，湿陷系数平均值≤0.005，已完全消除湿陷性。

从干密度夯前、夯后对比可以看出，冷却塔区12m内强夯处理后地基土的干密度平

346

均值≥1.45g/cm³，从干密度判定，该场地经过强夯处理后，有效加固深度不小于 12m。

（2）冷却塔试夯区重型动力触探试验及标准贯入试验结果分析对比曲线（场地土层分布 1～4m 为卵石层，4m 以下为黄土层）（图 3.24-1）

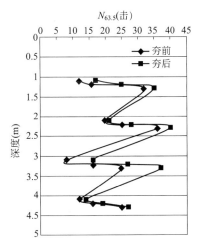

图 3.24-1　动探结果曲线图

（3）冷却塔试夯区静载荷试验数据汇总（表 3.24-5）及结果分析

常规静载荷试验　　　　　　　　　表 3.24-5

序号	试验点号	承压板面积	最大加载量	最终沉降量	承载力特征值（kPa）	试验时间
1	JZ-1	0.5m²	600kPa	12.45 mm	300	2012-02-20
序号	试验点号	承压板面积	最大加载量	最终沉降量		试验时间
2	JZ-2	0.5m²	600kPa	5.78mm	300	2012-02-18
序号	试验点号	承压板面积	最大加载量	最终沉降量		试验时间
3	JZ-3	0.5m²	600kPa	4.11mm	300	2012-02-19
序号	试验点号	承压板面积	最大加载量	最终沉降量	承载力特征值（kPa）	试验时间
4	JZ-4	0.5m²	600kPa	12.45mm	300	2012-03-01
序号	试验点号	承压板面积	最大加载量	最终沉降量		试验时间
5	JZ-5	0.5m²	900kPa	5.78mm	300	2012-03-12
序号	试验点号	承压板面积	最大加载量	最终沉降量		试验时间
6	JZ-6	0.5m²	900kPa	4.11mm	300	2012-03-12

根据试验结果，试验点在最大荷载作用下均未破坏。按照 $s/b=0.010$ 计算，且承载力特征值不大于最大加载量的一半，确定试验点的承载力特征值均为 300kPa，满足设计要求。

在 300kPa 压力下浸水载荷试验的附加湿陷量与承压板宽度之比均小于 0.023，由此可判定该区域 171.25～164.00m 高程以内地基土湿陷性已全部消除。

冷却塔试夯现场检测工作如以图 3.24-2 所示。

图 3.24-2　现场检测工作图

6　结论

（1）通过对高能级强夯处理后的场地进行检测，各能级处理加固深度以及加固深度范围内的压缩模量、承载力均达到设计要求指标，同时设计要求深度内地基土的湿陷性全部消除；

（2）目前，该项目整体已经正常投产运营，通过对电厂各重要建筑物建成后进行沉降观测，数据显示整个厂区最大地基沉降量在 3cm 以内，满足设计要求。地基处理达到了预定目的；

（3）本项目在国内首次实现类似规模火电厂机组主厂房、冷却塔、烟囱等重要建构筑物地基全部直接采用高能级强夯进行地基加固处理，而未采用桩基础方案，整体效果良好，这对后续类似规模火电厂的厂区地基处理方案提供了重要的借鉴和参考。

【实录 25】神华集团榆神工业区厂区地基处理工程

张文龙[1]，魏　欢[1]，卢宏飞[1]，王　宁[2]

(1. 上海申元岩土工程有限公司，上海 200040；2. 中化岩土集团股份有限公司，北京 102600)

摘　要：场地地处陕北黄土丘陵向毛乌素沙漠过渡地带，地势西北高、东南低。场地属风成砂丘地貌，砂丘以半固定或活动砂丘为主，原地貌相对高差较大，最大处达 40m，根据各生产区域地基处理深度的不同要求，对厂区范围内不同厚度的粉细砂进行不同能级（4000kN·m、6000kN·m、8000kN·m、12000kN·m、15000kN·m 和 18000kN·m）的强夯地基处理，然后对处理后的地基进行现场平板载荷试验、标准贯入试验检测，并且对施工过程中的振动进行监测。通过地基检测和振动监测，得到了不同能级强夯对深厚粉细砂的处理效果，并在现场振动监测的基础上确定该类粉细砂土层施工时的安全距离。最终，强夯地基处理后各项指标均满足设计要求，可给类似工程提供设计参考。

关键词：粉细砂地基；高能级强夯处理

1　概述

拟建项目场地位于陕西榆林榆神工业区清水煤化学工业园区北区，东北距神木县城 53km，西南距榆林市 63km，北面紧邻神木县臭柏自然保护区实验区，省道 204、榆神高速公路、神延铁路位于项目北侧。该拟建项目是以甲醇为原料，经过下游加工转化为聚丙烯及聚乙烯产品，主要设计规模为 68 万吨/年甲醇制丙烯装置（MTO），38 万吨/年聚丙烯，30 万吨/年聚乙烯。项目厂址红线内的建设内容包括 MTO、聚丙烯及聚乙烯生产装置，以及动力中心（自备电站）、空分装置、循环水厂、污水处理、罐区（单罐最大 5 万 m³）、生产生活及行政办公等配套设施，结构形式包括框架、排架、钢结构、砌体承重结构等。其中，主装置、生产工艺区及全场火炬多为高、重、大的重要建（构）筑物，其对地基土的工程性能要求很高，其他建（构）筑物对地基土工程性能要求一般～较低。

本文主要介绍强夯法在该项目厂区地基处理中的试验性和办公楼工程夯施工情况，试验性施工分六个试夯区，能级分别为试夯一区 18000kN·m 能级、试夯二区 15000kN·m 能级、试夯三区 12000kN·m 能级、试夯四区 8000kN·m 能级、试夯五区 6000kN·m 能级和试夯六区 4000kN·m 能级。工程夯分办公楼区与厂区，其中办公楼区工程夯分两个强夯区，能级分别为工程夯一区 12000kN·m 能级、工程夯二区 6000kN·m 能级。厂区强夯分九个强夯区，分别为甲醇罐区、MTO 装置、通道 6 区、汽车装卸区、烯烃罐区、通道 7 区、化学品库区、检维修中心、通道 8 区、通道 9 区。

本工程于 2012 年 4 月～6 月进行强夯试验区施工，大面积强夯地基处理于 2012 年 7 月～10 月完成。

作者简介：张文龙（1982—　），男，高级工程师，主要从事地基处理设计、施工、检测等相关工作。E-mail：tylz87934743@163.com。

2　工程地质概况

项目场地所在地区地处陕北黄土丘陵向毛乌素沙漠过渡地带，地势西北高、东南低。场地属风成砂丘地貌，砂丘以半固定或活动砂丘为主，原地貌相对高差较大，一般在10～40m之间，呈现宽缓波状。本场地42m勘察深度内未见地下水，20m范围内不存在饱和粉土和砂土。强夯期间场地已经整平，高程一般为1114.21～1116.48m。

图 3.25-1　原场地地形地貌

厂区试夯区综合地质概况表　　　　　　　　　　　　　　　　表 3.25-1

层号	时代成因	岩土名称	层厚（m）／层底深度（m）	层底标高		分布范围
⓪	Q_4^m	素填土	$\frac{1.0～8.3}{1.0～8.3}$	1099.04～1115.18	褐黄色，含云母，主要成分为石英、长石，土质不匀，松散，稍湿	局部分布
①	Q_4^{eol}	细砂	$\frac{1.7～9.0}{1.7～10.5}$	1096.78～1131.46	褐黄色，含云母，主要成分为石英、长石，分选良好，土质均匀，松散—稍密，稍湿	局部缺失
②		细砂	$\frac{2.9～10.7}{5.5～15.8}$	1089.79～1127.66	褐黄色，含云母，主要成分为石英、长石，分选良好，土质均匀，中密，稍湿	整个场地
③	Q_4^{al+pl}	细砂	$\frac{0.7～21.0}{15.0～33.0}$	1078.01～1118.16	褐黄色，含云母，主要成分为石英、长石，分选好，土质较均匀，密实，稍湿	整个场地
④		细砂	$\frac{1.8～13.4}{28.0～42.0}$	1068.11～1098.35	褐黄色，含云母，主要成分为石英、长石，分选好，土质较均匀，密实，稍湿—湿	局部缺失
⑤		粉土	$\frac{0.7～8.9}{20.5～40.3}$	1089.27～1102.18	黄褐色，含云母、氧化铁，偶见砾石，土质不均，局部夹薄层细砂，无光泽，干强度及韧性低，摇振反应迅速，密实，稍湿—湿	局部场地
⑥		粉质黏土	$\frac{0.7～10.2}{18.7～32.7}$	1078.25～1099.60	黄褐—棕红色，局部夹黑色条纹，混较多砾石，稍有光泽，干强度及韧性中等，无摇振反应，可塑—硬塑	局部场地
⑦	J_2y	烧变岩	$\frac{0.8～5.7}{19.5～30.4}$	1077.25～1096.80	棕红色—灰白色，原岩为砂质泥岩或泥质砂岩，原生沉积结构和构造特征基本未破坏，岩芯呈碎块或短柱状，呈烧结—烘烤状，节理裂隙强烈发育，岩芯采取率20%～45%，RQD=15～25	局部场地
⑧₁		强风化砂质泥岩	*最大揭露厚度4.5m* *最大揭露深度35.0m*		棕红—灰褐色，结构大部分破坏，泥质结构，层状构造，节理裂隙很发育，岩芯呈碎块或短柱状，岩芯采取率35%～60%，RQD=30～50	局部揭露

3　试夯工艺

3.1　试夯区设计要求

场地共分为六个试夯区，试夯能级分别为 4000kN·m 能级、6000kN·m 能级、8000kN·m 能级、12000kN·m、15000kN·m 能级和 18000kN·m 能级。各个试夯区具体试夯设计要求如表 3.25-2 所示。

试夯区设计要求统计表　　　　　　表 3.25-2

试夯区域	试夯区所处位置	试夯区面积（m×m）	强夯能级（kN·m）	处理深度（m）	试夯后地基承载力特征值(kPa)	试夯后各土层压缩模量(MPa)
试夯一区		30×30	18000	18	≥250	≥15
试夯二区		30×30	15000	15	≥250	≥15
试夯三区	厂区	30×30	12000	12	≥250a	≥15
试夯四区		30×30	8000	9	≥250	≥15
试夯五区		30×30	6000	6	≥250	≥15
试夯六区		30×30	4000	5	≥250	≥15

3.2　试夯施工参数

本次试验所进行加固处理的主要土层为①细砂层，该层土透水性良好且砂土层含水率很低，施工过程中各遍之间不考虑孔隙水压力消散时间，连续夯击。各能级施工参数如下：

（1）试夯一区 18000kN·m 能级施工参数

试夯一区（18000kN·m 能级）施工分五遍进行：

第一遍与第二遍为主夯点施工，夯击能 18000kN·m，第三遍为插点施工，夯击能 10000kN·m，夯点位置采用等边三角形布置，夯点间距 5.5m。第一遍夯点收锤标准按最后两击平均夯沉量不大于 200mm 且击数不少于 12 击控制，第二遍夯点收锤标准按最后两击平均夯沉量不大于 200mm 且击数不少于 10 击控制，第三遍夯点收锤标准按最后两击平均夯沉量不大于 150mm 且击数不少于 10 击控制。

第四遍与第五遍为满夯施工，要求每遍每点 2～3 击，夯印搭接 1/3，第四遍施工能级为 2000kN·m，第五遍施工能级为 1000kN·m。

（2）试夯二区 15000kN·m 能级施工参数

试夯二区（15000kN·m 能级）施工分五遍进行：

第一遍与第二遍为主夯点施工，夯击能 15000kN·m，第三遍为插点施工，夯击能 8000kN·m，夯点位置采用等边三角形布置，夯点间距 5.5m。第一遍夯点收锤标准按最后两击平均夯沉量不大于 200mm 且击数不少于 12 击控制，第二遍夯点收锤标准按最后两击平均夯沉量不大于 200mm 且击数不少于 10 击控制，第三遍夯点收锤标准按最后两击平均夯沉量不大于 150mm 且击数不少于 10 击控制。

第四遍与第五遍为满夯施工，要求每遍每点 2～3 击，夯印搭接 1/3，第四遍施工能级为 2000kN·m，第五遍施工能级为 1000kN·m。

（3）试夯三区 12000kN·m 能级施工参数

试夯三区（12000kN·m 能级）施工分五遍进行：

第一遍与第二遍为主夯点施工，夯击能 12000kN·m；第三遍为插点施工，夯击能 6000kN·m，夯点位置采用等边三角形布置，夯点间距 5.5m。第一遍夯点收锤标准按最后两击平均夯沉量不大于 200mm 且击数不少于 12 击控制；第二遍夯点收锤标准按最后两击平均夯沉量不大于 200mm 且击数不少于 10 击控制；第三遍夯点收锤标准按最后两击平均夯沉量不大于 100mm 且击数不少于 10 击控制。

第四遍与第五遍为满夯施工，要求每遍每点 2～3 击，夯印搭接 1/3，第四遍施工能级为 2000kN·m，第五遍施工能级为 1000kN·m。

（4）试夯四区 8000kN·m 能级施工参数

试夯四区（8000kN·m 能级）施工分五遍进行：

第一遍与第二遍为主夯点施工，夯击能 8000kN·m。第三遍为插点施工，夯击能 4000kN·m，夯点位置采用等边三角形布置，夯点间距 5.5m。第一遍夯点收锤标准按最后两击平均夯沉量不大于 150mm 且击数不少于 12 击控制；第二遍夯点收锤标准按最后两击平均夯沉量不大于 150mm 且击数不少于 10 击控制；第三遍夯点收锤标准按最后两击平均夯沉量不大于 100mm 且击数不少于 10 击控制；第四遍与第五遍为满夯施工，要求每遍每点 2～3 击，夯印搭接 1/3。第四遍施工能级为 2000kN·m，第五遍施工能级为 1000kN·m。

（5）试夯五区 6000kN·m 能级施工参数

试夯五区（6000kN·m 能级）施工分四遍进行：

第一遍与第二遍为主夯点施工，夯击能 6000kN·m，夯点位置采用等边三角形布置，夯点间距 5.5m。第一遍夯点收锤标准按最后两击平均夯沉量不大于 100mm 且击数不少于 10 击控制，第二遍夯点收锤标准按最后两击平均夯沉量不大于 100mm 且击数不少于 8 击控制。

第三遍与第四遍为满夯施工，要求每遍每点 2～3 击，夯印搭接 1/3，第三遍施工能级为 2000kN·m，第四遍施工能级为 1000kN·m。

（6）试夯六区 4000kN·m 能级施工参数

试夯六区（4000kN·m 能级）施工分四遍进行：

第一遍夯点为 4000kN·m 能级，控制标准为最后两击平均夯沉量不大于 5cm 且不少于 8 击。第二遍夯点为 4000kN·m 能级，控制标准为最后两击平均夯沉量不大于 5cm 且不少于 6 击。第三遍满夯为 1500kN·m 能级，每点夯击 2～3 击，夯印搭接 1/3。第四遍满夯为 1000kN·m 能级，每点夯击 2～3 击，夯印搭接 1/3。

4 试夯地基处理检测结果

4.1 检测方法和检测工作量

六个试夯区检测方法和检测工作量统计表 3.25-3 所示。

试夯检测工作量统计表　　　　　　　　　　　　　表 3.25-3

序号	检测区域	强夯能级(kN·m)及加固深度(m)	检测方法	检测数量（地基处理后）	检测数量（地基处理前）
1	试夯一区 30m×30m	18000,18	平板载荷试验	3 个点	—
			标准贯入试验	3 个点/60m	3 个点/60m
			振动监测	—	
2	试夯二区 30m×30m	15000,15	平板载荷试验	3 个点	—
			标准贯入试验	3 个点/51m	3 个点/51m
			振动监测	12 个点	
3	试夯三区 30m×30m	12000,12	平板载荷试验	3 个点	—
			标准贯入试验	3 个点/42m	3 个点/42m
			振动监测	12 个点	
4	试夯四区 30m×30m	8000,9	平板载荷试验	3 个点	—
			标准贯入试验	3 个点/33m	3 个点/33m
			振动监测	12 个点	
5	试夯五区 30m×30m	6000,6	平板载荷试验	3 个点	—
			标准贯入试验	3 个点/24m	3 个点/24m
			振动监测	12 个点	
6	试夯六区 30m×30m	4000,5	平板载荷试验	—	—
			标准贯入试验	3 个点/24m	3 个点/24m
			振动监测	—	

4.2　试夯地基处理效果

（1）标贯试验检测结果

①试夯一区

试夯一区（18000kN·m）夯前、夯后不同深度标贯击数随深度变化曲线如图 3.25-2，根据试夯一区夯前、夯后标准贯入试验检测结果，计算地基土承载力 f_{ak} 及压缩模量 E_s，判断地基处理效果，计算结果如表 3.25-4 所示。

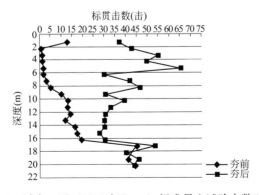

图 3.25-2　试夯一区（18000kN·m）标准贯入试验击数对比曲线

试夯一区地基土承载力及变形参数建议表　　　　表3.25-4

标贯深度（m）	标准贯入击数 N（击）		砂土密实度		f_{ak}经验值（kPa）	E_s建议值（MPa）
	夯前平均	夯后平均	夯前	夯后		
1.0～1.3	13	37	稍密	密实	278	26
2.0～2.3	1	42.7	松散	密实	305	29
3.0～3.3	1.3	55.2	松散	密实	369	38
4.0～4.3	1.6	49.7	松散	密实	350	34
5.0～5.3	2.1	65.6	松散	密实	440	44
6.0～6.3	2.1	30	松散	密实	261	21
7.0～7.3	3.3	42	松散	密实	329	29
8.0～8.3	5.2	46.7	松散	密实	360	32
9.0～9.3	10.2	30.6	稍密	密实	274	22
10.0～10.3	13.3	39.6	中密	密实	329	28
11.0～11.3	13	32.6	中密	密实	294	23
12.0～12.3	14.4	30.4	中密	密实	283	22
13.0～13.3	11.9	30.2	中密	密实	286	21
14.0～14.3	16.7	30.3	中密	密实	289	21
15.0～15.3	17.5	28	中密	密实	280	20
16.0～16.3	19.8	30.3	中密	密实	297	21
17.0～17.3	45.3	53.8	密实	密实	451	37
18.0～18.3	41.5	40.3	密实	密实	368	28
19.0～19.3	41.2	46.4	密实	密实	411	32
20.0～20.3	44.6	43.9	密实	密实	399	30

　　从图3.25-2及表3.25-4可以看出，试夯一区经过18000kN·m能级强夯后，地面以下0.0～18.0m深度范围内夯后标贯击数比夯前有大幅度提高，加固效果明显，经过强夯处理后有效加固深度设计要求。

　　②试夯二区

　　试夯二区（15000kN·m）夯前、夯后不同深度标准贯入试验击数随深度变化曲线见图3.25-3，根据试夯二区夯前、夯后标准贯入试验检测结果，计算地基土承载力f_{ak}及压缩模量E_s，判断地基处理效果，计算结果如表3.25-5所示。

试夯二区地基土承载力及变形参数建议表　　　　表3.25-5

标贯深度（m）	标准贯入击数 N（击）		砂土密实度		f_{ak}经验值（kPa）	E_s建议值（MPa）
	夯前平均	夯后平均	夯前	夯后		
1.0～1.3	3	29	松散	中密	241	21
2.0～2.3	4.7	27.3	松散	中密	233	20
3.0～3.3	6.9	25.8	松散	中密	228	19
4.0～4.3	6.4	24	松散	中密	223	17

续表

标贯深度(m)	标准贯入击数 N(击)		砂土密实度		f_{ak}经验值 (kPa)	E_s建议值 (MPa)
	夯前平均	夯后平均	夯前	夯后		
5.0~5.3	6.7	24.8	松散	中密	231	18
6.0~6.3	5.7	24.9	松散	中密	235	18
7.0~7.3	6.2	24.4	松散	中密	235	18
8.0~8.3	7.1	20.4	松散	中密	216	15
9.0~9.3	15.3	21.3	中密	中密	222	16
10.0~10.3	19.1	30.5	中密	密实	277	22
11.0~11.3	30	39.1	密实	密实	332	27
12.0~12.3	46.4	43.4	密实	密实	360	30
13.0~13.3	42.4	40	密实	密实	346	28
14.0~14.3	42.4	47.2	密实	密实	393	32
15.0~15.3	40.3	46.7	密实	密实	397	32
16.0~16.3	44.4	45.1	密实	密实	391	31
17.0~17.3	46.7	46	密实	密实	401	32

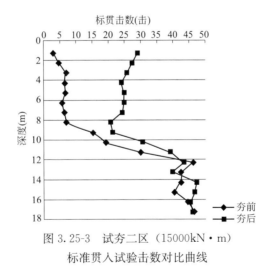

图 3.25-3　试夯二区（15000kN·m）
标准贯入试验击数对比曲线

从图 3.25-3 及表 3.25-5 可以看出，试夯二区经过 15000kN·m 能级强夯后，地面以下 0.0~16.0m 深度范围内夯后标贯击数比夯前有大幅度提高，加固效果明显，经过强夯处理后达到了有效加固深度设计要求。

③试夯三区

试夯三区（12000kN·m）夯前、夯后不同深度标准贯入试验击数随深度变化曲线见图 3.25-4，根据试夯三区夯前、夯后标准贯入试验检测结果，计算地基土承载力 f_{ak} 及压缩模量 E_s，判断地基处理效果，计算结果如表 3.25-6 所示。

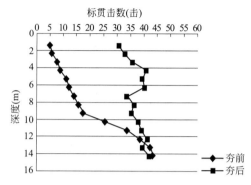

图 3.25-4　试夯三区（12000kN·m）
标准贯入试验击数对比曲线

试夯三区地基土承载力及变形参数建议表　表 3.25-6

标贯深度（m）	标准贯入击数 N（击）		砂土密实度		f_{ak}经验值（kPa）	E_s建议值（MPa）
	夯前平均	夯后平均	夯前	夯后		
1.0～1.3	5	30.7	松散	密实	249	22
2.0～2.3	5.7	33	松散	密实	260	23
3.0～3.3	7.8	35.6	松散	密实	275	25
4.0～4.3	8.8	40.9	松散	密实	307	28
5.0～5.3	11.3	39.3	稍密	密实	305	27
6.0～6.3	12.3	40.2	稍密	密实	315	28
7.0～7.3	14.1	33.4	中密	密实	283	24
8.0～8.3	15.7	36.4	中密	密实	303	25
9.0～9.3	17.6	35.4	中密	密实	301	25
10.0～10.3	25.5	37.9	密实	密实	319	26
11.0～11.3	33.8	39.1	密实	密实	332	27
12.0～12.3	38.4	41.4	密实	密实	348	29
13.0～13.3	42.4	39.5	密实	密实	343	27
14.0～14.3	43.4	42.4	密实	密实	363	29

　　从图 3.25-4 及表 3.25-6 可以看出，试夯二区经过 12000kN·m 能级强夯后，地面以下 0.0～12.0m 深度范围内夯后标贯击数比夯前有大幅度提高，加固效果明显，经过强夯处理后达到了有效加固深度设计要求。

　　④试夯四区

　　试夯四区（8000kN·m）夯前、夯后不同深度标准贯入试验击数随深度变化曲线见图 3.25-5，根据试夯四区夯前、夯后标准贯入试验检测结果，计算地基土承载力 f_{ak} 及压缩模量 E_s，判断地基处理效果，计算结果如表 3.25-7 所示。

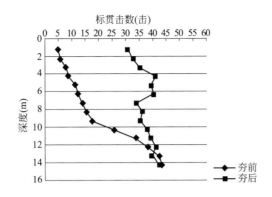

图 3.25-5　试夯四区（8000kN·m）
标准贯入试验击数对比曲线

试夯四区地基土承载力及变形参数建议表　　　　表 3.25-7

标贯深度（m）	标准贯入击数 N（击）		砂土密实度		f_{ak}经验值（kPa）	E_s建议值（MPa）
	夯前平均	夯后平均	夯前	夯后		
1.0～1.3	6.3	31.7	松散	密实	254	22
2.0～2.3	2	31.7	松散	密实	254	22
3.0～3.3	2	28.4	松散	中密	241	20
4.0～4.3	1.9	24.7	松散	中密	227	18
5.0～5.3	9.8	23.3	稍密	中密	223	17
6.0～6.3	10.8	23.7	稍密	中密	228	17
7.0～7.3	10.8	25.8	稍密	中密	242	19
8.0～8.3	10.9	28.4	稍密	密实	260	20
9.0～9.3	10.5	24.9	稍密	中密	242	18
10.0～10.3	10.8	27.6	稍密	密实	261	20
11.0～11.3	10.3	28.1	稍密	密实	268	20

从图 3.25-5 及表 3.25-7 可以看出，试夯四区经过 8000kN·m 能级强夯后，在标贯试验检测深度范围内夯前、夯后的标贯击数均有较大程度的提高，强夯后地基土的加固效果显著，有效加固深度达到设计要求。

⑤试夯五区

试夯五区（6000kN·m）夯前、夯后不同深度标准贯入试验击数随深度变化曲线见图 3.25-6，根据试夯五区夯前、夯后标准贯入试验检测结果，计算地基土承载力 f_{ak} 及压缩模量 E_s，判断地基处理效果，计算结果如表 3.25-8 所示。

从图 3.25-6 及表 3.25-8 可以看出，试夯五区经过 6000kN·m 能级强夯后，在标贯试验检测深度范围内夯前、夯后的标贯击数均有较大程度的提高，地基土的加固效果显著，有效加固深度达到设计要求。

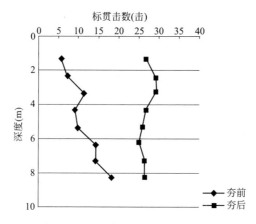

图 3.25-6　试夯五区（6000kN·m）
标准贯入试验击数对比曲线

试夯五区地基土承载力及变形参数建议表　　　　　　　　　　表 3.25-8

标贯深度（m）	标准贯入击数 N（击）		砂土密实度		f_{ak}经验值（kPa）	E_s建议值（MPa）
	夯前平均	夯后平均	夯前	夯后		
1.0～1.3	5.7	26.7	松散	中密	230	19
2.0～2.3	7.3	29.1	松散	中密	244	21
3.0～3.3	11.5	29.7	稍密	密实	252	21
4.0～4.3	9.2	26.4	松散	中密	239	19
5.0～5.3	9.8	25.8	稍密	中密	239	19
6.0～6.3	14.1	24.9	中密	中密	238	18
7.0～7.3	14.3	26.4	中密	密实	249	19
8.0～8.3	18.3	26.6	中密	密实	252	19

⑥试夯六区

试夯六区（4000kN·m）夯前、夯后不同深度标准贯入试验击数随深度变化曲线如图 3.25-7，根据试夯六区夯前、夯后标准贯入试验检测结果，计算地基土承载力 f_{ak} 及压

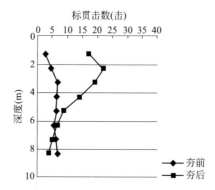

图 3.25-7　试夯六区（4000kN·m）
标准贯入试验击数对比曲线

缩模量 E_s，判断地基处理效果，计算结果如表 3.25-9 所示。

试夯六区地基土承载力及变形参数建议表

表 3.25-9

标贯深度(m)	标准贯入击数 N(击)		砂土密实度		f_{ak}经验值 (kPa)	E_s建议值 (MPa)
	夯前平均	夯后平均	夯前	夯后		
1.0~1.3	3	17	松散	中密	184	13
2.0~2.3	4.7	22.3	松散	中密	209	16
3.0~3.3	6.9	19.3	松散	中密	197	14
4.0~4.3	6.4	14	松散	稍密	174	11
5.0~5.3	6.7	8.9	松散	松散	150	8
6.0~6.3	5.7	6.9	松散	松散	141	6
7.0~7.3	6.2	5	松散	松散	131	5
8.0~8.3	7.1	3.7	松散	松散	125	4

从图 3.25-7 及表 3.25-9 可以看出，试夯六区经过 4000kN·m 能级强夯后，在 1.0~4.0m 范围内标贯击数均有较大程度的提高，5.0~6.0m 范围内标贯击数有一定程度的提高，判定该强夯能级对地基土的加固深达到 5m。

（2）平板载荷试验检测结果

①试夯一区

平板载荷试验采用承压板面积为 0.5m²，试验数据和结果汇总见表 3.25-10。

试夯一区平板载荷试验结果统计表

表 3.25-10

试验点号	最大加载量 (kPa)	最终沉降量 (mm)	地基承载力特征值 (kPa)	变形模量计算值 (MPa)	本区承载力特征值建议值(kPa)
JZ-1	500	11.33	250	34	
JZ-2	500	12.42	250	24	250
JZ-3	500	10.48	250	32	

根据平板载荷试验结果，判定试夯一区的地基通过 18000kN·m 能级强夯处理后地面以下 0.0~2.0m 深度范围内地基土承载力特征值达到 250kPa。

②试夯二区

平板载荷试验采用承压板面积为 0.5m²，试验数据和结果汇总见表 3.25-11。

试夯二区平板载荷试验结果统计表

表 3.25-11

试验点号	最大加载量 (kPa)	最终沉降量 (mm)	地基承载力特征值 (kPa)	变形模量计算值 (MPa)	本区承载力特征值建议值(kPa)
JZ-1	500	17.42	210	17	
JZ-2	500	15.01	240	19	227
JZ-3	500	16.15	230	18	

根据平板载荷试验结果，判定试夯二区的地基通过 15000kN·m 能级强夯处理后地面以下 0.0m~2.0m 深度范围内地基土承载力特征值达到 227kPa。

③试夯三区

平板载荷试验采用承压板面积为 0.5m²，试验数据和结果汇总见表 3.25-12。

试夯三区平板载荷试验结果统计表　　　　表 3.25-12

试验点号	最大加载量 (kPa)	最终沉降量 (mm)	地基承载力特征值 (kPa)	变形模量计算值 (MPa)	本区承载力特征值 建议值(kPa)
JZ-1	500	13.50	250	23	
JZ-2	500	15.18	250	21	250
JZ-3	500	10.77	250	31	

根据平板载荷试验结果，判定试夯三区的地基通过 12000kN·m 能级强夯处理后地面以下 0.0～2.0m 深度范围内地基土承载力特征值达到 250kPa。

④试夯四区

平板载荷试验采用承压板面积为 0.5m²，试验数据和结果汇总见表 3.25-13。

试夯四区平板载荷试验结果统计表　　　　表 3.25-13

试验点号	最大加载量 (kPa)	最终沉降量 (mm)	地基承载力特征值 (kPa)	变形模量计算值 (MPa)	本区承载力特征值 建议值(kPa)
JZ-1	500	12.19	250	27	
JZ-2	500	11.80	250	27	250
JZ-3	500	16.36	250	20	

根据平板载荷试验结果，判定试夯四区的地基通过 8000kN·m 能级强夯处理后地面以下 0.0～2.0m 深度范围内地基土承载力特征值达到 250kPa。

⑤试夯五区

平板载荷试验采用承压板面积为 0.5m²，试验数据和结果汇总见表 3.25-14。

试夯五区平板载荷试验结果统计表　　　　表 3.25-14

试验点号	最大加载量 (kPa)	最终沉降量 (mm)	地基承载力特征值 (kPa)	变形模量计算值 (MPa)	本区承载力特征值 建议值(kPa)
JZ-1	500	17.07	214	17	
JZ-2	500	13.74	226	19	230
JZ-3	500	10.13	250	34	

根据平板载荷试验结果，判定试夯五区的地基通过 6000kN·m 能级强夯处理后地面以下 0.0～2.0m 深度范围内地基土承载力特征值达到 230kPa。

（3）振动监测结果

①强夯振动监测点布置

强夯振动监测点按以下方式进行布置：按 6000kN·m，8000kN·m，12000kN·m，15000kN·m 能级，以夯点为振源，在距夯点 15m、30m、50m、100m、150m、200m 分别进行质点三向合振速进行监测。监测点以夯点为中心，垂直方向两条线布置，其中一个方向设置隔振沟。

②试夯二区

试夯二区（15000kN·m 能级）、试夯三区（12000kN·m 能级）、试夯四区（8000kN·m

能级）和试夯五区（6000kN·m 能级）强夯振动监测，现场综合三向振动速度、三向振动加速度、三向位移成果测得强夯振速峰值随距离衰减曲线，见图 3.25-8～图 3.25-9。

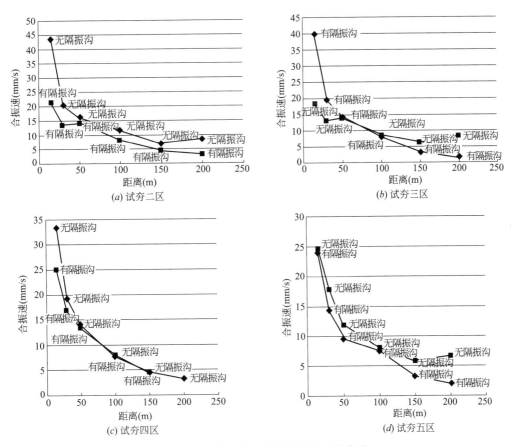

图 3.25-8　强夯振速峰值随距离衰减曲线

从图 3.25-8 分析，距振源 200m 以内，随着强夯能级的降低，其振速峰值逐渐减小，并且隔振沟能有效减少强夯引起的振速峰值。

参照规范规定，对于一般民用建筑物、新浇大体积混凝土建议本场地各建（构）筑物：接近 15000kN·m 能级的场地，无隔振沟时，安全距离取 150m；有隔振沟时，安全距离取 100m。接近 12000kN·m 能级的场地，无隔振沟时，安全距离取 100m；有隔振沟时，安全距离取 100m。接近 8000kN·m 能级的场地，无隔振沟时，安全距离取 100m；有隔振沟时，安全距离取 50m。接近 6000kN·m 能级的场地，无隔振沟时，安全距离取 100m；有隔振沟时，安全距离取 50m。

5　工程夯施工工艺

5.1　工程夯区设计要求

办公楼场地共分为两个工程夯区，厂区分为甲醇罐区、MTO 装置、通道 6 区、汽车装卸区、烯烃罐区、通道 7 区、化学品库区、检维修中心、通道 8 区、通道 9 区九个工程夯区。各个工程夯区具体试夯设计要求如表 3.25-15 所示。

各工程夯区设计要求统计表　　　　　　　　　　表 3.25-15

工程夯区域	工程夯所处位置	强夯能级 （kN·m）	处理深度 （m）	地基承载力特征值 （kPa）	各土层压缩模量 （MPa）
工程夯一区	办公楼区	12000	12	≥200	≥15
工程夯二区		6000	6	≥250	≥15
MTO 装置	厂区	18000	18	≥250	≥15
		15000	15		
		8000	9		
通道 6		18000	18	≥180	≥15
		8000	9		
		6000	6		
通道 7		12000	12	≥180	≥15
通道 8		12000	12	≥180	≥15
		6000	6		
		4000	5		
通道 9		8000	9	≥180	≥15
		6000	6		
		4000	5		
汽车装卸区		18000	18	≥220	≥15
烯烃罐区		6000	6		
甲醇罐区		18000	18	≥280	≥20
		12000	12		
化学品库区		12000	12	≥280	≥20
		18000	18	≥220	≥15
		15000	15		
		8000	9		

5.2　工程夯施工参数

本次强夯施工共进行 18000kN·m、15000kN·m、12000kN·m、8000kN·m、6000kN·m 和 4000kN·m 六个能级。

强夯地基处理的主要土层为素填土和细砂层，其透水性良好且土层含水率很低，施工过程中各遍之间可不考虑孔隙水压力消散时间，连续夯击。

（1）18000kN·m 能级施工参数

18000kN·m 能级强夯施工分五遍进行，主夯点位置采用等边三角形布置，夯点间距5.5m。第一遍夯点为 18000kN·m 能级，控制标准为最后两击平均夯沉量不大于 20cm 且不少于 12 击。第二遍夯点为 18000kN·m 能级，控制标准为最后两击平均夯沉量不大于20cm且不少于10击。第三遍夯点为10000kN·m能级，控制标准为最后两击平均夯沉量不大于15cm且不少于10击。第四遍满夯为2000kN·m能级，每点夯击2～3击，夯印搭接1/3。第五遍满夯为1000kN·m能级，每点夯击2～3击，夯印搭接1/3。

（2）15000kN·m能级施工参数

15000kN·m能级强夯施工分五遍进行，主夯点位置采用等边三角形布置，夯点间距5.5m。第一遍夯点为15000kN·m能级，控制标准为最后两击平均夯沉量不大于20cm且击数不少于12击控制。第二遍夯点为15000kN·m能级，控制标准为最后两击平均夯沉量不大于20cm且击数不少于10击控制。第三遍夯点为8000kN·m能级，控制标准为最后两击平均夯沉量不大于10cm且击数不少于10击控制。第四遍满夯为2000kN·m能级，每点夯击2～3击，夯印搭接1/3。第五遍满夯为1000kN·m能级，每点夯击2～3击，夯印搭接1/3。

（3）12000kN·m能级施工参数

12000kN·m能级强夯施工分五遍进行，主夯点位置采用等边三角形布置，夯点间距5.5m。第一遍夯点为12000kN·m能级，控制标准为最后两击平均夯沉量不大于20cm且击数不少于12击控制。第二遍夯点为12000kN·m能级，控制标准为最后两击平均夯沉量不大于20cm且击数不少于10击控制。第三遍夯点为6000kN·m能级，控制标准为最后两击平均夯沉量不大于10cm且击数不少于10击控制。第四遍满夯为2000kN·m能级，每点夯击2～3击，夯印搭接1/3。第五遍满夯为1000kN·m能级，每点夯击2～3击，夯印搭接1/3。

（4）8000kN·m能级施工参数

8000kN·m能级强夯施工分五遍进行，主夯点位置采用等边三角形布置，夯点间距5.5m。第一遍夯点为8000kN·m能级，控制标准为最后两击平均夯沉量不大于15cm且击数不少于12击控制。第二遍夯点为8000kN·m能级，控制标准为最后两击平均夯沉量不大于15cm且击数不少于10击控制。第三遍夯点为4000kN·m能级，控制标准为最后两击平均夯沉量不大于10cm且击数不少于10击控制。第四遍满夯为2000kN·m能级，每点夯击2～3击，夯印搭接1/3。第五遍满夯为1000kN·m能级，每点夯击2～3击，夯印搭接1/3。

（5）6000kN·m能级施工参数

6000kN·m能级强夯施工分四遍进行，主夯点位置采用等边三角形布置，夯点间距5.5m。第一遍夯点为6000kN·m能级，控制标准为最后两击平均夯沉量不大于10cm且击数不少于10击控制。第二遍夯点为6000kN·m能级，控制标准为最后两击平均夯沉量不大于10cm且击数不少于8击控制。第三遍满夯为2000kN·m能级，每点夯击2～3击，夯印搭接1/3。

（6）6000kN·m能级施工参数

4000kN·m能级强夯施工分四遍进行，主夯点位置采用等边三角形布置，夯点间距5.5m。第一遍夯点为4000kN·m能级，控制标准为最后两击平均夯沉量不大于5cm且击数不少于8击控制。第二遍夯点为4000kN·m能级，控制标准为最后两击平均夯沉量不大于5cm且击数不少于6击控制。第三遍满夯为1500kN·m能级，每点夯击2～3击，夯印搭接1/3。第四遍满夯为1000kN·m能级，每点夯击2～3击，夯印搭接1/3。

6 工程夯地基处理检测结果

6.1 检测方法和检测工作量

办公楼区工程夯检测方法和检测工作量统计如表 3.25-16 所示。

检测工作量统计表

表 3.25-16

序号	检测区域	强夯能级(kN·m)及加固深度(m)	检测方法	检测数量（地基处理后）	检测数量（地基处理前）
1	工程夯一区（办公楼）	12000,12	平板载荷试验	5个点	—
			标准贯入试验	12个点/168m	3个点/42m
2	工程夯二区（办公楼）	6000,6	平板载荷试验	10个点	—
			标准贯入试验	20个点/160m	3个点/60m

6.2 办公楼区工程夯地基处理效果

（1）标贯试验检测结果

①工程夯一区

工程夯一区（12000kN·m）夯前、夯后不同深度标贯击数及地基土承载力 f_{ak} 及压缩模量 E_s 建议值如表 3.25-17 所示。

工程夯一区夯前夯后标准贯入击数对比及地基土承载力及变形参数建议表 表 3.25-17

标贯深度（m）	标准贯入击数/N(击)		砂土密实度		f_{ak}经验值（kPa）	E_s建议值（MPa）
	夯前平均	夯后平均	夯前	夯后		
1.0～1.3	5	21	松散	中密	≥200	≥15
2.0～2.3	5.7	24.4	松散	中密	≥200	≥15
3.0～3.3	7.8	28.8	松散	中密	≥200	≥15
4.0～4.3	8.8	32.5	松散	密实	≥200	≥15
5.0～5.3	11.3	35.9	稍密	密实	≥200	≥15
6.0～6.3	12.3	30.4	稍密	密实	≥200	≥15
7.0～7.3	14.1	30.6	稍密	密实	≥200	≥15
8.0～8.3	15.7	33.4	中密	密实	≥200	≥15
9.0～9.3	17.6	35.4	中密	密实	≥200	≥15
10.0～10.3	21.5	35.8	中密	密实	≥200	≥15
11.0～11.3	23.8	35.6	密实	密实	≥200	≥15
12.0～12.3	25.4	35.5	密实	密实	≥200	≥15
13.0～13.3	28.4	36.2	密实	密实	≥200	≥15
14.0～14.3	30.4	38.7	密实	密实	≥200	≥15

从表 3.25-17 可以看出，工程夯一区经过 12000kN·m 能级强夯后，地面以下 0.0～12.0m 深度范围内夯后标贯击数比夯前有大幅度提高，加固效果明显，经过强夯处理后有效加固深度达到设计要求。

②工程夯二区

工程夯二区（6000kN·m）夯前、夯后不同深度标贯击数及地基土承载力 f_{ak} 及压缩模量 E_s 建议值如表 3.25-18 所示。

工程夯二区地基土承载力及变形参数建议表　表 3.25-18

标贯深度 (m)	标准贯入击数/N(击)		砂土密实度		f_{ak} 经验值 (kPa)	E_s 建议值 (MPa)
	夯前平均	夯后平均	夯前	夯后		
1.0～1.3	5.7	21.8	松散	中密	≥250	≥15
2.0～2.3	7.3	24.9	松散	中密	≥250	≥15
3.0～3.3	11.5	26.2	稍密	中密	≥250	≥15
4.0～4.3	9.2	32.5	松散	密实	≥250	≥15
5.0～5.3	9.8	26.9	松散	中密	≥250	≥15
6.0～6.3	14.1	27.7	稍密	中密	≥250	≥15
7.0～7.3	14.3	27.1	稍密	中密	≥250	≥15
8.0～8.3	18.3	25.9	中密	中密	≥250	≥15

从表 3.25-18 可以看出，工程夯二区经过 6000kN·m 能级强夯后，地面以下 0.0～6.0m 深度范围内夯后标贯击数比夯前有大幅度提高，加固效果明显，经过强夯处理后有效加固深度达到设计要求。

（2）平板载荷试验检测结果

①工程夯一区

平板载荷试验采用承压板面积为 0.5m²，试验数据和结果汇总见表 3.25-19。

工程夯一区平板载荷试验结果统计表　表 3.25-19

试验点号	最大加载量 (kPa)	最终沉降量 (mm)	地基承载力特征值 (kPa)	本区承载力特征值建议值(kPa)
JZ-1	400	9.81	200	
JZ-2	400	8.54	200	
JZ-3	400	13.50	200	200
JZ-4	400	15.18	200	
JZ-5	400	10.77	200	

根据平板载荷试验结果，判定工程夯一区的地基通过 12000kN·m 能级强夯处理后地面以下 0.0～2.0m 深度范围内地基土承载力特征值达到 200kPa。

②工程夯二区

平板载荷试验采用承压板面积为 0.5m²，试验数据和结果汇总见表 3.25-20。

工程夯二区平板载荷试验结果统计表　　　　　表 3.25-20

试验点号	最大加载量（kPa）	最终沉降量（mm）	地基承载力特征值（kPa）	本区承载力特征值建议值（kPa）
JZ-6	500	15.01	250	
JZ-7	500	13.50	250	
JZ-8	500	7.82	250	
JZ-9	500	7.17	250	
JZ-10	500	15.82	250	
JZ-11	500	13.54	250	250
JZ-12	500	14.55	250	
JZ-13	500	17.07	250	
JZ-14	500	13.74	250	
JZ-15	500	10.13	250	

根据平板载荷试验结果，判定工程夯二区的地基通过 6000kN·m 能级强夯处理后地面以下 0.0～2.0m 深度范围内地基土承载力特征值达到 250kPa。

6.3 其他工程夯区域地基处理效果

其他工程夯区域地基处理效果 1　　　　　表 3.25-21

主项名称	承载力特征值 f_{ak} 评价	变形模量 E_0（MPa）
MTO 装置、烯烃分离装置；综合仓库；维修中心	$f_{ak} \geq 250kPa$，满足设计要求	20.24～30.64
危险化学品库	$f_{ak} \geq 220kPa$ 满足设计要求	17.09～26.44
甲醇区域	$f_{ak} \geq 280\ kPa$，满足设计要求	20.8～33.1
烯烃罐区		
汽车装卸设施	$f_{ak} \geq 220kPa$，满足设计要求	20.2～25.2
通道 6-通道 9	$f_{ak} \geq 180kPa$，满足设计要求	15.32～20.70

7 结论

（1）通过对六个试夯区的检测结果的比较，各试夯区加固深度均能满足要求，即试夯一区至六区有效加固深度分别为 18m、15m、12m、9m、6m 和 5m；试夯一区至五区加固深度范围内压缩模量均能达到 15MPa，试夯六区接近 15MPa；试夯一区、试夯三区和试夯四区浅层地基土（0.0～2.0m）地基承载力特征值达到 250kPa，试夯二区和试夯五区地基承载力特征值达到 220kPa；针对各能级强夯，隔振沟均能有效减少强夯引起的振速峰值，即减小对周围环境的振动影响。

（2）经综合分析，本场地采用不同能级和工艺的强夯进行地基处理，地基处理后检测结果部分达不到设计要求，在针对类似粉细砂场地强夯施工时，应选用 ≥6000kN·m 能级的强夯工艺；由于强夯施工后地表层（0.0～2.0m 范围内）容易被扰动而影响其地基承载力特征值，建议施工后、检测前应对场地采取措施进行机械碾压。

（3）设计人员可考虑类似场地的实际地质情况，在满足上部结构要求的情况下，适当降低承载力特征值及压缩模量的要求。

（4）工程夯区域：根据夯前、夯后标准贯入试验检测对比结果，判定办公楼工程夯一区经过 12000kN·m 能级强夯处理后，有效加固深度达到 12.0m，地基承载力特征值达到 200kPa，地基土层压缩模量达到 15MPa，满足设计要求；办公楼工程夯二区经过 6000kN·m 能级强夯处理后，有效加固深度达到 6.0m，地基承载力特征值达到 250kPa，地基土层压缩模量达到 15MPa，满足设计要求。

【实录 26】中国石油云南 1000 万吨/年炼油项目场地开山回填黏性土地基处理关键技术研究与应用

徐先坤[1]，梁永辉[1]，董炳寅[2]　水伟厚[2]

(1. 上海申元岩土工程有限公司，上海 200040；2. 中化岩土集团股份有限公司，北京 102600)

摘　要：场区位于开山回填形成的人工填土地基上，地质条件异常复杂，涉及地下溶洞、局部淤泥质软土下卧层，以及 0~18m 不等、成分复杂的回填土地基，地基承载力和工后沉降问题对上部装置和建构筑物的建造和安全使用提出了很大的挑战。建设前期，建设方组织勘察、设计、施工以及专业地基处理等单位进行了全面的地基处理方案研究和试验工作，在科学论证的基础上，结合上部结构特点和要求，大面积工程实施采取了分层强夯、分层强夯置换、强夯与 CFG 复合地基，以及强夯与桩基等相结合的综合处理方案，保障了项目大面积场地的安全稳定，并为罐区、附属设施等提供了经济节约和高效的地基方案。项目实践中也遇到了一些问题与挑战，例如消防水罐等局部区域的不均匀沉降问题，分析和结果表明，地下水是影响回填土地基质量的重要因素，设计施工中应充分重视地下水的疏导。

关键词：开山回填黏性土地基；强夯与强夯置换；CFG 复合地基

1　概述

中石油云南石化 1000 万吨/年炼油项目位于云南省安宁市草铺镇南约 1km，东距安宁市主城区约 10km。项目内容包括厂内和厂外工程两大部分：厂内工程包括 1000 万吨/年炼油工艺装置以及相应的油品储运、公用工程及辅助设施等；厂外工程包括供电线路、给水设施、排水设施、道路及防护工程、铁路、原油管道末站、成品油首站、危险废物填埋场、公寓、停车场等。

建设场地属滇中高原构造侵蚀溶蚀切割地貌之丘陵地带，以中低山为主，在场区内部分区域可见基岩裸露。拟建场地范围地形起伏较大，地面标高 1884~1937m，相对高差 53m。场地内东北部、西南部地貌多为丘陵，冲沟发育；中部及西部比较平缓，地表植被较发育。丘陵地带为树林，平缓地带为农田。场地经过整平达到设计标高后，形成半挖半填不均匀场地。为改善整个场地的均匀性和提高地基土的承载力，根据上部结构的使用要求以及场地地质条件采用不同能级的强夯（置换）法、CFG 复合地基、桩基等进行地基处理，以满足场地和建（构）筑物的要求。

该项目地基处理的主要对象为开山回填后形成的红黏土地基，根据回填土层厚度、承载力设计要求采用以下三种方法处理：①分层普通强夯法；②强夯置换法；③普通强夯预处理＋CFG 桩复合地基法。经过以上方法处理，其地基承载力特征值均可达到 160~260kPa，压缩模量可达到 10~20MPa。原油罐区、中间原料罐区、产品罐区的部分油罐地基经过强夯预处理后继续进行 CFG 桩施工，形成 CFG 桩复合地基方案，其中 CFG 桩混凝土等级为 C20，

作者简介：徐先坤（1983—　），男，硕士，主要从事地基处理技术研究与测试工作。E-mail：158174018@qq.com。

桩径为 500mm，采用长螺旋钻孔、管内泵压混合料灌注成桩工艺。项目除部分区域受地下水影响存在软弱土需要特殊加固外，上述地基处理方案的实施，经济高效地解决了场地和建（构）筑物承载以及工后不均匀沉降的主要岩土问题，为项目建设的顺利实施和完工提供了技术保障。项目于 2012 年初开始试验，至 2015 年已基本完成。项目的成功也为我国西南地区大范围开山回填黏性土地基处理提供了新的思路和借鉴。

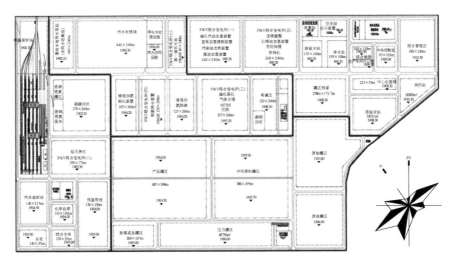

图 3.26-1　平面布置图

2　工程地质情况

根据回填前的地质勘察报告，地下水上部潜水稳定水位埋深为 1.30～25.40m，稳定水位标高 1871.86～1914.36m，主要受季节性降水及场地起伏、高差大的影响。

地层由上而下共分为 7 大层，各岩土层特征自上而下分述如下：

（1）第四系：多为人工回填、冲洪积、残坡积成因

①素填土（Q_4^{ml}）：褐红色—灰白色，为新近回填，主要由碎石、黏性土组成，碎石母岩成分主要为白云岩和砂岩，呈棱角状，粒径一般 1～5cm，分布不均匀；黏性土主要为粉质黏土，局部为砂砾，与碎石混杂，松散，高压缩性土。

第①-1 层耕土（Q_p^d）：褐红色—深褐色，岩性不均匀，含大量植物根系，主要由粉质黏土组成，以可塑状态为主。

第②层粉质黏土（Q_4^{al+pl}）：褐红色—紫红色—褐黄色，岩性不均匀，以粉质黏土为主，局部为黏土，含少量的硅质、白云岩角砾及氧化锰结核、斑点，黏土切面光滑，有光泽，韧性高，干强度中—高。多呈可塑—硬塑状态，少部分呈坚硬状态，中等压缩性土。

第②-1 层角砾（Q_4^{al+pl}）：棕红色—褐红色，岩性不均匀，母岩成分多为白云岩、粉砂岩及少量硅质岩组成，含量 50%～55%，砾径 3～20mm，呈棱角状、次棱角状，排列松散，大部分不接触，充填黏性土。稍湿、松散状态。

第②-2 层含砾黏性土（Q_4^{al+pl}）：褐红色—褐黄色—浅灰色，颜色较杂，岩性不均匀，一般含 15%～35%的角砾，砾径 3～110mm，呈棱角状、次棱角状，角砾母岩成分多为

白云岩、粉砂岩及少量硅质岩组成。多呈可塑—硬塑状态，中—低压缩性土。

第②₃层含黏土粗砾砂（Q_4^{al+pl}）：灰白—灰黄色—褐红色，砂粒的主要矿物成分为石英、长石，多呈次棱角状、浑圆状，分选一般，级配一般，局部为中砂、角砾，含5%～40%粉黏粒，呈饱和、稍密—中密状态。

第③层含角砾粉质黏土（Q_4^{al+pl}）：褐黄色—褐红色—褐色—浅黄色—灰黄色—浅灰色，岩性不均匀，以粉质黏土为主，角砾含量在5%～30%，粒径在3～50mm，角砾的成分多为白云岩、含磷砂岩及少量硅质岩组成，其中白云岩角砾见有溶蚀的小孔。黏土切面光滑，稍有光泽，韧性高—中等，干强度中—高。呈可塑—硬塑状态，中压缩性土。

第③₁层含有机质粉质黏土（Q_4^{al+pl}）：灰黑色，相变频繁，局部过度为泥炭质土、淤泥质土，有光泽，韧性中等，干强度中等，呈软塑—可塑状态，为欠固结、中—高压缩性土，有机质含量6.6%～16.7%。

第④层残积土（Q^{dl+el}）：灰黄—棕黄—棕红色，主要为粉质黏土，局部为红黏土，为各种基岩风化后的残坡积物，主要成分由长石、云母、白云岩等碳酸盐矿物，夹石英颗粒，易搓成条，岩芯呈土状，土质较均匀，呈硬塑—坚硬状态，属中压缩性土。

第④₁层黏性土夹砂（磷矿）（Q^{dl+el}）：灰白色—褐黄色—红褐色，矿物主要为非晶质胶磷矿、微细晶磷灰石等，陆源碎屑物质有石英、水云母、绿泥石、电气石、铁泥质及其他黏土矿物，局部变相为碎石土。

（2）基岩：下寒武统筇竹寺组石岩头段（$\in_1 q$）、渔户村组（$\in_1 y$）、中宜村组（$\in_1 z$）的白云岩、含磷白云岩、泥质白云岩、砂岩、泥岩；泥盆系中统海口组（D^2）、上统宰割组（D^3）的白云岩、炭质砂岩、石英砂岩、泥岩。上述基岩地层定义原则上按基岩的风化程度进行地层划分编号，按全风化、强风化、中风化三个带划分为3大层（⑤层、⑥层、⑦层）。

第⑤层全风化泥岩、砂岩（$\in_1 q$）：褐黄色—灰黄色，岩性不均匀，相变频繁，结构构造基本破坏，但层理、片理尚可辨认，局部含少量石英颗粒；已蚀变成土状，用手可捏碎；呈硬塑—坚硬状态，中—低压缩性土。

第⑥层基岩强风化带：由强风化泥岩、砂岩（⑥₁）、强风化白云岩、灰岩（⑥₂）、强风化炭质砂岩（⑥₃）、强风化石英砂岩（⑥₄）构成。

3 大面积场地形成地基处理方案论证与试验

本项目开挖回填后形成的场地，填方厚度不等，最大填方厚度超过12m，加上原地基表层耕植土，总处理深度最深处超过18m。因此，根据本项目特点，结合经济、技术、工期等方面因素，地基处理方案主要在压实方法中选择。适用于本项目的压实方法主要有振动碾压、冲击碾压和强夯（置换）法。

压实方案对比表　　　　　　　　　　　　　　　　　　表3.26-1

压实方法	优　点	缺　点
振动碾压	①施工对周围环境影响小； ②施工设备轻便灵活、施工简单； ③形成后场地空间范围内均匀性较好	①分层填筑厚度薄，分层数量多； ②填料粒径、含水率要求高，$w_{op}\pm 2\%$； ③土方工程施工效率低，工期长

压实方法	优　点	缺　点
冲击碾压	①施工对周围环境影响小; ②施工设备轻便灵活、施工简单; ③施工效率较高,工期较短	①对作业面的大小要求较高,狭窄沟道施工效率低; ②填料粒径、含水率要求高,$w_{op} \pm 2\%$ ③压实质量受含水率变化影响较大
强夯	①影响深度大,根据不同能级影响深度最大超过 20m; ②填料粒径、含水率要求相对低; ③施工受冬季影响相对小; ④可进行分层处理,本项目最多可分两层,分层厚度可为 4~14m; ⑤夯击能量大,单位土方击实功较大,处理效果较好; ⑥施工效率高,适合大面积施工,工期短	①振动噪声大,对周围环境影响较大; ②施工设备庞大笨重,影响土方挖填交叉施工; ③大面积施工质量控制有难度

从表 3.26-1 可以看出,分层强夯相对于振动碾压与冲击碾压的最大优势在于:①处理深度大,最大超过 20m,为冲击碾压的 0.8m 分层厚度的 25 倍,且根据处理深度的变化可灵活调整能级,夯击遍数等参数;②对于回填料的粒径要求相对较低,回填料中可少量存在大块土石料,这可以最大程度的消纳场地范围内的土石料;③对于强夯处理对于含水率要求不高,可比碾压方案减少土料晾晒或加水湿润时间,节省工期。因此,综合考虑采用强夯(置换)法作为本项目地基处理的主要方法。针对回填厚度较大、存在软弱土层及承载力要求较高的储罐区域,强夯预处理完成后继续进行 CFG 桩复合地基施工,满足承载力和压缩模量设计要求。

3.1　强夯法地基处理试验

(1) 试验方案及工艺参数

为保证强夯大面积施工达到较好的技术经济效果,进一步验证地基处理方案的可行性、确定大面积施工工艺参数,在正式施工前首先进行强夯及强夯置换试验。强夯试验,按处理土类可划分为填方区的原地基土、挖方区的原地基土、填方区人工填土地基三类;按处理工艺包括强夯和强夯置换,强夯主要针对回填土,强夯置换主要针对原状软弱土层;按试验阶段可划分为第一阶段回填区原地基土处理阶段与和第二阶段回填土及挖方区原地基土处理。试验区在经过强夯或强夯置换处理后,地基设计目标如表 3.26-2 所示。

试验区地基处理设计目标　　　　　　　　　　表 3.26-2

罐区试验区		3 号试验区	4 号试验区	6 号试验区	8 号试验区
原地基土	主夯击能(kN·m)	8000 强夯置换	8000 强夯	15000 强夯	3000 强夯
	处理深度(m)	≥9	≥9	≥13	≥6
	承载力特征值 f_{ak}(kPa)	≥260	≥250	≥250	≥250
	压缩模量 E_s(MPa)	≥20	≥16	≥16	≥16
装置区试验区		试夯点 1 区	试夯点 2 区	试夯点 3 区	

续表

罐区试验区		3 号试验区	4 号试验区	6 号试验区	8 号试验区
回填土地基	主夯击能(kN・m)	4000	15000	8000	
	处理深度(m)	≥6	≥15	≥10	
	承载力特征值 f_{ak}(kPa)	≥160	≥160	≥160	
	压缩模量 E_s(MPa)	≥10	≥10	≥10	

试验区强夯实际施工参数　　　　　表 3.26-3

试验区	遍数	能级(kN・m)	每遍夯击数(击)		累计夯沉量(m)		最后两击平均夯沉量(cm)		填料量(m)		场地平均隆起量(m)
			范围	平均	范围	平均	范围	平均	范围	平均	
3 号区	第一遍	8000	11～20	16	17.68～43.80	24.95	5.0～24.0	14.5	13.8～40.4	21.55	0.84
	第二遍	8000	11～18	15	17.28～29.61	19.63	8.0～24.0	16.0	13.6～25.9	16.12	

（2）试验检测结果

地基处理试验效果的检验，主要采用平板载荷试验、标准贯入试验、重型动力触探试验、钻孔取土及室内土工试验和多道瞬态面波测试五种检测手段。其中，平板载荷试验主要用于检测荷载板影响深度范围内地基土的承载力；标准贯入试验、重型动力触探试验用于检测强夯对深层土体的加固效果，确定各能级强夯的影响深度和有效影响深度，确定深层地基的承载力和变形指标；钻孔取土及室内土工试验用于评价地基土强夯处理前后物理力学指标的变化；多道瞬态面波测试用于评价场地均匀性及地基加固效果。

通过对强夯地基处理夯前夯后的试验检测结果，得到以下结论：

1）从标准贯入试验曲线、重型动力触探试验曲线及多道瞬态面波曲线，可以得出：

① 3 号试验区 8000kN・m 强夯置换处理有效影响深度达到 9m，加固效果较为明显的为 7m 深度范围内。3 号试验区强夯置换墩的深度大致为 6.0～7.0m，处理后场地局部③₁ 层含有机质黏土层层底埋深大于 7m 的区域，置换墩未完全穿透③₁ 层含有机质黏土层。

②4 号、6 号、8 号试验区强夯处理有效影响深度分别达到 9m、13m、6m（分别对应原状土 8000kN・m、15000kN・m、3000kN・m 强夯）。

③试夯点 1 区和试夯点 3 区强夯处理（分别对应回填土 4000kN・m 和 8000kN・m 强夯）的有效影响深度满足设计要求的 6m 和 10m；试夯点 2 区回填土 15000kN・m 强夯处理的有效影响深度不能满足设计要求的 15m，实际有效影响深度为 12.5m 左右。

2）综合各项检测方法的检测结果，各试验区强夯地基处理后不同深度土层的地基承载力特征值和压缩模量都有较大的提高，其中浅部地层加固后地基承载力特征值达到250kPa，深层承载力略低，约为 150～200kPa，总体加固效果较好，需要说明的是试验区施工及检测期间下雨较少，如果大面积施工在 7～9 月份的雨季进行，大面积地基处理加固效果比试验区加固效果可能有一定程度的降低。

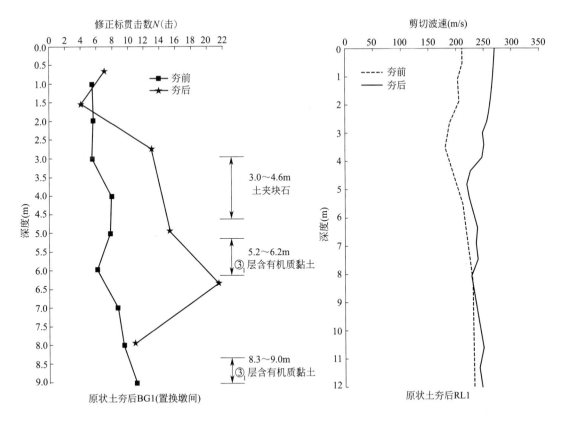

图 3.26-2　3 号试验区典型标贯曲线

图 3.26-3　3 号试验区典型面波曲线

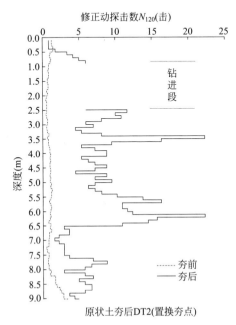

图 3.26-4　3 号试验区典型夯点
超重型动探曲线

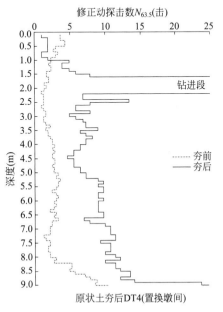

图 3.26-5　3 号试验区典型
夯间重型动探曲线

试验 3 号区（8000kN·m）地基承载力特征值及压缩模量　　　表 3.26-4

深度范围 （m）	地基承载力特征值 f_{ak}(kPa)	压缩模量 E_s(MPa)	地　　　层
0.0～5.0	260	20	土夹块石
5.0～6.0	250	16	粉质黏土，局部为土夹块石
6.0～7.0	200	14	粉质黏土，局部为③₁层含有机质黏土
7.0～9.0	150	8	③₁层含有机质黏土，局部为含砾粉质黏土

（3）强夯试验获得的成果与经验

通过对 3 号试验区（原油罐区）、4 号试验区（中间原料罐区）、6 号试验区（产品罐区）、8#试验区（产品罐区）、试夯点 1 区（装置区）、试夯点 2 区（装置区）和试夯点 3 区（装置区）的平板载荷试验、标准贯入试验、重型动力触探试验、钻孔取土及室内土工试验、多道瞬态面波试验、施工过程分析等结果的综合分析，对强夯施工效果进行了综合评价，确定强夯有效影响深度、地基承载力、变形指标等参数，为后期大面积地基处理设计及优化提供依据。根据试验结果，对大面积地基处理设计和施工提出以下具体建议：

①强夯法是一种经济高效、节能环保的地基处理方法，适合于本场地的地基处理，建议作为后期本场地的主要地基处理方法。但应结合各分区的处理目的、地质情况、设计要求、基础形式等采用不同能级、工艺、填料的强夯，同时做好动态化设计和信息化施工。

②根据各试验区施工情况和强夯效果检测的成果，建议强夯（置换）地基处理有效影响深度如下：

3 号试验区 8000kN·m 强夯置换处理有效影响深度达到 9m，满足设计地基处理深度要求。检测结果显示，3 号试验区强夯置换墩的深度大致为 6.0～7.0m，置换墩可能出现未穿透③₁层含有机质黏土层的情况。建议大面积施工阶段，若采用强夯置换地基处理工艺，8000kN·m 强夯置换墩深度可按 6.0～7.0m 采用。

装置区试验区阶段回填土 4000kN·m、8000kN·m、15000kN·m 强夯处理加固有效影响深度建议可取为 7.0m、10m、12.5m。但如果大面积施工在 7～9 月份的雨季进行，考虑到降雨引起的回填土场地表层滞水有可能削减强夯向深层土体传递的冲击能量，因此建议大面积施工阶段，回填土 4000kN·m、8000kN·m、15000kN·m 强夯处理加固有效影响深度可分别按 6.0～6.5m、9.0～9.5m、11.5～12.0m 采用。

③考虑到后期大面积雨季施工对地基处理加固效果有较大影响，根据对各试验区不同天气条件下的施工情况和检测效果的分析，大面积雨季施工地基加固效果比试验区加固效果可能有一定程度的降低，初步建议设计方按地基承载力特征值和压缩模量降低 10%～25% 考虑。在必要时可采取增加排水措施或夯坑回填部分粗粒料以确保雨季施工的效果。具体建议在大面积施工阶段，根据检测结果实施信息化设计和施工。

④为保证地基处理深度范围内土体均得到有效加固，建议插点夯能级宜适当调整。按高能级处理深层，中能级处理中间层，低能级处理浅层，满夯处理表层的原则进行强夯夯击能设计。如 4 号试验区一、二、三遍点夯能级可分别选用 8000kN·m、8000kN·m、4000kN·m，满夯能级 2000kN·m；6 号试验区一、二、三遍点夯能级可分别选用 15000kN·m、15000kN·m、8000kN·m，满夯能级 2000kN·m。

⑤关于夯点间距，主夯点对于夯间土的挤密效果与夯点间距直接相关。为确保夯间土

的加固效果，根据现场试夯施工情况及检测结果，建议 8000kN·m 能级强夯主夯点可适当加密至 8～9m，3000kN·m 能级强夯主夯点可适当加密至 5～6m。

⑥由于点夯强夯引起表层土结构破坏，而满夯效果不够理想，部分试验区普遍存在夯后表层填土强度降低的现象，因此建议后期大面施工时通过增加满夯遍数、击数和调整满夯能级的方法或者强夯完成后表层碾压的方法提高表层土的地基承载力。

⑦场平后，由于场地存在大量填方区，表层填土松软，遇降雨容易下渗至低洼处，且深层回填土浸泡后雨水难以下渗，易形成含水量较高的填土，强夯后易形成橡皮土，难以达到加固效果。建议场地平整后表层略微加以碾压，并做好场地排水沟，使雨水及时排出场外。必要时在关键线路上设置盲沟，减少雨季施工对工程质量和工期的影响。

⑧施工期间应加强天气预报观测，强夯施工后的夯坑在降雨之前及时推平、回填，避免降雨形成集水坑对夯坑浸泡；遇降雨在坑内形成积水区域，应挖出坑内软泥，露出新鲜土层方可回填干燥土；强夯施工在降雨过后，须经过一定的晾晒处理，待浅层地基土干燥后方可继续进行施工，以保证加固效果。

3.2　大面积强夯地基处理效果

（1）强夯法设计要求

本项目场地由开挖回填形成，最大填方厚度为 20m。强夯法主要用于主装置区地基处理（罐区主要采用强夯置换工艺或者强夯预处理＋CFG 桩复合地基工艺），主要处理对象为①层耕植土及其以上的回填土层。根据各区域填土实际厚度及夯后承载力及压缩模量要求，按照表 3.26-5 选择适宜的强夯能级。

强夯能级及加固要求

表 3.26-5

序号	强夯能级（kN·m）	有效加固深度（m）	承载力要求	压缩模量要求
1	3000	≥4	主装置区 $f_{ak} \geq 180$kPa 其他区域 $f_{ak} \geq 160$kPa	主装置区 $E_s \geq 12$MPa 其他区域 $E_s \geq 10$MPa
2	4000	≥6		
3	5000	≥7		
4	6000	≥8		
5	8000	≥10		
6	10000	≥11		
7	12000	≥12		
8	15000	≥14		

针对填方厚度较大区域，采取分层回填、分层强夯施工工艺，具体分层原则：

①填土厚度不超过 10m 的，按一层进行强夯地基处理；夯前松填至场平标高＋0.5m，夯后标高按场平标高控制；

②填土厚度超过 10m 的，按两层进行强夯地基处理；底层松填至场平标高以下 5m，进行底层强夯地基处理，底层区域地基检测合格后方可进行顶层土方回填；顶层回填至场平标高＋0.5m，进行顶层强夯地基处理，夯后标高按场平标高控制。

（2）加固效果评价

强夯法地基处理加固效果检测，主要采用平板载荷试验、标准贯入试验、重型动力触探试验和多道瞬态面波测试四种检测手段。其中，平板载荷试验主要用于检测荷载板影响深度范围内地基土的承载力；标准贯入试验、重型动力触探试验用于检测强夯对深层土体的加固效果，确定各能级强夯的有效加固深度和深层土体的承载力和变形指标；多道瞬态面波测试主要用于评价场地均匀性。

标准贯入试验检测典型曲线见图 3.26-6，重型动力触探试验检测典型曲线见图 3.26-7，典型多道瞬态面波测试曲线见图 3.26-8，典型静载试验检测 p-s 曲线见图 3.26-9。

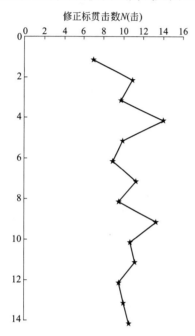

图 3.26-6　典型标贯曲线

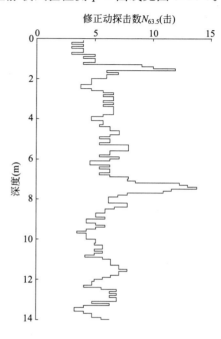

图 3.26-7　典型动探曲线

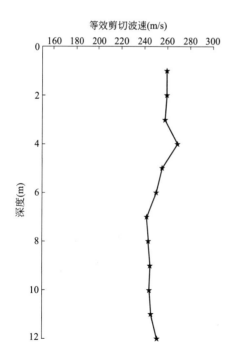

图 3.26-8　典型面波曲线

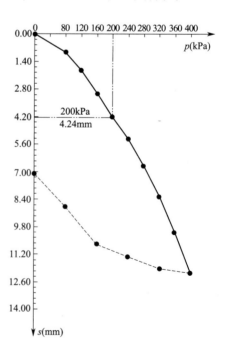

图 3.26-9　典型静载 p-s 曲线

污水处理厂顶层实际承载力及压缩模量统计表　　　　　　表 3.26-6

深度（m）	修正标贯击数平均值 N（击）	修正动探击数标准值 N（击）	等效剪切波速平均值（m/s）	承载力特征值 f_{ak}（kPa）	压缩模量 E_s（MPa）
0.0～1.0	11.0	5.3	230.8	210	14
1.0～2.0	11.5	6.2	233.1	210	14
2.0～3.0	12.7	5.9	233.9	220	16
3.0～4.0	12.4	5.7	235.5	220	16
4.0～5.0	11.9	5.9	237.4	210	14
5.0～6.0	12.3	5.6	239.7	220	16
6.0～7.0	11.2	5.0	241.9	205	14
7.0～8.0	11.4	5.9	243.5	210	14
8.0～9.0	13.8	5.0	245.5	205	16
9.0～10.0	10.3	4.3	246.6	185	11
10.0～11.0	11.2	5.0	247.0	205	12
11.0～12.0	9.5	6.1	248.8	200	12
12.0～13.0	10.0	5.3	-	200	12
13.0～14.0	10.6	4.1	-	180	11

　　根据各区域夯后检测结果，按照表 3.26-6 工艺施工的强夯处理区域，其有效加固深度、承载力特征值和压缩模量均能达到设计要求。但是，由于本项目为填方地基，且填料以黏性土为主，虽经强夯夯实，检测满足设计要求，但是填方地基不同于常规地基，填料后期仍然可能发生部分工后沉降，例如长期蠕变变形、湿化变形等，设计进行地基基础方案设计时予以重视。同时，强夯施工过程中和施工完成后应做好场地排水工作，避免场地因雨水浸泡造成承载力降低。

4　强夯置换法应用及加固效果评价

　　原油罐区为直径 80m 的 10 万 m³ 储罐，采用分层强夯施工工艺，顶层统一采用 5000kN·m 能级强夯半置换工艺，底层采用 5000～8000kN·m 能级强夯置换工艺。各能级强夯置换具体施工参数见表 3.26-7 统计。

强夯能级及加固要求　　　　　　表 3.26-7

序号	强夯能级	有效加固深度（m）	承载力要求	压缩模量要求
1	顶层 5000kN·m 半置换	≥5	f_{ak}≥260kPa	E_s≥20MPa
2	底层 5000kN·m 置换	≥5		
3	底层 6000kN·m 置换	≥6		

　　中间原料罐区施工四区采用 10000kN·m 能级强夯半置换工艺，具体施工参数见表 3.26-8 统计。

强夯能级及加固要求　　　　　　　　表 3.26-8

序号	强夯能级	有效加固深度	承载力要求	压缩模量要求
1	顶层 10000kN·m 半置换	≥10m	f_{ak}≥220kPa	E_s≥14MPa

产品罐区 2 万 m³ 储罐设计要求承载力≥250kPa，压缩模量≥16MPa，采用强夯置换工，其余小于 2 万 m³ 储罐设计要求承载力≥220kPa，压缩模量≥14MPa，采用强夯置换工艺。

强夯能级及加固要求　　　　　　　　表 3.26-9

序号	强夯能级	有效加固深度	承载力要求	压缩模量要求
1	8000kN·m 半置换	≥6m	f_{ak}≥250kPa	E_s≥16MPa
2	10000kN·m 半置换	≥8m	f_{ak}≥250kPa	E_s≥16MPa
3	6000kN·m 置换	≥4m	f_{ak}≥250kPa	E_s≥16MPa
4	8000kN·m 置换	≥6m	f_{ak}≥250kPa	E_s≥16MPa

强夯能级及加固要求　　　　　　　　表 3.26-10

序号	强夯能级	有效加固深度	承载力要求	压缩模量要求
1	6000kN·m 半置换	≥6m	f_{ak}≥220kPa	E_s≥14MPa
2	8000kN·m 半置换	≥8m	f_{ak}≥220kPa	E_s≥14MPa
3	6000kN·m 置换	≥8m	f_{ak}≥220kPa	E_s≥14MPa
4	8000kN·m 置换	≥8m	f_{ak}≥220kPa	E_s≥14MPa

加固效果评价：

强夯置换法地基处理加固效果的检测，主要采用单墩静载试验、复合地基静载试验、重型动力触探试验和超重型动力触探试验四种检测手段。其中，单墩静载试验主要用于检测强夯置换墩的承载力，设计要求单墩承载力特征值≥350kPa，采用直径为 2.7m 的圆形板进行检测；复合地基静载试验主要用于检测荷载板影响深度范围内复合地基的承载力和变形模量，采用 3m×3m 的正方形大板进行检测；重型动力触探试验主要用于检测夯间土体的加固效果；超重型动力触探试验主要用于检测置换墩的长度和密实度。

重型动力触探试验检测典型曲线见图 3.26-10，超重型动力触探试验检测典型曲线见图 3.26-11，典型单墩静载试验检测曲线见图 3.26-12，典型复合地基静载试验检测曲线见图 3.26-13。

原油罐区 2100-T-0001F 储罐顶层实际承载力及压缩模量统计表　　表 3.26-11

深度(m)	修正重型动探标准值 $N_{63.5}$(击)	修正超重型动探标准值 N_{120}(击)	承载力特征值 f_{ak}(kPa)	压缩模量 E_s(MPa)
0.0～1.0	5.7	6.5	270	21
1.0～2.0	6.1	8.8	280	22
2.0～3.0	7.2	9.0	280	22
3.0～4.0	7.5	9.1	280	22
4.0～5.0	7.8	7.4	270	21
5.0～6.0	8.5	7.5	270	21
6.0～7.0	10.3	7.1	270	21
7.0～8.0	10.3	7.6	270	21

　　表 3.26-11 为典型的原油罐区重型动探击数和超重型动探击数统计值，根据各区域夯后检测结果，按照设计要求施工的强夯置换处理区域，其有效加固深度、承载力特征值和压缩模量均能达到设计要求。

　　原油罐区强夯置换施工完成后、在充水预压过程中进行了环墙基础的沉降监测工作，各沉降监测点最大沉降仅为 2cm，强夯置换加固效果较好。

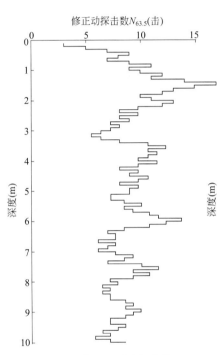

图 3.26-10　典型重型动探曲线（DT4）

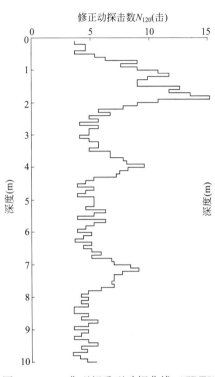

图 3.26-11　典型超重型动探曲线（CDT7）

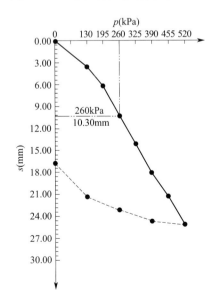

图 3.26-12　典型单墩静载试验曲线

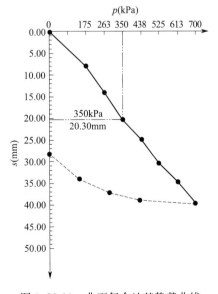

图 3.26-13　典型复合地基静载曲线

5 强夯预处理＋CFG桩复合地基加固效果评价

本项目原油罐区、中间原料罐区和产品罐区部分储罐地基填土厚度较大、且存在一定厚度的软弱土层，针对该地质区域采用了强夯预处理＋CFG桩复合地基处理方案。

5.1 强夯预处理

强夯预处理的主要目的是提高表层填土地基的承载力和压缩模量，降低桩侧负摩阻力对CFG桩的不良影响，满足桩基机械正常施工作业。本次强夯预处理的强夯能级为3000～8000kN·m，要求承载力特征值≥160kPa，压缩模量≥10MPa。

5.2 CFG桩复合地基

本工程采用CFG桩混凝土等级为C20，桩径为500mm，采用长螺旋钻孔、管内泵压混合料灌注成桩工艺；桩间距1.8～2.0m，采用环形布桩方式（图3.26-14）；桩端持力

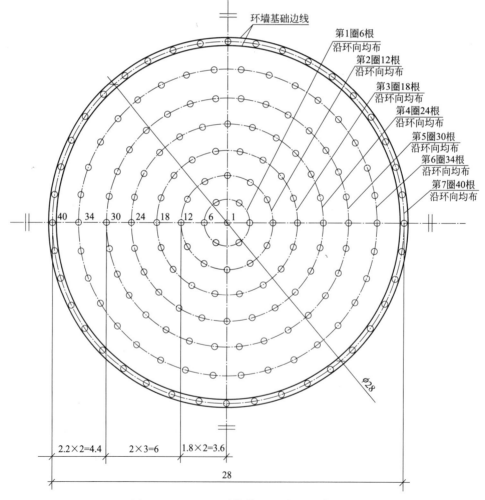

图3.26-14 1万 m³储罐CFG桩平面布置图

层为全风化或强风化基岩，有效桩长在 7～25m 之间。根据储罐容量及承载力要求，储罐布置 CFG 桩数量见表 3.26-12 统计。

CFG 桩数统计及承载力设计要求　　　　　　表 3.26-12

罐容量(m³)	10W	2W	1W	5K	3K	2K
单罐 CFG 桩数(根)	1381	315	165	85	61	43
单桩竖向承载力特征值(kN)	700	650	550			
复合地基承载力特征值(kPa)	260	250	220			

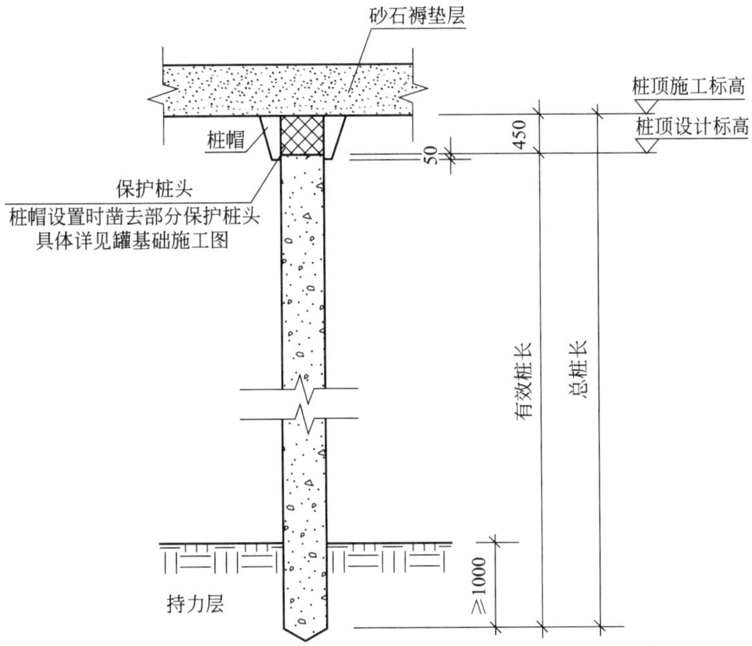

图 3.26-15　CFG 桩身剖面图

5.3　加固效果评价

CFG 桩复合地基处理加固效果的检测，主要采用单桩静载试验、复合地基静载试验和低应变法测试三种检测手段。其中，单桩静载试验主要用于检测 CFG 桩的单桩竖向承载力，要求单桩承载力特征值不小于表 3.26-13 要求；复合地基静载试验主要用于检测荷载板影响深度范围内 CFG 桩复合地基的承载力和变形模量，采用 1.9m×1.9m 的正方形大板进行检测；低应变法检测主要用于测试桩身完整性。

检测开始时间：低应变检测应在 CFG 桩基施工结束后 14 天进行，单桩静载试验、复合地基静载试验应在桩身强度满足设计要求且施工结束 28 天后进行。

根据设计图纸及相关规范，各检测项目抽检比例如下：

（1）低应变法检测数量为总桩数的 10%；

（2）单桩静载试验检测数量为总桩数的 0.5%，且每个单体工程的试验数量不少于

3点；

（3）复合地基静载试验检测数量为总桩数的0.5％，且每个单体工程试验数量不少于3点。

单桩静载试验检测典型曲线见图3.26-16，典型复合地基静载试验检测曲线见图3.26-17，低应变检测典型曲线见图3.26-18。

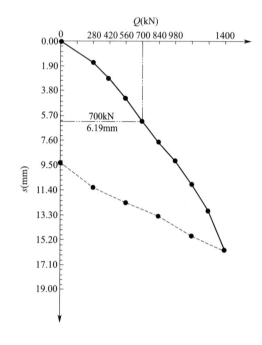

图3.26-16 典型单桩静载试验曲线

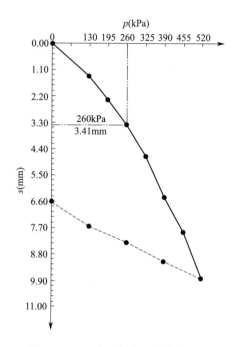

图3.26-17 典型复合地基静载曲线

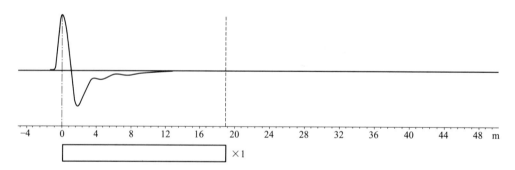

图3.26-18 典型低应变法检测曲线

根据各储罐CFG桩复合地基检测结果，其桩身完整或浅层存在轻微缺陷，完整性类别可判为Ⅰ类或Ⅱ类，其单桩承载力和复合地基承载力均能达到设计要求。但是，由于CFG桩身混凝土强度较低，桩基施工和桩头开挖过程中易造成桩头损坏，建议相关单位加强基桩施工过程和表层清土、桩头开挖、凿除过程中的监管，控制桩基施工参数，CFG桩桩顶以上50cm、周边1m范围内土体应采用人工开挖，避免机械扰动对浅部桩体的破坏。

6　结论

（1）根据强夯试验结果可知，开山回填红黏土地基适合采用强夯法进行地基处理，但应结合各分区的处理目的、地质情况、设计要求、基础形式等采用不同能级、工艺、填料的强夯，同时做好动态化设计和信息化施工。

（2）本项目强夯的主要处理对象为耕植土及其以上的回填土层。根据各区域填土实际厚度及夯后承载力及压缩模量要求，针对填方厚度较大的区域，采取分层回填、分层强夯施工工艺。

（3）针对承载力和变形要求较高的罐区，可采用 5000～10000kN·m 能级的强夯（半）置换法进行加固处理。根据各油罐地基的有效加固深度和承载变形要求，确定强夯置换工艺。

（4）针对地基填土厚度较大且存在一定厚度软弱土层的油罐地基，可采用了强夯预处理+CFG 桩复合地基处理方案。强夯预处理的主要目的是提高表层填土地基的承载力和压缩模量，降低桩侧负摩阻力对 CFG 桩的不良影响，满足桩基机械正常施工作业。

（5）根据各储罐 CFG 桩复合地基检测结果，其桩身完整或浅层存在轻微缺陷，完整性类别可判为Ⅰ类或Ⅱ类，其单桩承载力和复合地基承载力均能达到设计要求。但是，由于 CFG 桩身混凝土强度较低，桩基施工和桩头开挖过程中易造成桩头损坏，建议相关单位加强基桩施工过程和表层清土、桩头开挖、凿除过程中的监管，控制桩基施工参数，CFG 桩桩顶以上 50cm、周边 1m 范围内土体应采用人工开挖，避免机械扰动对浅部桩体的破坏。

【实录 27】安庆石化成品油管道工程首站场地形成与地基处理工程

张文龙[1]，水伟厚[2]，吴其泰[1]，卢宏飞[1]

(1. 上海申元岩土工程有限公司，上海 200040；2. 中化岩土集团股份有限公司，北京 102600)

摘　要： 安庆首站库大面积场地地基处理工程为国内首次大型成品油储罐厂区全部采用强夯置换法进行地基加固处理的工程。厂区内储油罐区为人工回填土区域，采用分两层进行强夯置换加固处理，其他建筑（构）物采用一层强夯置换加固处理。最终经过强夯置换加固处理后的地基检测指标均满足设计要求，同时经过储油罐的充水预压测试试验和建筑物（办公楼）的沉降观测试验，各基础沉降指标均满足设计及规范要求。

关键词： 人工回填土；8000kN·m；强夯置换

1 概述

安庆首站油库位于安庆承接产业转移集中区，安庆石化厂北山罐区西北侧，油库用地规模约 204.3645 亩。油库分为 3 个功能区域，包括储油罐区、辅助生产—行政管理区、成品油管道站场：①储油罐区：设 2 个油罐组，T-1 罐组内设 10 座 2 万 m^3 内浮顶油罐（钢浮盘），储存汽、柴油。T-2 罐组为预留罐组，预留 5 座 2 万 m^3 内浮顶油罐（钢浮盘）。②辅助生产—行政管理区：新建 1628m^2 综合楼 1 座（含化验室、办公室、值班宿舍、食堂等）；新建 273m^2 消防泵房 1 座；新建 2000m^3 消防水罐 2 座；新建 715m^2 变电所 1 座；新建 72m^2 泡沫站 1 座；新建油污水提升池 1 座。③公路发油区。

拟建场区属于沿江剥蚀—堆积阶地地貌类型，原始地形起伏较大，地面高程为 40.26～61.49m，最大高差 21.23m。场地由十八湾水库区域及周边经人工回填而成。场地平整至设计标高时，场区内公路发油区为原始地貌开挖而成，储油罐区以及其他区域全部是回填土，最大回填土层厚土近 18m，回填土成分复杂，且不均匀。为了提高场区内地基强度和抗不均匀变形能力，设计采用高能级强夯置换法对地基进行加固处理。强夯置换加固处理后，综合检测结果表明：采用 8000kN·m 能级强夯置换方案处理是可行的，加固处理效果明显。经第三方检测：地基承载力特征值大于 250kPa，变形模量不小于 15MPa。储油罐区及行政办公区等储油罐、建筑物和构筑物均已基本完成，储油罐在建成后经充水预压试验测试，储油罐基础沉降满足设计及规范要求。

工程时间：2013 年 3 月～2015 年 9 月。

作者简介：张文龙（1982—　），男，高级工程师，主要从事地基处理设计、施工、检测等相关工作。E-mail: tylz87934743@163.com。

2　工程地质概况

（1）场地地层主要为第四系全新统（Q_4）杂填土、素填土、粉质黏土、第四系上更新统冲洪积卵石土、含卵石粗砾砂（Q_1^{al+pl}）和白垩系上统宣南组全—中风化泥质砂岩（K_{2x}）。场地土层情况见表 3.27-1，场地典型地质剖面见图 3.27-1。

场地土层分布情况表　　　　　　　　　　　表 3.27-1

层号	土层名称	厚度(m)	特　点
①₁	杂填土	1.00~5.10	主要由砖块、卵石、碎石及黏性土及建筑垃圾等组成,结构松散,组成物质复杂,不均匀,为人工回填而成
①₂	素填土	0.50~25.00	主要由卵石、碎石及黏性土等组成,其中卵石含量大于50%,结构松散,组成物质复杂,不均匀,为早期与近期人工回填而成
②₁	粉质黏土	0.70~3.30	含少量砾砂、卵石,切面稍有光泽,无摇振反应,干强度中等,韧性中等,含有机质和植物根系
②₂	粉质黏土	0.60~5.90	含少量砾砂、卵石,切面稍有光泽,无摇振反应,干强度中等,韧性中等,部分地段为黏土、粉土
③	卵石	0.80~17.40	湿—饱和,中密—密实,卵石含量一般50%~70%左右,粒径一般2~5cm,少量7~10cm,最大粒径超过10cm,分选中等,磨圆一般,多呈次圆状、亚圆状,另含少量砾石,局部与中粗砂互层,母岩成分主要为石英岩、石英砂岩和燧石等,强度高,孔隙间由黏性土、中粗砂或砾砂充填
③₁	含卵石粗砾砂	1.00~7.20	湿—饱和,中密—密实。卵石含量一般15%~30%左右,成分主要为石英等,强度高,孔隙间由黏性土、卵石等充填,局部与卵石互层
④	全风化泥质砂岩	0.70~6.00	部分灰白色、灰黄色,岩体风化强烈,原岩结构、构造已完全被风化破坏,岩体呈土柱状、砂柱状,泥质含量变化较大,岩体风化不均匀,局部地段夹近强风化状岩芯,局部含砾石、角砾
⑤	强风化泥质砂岩	1.00~5.50	部分灰白、灰黄色,砂泥质结构,中厚层状构造,泥质胶结,胶结程度差,浸水易软化,结构大部分破坏,风化裂隙很发育,主要成分为石英、长石,含少量云母和泥质,各成分变化较大
⑥	中风化泥质砂岩	—	砂泥质结构,中厚层状构造,泥质胶结,风干易裂解,主要成分为石英、长石、云母及泥质,裂隙稍发育,岩芯较完整,呈柱状,柱长一般10~40cm,指甲可刻划,岩质软

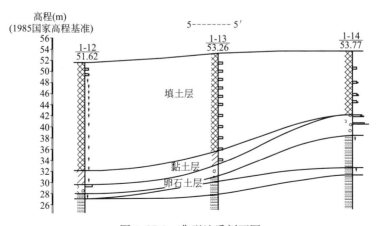

图 3.27-1　典型地质剖面图

（2）地下水类型为上层滞水及第四系松散层类孔隙潜水，其中上层滞水主要赋存于①₁层素填土中，无统一自由水位，水量较小，主要接受大气降水及补给，第四系松散层类孔隙潜水主要赋存于③层卵石及③₁层含卵石粗砾砂中。场地地下水主要以大气降水的垂直入渗及周边区域地下水的径流补给。地下水的主要排泄途径为向大气蒸发和地下径流排泄。

场地地下水位较浅，地下稳定水位埋深为 0.50～4.80m，场地地下水水位受雨水补给影响明显，水位年变化幅度为 1.50m。

3 地基处理要求及方案设计

3.1 地基处理技术特点分析

（1）勘察所揭露的地层情况显示，除①层杂填土层、①₁层素填土层、②₁层淤泥质粉质黏土层属于软弱土层外，其他地基土层性质较好，厚度在垂直方向变化较小，岩土性质较为均匀，场地地层分布稳定性较好。

（2）①层杂填土层、①₁层素填土层为近期回填，属欠固结土，②层淤泥质粉质黏土在上部结构较大荷载作用下，会出现较大沉降，且土性不均匀，必须进行处理后方可作为建（构）筑物浅基础的地基。

（3）场地内拟建油罐对地基承载力和沉降要求比较高的建（构）筑物。其中钢浮盘油罐基础直径达到 37m，附加应力对地基土的影响深度较大，同时储油罐对地基的不均匀沉降要求较为严格，不均匀沉降过大时会严重影响油罐浮盘的正常使用。

（4）勘察报告显示：①层杂填土层、①₁层素填土层主要由砖块、碎石及黏性土及建筑垃圾等组成，局部卵石含量较高，大约50%左右，结构松散，组成物质复杂，不均匀，因此后续建（构）筑物地基处理方案的选择必须考虑杂填土层和素填土层的不均匀性和土质的适用性。

（5）场地内除拟建油罐外的其他如综合楼、事故水池设施、道路、地坪等大量使用荷载和沉降要求均不同的建（构）筑物。地基处理需根据不同建（构）筑物对地基的要求选择相应的地基处理方案，方案需综合考虑不同地基处理方案之间实施过程中的相互影响。

（6）本工程项目总占地面积约205亩，拟建工程规模较大，后续地基处理和基础施工工作量较大，前期地基处理方案选择合理与否，将关系到后期整个工程的造价、质量和进度。

3.2 地基处理的难点

（1）本场地主要由十八湾水库及周边场地回填而成，原始地貌起伏较大，回填土层成分复杂，且回填土层厚度不一，同一罐区基础地基回填土厚度起伏较大。

（2）场地地下水位深较浅，合理选择地基处理方式和有效的施工排水措施对保证最终地基加固处理效果至关重要。

（3）钢浮盘油罐基础直径达到 37m，附加应力对地基土的影响深度较大，储油罐对地基的不均匀沉降要求较为严格，因此需要选择合理的处理方式才能保证地基土的整体均匀性和最终变形协调性。

图 3.27-2　原始地貌和厂区规划图

3.3　地基处理要求

根据设计要求，本场地采用强夯置换进行地基处理，不同区域的地基处理要求为：

（1）储油罐区

①地基处理后承载力不小于 250kPa；

②其他沉降指标要求满足《钢制储罐地基基础设计规范》GB/T 50473、《立式圆筒形钢制焊接油罐设计规范》GB 50341。

（2）库区及行政办公区建筑物、构筑物

①地基处理后承载力不小于 180kPa；

②其他指标要求满足《建筑地基基础设计规范》GB 50007。

（3）库区及行政办公区道路地坪等

①地基处理后承载力不小于 150kPa；

②地基处理后的沉降≤15cm，且其他指标满足《公路路基设计规范》JGJD 30—2004。

3.4　地基处理方案设计

根据场地回填土的性质以及回填土的厚度等，针对场地内不同区域的功能和对地基的加固处理要求，分区采用强夯置换地基加固处理方式，施工参数如表 3.27-2 所示，场区地基处理分区如图 3.27-3 所示。

强夯置换施工工艺设计参数表 表 3.27-2

区域	遍数	第一层		第二层	
		能级（kN·m）	间距	能级（kN·m）	间距
储油罐区及周边道路 （除 T-101 罐）	第一遍	8000	7.2m×7.2m	6000	7.2m×7.2m
	第二遍	8000	7.2m×7.2m	6000	7.2m×7.2m
	第三遍	4000	第一、二遍中间插点	4000	第一、二遍中间插点
	满夯	2000	每点 3 击，搭接 1/3	2000	每点 3 击，搭接 1/3
库区及行政办公区 建筑物、构筑物等	第一遍	8000	7.2m×7.2m	—	—
	第二遍	8000	7.2m×7.2m	—	—
	第三遍	4000	第一、二遍中间插点	—	—
	满夯	2000	每点 3 击，搭接 1/3	—	—
其他道路、地坪区 域及预留罐	第一遍	4000	7.2m×7.2m	—	—
	第二遍	4000	7.2m×7.2m	—	—
	满夯	2000	每点 3 击，搭接 1/3	—	—

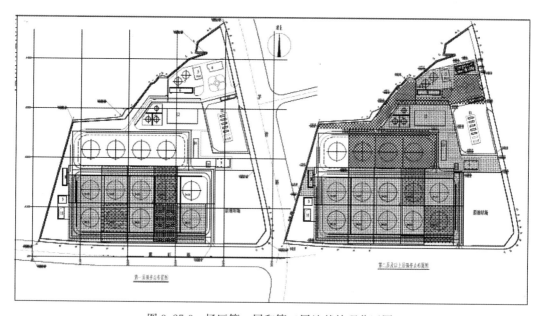

图 3.27-3 场区第一层和第二层地基处理分区图

4 强夯地基处理施工

4.1 储油罐区及周边道路施工

储油罐区及周边道路主要为分两层施工：

（1）场地标高清理至第一层强夯施工标高 42m，处理土层主要为①$_1$ 层杂填土（Q_4^{ml}）和①$_2$ 层素填土（Q_4^{ml}）土层，土层成分复杂，土层厚度大。由于第一层施工标高较低，施工前场地周边开挖排水沟。第一层采用 8000kN·m 能级强夯置换进行地基加固处理，夯坑补填毛石料，对于部分场地存在淤泥或地下水位埋深较浅区域，施工前整场地表层铺设毛石料，以确保强夯设备行走且在表层形成排水通道，施工中强夯置换出的淤泥直接开挖运走。

（2）第一层施工完成并检测合格，储油罐区场地方可进行回填至第二层强夯施工标高 47m，回填土主要为施工场地内其他地势较高区域开挖的土方，主要为①$_1$ 层杂填土（Q_4^{ml}）、①$_2$ 层素填土（Q_4^{ml}）、②$_1$ 层粉质黏土（Q_4^{dl+pl}），部分掺杂③层卵石（Q_1^{al+pl}）土层。第二层采用 6000kN·m 能级强夯置换进行地基加固处理，夯坑补填毛石料，夯点布置、遍数及间距与第一层夯点相同。

4.2　库区及行政办公区建筑物、构筑物等

（1）库区建筑物、构筑物区域的施工

库区建筑物、构筑物场地表高整平至 49m。场地标高不均匀，部分为回填区域、部分为开挖区域，回填区域处理土层主要为①$_1$ 层杂填土（Q_4^{ml}）和①$_2$ 层素填土（Q_4^{ml}）土层，开挖区域处理土层为②$_1$ 层粉质黏土（Q_4^{dl+pl}），处理土层成分复杂。建筑物、构筑物基础区域均直接一层采用 8000kN·m 能级强夯置换加固处理，夯坑补填毛石料。

（2）行政办公区建筑物、构筑物区域的施工

行政办公区建筑物、构筑物场地表高整平至 56m。处理土层主要为①$_1$ 层杂填土（Q_4^{ml}）和①$_2$ 层素填土（Q_4^{ml}）土层，开挖区域处理土层为②$_1$ 层粉质黏土（Q_4^{dl+pl}），处理土层成分复杂。建筑物、构筑物基础区域均直接一层采用 8000kN·m 能级强夯置换加固处理，夯坑补填毛石料。

4.3　库区及行政办公区其他道路、地坪区域及预留罐区等

（1）库区及行政办公区其他道路、地坪区域的施工

库区地基加固处理标高为 49m，行政办公区地基加固处理标高为 56m。场地内处理土层主要为①$_1$ 层杂填土（Q_4^{ml}）和①$_2$ 层素填土（Q_4^{ml}）土层，道路及地坪区域均直接一层采用 4000kN·m 能级强夯置换加固处理，夯坑补填硬质建筑垃圾骨料。

（2）预留罐区的施工

预留罐区场地地基加固处理标高为 49m，场地内处理土层主要为①$_1$ 层杂填土（Q_4^{ml}）和①$_2$ 层素填土（Q_4^{ml}）土层，直接一层采用 4000kN·m 能级强夯加固处理。

4.4　施工过程中注意事项

（1）进行罐区第一层施工作业施工，由于施工作业面场地标高较低，地下水位埋深较浅，场地内容易存在积水，处理土层含水量较大，施工作业时，需要注意及时排水和降水。

（2）由于安庆当地梅雨季节及夏季雨水较为丰富，强夯施工作业每层每遍均需要及时做好防排水措施。本场地内部分开挖土层为黏性土层，碾压密实的黏性土层具有良好的封水隔水效果，因此在强夯施工完成后，及时在表层铺垫黏性土层并碾压，有效防止渗入处理的地基土层中。

（3）对于存在淤泥层的施工作业面，需要事先铺垫毛石，在表面形成硬壳层，便于设备行走并形成排水通道，确保施工正常进行。

4.5 试验区强夯施工总结

根据试夯 8000kN·m 设计参数，试夯第一遍点夯能级为 8000kN·m 柱锤置换，第二遍点夯能级为 8000kN·m 柱锤置换，第三遍点夯能级为 4000kN·m 平锤强夯，第四遍点夯能级为 2000kN·m 满夯。

在现场施工过程中，第一遍夯点平均击数为 24 击，平均累计夯沉量 21.34m，每个夯点平均填碎石料约为 44m³；第二遍夯点平均击数为 25 击，平均累计夯沉量 26.37m，每个夯点平均填碎石料为 54m³；第三遍夯点平均击数为 11 击，平均累计夯沉量 5.22m，每个夯点平均填碎石料为 10m³。

根据对试验区强夯各能级夯点的强夯夯击击数与夯沉量统计，各能级典型的夯击击数与夯沉量关系曲线如图 3.27-4 所示。

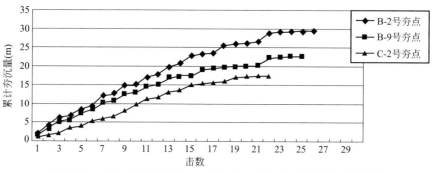

图 3.27-4 第一遍 8000kN·m 能级夯击次数与夯沉量关系曲线图

5 强夯地基加固效果的检测

5.1 强夯地基处理施工完成后检测试验

本工程各区域地基加固处理完成后，采用平板载荷试验和重型、超重型动力触探试验检测地基处理效果。具体检测要求如下：

（1）在强夯置换施工完成 28 天后方可开始进行检测。

（2）针对不同能级处理方式以及不同区域的特点，重型、超重型动力触探试验的检测深度要求如表 3.27-3 所示。

检测深度要求　　　　　　　　　　　　　　　　　　　　　　表 3.27-3

区域能级	检测深度（m）
储油罐区 8000kN·m 能级	≥12
储油罐区 6000kN·m 能级	≥9
库区及行政办公区建筑物、构筑物区域 8000kN·m 能级	≥8
其他道路、地坪区域及预留罐区等 4000kN·m 能级	≥6

　　根据检测的要求，对场地内所有8000kN・m能级强夯置换、6000kN・m能级强夯置换和4000kN・m能级强夯置换处理后的区域进行平板载荷试验和重型、超重型动力触探试验进行检测，强夯加固效果明显，加固处理后的地基土满足设计关于地基承载力和变形模量等参数的要求。以T-108罐第二层处理后场地检测为例，检测结果统计如表3.27-4、图3.27-5所示。

地基载荷试验结果汇总表　　　　　　　　　　　　　表3.27-4

点位	试验点号	试验最大加载情况		地基承载力特征值		变形模量 E_0(MPa)
		荷载(kPa)	对应沉降量(mm)	荷载(kPa)	对应沉降量(mm)	
夯点	JZ1	500	23.15	250	14.36	20.2
夯点	JZ2	500	23.31	250	13.56	21.4
夯间	JZ3	500	40.06	250	19.16	15.2
夯点	JZ4	500	22.16	250	11.48	25.3
夯点	JZ5	500	28.29	250	18.58	15.6
夯间	JZ6	500	23.36	250	12.11	24.0
夯点	JZ7	500	27.11	250	13.75	21.1
夯间	JZ8	500	34.73	250	21.20	13.6

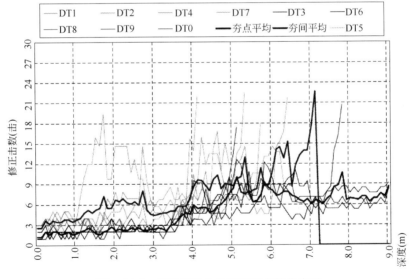

图3.27-5　超重型动力触探修正击数曲线图

5.2　强夯处理后地基开挖验槽

　　本场地内进行强夯置换地基加固处理后的建（构）筑物基础直接采用浅基础形式，强夯加固的地基处理效果直接影响最终建（构）筑物基础及主体结构的沉降变形。在进行厂区内建筑物基础地基开挖验槽时发现，强夯置换墩清晰可见，夯间土在强夯加固后为密实状态，满足浅基础设计对强夯加固地基处理的要求，如图 3.27-6 所示。

(a)   *(b)*

图 3.27-6　强夯加固处理地基土开挖后的基槽

5.3　建筑物的沉降观测

对厂区内唯一的多层框架结构建筑物行政办公楼在完成施工后进行沉降观测，经过长期的沉降观测及结果分析，行政办公楼的建筑基础最大沉降量为 22mm，显示强夯地基加固处理后的地基能够满足上部结构基础对地基的设计要求。具体各沉降观测点的观测结果统计如表 3.27-5 所示。

行政办公楼沉降观测结果统计表   表 3.27-5

观测次数	观测时间	观测点测量标高（m）			
		点 1	点 2	点 3	点 4
1	2014 年 12 月 5 日	57.360	57.355	57.375	57.357
2	2015 年 1 月 15 日	57.355	57.365	57.365	57.348
3	2015 年 3 月 7 日	57.350	57.353	57.364	57.344
4	2015 年 5 月 14 日	57.347	57.345	57.364	57.343
5	2015 年 6 月 9 日	57.346	57.345	57.356	57.335
6	2015 年 7 月 24 日	57.346	57.345	57.356	57.335
累计沉降值（mm）	—	14	10	19	22

5.4　储油罐充水预压沉降观测

每个罐体在施工完成后，进行罐体充水预压试验，根据对已完成充水预压试验的沉降观测的结果显示，各罐体基础的累计沉降量和最大沉降差等指标均在设计要求范围内，各罐体的最大沉降和沉降差统计如表 3.27-6 所示，罐体 T109 罐体充水预压试验数据统计如图 3.27-7 所示。

罐号	T-101	T-102	T-103	T-104	T-105	T-106	T-107	T-108	T-109	T-110
累计沉降量(mm)	39.5	46.2	32.1	35.5	34.9	41.9	77.1	64.7	26.7	81.9
最大沉降差(mm)	11.8	19.4	23.5	18.3	4.9	15.9	37.0	15.6	7.6	36.9

罐体充水预压试验的累计沉降量和最大沉降差统计表　　表 3.27-6

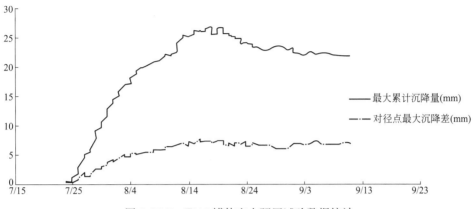

图 3.27-7　T109 罐体充水预压试验数据统计

6　结论

（1）强夯置换加固处理后的地基检测试验和后续建筑物单体沉降观测以及储油罐充水预压沉降观测试验的结果证明，采用强夯置换法加固本场地地基土是成功的，加固效果良好。

（2）检测结果证明，本场地的强夯置换施工方案对加固本工程中的地基，加固效果显著。强夯置换加固后的地基承载力特征值大于 250kPa，变形模量不小于 15MPa；8000kN·m能级强夯置换的有效加固深度不小于 8m。

（3）这是国内首次大型成品油储罐厂区的地基处理全部采用强夯置换法加固，本次强夯置换法的成功运用，为后续大型成品罐区的厂区地基加固处理工程中强夯置换法的广泛应用具有一定的参考价值。

（4）由于本场地内地质条件复杂，处理土层主要为杂填土层、素填土层和淤泥质粉质黏土层，土层较厚且分布不均，强夯置换加固后的地基满足设计要求，证明强夯置换能够有效地处理杂填土、素填土层地基。

（5）在强夯置换施工过程中，对于地下水丰富的场地需要做好排水措施，同时施工现场必须做好防水措施，防止雨水渗入地基土中，影响强夯置换地基加固处理的效果。

【实录 28】南充联成化学高能级强夯置换复合工艺地基处理工程

张文龙[1]，水伟厚[2]，秦振伟[1]，吴其泰[1]

(1. 上海申元岩土工程有限公司，上海 200040；2. 中化岩土集团股份有限公司，北京 102600)

摘　要： 南充联成化学工业有限公司拟建的化学工业园为深厚回填土地基，填土层分布不均，填土组成成分复杂，回填时间较短且回填过程中未经过碾压，在较大荷载作用下，会出现较大沉降。经过采用高能级强夯置换复合地基处理工艺，地基土力学性能得到了显著改善，满足了设计要求。

关键词： 深厚回填土；18000kN·m；强夯置换复合工艺

1　概述

南充联成化学工业有限公司拟建的化学工业园项目工程场地位于南充市嘉陵区河西乡，占地面积 300 亩。主要由公用区域、槽罐区、生产装置区以及厂前区域组成。本场地内填土层分布不均，填土组成成分复杂。人工回填土层为近期回填。设计采用高能级强夯置换复合处理方案，处理区域为原料罐区、成品罐区、机修车间、公用工程房、生产消防水罐、苯酐制片车间及仓库、初期雨水、消防废水、污水收集罐。处理总面积约 22000m²。

原设计方案为旋挖灌注桩地基处理方案，在项目进行过程中，建设单位发现旋挖灌注桩由于施工困难以及充盈系数太大导致工程造价太高（桩基施工预估费用 4300 万元），严重超出项目地基处理预算费用，建设单位不得不重新考虑其他的地基处理方案以节约项目成本。

工程时间：2015 年 4 月～2015 年 10 月。

2　工程地质概况及设计要求

2.1　工程地质概况

根据勘察报告显示，勘察场地地面标高介于 285.17～291.87m，高差 6.6m，勘探孔深度为 15.2～44.5m，场地土层情况见表 3.28-1，场地典型地质剖面见图 3.28-1。

作者简介： 张文龙（1982—　），男，高级工程师，主要从事地基处理设计、施工、检测等相关工作。E-mail：tylz87934743@163.com。

层号	土层名称	厚度(m)	特　　点
①	人工填土	3.80～29.80	场地均有分布,主要由泥岩碎块和卵石土组成,夹杂少量粉质黏土等,松散状,为近期平整场地填而成
②	粉质黏土	1.30～14.50	主要成分为黏粒,含少量粉粒及高岭土,稍有光泽,无摇振反应,干强度中等,韧性中等
③	卵石	1.80～5.50	卵石成分为花岗岩、石英岩及石英砂岩等,卵石呈圆状、亚圆状,卵石间充填以黏粒、粉粒为主,局部夹圆砾、粉细砂
④₁	强风化泥质粉砂岩	2.0～3.8	岩石破碎,裂隙发育,岩芯呈碎块状,少量薄饼状,岩性软弱
④₂	中风化泥质粉砂岩	2.2～3.1	岩石较完整,裂隙较发育,岩芯呈短柱状,少量长柱状,岩性相对较硬,泥质粉砂岩遇水易膨胀湿化崩解,失水易收缩开裂
⑤₁	强风化泥岩	2.0～3.0	岩石破碎,裂隙发育,岩芯呈土状、碎块状,岩性软弱
⑤₂	中风化泥岩	勘察未揭穿	岩石较完整,裂隙较发育,裂隙面浸染暗褐色铁、锰质氧化物,岩芯呈短柱状、长柱状,岩性相对较硬,但泥岩具有遇水软化、失水崩解的特性

场地土层分布情况表　　　　　　　　　　　　　　　　　　表 3.28-1

地下水水位主要位于稍密卵石层、强风化泥质粉砂岩层与强风化泥岩层中,由于场地地下水排泄条件较好,在丰水期填土中的上层滞水储量也是不多的,无论是在枯水期还是在丰水期,均无明显地下水位,场地无统一水位面。

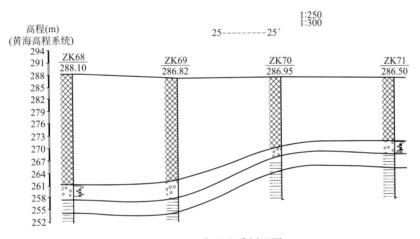

图 3.28-1　典型地质剖面图

2.2　设计要求

（1）原料罐区允许总沉降量为 50mm,地基处理后沉降差满足《建筑地基基础设计规范》GB 50007 要求。

（2）成品罐区允许总沉降量为 50mm,地基处理后沉降差满足《建筑地基基础设计规范》GB 50007 要求。

（3）机修车间允许总沉降量不大于 120mm,地基处理后沉降差满足《建筑地基基础设计规范》GB 50007 要求。

（4）公用工程房在强夯处理后复合地基承载力特征值 $f_{ak} \geqslant 150$kPa,压缩模量 $E_s \geqslant 13$MPa。

（5）生产和消防水罐区地基承载力要求不小于170kPa，地基基础变形要求不大于50mm，沉降差满足相关规范要求。

（6）初期雨水、消防废水、污水收集罐区域地基承载力要求不小于170kPa，地基基础变形要求不大于50mm，沉降差满足相关规范要求。

（7）苯酐制片车间及仓库在强夯处理后复合地基承载力特征值 $f_{ak} \geqslant 150kPa$，压缩模量 $E_s \geqslant 13MPa$。

3 场地特点及难点

场地特点如下：

（1）本场地内填土层分布不均，层厚3.8～29.8m，填土组成成分复杂，主要为泥岩碎块和卵石土，部分夹杂粉质黏土和淤泥。如采用预制桩，沉桩过程中易出现倾斜和移位以及桩身出现破碎，难以进入持力层，对于预制桩的整体完整性和稳定性有影响。

（2）本场地内各个地层土体变化较大，总体上为不均匀性地基土且各层土比较复杂，进行灌注桩施工时，成孔过程中易塌孔，需要采取泥浆护壁成孔，孔底浮渣清理困难，浇筑混凝土时，易出现桩身完整性问题，质量难以控制。

（3）人工回填土层为近期回填，回填时间较短且回填过程中未经过碾压，属欠固结土，在较大荷载作用下，会出现较大沉降，且土性不均匀。厂区内油罐基础、建筑物和其他构筑物基础对于场地地基承载力要求高，工后沉降控制严格。采用表层低能级强夯加旋挖桩的地基加固形式可以满足建筑物基础地基承载力要求，有效控制沉降。但是对于灌注桩和预制桩设计时，必须要考虑桩周土体固结对桩身产生较大的负摩阻力，导致桩基加固的费用增加。

（4）地下水位主要位于稍密卵石层、强风化泥质粉砂岩土层与强风化泥岩层中。填土层中滞水储量不多，常年无明显地下水位，但是填土层主要为泥岩，遇水易吸水软化且排水困难。

（5）场地内拟建油罐、建筑物、构筑物是对地基承载力和绝对沉降要求都比较高的建（构）筑物。其中罐基础直径13.5m，附加应力对地基土的影响深度较大，同时罐对地基的不均匀沉降要求较为严格，不均匀沉降过大时会严重影响罐的正常使用。

根据以上场地特点，经过建设单位对桩基和强夯的技术、造价及工期进行反复对比之后决定采用高能级复合工艺强夯法进行地基处理，保证场地内建筑物的使用要求。

4 强夯试验

为确定强夯加固的有效深度、击数、地基承载力、变形模量等初步设计参数是否满足设计要求，在原料罐区T101、T106号罐进行18000kN·m强夯置换试验。试验区面积为1392m²，采用18000kN·m能级强夯置换。

18000kN·m能级强夯置换具体施工工艺参数：

第一遍18000kN·m能级强夯点，夯点按8.6m×8.6m间距，正方形布置，收锤标准为最后两击的平均夯沉量不大于25cm。

　　第二遍 12000kN·m 能级平锤强夯，夯点覆盖第一遍柱锤夯点第一遍夯点中间插点，夯点按 8.6m×8.6m 间距，正方形布置。收锤标准为最后两击的平均夯沉量不大于 25cm。

　　第三遍 8000kN·m 能级平锤强夯，夯点为第一遍、第二遍正方形布置夯点中间插点，收锤标准为最后两击的平均夯沉量不大于 20cm。

　　第四遍 4000kN·m 能级强夯点，夯点为第一遍、第二遍、第三遍夯点原点加固，夯点间距为 4.3m×4.3m，正方形布置，收锤标准为最后两击的平均夯沉量不大于 10cm。

　　满夯能级为 2000kN·m，每点 2～3 击，夯一遍，夯印要求搭接 1/4 面积，满堂处理。

　　现场严格按照试夯设计要求进行施工，根据超重型动力触探，平板载荷、多道瞬态面波检测结果，强夯置换墩置换深度为 8～12m，检测深度范围内场地均匀性较好。测点检测深度范围内置换墩墩点位置处地基土承载力特征值不小于 200kPa，测点置换墩间土位置处地基承载力特征值不小于 150kPa，复合地基承载力特征值不小于 165kPa，复合压缩模量不小于 15MPa，经计算，总沉降和沉降差均满足设计和规范要求。

5　施工工艺及施工概况

　　根据填土厚度及设计单位对地基的要求，原料罐区采用主能级为 18000kN·m、成品罐区采用主能级为 8000kN·m、机修车间采用主能级为 14000kN·m、公用工程房采用主能级为 14000kN·m、生产消防水罐采用主能级为 10000kN·m、苯酐制片车间及仓库采用主能级为 14000kN·m、初期雨水、消防废水、污水收集罐采用主能级为 18000kN·m。处理总面积约 22000m²。代表性区域参数如表 3.28-2～表 3.28-5 所示。

原料罐区　　　　　　　　　　　　　　　　　　　表 3.28-2

夯击遍数	能级(kN·m)	间距	最后两击平均夯沉量
第一遍	18000	8.6m×8.6m	不大于 25cm，击数不少于 28 击
第二遍	12000	8.6m×8.6m	不大于 25cm
第三遍	8000	一、二遍夯点中间插点	不大于 20cm
第四遍	4000	4.3m×4.3m	不大于 10cm
第五遍	2000	1/4 搭接	

成品罐区　　　　　　　　　　　　　　　　　　　表 3.28-3

夯击遍数	能级(kN·m)	间距	最后两击平均夯沉量
第一遍	8000	7.6m×7.6m	不大于 20cm，击数不少于 19 击
第二遍	8000	7.6m×7.6m	不大于 20cm
第三遍	4000	一、二遍夯点中间插点及第一、二遍原点位置	不大于 10cm
第四遍	2000	1/4 搭接	

机修车间　　　　　　　表 3.28-4

夯击遍数	能级(kN·m)	间距	最后两击平均夯沉量
第一遍	14000	根据柱基进行布置	不大于 25cm,击数不少于 27 击
第二遍	8000	第一遍原点加固	不大于 20cm
第三遍	8000	第一遍夯点中间插点	不大于 20cm
第四遍	4000	一、二遍夯点中间插点及第一、二遍原点位置	不大于 10cm
第五遍	2000	1/4 搭接	

生产消防水罐　　　　　　表 3.28-5

夯击遍数	能级(kN·m)	间距	最后两击平均夯沉量
第一遍	10000	8.6m×8.6m	不大于 20cm,击数不少于 21 击
第二遍	10000	8.6m×8.6m	不大于 20cm
第三遍	6000	一、二遍夯点中间插点	不大于 15cm
第四遍	4000	一、二、三遍夯点原点加固	不大于 10cm
第五遍	2000	1/4 搭接	

　　施工采用宇通 800，宇通 400 及神钢 90 强夯设备，夯锤采用 1.8m 直径的 73t 铸钢夯锤，2.5m 直径的 43t 铸钢夯锤，直径为 2.4m 的 15t 钢板包裹混凝土夯锤，自由脱钩。本次重点介绍原料罐区 18000kN·m 强夯置换施工。

　　对于 18000kN·m 能级强夯按照试验区施工参数进行施工，第一遍击数不少于 28 击。点夯坑深度超过 5～5.5m 时，对夯坑补填强夯置换料后继续施工。4000kN·m 能级加固夯坑可根据现场土方平衡原则补填土石掺和料。施工中坚持"少喂料、喂小料、喂好

图 3.28-2　现场施工图

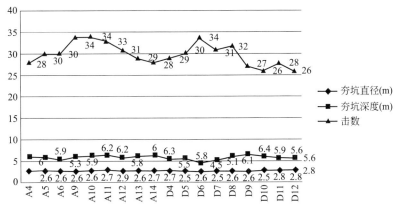

图 3.28-3 18000kN·m 主能级夯点数据统计

料"的原则,保证强夯处理后质量。

当地降雨量 4~9 月份雨水较多,防排水的效果直接影响强夯的施工效果。为此现场做了详细的防排水计划:(1)在强夯施工前进行场地平整时,利用挖掘机进行场地平整,沿罐区中间向两侧设置一定的坡度,同时对场地进行必要的机械碾压平整。(2)施工时,对于小雨天气,在保证机械能够正常行走的情况下,不停止施工,其他接下来要施工的区域暂时用薄膜覆盖,刚施工完没来得及用压路机碾压的区域表面覆黏性土 30cm,用挖机平整至设计坡度后,用压路机碾压数遍至密实;对于中雨、大雨天气,在降雨前,将刚施工完的区域和即将要施工的区域表面覆黏性土 30cm,用挖机整平至设计坡度后,用压路机碾压数遍至密实,防止雨水的浸入,保证天晴稍微晾晒后或者将表层软泥刮掉后即可进行施工。(3)单体施工作业面在完成满夯施工后,场地平整并表面覆黏性土 30cm,利用挖机平整至设计坡度,再用压路机进行碾压数遍至密实,使场地水能够及时流入到周边的排水沟,以防止雨水下渗,保证施工成果的质量。

6 检测试验

6.1 检测内容和试验方法

采用浅层平板载荷试验、超重型动力触探、多道瞬态面波等手段进行了检测。其中浅层平板载荷试验主要是检测载荷板影响深度范围内承载力及压缩模量是否满足设计要求,超重型动力触探主要是检测强夯影响深度范围内的强夯加固效果,多道瞬态面波主要是检测强夯处理后的场地均匀性,最终根据三种检测手段的检测结果综合判断场地整体地基处理的加固效果。

6.2 检测结果

(1)平板载荷检测

本次地基处理检测中承载板尺寸选用 2m²,最大加载量取设计承载力特征值 2 倍,即置换墩墩点不小于 500kPa,置换墩墩间不小于 300kPa。所检测的 17 个点均满足设计要求。

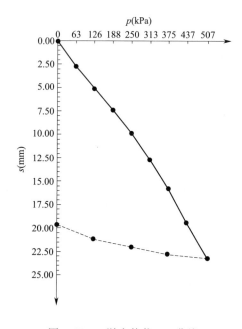

图 3.28-4 墩点静载 p-s 曲线

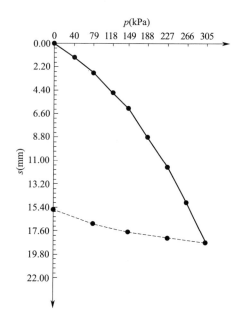

图 3.28-5 墩间静载 p-s 曲线

（2）动力触探检测

动力触探检测置换墩墩点地基土承载力、变形模量、压缩模量分层统计汇总表

表 3.28-6

深度范围 （m）	分层修正击数统计值 N_{120}（击）	地基承载力特征值建 议值 f_{ak}（kPa）	地基变形模量建议值 E_0（MPa）	建议地基压缩模量建议值 E_s（MPa）
0～4	10.1	277	26	30
4～8	12.0	321	31	35
8～10	9.3	263	25	28
10～32	7.5	223	21	24

动力触探检测置换墩墩间地基土承载力、变形模量、压缩模量分层统计汇总表

表 3.28-7

深度范围 （m）	分层修正击数统计值 N_{120}（击）	地基承载力特征值建议值 f_{ak}（kPa）	地基变形模量建议值 E_0（MPa）	地基压缩模量建议值 E_s（MPa）
0～4	6.0	201	18	20
4～8	9.1	257	24	27
8～12	9.8	277	26	30
12～32	7.2	221	20	23

置换深度范围内复合地基参数建议值统计　　　　　　　　　　　　　　　　　表 3.28-8

深度范围 （m）	置换墩承载力 特征值建议值 f_{ak1}(kPa)	置换墩变形模 量建议值 E_{10}(MPa)	墩间承载力特 征值建议值 f_{ak2}(kPa)	墩间变形模 量建议值 E_{20}(MPa)	复合载力特征 值建议值 f_{spk}(kPa)	复合变形 模量建议 E_0(MPa)	复合压缩模 量建议值 E_s(MPa)
0～4	200	17	152.5	15	165	16	18
4～8	385	38	248	23	289	28	31
8～10	307	29	293	28	297	28	32

置换深度下地基参数建议值统计　　　　　　　　　　　　　　　　　表 3.28-9

深度范围 （m）	分层修正击数统计 值 N_{120}（击）	承载力特征值建议值 f_{ak}(kPa)	变形模量建议值 E_0(MPa)	压缩模量建议值 E_s(MPa)
10.0～12.0	5.5	196	16	17.5
12.0～14.0	5.6	200	16.5	18
14.0～16.0	4.3	174	15.5	17
16.0～18.0	3.9	168	15	17
18.0～20.0	4.4	178	16	17.5
20.0～22.0	4.9	183	17	19
22.0～24.0	5.3	193	17	19
24.0～26.0	7.2	222	20	24

（3）面波检测

面波检测地基土分层承载力、变形模量、压缩模量统计汇总表　　　　　　表 3.28-10

深度范围 （m）	等效剪切波速均值 V_R(m/s)	地基承载力特征值 建议值 f_{ak}(kPa)	地基变形模量 E_0 建议值(MPa)	地基压缩模量 E_s 建议值(MPa)
0～4	277	265	23	26
4～8	316	330	28	32
8～12	326	350	30	34
12～20	291	280	25	28

6.3　检测结论

根据本场地平板载荷试验、动力触探、多道瞬态面波测试等检测综合分析得到以下结论：

（1）根据超重型动力触探检测结果，强夯置换墩置换深度为 8～12m，检测深度范围内场地均匀性较好。

（2）根据超重型动力触探检测结果选取较差区域做浅层平板载荷试验，测点检测深度范围内置换墩墩点位置处地基土承载力特征值不小于 200kPa，测点置换墩间土位置处地基承载力特征值不小于 150kPa，复合地基承载力特征值不小于 165kPa，复合压缩模量不小于 15MPa，经计算，总沉降和沉降差均满足设计和规范要求。

（3）根据多道瞬态面波检测结果，处理后场地等效剪切波速整体较高，同一深度范围内波速变化较小，场地整体均匀性较好。

7 沉降观测

原料罐区于 2015 年 6 月 20 日强夯施工完成，成品罐区 2015 年 7 月 10 日强夯施工完成。第一次进行强夯后场地沉降观测在 2015 年 8 月 6 号，截至 9 月 5 日，原料罐区累计最大沉降 5.6mm，成品罐区累计最大沉降 8.6mm，现场地正在进行基础环墙施工。

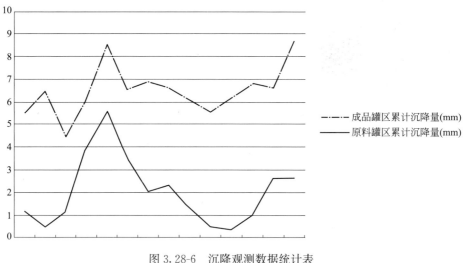

图 3.28-6　沉降观测数据统计表

8 结论

（1）经强夯加固后，地基土力学性能得到了显著改善，满足了设计要求。

（2）仅原料罐区、成品罐区、机修车间三项比旋挖灌注桩为建设单位节省近 900 万的费用，且施工工期较桩基施工明显缩短。

（3）本工程施工过程中恰逢雨季，给施工带来了许多困难，但现场采取了有效的防排水措施，保证了施工质量和工期。

（4）本场地采取了高能级 18000kN·m 强夯置换施工，现场施工虽然遇到了诸多的困难，但是也积累了很多宝贵的经验，为后续高能级强夯置换相关研究和施工提供了很好的范例。

（5）综上所述，南充联成化学高能级强夯置换复合处理工程采用的加固方案是可行的，满足了工程建设的需要，具有显著的经济效益和社会效益。

第 4 篇

组合工艺处理软土地基

本篇对近十年来应用组合工艺进行软土地基处理的大型工程进行介绍，对施工工艺、检测手段、加固效果、适用范围等进行总结分析，为组合工艺的发展提供实践经验与理论支持。

1. 软土地基的特点

软土一般是指在静力或缓慢流水环境中以细颗粒为主的近代沉积物，工程上将淤泥、淤泥质土、泥炭、泥炭质土、冲填土、杂填土和饱和含水黏性土统称为软土。

软土地基具有含水量高、透水性差、压缩性高、强度指标低等特点，如果作为建（构）筑物的地基，其沉降量大、承载力低，难以满足使用要求。

软土地基处理是指采取工程措施对不能满足地基承载力和变形设计要求的高含水、高压缩性软弱土体加以改良的岩土工程技术方法。主要是对第四纪晚期自然形成的包括淤泥、淤泥质土、泥炭、泥炭质土等天然含水量大、压缩性高、承载力低，软塑到流塑状态的黏性土，采用不同工程措施提高抗剪强度、降低压缩性、改善透水性能与动力特性，达到建筑物对地基稳定和变形的要求。

2. 组合工艺的类型及其应用

近 10 年来，随着我国经济建设的高速发展，围海造地工程、码头堆场工程、物流园工程日益增加。设于沿海、沿江、沿湖岸边的这类工程大都存在原地下有较大厚度的饱和软土、原始地面标高较低的特点，对下伏软土进行快速固结和对回填土（含吹填的砂类土、淤泥、淤泥质土等）进行快速加固而满足建筑场地对沉降和承载力要求则是此类场地的建设要求。

近年来，为了快速满足软土地基处理对沉降和承载力的要求，使以往分别为加大排水固结沉降为主和以提高表层承载力为主的处理方法得以重组，针对不同场地条件出现了静力排水固结（真空预压、堆载预压、降水预压等）与动力固结、动力排水固结相组合的各种施工工艺。在一些平面和垂向均不均一的大型吹填场地甚至同时采用 4～5 种工艺组合，这就充分发挥了各种工法的优势，形成了在工期、造价和工程质量均具优势各类组合工艺。

组合工艺是指两种以上施工工艺组合应用，可以有效发挥各工艺的优点，同时摒弃其缺点。组合工艺一般用于处理软土地基，常见的组合工艺有堆载/真空降水联合强夯法、水下插板联合强夯等，另外强夯预处理联合疏桩劲网法、平锤强夯联合柱锤置换法、预成孔深层水下夯实法、预成孔置换强夯法等新型组合工艺也在近年来得到工程应用并取得了良好的地基加固效果。

（1）堆载/真空预压联合强夯法

该组合工艺为堆载预压或真空预压与平锤强夯的联合应用，又称动静力联合预压排水固结处理技术。堆载预压、真空预压、真空—堆载联合预压等方法可以有效地处理大厚度淤泥、淤泥质土、有机质土类地基，达到减小地基沉降提高土体强度的目的，但有固结速度慢、工期长、表层刚度低等不足，难于满足现代快节奏的建设工期要求。强夯法具有施工周期短的优点，但其对于软土地基的加固效果较差。该组合工艺首先在软土层中设置竖向排水系统，然后施加预压荷载，在预压过程中进行平锤强夯施工。强夯冲击与预压荷载共同作用，在土体内产生超高孔隙水压力，使得土体固结时间大大缩短，同时地基加固效果显著提高。

堆载/真空预压联合强夯法与传统的强夯不同，其强调的是软土排水固结特性，软土具有高孔隙比、高含水量、低强度等特点，改善软土特性必须通过迅速消散孔隙水压力及排出孔隙水的方式解决，并且使软土结构在此过程中不受破坏。孔隙水压力的消散及孔隙水的排出主要通过土层中的排水体，即采用该法时应首先按照排水固结法在软土中设立竖向排水体（塑料排水板、砂井等）和水平排水体（砂垫层、盲沟、集水井等）。在土层中增设排水体可以改善排水条件，加速强夯过程冲超静孔隙水压力的消散，缩短工期，提高加固效果。

目前沿海地区采用真空或堆载预压处理软基的较多，该工艺相对桩基施工而言造价低，但工期较长，一般需要近一年甚至更长时间，且处理效果仅能达到 80～100kPa。一般情况下堆载预压沉降量在最初 3 个月发生较多，约占 30%～50%，如果工期要求紧张，施工前可在软基中设置袋装砂井或排水板，地表铺设碎石土，利于形成排水系统，而后采用低能级强夯加固硬壳层，消除软基其余部分沉降，处理效果可达 80～130kPa，相比单纯的真空/堆载预压工期大大缩短，加固效果更高，而费用增加不多。另外还可通过调整预压插板间距或袋装砂井的间距来综合考虑成本，低能级强夯价格低廉，故两项工艺综合使用的成本低，且工期可大大缩短。

在浙江舟山外钓岛光汇油库工程中，竖向排水深度根据淤泥土的分布不同采用不同的深度，将堆载预压法和动力排水固结法联合——动静力联合预压排水固结处理技术应用于海相淤泥质土地基处理中，动静相结合，加速软土地基的排水固结，同时高效经济地解决填筑体的密实问题。青岛海西湾项目 45 万 m² 的西围堰区的软基处理选择真空预压处理，经过验收检测，中、下部固结度及承载力均达到或超过招标要求，但发现在远离吹泥口部分区域的表层（2～3m 内）排水和固结效果欠佳，后辅助以表层拌和石灰后的承载力特征值达到了 100～120kPa。在青岛海西湾项目厂区的东侧造船厂房建设区，水下原状淤泥厚度为 5～8m，采用水下插板与分层陆填相结合的办法，实现软基加固与陆填造地的同步进行，从而节省了大量工期。

（2）真空降水联合强夯法

该组合工艺为真空井点降水与平锤强夯的联合应用，是在动力固结理论与真空降水技术相结合的基础上提出来的，属于动力主动排水固结法。该方法采用特制的真空降水系统进行主动排水，加速强夯产生的静孔隙水压力的消散和孔隙水的排出。它是通过数遍的真空压差排水，并结合适当能量的强夯击密，达到降低土层的含水量、提高土体密实度与地基承载力、减少地基土工后沉降的目的。真空降水联合强夯处理可有效改善浅部土层的工程特性，在地表一定深度范围内形成硬壳层，增强地基整体变形协调性，满足后续设计对地基强度和变形的要求。

在海门市滨海新区西安路北延地基处理工程中采用真空降水联合强夯法成功处理了表层为新近吹填土下部淤泥层的不良地基，作为一种复合型新工法能快速有效的改变排水条件，工期短，处理效果明显，加固深度范围内土体工程性质得到了较大的改善，土体得到了压密，承载力得到了提高，各项指标均达到了设计要求，其中浅层土体的承载力提高约 150%～200%，为该法后续处理大面积吹填造陆形成的软弱地基进行了有益的探索，拓展了强夯法的应用领域。

在江苏盐城弗吉亚汽车部件系统有限公司厂区项目选择真空管井降水联合强夯法地基

处理方案，有效降低了地下水位，且在满足承载力要求的前提下节约了成本。经检测地坪承载力特征值由未处理前的 $60\sim90$kPa 经过降水联合强夯提升至 120kPa 以上，柱基础处承载力特征值由未处理前的 $60\sim90$kPa 经降水联合强夯置换提升至 200kPa 以上。

（3）强夯预处理联合疏桩劲网

疏桩劲网复合地基基于沉降控制复合桩基原理，充分发挥地基及疏桩基础承载力，主要目的为控制基础的沉降变形。桩设置为带桩帽的减沉疏桩，网设置为加筋复合垫层，充分发挥基桩和桩帽底板下地基土的承载力，并协调地基的整体沉降和不均匀沉降。

该组合工艺，首先采用平锤前后对回填土进行预处理以消除回填土层的自重固结、改善回填土性质，然后设置疏桩劲网复合地基以调整和控制地基整体沉降和不均匀沉降，达到上部结构对地基的变形与稳定要求。该组合工艺较传统的桩基方案可大大减少工程投资和建设工期，具有广阔的工程建设市场前景。

在中化格力二期项目 5.5 万 m³ 内浮顶原油储罐的地基处理工程中，首先采用10000kN·m 高能级强夯处理，夯后场地表面形成 $10\sim18$m 的硬壳层，其承载力特征值不小于 300kPa，平均变形模量为 70MPa。即高能级强夯预处理很好地解决了表层碎石填土的承载力和沉降问题。高能级强夯处理的主要对象为浅层碎石填土地基，其下淤泥质软土层性质并没有太大改善，在上部荷载作用下会产生较大的不均匀沉降变形。疏桩劲网复合地基方案可充分利用浅层强夯地基和疏桩基础的承载力，协调两者变形，减小地基的不均匀沉降变形。高能级强夯预处理联合疏桩劲网复合地基方案可大大减小地基的沉降变形。如果储罐采用传统纯桩基方案，每一个储罐的桩基＋筏板预计费用约为 1200 万元，两个储罐的合计费用约为 2400 万元，处理的正常工期预计约为 $8\sim9$ 个月而采用疏桩劲网复合地基方案能够节约成本 2000 万元，节省工期 6 个月。

（4）平锤强夯联合柱锤置换法

平锤强夯联合柱锤置换法不同于传统的强夯联合强夯置换法，传统的强夯联合强夯置换法是分两个阶段进行，先是强夯置换，在高压缩性土中进行低能量强夯后，再夯坑中填碎石或粗砂形成墩体，而后在墩体上施加高能量强夯，进一步置换并将置换体下移，形成刚度大、徐变相对小的双层组合土。

平锤强夯联合柱锤置换法是将强夯与强夯置换两种工艺穿插施工，柱锤强夯置换隔行跳打，柱锤置换点周边进行平锤强夯施工（施工布点示意图见图 4-1），该工艺首先进行柱锤强夯置换，在软弱土层中形成置换体，置换体规则分布于土层中；然后对置换体间的土体进行平锤强夯，提高墩间土的强度，使置换体与土体之间形成复合地基。相比传统的

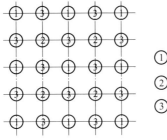

① 柱锤强夯置换第一遍夯点

② 平锤强夯第二遍夯点

③ 平锤强夯第三遍夯点

图 4-1 平锤强夯联合柱锤置换法施工布点示意

强夯联合强夯置换法而言，该工艺能够在不降低施工质量的前提下，大大减少工作量，缩短施工周期。

新型总装生产线建设项目采用平锤强夯联合柱锤置换法，工程涉及了 6000kN·m 柱锤强夯置换＋6000kN·m 平锤强夯、6000kN·m 柱锤强夯置换＋8000kN·m 平锤强夯、8000kN·m 柱锤强夯置换＋10000kN·m 平锤强夯、8000kN·m 柱锤强夯置换＋12000kN·m 平锤强夯四种能级组合形式，场地经处理后浅层平板载荷试验检测结果显示场地浅层地基土承载力特征值不小于 200kPa，地基压缩模量不小于 8MPa，重型动力触探检测结果显示设计处理深度范围内地基土一般可达到中密状态，面波测试结果的统计分析结果显示处理后设计有效处理深度范围内地基土的等效剪切波速均较高，检测点设计处理深度内波速基本上在 200m/s 以上，各项指标均达到了设计要求。该工程总施工面积约 49 万 m²，施工工期仅 107 天。

（5）预成孔深层水下夯实法

预成孔深层水下夯实法首先在地基土中预先成孔，直接穿透回填土层与下卧软土层，然后在孔内由下而上逐层回填并逐层夯击。对地基土产生挤密、冲击与振动夯实等多重效果。孔内采用粗颗粒材料形成良好的排水通道，软弱土层能够得到有效固结。孔内填料在夯击作用下形成散体桩，与加固后的桩间土共同分担上部结构荷载，形成散体桩复合地基。

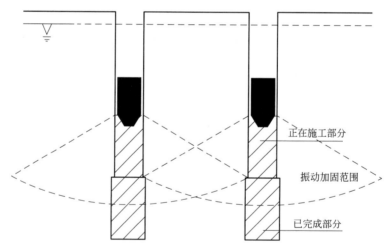

图 4-2　预成孔深层水下夯实法地基加固原理示意图

该方法实现了水下施工，地基处理深度达到 30m 以上，孔内夯击施工能级达到 4000kN·m，有效解决了超深层填海造地回填和软弱下卧层地基的加固处理问题，同时具有处理效果显著、造价低、工期短、绿色环保等特点。

惠州炼油二期 100 万吨/年乙烯工程储罐项目采用预成孔水下夯击法进行地基处理，检测结果显示复合地基承载力特征值为 300kPa，变形模量 27.15MPa，桩的超重型动力触探击数各区动探击数平均值介于 10～12 击之间，桩体密实程度为中密—密实；桩间土重型动力触探击数各区各土层动探击数平均值介于 11～17 击之间，各土层的密实程度为中密，局部达到密实。另外，预成孔深层水下夯实法地基处理方案与其他桩基方案相比较，深层孔内施工不脱钩连续夯击，安全性大大提高，不仅节约了劳动力，而且施工工期短、节约了成本。

（6）预成孔置换强夯法

预成孔置换强夯法是在强夯施工前通过成孔机械在地基土中预先成孔，直接穿透软弱土层至下卧硬层顶面或进入下卧硬层；在孔中填入块石、碎石、粗砂等材料，连续回填至孔口标高，形成松散置换墩体；松散置换墩体是良好的排水通道，有利于软弱土体加速固结，与下卧硬层良好接触；通过平锤或柱锤强夯强夯夯击，使墩体得到密实的同时其直径增大，墩间软弱土在冲击、挤压等作用下也可得到快速固结；置换墩体经过强夯密实后形成增强体，与墩间土共同承担上部结构荷载，形成复合地基。

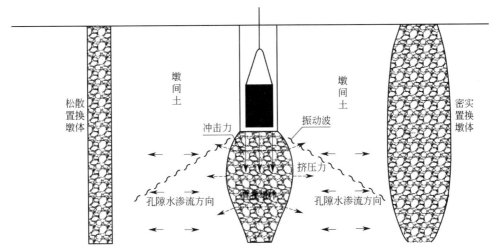

图 4-3　预成孔置换强夯法地基加固原理示意图

该方法实现了置换墩体与下卧硬层良好接触，克服了强夯置换工后沉降量大的缺点，同时具有施工便捷、造价低、工期短、绿色环保、地基承载力高等优点。

与传统的强夯置换法相比，采用预成孔置换强夯法具有一定的优势。传统的强夯置换法完全依靠夯锤下落冲击填料，使填料逐步向下置换松散与软土层，强夯置换在基岩面以上 0.5～1.0m 范围内形成墩体往往比较松散，造成置换墩体着底不良。采用旋挖预成孔，将碎石料直接填至基岩面，然后再进行强夯置换加固，可保证置换墩体与基岩面的良好接触，工程质量更有保证。从工期考虑，预成孔置换强夯法采用平锤置换形成的墩体直径大，传统柱锤置换形成的墩体直径小，在相同置换率条件下，平锤置换可减少夯点布置数量，从而提高施工效率，节约施工工期。从材料用量方面进行考虑，旋挖成孔后平锤强夯置换较旋挖成孔后柱锤强夯置换夯填料用量更省，可节约投资。

青岛海业摩科瑞油品罐区工程采用预成孔置换强夯法，施工总面积约 32 万 m²，工期仅 5 个月，施工后检测地基承载力特征值≥280kPa，变形模量≥25MPa。综合考虑，采用旋挖预成孔平锤置换施工工艺，既可保证地基处理施工质量，又可节约施工工期，同时填料用量较柱锤置换节省，节约投资。且经检测，场地进行预成孔置换强夯法施工后承载力、变形模量等指标均能够达到设计要求，该施工工艺切实可行。

本篇收录组合工艺处理软土地基工程实例汇总表 表 4-1

序号	工程名称	工程地点	施工时间	面积（万 m²）	地基土类型	施工方式	工程特点	处理效果
29	青岛海西湾造地与地基处理工程研究	山东青岛	2008～2009	300	碎石填土＋淤泥质土	强夯（置换）＋预压＋化学	土石方平衡总量巨大、涉及工艺类型广泛	达到设计预期要求，节约了成本缩短了工期
30	高能级强夯联合堆载预压法在舟山外钓岛光汇油库陆域形成地基处理中的应用	浙江舟山	2009～2012	52	淤泥质粉质黏土	高能级强夯＋塑料排水板堆载预压	动静结合排水固结法处理深厚淤泥上高填方场地形成	减少填料粉碎和分层铺填费用，降低工程造价，缩短工期
31	高能级强夯预处理疏桩劲网复合地基方案在中化格力二期项目中的应用	广东珠海	2009～2010	2	浅层碎石填土＋淤泥质软土层	高能级强夯＋疏桩劲网	采用高能级强夯预处理＋疏桩劲网复合地基	地基承载力特征值达到 300kPa，大大减小地基的沉降变形
32	南通海门滨海新区西安路北延伸段真空降水联合强夯处理工程	江苏海门	2011～2011	12	冲填土＋淤泥质黏土	真空降水＋低能量强夯	真空降水＋低能量强夯、膜袋充填法＋粉喷桩联合施工	土体得到了压密，各项指标均达到了设计要求，浅层土体的承载力提高约 150%～200%
33	江苏盐城弗吉亚公司厂区管井降水联合低能级强夯处理工程	江苏盐城	2011～2012	13	素填土＋黏质粉土	真空管井降水＋低能级强夯法	独立基础区域采用柱锤强夯置换＋平锤强夯，厂房区域采用真空管井降水＋低能级强夯法	有效降低了地下水位，且在满足承载力要求的前提下节约了成本
34	新型总装生产线建设项目地基处理工程	辽宁葫芦岛	2014～2015	48	素填土＋粉质黏土	柱锤置换＋平锤强夯	柱锤强夯置换点与平锤强夯点交错施工	场地浅层地基土承载力特征值不小于 200kPa，地基压缩模量不小于 8MPa
35	青岛海业摩科瑞油品罐区地基处理工程	山东青岛	2014～2015	32	人工填土	预成孔置换强夯法	国内首次使用预成孔置换强夯法施工	承载力、变形模量均能够达到设计要求的，节约施工工期及投资
36	惠州炼油二期 100 万吨/年乙烯工程储罐预成孔深层水下夯实法地基处理工程	广东惠州	2015～2015		碎石回填土	预成孔深层水下夯实法	国内首次使用预成孔深层水下夯实法施工	复合地基承载力特征值为 300kPa 变形模量 27.15MPa，施工工期短、节约了成本

【实录 29】青岛海西湾造地与地基处理工程研究

陶文任[1]，水伟厚[2]，马利柱[3]

(1. 青岛北海船舶重工有限责任公司，青岛 266520；2. 中化岩土集团股份有限公司，
北京 102600；3. 青岛海洋地质工程勘察院，青岛 266071)

摘　要：沿海船厂建设中首先面临的是陆域的形成及不同功能的需要、不同地质构造下的地基处理问题。如何科学、合理地选择符合现场条件的造地及地基处理方法，对工程造价、建设工期都有重要的影响。海西湾为胶州湾内的内海湾，属典型的沿海地质，厂区由山体、滩涂和大面积海域构成。山体及水下基岩为火成岩、花岗岩，湾内虽无河流进入，但因长年涨、落潮沉积了约 5～7m 的淤泥质粉质黏土和基岩上不等厚的砂质黏性土。在青岛海西湾造修船基地的建设中，我们会同相关专业的专家研究、制订了一整套的解决办法，与同类项目相比，节省了工程造价，达到了预期效果。

关键词：船厂建设；地基处理；强夯；强夯置换；陆填造地；软基加固；沉降观测

1　工程概况

青岛是我国重要的对外贸易口岸和制造业基地，海西湾是建设大型造修船基地的理想区域。海西湾临近胶州湾口，位居我国北方航区的中部，毗邻青岛港，是常年不冻不淤的深水良港，距青岛港主航道 3500m，10m 等深线逼近岸基，船舶进出厂及材料运输非常方便。海西湾是胶州湾的内湾之一，附近没有河流注入，无陆域泥沙来源，水域回淤轻微，胶州湾悠长宽阔的海岸线也为船舶进出提供了良好条件。

海西湾造修船基地是国家"十一五"重点建设项目，是中船重工集团与青岛友好合作的结晶。该基地总投资 74 亿元，规划占地 330 万 m²，岸线 6.72km，码头 5.4km，分为造船区、修船区、海洋工程装备及钢结构区。基地近期形成年造船能力 200 万载重吨，远期形成 468 万载重吨，年修船能力 212 艘，海洋工程建造能力 4 座。

图 4.29-1　青岛北船重工海西湾造修船基地规划鸟瞰图

2 工程地质概况

海西湾以中间黑孤石和道观咀为界，分为薛家岛湾和小岔湾。薛家岛湾地貌形态为水下淤泥质平原，以淤泥、淤泥质粉质黏土为主；小岔湾为低潮滩和水下淤泥质平原，低潮滩表层以粉土、粉砂为主，海岸为基岩海岸，岸线曲折，由花岗岩和熔结火山角砾构成。

修船区坐落在道观咀端部黑孤石岩礁及西侧区域，场区内原始地层及海域主要为淤泥及淤泥质土，其中东北角较厚，最厚处约10.50m，场区东南侧为岛关咀顶部，基岩埋深浅，东北部基岩埋深大，第四纪土层厚度大。场区分为两期回填，其中Ⅰ期回填场区的2/3，Ⅱ期为新近回填，占场区的1/3。区内地层较为简单，上部为开山碎石填土层，厚度为2.0～13.0m场区第四系土层分布如下：

第①层碎石填土层场区广泛分布，场区内碎石填土，主要以粒径<30cm的石渣为主，含少量30～100cm块石。层顶标高为3.65～5.19m，层底标高为-8.41～1.31m，厚度3.40～12.80m，平均厚8.99m。

第②层淤泥质土为场区填土挤淤残留体，分布局限，厚度薄，层顶标高为-4.11～-7.90米，层底标高为-5.51～-10.70m，厚度0.40～5.70m，平均厚2.07m。厚度分布较大的区域位于机电车间北部和管子车间西南部。最大分布厚度分别为5.70m和3.30m。

设计要求加固后地基承载力特征值 $f_{ak} \geqslant 220kPa$，变形模量 $E_0 \geqslant 20MPa$，最终沉降量 $\leqslant 120mm$，9m柱距相邻柱子的差异沉降 $\leqslant 30mm$。图4.29-2是修船区Ⅱ期回填场地具有代表性的地层剖面。由于填土固结时间短，结构疏松且存在大空隙和孔隙，强度很低，其下部还有厚度不等的淤泥质粉质黏土和黏土软弱层，地基土的抗剪强度和抗变形能力不能满足设计要求，因此需要对地基进行加固处理，以达到建设场地的整体稳定和挤淤的目的，确保处理后地基承载力和变形满足设计要求。

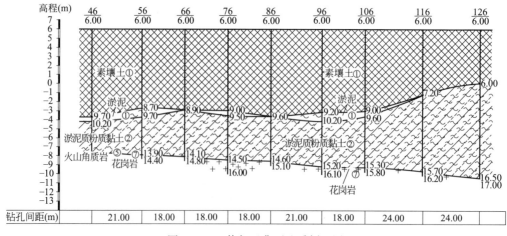

图4.29-2　修船区典型地质剖面图

修船区坐落道观咀及西侧，其中造船坞位于薛家岛湾，造船联合厂房和游艇、船机分厂位于小岔湾。

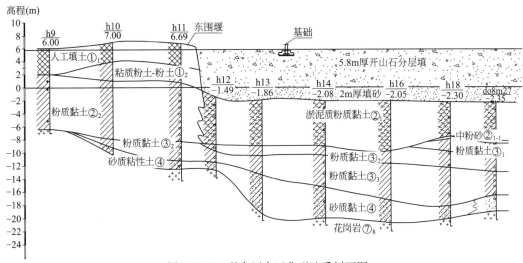

图 4.29-3　联合厂房区典型地质剖面图

3　厂区陆域的形成

　　船厂的选址，首先要选择有较好地质条件的坞址和合适的码头岸线，这些水工构筑物一般都在原有的海域中，在船坞的周边和顺岸码头的后方均将形成配套的陆域面积，所以在海域造地是船厂建设中必需面临的首要课题。造地的方式分填海造地和吹填造地，确定哪种方式要取决于土石方的总量平衡和现场的水文地质情况及综合技术经济分析。

3.1　土石方平衡

　　船厂建设中的土石方平衡包括挖方和填方的平衡、厂区水域疏浚量和纳泥量的平衡，土石方是否平衡不仅事关工程的总体造价，而且还涉及资源的综合利用和环境保护等。如山东某船厂，现场开方量富余 600 万 m^3，如外运不仅要征地放置，还要花费大量运费，后经研究确定扩大现场应用途径并扩大造地范围，综合经济效益超亿元。大连某船厂土石方总量富余 1200 万 m^3，外运仅倒贴运费就多花了近亿元。

　　在海西湾的船厂建设中，厂区挖方总量为 1150 万 m^3，其主要有三类用途：一是风化程度较轻的土石方，是很好的建筑材料，应优先分类用于：码头工程的棱体、基床、箱内填料，围堰堰体用料，坞墙后方填料等。这样不仅大大降低了水工工程造价，同时加上合理用好现场地质条件，设计优化、采用了"深水深用、浅水浅用"等措施，每延米码头（−7～−11m）综合造价均低于 7 万元；二是种植土等用于绿化，提高了利用价值；三是其余风化程度较强的土石方，用于陆域造地。

　　本工程中港池与航道疏浚总量为 1200 万 m^3，如果采用挖泥外抛，要增加海上 15km以上的运费、抛泥费等。鉴于水下原始淤泥层也需要软基固结后才可作为工程用堆场等场地，故经过技术经济比较后，决定对港池与航道疏浚淤泥采用"吹填造地"方案。续建工程（含大造船及海洋平台区）的土石方平衡估算和海域淤泥量测算详见表 4.29-1 和表 4.29-2。此方案一方面节约疏浚费用近亿元，另一方面又解决了土石方的缺口，节省了亿元的外购土石方费用，而仅仅增加软基固结的部分费用。这样就基本做到了"填方不外购、挖方不外运"，经济效益十分可观。

续建工程（含大造船及海洋平台区）土石方平衡估算表　　　　表 4.29-1

		项 目	数量（万 m³）	备 注
需方	1	箱内填料、基床及棱体用料	180	均按实方（工程方）计
	2	吹填围堰用料	120	
	3	坞区回填用土石料	60	
开方	1	已征山地剩余方量	100（估算）	均按自然方计
	2	扩征山地可开方量	212	
	3	海滨大道可利用方量	100	

续建工程（含大造船及海洋平台区）海域淤泥量测算表　　　　表 4.29-2

序号	项目	数量（万 m³）	备注
1	码头基槽挖泥	133.70	按槽宽 50m、原泥面－2.5m、疏浚后－9m 计
2	码头前沿挖泥	135.70	按平均 60m 宽、疏浚前－2.5m、疏浚后－8m 计
3	西港池水域	258.05	按疏浚前－2m 至－3m、疏浚后－6m 计
4	东港池水域	154.88	按疏浚前－3m、疏浚后－6m 计
5	合计	682.33	

3.2 陆填造地

沿海天然岸线的浅滩适合陆填造地，由于基岩埋深浅、土石方用料少。另一方面水下原状淤泥层薄，容易实施推填挤淤，一般现状淤泥厚度宜控制在 $\delta \leqslant 2m$，当原状淤泥层厚度$\geqslant 3m$，应采取先清淤后陆填或吹填造地、水下插板固结后再陆填的方法。实施推填挤淤造地，应与开方工程有机结合，即在厂区内的开方工程即包括运输和装卸，除推平工序外不另增加费用，即开山造地与填海造地是一举两得的事情；另外在推填挤淤过程中应关注淤泥是否隆起，一旦有隆起现象，应该乘低潮从陆上清淤泥后再继续推填，这样形成的陆域，后期处理费用低，经强夯处理后承载力高、工后沉降小；其中是陆填用料应控制级配，主要是避免使用大块石料，块石粒径不宜超过 50cm，在有可能选用打入桩的部位，块石粒径不应超过 30cm。

图 4.29-4　修船区陆填造地

3.3　吹填造地

当港地、航道及船坞、码头水域需要疏浚、清淤时，选择绞吸挖泥是比较经济的选择。一般抓抛比绞吸的单价要高 10 元/m³，当然绞吸还必须与吹填造地相结合。选择水下原状淤泥 $\delta \geqslant 3m$ 的区域作为吹填造地，可以在吹填后进行一次性软基固结处理。这样既节约疏浚费用，又节约了土石方费用，还避免了对原状淤泥的专门处理工序，一举多得。如果吹填造地接纳 1000 万 m³ 淤泥，仅节约疏浚费用就达 1 亿元之多。

当然，吹填后还要经过排水固结过程，才能达到承载力和控制工后沉降量的要求，但其处理费用仍低于陆填的土石方费用。为了便于软基加固处理，吹填过程要注意以下问题：（1）控制围堰内泥面标高，经沉淀排水和固结排水施工后的泥面标高应比厂区地坪标高低约 2m，以便留有排水砂垫层和陆填土石料表层回填的空间；（2）有条件的情况下，在吹填后期能选择砂性土、吹填 1m 海砂或添加高分子凝聚剂，以提高吹填区的表层承载力，可提高工效、改善排水效果和节省铺设荆芭、土工布等的费用；（3）如吹填土渗透系数（k 值）较小，要注意适时变换吹填口以避免细颗粒土过度集中，人为造成场地的不均匀并增加了后期地基处理的难度和费用；（4）要做到吹填过程和吹填后场地大面积的有组织排水。

4　地基处理方法的应用

海西湾为胶州湾内的内海湾，属典型的沿海地质，厂区由山体、滩涂和大面积海域构成。山体及水下基岩为火成岩、花岗岩，湾内虽无河流进入，但因长年涨、落潮沉积了约有 5～7m 的淤泥质粉质黏土和基岩上不等厚的砂质黏性土。厂区原有陆域面积 64ha，主要由倒观山及其周边山坡地形成，厂区主要用地为填海、吹填造地形成，陆填造地面积 110.3ha，其中，直接陆填面积 76.3ha，水下插板后陆填面积 33.8ha；吹填造地面积 76ha。

图 4.29-5　建设部王铁宏总工亲自主持海西湾地基强夯专家会（2003 年 2 月 13 日）

厂区陆域面积形成后，如何根据场地的使用功能、地上建筑物建设的需要和承载力、变形要求，针对不同区域的工程地质情况科学选用不同的地基处理方法对总体工程造价和后续工程的工期都有直接影响。与选择合适的造地方法一样也是优化工程设计、节省投资和工期的重要途径和关键点。由于海西湾的原始地貌及不同的造地方式需要不同的地基处理方法，具有一定的普遍性和借鉴意义。

4.1 强夯地基

强夯法是一种经济高效的地基处理方法。强夯法加固地基的原理见图 4.29-6，即反复将 80～400kN 的锤（最重的达 2000kN）起吊到 8～25m 高处（最高的达 40m），而后自由落下，其动能在土体中转化成很大的冲击波和高应力，从而提高地基强度，降低压缩性，消除湿陷性，改善其抵抗振（震）动液化的能力等。同时，强夯法可提高土层的均匀性，减少工后差异沉降。

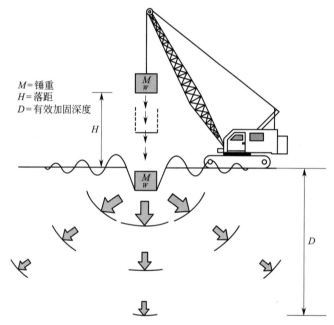

图 4.29-6　强夯原理示意图（Lukas）

强夯法是一种主动加固方法，它将土作为一种能满足技术要求的工程材料，在现场对土层本身作文章，充分利用和发挥土层本身的作用，符合岩土工程"要充分利用岩土体本身作用"的总原则。该法自诞生以来，以其经济易行、效果显著、设备简单、施工便捷、节省材料、质量容易控制、适用范围广、施工周期短等突出优点，在全球各类工程的地基处理中得到了日益广泛的应用。随着高能级强夯、异型锤强夯技术和与降水技术的联合应用，已成为沿海地区工程建设地基处理中不可缺少的性价比最好的方法之一。

（1）浅滩陆填区

以修船区南部、游艇厂区为代表，由于属砂石滩地质，水下原状淤泥层薄，无需清淤而直接进行陆填造地。陆域形成后选用了 6000kN·m 以下中低能级强夯，陆填土石料得

图 4.29-7　修船厂房区高能级强夯处理施工现场

到密实，检测结果表明地基承载力特征值均提高到 200kPa 以上。

（2）深填区的高能级强夯

在修船区的部分区域，由于基岩埋深较深，回填层较厚，且局部有残留软土层，为了能达到较好的密实效果，就必须提高强夯能级，精心设计精心施工高能级强夯，才能实现以强夯地基＋浅基础取代造价高、工期长、施工难度大的桩基础。工程实践及效果检测证明了在沿海开山土石料回填形成的陆域区域，用适宜能级和工艺的高能级强夯地基＋浅基础取代灌注桩基础是成功的优化设计的重要途径。由于开山土石料的陆填地质条件下，成桩难度大，工期长，造价高，而强夯处理对回填料的适应范围大，适于大面积展开施工，可满足柱基、室内外地坪，道路等不同的功能要求。在海西湾修船区、游艇区的地上建筑物建设中未打一根桩，全部采用了强夯地基处理后的浅基础，经投产使用和 3～5 年的跟踪沉降监测，均满足了规范和设计要求。

要达到以上目标，要注意解决好以下几个方面的问题：①根据土层特性和需要加固的深度要求确定不同的强夯工艺和能级；②做好夯前检测，以便优化、细化设计，特别是要探明残留淤泥厚度 $\delta \geqslant 3m$ 的局部区域在地基处理后需进行高压旋喷等方法固结处理，以避免工后差异沉降超标；③做细做好强夯专业设计，如柱基下和重型设备基础下应布置有高能级夯点。

（3）异形锤强夯

在造船区陆域强夯施工中，对露天钢材堆场的桥吊柱基，采用异型锤强夯，可增加置换深度，减小差异沉降量。经现场试验性施工和检测确认 6000kN·m 能级置换深度可达到 7m 以上，8000kN·m 能级置换深度可达到 9m 左右，形成了柱基下直径 2m 左右的碎石墩基础，降低了工程造价。在局部主干路下软土区，平面分段工场、涂装工场的局部有残留软土区也均采用了异型锤与平锤相结合的较高能级强夯施工。

图 4.29-8　异型锤强夯施工　　　　　　　　　　图 4.29-9　异型锤夯坑

异型锤强夯置换进行预夯，夯锤直径 1.2m，采取隔行跳点方式进行施工，6000kN·m 异型锤强夯施工的停夯标准暂定为 20cm，由现场试验确定，强夯施工过程中实施动态监测，如果现场异型锤强夯施工过程中场地出现较大的隆起，则对回填的山皮石进行一遍低能普夯，形成一定厚度表层硬壳来阻止场地隆起，建议普夯能级不大于 1500kN·m；如果现场未出现隆起，则不必进行普夯，直接进行 6000kN·m 异型锤强夯置换。根据现场异型锤强夯置换施工过程中超孔隙水压力消散程度来确定是否一次性夯到停夯标准，如果超孔隙水压力消散较慢，则在同一点可分 2～3 次异型锤强夯置换。设计要求异型锤强夯置换宜尽量打穿②₁ 层淤泥质粉质黏土，进入到土质较好的第③层土，在柱下形成着底的强夯置换碎石墩体。在 3.3 万 m² 的钢料堆场上，吊车柱基础全部采用异型锤强夯替代桩基 324 根，节约造价数百万元（图 4.29-10）。

图 4.29-10　钢料堆场柱下独立基础（异型锤强夯地基）

异型锤强夯在解决差异沉降和地基不均匀方面有良好的效果。如本项目联合厂房项目地基处理的关键是解决柱基的差异沉降问题，这个问题包括两个方面：一是堆载预压排水固结后的东围堰内区和外区的柱基差异沉降，二是正在排水固结法施工的东围堰外区柱基之间的差异沉降。

本场地②₁ 层软弱下卧层 3.50～9.50m，土性条件较差。但这个淤泥质土层是已经过有针对性处理的相对软弱层，上覆的 2m 厚砂层是一个较好的过渡层、排水层和调节层，随后分层回填的 5.8m 厚开山石层在一定能级强夯置换下是一个较好的硬壳层，这个能级不能太高，太高会破坏已固结的结构性的②₁ 层土，造成现场大量隆起或淤泥挤出；也不能太低，太低不能对上部的 8m 左右回填层有效加固。所以初步设计强夯法分 2 个区域：东围堰内区 4500kN·m 能级强夯置换，外区用 5500kN·m 能级强夯置换，这个置换要做到"少吃多餐"：每次夯坑不宜太深、填料不宜太多。

针对本场地，第一个问题用能级差别来调整；第二个问题的解决思路如下：强夯法是一种经济高效的地基处理方法，同一能级同一停夯标准在不同的地质条件、不同的点位会产生不同的加固效果。这个效果有点"欺软怕硬"：地质条件较差、填土孔隙较大等处夯击击数就多，夯坑深度就大，填料就多；地质条件较好、填土颗粒级配较好等处击数较少，可较快达到停夯标准。因东围堰外区地质条件基本相似，故统一用 5500kN·m 能级强夯置换，同一能级和标准下施工效果自行调整，达到基本均匀一致的加固效果。

图 4.29-11　平面分段工场（强夯＋异型锤强夯）　图 4.29-12　厂房区主干路（强夯＋异型锤强夯）

（4）水下插板后陆填区的强夯处理

对水下有一定厚度的原状淤泥宜采取先插板后陆填的办法，形成陆域后也基本完成了水下原状淤泥的排水固结。由于回填料有一定的厚度，具备进行强夯处理的作业条件，而经强夯处理可将综合承载力提高至 200kPa 以上，并可以扩大软基固结的效果。但应注意：要根据回填层的厚度为密实深度以确定合适的夯击能级，要防止夯击能过大对基本固结的软土造成扰动。

4.2　软基加固

（1）堆载预压排水固结法

当工期满足 8～10 个月以上堆载预压期需要的条件下，可选择堆载预压法进行软基加固，而当现场需要储备用料堆场（自采或外购）时，二者结合可节约堆载费用，而使软基加固费用大大降低。在东围堰区软基加固方法的选择上，由于满足上述条件，软基加固的费用＜50元/m²，处理后的承载力特征值达到80～100kPa。

（2）真空预压排水固结法

对软土进行真空预压处理，排水固结时间较短，排水期一般需要3个月，但处理费用较高，一般不低于100元/m²。在45万m²的西围堰区的软基处理中经过带案投标，选择了真空预压处理。经过验收检测，中、下部固结度及承载力均达到或超过招标要求，但发现在远离吹泥口部分区域的表层（2～3m内）排水和固结效果欠佳，后辅助以表层拌和石灰后的承载力特征值达到了100～120kPa。

（3）水下插板固结法

在厂区的东侧造船厂房建设区，水下原状淤泥厚度为5～8m，由于建设周期的需要应尽快形成陆域场地，故采用水下插板与分层陆填相结合的办法，实现软基加固与陆填造地的同步进行，从而节省了大量工期。由于陆填的过程是实现对水下及原状软土堆载预压的过程，不再发生堆载费用又达到软基加固的目的，综合工期也明显缩短。但由于增加了水上作业的工作量（水抛砂垫层，水上插板作业，土工布铺设），单位体积淤泥土的加固费用有所提高。施工中要注意的关键问题是要控制工序间隔时间、分层陆填、留出反压距离（≥9m）以防止滑移和隆起，后续强夯施工不得破坏水下砂垫层以防对初步固结软土的扰动。

图4.29-13　造船联合工场（水下插板＋强夯地基）

（4）高真空击密法

在原南围堰区及西围堰A区，为砂质淤泥土和含粗颗粒较多的淤泥土，渗透系数$k=10^{-5}\sim10^{-6}$cm/s。由于采用了插管抽真空降水和低能级强夯，工期大大缩短，施工简便，处理费用较低。但此方法对土质的渗透性有严格要求，要确保能抽出水把地下水位降低才能强夯以达到预期目的。

（5）复合处理法（两种或两种以上地基处理方法联合使用）

在工期允许的条件下，为进一步提高固结度，增加地基承载力，减少工后沉降量，可用先真空预压后堆载预压或真空预压联合堆载预压的方法；在保证软基上有 2m 左右厚度垫层的条件下，可对真空预压后的软土地基进行低能级强夯，以扩大真空预压排水固结效果，提高地基土的承载力，但应以不对固结土产生扰动为前提。利用真空预压抽水在膜上覆水加压，可扩大排水固结效果。

（6）复合地基处理法

对于对地基承载力及工后沉降量有特殊要求的局部区域，还可以进行复合地基处理。如造船坞的主机组场地、西南围堰内的 600 吨门式起重机总组场地，采用了真空预压后深层搅拌状的复合地基处理，可满足 200kPa 的承载力要求。在固结处理后的软土土体上进行搅拌桩施工，成桩容易，加上桩间土的作用和桩上密实层的综合作用，形成了稳定的复合地基，其工程造价可控制在 200 元/m² 以内。

（7）化学处理法

在软基处理施工中，经常遇到因淤泥土颗粒太细和自然沉降时间短而造成表层承载力较低的难题。如果在绞吸吹填的后期采用日本 NTC 公司的化学固结法，即在吹泥管末端掺入 H/C 消水中和剂进行固液分离，再注入高分子凝聚剂进行絮凝，可为吹填区形成有一定承载力的自然固结的表层。

青岛海西湾地质分类及地基处理措施一览表

表 4.29-3

序号	典型区域	地质分类	处理措施	基础形式	处理效果
1	修船厂房区	沿海浅滩,基岩上有原始淤泥推填造地	①控制填料块石粒径≤50cm；②推填挤淤,有隆起及时清淤(乘低潮陆清淤或局部水挖)；③填后强夯,提高夯击能,以达到密实深度	强夯地基+浅基础	厂房无桩基,投资省,经跟踪监测 3 年,柱下软基<3m 工后沉降<5cm；软基<2m 沉降<3cm,软基厚>3m,旋喷加固后均达标
2	修船船坞区	海域,水下原始淤泥 3～5m	①绞吸清淤后陆填；②围堰区按止水要求回填		绞吸吹填经济,又减少坞室开挖量
3	东、西、南围堰区	吹填造地,原始淤泥 3～7m	堆载预压、真空预压；软基加固后陆填 2～3m,土石料强夯密实(控制能级)	预应力管桩强夯地基+浅基础	场地、道路工后沉降量分别为 3～5cm,5～10cm,5～15cm,>5cm 预留沉降量
4	造船东侧厂房区	浅海区,水下淤泥层厚 5～7m	水下插板后分层陆填造地；填后中、低能级强夯；柱基下柱锤强夯置换	预应力管桩、碎石墩(柱锤夯实)、强夯地基+浅基础	
5	西南围堰区	沿海浅滩区,原始淤泥 3～5m,中、上层为坞室开挖软土	堆载、真空预压固结；下层指标达标可上层换填后强夯	预应力管桩强夯地基+浅基础	
6	水工构筑物	海域,水下淤泥层、砂质黏性土层,强风化、中风化岩层	船坞开挖至强风化岩；码头开挖至强风化岩、砂质黏性土	天然持力层	

4.3　水工构筑物的基础选择与地基处理

（1）围堰工程

船厂建设过程中，无论是围堰造地的吹填围堰还是用于船坞工程的止水土石围堰，由于堰体要承受水头差的作用并不得产生滑移，因此要求堰体坐落在较好持力层上，围堰基底下不得有成层的软弱下卧层，对于作为永久构筑物的防波堤要求更为严格。这些构筑物均在海域施工，通常会遇到水下淤泥层，根据现场实际情况，采用以下处理方法：

①挖除清淤：当淤泥厚度≥4m，需要对堰体下淤泥层进行清挖或部分清挖（减少厚度），有条件时可以绞吸吹入吹泥围堰内，如在修船坞区采用绞吸清淤吹填至西围堰内，可降低清淤费用。

②推填挤淤：当水下淤泥厚度＜3m的情况下，可以在堤芯填挖时采用推填挤淤施工，但应在底部采用较大级配的块石，改善挤淤效果并及时处理。当出现有淤泥隆起时，要及时予以清除，确保堤芯下没有成层的淤泥。在东、西吹填围堰施工中，主要采用推填挤淤法，只在局部淤泥厚度≥4m的区段采用先绞吸减薄、后推填挤淤。实践证明，该方法均达到了预期效果，保证了围堰的安全、稳定。

图 4.29-14　西围堰堆填挤淤照片

③爆破挤淤：在造船坞西止水围堰的外堤施工中，由于水下淤泥层较厚，为5～7m，采用了爆破挤淤法施工，避免了淤泥层清挖、降低了工程造价。在防波堤工程中，常遇到水下淤泥厚的地质条件，采用爆破挤淤法施工可明显降低工程造价（如山东某船厂防波堤长达2km，水下淤泥厚度达10m，笔者建议按爆破挤淤法施工，由于挤淤后仍满足水深条件，防波堤造价降低效果显著）。

（2）码头工程

海西湾的码头岸线长达5km，均采用重力式结构、抛石基床，基床经过强夯处理。对于基床下基础持力层的选用根据地质条件的变化分别按以下原则处理：

①码头岸线走向尽量选择与基岩等深线一致。可有效减少基础工程量；

②本着"深水深用、浅水浅用"的原则，确定码头吃水深浅，根据该选择，在泊位的配置上有−11m泊位4个、−7m泊位1个、−9m泊位9个，即满足船舶靠泊的需要，又避免了水下炸岩和基床太厚，大部分基床厚度均控制在2m左右，使码头工程造价明显降低。

③选择合理的持力层：以选择强风化岩作为持力层为主，但也可选择砂质黏性土层（陆相构造、承载力≥250kPa）作为持力层。在 4 号、6 号、8 号码头的中段均以④₁ 层为持力层，减少了水下基础施工工程量，而且 4 号、6 号码头均为大圆筒结构，投产后一切正常。

（3）船坞工程

①海西湾造、修船坞的堵口围堰的基床均坐落在基岩上，且对沉箱基床需作升浆处理，一是要满足止水功能，二是防止明显变形；

②船坞本体均坐落在基岩上，避免了桩基结构，降低了船坞造价。

5　强夯地基的变形验算

原状的花岗岩残积土胶结物较多，常呈絮凝和凝块结构，有较高的地基承载力和抗剪强度，且压缩性中等偏低。而回填的花岗岩残积土经常是平整场地时挖山填沟的产物，经过了搬运、扰动等破坏，花岗岩残积土大部分的工程特性都已丧失。因此回填地基的承载力一般都不能满足设计要求。如何经济、合理、快速地加固处理这类回填花岗岩残积土地基对于东南沿海地区工程具有现实意义。

根据回填区域水文地质环境不同，花岗岩残积土的回填地基亦可分为陆域回填和水域回填。例如，开山填谷等地基，残积土仅仅经历了开挖、回填过程，结构完全破坏，但残积土中的含水情况不会发生大的变化，残积土的组成成分没有变化，回填地基的自密性和压实性比较好，经人工处理后可达到较高的密实度和承载力。而残积土作为回填料用于水域回填，如开山填海工程等，开挖后，松散回填的残积土在海水的浸泡和冲刷作用下，一方面，其中夹杂的强风化、全风化碎石块遇水发生软化崩解；另一方面，黏性细颗粒部分遇水后，粒间受润滑作用，以及浸水时的浮力作用，土体的自密和压密性会显著降低，从而影响到地基处理的效果。由于水文地质条件对残积土的工程特性存在较大的影响，陆域回填和水域回填地基处理的原理、工艺和方法也有较大的区别。

目前大部分工程中强夯处理后的地基承载力一般皆可满足设计要求，在此种情况下，对于变形量的控制设计就成了确定强夯方案是否适用和进行强夯设计的关键，尤其在深厚软黏土地基上建造建筑物，沉降量和差异沉降量控制是问题的关键。因此，按变形控制设计越来越成为强夯法设计的主导因素，既可保证建筑物安全又可节省工程投资。

当然"按沉降控制设计"思路并不是意味着不讨论地基承载力是否满足要求。在任何情况下满足承载力要求都不可以忽略，只是现在把对承载力的计算不作为一种主要的判断依据，因此按变形控制设计理论本身也可以包括对地基承载力验算的方案。

结合青岛船厂海西湾造修船基地强夯地基的计算实例对强夯地基的变形计算进行说明。该项目淤泥质土较厚的 D 区拟采用 8000kN·m 高能级强夯进行处理，因此对淤泥质土的固结沉降计算分析可选用 D 区淤泥质土最厚的 126 号勘探点进行计算。

5.1 工程地质条件

根据勘察报告，该点位从上到下可分为四层：

碎石填土层：标高为 6.0～0.0m，即将回填，地下水位在 3.0m 处；

淤泥质粉质黏土层：标高为 0.00～−10.50m，流塑—软塑状态；

风化熔结火山角砾岩层：呈致密的角砾、碎石土状，节理裂隙发育，该层的沉降变形忽略不计。

其他点位地质情况类似，淤泥质土层的厚度均小于 126 号点，下部大都为⑦₁层——强风化花岗岩及煌斑岩，节理裂隙发育，岩石风化较强烈，局部呈风化漏斗状。考虑到现场正在进行挤淤挖淤工作，计算分挖淤前 10.5m 厚淤泥层和挖淤后 6.5m 淤泥层分别分析。

5.2 变形分析计算

淤泥质土层厚 10.5m，考虑碎石土挤淤再造层 0.5m，计算时按淤泥质土层厚 10m 考虑，假定淤泥质土的压缩模量由 2.51MPa 经强夯后提高到 4MPa。强夯后碎石土的重度取为 20kN/m³，地表处的附加压力取为 220kPa。淤泥质土下部为⑦₁层——强风化花岗岩及煌斑岩，节理裂隙发育，岩石风化较强烈区域，可近似按单面排水计算。

由该表提供的孔隙比、压缩系数、渗透系数等参数，按公式 $C_v = \dfrac{k(1+e)}{\alpha \gamma_w}$ 计算所得的竖向固结系数为 $C_{v2} = 2.74 \times 10^{-3} \, cm^2/s$。

5.3 按挖淤后计算计算参数

按上述参数，用两个固结系数分别计算。126 号点处淤泥质土层厚 10.5m，根据现场的挤淤挖淤情况，考虑清淤 4m，回填碎石的再造层 0.5m，计算时按淤泥质土层厚 6m 考虑，假定淤泥质土的压缩模量由 2.51MPa 经高能级强夯后提高到 6MPa。强夯后碎石土的重度取为 20kN/m³，地表处的附加压力取为 150kPa，竖向固结系数按参数计算为 $C_{v2} =$

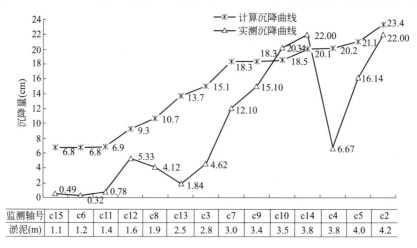

监测轴号	c15	c6	c11	c12	c8	c13	c3	c7	c9	c10	c14	c4	c5	c2
淤泥(m)	1.1	1.2	1.4	1.6	1.9	2.5	2.8	3.0	3.4	3.5	3.8	3.8	4.0	4.2

图 4.29-15　实测沉降量和计算沉降量的对比图

$2.74 \times 10^{-3} \text{cm}^2/\text{s}$。

根据修船区车间强夯地基检测报告（yk2003-018）和现有的沉降观测成果表明：产生差异沉降主要是由于填土下存在软弱淤泥质粉质黏土固结沉降引起的。根据近 5 年的实测沉降结果可以看出，在全部 252 个柱基中，仅有 4 个柱基的沉降量超过了规范要求，整个监测结果与强夯前的预测分析完全一致。该处柱基已经采取了一定的结构预防措施，以此证明了"以变形控制进行地基处理设计"思路的准确性。

本项目的试验结果可供沿海碎石土回填地基、山区回填地基和大厚度的湿陷性土地基处理参考，对华北、东北的粉砂土地基以及经过预处理形成排水通道适宜强夯的淤泥质土等的地基处理亦可借鉴。

【实录 30】高能级强夯联合堆载预压法在舟山外钓岛光汇油库陆域形成地基处理中的应用

梁永辉，张馨怡，康竹良，宋美娜

（上海申元岩土工程有限公司，上海 200040）

摘　要：浙江舟山外钓岛光汇油库工程，首次采用无砂堆载预压结合高能级分层强夯技术，一次性解决了超软海相软土地基上填海造陆工程面临的"深厚软基固结沉降"、"超软地基堆载整体稳定"以及"高填方体填筑与加固"等三大技术难题。工程实践结果表明，该方案技术科学可行，经济高效，使场地开山石得到充分利用，为项目建设大幅节省投资和工期，达到了预期的技术和经济效果。

关键词：开山填海造地；高填方工程；高能级强夯；动静结合排水固结

1　项目概况

舟山外钓岛光汇油库工程位于浙江省舟山市岑港镇外钓岛南岛，是舟山市重点建设工程。项目主要包括油库和码头，总投资达 12 亿美元。项目整体建设后，库容达 500 万 m^3，成为长三角地带最大的成品油物流交易基地之一，对整个国内成品油的仓储有很大的推动作用。

该工程场地（图 4.30-1）位于舟山市定海区岑港镇外钓岛，呈南北走向，岛南部较高，

图 4.30-1　项目场地卫星图

作者简介：梁永辉（1983—　），男，硕士，主要从事地基处理技术研究、设计工作。E-mail：yonghui_liang@xd ad. com. cn。

西北部有大片海滩，部分已于1977年围建为盐场，其东面为呈南北向延伸的丘陵地貌，最高点海拔高程为105.27m。山体自然斜坡一般在20°～40°，坡面较平顺，表部灌木覆盖，露头较少，靠海处多为中风化基岩直接出露。场地西侧为海积平原，范围较小，地势低且地形平坦，地面标高一般在0～1.0m，现状主要为盐田，外侧防浪堤坝标高在4～5m。场地三面临海。

　　本工程场地复杂程度等级为二级，地基复杂程度等级为二级。该工程部分区域的场地位于软弱地基之上，部分区域分布着较厚的软黏土层；土质较差，压缩性高、强度低。比如汽油、柴油罐组下方存在厚约20m的淤泥质黏土层，本项目回填设计标高有+7.0m、+11.0m、+15.0m三种标高，原海涂平面为0～-1.5m，填高约9～17m（荷重约180～340kPa）。该项目规划地基处理面积约为52万m²，建成后场地平整为+15.000m、+11.000m和+7.000m三个阶梯平面。该工程自2009年起至2012年4月完成场地平整工作。

2　项目特点及主要技术难题

2.1　项目特点

（1）临海大面积深厚软土，淤泥性状差

项目位于浙江省舟山市定海区岑港镇外钓岛的南侧，三面临海，工程地质条件较复杂，软弱土层分布不均，部分区域淤泥质土层较厚（约22.5m），在上部厚填土的作用下，如何控制地基沉降和不均匀沉降满足规范及油库使用要求；一级控制超软弱淤泥场地回填施工的稳定，保障场地和围堤安全建造和后期使用是本项目地基处理设计的重点。

②₁和②₂淤泥质粉质黏土是本场地上部的软弱压缩层，见图4.30-2厚度最大处约为

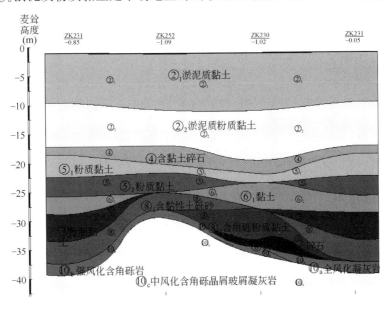

图4.30-2　场地土层分布典型剖面图

20～23m 左右。其中②1 层含水量 $w=32.5\%～62.9\%$，孔隙比 $e=0.894～1.810$，压缩系数 $a=0.86～1.34$，②2 层含水量 $w=29.2\%～51.9\%$，孔隙比 $e=0.84～1.51$，压缩系数 $a=0.62～1.34$。②1、②2 属于国内罕见的超软弱土，大孔隙比、高含水量、高压缩性和低强度，因此②1、②2 土层是本项目地基处理的重点土层。

（2）开山填海回填厚度大，地基稳定和差异沉降带来巨大挑战

按照设计要求，本场地原海涂平面标高为 0～-1.5m，填土厚度达 9～17m，荷载重约为 180～340kPa。本工程为开山填海工程，部分地基为挖方形成原状土地基，而场地大部分区域为开山石回填土区，见图 4.30-3 不同区域地基土性质不同，施工过程中和工后沉降差异大。

(a) 淤泥质土　　(b) 回填开山石

(c) 填土边坡　　(d) 排水预压

图 4.30-3　场地土质情况图

（3）填方平台高差大，支挡结构位于不稳定的软基填方体上

本工程完成面标高为 +7.000、+11.000 和 +15.000m 三种，最大高差 8m，下卧软弱土层分布不均，部分区域淤泥质土层较厚（约 22.5m）。不同高度的填方平台位于非均匀的软土上，对挡墙的变形和稳定带来不利影响。

2.2　技术难题

本工程所处海域地基土属于典型的海相淤积土，淤泥质土孔隙比大、含水量高、压缩量大、强度低。在上部填土作用下，地基将会出现一系列问题，具体如下：

（1）大面积深厚海相淤泥软基高填方场地的工后沉降控制

本工程地基软弱土层厚，工程性质差：其中②1 和②2 淤泥质粉质黏土是本场地上部的软弱压缩层，厚度最大处 20～23m。②1、②2 属于大孔隙比、高含水量、高压缩性和低强度的超软淤泥土，是本项目地基处理的主要土层。同时，软基上方填土较厚，其中堆土最薄处为 7.0m，最小荷载约为 180kPa；最厚处约为 15.0m，最大荷载约为 340kPa。在上

部堆土作用下，软弱土层会产生较大的沉降，又因地层剖面变化大，靠近海域区淤泥质土层较厚，而深入岛内淤泥质土层较薄，不同区域必然产生差异沉降，所以加速施工期沉降、控制工后沉降和控制不同区域的差异沉降均是本工程地基处理难点。

（2）不均匀超软地基高填方工程稳定性控制

本工程场地较大的沉降易使码头、建筑物桩基产生负摩阻力，从而降低桩基承载力，增大桩基沉降，对桩基产生不利的影响。

（3）高堆土堆载施工过程中，围堤基础稳定性问题

本工程围堤修筑于②$_1$、②$_2$层淤泥质粉质黏土上，随着填土荷载的不断增加，堤基下部软弱土层（②$_1$、②$_2$）的剪应力可能达到土的抗剪强度，形成极限平衡区（或塑性区）；当荷载继续增大，堤基内极限平衡区的发展范围随之不断增大，局部塑性区发展成为连续贯穿的滑动面，从而导致滑动。

（4）开山石回填压实效果控制

本项目填料来源于开山块碎石，部分石子的直径达 1m，如采用破碎法，工程量浩大，采用常规的碾压法，压实效果不能保证，因此寻求高效、快速的大块石密实方法是本工程的关键工作之一。

（5）不同标高平台交界面边坡变形协调和稳定问题

按照本工程的设计要求，完成面标高有三种，分别为＋7.000m、＋11.000m 和＋15.000m，不同标高区域沉降差较大，在差异荷载的作用下，地基可能发生滑移破坏。

（6）软基高填方邻近重要建构筑物的防护技术

针对场地内存在的重要保护设施，如高压输电线塔基础的防护，本工程软基高填方紧邻高压输电线塔，输电线塔采用的是天然地基，因此，受地基变形的影响较大。

3　软基处理设计与高填方设计

项目位于浙江省舟山市定海区岑港镇外钓岛的南侧，三面临海，工程地质条件较复杂，软弱土层分布不均，部分区域淤泥质土层较厚（约 22.5m），在上部厚填土的作用下，如何控制地基沉降和不均匀沉降满足规范及油库使用要求；一级控制超软弱淤泥场地回填施工的稳定，保障场地和围堤安全建造和后期使用是本项目地基处理设计的重点。作为石油储库建设场地，场地形成地基处理的目标包括：①软土地基固结度不小于 90%，场地工后沉降不超过 30cm；②回填土分层强夯地基承载力不小于 150kPa；③回填施工过程确保围堰及临时边坡的安全稳定。

3.1　陆域形成区软基处理设计

本场地采用陆上打插排水板，场地排水垫层采用碎石垫层，回填至＋2.0m 标高再打插排水板，再回填碎石垫层至＋2.5m 标高，然后再分级堆载预压。堆载预压法采用塑料排水板作为竖向排水材料，间距 1~1.2m，正方角形布置，考虑排水碎石层厚度，本场地排水板长度 10~26m，排水板外形尺寸取为 4.5mm×100mm，塑料排水板整带拉伸强度大于 1.5kN/10cm，通水能力 q_w 大于 40cm^3/s，采用国标 C 型排水板。

施工顺序为：铺设土工布→铺设碎石垫层（＋2.0m 标高）→插打塑料排水板→铺设

碎石垫层（＋2.5m 标高）→分级堆载预压。现场见图 4.30-4。

(a)　　　　　　　　　　(b)

图 4.30-4　现场软基处理照片

本场地泥面标高为-1～0.5m 左右，先铺设加筋级配碎石垫层至＋2.0m 标高，略高于平均海平面标高，趁潮施工打插塑料排水板，打插完排水板再回填碎石层至＋2.5m 标高。本场地回填土初步确定加载顺序如下：

（1）＋7.0m 标高区，计划分 2 层进行加载，第一层堆载回填至＋5.5m，第二层考虑固结沉降与强夯处理的夯沉量，回填至＋8m。

（2）＋11.0m 标高区，计划分 3 层进行加载，第一层堆载回填至＋5.5m，第二层堆载回填至＋9.5m，第三层考虑固结沉降与强夯处理的夯沉量，回填至＋12m。

（3）＋15.0m 标高区，计划分 3 层进行加载，第一层堆载回填至＋5.5m，第二层堆载回填至＋8m，然后进行强夯地基处理，第三层堆载回填至＋12m，第四层考虑固结沉降与强夯处理的夯沉量，回填至＋16m。

每级回填完成后，初步设定预压时间为 2 个月，期间可完成该平台的强夯施工，施工区间根据深层孔隙水压力监测数据及原地表沉降监测曲线判断地基平均固结度，固结度达到 85％以上，方可进行下一级的回填。

3.2　场平高填方处理设计

按照项目规划要求，场区建成后回填土完成面标高有＋7.000m、＋11.000m、＋15.000m 三种，原海涂平面标高为 0～-1.500m，填高约 9～17m（荷重约 180～340kPa），见图 4.30-5。其中＋7.0m 标高区，分 2 层进行加载，第一层堆载回填至＋5.5m，第二层回填至＋8m；＋11.0m 标高区，分 3 层进行加载，第一层堆载回填至＋5.5m，第二层堆载回填至＋9.5m，第三层回填至＋12m；＋15.0m 标高区，分 3 层进行加载，第一层堆载回填至＋5.5m，第二层堆载回填至＋8m，然后进行强夯地基处理，第三层堆载回填至＋12m，第四层回填至＋16m。

图 4.30-5　回填完成后的场地

根据回填土厚度和回填料性质等，回填土采用 4000kN·m、6000kN·m、8000kN·m、10000kN·m 和 12000kN·m 不同能级进行强夯处理。

图 4.30-6　场地完成面标高分布图（地基处理分区图）

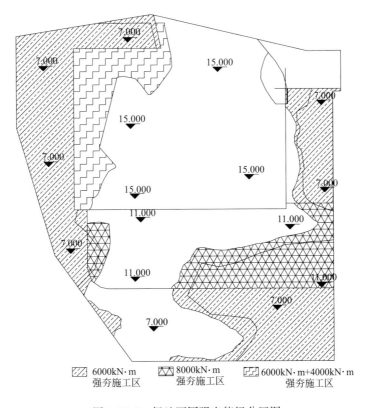

图 4.30-7　场地不同强夯能级分区图

3.3 邻近铁塔地基防护与加固设计

拟加固输电线路铁塔位于舟山市定海区岑港镇外钓岛光汇油库工程场地西北侧，铁塔边界距油库工程场地边界仅有 15～17m 左右。由于铁塔及邻近油库工程场地均处于软弱地基之上，且邻近铁塔的油库工程场地需在原地基土之上回填开山石，高度达 7m，会对邻近的输电铁塔产生巨大的水平推力。铁塔采用的是独立基础，抵挡水平变形的能力非常差。

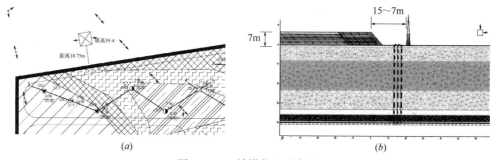

(a)　　　　　　　　　　　　(b)

图 4.30-8　铁塔位置示意图

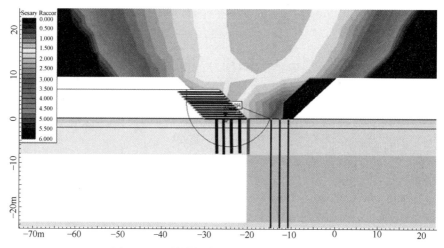

图 4.30-9　铁塔与填方边坡加固方案示意图

根据钻孔揭示的地层情况，铁塔所在位置淤泥质土层厚度达 22.3m，抗剪强度非常低。邻近铁塔 7m 厚的填土荷载对铁塔地基产生很大的水平推力，对铁塔的安全运营非常不利。为此，我司经过认真分析，确定原基础和填土地基加固处理方案：基础周边采用 3 排钻孔灌注桩进行围护，并在桩顶做一个整体承台，与原独立基础连接；邻近铁塔的填土地基采用水泥搅拌桩进行加固处理，回填土采用塑料土工格栅加筋处理，加筋长度 20m，反包 2m。

4 项目实施效果

4.1 施工期稳定控制良好

塑料排水板排水效果良好，有效提高了施工期稳定性，缩短工期。

鉴于本工程②₁、②₂淤泥质粉质黏土含水量大，渗透系数低，本工程插打大量排水板，利于超孔压的消散。加荷过程中，深层软土的超静孔隙水压力增长迅速，同时在排水板的作用下土体超孔压消散也较快。

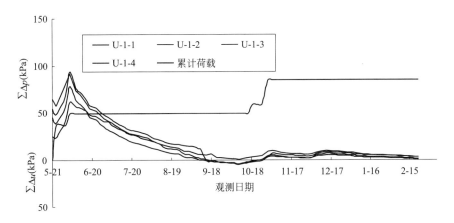

图 4.30-10　东 3 区 UE3-1 监测点超孔压变化曲线

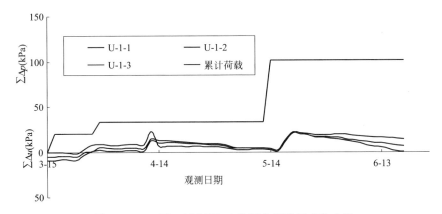

图 4.30-11　西 5 区 UW5-1 监测点超孔压变化曲线

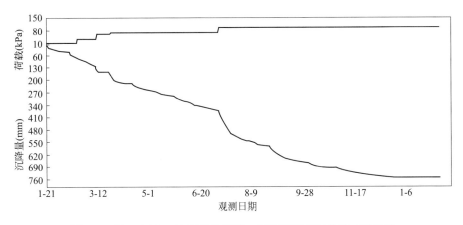

图 4.30-12　+11.0 地基平均荷载、沉降历时实际曲线（SE2-6）

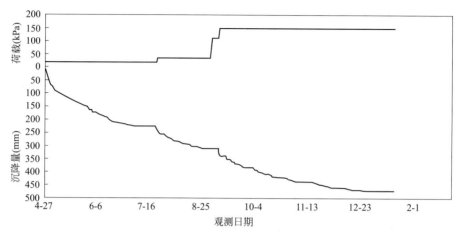

图 4.30-13　+15.0 地基平均荷载、沉降历时实际曲线（SW6-5）

4.2　施工期沉降效果

根据实测沉降资料，可以推算出预压荷载下的最终沉降量。推算得到的"最终沉降量"实际上是指固结度达到设计要求时地基的沉降量，不包括在主固结完成后发生的次固结沉降。软基处理的工后沉降量 s_r 由两部分组成：一是剩余主固结沉降量 s_{rc}，二是次固结沉降量 s_a，即：

$$s_r = s_{rc} + s_a$$

在前述资料基础上，进行了工后沉降量 s_r 计算，根据类似工程经验，本场地次固结沉降量在 50mm 左右，因而剩余主固结沉降量不大于 250mm 就可满足工后沉降小于 300mm 的要求。

①通过对监测资料的分析，本项目的 96 块沉降板的工后沉降在 54～285mm 之间，均小于 300mm，满足设计要求。

②从加载施工过程中及强夯过程中沉降板、边桩、测斜及孔隙水压力的监测数据中看，围堤及场坪的个别地方出现了险情，但整体情况是安全稳定的。

4.3　回填土地基处理效果

平板载荷试验成果表　　　　　　　　　　　　　表 4.30-1

序号	试验点号（号）	压板面积 $A(m^2)$	最大试验荷载及对应的沉降量		设计承载力特征值及对应的沉降量		强夯地基承载力特征值 $f_{spk}(kPa)$
			最大试验荷载(kPa)	沉降量(mm)	特征值(kPa)	沉降量(mm)	
1	H3J-1	1	300	5.41	150	2.05	150
2	H3J-2	1	300	5.73	150	2.16	150
3	H3J-3	1	300	5.08	150	1.67	150
4	X10-2	1	300	6.38	150	2.41	150
5	X10-3	1	300	7.83	150	3.11	150

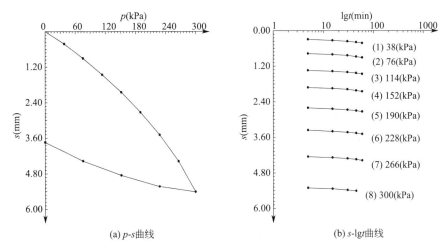

(a) *p-s*曲线　　　　　　　　(b) *s*-lg*t*曲线

图 4.30-14　典型平板载荷试验成果曲线

　　根据相关规范及设计要求对软土地基进行十字板剪切试验、静力触探试验以及钻孔取样室内土工试验。结果显示：

　　(1) 淤泥质黏土②₁的原状土抗剪强度在 30.9~93.29kPa 之间，平均值为 65.48kPa，重塑土抗剪强度在 14.15~46.5kPa 之间，平均值为 28.45kPa，灵敏度在 1.65~3.25 之间，平均值 2.34。

　　(2) 淤泥质粉质黏土②₂的原状土抗剪强度在 55.4~102kPa 之间，平均值为 80.83kPa，重塑土抗剪强度在 21.5~51.7kPa 之间，平均值为 35.29kPa，灵敏度在 1.7~3.92 之间，平均值 2.34。

　　处理后地基承载力满足场地使用要求，软土地基经过处理后，工程性质有着明显的改善，含水量降低、孔隙比明显减小、压缩模量增大，软土的剪切强度较高，触变的灵敏度较小，说明本工程软土地基经过预压排水处理后，其软土工程性质和强度得到了一定的增强。

5　结论

　　该项目工程地质条件复杂，淤泥质土层深度和回填土层厚度巨大，变形控制和场地稳定性控制难度高。在项目的设计和施工中，进行了多项技术优化创新，保障了场地形成工程的顺利实施和工后场地的长期安全使用。

　　(1) 将堆载预压法和动力排水固结法联合——动静力联合预压排水固结处理技术应用于海相淤泥质土地基处理中，动静相结合，加速软土地基的排水固结，同时高效经济地解决填筑体的密实问题；

　　(2) 应用高能级强夯法处理大块石高填土地基，填料直径达 1m，分层厚度已达 4m。相比传统的碾压处理，减少填料粉碎和分层铺填费用，降低工程造价，缩短工期；

　　(3) 不均匀超软地基高填方工程稳定性控制技术

　　本工程场地分布厚度差异显著的超软淤泥土，对填方工程的施工和长期地基稳定带来了巨大的挑战，为此，在堆载预压与动力固结设计中考虑了如下的技术创新：

①除了竖向排水深度根据淤泥土的分布不同采用不同的深度，在回填过程中，采取不同的强夯动力夯实能量和相适应的预压荷载及预压时间；

②对传统的堆载预压水平排水垫层进行了改进和创新，引入土工加筋碎石垫层技术，使同时具备排水和抵抗整体滑移以及不均匀变形的三重效果；

③采用考虑强度增长的台阶式回填反压和循序推进的施工控制流程，确保了施工过程中地基的稳定性和施工工序的连续性，保障了施工安全质量，节约了工期。

（4）首次在海相淤泥质土地基上采用超填回挖的填土地基处理方式，保证填土挡土墙地基承载力和整体稳定性；

（5）应用不同能级的强夯法，尤其是应用12000kN·m以上的高能级处理开山回填土，相比传统的碾压处理，减少填料粉碎和分层铺填费用，大大优化了施工工效，取得了良好的经济效果；

（6）针对场地内存在的重要保护设施，创新采用了围护桩架空扩大基础联合软基加固处理的主被动相结合的防护处理方案。成功解决了相邻重要建构筑物基础的防护问题。

【实录 31】高能级强夯预处理疏桩劲网复合地基方案在中化格力二期项目中的应用

徐先坤[1]，梁永辉[1]，水伟厚[2]

(1. 上海申元岩土工程有限公司，上海 200040；2. 中化岩土集团股份有限公司，北京 102600)

摘　要：场地由开山填海方式形成，地表面存在一定厚度、松散的碎石填土层，其下一般存在较深厚的淤泥质土层。对于这种场地，国内外多采用桩基础，具有造价高、工期长等特点。本项目设计采用高能级强夯预处理＋疏桩劲网复合地基的方案，该方案首先通过高能级强夯预处理，提高浅层碎石填土地基的承载力和变形模量，形成"硬壳层"；然后利用疏桩劲网复合地基，充分发挥疏桩基础和强夯地基的承载性能，协调两者变形，达到减小地基不均匀沉降的目的，为类似工程的设计、施工提供参考。

关键词：高能级强夯；疏桩劲网；复合地基；监测

1　工程概况

中化格力二期项目位于珠海市高栏岛铁炉湾，现珠海市中化格力仓储有限公司厂区内，平面布置有 T-1301～T－1304 罐（4×55000m³ 罐，直径 60m），T-1401～T1406 罐（6×30000m³ 罐，直径 44m），T-1501～T1506 罐（6×2000m³ 罐，直径 15m），基础采用钢筋混凝土环梁式基础。

场地于 2004 年采用 10000kN·m 高能级强夯处理，夯后经平板载荷试验、超重型动力触探试验和面波检测，检测结果为：（1）场地经强夯处理后，地基承载力特征值达到 300kPa 设计要求；（2）从 3 种检测方法的检测数据可见，承载力评价数据不统一，反映出强夯地基处理效果存在着平面和剖面上的不均匀。

本次地基处理主要针对 T-1304、T-1304 储罐。根据勘察报告，T-1303、T-1304 罐地质条件较复杂，软弱土层分布不均，通过计算得到的差异沉降量较大，必须对其地基进行补充处理后才能满足规范的平面倾斜和非平面倾斜要求。

项目于 2009 年底开始，至 2010 年完成。项目的成功为我国沿海地区开山填海地基的钢储罐地基处理提供了新的思路和借鉴。

2　工程地质概况

本项目地基经开山填海形成，根据 2003 年 1 月夯前勘察报告，场地主要由新近人工填土层、第四系海陆交互相沉积层和燕山期花岗岩构成。典型地质剖面见图 4.31-1。

各土层承载力及压缩模量见表 4.31-1 统计。

作者简介：徐先坤（1983—　），男，硕士，主要从事地基处理技术研究与测试工作。E-mail：158174018@qq.com。

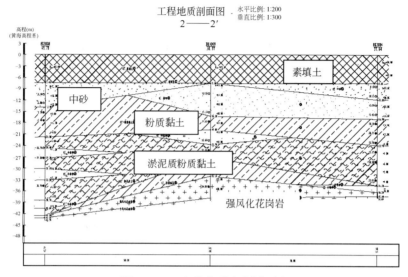

图 4.31-1　夯前典型地质剖面图

夯前土体参数　　　　　　　　　　　　　　　　表 4.31-1

地层	名称	标贯击数 N（击）	承载力特征值 f_{ak}（kPa）	压缩模量 E_s（MPa）
①	素填土		80	
②	细(中)砂	6.9	100	
③	淤泥(淤泥质土)	1.0	60	2
④₁	黏土	6.5	135	3.6
④₂	粉质黏土	11.2	160	3.8
⑥	砂质黏性土	16.2	220	4.1
⑦	全风化花岗岩	36.1	320	4.1
⑧	强风化花岗岩	55.8	600	

　　根据上表可知，场地表层填土较为松散，承载力仅 80kPa；同时，T-1304、T-1304 储罐下分布有厚度不均、性质较差的淤泥质黏土，必须经进一步处理才能进行工程应用。

3　高能级强夯处理

　　本场地于 2004 年采用 10000kN·m 高能级强夯处理，夯后采用平板载荷试验（1.5m× 1.5m 板）、超重型动力触探试验和多道瞬态面波测试法进行夯后检测。从静载试验结果来看，浅层地基承载力特征值均不小于 300kPa，变形模量 E_0 在 40～120MPa 之间，平均为 70MPa。

　　为进一步判明土层性质，为补充地基处理提供依据，2009 年 11 月和 2010 年 1 月分别进行了补充勘察，得到储罐详细地质资料如图 4.31-2～图 4.31-4 所示。

　　通过面波测试，根据波速曲线统计汇总得到 0～7m 范围内剪切波速≥250m/s，承载力特征值≥200kPa，变形模量≥40MPa；7～19m 波速在 160～220m/s 之间，承载力特征值在 130～200kPa 之间。根据二维面波测试图，场地层状结构明显，典型的强夯处理场地，即上硬下软状态。上层填土波速在 250～300m/s，下层波速明显偏低，最低达 100m/s

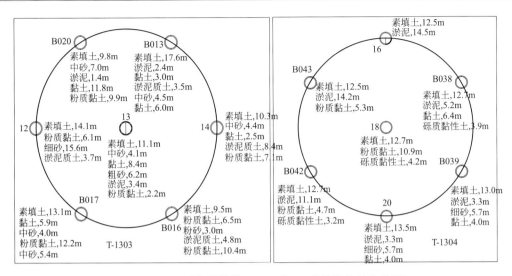

图 4.31-2　地质条件统计（2009 年 11 月总装院补充勘察）

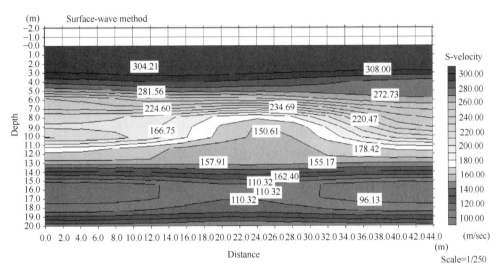

图 4.31-3　T-1303 储罐多道瞬态面波测试典型剖面

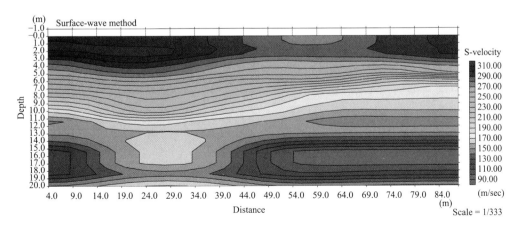

图 4.31-4　T-1304 储罐多道瞬态面波测试典型剖面

以下，与钻探取样为淤泥质黏土比较吻合。从剖面图可以看出，T1304 罐东西方向软土层的分布差异较大，西侧软土分布厚度大，整体不均匀性大；T1303 罐土层均匀性较好，但根据钻孔情况，T1303 罐的软土层分布厚度在 5～10m。

4 疏桩劲网复合地基方案

4.1 夯后承载力及沉降验算

（1）夯后地基承载力验算

T-1303、T-1304 罐容积为 5.5 万 m³，直径 60m。油罐传至基础顶面的压力值根据油罐充水预压重量计算，其中油罐自重 9000kN，油罐储水高 18.5m，环墙基础与垫层重度 23kN/m³，高度 2m，埋深 1m。（深度修正系数 η_d 根据大面积压实填土取值，砂石 η_d=2.0）

基础底面压力标准值：P_k=235kPa

修正后的地基承载力特征值：f_a= 323kPa>P_k；

即：T-1303、T1304 罐夯后地基承载力满足要求。

（2）软弱下卧层承载力验算

本工程软弱下卧层承载力验算主要针对淤泥质黏土层或黏土层。

查看 T-1303、T-1304 罐地基钻孔资料，BK4007 钻孔的淤泥质黏土层上覆土层最薄，为 11.6m，重度取 22kN/m³，假定地基土附加应力不考虑地基土扩散效应（偏安全）。

BK4007 钻孔位置处淤泥质黏土层承载力验算：

p_z+p_{cz}=468kPa<f_{az}=553kPa，故淤泥质黏土层承载力满足要求。

BK3008 钻孔的黏土层上覆土层最薄，为 13.9m，承载力验算：

p_z+p_{cz}=519kPa<f_{az}= 710kPa，故黏土层承载力满足要求。

即：夯后软弱下卧层承载力满足设计要求。

（3）夯后油罐地基沉降计算

油罐夯后沉降根据《石油化工钢储罐地基与基础设计规范》SH 3068—2007 中的分层总和法公式 $s=\Psi_s\sum_{i=1}^{n}\dfrac{p_0}{E_{mi}}(z_i\alpha_{i-1}-z_{i-1}\alpha_{i-1})$ 计算，计算深度至强风化或中风化花岗岩顶面。储罐 T-1303 强夯后沉降计算结果见表 4.31-2，储罐 T-1304 强夯后沉降计算结果见表 4.31-3。储罐 T-1303 和储罐 T-1304 夯后沉降量平面分布见图 4.31-5。

T-1303 罐夯后沉降计算结果　　　　　　　　　　表 4.31-2

孔号	Ψ_s	s' (mm)	s (mm)	Ψ_s 平均值	沉降(mm)	平面倾斜 ≤240	非平面 ≤58	锥面坡度 ≥0.008
3001	0.665	412	274		324	46	207	0.003
3002	0.789	496	391		390	116	66	0.005
3003	0.767	542	416		427	94	37	0.006
3004	0.872	597	521		470	62	43	0.007
3005	0.718	471	348	0.787	370		100	0.004
3006	0.834	643	536		506		136	0.009
3007	0.862	661	570		520		14	0.009
3008	0.882	676	596		532		11	0.010
3009	0.691	912	630		717	非平面倾斜和锥面坡度不满足规范要求		

T-1034 罐夯后沉降计算结果　　　　　　　　　　　　　表 4.31-3

孔号	Ψ_s	s' (mm)	s (mm)	Ψ_s 平均值	沉降 (mm)	平面倾斜 ≤240	非平面 ≤58	锥面坡度 ≥0.008
4001	0.840	469	394		354	145	104	0.004
4002	0.707	437	309		329	28	24	0.003
4003	0.694	405	281		305	168	24	0.002
4004	0.601	286	172		216	242	89	−0.001
4005	0.520	277	144	0.754	209		7	−0.001
4006	0.708	400	283		301		93	0.002
4007	0.898	628	564		473		172	0.008
4008	0.934	607	567		458		16	0.007
4009	0.883	1122	991		846	平面倾斜、非平面倾斜、锥面坡度均不满足规范要求		

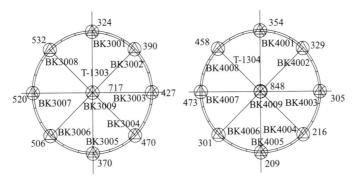

图 4.31-5　T-1303、T-1304 罐夯后沉降量计算图

根据表 4.31-2 和表 4.31-3 可知，由于 T-1303、T-1304 罐中存在厚度不均、性质较差的淤泥质黏土，其夯后平面倾斜、非平面倾斜、锥面坡度不满足规范要求，必须经过补充地基处理后才能进行工程应用。

4.2　详细设计方案

（1）设计思路

根据夯后地基承载力及沉降计算结果，T-1303、T-1304 罐地基承载力满足设计要求，但不均匀沉降不能满足规范要求，故需要进行补充地基处理。

本场地在 2003 年经过高能级强夯处理，地基的承载力已达到一定的强度，不适合再进行强夯二次处理；同时，本工程施工场地第一层花岗岩填石层和第三层淤泥质土将给桩基施工带来很大困难。为充分利用强夯地基承载力，同时减小储罐地基的不均匀沉降变形，本次 T-1303、T-1304 罐补充地基处理采用疏桩劲网复合地基方案。

疏桩劲网复合地基方案基于沉降控制复合桩基原理，充分发挥地基及疏桩基础承载力，主要目的为控制基础的沉降变形。结合本工程特点，桩设置为带桩帽的减沉疏桩、网设置为加筋复合垫层。同时，要求充分发挥基桩和桩帽底板下地基土的承载力；复合地基极限承载力由基桩极限承载力和桩帽范围内的土体极限承载力共同组成；桩帽上部三向土工格栅加筋碎石垫层的链锁效应起到协调桩土分担受力共同承载的作用。

桩基设计假定：①油罐荷载首先由桩基承担；②桩基承载极限完全发挥后，桩端产生刺入变形；③桩端刺入引起桩帽下地基土承载；④桩帽范围地基土承载充分发挥承载极限；⑤由单根基桩＋桩帽组成的单元承载极限为 $R_u = R_{pu} + R_{cu}$。

（2）详细方案

方案说明：

（1）考虑到油罐地基的受力变形特点，本次疏桩基础采用环形布桩方式；

（2）由于地基表面存在厚度较大、施工困难的碎石层，本方案疏桩采用大直径的混凝

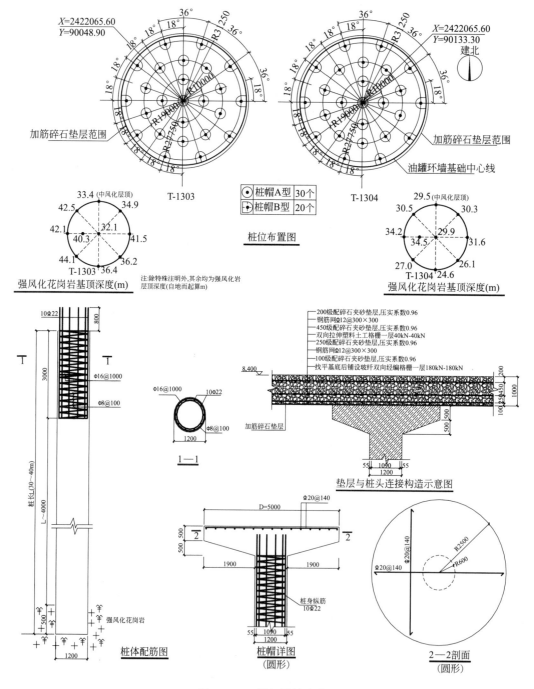

图 4.31-6　详细设计方案

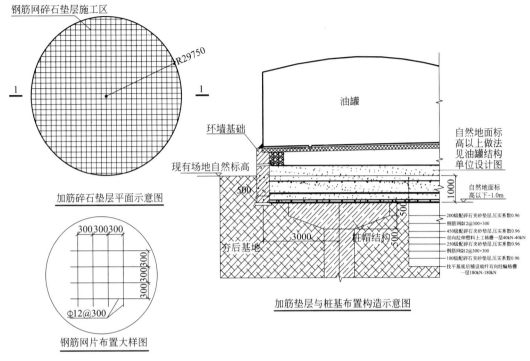

图 4.31-6　详细设计方案（续）

土灌注桩；

（3）本次桩端持力层控制为进入强风化基岩 0.5m，以保证疏桩基础能够发生刺入变形；

（4）为协调疏桩与强夯地基的受力，本方案采用直径为 5.0m 的大尺寸桩帽；

（5）本方案采用厚度为 1m 的碎石垫层，其内设 4 层三向土工格栅，以协调疏桩与强夯地基的变形。

4.3　沉降分析

根据复合地基沉降计算方法-应力修正法计算疏桩劲网复合地基加固后的地基沉降，见表 4.31-4 和表 4.31-5 统计。

T-1303 储罐地基沉降计算结果　　　　　表 4.31-4

孔号	Ψ_s	s' (mm)	s (mm)	Ψ_s 均值	沉降 (mm)	平面 ≤240	非平面倾斜 ≤58	锥面坡度 ≥0.008
3001	0.665	347	224		265	2	52	0.013
3002	0.789	364	287		286	18	21	0.014
3003	0.767	349	267		274	39	12	0.014
3004	0.872	363	317		286	31	12	0.014
3005	0.718	349	244	0.787	267		19	0.014
3006	0.834	387	322		304		37	0.015
3007	0.862	398	343		313		9	0.015
3008	0.882	403	356		317		4	0.015
3009	0.691	586	405		461	平面倾斜、非平面倾斜、锥面坡度均满足规范要求		

T-1304 储罐地基沉降计算结果   表 4.31-5

孔号	Ψ_s	s(mm)	s (mm)	Ψ_s 均值	沉降 (mm)	平面 ≤240	非平面 ≤58	锥面坡度 ≥0.008
4001	0.840	287	241		217	75	57	0.010
4002	0.707	303	214		229	31	12	0.011
4003	0.694	267	185		201	55	27	0.010
4004	0.601	194	116		146	128	55	0.008
4005	0.520	187	97	0.754	141		5	0.008
4006	0.708	263	186		198		57	0.010
4007	0.898	340	305		256		58	0.012
4008	0.934	363	349		273		17	0.012
4009	0.883	671	592		506	平面倾斜、非平面倾斜、锥面坡度均满足规范要求		

　　根据上表可知，T-1303、T-1304 罐经过疏桩劲网复合地基处理后的平面倾斜变形、非平面倾斜变形、锥面坡度均满足规范要求。

　　如果储罐采用传统纯桩基方案，每一个储罐的桩基＋筏板预计费用约为 1200 万元，两个储罐的合计费用约为 2400 万元，处理的正常工期预计约为 8～9 个月而采用疏桩劲网复合地基方案能够节约成本 2000 万元，节省工期 6 个月。

4.4　数值模拟分析

　　（1）计算模型几何尺寸

　　考虑空间效应，采用三维结构模型，同时为了准确模拟实际的工程情况，将两个油罐 T-1303 和 T-1304 的地基基础作为一个整体研究，建立模型尺寸是 $170 \times 85 \times 85$，如图 4.31-7 所示。本次计算未考虑环墙刚度。计算地层根据钻孔柱状图划分确定，每个罐地层由 9 个钻孔地层确定组成，根据钻孔将罐基分为 9 个区域建模，每个区域根据钻孔柱状图再划分不同的土层。桩帽直径 5m，桩直径 1.2m，各个区域桩长根据邻近钻孔确定（图 4.31-8），桩基持力层为进入强风化基岩 50cm。垫层厚度为 2m（地基处理垫层为 1m，上部结构设计有垫层 1m），四周边界条件限制水平位移，不限制沉降变形，底层土层底面限制水平及沉降变形。桩体弹性模量 $E_p=3.15Pa$，$\upsilon=0.12$。荷载采用垫层底的承载力设计值 210kPa。碎石垫层弹性模量取 $E=60MPa$。

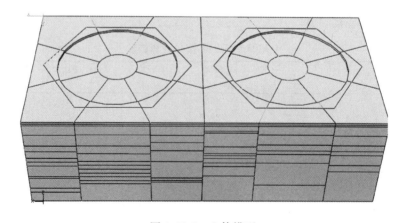

图 4.31-7　土体模型

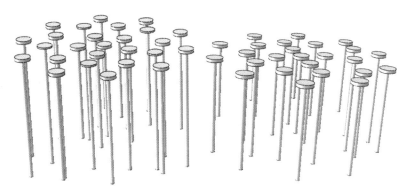

图 4.31-8　桩体模型

（2）建模过程中的关键内容

建模过程中，不考虑孔隙水的消散过程，地基土采用 Mohr-Coulomb 塑性模型、碎石垫层采用弹性模型、桩体亦采用弹性模型；为了更好地模拟桩土间摩擦作用的发挥，在桩与土接触的表面上建立接触对，采用主-从（Master-Slave）接触算法；界面模型采用 ABAQUS 中基于允许弹性滑动的罚接触算法，其中摩擦系数取固定值 0.2。

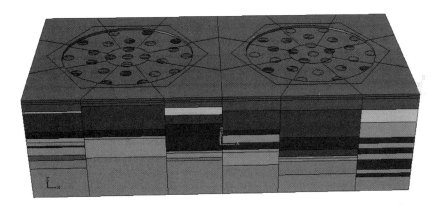

图 4.31-9　桩土模型

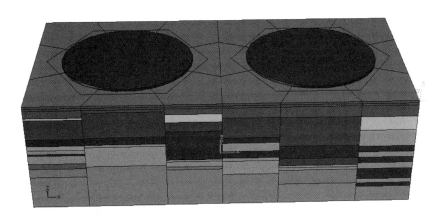

图 4.31-10　桩土及垫层模型

（3）沉降模拟结果

通过图 4.31-11 和图 4.31-12 可以看出，经过疏桩劲网复合地基处理后，罐底最大沉降变形为 8cm 左右，位于桩间土；罐周一般沉降变形为 5～8cm，不均匀沉降满足规范要求。根据计算结果，桩体受力为 600～1100t。

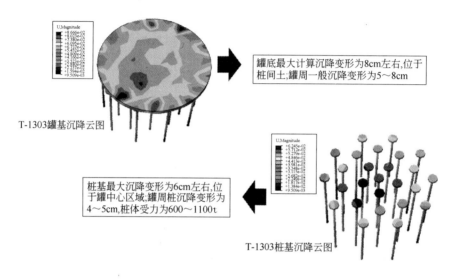

图 4.31-11　采用疏桩劲网复合地基处理后 T-1303 罐基沉降平面图

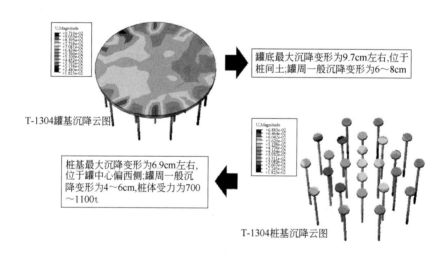

图 4.31-12　采用疏桩劲网复合地基处理后 T-1304 罐基沉降平面图

（4）土压力数值模拟结果

图 4.31-13 所示为桩身压应力随深度的变化曲线，从图中可以看到，桩身压应力随着深度的增加而减小。从图中还可以看到，p-9 桩、p-11 桩、p-12 桩、p-14 桩、p-21 桩出现抛物曲线形应力分布，这可能因为该处的填土经强夯后其强度提高较大。因储罐 T-1303 地基土层分布较为复杂、不等长桩引起的变刚度调平效应，所以桩体轴向压应力变化较为复杂。

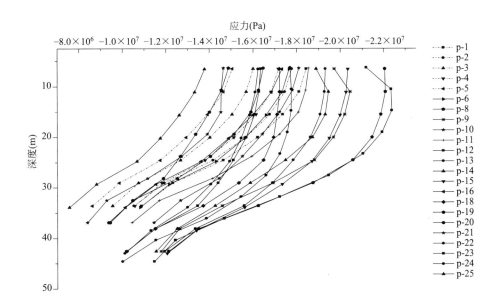

图 4.31-13　T-1303 各桩桩身压应力随深度的变化

（5）数值模拟结果与实测结果及理论结果对比分析

T-1303 储罐理论计算结果、实测结果及数值模拟结果对比值　　　　　表 4.31-6

油高	钻孔		1	2	3	4	5	6	7	8	9
17.6	桩顶沉降值（mm）	理论	50.3	50.1	50	50	50.1	50	50	50	50.2
		实测	—	—	58	—	—	—	58	—	76
		数值	43	51.4	43	41.8	37.8	37.6	48	44	52.8
	桩土应力比	理论	8.48	5.8	4.16	4.32	5.28	4	4	4.04	6.6
		实测	—	—	—	—	—	—	—	—	7.36
		数值	5.91	4.82	4.30	4.43	4.56	3.78	3.72	3.74	5.2
12.5	桩顶沉降值（mm）	理论	50.2	50.1	50	50	50.1	50	50	50	50.1
		实测	—	—	—	—	—	—	60	—	72
	桩土应力比	理论	7.36	5.8	4.16	4.36	5.28	4	4.04	4.04	6.6
		实测	—	—	—	—	—	—	—	—	6.99
5.5	桩顶沉降值（mm）	理论	50.1	50	50	50	50	50	50	50	50.1
		实测	—	—	—	—	—	—	53	—	65
	桩土应力比	理论	6.8	5.37	3.85	4.03	4.88	3.7	3.74	3.74	6.11
		实测	—	—	—	—	—	—	—	—	8.18

从上表可以看出，实测得到的桩顶平均沉降值和桩土应力比略大于理论计算值和数值模拟结果。

5　监测结果

为了解疏桩劲网复合地基实际的受力和变形规律，T-1303、T-1304 罐补充地基处理完成后进行了相关监测工作。监测项目包括：桩帽上下及桩间土的土压力监测、地基竖向位移监测及环墙基础沉降观测。

5.1 土压力监测结果

T-1303 罐土压力监测点布置如图 4.31-14 所示；T-1304 罐土压力监测点布置如图 4.31-15 所示。

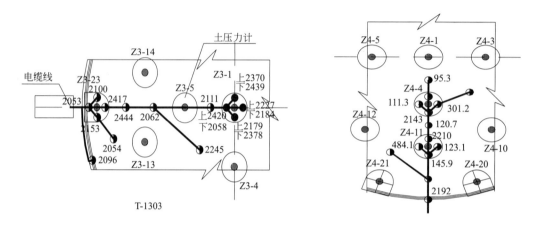

图 4.31-14　T-1303 储罐土压力监测点布置图　　图 4.31-15　T-1304 储罐土压力监测布置图

T-1303 罐：充水预压过程中共进行土压力监测 9 次，取 2010 年 6 月 14 日测试频率为初始值，通过计算得到的充水预压阶段土压力随时间变化曲线见图 4.31-16。

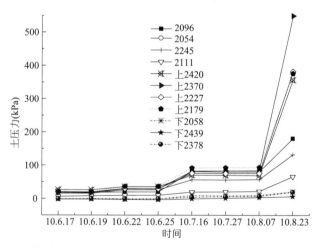

图 4.31-16　T-1303 罐充水预压阶段土压力随时间变化曲线图

从图 4.31-16 得到，随着充水量增加，桩及桩间土压力均不断增大；但初始充水量为 2m 时，土压力增值较小，而充水量增到 15m 时，土压力剧增，这段时间是需监测人员密切关注的储罐地基变形关键阶段。对比各测点的土压力得到，桩帽上土压力是桩帽下土压力的 3～4 倍，可知桩帽范围内上部荷载几乎全部由桩基承担。T-1303 罐充水预压阶段桩土应力分析：

T-1303 罐充水预压阶段土压力监测结果分析　　　　　表 4.31-7

土压力计位置	土压力计编号	土压力（kPa）	桩受到的压力（kPa）	平均值（kPa）
桩间土	2054	151.8	—	116.7
	2245	132.3		
	2111	66.0		
Z3-1 桩	上 2420	357.1	346.4	412.0
	下 2058	20.7		
	上 2179	376.2	356.3	
	下 2378	19.9		
	上 2370	549.5	543.3	
	下 2439	6.2		
环墙下	2096	180.5	—	180.5

根据表 4.31-7：

①桩间土压力平均值 116.7kPa；

②桩承受压力平均值为：412kPa；

③桩间土承受荷载：272538.3kN；

④桩承受荷载：202137.5kN；单桩荷载 9188kN；

⑤桩土分担比：3∶4，即桩承受 43％的荷载，桩间土承受 57％荷载；

⑥ T-1303 罐总荷载（充水 15m）：

实测值：474675.8kN；

理论值：536940kN。

T-1303 罐总荷载实测值与理论值存在一定差异，与土压力测试结果离散有关，建议以后监测工程应增加土压力计布置数量，以降低离散型对监测结果的影响。

T-1304 罐：共进行土压力监测 13 次，取 2010 年 6 月 14 日测试频率为初始值，通过计算得到的充水预压阶段土压力随时间变化曲线见图 4.31-17。

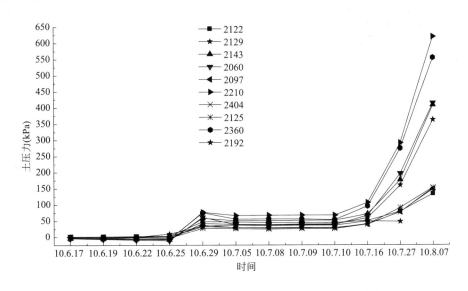

图 4.31-17　T-1304 罐充水预压阶段土压力随时间变化曲线图

对比图 4.31-16 和 4.31-17 可知，T-1303 罐和 T-1304 罐地基土压力随充水高度变化呈现相同的变化趋势。

T-1304 罐充水预压阶段桩土应力分析：

T-1304 罐土压力计监测结果汇总　　　　　　　　　　表 4.31-8

土压力计位置		土压力计编号	土压力（kPa）	桩受到的压力（kPa）	平均值（kPa）
桩间土		2122	134.4	—	140.7
		2097	147.9		
桩	Z4-4 桩	2060	414.0	394.9	382.1
		2143	408.3		
		2129	362.4		
		2210	619.7		
	Z4-11 桩	2360	554.7	369.3	
		2125	152.2		
		2404	150.7		

根据表 4.31-8：

①桩间土压力平均值 140kPa；

②桩承受压力平均值为：378kPa；

③桩间土承受荷载：326953kN；

④桩承受荷载：185456kN；单桩荷载 7418kN；

⑤桩土分担比：4：7，即桩承受 36% 的荷载，桩间土承受 64% 荷载；

⑥T-1304 罐总荷载（充水 15m）：

实测值：512409kN；

理论值：536940kN。

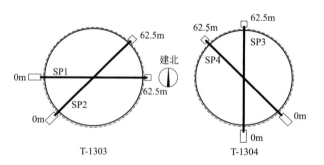

图 4.31-18　储罐水平测斜点布置图

5.2　水平测斜监测结果

T-1303 罐水平测斜（SP1、SP2 剖面）监测时间为 2010 年 6 月 18 日～8 月 23 日（充水 15m）共监测 5 次，其中 7 月 8 日的数据因进回程差异较大而舍弃，取 6 月 18 日测试数据为初始值。

T-1304 罐水平测斜（SP3、SP4 剖面）监测时间为 2010 年 6 月 18 日～8 月 23 日（充水 15m）共监测 5 次，其中 7 月 5 日的数据因进回程差异较大而舍弃，取 6 月 18 日的数据作为初始值。

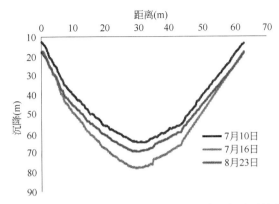

图 4.31-19　T-1303 罐 SP1 剖面充水预压阶段水平测斜曲线

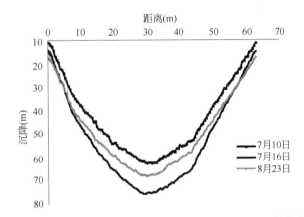

图 4.31-20　T-1303 罐 SP2 剖面充水预压阶段水平测斜曲线

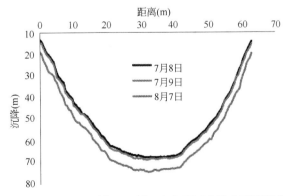

图 4.31-21　T-1304 罐 SP3 剖面充水预压阶段水平测斜曲线

根据图 4.31-19～图 4.31-22 可知，T-1303 罐最大沉降为 69.1mm，T-1304 罐最大沉降为 74.9mm，最大沉降位置均位于罐中心区域。

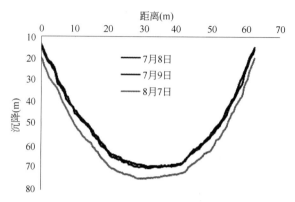

图 4.31-22　T-1304 罐 SP4 剖面充水预压阶段水平测斜曲线

5.3　环墙基础沉降变形监测结果

充水预压阶段，在环墙基础周边总共布置了 32 个沉降变形监测点，各点沉降变形曲线见图 4.31-23。

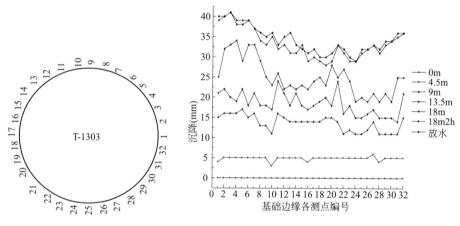

图 4.31-23　T-1303 罐充水预压阶段环墙基础沉降变形曲线

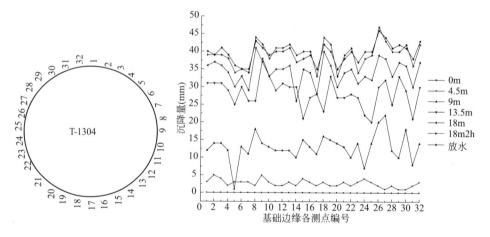

图 4.31-24　T-1304 罐充水预压阶段环墙基础沉降变形曲线

从图 4.31-23 可以得到，随水位增加，环墙基础各点的沉降变大，T-1303 罐环墙基础最大沉降为 41mm，最小沉降为 28mm，平均沉降为 34mm，满足规范平面倾斜与非平面倾斜要求。

从图 4.31-24 可以得到，随水位增加，环墙基础各点的沉降变大，T-1304 罐环墙基础最大沉降为 47mm，最小沉降为 34mm，平均沉降为 39mm，与 T-1303 罐相比，T-1304 罐环墙基础部分点差异沉降大，但均满足规范平面倾斜与非平面倾斜要求。

5.4　监测小结

（1）T-1303、T-1304 罐基础在充水预压荷载作用下，桩土分担比分别为 3：4 和 4：7（表 4.31-9），接近 5：5，符合当初设计预估情况，罐底桩土受力基本合理。

T-1303 罐和 T-1304 罐地基受力情况对比表 　　　　　　表 4.31-9

项　目		T-1303 罐 （8 月 23 日充水 15m）	T-1304 罐 （8 月 7 日充水 15m）
桩间土压力平均值(kPa)		116.7	140.7
桩承受压力平均值(kPa)		412.0	382.1
桩间土承受荷载(kN)		272538.3	328587.3
桩承受荷载(kN)		202137.5	187467.8
单桩承受荷载(kN)		8085.5	7498.7
桩土荷载分担比		3：4 （桩承受约 43% 的荷载，桩间土承受约 57% 的荷载）	4：7 （桩承受约 36% 的荷载，桩间土承受约 64% 的荷载）
总荷载 （kN）	实测值	474675.8	516055.1
	理论值	536940	

（2）根据 T-1303 罐和 T-1304 罐水平测斜监测结果，桩土协调变形，复合设计要求。两罐基础中心沉降大于两端，其中最大沉降值分别为 69.1mm 和 74.9mm，复合规范中的锥面坡度要求。

（3）充水预压前期，环墙基础各点沉降较均匀，随着充水高度的增加，个别点沉降量较大；但当充水量为 18m 时，各点沉降总体趋于均匀。说明了疏桩劲网复合地基已开始发挥其调节地基不均匀沉降的特殊能力。

6　项目总结

（1）对于开山填海场地，表层为一定厚度、松散的碎石填土层，其下为性质较差、厚度不均的淤泥质软土层。对于这种场地，可采用高能级强夯预处理＋疏桩劲网复合地基的方案。该方案首先通过高能级强夯预处理，提高浅层碎石填土地基的承载力和变形模量，形成"硬壳层"；然后利用疏桩劲网复合地基，充分发挥疏桩基础和强夯地基的承载性能，协调两者变形，达到减小地基不均匀沉降的目的。该方案解决了地基的承载力和沉降变形问题，较传统的纯桩基方案可大大减少工程投资和建设工期，具有广阔的工程建设市场前景。

（2）中化格力二期项目于 2004 年采用 10000kN·m 高能级强夯处理，夯后场地表面形成 10～18m 的硬壳层，其承载力特征值不小于 300kPa，平均变形模量为 70MPa。即高能级强夯预处理很好地解决了表层碎石填土的承载力和沉降问题。

（3）开山填海场地的高能级强夯处理的主要对象为浅层碎石填土地基，其下淤泥质软土层性质并没有太大改善，在上部荷载作用下会产生较大的不均匀沉降变形。疏桩劲网复合地基方案可充分利用浅层强夯地基和疏桩基础的承载力，协调两者变形，减小地基的不均匀沉降变形。

（4）疏桩劲网复合地基方案基于沉降控制复合桩基原理，充分发挥地基及疏桩基础承载力，主要目的为控制基础沉降变形。方案由刚性疏桩基础、大直径桩帽和加筋碎石垫层组成，要求充分发挥基桩和桩帽底板下地基土的承载力；其复合地基极限承载力由基桩极限承载力和桩帽范围内的土体极限承载力共同组成；桩帽上部三向土工格栅加筋碎石垫层的链锁效应起到协调桩土分担受力的作用。

（5）通过沉降计算分析和数值模拟分析后可知，高能级强夯预处理＋疏桩劲网复合地基方案可大大减小地基的沉降变形，T-1303、T-1304 罐经处理后的平面倾斜变形、非平面倾斜变形、锥面坡度均满足规范要求。

（6）根据本项目的土压力和变形实测资料：①T-1303、T-1304 罐基础在充水预压荷载作用下，桩土分担比分别为 3∶4 和 4∶7，接近 5∶5，符合设计预估情况，罐底桩土受力基本合理；②T-1303、T-1304 储罐桩土变形协调，罐中心沉降大于两边，最大沉降值分别为 69.1mm 和 74.9mm，实测结果与沉降计算结果和数值模拟结果基本相符，并满足规范相关要求。

【实录 32】南通海门滨海新区西安路北延伸段真空降水联合强夯处理工程

张文龙，徐　君

（上海申元岩土工程有限公司，上海 200040）

摘　要：场区由吹填疏浚土围海造陆形成，然而新吹填的疏浚土且具有较高含水率、高压缩性、高孔隙比，低承载力，低渗透性等工程特性，孔隙水不易排出，较短时间难以固结完成，导致地基强度低，由此而形成的地基未经处理根本无法满足上部结构的使用要求。本文通过海门市滨海新区西安路北延地基处理工程实例证明，采用真空降水＋强夯法加固处理使得地基强度、变形及承载力等都满足后期场地的使用要求，针对此类特殊土体，该类方法具有效果明显，经济合理，施工快捷等优点，为今后新近吹填土等软土的地基处理提供了行之有效的方法。

关键词：新近吹填土；真空降水；强夯

1　工程地质概况

1.1　工程概况

海门市滨海新区西安路北延地基处理工程位于海门市滨海新区，西安路北延上部路面结构宽为 36m，长 2313m，南起原西安路北端，北至新大堤北堤，地基处理宽为 40m，即 92520m²。工程场地地貌单元为海陆交互相冲淤积平原区，道路沿线基本位原黄海滩地，后经海门市东灶港港东围填海工程实施后吹填增高而成现在地貌，道路场地地势较平坦。

工程时间：2011 年 5 月～2011 年 9 月

1.2　工程地质概况

根据本场地岩土工程详细勘察报告，勘察揭露深度范围内地层均为第四系松散堆积物，自上而下分为 4 个工程地质单元体层，地层的物理参数情况见表 4.32-1。

各地层物理参数一览表　　　　　　　　表 4.32-1

地层编号	地层名称	层底标高(m)	层底埋深(m)	地层厚度(m)	含水率(%)	地基承载力特征值(kPa)	压缩模量(MPa)	渗透系数(cm/s)
①	冲填土	0.55～1.87	2.20～3.60	2.20～3.60	35.6	50～70	5.87	8.5×10⁻⁵

作者简介：张文龙（1982—　），男，高级工程师，主要从事地基处理设计、施工、检测等相关工作。E-mail：tylz87934743@163.com。

地层编号	地层名称	层底标高（m）	层底埋深（m）	地层厚度（m）	含水率（%）	地基承载力特征值（kPa）	压缩模量（MPa）	渗透系数（cm/s）
②	淤泥质中液限黏质土	−5.69～0.65	3.40～9.20	1.20～6.60	37.1	70～80	5.21	$2.7×10^{-6}$
③	中（低）液限粉质土夹黏质土	−3.89～−2.35	6.40～7.80	3.00～4.00	33.4	130	8.13	$4.4×10^{-5}$
④	（淤泥质）中液限黏质土与中、低液限粉质土互层	未钻穿			35.1	90	5.77	$4×10^{-6}$

2 对地基处理的要求

根据招标文件中的内容，本工程场地的地基处理加固的具体技术要求如下：

处理有效深度≥6m，且不对 6m 以下土层产生有害扰动。

地基承载力特征值：$f_{ak}≥120kPa$（0～2.0m），$f_{ak}≥100kPa$（2.0～4.0m），$f_{ak}≥80kPa$（4.0～6.0m）。

3 地基处理方案的选择

根据地质资料可知，本工程主要有以下不良地质：拟建道路沿线上部为厚度 2.20～3.60m 新近吹填的冲填土，以中液限黏质土混中液粉质土为主，呈流塑状，承载力低，未完成固结；吹填土下部为原海滩新近沉积的淤泥质中液限黏质土，流塑状，强度低且分布不均匀。因此，根据地基处理要求，厚度达到 10m 的淤泥质软土是本次地基处理的主要对象。

本次地基处理的目的，解决浅部新近吹填土和原海滩新近沉降淤泥质中液限黏性土的承载力，以及各类暗浜、沟塘造成的土基不均匀性问题，使地表一定深度范围内土层的强度得到有效提高，形成一定厚度的硬壳层，增强整体变形协调性，满足后续设计对地基强度和变形的要求。

针对上述设计目的，方案设计时应考虑的基本原则是：

（1）尽量利用上部土层的承载力以减少地基处理的工作量；

（2）能适合本工程使用功能和自然条件，仅进行必要的浅层处理；

（3）加固工艺和设备简单，成本低；

（4）工期短、建成快，尽早产生效益；

（5）力争做到技术先进、经济合理、安全可靠、保证质量、保护环境。

常用的地基处理方法：强夯法、砂井预压、挤密砂桩、钢筋混凝土桩复合地基、沉管灌注桩复合地基、堆载预压、真空预压、注浆、化学拌合法等。

如采用桩基类的方法，由于新近填土压缩性较高，会产生大量的负摩阻力，桩基的造价较高，且桩的承载力大，沉降量小，然而桩间土得不到加固，后期不均匀沉降较大，因此，不建议采用此方法。堆载预压和真空预压的工期时间较长，且处理完成后表层的承载力仍较低不能满足设计要求，还需再进行二次处理，因此，不建议采用。注浆和化学拌合法处理深度最大约 6m，6m 以下的效果难以得到保证，且对周边环境的污染较为严重，造价较高。如仅采用强夯法，对于黏性土宜造成土体结构扰动，导致土体渗透系数降低，孔压难以消散，易于产生橡皮土。真空降水强夯法结合了强夯法和真空井点的技术优点，能快速进行孔压的消散，完成整个场地土层的固结，强度得到提高加固，技术上可行，具有工期短，造价低廉，施工速度快、无污染的优点。因此，在上述诸多方法中，本场地选择了"真空降水＋强夯法"为最佳的处理方案。

4　地基处理方案

4.1　方案简介

（1）"真空降水＋强夯法"原理介绍

"真空降水＋强夯法"地基处理方法是一种快速加固软土地基的新技术，是在动力固结理论与真空降水技术相结合的基础上提出来的，属于动力主动排水固结法。它通过数遍的真空压差排水，并结合数遍合适的变能量击密，达到降低土层的含水量、提高密实度和承载力、减少地基工后沉降和差异沉降量的目的。

"真空降水＋强夯法"在浅层插入真空排水管，利用强夯击密产生的超孔隙水压力和真空排水形成的负压，形成压差使孔隙水快速排出，从而使地基土达到超固结，通过严格控制每遍的夯击能，以不完全破坏土体结构强度为前提，根据土体强度恢复和提高情况，逐步提高能量来渐进提高土体的加固效果和深度，在地基土浅层形成刚度较大的硬壳层，由于"硬壳层"的存在，使得表层荷载有效扩散，减少了因荷载不均匀产生的不均匀沉降。

"真空降水＋强夯法"主要分为以下两道工序，如图 4.32-1 所示：

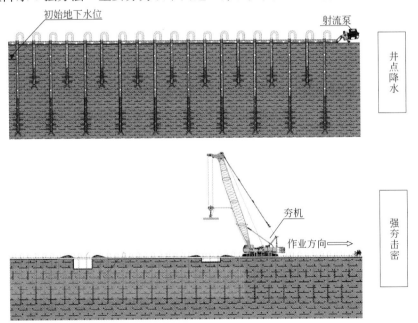

图 4.32-1　真空降水＋强夯法工艺示意图

同时由于两道工序的有机结合、相互作用，巧妙地解决了软土超孔隙水压力消散及强夯容易使软土形成"弹簧土"等关键问题。

（2）膜袋充填法＋粉喷桩

由于本次投标时间较短，未能及时进行现场踏勘，现场施工时发现局部一小路段与勘察报告存在较大差异。冲填土厚度高达 23m，局部为泥浆，含水量较高，场地地质情况极差，机械和人工均无法进场施工。后期我司经过多次方案商讨对比，为了保证机械能够进场施工，最终决定采用膜袋充填法联合粉喷桩处理。

膜袋充填法（图 4.32-2），先用土工布缝制成袋型，然后人工安设在预定的位置，然后采用水力冲填的施工方式，将砂土充填入袋中，在膜袋上插设几个排水孔，随着砂土的快速固结，很快形成一个硬壳层。后期再采用粉喷桩进行深层的处理，将满足场地的使用要求。

(a) 水力冲填　　　　　　　　　　　　(b) 充填膜袋

图 4.32-2　膜袋充填法

针对本工程场地，膜袋充填法具有以下优点：

（1）充填入袋的砂土实际是采用水沉法密实，其密实度好，体积大，会陷入淤泥质土层中，加上膜袋本身的强度，对软土地基产生的变形和沉降适应性强。

（2）施工速度快，水力冲填把"挖、装、运、卸"4 个过程集中于一体，提高了工作效率。

（3）场地周边存在大量砂源，可就地取材且全部砂将被充填于袋中，施工相对简单，避免了浪费。

（4）膜袋法施工完成后表层的承载力达到了 80～90kPa，能够保证该场地后续地基处理中、小型设备进场，为后续处理奠定了基础。

4.2　方案设计

（1）真空井点降水＋强夯法

根据本工程的勘察报告及提出的处理要求，本场地的处理方案主要为以下三道工序：

①真空降水施工参数

根据土层的分布情况，采用深层和浅层井点管分层布置，"一次插管两遍降水"的施工工艺，井管分 3.0m 和 6.0m 两种，滤头长 1.5m，降水井点按 2.0m×3.0m 方形布置。

施工区域外围设置封管，封管距离施工区域外 2.0m 和 4.0m 处各设置一排封管，封管长度分别为 3.0m 和 6.0m，间距 2.0m。

②强夯施工参数

对于本场地土质，大能量夯击容易破坏土的结构，产生橡皮土。因此，在施工中采用了"由轻到重，少击多遍"的施工工艺，即以小能量将浅层的土率先加固，形成硬壳层，然后逐级加大能级，加固深层土体。本场地采用三遍夯击击密，第一遍、第二遍为点夯，第三遍为满夯，三遍强夯顺序依次对应每次降水后进行，具体参数如表 4.32-2 所示。

强夯设计参数表
表 4.32-2

遍　数	夯击形式	单击夯击能量(kN·m)	击数	间距及布置形式
第一遍	点夯	1200	3	6m×6m
第二遍	点夯	1500	3～5	6m×6m
第三遍	满夯	1000	2	夯印 1/4 搭结

由于真空降水＋强夯法工法是交叉作业，第一次降水达到设计要求后，先拔出第一遍夯点所在列队的 3m 浅井点管，这样就形成了 2m×6m 的长形带状区域，在此区域内开始第一遍强夯施工。第一遍施工完成后，利用余下的 2m×6m 深浅相间的井点管继续真空降水，水位达到稳定条件后，拔出第二遍管所在列的深、浅井点管开始第二遍强夯施工，从而达到"一次插管两遍降水"的效果。

③碾压

待强夯完成后，推平整个场地后，再进行碾压施工。进行 1 遍稳压，2 遍振动碾压。相邻碾压遍间正交行使碾压。碾压应在第三遍满夯后 10 天后进行，铺设垫层、面层等工作在碾压完成 10 天后进行。采用激振力为 350kN 的振动压路机，碾压搭接宽度为 50cm，振动碾压速度控制为每分钟不大于 50m。

（2）膜袋充填法＋粉喷桩

吹填膜袋宽度 46m，厚度 50～70cm，膜袋内用粉土填充，待吹填粉土排水固结后再进行下一步施工粉喷桩的施工。

粉喷桩设计长度为 10m，水泥强度等级 42.5，水泥掺量 15％（270kg/m³，53kg/m），桩径 500mm，正方形布置，桩间距 0.8m。

5　地基处理施工

5.1　施工前准备

针对部分浅层含水量较大但机械可以进入的场地，应组织挖掘机采用斗子进行整个场地的扰动（图 4.32-3），使得浅层土层得到液化，较大程度排出土层中的水，从而可以缩短后期的井点降水的时间。

同时挖机扰动时，可以开挖几个深坑观察土质情况，若多为淤泥质土夹杂少量砂土，则井点降水的效果将不明显，后期强夯机械仍难以进场，应组织现场进行人工、机械或其他方法清除，分层置换强度较高的砂、碎石、素土、灰土，以及其他性能稳定和无侵蚀性

图 4.32-3　挖机扰动图

的材料，并振实至要求的密度，在进行强夯施工。

5.2　真空井点降水施工

（1）井点管施工工艺

放线定位→铺设总管→安插水位观测管→机械成孔到底→安装井点管、填粗砂滤料、上部填黏土密封→用连接管将井点管与总管接通→安装集水箱和排水箱→开动真空泵排气，再开动离心水泵抽水→测量观测井中地下水位变化。

（2）井点管埋设

成孔用冲击式或回转式钻机成孔，完孔后随即进行洗孔，孔径为 200mm，井深比井点设计深 50cm；将井管插入井孔中央，使露出地面 20cm，然后倒入粒径 2.0～5.0mm 粗砂，使管底有 50cm 厚粗砂，再沿井点管四周均匀投放 2.0～5.0mm 粒径粗砂，上部 1～2m 深度内，用黏土回填，并用木棍捣实。井管埋设如图 4.32-4 所示。

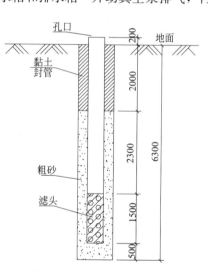

图 4.32-4　井管埋设示意图

（3）施工要点

①井点使用后，中途不得停泵，防止因停止抽水使地下水位上升，应设双路供电或备用一台发电机，严格控制每台泵所带动的降水面积和管数。

②井点使用时，正常出水规律是"先大后小，先浑后清"，如不上水，或水一直较浑，或出现清后又浑等情况，应立即检查纠正。真空度一般应不低于 50kPa，如真空度不够，表明管道漏气或管口封管不够密实，应及时检查并修好。

③判别井点管是否淤塞，常用下列几种检查方法，如通过听井点管内水流的声音的大小（用螺丝刀、笔等工具，将其一端置于井管壁上，另一端贴近耳旁（切记注意安全）），手扶管壁时的振动感，冬季手摸井点管的冷热、潮干情况等。若井点管淤塞太多，严重影响降水效果，应逐个用高压水枪反复冲洗井点管或拔出重新埋设。

④施工过程中派专人进行巡检降水井管及集水管道，发现漏气及时进行封堵。水力冲

孔积留场地和夯坑内部的明水应及时排除，降雨造成场地及夯坑积水应在雨后及时清除，并且场地进行晾晒，确保场地施工处于干燥状态。

⑤施工拔管后 48 小时内未能进行强夯施工时应重新降水。

5.3　强夯施工

（1）强夯施工步骤

①平整施工场地。

②标识第一遍强夯点位置，并测量原地面高程。

③起重机就位，使夯锤中心对准夯点位置。

④测量夯前锤顶标高。

⑤将夯锤起吊到预定高度，夯锤脱落自由下落后放下吊钩，测量锤顶标高；若发现因坑底倾斜而造成夯锤歪斜时，应及时将坑底整平。

⑥重复步骤⑤，按设计要求的夯击次数及控制标准，完成该夯点的夯击。

⑦换夯点，重复③～⑥，完成第一遍全部夯点的夯击。

⑧用推土机将夯坑填平，并测量场地高度，将表层松土夯实，并测量夯后场地标高。

⑨重复④～⑧，依次完成第二遍点夯和满夯的施工。

（2）强夯施工参数

强夯施工采用 8～12t 圆形夯锤，采用重锤低落距施工工艺，夯锤直径 2.4～2.7m，夯锤应设若干上下贯通气孔，孔径为 250～300mm，夯锤应完整，不应有缺口破损。落距为锤重心至地面距离，可近似取锤底至地面垂直距离。

第一遍点夯和满夯选用质量 8～10t 夯锤，夯锤直径为 2.5～2.7m；第二遍点夯夯锤选用质量 10～12t 夯锤，夯锤直径为 2.4～2.6m。

（3）施工要点

①强夯主机和夯锤就位后，要对夯锤的落距进行测量。施工时采取措施，使其在夯击过程中落距始终保持不变，确保每击均能达到设计单击夯击能，同时测量就位后的锤顶面标高和地面标高，锤顶面至自然地面的高度，为计算每击的夯沉量和夯坑深度提供方便。

②将夯锤起吊至预定高度后自动脱钩，夯锤夯击地面，测量夯锤顶面标高，减去夯锤就位时的顶面标高即为第一击的夯沉量，如此反复进行，直至达到收锤标准，停止夯击，进行移位。移位时，应先将夯锤起吊一定高度，使锤底与夯坑底面脱离，但不能离开夯坑，主机后退一定距离，再起吊夯锤，靠惯性使锤移动到下一夯点，此时应立即脱钩，随时调整主机位置，使主机的吊杆、门架和夯锤保持最合理的受力结构状态，再起吊夯锤，进行夯点施工。重复上述步骤，直至所有各遍夯点全部完成。

③夯锤的排气孔要保持畅通，如被堵塞，应立即疏通，以防产生气垫效应，影响强夯施工质量。落锤要保持平稳，如发现偏移或坑底倾斜，要重新就位或整平坑底。

5.4　膜袋充填施工

现场采用"吸、输、吹"施工工艺，在场地外围选取砂源，采用水力稀释通过泥浆泵抽取，经过 6 寸胶管直接输送入土工编织袋，每层袋的充填厚度在 0.7m 左右，上下层袋体交错铺设，待所有袋子铺打完成后，在所打膜袋的顶部自然冲砂 10cm 左右，以防护太阳晒、雨水淋，以避免袋子破坏，膜袋处理完场地如图4.32-5所示。

图4.32-5　膜袋处理完机械入场图

6　检测结果

本场地强夯处理完成后，进行了平整、碾压密实后，施工单位对场地标高进行了测量，并对平整度进行检测合格后，交由监理复核，并由建设单位委托具有相关资质的检测单位进行压实度、浅层平板载荷和静力触探检测，现分述如下：

（1）压实度检测

本次按照国家检测规范采用环刀法进行室内压实度检测，检测点为150个，检测结果为湿密度约1.88g/cm³左右，最佳含水量约19.6%，干密度1.58g/cm³左右，压实度为0.91。压实度均满足设计要求值，表明处理后土层的密实度得到显著提高，加固效果明显。

（2）浅层平板载荷试验

本次检测点数为17个，均匀分布在场地内，试验刚性载荷板面积为0.5m²，通过堆载作为反力源，采用慢速维持荷载法进行试验，测得其地基荷载板试验点的承载力特征值均大于120kPa，其最大试验荷载下的沉降量为8.9～37.15mm。

（3）静力触探检测

本次试验装置采用3T触探架，单桥10cm²探头，JC-H2仪器进行数据采集，贯入时反力系统采用地锚反力法，灌入速度约为1.0m/min。试验于2011年8月7日～2011年9月14日进行，共76个点，场地揭露土层的检测结果如表4.32-3所示。

静力触探检测结果　　　　　　　　　　　　　　　　　　表4.32-3

土　层	深度（m）	处理前承载力 f_{ak}（kPa）	处理后承载力 f_{ak}（kPa）	设计要求承载力 f_{ak}（kPa）
①层冲填土	0～4	60	120	120
①₁ 层冲填土	4～6	60	90	80
②层粉土夹淤泥质粉质黏土	4～8	70	80	80
②₁ 层淤泥质粉质黏土夹粉土	8～	60	60	

由上述数据表明，加固的有效深度大于 6m，且加固深度范围内土层的承载力均达到设计要求，其中浅层的提升幅度约 150%～200%，效果非常明显。

7　结论

（1）本工程采用真空降水＋强夯法成功处理了表层为新近吹填土下部淤泥层的不良地基，作为一种复合型新工法能快速有效的改变排水条件，工期短，处理效果明显，为该法后续处理大面积吹填造陆形成的软弱地基进行了有益的探索，拓展了强夯法的应用领域。

（2）真空降水强夯法主要适合粉质黏土及高饱和软土，应用时需要根据场地的不同合理选择施工参数，对于软黏土，应采取有效的措施避免出现"弹簧土"现象；对于高饱和土应特别注意表层土体液化及夯坑积水问题。

（3）采用真空降水强夯法对粉黏土等软黏土进行处理时，应对其土层进行详细勘察分析，若土层为深厚淤泥或淤泥质黏土，含砂量较小，则需谨慎使用。

（4）本工程采用真空降水强夯法进行了地基处理，通过压实度、浅层平板载荷和静力触探等检测手段进行了检测，结果表明加固深度范围内土体工程性质得到了较大的改善，土体得到了压密，承载力得到了提高，各项指标均达到了设计要求，其中浅层土体的承载力提高 150%～200%。

【实录 33】江苏盐城弗吉亚公司厂区管井降水
联合低能级强夯处理工程

张文龙，闫小旗

（上海申元岩土工程有限公司，上海 200040）

摘　要：弗吉亚汽车部件系统有限公司厂区项目地基为含水率较高的软土地基，针对不同承载力要求的区域因地制宜，分别采用管井降水联合低能级强夯和低能级强夯置换工艺进行处理，经过合理的设计及严格的施工，大幅度节约了地基处理成本，检测后均满足承载力要求，该项目的处理方法为此类地基处理提供了一种新的思路。

关键词：管井降水；低能级强夯；强夯置换；软土地基

1　概述

弗吉亚汽车部件系统有限公司厂区项目位于江苏省盐城市经济技术开发区，漓江路北侧、嵩山路西侧，整个地块用地面积 127642m²，建筑面积为 57637.83m²。进行地基处理的是新建的生产车间厂房，其占地面积 22500m²，建筑设计为一层框架结构，厂房尺寸 192m×124m。单柱最大荷载约为 2600kN。场地地势平坦，原为农田和民房地基，地基处理之前为空地，场地中局部有水塘。该场地地面标高在 2.12～3.23m 左右（1985 国家高程基准），场地地处苏北里下河平原，第四纪以来地壳运动以沉降为主，第四纪地层分布范围广、厚度大、形成广阔的平原地貌，本区地貌类型为海相沉积平原区，钻探深度范围内表层素填土下为海相沉积物。该场地经过管井降水联合低能级强夯及低能级强夯置换工艺处理之后，经检测完全达到设计要求，该厂房现已投产使用。

工程时间：2011 年 10 月至 2012 年 4 月。

2　工程地质概况

根据钻孔资料，场地土层情况见表 4.33-1。

场地土层分布情况表　　　　　　　　　　　　表 4.33-1

层号	土层名称	厚度(m)	特　　点
①	素填土	0.50～2.50	以黏质粉土为主，夹少量建筑及生活垃圾，夹少量植物根茎，土质不均匀，暗塘及小河底部见灰黑色淤泥质土，夹腐殖质
②	黏质粉土	0.70～1.10	夹少量软塑状黏性土薄层，见少量铁锰氧化物斑点，土质欠均匀，该层土在暗塘及小河部位缺失

作者简介：张文龙（1982—　），男，高级工程师，主要从事地基处理设计、施工、检测等相关工作。E-mail：tylz87934743@163.com。

层号	土层名称	厚度(m)	特　点
③	淤泥质粉土	1.20～6.20	夹较多流塑状黏性土条带及薄层,局部夹较多砂质粉土团块,层理清晰,土质不均匀
④	砂质粉土	2.90～6.20	夹较多淤泥质黏性土条带及粉砂团块,见少量云母及贝壳碎屑,土质不均匀
⑤	砂质粉土	1.60～3.90	夹少量淤泥质黏性土条带及粉砂团块,见少量云母及贝壳碎屑,土质不均匀
⑥	砂质粉土	3.00～4.40	夹少量淤泥质黏性土条带及粉砂团块,见少量云母及贝壳碎屑,土质不均匀
⑦	粉质黏土	0.80～2.50	夹少量粉土团块或薄层,见少量铁锰氧化物斑点,夹少量钙质结核,核径0.5～5.0cm,土质欠均匀
⑧	淤泥质粉质黏土	3.50～5.00	不均匀的夹少量粉土团块,土质较均匀,该层土仅在场地东部出露

3　设计要求及地基处理方案

设计要求本场地经过地基处理后,地坪处地基承载力特征值 $f_{ak} \geqslant 120kPa$,独立基础处地基承载力特征值 $f_{ak} \geqslant 200kPa$;且场地经加固处理后,地基沉降变形值满足《建筑地基基础设计规范》要求。根据要求,本场地地基处理主要针对厂房区域,由于地坪处与柱基础处受力不同,应采用不同的地基处理加固方案:

针对整个厂房区域(包括柱基处所在区域)选择"真空管井降水＋低能级强夯法"地基处理方案进行处理,为地基处理Ⅱ区。

由于厂房跨度较大,柱下采用独立基础,需防止后期出现不均匀沉降,因此,整个场地降水达到设计要求水位后对独立基础下区域采用柱锤强夯置换＋平锤强夯的方案进行处理,为地基处理Ⅰ区。

3.1　地基处理Ⅱ区施工方案

（1）真空降水联合低能级强夯法简介

真空降水联合低能级强夯法是一种快速加固软土地基的新技术,是在动力固结理论与真空降水技术相结合的基础上提出来的。该方法采用特制的真空降水系统等主动排水方式来加速夯击前后及夯击过程中超静孔隙水压力的消散和孔隙水的排出,并结合饱和软黏土的动力特性和强度增长规律改进了传统强夯法的施工工艺及技术参数,通过严格控制每遍的夯击能,以不完全破坏土体结构强度为前提,根据土体强度恢复和提高情况,逐步提高能量来渐进提高土体的加固效果和深度。它是通过数遍变强度真空强排水,并结合适当能量的强夯击密,达到降低土层的含水量,提高密实度、承载力,减少地基土工后和差异沉降量。本设计方案是对地基进行浅层加固处理。处理的主要目的是改善浅部土层的承载力,使地表一定深度范围内土层的强度得到有效提高,形成一定厚度的硬壳层,增强整体变形协调性,满足后续设计对地基强度和变形的要求。其优点是能够尽量利用上部土层的承载力以减少地基处理的工作量;能适合本工程使用功能和自然条件,仅进行必要的浅层处理；为充分利用处理后地基土承载力，施工应尽可能使处理后的场地标高接近设计标高；加固工艺和设备简单，成本低；工期短、建成快，尽早产生效益；力争做到技术先进、经济合理、安全可靠、保证质量、保护环境。

（2）真空管井降水

真空管井降水就是埋设管井深入到含水层内，用排水管与真空泵和离心水泵相连，启动抽水设备，地下水便在真空泵吸力的作用下抽出，排出空气后，由离心水泵的排水管排出，使地下水位降低到设计要求的水位。

管井施工工艺程序是：井点测量定位→钻孔定位→钻孔→清孔→吊放井管→回填砂砾过滤层→封口→洗井→安装水泵及控制电路→试抽水→降水井正常工作→降水完毕拔井管→封井。

（3）强夯加固深度

根据场地情况，采用1000～1500kN·m能级强夯对地坪所在区域进行加固处理，加固深度根据设计要求和实际情况，选用100kN或150kN锤（圆形铁锤，直径为2.5m），按上海市《地基处理技术规范》DG/TJ 08—40—2010第6.2.2条进行计算得$h=6\sim7$m。根据设计要求和实际情况，选用100kN或150kN锤（圆形铁锤，直径为2.5m），按《港口工程地基规范》JTJ 250第7.7.2条进行计算得$H=6\sim7$m。因此本场地地坪所在区域地基处理的有效加固深度≥6.0m。

3.2 地基处理Ⅰ区施工方案

真空管井降水达到设计要求的水位后（地面以下5m），采用一遍异形锤＋一遍平锤强夯方法，第一遍采用2000kN·m能级的异形锤置换强夯，异形锤直径1.2m，夯点间距根据柱基础的间距确定，每个柱基下异形锤夯点布置2个，夯点布置在基础长度方向中间三等分点位置处，具体如图4.33-1所示，收锤标准为最后两击平均夯沉量不大于5cm或单点夯击数不小于10击。第二遍强夯采用1500kN·m能级，夯点位置位于独立柱基础中心处，夯点间距根据柱基础间距确定，收锤标准为最后两击平均夯沉量不大于5cm或单点夯击数不小于5击。一、二遍强夯施工的间歇时间不小于7天，两边点夯

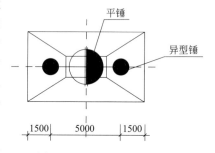

图 4.33-1　基础下柱锤强夯置换夯点布置示意图

施工完成后整体推平，与厂房内其他区域一起采用两遍点夯＋一遍满夯的三遍平锤强夯工艺进行处理，平锤强夯设计施工参数同地基处理Ⅱ区参数。

4　施工概况

4.1　场地预处理

根据现场情况先进行浅层降水，配合碾压，使得场地满足施工机械设备承载和第一遍强夯施工。

4.2　降排水

采用两遍真空管井降水的施工工艺，降水先浅后深，两遍降水均要求地下水位降到地面下−4.0～−5.0m，并稳定 36 小时。

4.3　强夯施工

采用三遍强夯，第一遍强夯采用 1200kN·m 能级，每点 3～5 击，夯点间距为 5m；第二遍强夯采用 1500kN·m 能级，每点 3～5 击，夯点间距为 5m；第三遍满夯采用 800kN·m 能级，每点 2～3 击，夯印 1/4 搭结。一、二遍强夯施工的间歇时间不小于 10 天（降水时间），二、三遍强夯施工的间歇时间不小于 7 天。一、二遍夯点布置如图 4.33-2 所示，满夯夯点布置如图 4.33-3 所示。

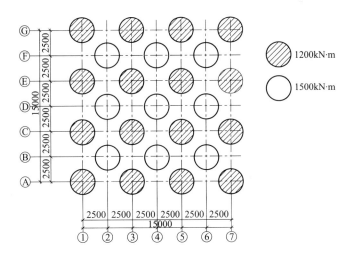

图 4.33-2　夯点布置示意图

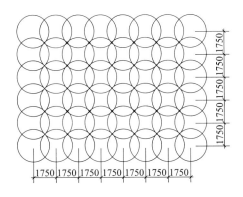

图 4.33-3　满夯布点示意图

4.4　碾压

进行 1 遍稳压，2 遍振动碾压。相邻碾压遍间正交行使碾压。碾压应在满夯 10 天后进行，铺设垫层、面层等工作在碾压完成 10 天后进行。采用激振力为 250kN 的振动压路机，碾压搭接宽度为 50cm，振动碾压速度控制为每分钟不大于 50m。

5 检测结果

5.1 检测项目

地基处理效果测试宜强夯施工完成 28 天后进行，采用多种方法进行测试，综合判断分析地基处理效果。根据规范要求，夯后测试项目如表 4.33-2 所示：

夯后测试明细

表 4.33-2

序号	项目	测试频率(点/m²)	备 注
1	静力触探	1/1200	静力触探深度为 10m，主要针对地坪区域
2	静载荷试验	1/1200	预估加载量不小于 200kN，有重点的加载至极限值，采用 0.707m× 0.707m 板
3	动力触探	1/1200	动力触探深度为 10m，主要针对柱基下强夯置换区域

5.2 静力触探

静力触探测试典型试验成果见图 4.33-4、图 4.33-5，与场地处理之前地质勘查报告中的静力触探成果图相比，经过强夯处理后的地基 2～4m 深度锥头阻力及摩阻力与未处理前相比明显增大，4～10m 深度相比处理前整体平稳增大。即第 2 层粉质黏土层、第 3 层黏质粉土层的承载力得到明显的提升，恰与本场地处理的目的即对地基进行浅层加固处理，改善浅部土层的承载力，使地表一定深度范围内土层的强度得到有效提高，形成一定厚度的硬壳层相一致。

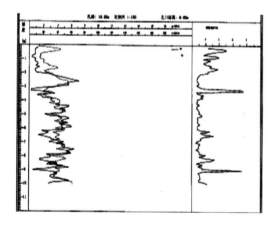

图 4.33-4 静力触探 C21 成果图

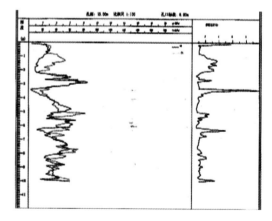

图 4.33-5 静力触探 C33 成果图

5.3 静载荷试验

静载荷试验成果见典型的静载荷试验如图 4.33-6、图 4.33-7 所示。通过载荷试验成果得出以下结论：地坪承载力特征值由未处理前的 60～90kPa 经过降水联合强夯提升至 120kPa 以上；柱基础处承载力特征值由未处理前的 60～90kPa 经降水联合强夯置换提升至 200kPa 以上。

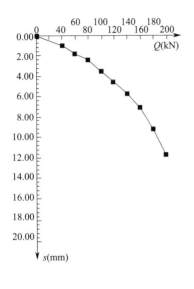

图 4.33-6　A1 点 Q-s 图

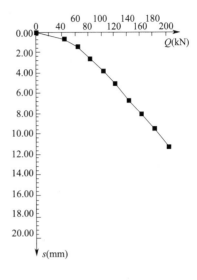

图 4.33-7　A10 点 Q-s 图

5.4　动探试验

重型圆锥动力触探 $N_{63.5}$ 分层统计数据见图 4.33-8 和图 4.33-9，经处理后的地基 3～5m 深度锤击数为 3～5 击，5～10m 深度锤击数为 5～8 击，说明经排水强夯后各层土体承载力都有相应提高。

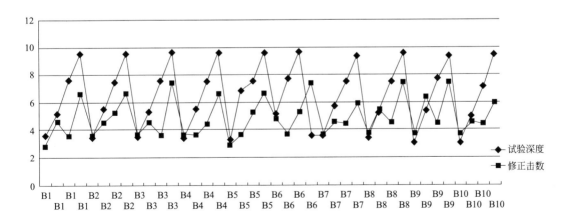

图 4.33-8　B1～B10 重型圆锥动力触探 $N_{63.5}$ 分层统计数据图

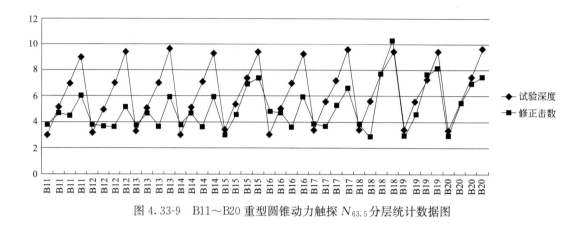

图 4.33-9　B11～B20 重型圆锥动力触探 $N_{63.5}$ 分层统计数据图

6　结论

地下水位较高且含水率较高的黏性土一般而言不适合运用强夯法进行地基处理，但是本工程因地制宜，对于地下水位较高且承载力要求不同的区域采用不同处理工艺：对于地坪处采用管井降水联合低能级强夯处理技术；对于独立基础下软土采用管井降水联合低能级强夯置换处理技术。不仅有效降低了地下水位，且在满足承载力要求的前提下节约了成本。由此可见，对于含水量较高的黏性土该地基处理方法是行之有效的，确实能够解决实际的问题。

【实录 34】 新型总装生产线建设项目地基处理工程

王　宁[1]，翟德宝，郝经恩，戴海峰[2]

(1. 中化岩土集团股份有限公司，北京 102600；2. 上海申元岩土工程有限公司，上海 200011)

摘　要： 针对沿海地区高地下水位的厚层碎石回填地基，开展了 2000kN·m 到 15000kN·m 能级平锤强夯及 6000kN·m 到 10000kN·m 能级柱锤强夯置换的强夯系列试验与对比研究。通过现场平板载荷试验、圆锥动力触探试验、标准贯入试验、多道瞬态面波检测与钻孔取样室内土工试验，对同一能级强夯前后、不同能级夯后的地基承载力及压缩性指标进行对比分析，给出了沿海复杂地质条件下碎石回填地基上不同夯击能的有效加固深度、地基承载力及压缩性指标，为同类地区强夯工程的设计、监测与检测提供了参考。

关键词： 高能级柱锤强夯置换；厚层碎石回填地基；高地下水位；地基承载力及压缩性指标；有效加固深度

1　概述

拟建新型总装生产线建设项目位于辽宁省某市，整个场区由回填碎石土造陆形成，本次地基处理所涉及总面积约 48 万 m^2。场地西南部约 8.5 万 m^2 在 2009 年已回填完成，其余区域回填填方施工开始至今已有近一年时间。场地东侧设有重力式围堰，东南侧设有沉箱围堰。

根据新型总装生产线建设项目地基处理工程招标图纸，本工程包含 2000kN·m 平锤强夯、4000kN·m 平锤强夯、6000kN·m 平锤强夯、8000kN·m 平锤强夯、10000kN·m 平锤强夯、12000kN·m 平锤强夯、15000kN·m 平锤强夯、6000kN·m 柱锤强夯置换、10000kN·m 柱锤强夯置换、6000kN·m 柱锤强夯置换＋6000kN·m 平锤强夯、6000kN·m 柱锤强夯置换＋8000kN·m 平锤强夯、8000kN·m 柱锤强夯置换＋10000kN·m 平锤强夯、8000kN·m 柱锤强夯置换＋12000kN·m 平锤强夯 13 个区域，地基处理总面积约 47.5 万 m^2。

本地基处理工程于 2014 年 8 月 30 日开工，2015 年 09 月 25 日竣工验收。

2　工程地质条件

依据勘察单位提供的《新型总装生产线工程陆域中间资料》和工程地质剖面图统计的各个土层厚度资料进行地基处理试验方案设计。场地土层情况见表 4.34-1，场地典型地质剖面见图 4.34-1。

作者简介：王宁（1983— ），男，工程师，主要从事地基与基础工程施工和研究。E-mail：wangningbj@126.com。

场地土层分布情况表　　　　　　　　　　　表 4.34-1

层号	土层名称	特　点
①₁	素填土(山皮土)	主要为人工回填的碎石土,为邻近山上的石英岩或石英砂岩以及页岩等经破碎后填海形成,松散—稍密状,粒径变化较大,最大块石直径约 1～2m,风化程度变化大,土性极不均匀
①₂	淤泥质粉质黏土	含较多有机质、腐殖物及贝壳屑,有腥臭味,局部区域底部混砂砾、卵石及碎石等,无结构,土性变化大,在场地内分布不均,受场地回填影响,局部挤淤面厚度较高,局部已形成淤泥包
③₁	粉质黏土夹粉土	主要为粉质黏土,夹薄层粉土,含氧化铁和铁锰质结核,可塑状,局部夹少量粒径为 2～5mm 的碎石,碎石成分为石英砂岩
③₂	粉质黏土夹粉土	主要为粉质黏土,夹薄层粉土,含氧化铁和铁锰质结核,可塑—硬塑状,局部夹粒径为 2～5mm 的碎石,下部局部黏性土含水量较高,状态较差
④₁	含碎石黏性土	以可塑—硬塑状粉质黏土为主,厚度变化大,碎石含量不均,一般为 10%～40% 不等
④₂	含黏性土碎石	碎石成分主要为未完全风化的砂岩或石英砂岩。其性质不稳定,黏性土含量的多少和碎石的大小决定该层土的状态,黏性土呈硬塑状,碎石呈中密—密实状
⑦	强风化页岩	RQD 为 0,用手捻呈粉末状,可见页状或薄片状层理,在本场地内一般与砂岩或石英砂岩呈互层状
⑧	中风化页岩	岩芯稍破碎,采取率约 30%～40%,RQD 为 0,金刚石钻探时岩心易磨成粉末,用手可掰成碎片,呈页状或薄片状层理,在本场地内一般与砂岩或石英砂岩呈互层状

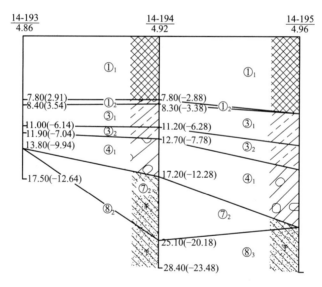

图 4.34-1　典型地层条件剖面图

3　强夯试验

综合考虑选择场地人工填土层和软弱土层厚度较大,或处理后地基承载力要求较高,或吊车吨位较大,或某些建筑物建成后地基沉降量可能较大的区域进行试验性施工。选取各试验区具体情况如下:

试验一区（6000kN·m 平锤强夯）:试验区尺寸 24m×24m,位于场地西南部,区域填土厚度 11.00～12.80m,但填土为 2009 年回填。由于回填时间较长,场地部分沉降应已完成，强夯能级设计时适当降低；

试验二区（6000kN·m 柱锤强夯置换）：试验区尺寸 24m×24m，位于场地东北部临近重力式围堰，该区域试验性施工时应通过监测重点确定强夯施工引起振动对围堰稳定性的影响，区域新近回填厚度 8.00～8.80m；

试验三区：（8000kN·m 平锤强夯）：试验区尺寸 27m×27m，位于场地中北部，新近回填厚度 9.50～10.00m，为相应设计能级处理区域内已勘明最大填土厚度处；

试验四区（8000kN·m 柱锤强夯置换）：试验区尺寸 21m×21m，位于场地中北部，新近回填厚度 7.80～9.00m，淤泥质粉质黏土厚度 2.80～5.00m，为场地已勘明淤泥包区域最厚淤泥土层处；

试验五区（10000kN·m 平锤强夯）：试验区尺寸 27m×27m，位于场地中北部，新近回填厚度 10.10～10.30m，淤泥质粉质黏土厚度 0.80～0.90m，为相应能级处理区域内已勘明最大填土厚度处且下卧一定厚度的淤泥质土；

试验六区：（10000kN·m 柱锤强夯置换）：试验区尺寸 24m×24m，位于场地中北部，新近回填厚度 8.20～10.00m，淤泥质粉质黏土厚度 1.90～4.40m，位于场地已勘明淤泥包区域；

试验七区：（12000kN·m 平锤强夯）：试验区尺寸 30m×30m，位于场地东南部，新近回填厚度 12.40～14.30m，淤泥质粉质黏土厚度 0.00～1.20m，为场地已勘明填土层较厚区域且下卧较厚淤泥质土层；

试验八区：（15000kN·m 平锤强夯）：试验区尺寸 36m×36m，位于场地东南部，新近回填厚度 14.20～14.60m，淤泥质粉质黏土厚度 0.70～0.90m，为场地已勘明填土层最厚区域且下卧一定厚度的淤泥质土层。

4　施工工艺和施工步骤

4.1　地基处理要求

（1）地基承载力特征值，采用桩基础的建筑物地基 f_{ak}≥150kPa，采用浅基础的建筑物地基 f_{ak}≥300kPa。

（2）场地工后沉降：道路区域 s≤200mm，其他区域 s≤100mm。

（3）有效加固深度范围内土体压缩模量：平锤强夯区域 E_s≥8MPa，柱锤强夯置换区域 E_s≥12MPa。

（4）有效加固深度：2000kN·m 平锤强夯不小于 5.0m，4000kN·m 平锤强夯不小于 7.0m，6000kN·m 平锤强夯不小于 8.5m，，8000kN·m 平锤强夯不小于 9.0m，10000kN·m 平锤强夯不小于 9.5m，12000kN·m 平锤强夯不小于 10.0m，15000kN·m 平锤强夯不小于 12.0m，6000kN·m 柱锤强夯置换不小于 9.0m，10000kN·m 柱锤强夯置换不小于 10.0m，6000kN·m 柱锤强夯置换＋6000kN·m 平锤强夯不小于 8.5m，6000kN·m 柱锤强夯置换＋8000kN·m 平锤强夯不小于 9.0m，8000kN·m 柱锤强夯置换＋10000kN·m 平锤强夯不小于 9.5m，8000kN·m 柱锤强夯置换＋12000kN·m 平锤强夯不小于 10.0m。

4.2　强夯施工步骤

（1）平锤强夯施工可按下列步骤进行：

①清理并平整施工场地；

②标出第一遍夯点位置，并测量场地高程；

③起重机就位，夯锤置于夯点位置；

④测量夯前锤顶高程；

⑤将夯锤起吊到预定高度，开启脱钩装置，待夯锤脱钩自由下落后，放下吊钩，测量锤顶高程，若发现因坑底倾斜而造成夯锤歪斜时，应及时将坑底整平；

⑥重复步骤⑤，按试夯规定的夯击次数及控制标准，完成一个夯点的夯击；当夯坑过深出现提锤困难但无明显隆起，而尚未达到控制标准时，宜将夯坑回填至与坑顶齐平后继续夯击；

⑦换夯点，重复步骤③至⑥，完成第一遍全部夯点的夯击；

⑧用推土机将夯坑填平，并测量场地高程；

⑨在规定的间隔时间后，按上述步骤逐次完成全部夯击遍数，最后用低能量满夯，将场地表层松土夯实，并测量夯后场地高程。

（2）柱锤强夯置换施工可按下列步骤进行：

①清理并平整施工场地，当表层土松软时，可铺设 1.0m 左右的砂石垫层；

②标出夯点位置，并测量场地高程；

③起重机就位，夯锤置于夯点位置；

④测量夯前锤顶高程；

⑤夯击并逐级记录夯坑深度；当夯坑过深，起锤困难时，应停夯，向夯坑内填料直至与坑顶齐平，记录填料数量；工序重复，直至满足设计的夯击次数及质量控制标准，完成一个墩体的夯击；当夯点周围软土挤出，影响施工时，应随时清理，应宜在夯点周围铺垫碎石后，继续施工；

⑥按照"由内而外、隔行跳打"的原则，完成全部夯点的施工；

⑦推平场地，采用低能量满夯，将场地表层松土夯实，平整场地，测量夯后场地标高。

5　检测内容和试验方法

依据设计及规范要求，采用平板载荷试验、重型动力触探、多道瞬态面波等手段进行了检测。其中平板载荷试验主要是检测地基承载力是否满足设计要求，重型动力触探主要是检测强夯有效加固深度内的强夯加固效果，多道瞬态面波主要是检测强夯的有效加固深度和场地均匀性，最终综合判断地基处理的加固效果。

6　检测结果与综合分析

6.1　试验区试验结果

（1）试验一区为 6000kN·m 能级平锤强夯，单点夯试验共进行 2 组，在夯点周围两个互相垂直方向上设置观测标识，以测量强夯施工过程中夯点周围土体每击垂直位移和水平位移。垂直位移监测结果显示，夯坑周围土体距离夯坑越近，沉降越大，其中距离夯坑1m 位置最大沉降达 8～15cm；随着观测点与夯坑距离变大，其沉降迅速变小；距离夯坑3m 处出现小量隆起，其最大隆起量约为 5cm。水平位移监测结果显示夯坑周围土体0.5m 范围内产生一定量的水平位移，其最大位移量约为 8cm。

试验一区群夯试验施工，第一遍强夯夯沉量与锤击数曲线见图 4.34-2，从图中可以看出，夯点末两击平均夯沉量基本满足设计要求。

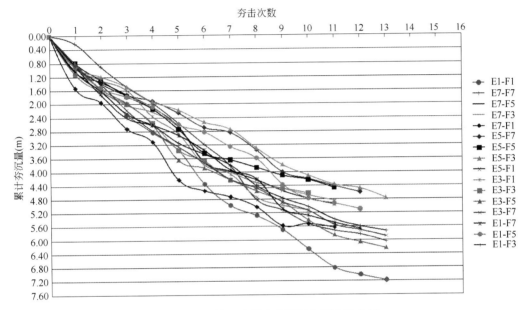

图 4.34-2　第一遍强夯夯沉量与锤击数曲线

地形方格网测量结果：经计算试验一区夯前和夯后场地平均标高分别为 4.72m 和4.34m，夯后与夯前相比，场地标高整体平均下降 0.38m。

（2）振动监测结果：本次振动监测以夯点为震源，在距离夯点一定距离处沿径向对振动加速度、振动速度、振动位移进行监测，监测点距离夯点边缘距离为 5m、10m、15m、20m、25m、30m、35m、40m、50m、60m、80m、100m。现场测得振速峰值衰减曲线见图 4.34-3；根据规范结合场地实测振动速度及场地地质情况，对该场地强夯安全距离建议为：①对于工业建筑、公共建筑，其安全距离不小于 40m。②对于居住建筑，其安全

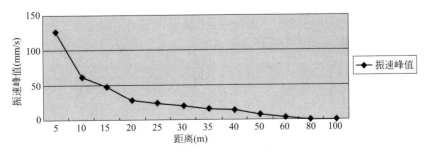

图 4.34-3　试验一区强夯振速峰值衰减曲线

距离不小于60m。

（3）地下水位及孔隙水压力监测结果：分析施工过程中监测数据，结合地质情况，可以看出，5m深度处超静孔隙水压力最大，且随着深度增加，其超静孔隙水压力逐渐减小，其中13m处超静孔隙水压力基本没有变化。场地地基土超静孔隙水压力随着施工开始，其值逐渐增加；在试验一区全部施工结束后，超静孔隙水压力缓慢下降，至施工休止后3天已消散80%以上。

（4）圆锥动力触探试验：试验一区夯前、夯后修正重型动力触探击数统计表，参考相关规范及手册经验，给出建议地基承载力特征值和地基压缩模量。从表4.34-2可以看出，除表层0～1m深度范围内土体由于强夯振松作用导致动探击数略有下降，处理后地面以下1～8.5m深度范围内土体均有不同程度提高，说明强夯对地基加固效果明显。

修正重型动力触探检测统计表

表4.34-2

深度（m）	修正重型动力触探击数 N（击）		夯后提高比例	建议地基承载力特征值 f_{ak}（kPa）	建议地基压缩模量（MPa）
	夯前平均	夯后平均			
0～1	9.5	6.2	−34.5%	—	—
1～2	4.8	8.3	72.9%	200	11
2～3	5.0	7.7	54.0%	200	11
3～4	4.1	7.7	87.8%	200	11
4～5	4.0	10.5	162.5%	220	12
5～6	4.8	11.9	147.9%	220	12
6～7	4.9	8.5	73.5	200	10
7～8	5.6	9.0	60.7%	200	10
8～9	10.1	13.7	35.6%	200	10

（5）多道瞬态面波试验：表4.34-3为夯前夯后各检测点分层等效剪切波速统计表，从该表可以看出，夯后12m深度范围内土体等效剪切波速比夯前均有所提高，其中0～8.5m深度范围内提高均在20%以上，加固效果明显。

夯前夯后场地等效剪切波速统计表

表4.34-3

深度（m）	等效剪切波速（m/s）								提高百分比
	夯前				夯后				
	MB1	MB2	MB3	夯前平均	MB1	MB2	MB3	夯后平均	
0	228.6	231.8	228.6	229.7	278.6	298.6	281.6	286.3	24.64%
0.5	230.1	228.4	227.5	228.7	295.4	287.5	278.9	287.3	25.63%
1.2	233.3	221.5	235.1	230.0	289.3	285.9	289.4	288.2	25.32%
1.9	231.8	225.6	233.8	230.4	282.3	286.4	284.6	284.4	23.45%
2.6	224.6	228.7	231.7	228.3	286.9	278.6	282.5	282.7	23.80%
3.5	229.6	229.6	227.1	228.8	293.4	279.6	284.7	285.9	24.97%
4.5	231.2	220.4	228.9	226.8	294.6	284.1	277.8	285.5	25.86%
5.5	230.1	225.6	226.4	227.5	289.5	288.5	278.6	285.5	25.51%
6.6	228.4	227.6	220.8	225.6	287.5	275.6	281.4	281.5	24.78%
7.8	214.6	220.4	215.2	216.7	271.3	277.1	274.3	274.2	26.53%
9.1	210.6	215.6	218.7	215.0	257.5	255.9	263.5	259.0	20.47%
10.4	208	228.9	215.9	217.6	235.6	241.5	229.1	235.4	8.18%
11.9	207.5	224.6	208.4	213.5	221	234.5	218.6	224.7	5.25%
13.4	206.8	215.8	204.6	209.1	218.5	221.5	213.7	217.9	4.24%

（6）钻孔取样及室内土工试验：在场地内完成钻孔取样1个孔，钻孔所得岩土层土性描述见表4.34-4。

S1-ZK1孔岩土层土性描述 表4.34-4

深度范围(m)	岩土层描述
0～8.5	黄褐色素填土，稍密—中密，主要由砂及碎石块组成
8.5～9.6	灰黑色淤泥，呈流塑状，韧性差
9.6～13.5	灰黑色细砂，松散状，饱和
13.5～15	黄褐色粉质黏土，呈可塑—硬塑状，韧性中等，干强度中等

试验区采用了单点夯试验、地形方格网测量、振动监测、地下水位及孔隙水压力施工过程监测、多道瞬态面波测试和钻孔取样室内土工试验等多种监测、检测手段进行了施工过程监测和强夯加固效果检测工作，根据监测、检测数据，可以得到以下结论：

（1）根据浅层平板载荷试验检测结果，场地浅层地基土承载力特征值不小于200kPa，地基压缩模量平锤强夯区域$E_s \geq 8MPa$，柱锤强夯置换区域$E_s \geq 12MPa$。

（2）根据重型动力触探检测结果，设计处理深度范围内地基土一般可达到中密状态。

（3）根据多道瞬态面波检测结果，处理后场地等效剪切波速整体较高，有效加固深度内夯后土层密实度和均匀性有较大提高，但由于场地回填土和地层的复杂性，局部仍有一定差异；

（4）根据各检测手段结果综合分析，本场地经强夯处理后，地基承载力及压缩性指标可以满足原设计要求。

（5）根据施工过程中孔隙水压力监测结果，填土受强夯影响产生的超孔隙水压力在休止3天后基本可消散80%以上。

6.2 大面积强夯效果检测

为了检验大面积强夯施工效果，强夯施工结束后，在场区进行了大面积检测工作。

（1）浅层平板载荷试验

在拟建建筑场地上，开挖试坑至检测深度，在平整坑底放置一定规格的方形或圆形承压板，在其上逐级施加荷载，测定相应荷载作用下浅层地基的稳定沉降量，分析应力主要影响范围内浅层地基的承载力与变形特性，求得相应力学参数。

本次地基处理检测中承载板尺寸选用$1m^2$，最大加载量取设计承载力特征值的2倍，即400kPa。

根据平板荷载试验点P15-JZ2的试验数据绘制的p-s曲线见图4.34-4，各试验点试验结果汇总见表4.34-5。从试验结果可以看出，各试验点在最大荷载作用下均未破坏，p-s曲线呈缓变形，无陡降段。按照$s/b=0.01$的标准及承载力特征值不超过最大加载量一半的规定，确定各静载试验点的地基承载力特征值为200kPa，满足设计

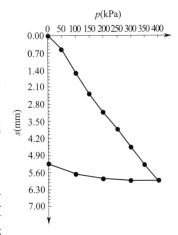

图4.34-4 试验点P15-JZ2验数据p-s曲线图

要求。

按照规范公式变形模量计算，浅层平板载荷试验各点的变形模量最大值为 26MPa，平均值为 19MPa，标准值为 17MPa。

根据试验结果判定，经强夯处理后，已回填区域地基浅层承载力特征值不小于 200kPa，压缩模量不小于 8MPa，浅层地基的承载力和压缩模量可以满足设计要求。

（2）动力触探试验

利用一定的锤击能量，将一定规格的圆锥探头打入土中，根据打入土中的难易程度（贯入阻力或者贯入一定深度的锤击数）来判别土性质。根据锤击击数随深度的变化，参照相关规范评定地基承载力和变形参数，从而对强夯地基深层加固效果进行评价。

根据规范并结合我司对类似土层地基处理工程经验，对夯后地基承载力、变形模量、压缩模量等物理力学性质指标建议见表 4.34-5。

地基特性汇总表

表 4.34-5

深度范围(m)	地基承载力特征值 f_{ak}(kPa)	地基变形模量 E_0(MPa)	地基压缩模量 E_s(MPa)	备注
0～2	—	—	—	
2～4	≥200	≥16	≥8	
4～6	≥200	≥16	≥8	
6～8	≥200	≥16	≥8	
8～10	≥200	≥16	≥8	
10～12	≥200	≥16	≥8	
12～14	≥200	≥16	≥8	

根据重型动力触探检测结果并结合相关规范分析，经 15000kN·m 平锤强夯处理后，设计处理深度内填土层基本可以达到中密状态，地基承载力特征值不小于 200kPa，处理深度范围内压缩模量不小于 8MPa，可以达到设计要求。其中浅层地基土（0～2m 范围）由于处于重型动力触探检测临界深度内，未提供承载力及变形模量估算值，在 2～12m 范围内，修正重型动力触探击数整体随着深度的增加呈减小趋势，而部分检测点 12～14m 深度范围内修正重型动力触探击数有所增大，分析原因可能是该深度范围处于填土层底部，大粒径孤石较多，动探仪较难穿透造成击数较高。

（3）多道瞬态面波

多道瞬态面波测试是利用面波在不均匀介质中的频散特性，多道采集面波道集，通过专用处理软件，得到测线下部土层频散曲线及面波速度剖面。再对所得频散曲线进行反演拟合得到各土层面波的层速度，面波结果统计汇总见表 4.34-6。

面波结果统计汇总表

表 4.34-6

深度范围(m)	频数(个)	标准值(m/s)	变异系数	建议值 f_{ak}(kPa)	根据面波波速确定 E_0(MPa)	建议值 E_s(MPa)	备注
0～2	600	318	0.145	≥200	≥16	≥8	
2～4	300	305	0.131	≥200	≥16	≥8	
4～6	300	293	0.131	≥200	≥16	≥8	

深度范围 （m）	频数 （个）	标准值 （m/s）	变异系数	建议值 f_{ak}(kPa)	根据面波波速确定 E_0(MPa)	建议值 E_s(MPa)	备注
6～8	300	273	0.16	≥200	≥16	≥8	
8～10	150	263	0.156	≥200	≥16	≥8	
10～12	300	266	0.159	≥200	≥16	≥8	
12～14	150	265	0.171	≥200	≥16	≥8	

根据面波测试结果的统计分析结果，处理后设计有效处理深度范围内地基土的等效剪切波速均较高，各检测点设计处理深度内波速基本上在 200m/s 以上，面波波速整体上随着深度的增加而逐渐减小，但由于场地回填土和地层的复杂性，局部仍有一定差异。根据相关规范中可以满足设计对于承载力及设计处理深度范围内压缩模量的要求。

7　结论

根据本场地平板载荷试验、动力触探、多道瞬态面波测试等综合分析，得到以下结论：

（1）根据浅层平板载荷试验检测结果，场地浅层地基土承载力特征值不小于 200kPa，地基压缩模量不小于 8MPa；

（2）根据重型动力触探检测结果，设计处理深度范围内地基土一般可达到中密状态；

（3）根据多道瞬态面波检测结果，处理后场地等效剪切波速整体较高，但由于场地回填土和地层的复杂性，局部仍有一定差异。

综合各检测手段结果综合分析，本场地经强夯地基处理后，地基承载力及压缩性指标可以满足原设计要求。

【实录 35】青岛海业摩科瑞油品罐区地基处理工程

赵永祥[1]，牟建业[1]，路　遥[1]，高玉杰[2]，张　勇[3]，王　智[4]

(1. 中化岩土集团股份有限公司，北京 102600；

2. 中交水运规划设计院有限公司，北京 100007；

3. 青岛港国际股份有限公司港建分公司，青岛 266011；

4. 中交第一航务勘察设计院有限公司，北京 300222)

摘　要： 青岛海业摩科瑞油品罐区工程拟建设 24 个 10 万 m^3 储罐、3 个 2 万 m^3 储罐及相应的辅建配套设施。该场地上部为素填土层，下部为淤泥质粉质黏土层，具有承载力低、压缩性大等特点。根据场地特点及上部结构的要求，进行了平锤强夯置换、柱锤强夯置换、旋挖预成孔平锤强夯置换、旋挖预成孔柱锤强夯置换的对比试验，并选择了旋挖预成孔平锤强夯置换作为大面积施工的地基处理手段。检测结果显示，地基处理效果良好，能够满足设计要求及上部结构需要。

关键词： 强夯置换墩；预成孔平锤置换强夯法；浅海回填地基

1　概述

青岛海业摩科瑞油品罐区工程包括 24 个 10 万 m^3 储罐、3 个 2 万 m^3 储罐及相应的辅建配套区。先期进行的为强夯置换地基处理工程，涉及多种施工能级与新工艺，施工参数与工艺复杂，强夯总面积约 319297m^2，其中 15000kN·m 能级强夯 19789m^2，12000kN·m 能级强夯置换 112069m^2，8000kN·m 能级强夯置换 44151m^2，6000kN·m 能级强夯置换 22781m^2，3000kN·m 能级强夯置换 45370m^2，1000kN·m 能级强夯 75047m^2。

本工程 A、B、G1 区采用旋挖预成孔平锤置换强夯法，该工艺为首次应用，以往没有该工艺的施工经验，这对质量、技术、安全等方面提出了更高的要求。

该工程自 2014 年 12 月 20 日开始进行试验性施工，至 2015 年 9 月 30 日完成全部强夯置换施工工作。

2　场地地质条件

覆盖层主要为人工回填土，其次为海相沉积、残积成因，场地土层情况见表 4.35-1。场地典型地质剖面图见图 4.35-1。

场地土层分布情况表

表 4.35-1

层号	土层名称	厚度(m)	特　　点
①	耕土	0.20～0.50	以黏性土为主,含多量砂砾石及植物根系,结构松散。主要分布于场地中南部地表层,其他位置呈零星分布

作者简介：赵永祥，男，工程师，主要从事地基处理等方面的生产工作。

续表

层号	土层名称	厚度(m)	特　　点
②	素填土	0.80~4.50	主要由花岗岩、黑云母变粒岩质粗砾砂组成,含量40%~60%不等,混杂黏性土及少量碎砾石,可见个别块石,松散—稍密。该层土在勘区北区内普遍分布,南区零星分布
③	细砂	0.50~4.00	颗粒磨圆度较好,含粉土及粉砂颗粒,级配好,分选性差,矿物成分以长石、石英为主,可见云母碎屑,稍湿—湿,结构松散
④	淤泥质黏土混砂	0.20~4.00	有机质含量较高,含大量贝类生物残骸,该层上部以中细砂为主,碎、砾石次之,流塑—软塑状黏性土充填,向下逐渐过渡到以软—可塑状黏性土为主,含少量中细砂粒,结构松软
④₁	含砂粉土	0.20~5.70	含砂粒20%~50%,局部夹薄层粉砂,黏粒含量约10%~15%,含少量圆砾,有机质含量较高,可见贝类生物残骸
⑤	黏土	0.50~14.80	可见风化岩碎屑,组织结构已完全破坏,干钻易钻进,硬塑—坚硬。稍有光滑,无摇振反应,干强度及韧性中等
⑥₁	全风化花岗岩	0.50~9.00	岩芯成砂土状,以风化长石及石英颗粒为主,含少量云母片,局部夹薄层强—中风化花岗岩(岩芯呈碎石状)或花岗岩残积土(岩芯呈土状),原岩结构基本破坏
⑦₁	全风化黑云母变粒岩	0.60~17.00	岩芯成砂土状,云母含量高,含角闪石和少量石英,原岩结构基本破坏,但尚可辨认,岩芯采取率约为70%,干钻不易钻进

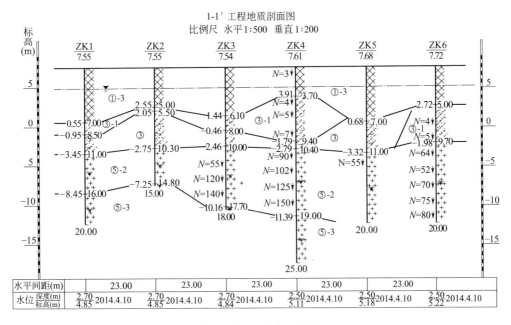

图 4.35-1　地质剖面图

3　设计要求

根据上部建筑物情况,要求处理后的场地:

(1) 10 万 m³ 储罐区地基承载力特征值≥280kPa,变形模量≥25MPa;

(2) 2 万 m³ 储罐区地基承载力特征值≥250kPa,变形模量≥25MPa;

(3) 辅建区各建构筑物地基承载力特征值≥150kPa,变形模量≥15MPa;

（4）汽车装车设施区域道路土基回弹模量大于 40MPa，其他区域道路土基回弹模量大于 30MPa。

4 可行性试验研究及大面积施工

4.1 试验区的设置

本次共在 8 个试验区进行了强夯试验及强夯置换试验，其中：A1、A2、A3、A4、B、E 试验区夯后地基承载力特征值≥280kPa，变形模量≥25MPa；G1 试验区、G2 试验区地基承载力特征值≥150kPa，变形模量≥15MPa。

原拟在 A 区进行柱锤强夯置换试验（A1 试验区）及平锤强夯置换试验（A3 试验区），后考虑到强夯置换存在置换墩不能着底、工后沉降大等缺点，于是另外增加了 A2、A4 两个试验区，这两个试验区在施工过程中通过旋挖机具成孔，然后在孔内填料至施工作业面，再进行柱锤或平锤强夯置换，使孔内填料密实成桩，并与桩间土共同作用形成复合地基。在施工完成后对 4 个试验区进行检测对比，以确定后续大面积施工工艺。

根据设计文件，A1、A2 区为 12000kN·m 柱锤强夯置换，两试夯区的试夯方案一致；A3、A4 区为 12000kN·m 平锤强夯置换，两试夯区的试夯方案一致；只是 A2 区、A4 区为保证强夯置换墩更好的着底增加旋挖工艺。B 区为 6000kN·m 柱锤强夯置换，G1 区为 6000kN·m 柱锤强夯置换，G2 区为 3000kN·m 柱锤强夯置换，E 区为 15000kN·m 强夯区。E 试验区平面尺寸为 30m×30m（900m²），其余试验区均为强夯置换区，试验区平面尺寸为 24m×24m（576m²）。

B、E、G1、G2 试验区为常规强夯试验，本文仅对 A1、A2、A3、A4 四个试验区试验情况进行对比分析。

4.2 试验参数

试验区施工具体参数见表 4.35-2。

试验参数表

表 4.35-2

区域	遍数	能级	主夯点间距	最后两击平均夯沉量(cm)	击数	备注
A1 区 A2 区	一	8000	6m×6m	20	≥15 击	柱锤置换
	二	12000	6m×6m	25	≥20 击	平锤置换
	三	12000	插点	25	≥20 击	柱锤置换
	四	12000	插点	25	≥20 击	柱锤置换
	五	1500	满夯	2 击 1/4 搭接		
A3 区 A4 区	一	12000	8m×8m	25	≥20 击	平锤置换
	二	12000	8m×8m	25	≥20 击	平锤置换
	三	12000	插点	25	≥20 击	平锤置换
	四	12000	插点	25	≥20 击	平锤置换
	五	1500	满夯	2 击 1/4 搭接		

4.3 大面积施工方法

根据试验情况，在大面积施工时采用旋挖预成孔平锤置换强夯法。施工流程如下：场地整平→测放孔位→振动沉管→旋挖机械就位→旋挖成孔→及时清淤、孔内填料→振动拔管→场地整平→测放夯点位→强夯机就位→点夯施工→满夯施工→场地整平。

(1) 旋挖深度

A 区、B 区、G1 区的均旋挖至下卧强风化岩层。A 区平均旋挖深度为 7.5m，B 区平均旋挖深度为 5.5m，G1 区平均旋挖深度为 7m。

(2) 护筒参数

根据设计要求，护同内径定为 1.5m，以保证最后形成的置换墩体直径不小 1.8m。

(3) 强夯施工参数

第一、第二、第三、四遍均采用 12000kN·m 平锤，正方形布置，夯点间距 8m，点夯四遍，第二遍夯点位于第一遍点间，第三遍夯点位于第一、二遍点间，第四遍夯点位于第一、二、三遍点间。收锤标准：最后两击平均夯沉量小于 25cm，且击数不少于 15 击控制。锤径不小于 2.5m。

第五遍采用 1500kN·m 夯击能满夯一遍，每点夯 2 击，锤印搭接宽度不小于 1/4 锤径。

(4) 换填料要求

置换石料采用较纯净的中风化以上的混合开山石料。石料最大粒径不大于 40cm，且粒径大于 30cm 的颗粒含量不宜超过 30%，含泥量不大于 5%，石料级配良好。

5　夯后效果检验

夯后检测采用重型动探试验和载荷试验两种检测手段，从不同角度对场地夯后效果进行检验，现分别叙述如下。

5.1　重型动探试验

根据夯前夯后重型动探孔的动探击数绘制出了动探点夯前夯后的动探击数曲线，从重型动探试验结果来看：

(1) A 区 4 个试验区的夯后效果对比

与预期情况一致，A1、A3 两个试验区均存在置换墩不能着底的情况，A2、A4 两个试验区石料触底情况较好，碎石墩体密实，动探检测显示无论夯点还是夯间效果都较好。

(2) 施工区域内夯后动探击数无论夯身还是夯间较夯前均有显著提高，土体得到加强。

5.2　载荷试验

依据设计文件要求，在强夯施工完成 14 天之后进行了载荷试验，具体各试验区载荷试验点统计见表 4.35-3。

各试验区载荷试验点统计表　　　　　　　表 4.35-3

试验区	A1	A2	A3	A4
7.1m² 圆形板（单墩）	1	1	1	1

续表

试验区	A1	A2	A3	A4
2.5m²圆形板（单墩）	2	2		
2m²方形板（夯间）	3	3	1	1
9m²方形板（夯点）			1	1
9m²方形板（夯间）			1	2
总计	6	6	4	5

各试验区载荷试验点静载结果见表4.35-4～表4.35-7。

柱锤置换区载荷板检测结果表

表 4.35-4

试验点号	载荷板面积（m²）	最终荷载（kPa）	最终变形（mm）	地基承载力特征值（kPa）	地基承载力特征值对应沉降值（mm）	变形模量（MPa）	备注
A1-DZ	7.1	1000	36.17	500	8.81	≥25	夯点（圆形板）
A1-XZ1	2.5	1000	13.65	500	3.71	≥25	夯点（圆形板）
A1-XZ2	2.5	1000	17.40	500	5.73	≥25	夯点（圆形板）
A1-JZ1	2.0	300	10.70	150	2.56	≥25	夯间（方形板）
A1-JZ2	2.0	300	11.08	150	2.69	≥25	夯间（方形板）
A1-JZ3	2.0	300	11.00	150	3.05	≥25	夯间（方形板）

旋挖预成孔柱锤置换区载荷板检测结果表

表 4.35-5

试验点号	载荷板面积（m²）	最终荷载（kPa）	最终变形（mm）	地基承载力特征值（kPa）	地基承载力特征值对应沉降值（mm）	变形模量（MPa）	备注
A2-DZ	7.1	1000	8.31	500	1.71	≥25	夯点（圆形板）
A2-XZ1	2.5	1000	11.95	500	3.58	≥25	夯点（圆形板）
A2-XZ2	2.5	1000	3.52	500	2.01	≥25	夯点（圆形板）
A2-JZ1	2.0	300	5.35	150	1.06	≥25	夯间（方形板）
A2-JZ2	2.0	300	13.43	150	2.26	≥25	夯间（方形板）
A2-JZ3	2.0	300	13.67	150	4.61	≥25	夯间（方形板）

平锤置换区载荷板检测结果表

表 4.35-6

试验点号	载荷板面积（m²）	最终荷载（kPa）	最终变形（mm）	地基承载力特征值（kPa）	地基承载力特征值对应沉降值（mm）	变形模量（MPa）	备注
A3-DZ	7.1	1000	11.60	500	3.80	≥25	夯点（圆形板）
A3-JZ	2.0	300	10.40	150	3.00	≥25	夯间（方形板）
A3-1	9.0	747	15.36	280	4.06	≥25	夯点（方形板）
A3-2	9.0	747	13.03	280	2.40	≥25	夯间（方形板）

旋挖预成孔平锤置换区载荷板检测结果表

表 4.35-7

试验点号	载荷板面积（m²）	最终荷载（kPa）	最终变形（mm）	地基承载力特征值（kPa）	地基承载力特征值对应沉降值（mm）	变形模量（MPa）	备注
A4-DZ	7.1	1000	9.82	500	1.73	≥25	夯身（圆形板）
A4-JZ	2.0	300	6.17	150	1.87	≥25	夯间（方形板）
A4-1	9.0	747	15.55	280	1.90	≥25	夯身（方形板）
A4-2	9.0	747	12.97	280	1.44	≥25	夯间（方形板）
A4-3	9.0	747	10.29	280	4.91	≥25	夯间（方形板）

由载荷试验结果可以得出，夯后地基承载力特征值≥280kPa，变形模量≥25MPa，均满足设计要求。

6　结语

与传统的柱锤/平锤强夯置换相比，采用旋挖成孔＋平锤强夯置换有以下优势：

（1）传统的柱锤/平锤强夯置换，完全依靠柱锤/平锤下落冲击填料，使填料逐步向下置换松散与软土层，柱锤/平锤强夯置换在基岩面以上 0.5～1.0m 范围内形成墩体往往比较松散，造成置换墩体着底不良。采用旋挖预成孔，将碎石料直接填至基岩面，然后再进行强夯置换加固，可保证置换墩体与基岩面的良好接触，工程质量更有保证。

（2）平锤置换形成的墩体直径大，柱锤置换形成的墩体直径小，在相同置换率条件下，平锤置换可减少夯点布置数量，从而提高施工效率，节约施工工期。

（3）从材料用量方面进行考虑，旋挖成孔后平锤强夯置换较旋挖成孔后柱锤强夯置换夯填料用量更省，可节约投资。

综合考虑，采用旋挖预成孔平锤置换施工工艺，既可保证地基处理施工质量，又可节约施工工期，同时填料用量较柱锤置换节省，节约投资。且经检测，场地进行旋挖预成孔平锤强夯置换后承载力、变形模量等指标均能够达到设计要求，该施工工艺切实可行。

【实录36】惠州炼油二期100万吨/年乙烯工程储罐预成孔深层水下夯实法地基处理工程

孙国杰[1]，肖　京[2]

(1. 中化岩土集团股份有限公司，北京 102600；

2. 保定实华工程测试有限公司，保定 071051)

摘　要： 本场地原为海域，已经回填整平，回填土为开山碎石土，北高南低，地势较平坦，排水通畅，虽经强夯处理，但在承载力、变形指标及均匀性等方面仍难满足设计要求，因此需对场区各罐区进行进一步地基加强处理，设计采用预成孔深层水下夯实法，本法是一种适合于高水位、要求处理深度较深条件下的地基处理方法。本文结合惠炼二期储罐工程地基处理工程实例，介绍了预成孔深层水下夯实法在填海地基加固上的应用，内容包括方案比选、施工、检测等。通过现场检测结果表明，预成孔深层水下夯实法施工后地基承载力标准值和压缩模量均满足设计要求，总沉降量、差异沉降较小，改善了原有地基的不均匀沉降。

关键词： 预成孔深层水下夯实法；方案比选；参数设计；效果检测

1　概述

拟建中海油炼化有限责任公司惠州炼油二期100万吨/年乙烯工程储罐项目场地位于广东省惠州市大亚湾石化区中海油惠州炼化二期D1D2场区。该储罐工程共有四个单元需要进行地基处理，分别是451单元乙烯罐区（一），452单元乙烯罐区（二），453单元丙烯罐区（三）及454单元丁烯-1罐区，共28个球罐基础。

工程开工时间：2015年3月15日，竣工时间：2015年7月11日。

2　工程地质概况

本场地原为海域，已经回填整平，回填土为开山碎石土，后经强夯处理，北高南低，地势较平坦，排水通畅。场地土层情况见表4.36-1。场地典型地质柱状图见图4.36-1。

场地土层分布情况表 表4.36-1

层号	土层名称	厚度（m）	特　点
①	人工填土	3.2～10.0	主要为风化砂砾岩碎块混黏性土,中密—密实
②	细砂	0.5～4.3	主要成分为石英、长石,分选较好,含少量贝壳,局部混少量黏性土、砾石,稍密—中密,很湿

作者简介：孙国杰（1986—　），男，助理工程师，主要从事岩土工程等方面的技术管理工作。E-mail：guojie.sun@163.com。

续表

层号	土层名称	厚度(m)	特　　点
③	粉质黏土	0.5～4.4	黄褐—灰黄色,黏性较强,局部夹粉细砂薄层,含小砾石,稍有光泽,无摇振反应,干强度及韧性中等,可塑
④	粉质黏土	0.5～4.6	砂砾岩残积土,见灰白色条纹,含砾石,稍有光泽,无摇振反应,干强度及韧性中等,可塑—硬塑
⑤	全风化砂砾岩	0.3～15.0	原岩结构基本破坏,风化为可塑—硬塑粉质黏土,有残余结构强度,岩芯呈短柱、柱状,或碎块状
⑥	强风化砂砾岩	—	砂砾质结构,块状构造,风化裂隙发育,岩芯呈短柱或柱状,或碎块状

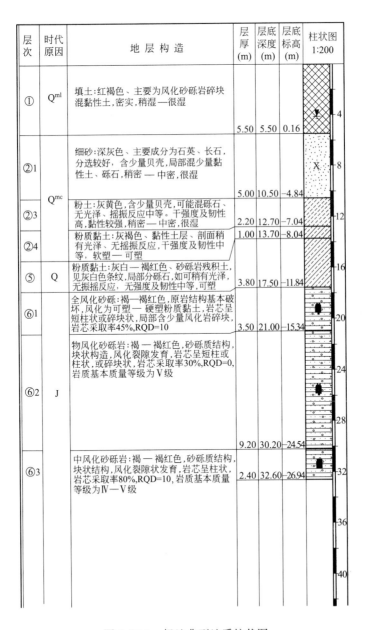

图 4.36-1　场地典型地质柱状图

487

3　地基处理方案的选择

根据本工程的具体情况，设计提出采用旋挖灌注桩或预成孔深层水下夯实法复合地基两种地基处理方案。由于旋挖灌注桩造价高，施工周期长，而预成孔深层水下夯实法复合地基不但技术可行，更重要的是本工程惠炼二期乙烯工程已采用该方案并取得圆满成功，且两个施工区域位置紧密相连，地质条件类似。故本工程选取预成孔深层水下夯实法复合地基进行地基处理，施工周期短，工程造价低，适宜本场地地基处理。

4　施工参数计算及设计

4.1　施工参数计算

根据《建筑地基处理技术规范》JGJ 79 第 7.1.5 条可知，复合地基承载力特征值应通过复合地基静载荷试验或采用增强体静载荷试验结果和其周边土的承载力特征值结合经验确定，初步设计时，可按下列公式估算：

对散体材料增强体复合地基应按下式计算：

$$f_{\rm spk}=[1+m(n-1)]f_{\rm sk}$$

式中：$f_{\rm spk}$——复合地基承载力特征值（kPa）；

$f_{\rm sk}$——处理后桩间土承载力特征值（kPa），可按地区经验确定；

n——复合地基桩土应力比，可按地区经验确定；

m——面积置换率，$m=d^2/d_{\rm e}^2$；d 为桩身平均直径（m），$d_{\rm e}$ 为一根桩分担的处理地基面积的等效圆直径（m）。

根据经验及前期预成孔深层水下夯实法试验检测报告，桩体承载力取 900kPa，桩间土承载力根据 D1D2 场区强夯检测报告取 250kPa，可得出复合地基桩土应力比 $n=900\text{kPa}/250\text{kPa}=3.6$。

桩点布置初步按正三角形布置，间距 2000mm，成桩直径 800mm。一根桩处理的等效圆直径 $d_{\rm e}=1.13\times2=2.26$，置换率 $m=0.82/2.26^2=0.125$。

可得复合地基承载力特征值 $f_{\rm spk}=(1+m(n-1))f_{\rm sk}=(1+0.125\times(3.6-1))\times250=331.3\text{kPa}\geqslant300\text{kPa}$ 符合设计要求。

4.2　施工参数及设计要求

（1）451 单元乙烯罐区（一），本区的预成孔深层水下夯实法桩数为 1670 根。

（2）452 单元乙烯罐区（二），本区的预成孔深层水下夯实法桩数为 322 根。

（3）453 单元丙烯罐区（三），本区的预成孔深层水下夯实法桩数为 1008 根。

（4）454 单元丁烯-1 罐区，本区的预成孔深层水下夯实法桩数为 988 根。

每个罐区有效桩长以入持力层大于 1.0m 为准，持力层为③₃ 卵砾石混砂或⑥₁ 全风化砂砾岩。桩体材料为均匀碎石，粒径小于 250mm，成桩直径 800mm，桩布置方式，正三角形布置，间距 2000mm，处理后桩顶绝对标高 3.3m，复合地基承载力 $f_{\rm ak}\geqslant300\text{kPa}$，

各层土变形模量 $E_0 \geqslant 25\mathrm{MPa}$。

5　施工工艺

本工程采用预成孔深层水下夯实法施工工艺。旋挖成孔，碎石回填，柱锤夯击。这些工序的施工紧密相连，缺一不可。

本次施工工程的重点在于：钻孔入岩需要准确的判断、回填石料量的有效控制、施工夯击数的有效保证、相连工序的有效协调。

由于地层的特殊性，进入砂层易发生塌孔，成孔后，应及时进行下一道工序。施工工艺流程如下：

（1）机具就位：机具就位后应保持机身垂直稳定，不允许发生倾斜、移位现象。钻机对位垂直度偏差不应大于孔深的 2.5%，成孔中心偏差不应超过桩径的 1/4 且不大于 20mm。

（2）成孔：本项目拟采用旋挖成孔方法，该成孔方式由一台大扭矩旋挖钻机使用截齿筒式钻头，双底双进截齿钻头完成成孔作业。成孔直径 800mm，旋挖钻进速度不得大于 20m/h，提钻速度不得大于 10m/min。在成孔过程中，及时检查孔壁情况，发现意外情况立即停止成孔并及时与设计沟通采取适当措施处理，深度达到设计要求。

根据本项目提供的详勘报告，场地局部地区存在孤石，做好孔内孤石处理工作是成孔的关键条件，根据同类地质条件场地施工经验，本场地孤石处理方案如下：

①对于直径小于 0.5m 孤石不影响成孔，直接使用旋挖钻机完成。

②对于直径大于 0.5m 且埋深在 4m 以内的孤石，先使用挖机清除，再使用旋挖钻机完成成孔。

③对于直径大于 0.5m，小于 2m，且埋深超过 4m 的孤石，使用冲孔冲击凿碎后再由旋挖钻机完成取土工作。

④对于直径大约 2m，且埋深超过 4m 的孤石，使用旋挖钻机配合牙轮钻头直接钻进完成。

根据地质勘察报告 451 单元乙烯罐区一（B2、B6、B8、B12 区）和 452 单元乙烯罐区二（A1 区）③$_3$ 卵砾混砂层下有⑤夹层，如施工过程中遇到该地层，旋挖钻机将穿透该地层，直到⑥$_1$ 全风化砂砾岩。

（3）孔内填料、成桩

1）回填料

①桩体材料：水位以下的回填骨料采用单轴抗压强度不小于 40MPa 且粒径不大于 500mm 的块石；水位以上回填骨料采用干净碎石（200mm＞粒径＞50mm）；回填骨料均需级配良好。

②通过对项目场区及周围资源的考察和咨询，计划采用未风化的碎石，填料的最大粒径不大于 500mm，回填料不均匀系数为 7.9。

2）分层回填夯击成桩

①强夯机平稳就位、对中，柱锤应自由落入孔底；

②孔内骨料分层回填厚度依据不同土层适当调整。水下砂层及黏土层、砂砾层每次回

填骨料厚度根据单位夯击能确定且不宜大于 1.2m，地下水位界面及回填层与砂层交接处每次回填骨料厚度不宜大于 0.8m，孔内单位夯击能：不得小于 2000kN·m；

③柱锤选用 12T 铸钢锤，柱锤直径 0.65m，施工过程中控制落距 16.7m 保持不变；

④锤标准为：每次填料夯击击数应根据单位夯击能和施工经验确定，且不少于 8 击，每夯击层末两击平均夯沉量根据夯击能确定且不宜大于 40mm，累计夯沉量不小于设计桩长的 1.5 倍；

⑤填料、夯击交替进行，均匀夯击至桩顶标高以上 500mm（含有空桩段）；

⑥施工中技术人员作好每根桩的施工记录，并对发现的问题及时进行分析处理。

（4）移位：施工机具移位，重复上述步骤进行下一根桩施工。柱锤冲扩法施工夯击能量大，易发生地面隆起，造成表层桩和桩间土出现松动，从而降低处理效果，因此成孔及填料夯实的施工顺序宜间隔进行。

6　地基处理效果检测与分析

6.1　检测方法

（1）复合地基静载荷试验

试验目的：确定承压板下应力主要影响范围内复合地基的承载力和变形参数是否满足设计要求。采用慢速维持荷载法，使用油压千斤顶加载，加载反力装置采用堆载平台反力装置，堆载物采用混凝土配重块。单桩复合地基载荷试验采用方形承压板，承压板面积为一根桩承担的处理面积，具体承压板面积见各单桩复合地基静荷载试验曲线。承压板底面下铺设中砂垫层，垫层厚度 100mm。

（2）超重型动力触探试验

试验目的：检测柱锤冲扩桩桩体密实度情况，评价地基处理效果。落锤质量为 120kg，落距为 100cm。

（3）重型动力触探试验

试验目的：确定复合地基桩间土密实情况，评价地基处理效果。落锤质量为 63.5kg，落距为 76cm。

6.2　检测点布置

复合地基静荷载试验 42 点，桩体超重型动力触探试验 83 点，桩间土重型动力触探试验 83 点。

6.3　检测结果

（1）复合地基静载荷试验

本工程共有 28 个球罐进行了复合地基处理，本次共对 42 个点进行了复合地基静载荷试验，载荷板为 1.86m×1.86m 的正方形板，通过现场检测发现 42 个试验点在加载到最大加载量后地基均未出现破坏，曲线平缓。按照规范确定的复合地基承载力特征值均为 300kPa，满足设计要求，复合地基变形模量介于 24～31MPa 之间，变形模量平均值为 27.15MPa。

（2）桩体超重型动力触探试验

对各罐区的桩体超重型动力触探试验击数统计见表 4.36-2。

超重型动力触探击数统计表　　表 4.36-2

区　　域	统计项目	最大值	最小值	平均值
乙烯罐区（一）	实测值	39	3	15.79
	修正值	27.69	2.68	11.21
乙烯罐区（二）	实测值	39	6	16.01
	修正值	28.08	5.34	11.53
丙烯罐区（三）	实测值	40	1	17.12
	修正值	28.4	0.93	11.98
C4-丁烯-1 罐区	实测值	50	3	14.71
	修正值	34.3	2.76	10.59

由桩体超重型动力触探统计表可以得知，83 根桩超重型动力触探击数大都介于 6～30 击，各区动探平均击数介于 10～12 击之间，根据《岩土工程勘察规范》GB 50021 判定桩体密实度为中密—密实。

（3）桩间土重型动力触探试验

根据规范规定进行动力触探击数的统计和分析。各区域各地层的重型动力触探（$N_{63.5}$）试验成果统计表见表 4.36-3。

重型动力触探（$N_{63.5}$）试验成果统计表　　表 4.36-3

层　号	层厚(m)	层底深度(m)	统计项目	最大值	最小值	平均值
第①层素填土	7.0～8.5	7.0～8.5	实测值	40	2	17.54
			修正值	32.4	1.86	15.26
第②₃层粉土	0.8～2.0	8.0～10.5	实测值	36	4	13.63
			修正值	27.72	3.64	11.04
第③₁层粉质黏土	0.4～6.5	10.2～13.0	实测值	35	4	16.38
			修正值	25.2	3.4	12.77
第③₃层卵砾石混砂	2.0～5.5	13.5～18.5	实测值	40	6	21.59
			修正值	27.2	5.28	16.41

由桩间土重型动力触探统计表可以得知，83 个桩间土重型动力触探击数大都介于 5～30 击，各区各土层平均击数介于 11～17，土层密实程度为中密，局部达到密实。

6.4　检测结论

（1）所检 42 个点复合地基承载力特征值均为 300kPa，满足设计要求。变形模量介于 21～48MPa，变形模量平均值为 27.15MPa。

（2）所检 83 根桩超重型动力触探击数大都介于 6～30 击，各区动探击数平均值介于 10～12 击，桩体密实程度为中密—密实。

（3）所检 83 个桩间土重型动力触探击数大都介于 5～30 击，各区各土层动探击数平均值介于 11～17 击，各土层的密实程度为中密，局部达到密实。

（4）综合考虑本次试验所采用的复合地基静载荷试验以及动力触探结果，并参考勘察报告资料，结合类似工程经验。对本试验区建议复合土层压缩模量列表见表 4.36-4。

地基土复合土层压缩模量建议值表　　　　　　　　　　　表 4.36-4

层　号	第①层 素填土	第②₃层 粉土	第②₄层 粉质黏土	第③₁层 粉质黏土	第③₃层 卵砾石混砂
压缩模量 E_s（MPa）	22	12	5	8	48

7　经济和社会效益分析

　　经济效益：该预成孔深层水下夯实法地基处理方案与其他桩基方案相比较，成本低，工期短。该方案的顺利实施，为工程按期投产奠定了基础，取得了良好的经济效益。

　　社会效益：预成孔深层水下夯实法使用我公司自主研发的 CGE400 型强夯机，实现了水下施工与深层孔内不脱钩连续夯击，施工能力大大提高，具有远程无线操控、不脱钩施工、自动测量的功能。在实现了高度自动化的同时，安全性大大提高，同时节约了劳动力。预成孔深层水下夯实法还具有处理效果显著、施工工期短、节约成本、绿色环保的特点，其社会效益显著。

参考文献

[1] 高能级强夯加固机理工法研究与专用机械研制课题报告.上海申元岩土工程有限公司,2007.

[2] 王铁宏.全国重大工程项目地基处理实录.北京:中国建筑工业出版社.2005.

[3] 滕延京.建筑地基处理技术规范理解与应用.北京:中国建筑工业出版社,2013.

[4] 王铁宏,戴继,水伟厚.残积土地基沉降变形计算方法的研究.北京:中国建筑工业出版社,2011.

[5] Shi-Jin Feng, Wei-Hou Shui, Li-ya Gao, et al. Field studies of the effectiveness of dynamic compaction in coastal reclamation areas. Bulletin of Engineering Geology and the Environment. Vol. 69, 2010, pp129-136.

[6] 年廷凯,水伟厚,李鸿江,等.沿海碎石回填地基上高能级强夯系列试验对比研究 [J].岩土工程学报.2010,32(7):1029-1034.

[7] 水伟厚.对强夯置换概念的探讨和置换墩长度的实测研究 [J].岩土力学.2011,32(S2):502-506.

[8] 冯世进,水伟厚,梁永辉.高能级强夯加固粗颗粒碎石回填地基现场试验 [J].同济大学学报(自然科学版).2012,40(5):679-684.

[9] Shi-Jin Feng, Wei-Hou Shui, Li-ya Gao, et al. Application of High Energy Dynamic Compaction in Coastal Reclamation Areas. Marine Georesources and Geotechnology, Vol. 28, 2010, pp130-142.

[10] 水伟厚,朱建峰.1000kN·m高能级强夯振动加速度实测分析 [J].工业建筑.2006,36(1):37-39.

[11] 王铁宏,水伟厚,王亚凌.对高能级强夯技术发展的全面与辩证思考 [J].建筑结构.2009,39(11):86-89.

[12] 水伟厚,王铁宏,王亚凌.对湿陷性黄土在强夯作用下冲击应力的分析 [J].建筑科学.2003,19(1):33-36.

[13] 水伟厚,王铁宏,王亚凌.高能级强夯地基土的载荷试验研究 [J].岩土工程学报.2007,29(7):1090-1093.

[14] 水伟厚,王铁宏,朱建峰.高能级强夯作用下地面变形试验研究 [J].港工技术.2005,(2):50-52.

[15] 水伟厚,高广运,吴延炜.湿陷性黄土在强夯作用下的非完全弹性碰撞与冲击应力解析 [J].建筑结构学报.2003,24(5):92-96.

[16] 韩晓雷,席亚军,水伟厚.15000kN·m超高能级强夯法处理湿陷性黄土的应用研究 [J].水利与建筑工程学报.2009,7(3):91-93.

[17] 何立军.18000kN·m能级强夯地基处理工程实例分析研究 [J].山西建筑.2011,37(5):65-66.

[18] 何立军,水伟厚,陈国民,等.多道瞬态面波法在强夯处理地基检测中的应用 [J].工程勘察.2006,(suppl):292-297.

[19] 建筑地基基础设计规范 GB 50007—2011.北京:中国建筑工业出版社,2011.

[20] 饶为国.桩-网复合地基原理及实践 [M].北京:中国水利水电出版社,2004.

[21] Insold T. S, Performance of impermeable and permeable reinforcement in clay subject to undrained

loading：Q J Engng Geol，V15，N3，1982，p201-208.

［22］ 池跃君，沈伟桩体复合地基桩、土相互作用的解析法［J］岩土力学 Vol 23 No. 5 Oct. 2002.

［23］ 雷金波. 带帽控沉疏桩复合地基试验研究与作用机理分析［D］. 河海大学博士学位论文，2005.

［24］ 阎明礼，吴春林，杨军. 水泥粉煤灰桩复合地基试验研究［J］，岩土工程学报，1996，18（2）55-62.

［25］ 管自立. 疏桩基础设计实例分析与探讨（一）［J］. 建筑结构，1993.10，p26-31.

［26］ 林金洲. 桩-网复合地基的基本组成及加固机理［J］. 科技风，2010.3.

［27］ 叶海林，方玉树，顾宏伟，刘兴林. 岩石地基承载力确定方法评述. 后勤工程学院学报，2007.7 vol. 23 No. 3 1-6.

［28］ 王汉席，齐迪，静载荷试验方法影响因素分析及对策. 吉林电力，2010.4 vol. 38 No. 2 9-13.

［29］ 周少平，平板载荷试验测定地基承载力方法的探讨. 公路，2002.2 85-88.

［30］ 张文龙，张辉陈国栋，刘坤. 内蒙古地区粉细砂地基平板载荷试验尺寸效应研究. 岩土工程学报，2010，32（S2）：492-495.

［31］ 毛水木，周增明，石苗灿. 复合地基载荷试验规范存在的问题及建议. 岩土工程界，2005，8（6）：27-28.

［32］ 刘陕南，黄绍铭，梁志荣，岳建勇，洪昌地，陈国民，侯胜男. 上海软土天然地基极限承载力的试验研究与分析. 建筑结构，2009，4（S）：746-749.

［33］ 张争强. 关于平板载荷试验确定承载力方法的讨论//中国水利学会第三届青年科技论坛论文集，476-480.

［34］ 何冲，胡涛，周续业. 水泥土搅拌桩复合地基载荷试验有关问题的探讨. 西部探矿工程，2005.7 No. 110.

［35］ 和志强. 关于深层平板载荷试验中承载力确定方法的一些探讨. 岩土工程界，2009.12 vol. 12 No. 10 7-11.

［36］ 王小明. 对复合地基载荷试验规范提出的若干问题及个人观点. 科技资讯，2009.15.

［37］ 张建新，赵乃茹，王育德. 复合地基载荷试验中几个问题的探讨. 勘察科学与技术，1999.1.

［38］ 柳飞，杨俊杰，刘红军，丰泽康男，堀井宣幸，伊藤和也. 离心模型试验模拟平板载荷试验研究. 岩土工程学报，2007，29（6）：880-886.

［39］ 陈大为，张明启. 平板载荷试验的方法及成果应用. 铁道勘察，2007.3 38-40.

［40］ 张争强. 平板载荷试验确定承载力方法的研究. 水利与建筑工程学报，2005.6 vol. 3 No. 2 41-43.

［41］ 李小勇. 荷载板尺寸效应的试验研究. 太原理工大学学报，2005.1 vol. 36 No. 1 44-47.

［42］ 水伟厚，王铁宏，王亚凌. 高能级强夯地基土的载荷试验研究. 岩土工程学报，2007，29（7）：1090-1093. 美国《工程索引（EI）》收录.

［43］ 费涵昌，王广欣，曹来发等. 双层地基的变形与沉降［J］. 同济大学学报，1995，23.

［44］ 胡德华，潘登. 双层地基应力分布特征与应用研究［J］. 科研探索与知识创新，2009，10.

［45］ 蔡江东. 双层地基中软弱土层变形性状分析［J］地基基础 2003，23（6）.

［46］ 徐洋，谢康和. 影响复合地基应力扩散的因素［J］. 工业建筑，2003，33（1）.

［47］ 彭月明，张铁壮，窦远明. 硬壳成对软土地基沉降特性影响的研究［J］. 河北工业大学学报，2007，36（1）.

［48］ 王晓谋，尉学勇，魏进等. 硬壳层软土地基竖向附加应力扩散的数值分析［J］. 长安大学学报，2007，27（3）.

［49］ 赵燕茹. 硬壳层作用下软土应力应变及沉降分析［D］. 兰州大学，2011.5.

［50］ 水伟厚，王亚凌，何立军，刘波. 10000kN·m 高能级强夯作用下地面变形实测分析. 地基处理，2006，17（1）：pp49-54.

[51] 水伟厚，王铁宏，王亚凌.10000kN·m 高能级强夯系列试验研究*——孔压监测结果.土木工程学报，2006，39（4）：78-81.

[52] 水伟厚，梁永辉，詹金林.软土地区大型桩筏基础原位试验研究.工业建筑，2009，39（4），88-92.

[53] 薛玉，韩晓雷，水伟厚，詹金林.8000kN·m 能级强夯处理湿陷性黄土实践研究.水利与建筑工程学报，2008，16（2）：8-10.

[54] 赵会永，韩晓雷，水伟厚等.灰色系统法预测分析抗拔桩单桩变形性能与极限承载力.水利与建筑工程学报，2009，7（2）：17-19.

[55] 王志伟，詹金林，水伟厚.高能级强夯在填海造陆地基处理中的应用.土工基础，2009，23（2）：25-28.

[56] 杨乐.山地城市空间扩展及其生态效应研究［D］.西南大学，2011.5.

[57] 张新.县级城市空间拓展研究［D］.长安大学，2009.5.

[58] 陈文婧.城市规划边缘的"秩"与"序"—城市空间拓展的生态模式［J］，中国西部科技，2009，8（21）：16-19.

[59] 赵迎雪.榆林市城市空间发展模式与生态环境关系初探［D］.西安建筑科技大学，2002.6.

[60] 中华人民共和国行业标准.建筑地基处理技术规范 JGJ 79—2012.北京：中国建筑工业出版社，2012.

[61] 水伟厚，王铁宏，王亚凌.瑞雷波检测10000kN·m 高能级强夯地基.建筑结构，2005，35（7），46-48.

[62] 王铁宏，水伟厚，王亚凌，等.10 000 kN·m 高能级强夯地面变形与孔压试验研究［J］.岩土工程学报，2005，27（7）：759-762.

[63] 高广运，水伟厚，王亚凌，等.高能级强夯在大型石化工程中的应用［J］.岩土力学，2004，25（8）：1275-1279.

[64] 王铁宏，水伟厚，王亚凌，等.强夯法有效加固深度的确定方法与判定标准［J］.工程建设标准化，2005（3）：27-38.

[65] 中国海洋石油总公司惠州炼油项目马鞍洲原油库区强夯法地基处理效果检测报告.上海申元岩土工程有限公司，2006.12.

[66] 马鞍洲油库地基处理平面布置图.青岛英派尔化学工程有限公司.

[67] 中国海洋石油总公司惠州炼油项目填海区 G1 地块岩土工程详细勘查报告（档案号：2006 勘 13-8）.中国石油天然气华东勘察设计研究院.

[68] 中国海洋石油总公司惠州炼油项目厂区强夯法地基处理试验技术要求.中国石化工程建设公司，2006.9.

[69] 武玉龙.超孔隙水压力监测在大夯击能强夯中的成果分析.土工基础，2011，25（5）：79-81.

[70] 中国石油珠海物流仓储工程岩土工程详细勘察报告（档案号：2008 勘-14，2008.10.05）.中国石油天然气华东勘察设计研究院.

[71] 中国石油珠海物流仓储工程地基处理强夯加固说明书.中国石油天然气华东勘察设计研究院）.

[72] 中国石油珠海物流仓储工程试夯检测报告（第 1 版）-081126 上海申元岩土工程有限公司.

[73] 大连理工现代工程检测有限公司.大连新港石油商业储备库工程强夯处理地基 T-01♯～ T-10♯罐检测报告.

[74] 辽宁省土木建筑学会.建筑地基基础技术规范（DB21/907—2005，J10615—2005）.辽宁：辽宁科学技术出版社，2005.

[75] 中海石油（中国）有限公司南海深水天然气开发项目陆上终端（12000kN·m 试夯检测报告）.上海申元岩土工程有限公司.

[76] 中海石油（中国）有限公司南海深水天然气开发项目陆上终端（15000kN·m试夯检测报告）. 上海申元岩土工程有限公司.

[77] 中海石油（中国）有限公司南海深水天然气开发项目陆上终端（6000kN·m试夯检测报告）. 上海申元岩土工程有限公司.

[78] 中海石油（中国）有限公司南海深水天然气开发项目陆上终端（2000kN·m试夯检测报告）. 上海申元岩土有限公司.

[79] 中海石油（中国）有限公司南海深水天然气开发项目陆上终端地基处理检测综合报告. 上海申元岩土有限公司.

[80] 中海石油（中国）有限公司南海深水天然气开发项目陆上终端码头检测报告. 上海申元岩土工程有限公司.

[81] 中海石油（中国）有限公司深水天然气珠海高栏终端地基加固处理设计说明书. 中化岩土集团股份有限公司.

[82] 中华人民共和国国家标准. 建筑地基基础工程施工质量验收规范 GB 50202—2002 [S]. 北京：中国计划出版社，2004.

[83] 日照原油商业储备基地工程岩土工程勘察报告书. 中勘冶金勘察设计研究院有限责任公司，2009.12.

[84] 日照原油商业储备基地工程钢储罐地基基础监测及观测要求 08546-01-551-006.

[85] 石油化工钢储罐地基处理技术规范 SH/T 3083—1997.

[86] 石油化工钢储罐地基与基础设计规范 SH/T 3068—2007.

[87] 岩土工程监测规范 YS 5229—1996.

[88] 彭界隆，莫自柏. 常德电厂地基土深层大板载荷试验研究 [J]. 电力勘测设计，2009.4，2：12-16.

[89] 张宇亭，董海军. 滨海地区吹填土地基加固处理差异性分析 [J]. 岩土工程技术，2010.12，24.6：312-314.

[90] 尚金瑞，杨俊杰，孟庆洲，孙涛. 围海造陆填土技术及其应用研究 [J]. 中国海洋大学学报，2015.6，45（6）：100-108.

[91] 广东省建筑科学研究院. 建筑地基基础检测规范 DBJ 15—60—2008.

[92] 地基处理手册编写委员会编. 地基处理手册·强夯法. 北京：中国建筑工业出版社，1988.

[93] 中海石油炼化有限责任公司惠州炼化分公司炼化强夯地基处理技术要求. 中国石化工程建设有限公司，2012.9.

[94] 中海石油炼化有限责任公司惠州炼化二期检测报告. 中国化学工程第一岩土工程有限公司惠州分公司 2014.10.

[95] 中华人民共和国国家标准. 湿陷性黄土地区建筑规范 GB 50025—2004 北京：中国建筑工业出版社，2004.

[96] 中华人民共和国行业标准. 建筑地基检测技术规范 JGJ 340—2015. 北京：中国建筑工业出版社，2015.

[97] 绿春县城（大兴镇）总体规划修编. 云南城乡规划设计研究院，2002.11.

[98] 绿春县大兴镇土地利用总体规划. 绿春县大兴镇人民政府，1999.11.

[99] 绿春县土地利用总体规划大纲》（送审稿）. 绿春县人民政府，2009.9.

[100] 云南省绿春县城规划区地质环境保护与地质灾害防治规划报告. 中国地质环境监测院，云南地质工程勘察设计研究院有限公司，2005.11.

[101] 云南省红河州绿春县城绿东新区削峰填谷工程地质环境调查及预可行性研究报告. 云南地质工程勘察设计研究院，2009.6.

[102] 云南省红河州绿春县城绿东新区削峰填谷项目可研阶段岩土工程勘察及边坡稳定性评价报告. 云南地质工程勘察设计研究院, 2009.11.

[103] 云南省绿春县绿东新区削峰填谷工程断面设计洪水计算. 云南省红河州水利水电勘察设计研究院, 2009.11.

[104] 云南省红河州绿春县绿东新区削峰填谷工程建设项目环境影响报告表（报批稿）. 云南省环境科学研究院, 2009.12.

[105] 云南省红河州绿春县绿东新区削峰填谷工程建设项目压覆矿产资源评估报告. 云南地质工程勘察设计研究院, 2009.12.

[106] 云南省红河州绿春县绿东新区削峰填谷工程地质灾害危险性评估. 云南地质工程勘察设计研究院, 2009.12.

[107] 云南省红河州绿春县绿东新区削峰填谷工程水土保持方案可行性研究报告. 云南地质工程勘察设计研究院, 2009.12.

[108] 绿春县绿东新区削峰填谷项目（初步设计阶段）岩土工程补充勘察报告. 上海申元岩土工程有限公司, 2010.08.

[109] 绿春县绿东新区削峰填谷项目岩土工程详细勘察报告（施工图设计阶段）（工程编号：1007-K-027A）. 上海申元岩土工程有限公司, 2011.1.

[110] 延安煤油气资源综合利用项目场地形成与地基处理工程设计报告及施工图文件. 上海申元岩土工程有限公司, 2012.

[111] 延安煤油气资源综合利用项目场地形成与地基处理工程工后监测报告. 西北综合勘察设计研究院, 2014.10.

[112] 延安煤油气资源综合利用项目场地形成与地基处理工程勘察报告. 西北综合勘察设计研究院, 2011.

[113] 中华人民共和国国家标准. 建筑工程施工质量验收统一标准 GB 50300—2013. 北京：中国建筑工业出版社, 2014.

[114] 中华人民共和国国家标准. 建筑边坡工程技术规范 GB 50330—2013. 北京：中国建筑工业出版社, 2014.

[115] 中华人民共和国国家标准. 建筑抗震设计规范 GB 50011—2010. 北京：中国建筑工业出版社, 2010.

[116] 中华人民共和国行业标准. 多道瞬态面波勘察技术规程 JCJ/T 143—2004. 北京：中国建筑工业出版社, 2004.

[117] 浙江省标准. 建筑地基基础设计规范 DB 33/1001—2003.

[118] 泰顺县茶文化广场工程岩土工程勘察中间成果. 浙江省工程物探勘察院, 2010.11.

[119] 泰顺茶文化城地基处理项目组织设计. 上海申元岩土工程有限公司, 2010.12.

[120] 泰顺茶文化城地基处理项目施工记录. 上海申元岩土工程有限公司, 2011.1.9-2011.4.5.

[121] 泰顺茶文化城地基处理项目振动监测报告. 上海申元岩土工程有限公司, 2011.3.12.

[122] 泰顺茶文化城地基处理项目检测报告. 浙江宏宇工程勘察设计有限公司, 2011.4.20.

[123] 中国石油抚顺石化公司扩建80万吨/年乙烯工程新场址场平与地基处理工程地基土检测技术报告. 中冶沈勘工程技术有限公司, 2008.8.

[124] 抚顺乙烯工程地基强夯处理试验区岩土工程勘察技术报告书. 中冶沈勘工程技术有限公司, 2007.8.

[125] 水伟厚, 王铁宏, 王亚凌. 高能级强夯地基土载荷试验研究 [J]. 岩土工程学报, 2007, 29 (7)：1090-1093.

[126] 水伟厚, 王铁宏, 朱建锋. 碎石回填地基上 10000kN·m 高能级强夯标准贯入实验 [J]. 岩土

工程学报，2006，28（10）：1309-1312.

[127] 中华人民共和国行业标准．圆锥动力触探试验规程 YS 5219—2000．北京：中国计划出版社，2001.

[128] 内蒙古大唐国际克旗煤制天然气项目岩土工程勘察报告（详勘上、下册，电子版）．化学工业第二设计院勘察公司，2008.8.

[129] 大唐国际克什克腾旗煤制天然气项目全场强夯平面布置图（电子版，图号：J320.097.E60.00-1．赛鼎工程有限公司（原化学工业第二设计院），2009.5.

[130] 内蒙古大唐国际克什克腾煤制气项目施工图纸会审纪要．2009.5.27.

[131] 内蒙古大唐国际克什克腾煤制气项目强夯施工分区图（电子版）．内蒙古大唐国际克旗煤制气项目筹备处，2009.5.

[132] 内蒙古大唐国际克旗煤制气项目强夯地基处理检测报告．上海申元岩土工程有限公司．

[133] 强夯地基交接检验记录（编号：HBJK-JJJY-土-067）．河北建设勘察研究院有限公司．

[134] 龚晓南．地基处理手册［M］．北京：中国建筑工业出版社，2008.

[135] 高斌峰，杨金龙，王亚凌．有效夯实系数及其在黏性土地基强夯法处理工程中的应用［J］．中国化工施工企业协会秘书处，2011，11：205-211.

[136] 中华人民共和国国家标准．土工试验方法标准 GB/T 50123－1999．北京：中国计划出版社，1999.

[137] 中华人民共和国行业标准．建筑工程地质勘探与取样技术规程 JGJ/T 87—2012．北京：中国建筑工业出版社，2012.

[138] 中华人民共和国国家标准．电力工程地基处理技术规程 DL/T 5024—2005．北京：中国电力出版社，2005.

[139] 焦作龙源电厂一期工程冷却塔地段岩土工程勘测报告（档案号：2010 勘－12）．河南省电力勘测设计院．

[140] 焦作龙源电厂一期工程主厂房及附属建筑物地段岩土工程勘测报告（档案号：F3781S-G0101-01）．河南省电力勘测设计院，2011.01.

[141] 焦作龙源电厂一期工程主厂房地段岩土工程勘测报告（档案号：2011 勘－01）．河南省电力勘测设计院．

[142] 华润电力焦作有限公司龙源电厂 2×660MW 级机组工程项目厂区总平面布置图（图号：41-F3781C2-Z-04，电子版）．河南省电力勘测设计院．

[143] 华润电力焦作有限公司龙源电厂 2×660MW 级机组工程一期冷却塔强夯主夯点平面布置图．（图号：F3871S-S5205-02，蓝图）．河南省电力勘测设计院．

[144] 华润电力焦作有限公司龙源电厂 2×660MW 级机组工程一期工程主厂房地段强夯地基处理设计总说明（图号 F3871S-T0242-01，蓝图）．河南省电力勘测设计院．

[145] 华润电力焦作有限公司龙源电厂 2×600MW 级机组工程一期循环水及净水站区域强夯图（图号：F3781S-T0622-01）．河南省电力勘测设计院．

[146] 神华陕西甲醇下游加工项目岩土工程勘察技术报告（初步勘察，2011.11）．

[147] 神华集团公司榆神工业区清水煤化学工业园动力供应与高纯洁净气体项目办公楼及厂区试夯检测报告．陕西新西北建设工程检测有限公司，2012.5.

[148] 中华人民共和国国家标准．爆破安全规程 GB 6722—2014．北京：中国标准出版社，2015.

[149] 神华陕西甲醇下游加工项目 MTO 装置、烯烃分离装置地基强夯质量检测报告．湖北中冶建设工程检测有限公司，2012.10.

[150] 神华陕西甲醇下游加工项目综合仓库、危险化学品库、检维修中心地基强夯质量检测报告．湖北中冶建设工程检测有限公司，2012.10.

[151] 神华陕西甲醇下游加工项目全厂罐区、烯烃罐区、汽车装卸设施地基强夯质量检测报告．湖北

中冶建设工程检测有限公司，2012.10.

[152] 神华榆神工业区清水煤化工园化工物料贮运项目全厂通道地基强夯质量检测报告. 湖北中冶建设工程检测有限公司，2012.10.

[153] 李惠玲，徐玉胜，胡荣华. 强夯置换处理软土地基的现场试验研究［J］. 工业建筑，2012.4，10：83-86.

[154] 李向群，杨丰年，王海鹏. 强夯置换技术试验研究［J］. 吉林建筑大学学报，2015.6，32（3）：15-20.

[155] 彭界隆，莫自柏. 常德电厂地基土深层大板载荷试验研究［J］. 电力勘测设计，2009.4，2：12-16.

[156] 李惠玲，徐玉胜，胡荣华. 强夯置换处理软土地基的现场试验研究［J］. 工业建筑，2012.4，10：83-86.

[157] 李向群，杨丰年，王海鹏. 强夯置换技术试验研究［J］. 吉林建筑大学学报，2015.6，32（3）：15-20.

[158] 中华人民共和国国家标准. 钢制储罐地基基础设计规范 GB 50473—2008. 北京：中国计划出版社，2009.

[159] 中华人民共和国国家标准. 钢制储罐地基处理技术规范 GB 50756—2012. 北京：中国计划出版社，2012.

[160] 中华人民共和国国家标准. 立式圆筒形钢制焊接油罐设计规范 GB 50341—2014. 北京：中国计划出版社，2015.

[161] 中华人民共和国国家标准. 石油化工钢储罐地基与基础设计规范 SH 3068—2007. 北京：中国石化出版社，2008.

[162] 中华人民共和国行业标准. 石油化工钢制储罐地基与基础施工及验收规范 SH/T 3528—2014. 北京：中国石化出版社，2014.

[163] 中华人民共和国行业标准. 公路路基设计规范 JTG D30—2015. 北京：人民交通出版社，2015.

[164] 本书编委会. 工程地质手册（第四版）. 北京：中国建筑工业出版社，2007.

[165] 安庆石化 800 万吨/年炼化一体化配套成品油管道工程配套设施-安庆首站油库岩土工程勘察报告（详勘）（档案号：（详）勘 12009B）.

[166] 《安庆石化 800 万吨/年炼化一体化配套成品油管道工程配套设施-安庆首站油库施工图》（天津中德工程设计有限公司，图号：11K07-1-1-BS/1）.

[167] 《安庆石化 800 万吨/年炼化一体化配套成品油管道工程安庆首站油库地基处理强夯工程检测报告（文件编号：BBQT-DJ—2014）. 河北兵北工程质量检测有限公司.

[168] 中华人民共和国国家标准. 岩土工程勘察规范 GB 50021—2001（2009 年版）. 北京：中国建筑工业出版社，2009.

[169] 中华人民共和国行业标准. 建筑变形测量规范 JGJ 8—2007. 北京：中国建筑工业出版社，2008.

[170] 南充联成化学工业有限公司厂区项目工程勘察报告（电子版，2015 年 2 月 5 日）. 四川兴源岩土工程有限公司.

[171] 强夯地基动力触探及静荷载试验检测报告. 南充恒瑞检测有限公司.

[172] 南充联成地基处理工程设计施工委托函（电子版，2015 年 3 月 23 日）. 南充联成化学工业有限公司.

[173] 南充联成化学厂区高能级强夯置换复合工艺地基处理工程施工图设计说明. 上海申元岩土工程有限公司.

[174] 舟山外钓岛光汇油库填海及软基处理工程设计报告及施工图文件. 上海申元岩土工程有限公司，2010.

［175］ 舟山外钓岛光汇油库填海及软基处理工程监测总结报告．中国铁道科学研究院，2012.4.

［176］ 十字板剪切、静力触探、室内土工试验检测报告．中国铁道科学研究院深圳研究设计院，2012.5.

［177］ 强夯地基承载力检测报告．中国铁道科学研究院深圳研究设计院，2011.12.

［178］ 舟山外钓岛光汇油库工程岩土工程勘察报告．浙江省工勘院，2009.12.

［179］ 詹金林，梁永辉，水伟厚．大直径刚性桩桩网复合地基在储罐基础中的应用［J］．岩土工程学报（增刊），2011.8，34：122-124.

［180］ 饶为国．桩-网复合地基沉降机理及设计方法研究［D］．北京：北京交通大学，2005.

［181］ 连峰，龚晓南，赵有明等．桩-网复合地基加固机理现场试验研究［J］．中国铁道科学，2008，29（3）：7-12.

［182］ 王俊林，肖昭然，刘志国．桩-网复合地基承载及变形特性的三维数值分析［J］．水运工程，2007（8）：112-116.

［183］ 中华人民共和国行业标准．公路软土地基路堤设计与施工技术细则 JTG/T D 31-02—2013．北京：人民交通出版社．

［184］ 中华人民共和国行业标准．水运工程质量验收标准 JTS 257—2008．北京：人民交通出版社，2008.

［185］ 北京市建设工程技术企业标准．轨道交通降水工程施工质量验收标准 QGD-013—2005.

［186］ 中华人民共和国行业标准．港口工程地基规范 JTS 147—1—2010．北京：人民交通出版社，2010.

［187］ 中华人民共和国行业标准．水运工程质量检验标准 JTS 257—2008．北京：人民交通出版社，2009.

［188］ 海门市东灶港纬二路市政配套道路、排水工程岩土工程勘察报告（2010-196-03）．南通和信工程勘察设计院有限公司．

［189］ 海门市东灶港西安路北延及纬二路市政配套工程地基处理相关技术标准．同济大学建筑设计研究院有限公司，2011.4.

［190］ 海门市滨海新区西安路地基处理工程检测报告．扬州大学水建学院工程测试中心，2012.4.

［191］ 江苏盐城弗吉亚厂房 地基处理设计、施工方案．上海申元岩土工程有限公司．

［192］ 江苏盐城弗吉亚厂房 强夯地基静探、动探测试报告．江苏铭城建筑设计院有限公司．

［193］ 江苏盐城弗吉亚厂房 地基基础工程检测报告．盐城市建科工程检测有限公司．

［194］ 辽宁省标准．建筑地基基础技术规范 DB 21—907—2005［S］．沈阳：辽宁省科学技术出版社，2005.

［195］ 青岛海业摩科瑞油品罐区工程岩土工程勘察报告．中国石油工程建设公司岩土公司，2014.6.

［196］ 青岛海业摩科瑞油品罐区地基处理工程试夯技术要求．中交水运规划设计院有限公司，2014.12.

［197］ 青岛海业摩科瑞油品罐区地基检测工程中间报告．中交第一航务工程勘察设计院有限公司，2015.4.

后　记

　　某些天然沉积的土类或人工回填的土层，一般结构疏松，强度低，变形大，沉降稳定时间长，不能适应工程建设的要求，对这些土类或土层处理时，夯实法是最简单有效的一种方法。我们祖先在 6000 年前就开始用重物夯实土层，之后发展到木杵、石杵、木夯、抬夯、石硪、铁硪和重锤等，直至现代的强夯法。

　　强夯法既是一种简单的地基处理方法，也是一种复杂的地基处理方法。地基处理领域的工程实践走在了理论研究的前面，特别是强夯法。从公元前 6 世纪到现在，冲击荷载对土体的加固作用的理论研究就一直在对工程实践穷追不舍，但依然是相距甚远。天地间"有其理无其事"的现象，那是我们的经验还不够，科学的实验还没有出现；强夯法相关的研究却是"有其事不知其理"，那应是我们的智慧不够，经验不足，找不出它的"理"而已。我们还在尽力找，争取与时俱进、与实践俱进，于是将我们的思考和工程中总结的问题和结论整理出来，包括一些理论分析和数值计算结果。有些结论可能对同类工程有一定的指导意义，可以对地基处理规范中强夯部分的发展提供参数依据，但有些结论可能还不太完善，甚至有谬误的成分，希望得到各位专家的指正。

　　感谢曾经一起共事的多位同事和同行，怀念一起携手、艰苦奋斗的岁月。

　　赶在图书付梓之前啰嗦一通，无非是情意切切，希望大家把强夯干好、用好，共同把国家、企业建设好，把生活搞好，国富民强。最后，加上几句关于强夯的感想，起名为《强夯赋》，分享给大家！

　　　可能因为简单，
　　　所以特别喜欢，
　　　经济高效，节能环保，
　　　之后才知道它很不简单。
　　　可能因为喜欢，
　　　所以特别了解，
　　　发现问题，学习理论，
　　　实践检测，思考总结。
　　　可能因为了解，
　　　所以特别厚爱，
　　　愿把这一寸宽的领域，
　　　做到一公里深。
　　　可能因为厚爱，
　　　所以特别推荐，
　　　只要条件合适，应用得当，
　　　它确实很本土，很朴素，很个性，性价比很高。